中国科学院"十一五"规划教材配套用书

经济管理类数学基础系列

微积分学习指导

党高学　潘黎霞　主编

科学出版社

北　京

内 容 简 介

本书是中国科学院"十一五"规划教材《微积分》(科学出版社出版)的配套用书,是经济管理类数学基础系列之一.

书中各章内容与主教材同步,每章包括基本要求、内容提要、典型例题、教材习题选解、自测题及自测题参考答案六个部分. 本书内容丰富、思路清晰、例题典型,注重分析解题思路、揭示解题规律、引导读者思考问题,对培养和提高学生的学习兴趣、增强分析问题和解决问题的能力有极大的作用.

本书适合经济管理类专业和其他相关专业的学生学习微积分课程时使用,也可供报考研究生的学生复习时使用.

图书在版编目(CIP)数据

微积分学习指导/党高学,潘黎霞主编. —北京:科学出版社,2011
中国科学院"十一五"规划教材配套用书·经济管理类数学基础系列
ISBN 978-7-03-031302-7

Ⅰ.①微… Ⅱ.①党…②潘… Ⅲ.①微积分-高等学校-教学参考资料
Ⅳ.①O172

中国版本图书馆 CIP 数据核字(2011)第 102829 号

责任编辑:相 凌 唐保军/责任校对:张 林
责任印制:阎 磊/封面设计:华路天然工作室

科 学 出 版 社 出版
北京东黄城根北街 16 号
邮政编码:100717
http://www.sciencep.com

北京市文林印务有限公司 印刷
科学出版社发行 各地新华书店经销

*

2011 年 6 月第 一 版 开本:720×1000 1/16
2014 年 8 月第七次印刷 印张:22 1/4
字数:490 000
定价:34.00 元
(如有印装质量问题,我社负责调换)

前　言

本书是中国科学院"十一五"规划教材《微积分》(科学出版社出版)的配套用书,是经济管理类数学基础系列中的一本,主要面向使用该教材的教师和学生,同时也可供报考研究生的学生作为复习用书.

全书以提高大学生的数学素养、领会微积分基本概念和理论、掌握微积分的基本解题方法和思路为目的,精心编写而成.书中包括教材的全部内容,共 10 章:函数及其图形、极限与连续、导数与微分、微分中值定理与导数的应用、不定积分、定积分、多元函数微积分、无穷级数、微分方程初步及差分方程.每章均有基本要求、内容提要、典型例题、教材习题选解、自测题及自测题参考答案六项内容.

基本要求,既是对学习内容的要求,也是学习的重点;内容提要,指明学习要点,对有关概念、性质和定理作了深入分析与归纳,以方便读者课后复习;典型例题,是在教材已有例题的基础上,进一步扩展了例题范围,通过对典型例题的深入分析和详尽解答,帮助读者弄懂基本概念、提高分析能力、熟悉解题方法、掌握解题技巧;教材习题选解,针对教材中部分有一定特点或难度较大的习题,给以详细的解答,解决读者在学习课程时遇到的困难;自测题及自测题参考答案,是对本章学习内容的进一步扩展,有针对性地给出了一些综合练习题,同时提供参考答案,以帮助读者增强自主学习的能力.

书的最后附有模拟试题及参考答案,以方便读者考试前进行总复习.

本书由党高学、潘黎霞主编.第 1、2 章由党高学编写;第 3、4 章由李雁华编写;第 5、6 章由樊瑞宁编写;第 7 章由张明军编写;第 8~10 章由潘黎霞编写.全书由主编统稿定稿.

由于作者水平所限,书中难免有不足之处,恳请读者及专家学者批评指正.

作　者

2011 年 3 月

目　　录

第1章 函数及其图形

一、基本要求

(1) 理解函数的概念,会求函数的定义域与某些简单函数的值域.

(2) 理解函数的奇偶性、单调性、有界性和周期性.

(3) 理解反函数和复合函数的概念,会求反函数,会正确分析复合函数的复合过程.

(4) 熟悉基本初等函数及其图形,理解初等函数的概念.

(5) 熟悉经济中的 5 个常用函数以及它们之间的关系.

二、内容提要

1. 函数的定义

设 x, y 是两个变量,x 的取值范围是非空数集 D,f 是某个对应法则. 如果对每一个 $x \in D$,按照此法则 f 都能确定唯一的一个 y 值与之对应,则称此对应法则 f 为定义于 D 上的**函数**,或称变量 y 是变量 x 的函数,记作

$$y = f(x), \quad x \in D,$$

x 称为**自变量**,y 称为**因变量**或函数,D 称为函数的**定义域**,常记作 D_f,D_f 中每个数 x 在 f 下的像 $f(x)$(即对应的 y 值),也称为函数在点 x 处的**函数值**,全体函数值的集合称为函数的**值域**,记为 R_f 或 $f(D)$,即

$$R_f = f(D) = \{y \mid y = f(x), x \in D_f\}.$$

平面点集 $\{(x, y) \mid y = f(x), x \in D_f\}$ 称为函数 $f(x)$ 的图像. 确定函数的要素:定义域和对应法则.

2. 函数的几种特性

设 $y = f(x)$ 是一给定函数.

(1) 如果对所有的 $x \in D_f$,都有 $f(-x) = f(x)$,则称 $f(x)$ 是**偶函数**;其图形对称于 y 轴.

(2) 如果对所有的 $x \in D_f$,都有 $f(-x) = -f(x)$,则称 $f(x)$ 是**奇函数**;其图形对称于原点.

设 $f(x)$ 是一给定函数,区间 $I \subset D_f$,对区间 I 上任意两点 x_1, x_2,且 $x_1 < x_2$,如果恒有

$$f(x_1) \leqslant f(x_2) \quad (f(x_1) \geqslant f(x_2)),$$

则称 $f(x)$ 在区间 I 上**单调增加**（**单调减少**）；如果恒有
$$f(x_1) < f(x_2) \quad (f(x_1) > f(x_2)),$$
则称 $f(x)$ 在区间 I 上**严格单调增加**（**严格单调减少**）. 单调增加或单调减少的函数统称为**单调函数**. 区间 I 上的增（减）函数的图形是沿 x 轴正向上升（下降）的.

设 $f(x)$ 是一给定函数，区间 $I \subset D_f$，如果存在正常数 M，使对区间 I 上任一点 x，恒有
$$\mid f(x) \mid \leqslant M,$$
则称 $f(x)$ 在区间 I 上**有界**；如果这样的 M 不存在，则称 $f(x)$ 在区间 I 上**无界**.

对函数 $f(x)$，如果存在正常数 T，使对 D_f 内任意一点 x 都有
$$f(x + T) = f(x),$$
则称 $f(x)$ 为**周期函数**，正常数 T 称为**周期**，把满足上式的最小正常数 T 称为函数的**最小正周期**或**基本周期**，简称周期. 通常所说的周期一般指最小正周期.

3. 反函数与复合函数

设 $y = f(x)$ 是一给定函数，如果对每个 $y \in R_f$，都有唯一的一个满足 $y = f(x)$ 的 $x \in D_f$ 与之对应，则 x 也是 y 的函数，称此函数为原来函数 $y = f(x)$ 的**反函数**，记为 $x = f^{-1}(y)$，而把 $y = f(x)$ 称为**直接函数**，或说它们互为反函数. 为与习惯一致，常将反函数改写为 $y = f^{-1}(x)$.

$y = f(x)$ 存在反函数的充分必要条件是 $y = f(x)$ 是一一对应的函数. 严格单调是存在反函数的充分条件；$D_{f^{-1}} = R_f$；$R_{f^{-1}} = D_f$；$f^{-1}[f(x)] = x$；$f[f^{-1}(x)] = x$；$y = f^{-1}(x)$ 与 $y = f(x)$ 的图关于直线 $y = x$ 对称. 而 $x = f^{-1}(y)$ 与 $y = f(x)$ 的图像则是同一条曲线.

设 y 是 u 的函数，$y = f(u)$，而 u 是 x 的函数，$u = \varphi(x)$. 如果 $D_f \bigcap R_\varphi \neq \varnothing$，则 $y = f[\varphi(x)]$ 是定义于数集 $\{x \mid u = \varphi(x) \in D_f, x \in D_\varphi\}$ 上的函数，称此函数为由 $y = f(u)$ 与函数 $u = \varphi(x)$ 复合而成的复合函数，x 仍为自变量，y 仍为因变量，而 u 称为中间变量.

4. 初等函数

1）基本初等函数

常数函数 $\quad y = c$（c 为实常数）；

幂函数 $\quad y = x^a$（α 为实常数）；

指数函数 $\quad y = a^x$（$0 < a \neq 1$）；

对数函数 $\quad y = \log_a x$（$0 < a \neq 1$）；

三角函数 $\quad y = \sin x, y = \cos x, y = \tan x, y = \cot x, y = \sec x, y = \csc x$；

反三角函数 $\quad y = \arcsin x, y = \arccos x, y = \arctan x, y = \mathrm{arccot} x$.

2）初等函数

由 6 种基本初等函数经过有限次的四则运算以及有限次的复合运算所得到的函数统称为**初等函数**.

5. 经济中的 5 个常用函数

设 Q 表示产量(或销售量或需求量),C 表示总成本(或总费用),R 表示总收入,P 表示价格,L 表示总利润.

总成本函数
$$C = C(Q) = C_0 + C_1(Q),$$

其中,C_0 为固定成本,$C_1(Q)$ 为可变成本,$C(0) = C_0$. 平均成本为 $\bar{C} = \dfrac{C(Q)}{Q}$.

总收益函数　$R = R(Q) = P \cdot Q$.

总利润函数　$L = L(Q) = R(Q) - C(Q)$.

需求函数　　$Q = f(P)$(增函数).

供应函数　　$Q = \varphi(P)$(减函数).

需求-收益关系　若需求函数为 $Q = f(P)$,则收益为
$$R = P \cdot Q = P \cdot f(P) \quad 或 R = P \cdot Q = f^{-1}(Q) \cdot Q.$$

三、典型例题

例 1　求函数 $f(x) = \sqrt{2 - |x|} + \dfrac{1}{\lg\cos x}$ 的定义域.

分析　函数的(自然)定义域就是使函数的解析表达式有意义的自变量 x 的集合. 往往归结为不等式组的解集合.

解

$$
\begin{cases} 2 - |x| \geqslant 0, \\ \cos x > 0, \\ \cos x \neq 1 \end{cases}
\Rightarrow
\begin{cases} -2 \leqslant x \leqslant 2, \\ 2k\pi - \dfrac{\pi}{2} < x < 2k\pi + \dfrac{\pi}{2}, \quad k = 0, \pm 1, \pm 2, \cdots \\ x \neq 2k\pi. \end{cases}
$$

所以 $D_f = \left(-\dfrac{\pi}{2}, 0\right) \cup \left(0, \dfrac{\pi}{2}\right)$.

例 2　已知 $y = f(2^x)$ 的定义域为 $[-1, 1]$,求函数 $y = f(\log_2 x) + f(x - 1)$ 的定义域.

分析　先由 $f(2^x)$ 的定义域求出 $f(x)$ 的定义域,再求所给函数的定义域.

解　因 $-1 \leqslant x \leqslant 1$,所以 $\dfrac{1}{2} \leqslant 2^x \leqslant 2$,即 $f(x)$ 得定义域为 $\left[\dfrac{1}{2}, 2\right]$. 再由

$$
\begin{cases} \dfrac{1}{2} \leqslant \log_2 x \leqslant 2, \\ \dfrac{1}{2} \leqslant x - 1 \leqslant 2, \end{cases}
$$

解得

$$
\begin{cases} \sqrt{2} \leqslant x \leqslant 4, \\ \dfrac{3}{2} \leqslant x \leqslant 3. \end{cases}
$$

所求定义域为 $\left[\dfrac{3}{2},3\right]$.

例 3 设 $f(x)$ 的定义域为 $[0,1]$,试求 $f(x+a)+f(x-a)$ 的定义域.

分析 所求定义域是不等式组 $\begin{cases} 0\leqslant x+a\leqslant 1, \\ 0\leqslant x-a\leqslant 1 \end{cases}$ 的解集,即两个区间 $[-a,1-a]$ 和 $[a,1+a]$ 的交集. 当其中一个区间的两个端点中有一个在另一区间时交集非空,否则交集为空集.

解

$$\begin{cases} 0\leqslant x+a\leqslant 1, \\ 0\leqslant x-a\leqslant 1. \end{cases} \Rightarrow \begin{cases} -a\leqslant x\leqslant 1-a, \\ a\leqslant x\leqslant 1+a. \end{cases}$$

当 $-a\leqslant a\leqslant 1-a$,即 $0\leqslant a\leqslant \dfrac{1}{2}$ 时,定义域为 $[a,1-a]$;

当 $-a\leqslant 1+a\leqslant 1-a$,即 $-\dfrac{1}{2}\leqslant a\leqslant 0$ 时,定义域为 $[-a,1+a]$;

当 $1+a<-a$ 或 $a>1-a$ 时,即 $a<-\dfrac{1}{2}$ 或 $a>\dfrac{1}{2}$ 时,定义域均为空集.

例 4 已知 $f\left(\sin\dfrac{x}{2}\right)=1+\cos x$,求 $f\left(\cos\dfrac{x}{2}\right)$.

解法一 $f\left(\sin\dfrac{x}{2}\right)=1+\cos x=2\cos^2\dfrac{x}{2}=2\left(1-\sin^2\dfrac{x}{2}\right)$,将两边的 $\sin\dfrac{x}{2}$ 换为 $\cos\dfrac{x}{2}$,得

$$f\left(\cos\dfrac{x}{2}\right)=2\left(1-\cos^2\dfrac{x}{2}\right)=2\sin^2\dfrac{x}{2}=1-\cos x.$$

解法二 $f\left(\cos\dfrac{x}{2}\right)=f\left[\sin\left(\dfrac{\pi}{2}-\dfrac{x}{2}\right)\right]=f\left(\sin\dfrac{\pi-x}{2}\right)=1+\cos(\pi-x)$
$$=1-\cos x.$$

例 5 设函数 $f(x)$ 满足方程.

$$af(x)+bf\left(\dfrac{1}{x}\right)=x \quad (\,|\,a\,|\neq|\,b\,|\,),$$

求 $f(x)$.

解 在原方程两边将 x 换为 $\dfrac{1}{x}$,得

$$af\left(\dfrac{1}{x}\right)+bf(x)=\dfrac{1}{x}.$$

解方程组

$$\begin{cases} af(x)+bf\left(\dfrac{1}{x}\right)=x, \\ af\left(\dfrac{1}{x}\right)+bf(x)=\dfrac{1}{x}, \end{cases}$$

得

$$f(x)=\dfrac{1}{a^2-b^2}\left(ax-\dfrac{b}{x}\right).$$

例6 证明:定义在对称区间 $(-l, l)$ 内任何函数 $f(x)$ 必可表示为一个偶函数和一个奇函数之和.

分析 先假设 $f(x)$ 可表示为一个偶函数 $H(x)$ 和一个奇函数 $G(x)$ 之和,即
$$f(x) = H(x) + G(x),$$
则
$$f(-x) = H(-x) + G(-x) = H(x) - G(x),$$
联立方程组
$$\begin{cases} H(x) + G(x) = f(x), \\ H(x) - G(x) = f(-x), \end{cases}$$
可解出
$$H(x) = \frac{f(x) + f(-x)}{2}, \quad G(x) = \frac{f(x) - f(-x)}{2}.$$

证明 令
$$H(x) = \frac{1}{2}[f(x) + f(-x)], \quad G(x) = \frac{1}{2}[f(x) - f(-x)],$$
由
$$H(-x) = \frac{1}{2}[f(-x) + f(x)] = H(x)$$
知 $H(x)$ 是偶函数;由
$$G(-x) = \frac{1}{2}[f(-x) - f(x)] = -\frac{1}{2}[f(x) - f(-x)] = -G(x)$$
知 $G(x)$ 是奇函数.且
$$f(x) = H(x) + G(x) = \frac{f(x) + f(-x)}{2} + \frac{f(x) - f(-x)}{2}.$$

例7 $f(x) = |x\sin x| \mathrm{e}^{\cos x} \ (-\infty < x < +\infty)$ 是( ).

(A) 有界函数; (B) 单调函数; (C) 周期函数; (D) 偶函数.

解 因为 $f(-x) = |-x\sin(-x)| \mathrm{e}^{\cos(-x)} = |x\sin x| \mathrm{e}^{\cos x} = f(x)$,所以选(D).

例8 设 $f(x)$ 为奇函数,且对任何 $x \in \mathbf{R}$,有
$$f(x+2) = f(x) + f(2),$$
已知 $f(1) = a$,则

(1) 求 $f(2)$ 与 $f(5)$;

(2) 当 a 取何值时,$f(x)$ 以 2 为周期.

分析 (1) 仔细观察 $f(x+2) = f(x) + f(2)$,即 $f(2) = f(x+2) - f(x)$.利用 $f(x)$ 的奇偶性,当 $x = -1$ 时,右边两项均可化为 $f(1)$ 的式子,可得出 $f(2)$,进而令 $x = 1$ 时可把 $f(3)$ 化为 $f(1)$ 与 $f(2)$ 的表达式.从而得到 $f(3)$,再令 $x = 3$,可把 $f(5)$ 化为 $f(3)$ 与 $f(2)$ 的表达式,从而得到 $f(5)$.

(2) 根据周期函数的定义分析.

解 (1) 在
$$f(x+2) = f(x) + f(2) \qquad\qquad ①$$
中令 $x = -1$,得

$$f(1) = f(-1) + f(2),$$

又 $f(-1) = -f(1)$,所以

$$f(2) = f(1) - f(-1) = 2f(1) = 2a.$$

在①中,令 $x=1$,得

$$f(3) = f(1) + f(2) = a + 2a = 3a;$$

在①中,令 $x=3$,得

$$f(5) = f(3) + f(2) = 3a + 2a = 5a.$$

(2) 要使 $f(x)$ 以 2 为周期,须对任一 x 有

$$f(x+2) = f(x),$$

即

$$f(x+2) - f(x) = 0.$$

但

$$f(x+2) - f(x) = f(2) = 2a,$$

所以 $2a=0$,即 $a=0$.

例 9 设 $f(x) = \begin{cases} 2x, & -1 \leqslant x \leqslant 1, \\ x^2, & 1 < x \leqslant 4, \end{cases}$ $g(x) = \begin{cases} 4x, & x \leqslant 2, \\ x-2, & x > 2. \end{cases}$ 求 $f[g(x)]$ 与 $g[f(x)]$.

分析 求 $f[g(x)]$ 的方法是:在内函数 $g(x)$ 的每一段上,讨论使 $g(x)$ 的值落在外函数 $f(x)$ 的定义域各个段内的自变量 x 的取值范围.在每个取值范围内将 $g(x)$ 代入 $f(x)$ 的相应表达式.若某个范围是空集,则在该范围内 $f[g(x)]$ 无意义.

解 (1) 当 $x \leqslant 2$ 时,使 $g(x) = 4x$ 的值落在外函数 $f(x)$ 的定义域的两段 $[-1,1]$ 和 $(1,4]$ 内的自变量 x 的取值范围分别为 $\begin{cases} x \leqslant 2, \\ -1 \leqslant 4x \leqslant 1 \end{cases}$ 的解集 $-\dfrac{1}{4} \leqslant x \leqslant \dfrac{1}{4}$ 和 $\begin{cases} x \leqslant 2, \\ 1 < 4x \leqslant 4 \end{cases}$ 的解集 $\dfrac{1}{4} < x \leqslant 1$;

当 $x > 2$ 时,使 $g(x) = x-2$ 的值落在 $[-1,1]$ 和 $(1,4]$ 内的自变量 x 的取值范围分别为不等式组 $\begin{cases} x > 2, \\ -1 \leqslant x-2 \leqslant 1 \end{cases}$ 的解集 $2 < x \leqslant 3$ 及不等式组 $\begin{cases} x > 2, \\ 1 < x-2 \leqslant 4 \end{cases}$ 的解集 $3 < x \leqslant 6$.

所以

$$f[g(x)] = \begin{cases} 2 \cdot (4x), & -\dfrac{1}{4} \leqslant x \leqslant \dfrac{1}{4}, \\ (4x)^2, & \dfrac{1}{4} < x \leqslant 1, \\ 2 \cdot (x-2), & 2 < x \leqslant 3, \\ (x-2)^2, & 3 < x \leqslant 6 \end{cases} = \begin{cases} 8x, & -\dfrac{1}{4} \leqslant x \leqslant \dfrac{1}{4}, \\ 16x^2, & \dfrac{1}{4} < x \leqslant 1, \\ 2x-4, & 2 < x \leqslant 3, \\ (x-2)^2, & 3 < x \leqslant 6. \end{cases}$$

(2) 当 $-1 \leqslant x \leqslant 1$ 时,使 $f(x) = 2x$ 的值落在外函数 $g(x)$ 的定义域内的两段 $(-\infty, 2]$ 及 $(2, +\infty)$ 内的自变量 x 的取值范围分别是不等式组 $\begin{cases} -1 \leqslant x \leqslant 1, \\ 2x \leqslant 2 \end{cases}$ 的解

集$-1\leqslant x\leqslant1$及不等式组$\begin{cases}-1\leqslant x\leqslant1,\\2x>2\end{cases}$的解集空集$\varnothing$.

当$1<x\leqslant4$时,使$f(x)=x^2$的值落在外函数$g(x)$的定义域内的两段$(-\infty,2]$及$(2,+\infty)$内的自变量x的取值范围分别是不等式组$\begin{cases}1<x\leqslant4,\\x^2\leqslant2\end{cases}$的解集$1<x\leqslant\sqrt{2}$及不等式组$\begin{cases}1<x\leqslant4,\\x^2>2\end{cases}$的解集$\sqrt{2}<x\leqslant4$.

综上所述可得

$$g[f(x)]=\begin{cases}8x, & -1\leqslant x\leqslant1,\\4x^2, & 1<x\leqslant\sqrt{2},\\x^2-2, & \sqrt{2}<x\leqslant4.\end{cases}$$

例 10(等额还本付息模型) 某人贷款a元,n月还清,采用每月等额还本付息法还贷,月利率为r,求每月还款额.

分析 此问题的关键是计算出每月还款后的剩余欠款,n月还清,则第n月还款后的剩余欠款为零.

解 设每月还款x元,y_k表示第k月还款后的剩余欠款. 则

$y_0=a$,

$y_1=a(1+r)-x$,

$y_2=[a(1+r)-x](1+r)-x=a(1+r)^2-x(1+r)-x$,

$y_3=a(1+r)^3-x(1+r)^2-x(1+r)-x$,

$$\cdots\cdots$$

$y_n=a(1+r)^n-x(1+r)^{n-1}-\cdots-x(1+r)-x$

$=a(1+r)^n-x[1+(1+r)+\cdots+(1+r)^{n-1}]$

$=a(1+r)^n-x\cdot\dfrac{(1+r)^n-1}{r}$.

由于$y_n=0$,则

$$a(1+r)^n-x\cdot\dfrac{(1+r)^n-1}{r}=0,$$

所以

$$x=\dfrac{ar(1+r)^n}{(1+r)^n-1}\quad(元).$$

例如,贷款$a=35$万元,10年$=120$月还清,月利率$3.465\text{‰}=0.003465$.则每月还款额:$x=\dfrac{350000\cdot0.003465\cdot1.003465^{120}}{1.003465^{120}-1}=3569.92(元)$.

四、教材习题选解

(A)

4. 设$f\left(x+\dfrac{1}{x}\right)=x^2+\dfrac{1}{x^2}$,求$f(x)$.

解 $f\left(x+\dfrac{1}{x}\right)=x^2+\dfrac{1}{x^2}=\left(x^2+2+\dfrac{1}{x^2}\right)-2=\left(x+\dfrac{1}{x}\right)^2-2,$

上式两边将 $x+\dfrac{1}{x}$ 换为 x 得

$$f(x)=x^2-2.$$

6. 求下列函数的定义域.

(6) $y=\sqrt{\sin x}+\sqrt{x^2-25}.$

解 $\begin{cases}\sin x\geqslant 0,\\ x^2-25\geqslant 0\end{cases}\Rightarrow\begin{cases}2k\pi\leqslant x\leqslant(2k\pi+1)\pi \quad k=0,\pm 1,\pm 2,\cdots,\\ x\leqslant -5 \text{ 或 } x\geqslant 5\end{cases}$

$\Rightarrow -2\pi\leqslant x\leqslant -5$ 或 $2k\pi\leqslant x\leqslant(2k\pi+1)\pi$

$(k=1,\pm 2,\cdots),$

$D_f=[-2\pi,-5]\cup\left(\bigcup_{\substack{k\in\mathbf{Z}\\ k\neq -1,0}}[2k\pi,(2k+1)\pi]\right).$

12. 设 $f(3x-2)=\begin{cases}9x^2-12x, & \dfrac{2}{3}\leqslant x\leqslant 1,\\ 6x-4, & 1<x\leqslant 2.\end{cases}$ 求 $f(x).$

解 令 $3x-2=t$,则 $x=\dfrac{t+2}{3}$,代入原式,得

$$f(t)=\begin{cases}9\cdot\left(\dfrac{t+2}{3}\right)^2-12\cdot\dfrac{t+2}{3}, & \dfrac{2}{3}\leqslant\dfrac{t+2}{3}\leqslant 1,\\ 6\cdot\dfrac{t+2}{3}, & 1<\dfrac{t+2}{3}\leqslant 2\end{cases}$$

$$=\begin{cases}t^2-4, & 0\leqslant t\leqslant 1,\\ 2t, & 1<t\leqslant 4,\end{cases}$$

即

$$f(x)=\begin{cases}x^2-4, & 0\leqslant x\leqslant 1,\\ 2x, & 1<x\leqslant 4.\end{cases}$$

13. 判断下列函数的奇偶性.

(7) $y=\begin{cases}x(1+x), & x<0,\\ x(1-x), & x\geqslant 0.\end{cases}$

解 $f(x)=\begin{cases}x(1+x), & x<0,\\ x(1-x), & x\geqslant 0.\end{cases}$

$f(-x)=\begin{cases}-x(1-x), & -x<0,\\ -x(1+x), & -x\geqslant 0\end{cases}=\begin{cases}-x(1+x), & x\leqslant 0,\\ -x(1-x), & x>0\end{cases}$

$=\begin{cases}-x(1+x), & x<0,\\ -x(1-x), & x\geqslant 0\end{cases}=-f(x),$

所以 $f(x)$ 是奇函数.

(8) $F(x)=f(x)\left(\dfrac{1}{2^x+1}-\dfrac{1}{2}\right),$ 其中 $f(x)$ 为 R 上的奇函数.

解 $F(-x)=f(-x)\left(\dfrac{1}{2^{-x}+1}-\dfrac{1}{2}\right)=-f(x)\left(\dfrac{2^x}{2^x+1}-\dfrac{1}{2}\right)$

$$= -f(x)\left(1 - \frac{1}{2^x+1} - \frac{1}{2}\right) = f(x)\left(\frac{1}{2^x+1} - \frac{1}{2}\right) = F(x),$$

所以 $F(x)$ 是偶函数.

15. (1) 证明 $y = \dfrac{x}{1+x^2}$ 是有界函数.

证明 $\forall x \in \mathbf{R}$，有 $|y| = \dfrac{|x|}{1+x^2}$. 因

$$1 + x^2 \geqslant 2|x| \geqslant |x|,$$

所以

$$|y| = \frac{|x|}{1+x^2} \leqslant 1,$$

故 $y = \dfrac{x}{1+x^2}$ 是有界函数.

17. 求下列函数的反函数.

(6) $y = \sin x, x \in \left[\dfrac{\pi}{2}, \pi\right]$.

解 $y = \sin x = \sin(\pi - x)$，因为 $\dfrac{\pi}{2} \leqslant x \leqslant \pi$，则 $0 \leqslant \pi - x \leqslant \dfrac{\pi}{2}$.

$$\pi - x = \arcsin y, \quad x = \pi - \arcsin y,$$

即

$$y = \pi - \arcsin x, \quad x \in [0,1].$$

(7) $y = \cos x, x \in [-\pi, 0]$.

解法一 $D_f = [-\pi, 0], R_f = [-1, 1]$.

因为 $-\pi \leqslant x \leqslant 0$，则

$$0 \leqslant x + \pi \leqslant \pi,$$
$$y = \cos x = -\cos(x+\pi), \quad x + \pi = \arccos(-y),$$
$$x = -\pi + \arccos(-y) = -\pi + \pi - \arccos y = -\arccos y,$$

即

$$y = -\arccos x, \quad x \in [-1, 1].$$

解法二 因为 $-\pi \leqslant x \leqslant 0$，所以

$$0 \leqslant -x \leqslant \pi.$$
$$y = \cos x = \cos(-x), \quad -x = \arccos y,$$

即

$$y = -\arccos x, \quad x \in [-1, 1].$$

(8) $y = \begin{cases} -x^2 - 1, & -2 < x < 0, \\ \sqrt{1-x^2}, & 0 \leqslant x \leqslant 1, \\ 2^{x-1}, & x > 1. \end{cases}$

解 当 $-2 < x < 0$ 时，

$$y = -x^2 - 1 \in (-5, -1), \quad x = -\sqrt{-y-1},$$

即

$$y = -\sqrt{-x-1}, \quad x \in (-5, -1);$$

当 $0 \leqslant x \leqslant 1$ 时,

$$y = \sqrt{1-x^2} \in [0,1], \quad x = \sqrt{1-y^2},$$

即

$$y = \sqrt{1-x^2}, \quad x \in [0,1];$$

当 $x > 1$ 时,

$$y = 2^{x-1} \in (1, +\infty), \quad x = \log_2 y + 1,$$

即

$$y = \log_2 x + 1, \quad x \in (1, +\infty).$$

所以反函数为

$$y = \begin{cases} -\sqrt{-x-1}, & -5 < x < -1, \\ \sqrt{1-x^2}, & 0 \leqslant x \leqslant 1, \\ \log_2 x + 1, & x > 1. \end{cases}$$

21. 某产品的单价为 400 元/台,当年产量不超过 1000 台时,可以全部售出,当年产量超过 1000 台时,经广告宣传可以再多售出 200 台,每台平均广告费 40 元,生产再多时本年就售不出去.试将本年的销售总收入 R 表示为年产量 x 的函数.

解 当 $0 \leqslant x \leqslant 1000$(台)时,可全部售出,此时总收入为 $R(x) = 400x$(元);

当 $1000 < x \leqslant 1200$(台)时,前 1000 台按 400 元/台售出,后 $x-1000$ 台按 360 元/台售出,此时总收入为

$$R(x) = 1000 \times 400 + (x-1000) \times 360 = 360x + 40000(元);$$

当 $x > 1200$(台)时,前 1000 台按 400 元/台售出,后 200 台按 360 元/台售出,再多余的 $x-1200$ 台没有收入,此时总收入为

$$R(x) = 1000 \times 400 + 200 \times 360 = 472000(元).$$

综上所述,收入函数为

$$y = \begin{cases} 400x, & 0 \leqslant x \leqslant 1000, \\ 40000 + 360x, & 1000 < x \leqslant 1200, \\ 472000 & x > 1200. \end{cases}$$

23. 设某商品的需求函数为 $Q = ae^{-bP}$(a, b 均为大于零的常数).(1) 求总收益函数 $R(Q)$ 和平均单位收益函数 $\bar{R}(Q)$;(2) 若成本 $C = 100Q + Q^2$,求利润函数 $L(Q)$.

解 (1) 由 $Q = ae^{-bP}$ 解出 $P = -\dfrac{1}{b}\ln\dfrac{Q}{a}$,则

$$R(Q) = P \cdot Q = -\frac{Q}{b}\ln\frac{Q}{a},$$

$$\bar{R}(Q) = \frac{R(Q)}{Q} = -\frac{1}{b}\ln\frac{Q}{a}.$$

(2) $L(Q) = R(Q) - C(Q) = -\dfrac{Q}{b}\ln\dfrac{Q}{a} - 100Q - Q^2.$

(B)

1. 求函数 $y=\dfrac{\arcsin\dfrac{x-3}{4}}{x\lg|x-2|}$ 的定义域.

解

$$\begin{cases} -1\leqslant\dfrac{x-3}{4}\leqslant 1, \\ x\neq 0, \\ |x-2|>0, \\ |x-2|\neq 1 \end{cases} \Rightarrow \begin{cases} -1\leqslant x\leqslant 7, \\ x\neq 0, \\ x\neq 2, \\ x\neq 1,x\neq 3 \end{cases}$$

$$\Rightarrow D_f=[-1,0)\bigcup(0,1)\bigcup(1,2)\bigcup(2,3)\bigcup(3,7].$$

2. 设 $f(x)=\begin{cases} \mathrm{e}^x, & x<1, \\ x, & x\geqslant 1, \end{cases}$ $\varphi(x)=\begin{cases} x+2, & x<0, \\ x^2-1, & x\geqslant 0. \end{cases}$ 求 $f[\varphi(x)]$.

解 当 $x<0$ 时,使 $\varphi(x)=x+2$ 的值分别落在 $f(x)$ 的定义域的两段 $(-\infty,1)$ 和 $[1,+\infty)$ 内的自变量 x 的取值范围分别为不等式组 $\begin{cases} x<0, \\ x+2<1 \end{cases}$ 的解集 $x<-1$ 和不等式组 $\begin{cases} x<0, \\ x+2\geqslant 1 \end{cases}$ 的解集 $-1\leqslant x<0$;

当 $x\geqslant 0$ 时,使 $\varphi(x)=x^2-1$ 的值落在 $(-\infty,1)$ 和 $[1,+\infty)$ 内的自变量 x 的取值范围分别为不等式组 $\begin{cases} x\geqslant 0, \\ x^2-1<1 \end{cases}$ 的解集 $0\leqslant x<\sqrt{2}$ 及不等式组 $\begin{cases} x\geqslant 0, \\ x^2-1\geqslant 1 \end{cases}$ 的解集 $x\geqslant\sqrt{2}$.

综上所述有

$$f[\varphi(x)]=\begin{cases} \mathrm{e}^{x+2}, & x<-1, \\ x+2, & -1\leqslant x<0, \\ \mathrm{e}^{x^2-1}, & 0\leqslant x<\sqrt{2}, \\ x^2-1, & x\geqslant\sqrt{2}. \end{cases}$$

3. 函数 $f(x)=\dfrac{|x|\sin(x-2)}{x(x-1)(x-2)^2}$ 在( )区间内有界.

(A) $(-1,0)$;   (B) $(0,1)$;   (C) $(1,2)$;   (D) $(2,3)$.

解 (A)

因为 $|f(x)|=\dfrac{|x||\sin(x-2)|}{|x||x-1||x-2|^2}\leqslant\dfrac{1}{|x-1||x-2|^2}$,

$\forall x\in(-1,0)$, $-2<x-1<-1$, $-3<x-2<-2$,

$1<|x-1|<2$, $2<|x-2|<3$, $4<|x-2|^2<9$,

从而 $|f(x)|<\dfrac{1}{4}$,所以 $f(x)$ 在 $(-1,0)$ 内有界.

4. 求函数 $f(x)=\begin{cases} x^2, & -1\leqslant x<0, \\ x^2-1, & 0<x<1 \end{cases}$ 的反函数.

11

解　$y=x^2$ 在 $-1\leqslant x<0$ 的值域为 $(0,1]$，其反函数为 $x=-\sqrt{y}$，$y\in(0,1]$，即 $y=-\sqrt{x}$，$x\in(0,1]$；

当 $0\leqslant x<1$ 时，$y=x^2-1$ 的值域为 $(-1,0)$，其反函数为 $x=\sqrt{y+1}$，$y\in(-1,0)$．即 $y=\sqrt{x+1}$，$x\in(-1,0)$．

所求反函数为

$$y=f^{-1}(x)=\begin{cases}\sqrt{1+x}, & -1<x<0,\\ -\sqrt{x}, & 0<x\leqslant 1.\end{cases}$$

5. 设函数 $f(x)$，$x\in(-\infty,+\infty)$，的图形关于 $x=a$，$x=b(a<b)$ 均对称．求证 $f(x)$ 是周期函数，并求其周期．

解　$f(x)$ 的图形关于直线 $x=a$ 对称 $\Leftrightarrow \forall x\in(-\infty,+\infty)$ 有 $f(a+x)=f(a-x)$；

$f(x)$ 的图形关于直线 $x=b$ 对称 $\Leftrightarrow f(b+x)=f(b-x)$．

则

$$f(x)=f[a+(x-a)]=f[a-(x-a)]=f(2a-x)$$
$$=f[b+(2a-x-b)]=f[b-(2a-x-b)]=f[x+2(b-a)],$$

即 $\forall x\in(-\infty,+\infty)$ 有

$$f[x+2(b-a)]=f(x),$$

所以 $f(x)$ 是周期函数，周期为 $2(b-a)$．

6. 设 $f(x)$ 是 $(-\infty,+\infty)$ 上的周期为 4 的周期函数，且为奇函数．如果 $f(x)$ 在区间 $[0,2]$ 上表达式为 $f(x)=x^2-2x$，求：

(1) $f(x)$ 在 $[-2,0]$ 上的表达式；

(2) $f(x)$ 在 $[2,4]$ 上的表达式；

(3) $f(x)$ 在 $[4,6]$ 上的表达式；

(4) $f(x)$ 在 $[4n,4n+4](n\in\mathbf{N})$ 上的表达式．

解　(1) 当 $-2\leqslant x\leqslant 0$ 时，$0\leqslant -x\leqslant 2$，由于 $f(x)$ 是奇函数，则
$$f(x)=-f(-x)=-(x^2+2x)=-x^2-2x, \quad x\in[-2,0].$$

(2) 当 $2\leqslant x\leqslant 4$ 时，$-2\leqslant x-4\leqslant 0$，则
$$f(x)=f[(x-4)+4]=f(x-4)=-(x-4)^2-2(x-4)=-x^2+6x-8.$$

(3) 当 $4\leqslant x\leqslant 6$ 时，$0\leqslant x-4\leqslant 2$，则
$$f(x)=f[(x-4)+4]=f(x-4)=(x-4)^2-2(x-4)=x^2-10x+24.$$

(4) 当 $4n\leqslant x\leqslant 4n+4(n\in\mathbf{N})$，$0\leqslant x-4n\leqslant 4$，则
$$f(x)=f[(x-4n)+4n]=f(x-4n)$$
$$=\begin{cases}(x-4n)^2-2(x-4n), & 0\leqslant x-4n\leqslant 2,\\ -(x-4n-4)^2-2(x-4n-4), & 2<x-4n\leqslant 4\end{cases}$$
$$=\begin{cases}(x-4n)^2-2(x-4n), & 4n\leqslant x\leqslant 4n+2,\\ -(x-4n-4)^2-2(x-4n-4), & 4n+2<x\leqslant 4n+4.\end{cases}$$

五、自　测　题

1. 填空题.

(1) $y=\left(\ln\dfrac{1-x}{1+x}\right)^{\frac{1}{2}}$ 的定义域_____.

(2) 设函数 $f(x)$ 的定义域是 $[0,1]$,则 $f(\sqrt{1-x^2})$ 的定义域是_____.

(3) 设 $f(x)=\begin{cases}1, & 0\leqslant x\leqslant 1,\\ 2, & 1<x\leqslant 2,\end{cases}$ 则 $f(2x)$ 的定义域是_____.

(4) 设 $f(x)=\begin{cases}x^2, & x<0,\\ 2-x, & x\geqslant 0,\end{cases}$ 则 $f[f(-1)]=$_____.

(5) 设 $\varphi(x+1)=\begin{cases}x^2, & 0\leqslant x\leqslant 1,\\ 2x, & 1<x\leqslant 2,\end{cases}$ 则 $\varphi(x)=$_____.

(6) 若 $f(x+1)=x^2-3x+2$,则 $f(\sqrt{x})=$_____.

(7) 设 $f(x)=\begin{cases}1, & \dfrac{1}{e}<x<1,\\ x, & 1\leqslant x<e,\end{cases}$ $g(x)=e^x$,则 $f[g(x)]=$_____.

(8) 若 $z=\sqrt{y}+f(\sqrt[3]{x}-1)$,且 $y=1$ 时,$z=x$,则 $f(x)=$_____.

(9) 设 $f[g(x)]=\dfrac{1-x}{x}$,$f(x)=x$,则 $g(x)=$_____.

(10) $y=\dfrac{1}{2}(e^x-e^{-x})$ 的反函数是_____.

2. 单项选择题.

(1) 偶函数的定义域一定是(　　).

(A) 包含原点；　　　　　　　(B) $(-\infty,+\infty)$；

(C) 关于原点对称；　　　　　(D) 以上三种说法都不一定对.

(2) $y=e^x+e^{-x}$ 的图形对称于直线(　　).

(A) $y=x$；　　(B) $y=-x$；　　(C) $x=0$；　　(D) $y=0$.

(3) 下列函数中,(　　)是奇函数.

(A) $\ln(x^2+1)$；　　　　　　(B) $\ln(\sqrt{x^2+1}-x)$；

(C) $x\sin x$；　　　　　　　　(D) e^x+e^{-x}.

(4) 若 $f(x)$ 为奇函数,$\varphi(x)$ 为偶函数,且 $f[\varphi(x)]$ 有意义,则 $f[\varphi(x)]$ 是(　　).

(A) 偶函数；　　　　　　　　(B) 奇函数；

(C) 非奇非偶函数；　　　　　(D) 可能是奇函数,也可能是偶函数.

(5) 设 $f(x)$ 为奇函数,且对任意实数 x 恒有 $f(x+2)-f(x)=0$,则必有 $f(1)=$(　　).

(A) -1；　　(B) 0；　　　　(C) 1；　　　　(D) 2.

(6) 函数 $y=\lg(x+1)$ 在区间(　　)内有界.

(A) $(-1,0)$；　　　　　　　　(B) $(0,+\infty)$；

(C) $(-1,M)$；   (D) $(0,M)(M>0)$.

(7) 下列函数中在指定区间上有界的是（   ）.

(A) $y=x\sin x$ $(0,+\infty)$；   (B) $y=1+\ln x$ $(0,1)$；

(C) $y=\dfrac{x^2}{1-x}$ $(-\infty,0)$；   (D) $y=\dfrac{e^x-e^{-x}}{e^x+e^{-x}}$ $(0,+\infty)$.

(8) 若 $f(x)$ 在 $(-\infty,+\infty)$ 内单调增加，$\varphi(x)$ 单调减少，则 $f[\varphi(x)]$ 在 $(-\infty,$ $+\infty)$ 内（   ）.

(A) 单调增加；   (B) 单调减少；

(C) 不是单调函数；   (D) 增加性难以判定.

(9) 函数 $f(x)=\dfrac{1}{x}\cos\dfrac{1}{x}$ 在 $x=0$ 的任何去心邻域内（   ）.

(A) 有界；   (B) 无界；   (C) 单调增加；   (D) 单调减少.

(10) 函数 $f(x)=|\sin x|+|\cos x|$ 的周期是（   ）.

(A) π；   (B) $\dfrac{\pi}{2}$；   (C) 2π；   (D) 4π.

六、自测题参考答案

1. 填空题.

(1) $(-1,0]$；   (2) $[-1,1]$；   (3) $[0,1]$；   (4) 1；

(5) $\varphi(x)=\begin{cases}(x-1)^2, & 1\leqslant x\leqslant 2,\\ 2(x-1), & 2<x\leqslant 3;\end{cases}$ (6) $f(\sqrt{x})=x-5\sqrt{x}+6$；

(7) $f[g(x)]=\begin{cases}1, & -1<x<0,\\ e^x, & 0\leqslant x<1;\end{cases}$ (8) $f(x)=x^3+3x^2+3x$；

(9) $g(x)=\dfrac{1-x}{x}$；   (10) $y=\ln(x+\sqrt{x^2+1})$.

2. 单项选择题.

(1) (C)；   (2) (C)；   (3) (B)；   (4) (A)；   (5) (B)；

(6) (D)；   (7) (D)；   (8) (B)；   (9) (B)；   (10) (B).

第 2 章　极限与连续

一、基 本 要 求

（1）了解数列极限和函数极限（包括左、右极限）的概念.

（2）了解极限的性质与极限存在的两个准则，掌握极限的四则运算法则，掌握利用两个重要极限求极限的方法.

（3）理解无穷小量的概念和性质，掌握无穷小量的比较方法，了解无穷大量的概念及其与无穷小量的关系，熟记常用的等价无穷小量.

（4）理解连续函数的概念（含左、右连续），会判别函数间断点的类型.

（5）了解连续函数的性质和初等函数的连续性，理解闭区间上连续函数的性质（有界性、最值性和介值性），并会应用这些性质.

二、内 容 提 要

1. 极限概念

把数列 $x_n = f(n)$ 和函数 $y = f(x)$ 统称为变量 y，自变量的变化方式：$n \to \infty$，$x \to \infty$，$x \to -\infty$，$x \to +\infty$，$x \to x_0$，$x \to x_0^-$，$x \to x_0^+$ 统称为变量 y 的某个变换过程.

变量极限的直观定义　设变量 y 在某个变化过程中的"某时刻"之后有定义. 如果在该变化过程中，变量 y 的对应值能与某确定的常数 A 无限接近，则称 A 为变量 y 在该变化过程中的极限. 记作

$$\lim y = A \quad \text{或} \quad y \to A.$$

变量极限的严格定义　设变量 y 在某个变化过程中的"某时刻"之后有定义，A 是一个确定的常数. 如果 $\forall \varepsilon > 0$，在该变化过程中，总存在"某个时刻"，使得"在此时刻之后"，y 取的所有值恒满足不等式

$$|y - A| < \varepsilon.$$

则称 A 为变量 y 在该变化过程中的极限，记作

$$\lim y = A \quad \text{或} \quad y \to A.$$

左、右极限定理　$\lim\limits_{x \to x_0} f(x) = A \Leftrightarrow \lim\limits_{x \to x_0^-} f(x) = \lim\limits_{x \to x_0^+} f(x) = A,$

$$\lim\limits_{x \to \infty} f(x) = A \Leftrightarrow \lim\limits_{x \to -\infty} f(x) = \lim\limits_{x \to +\infty} f(x) = A.$$

表 2.1　7 种极限定义对照表

变量 y	变化过程		存在某个时刻	在此时刻之后	恒有 $\|y-A\|<\varepsilon$	极限记号 $\lim y=A$
数列 $x_n=f(n)$	$n\to\infty$		∃ 正整数 N	当 $n>N$ 时	恒有 $\|x_n-A\|<\varepsilon$	$\lim\limits_{n\to\infty}x_n=A$
函数 $y=f(x)$	$x\to\infty$	$\forall\varepsilon>0$	∃ $X>0$	当 $\|x\|>X$ 时	恒有 $\|f(x)-A\|<\varepsilon$	$\lim\limits_{x\to\infty}f(x)=A$
	$x\to-\infty$			当 $x<-X$ 时		$\lim\limits_{x\to-\infty}f(x)=A$
	$x\to+\infty$			当 $x>X$ 时		$\lim\limits_{x\to+\infty}f(x)=A$
	$x\to x_0$		∃ $\delta>0$	当 $0<\|x-x_0\|<\delta$ 时		$\lim\limits_{x\to x_0}f(x)=A$
	$x\to x_0^-$			当 $0<x_0-x<\delta$ 时		$\lim\limits_{x\to x_0^-}f(x)=A$ (左极限)或 $f(x_0-0)=A$
	$x\to x_0^+$			当 $0<x-x_0<\delta$ 时		$\lim\limits_{x\to x_0^+}f(x)=A$ (右极限)或 $f(x_0+0)=A$

2. 极限性质

极限的唯一性　如果极限 $\lim y$ 存在,则极限值唯一.

局部保号性　如果 $\lim y=A$ 存在,且 $A>0$(或 $A<0$),则在某时刻之后恒有 $y>0$(或 $y<0$).

推论　如果 $\lim y=A$ 存在,且 $A>B$(或 $A<B$),则在某个时刻之后恒有 $y>B$(或 $y<B$).

不等式性　如果(至少在某时刻之后)恒有 $y\leqslant0$(或 $y\geqslant0$),且 $\lim y=A$ 存在,则 $A\leqslant0$(或 $A\geqslant0$).

推论　若在某时刻之后恒有 $y\leqslant B$(或 $y\geqslant B$),且 $\lim y=A$ 存在,则 $A\leqslant B$(或 $A\geqslant B$).

局部有界性　如果 $\lim y=A$ 存在,则在某时刻之后 y 有界.

注　对数列而言,因为在某个时刻之前只有有限个项,故收敛数列必有界.

补充内容:子数列

子数列的定义　设 $\{x_n\}$ 是一给定数列,$n_1,n_2,\cdots,n_k,\cdots$ 是一列正整数,且

$$n_1<n_2<\cdots<n_k<\cdots$$

则称数列 $\{x_{n_k}\}:x_{n_1},x_{n_2},\cdots,x_{n_k},\cdots$ 为数列 $\{x_n\}$ 的一个子数列.

注　x_{n_k} 是数列 $\{x_n\}$ 的第 n_k 项,是子数列 $\{x_{n_k}\}$ 的第 k 项.

补充定理　数列 $\{x_n\}$ 收敛于 $A\Leftrightarrow\{x_n\}$ 的任一子数列 $\{x_{n_k}\}$ 均收敛于 A.

推论　若 $\{x_n\}$ 有一子数列发散,或有两个子数列的极限不相等,则 $\{x_n\}$ 发散.

补充定理(海涅定理)　$\lim\limits_{x\to x_0}f(x)=A\Leftrightarrow$ 对任意数列 $\{x_n\}:x_n\neq x_0$,且 $\lim\limits_{n\to\infty}x_n=x_0$,都有 $\lim\limits_{n\to\infty}f(x_n)=A$.

推论 若存在某个数列 $\{x_n\}$:$x_n \neq x_0$,且 $\lim\limits_{n\to\infty} x_n = x_0$,$\lim\limits_{n\to\infty} f(x_n)$ 不存在,或存在两个趋于 x_0 但不等于 x_0 的数列 $\{x_n'\}$ 和 $\{x_n''\}$,而 $\lim\limits_{n\to\infty} f(x_n') \neq \lim\limits_{n\to\infty} f(x_n'')$,则 $\lim\limits_{x\to x_0} f(x)$ 不存在.

3. 无穷小量与无穷大量

1) 无穷小量与无穷大量的概念和关系

在某个变化过程中绝对值无限变小,即极限为零的变量称为该变化过程中的**无穷小(量)**. 亦即,如果 $\forall \varepsilon > 0$,总存在那么一个"时刻",使得在此时刻之后恒有 $|y| < \varepsilon$,则称在此变化过程中 y 是无穷小量. 无穷小量常用 α, β, γ 等字母表示.

在某个变化过程中,绝对值无限变大,即极限为无穷大的变量称为该变化过程中的无穷大量. 严格的叙述为:如果 $\forall$(无论多大的)$E > 0$,总存在那么一个时刻,使得在此时刻之后恒有 $|y| > E$,则称 y 是该变化过程中的**无穷大(量)**. 记作 $\lim y = \infty$. 特别地,某时刻之后恒取正值(负值)的无穷大量,称为**正无穷大量**(**负无穷大量**),记作 $\lim y = +\infty (\lim y = -\infty)$.

在同一变化过程中,如果 y 是无穷大量,则 $\dfrac{1}{y}$ 是无穷小量;如果 y 是无穷小量且 $y \neq 0$,则 $\dfrac{1}{y}$ 是无穷大量.

2) 无穷小量的性质

$\lim y = A \Leftrightarrow y = A + \alpha$(其中 α 是同一变化过程中的无穷小量).

在同一变化过程中的有限个无穷小量的代数和仍是无穷小量.

无穷小量与某时刻之后的有界变量的乘积仍为无穷小量.

推论 1 常数与无穷小量的乘积仍为无穷小量.

推论 2 有限个无穷小量的乘积仍为无穷小量.

推论 3 无穷小量与极限存在但不为零的变量之商仍为无穷小量.

3) 无穷小量的比较(阶)

设 α 与 β 是同一变化过程中的两个无穷小量.

(1) 如果 $\lim \dfrac{\alpha}{\beta} = 0$,则称 α 是比 β 较高阶的无穷小量,记作 $\alpha = o(\beta)$;

(2) 如果 $\lim \dfrac{\alpha}{\beta} = \infty$,则称 α 是比 β 较低阶的无穷小量;

(3) 如果 $\lim \dfrac{\alpha}{\beta} = c$($c$ 为非零常数),则称 α 与 β 是同阶的无穷小量.

特别地,如果 $\lim \dfrac{\alpha}{\beta} = 1$,则称 α 与 β 是等价无穷小量,记作 $\alpha \sim \beta$. 等价关系具有反身性、对称性和传递性.

如果 $\lim \dfrac{\alpha}{\beta}$ 不属于上述三种情形,则称 α 与 β 不可比较.

(4) 如果 $\lim \dfrac{\alpha}{\beta^k} = c$($c$ 为非零常数),则称 α 是 β 的 k 阶无穷小量.

常用的三组等价无穷小量：

当 $x \to 0$ 时,有

(1) $\sin x \sim \tan x \sim \arcsin x \sim \arctan x \sim \ln(1+x) \sim e^x - 1 \sim x$;

(2) $1 - \cos x \sim \dfrac{1}{2} x^2$;

(3) $(1+x)^\alpha - 1 \sim \alpha x$($\alpha$ 为常数).

更一般地,如果 $\lim \varphi(x) = 0$,则有:

(1) $\sin \varphi(x) \sim \tan \varphi(x) \sim \arcsin \varphi(x) \sim \arctan \varphi(x) \sim \ln[1 + \varphi(x)] \sim e^{\varphi(x)} - 1 \sim \varphi(x)$;

(2) $1 - \cos \varphi(x) \sim \dfrac{1}{2} \varphi^2(x)$;

(3) $[1 + \varphi(x)]^\alpha - 1 \sim \alpha \varphi(x)$.

4. 极限的运算法则

极限的四则运算法则　在同一变化过程中,如果 $\lim f(x) = A, \lim g(x) = B$ 均存在,则

(1) $\lim[f(x) \pm g(x)] = \lim f(x) \pm \lim g(x) = A \pm B$;

(2) $\lim[f(x) \cdot g(x)] = \lim f(x) \cdot \lim g(x) = A \cdot B$;

(3) 当 $B \neq 0$ 时,$\lim \dfrac{f(x)}{g(x)} = \dfrac{\lim f(x)}{\lim g(x)} = \dfrac{A}{B}$.

推论 1　若在同一变化过程中,有限个函数 $f_1(x), f_2(x), \cdots, f_k(x)$ 的极限都存在,则它们的代数和与乘积的极限也存在,且

$$\lim[f_1(x) \pm f_2(x) \pm \cdots \pm f_k(x)] = \lim f_1(x) \pm \lim f_2(x) \pm \cdots \pm \lim f_k(x),$$
$$\lim[f_1(x) \cdot f_2(x) \cdot \cdots \cdot f_k(x)] = \lim f_1(x) \cdot \lim f_2(x) \cdot \cdots \cdot \lim f_k(x).$$

推论 2　常数因子可提到极限符号前面,即 $\lim[cf(x)] = c \lim f(x)$(其中 c 为常数).

推论 3　若 $\lim f(x) = A$,则 $\lim[f(x)]^n = [\lim f(x)]^n = A^n (n \in \mathbf{N})$.

复合函数的极限法则　设函数 $y = f[\varphi(x)]$ 是由 $y = f(u)$ 与 $u = \varphi(x)$ 复合而成,如果 $\lim \varphi(x) = u_0$(但 $\varphi(x) \neq u_0, u_0$ 是常数或 ∞),而 $\lim\limits_{u \to u_0} f(u) = A$,则

$$\lim f[\varphi(x)] = \lim\limits_{u \to u_0} f(u) = A.$$

推论 1　若 $\lim f(x) = A, \lim g(x) = B$ 都存在,且 $A > 0$,则
$$\lim f(x)^{g(x)} = [\lim f(x)]^{\lim g(x)} = A^B.$$

推论 2　若 $\lim f(x) = A > 0$,则
$$\lim[f(x)]^\alpha = [\lim f(x)]^\alpha = A^\alpha \quad \text{(其中 } \alpha \text{ 为实常数).}$$

极限存在的两个准则.

准则(Ⅰ)(两边夹法则)　如果在同一变化过程中,三个函数 $h(x), f(x), g(x)$ 满足:

(1) 在某时刻之后恒有 $h(x) \leqslant f(x) \leqslant g(x)$;

(2) $\lim h(x) = \lim g(x) = A$,

则 $\lim f(x) = A$.

准则(Ⅱ) 单调有界数列必有极限.

两个重要极限(1) $\lim\limits_{x \to 0} \dfrac{\sin x}{x} = 1$; (2) $\lim\limits_{x \to \infty} \left(1 + \dfrac{1}{x}\right)^x = e$.

连续复利问题 设本金为 A_0,年利率为 r.按连续复利计算,t 年末本利和为 $A_t = A_0 e^{rt}$,A_t 称为 A_0 的将来值,而 A_0 称为 A_t 的现值:$A_0 = A_t e^{-rt}$.

设 α 与 β 是同一变化过程中的两个无穷小量.且 $\alpha \sim \beta$,则:

(1) $\lim \alpha f(x) = \lim \beta f(x)$;

(2) $\lim \dfrac{f(x)}{\alpha} = \lim \dfrac{f(x)}{\beta}$.

此定理表明,在求极限时,可以把一个无穷小量因子(无论是分子上的因子还是分母上的因子)换成与它等价的无穷小量而不影响极限值,用这一方法可以大大简化极限运算.

根据此定理还可以得到 1^∞ 型的未定式的计算公式:

如果 $\lim f(x) = 1, \lim g(x) = \infty$,则

$$\lim f(x)^{g(x)} = e^{\lim g(x)[f(x)-1]}.$$

常用的基本极限:

(1) $\lim C = C$.

(2) 若 $f(x)$ 是初等函数,x_0 是其定义区间内的一点,则

$$\lim_{x \to x_0} f(x) = f(x_0).$$

(3) $\lim\limits_{x \to +\infty} x^a = \begin{cases} +\infty, & a > 0, \\ 0, & a < 0, \end{cases}$ $\lim\limits_{x \to 0^+} x^a = \begin{cases} 0, & a > 0, \\ +\infty, & a < 0. \end{cases}$

(4) $\lim\limits_{x \to 0} a^x = 1$, $\lim\limits_{x \to +\infty} a^x = \begin{cases} +\infty, & a > 1, \\ 0, & 0 < a < 1, \end{cases}$ $\lim\limits_{x \to -\infty} a^x = \begin{cases} 0, & a > 1, \\ +\infty, & 0 < a < 1. \end{cases}$

(5) $\lim\limits_{x \to +\infty} \log_a x = \begin{cases} +\infty, & a > 1, \\ -\infty, & 0 < a < 1 \end{cases} = \infty,$

$\quad\ \lim\limits_{x \to 0^+} \log_a x = \begin{cases} -\infty, & a > 1, \\ +\infty, & 0 < a < 1 \end{cases} = \infty.$

(6) $\lim\limits_{x \to \left(\frac{\pi}{2}\right)^-} \tan x = +\infty$, $\lim\limits_{x \to \left(\frac{\pi}{2}\right)^+} \tan x = -\infty$ 或 $\lim\limits_{x \to \frac{\pi}{2}} \tan x = \infty$;

$\quad\ \lim\limits_{x \to 0^-} \cot x = -\infty$, $\lim\limits_{x \to 0^+} \cot x = +\infty$ 或 $\lim\limits_{x \to 0^-} \cot x = \infty$.

(7) $\lim\limits_{x \to +\infty} \arctan x = \dfrac{\pi}{2}$, $\lim\limits_{x \to -\infty} \arctan x = -\dfrac{\pi}{2}$;

$\quad\ \lim\limits_{x \to +\infty} \operatorname{arccot} x = 0$, $\lim\limits_{x \to -\infty} \operatorname{arccot} x = \pi$.

5. 函数的连续性

设函数 $y = f(x)$ 在点 x_0 的某邻域内有定义. 如果

$$\lim_{x \to x_0} f(x) = f(x_0) \quad \text{或} \lim_{\Delta x \to 0} \Delta y = \lim_{\Delta x \to 0} [f(x_0 + \Delta x) - f(x_0)] = 0,$$

则称函数 $y = f(x)$ 在点 x_0 处**连续**.

根据定义 2.5,函数 $y=f(x)$ 在一点 x_0 处连续必须满足三个条件:

(1) $f(x)$ 在点 x_0 及其邻近有定义;

(2) $\lim\limits_{x \to x_0} f(x)$ 存在;

(3) $\lim\limits_{x \to x_0} f(x)=f(x_0)$.

设函数 $f(x)$ 在点 x_0 及其某个左半邻域内有定义. 如果 $\lim\limits_{x \to x_0^-} f(x)=f(x_0)$,则称 $f(x)$ 在点 x_0 处**左连续**;如果函数 $f(x)$ 在点 x_0 及其某个右半邻域内有定义,且 $\lim\limits_{x \to x_0^+} f(x)=f(x_0)$,则称 $f(x)$ 在点 x_0 处**右连续**.

显然,$f(x)$ 在点 x_0 处连续 $\Leftrightarrow f(x)$ 在点 x_0 处左、右均连续.

如果函数 $f(x)$ 在开区间 (a,b) 内每一点都连续,则称 $f(x)$ 在开区间 (a,b) 内连续,此时也称 $f(x)$ 是开区间 (a,b) 内的连续函数;如果函数 $f(x)$ 在开区间 (a,b) 内连续,且在点 a 右连续,在点 b 左连续,则称函数 $f(x)$ 在闭区间 $[a,b]$ 上连续,或称 $f(x)$ 是闭区间 $[a,b]$ 上的连续函数.

设函数 $f(x)$ 在点 x_0 的某去心邻域内有定义,在此前提下,如果函数 $f(x)$ 在点 x_0 处不满足连续三条件中的任何一条,即出现下列三种情形之一:

(1) $f(x)$ 在点 x_0 处没定义;

(2) 虽在点 x_0 处有定义,但 $\lim\limits_{x \to x_0} f(x)$ 不存在;

(3) 虽在点 x_0 处有定义,且 $\lim\limits_{x \to x_0} f(x)$ 也存在,但 $\lim\limits_{x \to x_0} f(x) \neq f(x_0)$,则称函数 $f(x)$ 在点 x_0 处不连续或**间断**,点 x_0 称为函数 $f(x)$ 的**间断点**.

左、右极限均存在的间断点称为**第一类间断点**(左、右极限相等时称为可去间断点,不等时称为**跳跃型间断点**). 左、右极限至少一个不存在的点称为函数的**第二类间断点**(左、右极限为 ∞ 的点称为**无穷型间断点**,左、右极限振荡不存在的点称为**振荡型间断点**).

连续函数的四则运算法则 如果函数 $f(x),g(x)$ 在点 x_0 处连续,则 $f(x) \pm g(x),f(x) \cdot g(x),\dfrac{f(x)}{g(x)}(g(x_0) \neq 0)$ 均在点 x_0 处连续.

反函数的连续性 严格单调增加(严格减少)连续函数的反函数仍然是严格单调增加(严格减少)的连续函数.

复合函数的连续性 若函数 $u=\varphi(x)$ 在点 x_0 处连续,而 $y=f(u)$ 在点 $u_0=\varphi(x_0)$ 连续,则复合函数 $y=f[\varphi(x)]$ 点 x_0 处也连续.

重要结论:①初等函数在其定义区间内处处连续;②分段函数在其定义区间内不一定处处连续. 但在每一段内都是一个初等函数,因而在每段内部各点都是连续的. 因此考察分段函数的连续性时,只需考察它在各分段点处的连续性即可.

最值定理 如果函数 $f(x)$ 在闭区间 $[a,b]$ 上连续,则它在 $[a,b]$ 上一定有最大值和最小值.

有界性定理 如果函数 $f(x)$ 在 $[a,b]$ 上连续,则 $f(x)$ 在 $[a,b]$ 上必有界.

介值定理 如果函数 $f(x)$ 在 $[a,b]$ 上连续,m 与 M 分别是 $f(x)$ 在 $[a,b]$ 上的最小值和最大值,则 $\forall c \in (m,M)$,在开区间 (a,b) 内至少存在一点 ξ,使得 $f(\xi)=c$.

零点存在定理 若函数 $f(x)$ 在 $[a,b]$ 上连续,且 $f(a) \cdot f(b) < 0$,则在开区间 (a,b) 内至少存在一点 ξ 使 $f(\xi) = 0$.

连续函数的局部性质 (1) 若 $f(x)$ 在点 x_0 连续,且 $f(x_0) > 0 (f(x_0) < 0)$,则在 x_0 点的某邻域内恒有 $f(x) > 0 (f(x) < 0)$.

(2) 若 $f(x)$ 在点 x_0 连续,则 $f(x)$ 在点 x_0 的某邻域内有界.

三、典 型 例 题

例 1 用极限定义或无穷大量定义证明:

(1) $\lim\limits_{n \to \infty} \dfrac{2n+1}{n\sqrt{n}+2n-1} \sin n = 0$;

(2) $\lim\limits_{x \to +\infty} (\sqrt{x^2+2x+3} - x) = 1$;

(3) $\lim\limits_{x \to -\infty} (\sqrt{x^2+2x+3} - x) = +\infty$;

(4) $\lim\limits_{x \to 2} x^3 = 8$;

(5) $\lim\limits_{x \to 1^-} \arctan \dfrac{1}{1-x} = \dfrac{\pi}{2}$;

(6) $\lim\limits_{x \to 0^+} \ln x = -\infty$.

证明 (1) $\forall \varepsilon > 0$,要使

$$\left| \frac{2n+1}{n\sqrt{n}+2n-1} \sin n - 0 \right| = \frac{2n+1}{n\sqrt{n}+2n-1} \, |\sin n| \leqslant \frac{2n+1}{n\sqrt{n}+2n-1}$$

$$\leqslant \frac{2n+n}{n\sqrt{n}} = \frac{3}{\sqrt{n}} < \varepsilon,$$

只要 $n > \dfrac{9}{\varepsilon^2}$,可取 $N = \left[\dfrac{9}{\varepsilon^2} \right]$,则 $\forall \varepsilon > 0$,$\exists$ 正整数 $N = \left[\dfrac{9}{\varepsilon^2} \right]$,当 $n > N$ 时,恒有

$$\left| \frac{2n+1}{n\sqrt{n}+2n-1} \sin n - 0 \right| < \varepsilon.$$

所以 $\lim\limits_{n \to \infty} \dfrac{2n+1}{n\sqrt{n}+2n-1} \sin n = 0$.

(2) $\forall \varepsilon > 0$,要使

$$| (\sqrt{x^2+2x+3} - x) - 1 | = | \sqrt{x^2+2x+3} - (x+1) |$$

$$= \left| \frac{2}{\sqrt{x^2+2x+3} + (x+1)} \right|$$

$$= \frac{2}{\sqrt{x^2+2x+3} + (x+1)} < \frac{2}{\sqrt{x^2}} = \frac{2}{x} < \varepsilon,$$

只要 $x > \dfrac{2}{\varepsilon}$,可取 $X = \dfrac{2}{\varepsilon}$,则 $\forall \varepsilon > 0$,$\exists X = \dfrac{2}{\varepsilon}$,当 $x > X$ 时,恒有

$$| (\sqrt{x^2+2x+3} - x) - 1 | < \varepsilon.$$

所以 $\lim\limits_{x \to +\infty} (\sqrt{x^2+2x+3} - x) = 1$.

(3) $\forall E>0$, 要使

$$| \sqrt{x^2+2x+3}-x | = \sqrt{x^2+2x+3}-x \quad (x<0)$$
$$= \sqrt{(x+1)^2+2}-x \geqslant \sqrt{(x+1)^2}-x$$
$$= -(x+1)-x \quad (x<-1)$$
$$= -2x-1>E.$$

只要 $x<-\dfrac{E+1}{2}$, 可取 $X=\dfrac{E+1}{2}$, 则 $\forall E>0$, $\exists X=\dfrac{E+1}{2}$, 当 $x<-X$ 时, 恒有

$$| \sqrt{x^2+2x+3}-x | > E.$$

所以 $\lim\limits_{x\to-\infty}(\sqrt{x^2+2x+3}-x)=\infty$.

又因为当 $x<0$ 时, $\sqrt{x^2+2x+3}-x$ 恒为正值, 所以

$$\lim\limits_{x\to-\infty}(\sqrt{x^2+2x+3}-x)=+\infty.$$

(4) $\forall \varepsilon>0$, 要使 $|x^3-8|=|x-2||x^2+2x+4|<\varepsilon$. 因 $x\to2$, 所以可限制 x 在 2 的附近变化, 比如 $0<|x-2|<1$, 即 $1<x<3$ 且 $x\neq2$, 则 $|x^2+2x+4|<19$, 从而

$$|x^3-8| \leqslant 19|x-2|,$$

只要 $19|x-2|<\varepsilon$, 即 $0<|x-2|<\dfrac{\varepsilon}{19}$. 可取 $\delta=\min\left\{\dfrac{\varepsilon}{19},1\right\}$, 则 $\forall \varepsilon>0$, $\exists \delta=\min\left\{\dfrac{\varepsilon}{19},1\right\}>0$, 当 $0<|x-2|<\delta$ 时, 恒有 $|x^3-8|<\varepsilon$. 所以 $\lim\limits_{x\to2}x^3=8$.

(5) $\forall \varepsilon>0$, 要使 $\left|\arctan\dfrac{1}{1-x}-\dfrac{\pi}{2}\right|=\dfrac{\pi}{2}-\arctan\dfrac{1}{1-x}<\varepsilon$, 只要 $\arctan\dfrac{1}{1-x}>\dfrac{\pi}{2}-\varepsilon$, $\dfrac{1}{1-x}>\tan\left(\dfrac{\pi}{2}-\varepsilon\right)=\cot\varepsilon$, $0<1-x<\tan\varepsilon$. 可取 $\delta=\tan\varepsilon$, 则 $\forall \varepsilon>0$, $\exists \delta=\tan\varepsilon>0(\varepsilon<1)$, 当 $0<1-x<\delta$ 时, 恒有

$$\left|\arctan\dfrac{1}{1-x}-\dfrac{\pi}{2}\right|<\varepsilon.$$

所以 $\lim\limits_{x\to1^-}\arctan\dfrac{1}{1-x}=\dfrac{\pi}{2}$.

(6) $\forall E>0$, 要使 $|\ln x|=-\ln x(0<x<1)>E$, 只要 $0<x<e^{-E}$, 可取 $\delta=e^{-E}$, 则 $\forall E>0$, $\exists \delta=e^{-E}>0$, 当 $0<x-0<\delta$ 时, 恒有 $|\ln x|<E$. 所以 $\lim\limits_{x\to0^+}\ln x=\infty$.

又因为当 $0<x<1$ 时, $\ln x$ 恒为负值, 所以 $\lim\limits_{x\to0^+}\ln x=-\infty$.

例 2(多项选择) 设 $\{x_n\}$ 是一已知数列, 则 $\lim\limits_{n\to\infty}x_n=A\Leftrightarrow($ $)$.

(A) $\forall \varepsilon>0$, 在区间 $(A-\varepsilon,A+\varepsilon)$ 内都含有 $\{x_n\}$ 中无穷多个项;

(B) $\forall \varepsilon>0$, $\exists N\in\mathbf{N}_+$, 使得当 $n>N$ 时所有的 x_n 都在区间 $(A-\varepsilon,A+\varepsilon)$ 内;

(C) $\forall \varepsilon>0$, 不在区间 $(A-\varepsilon,A+\varepsilon)$ 内的 x_n 都只有有限个;

(D) $\{x_n\}$ 的任一子列 $\{x_{n_k}\}$ 均收敛;

(E) $\forall \varepsilon>0$, $\exists N\in\mathbf{N}_+$. 当 $n\geqslant N$ 时, 恒有 $|x_n-A|\leqslant\varepsilon$.

(F) $\forall k\in N_+$, $\exists N\in\mathbf{N}_+$. 当 $n>N$ 时, 恒有 $|x_n-A|<\dfrac{1}{k}$.

答 (B),(C),(E),(F).

例3 求下列 $\dfrac{0}{0}$ 型的极限.

(1) $\lim\limits_{x\to0}\dfrac{\sqrt{1+\tan x}-\sqrt{1+\sin x}}{(e^{2x}-1)\ln(1-x^2)}$;

(2) $\lim\limits_{x\to1}\dfrac{x^\alpha-1}{x^\beta-1}$(其中 α,β 均为常数,且 $\beta\neq0$);

(3) $\lim\limits_{x\to0}\dfrac{1-\cos^\alpha x}{\arcsin x\cdot(\sqrt{1-2x}-1)}$(其中 α 为常数);

(4) $\lim\limits_{x\to0}\dfrac{a^x-b^x}{c^x-d^x}$(其中 a,b,c,d 均为不等于 1 的正常数,且 $c\neq d$).

分析 $\dfrac{0}{0}$ 型的极限问题计算方法是用因式分解、根式有理化、重要极限,特别是等价无穷小因子代换等变形手段进行变形,约去无穷小公因子后再根据极限的运算法则求极限.

解 (1) 当 $x\to0$ 时,$e^{2x}-1\sim2x$,$\ln(1-x^2)\sim-x^2$,则

$$原式=\lim_{x\to0}\frac{\sqrt{1+\tan x}-\sqrt{1+\sin x}}{(e^{2x}-1)\ln(1-x^2)}$$

$$=\lim_{x\to0}\frac{1}{\sqrt{1+\tan x}+\sqrt{1+\sin x}}\cdot\frac{\tan x-\sin x}{-2x^3}$$

$$=-\frac{1}{2}\lim_{x\to0}\frac{1}{\sqrt{1+\tan x}+\sqrt{1+\sin x}}\cdot\lim_{x\to0}\frac{\tan x(1-\cos x)}{x^3}$$

$$=-\frac{1}{4}\lim_{x\to0}\frac{x\cdot\frac{1}{2}x^2}{x^3}=-\frac{1}{8}\quad(当\ x\to0\ 时,\tan x\sim x,1-\cos x\sim\frac{1}{2}x^2).$$

(2) 当 $x\to0$ 时,$x-1\to0$,则

$$x^\alpha-1=[1+(x-1)]^\alpha-1\sim\alpha(x-1),$$
$$x^\beta-1=[1+(x-1)]^\beta-1\sim\beta(x-1),$$

所以,原式 $=\lim\limits_{x\to1}\dfrac{\alpha(x-1)}{\beta(x-1)}=\dfrac{\alpha}{\beta}$.

(3) 当 $x\to0$ 时,

$$1-\cos^\alpha x=1-[1+(\cos x-1)]^\alpha$$

$$=-\{[1+(\cos x-1)]^\alpha-1\}\sim-\alpha(\cos x-1)=\alpha(1-\cos x)\sim\frac{1}{2}\alpha x^2,$$

$$\arcsin x\sim x,\quad(\sqrt{1-2x}-1)=(1-2x)^{\frac{1}{2}}-1\sim\frac{1}{2}(-2x)=-x,$$

所以,原式 $=\lim\limits_{x\to0}\dfrac{\frac{1}{2}\alpha x^2}{x\cdot(-x)}=-\dfrac{\alpha}{2}$.

(4) 原式 $=\lim\limits_{x\to0}\dfrac{b^x\left[\left(\frac{a}{b}\right)^x-1\right]}{d^x\left[\left(\frac{c}{d}\right)^x-1\right]}=\lim\limits_{x\to0}\dfrac{b^x}{d^x}\cdot\lim\limits_{x\to0}\dfrac{\left(\frac{a}{b}\right)^x-1}{\left(\frac{c}{d}\right)^x-1}=\lim\limits_{x\to0}\dfrac{e^{x\ln\frac{a}{b}}-1}{e^{x\ln\frac{c}{d}}-1}$

$$= \lim_{x \to 0} \frac{x \ln \dfrac{a}{b}}{x \ln \dfrac{d}{c}} = \frac{\ln a - \ln b}{\ln c - \ln d}.$$

例 4 求下列 $\dfrac{\infty}{\infty}$ 型的极限.

(1) $\lim\limits_{x \to \infty} \dfrac{(4x-1)(2x+1)}{5x^3+2x}$;

(2) $\lim\limits_{x \to \infty} \dfrac{x^2+\sqrt{x^2+3}}{2x-\sqrt{2x^4-1}}$;

(3) $\lim\limits_{x \to +\infty} \dfrac{e^{2x}+e^{-x}}{3e^x+2e^{2x}}$;

(4) $\lim\limits_{x \to \frac{\pi}{2}} \dfrac{\tan 5x}{\tan 3x}$.

分析 $\dfrac{\infty}{\infty}$ 型的极限有下列几种思路:

(1) 分子分母同除以一个适当的量(表达式中在变化过程中变得最大的起决定作用的量——此方法也称为"抓大头"准则).

(2) 直接用公式:

$$\lim_{x \to \infty} \frac{a_0 x^n + a_1 x^{n-1} + \cdots + a_n}{b_0 x^m + b_1 x^{m-1} + \cdots + b_m} = \begin{cases} a_0/b_0, & n=m, \\ 0, & n<m, \\ \infty, & n>m. \end{cases}$$

(3) 变形为 $\dfrac{0}{0}$ 型的极限.

解 (1) 因分子次数小于分母次数,所以用公式直接有,原式$=0$.

(2) 分子分母同除以 x^2,得

$$原式 = \lim_{x \to \infty} \frac{1+\sqrt{\dfrac{1}{x^2}+\dfrac{3}{x^4}}}{\dfrac{2}{x}-\sqrt{2-\dfrac{1}{x^4}}} = -\frac{1}{\sqrt{2}} = -\frac{\sqrt{2}}{2}.$$

(3) 分子分母同除以 e^{2x},得

$$原式 = \lim_{x \to +\infty} \frac{1+e^{-3x}}{3e^{-x}+2} = \frac{1}{2}.$$

(4) 根据"诱导公式"和"倒数关系",得

$$原式 = \lim_{x \to \frac{\pi}{2}} \frac{\cot\left(\dfrac{5\pi}{2}-5x\right)}{\cot\left(\dfrac{3\pi}{2}-3x\right)} = \lim_{x \to \frac{\pi}{2}} \frac{\tan\left(\dfrac{3\pi}{2}-3x\right)}{\tan\left(\dfrac{5\pi}{2}-5x\right)}\left(\dfrac{0}{0} \text{ 型}\right) = \lim_{x \to \frac{\pi}{2}} \frac{\dfrac{3\pi}{2}-3x}{\dfrac{5\pi}{2}-5x}$$

$$= \lim_{x \to \frac{\pi}{2}} \frac{3\left(\dfrac{\pi}{2}-x\right)}{5\left(\dfrac{\pi}{2}-x\right)} = \frac{3}{5}.$$

$$\left(当\ x \to \frac{\pi}{2} \text{ 时}, \frac{3\pi}{2}-3x \to 0, \frac{5\pi}{2}-5x \to 0, \text{ 从而 } \tan\left(\frac{3\pi}{2}-3x\right) \sim \frac{3\pi}{2}-3x,\right.$$

$$\left.\tan\left(\frac{5\pi}{2}-5x\right) \sim \frac{5\pi}{2}-5x.\right)$$

24

例 5 $0 \cdot \infty$ 型和 $\infty-\infty$ 型的极限.

(1) $\lim\limits_{x\to\frac{\pi}{2}}(2x-\pi)\tan x$;　　　　(2) $\lim\limits_{x\to-\infty}x(\sqrt{x^2+1}-\sqrt{x^2-1})$;

(3) $\lim\limits_{x\to2}\left(\dfrac{1}{x-2}-\dfrac{x+10}{x^3-8}\right)$;　　　　(4) $\lim\limits_{x\to+\infty}(\sqrt{x^2+3x+1}-\sqrt{x^2-3x-1})$.

分析　$0\cdot\infty$型和$\infty-\infty$型的极限的求法是将其变形为分式,此分式一般是$\dfrac{0}{0}$型或$\dfrac{\infty}{\infty}$型的极限,然后再按$\dfrac{0}{0}$型或$\dfrac{\infty}{\infty}$型的方法进行计算.

解　(1) $\lim\limits_{x\to\frac{\pi}{2}}(2x-\pi)\tan x\,(0\cdot\infty$型$)$

$=\lim\limits_{x\to\frac{\pi}{2}}\dfrac{(2x-\pi)\sin x}{\cos x}\left(\dfrac{0}{0}$型$\right)$

$=\lim\limits_{x\to\frac{\pi}{2}}\sin x\cdot\lim\limits_{x\to\frac{\pi}{2}}\dfrac{2x-\pi}{\cos x}=\lim\limits_{x\to\frac{\pi}{2}}\dfrac{2x-\pi}{\cos x}\left(\dfrac{0}{0}$型$\right)$

$=\lim\limits_{x\to\frac{\pi}{2}}\dfrac{2x-\pi}{\sin\left(\frac{\pi}{2}-x\right)}=\lim\limits_{x\to\frac{\pi}{2}}\dfrac{2x-\pi}{\frac{\pi}{2}-x}=-2\lim\limits_{x\to\frac{\pi}{2}}\dfrac{2x-\pi}{2x-\pi}=-2.$

(2) $\lim\limits_{x\to-\infty}x(\sqrt{x^2+1}-\sqrt{x^2-1})=\lim\limits_{x\to-\infty}x\cdot\dfrac{2}{\sqrt{x^2+1}+\sqrt{x^2-1}}\,(0\cdot\infty$型$)$

$=\lim\limits_{x\to-\infty}\dfrac{2x}{\sqrt{x^2+1}+\sqrt{x^2-1}}\left(\dfrac{\infty}{\infty}$型$\right)$

$=\lim\limits_{x\to-\infty}\dfrac{2}{-\sqrt{1+\frac{1}{x^2}}-\sqrt{1-\frac{1}{x^2}}}=\dfrac{2}{-2}=-1.$

(3) $\lim\limits_{x\to2}\left(\dfrac{1}{x-2}-\dfrac{x+10}{x^3-8}\right)(\infty-\infty$型$)=\lim\limits_{x\to2}\dfrac{x^2+x-6}{(x-2)(x^2+2x+4)}\left(\dfrac{0}{0}$型$\right)$

$=\lim\limits_{x\to2}\dfrac{(x-2)(x+3)}{(x-2)(x^2+2x+4)}$

$=\lim\limits_{x\to2}\dfrac{x+3}{x^2+2x+4}=\dfrac{5}{12}.$

(4) $\lim\limits_{x\to+\infty}(\sqrt{x^2+3x+1}-\sqrt{x^2-3x-1})(\infty-\infty$型$)$

$=\lim\limits_{x\to+\infty}\dfrac{6x+2}{\sqrt{x^2+3x+1}+\sqrt{x^2-3x-1}}\left(\dfrac{\infty}{\infty}$型$\right)$

$=\dfrac{6}{2}=3.$

例6　1^∞型的极限.

(1) $\lim\limits_{x\to0}(\cos x)^{\frac{1}{\ln(1+x^2)}}$;　　　　(2) $\lim\limits_{x\to\infty}\left(\dfrac{2x-3}{2x+5}\right)^{4x+7}$.

分析　如果$\lim f(x)=1,\lim g(x)=\infty$,则称$\lim f(x)^{g(x)}$为$1^\infty$型的未定式. 其计算公式为$\lim f(x)^{g(x)}=e^{\lim g(x)\ln f(x)}\,(0\cdot\infty$型$)=e^{\lim g(x)\ln\{1+[f(x)-1]\}}=e^{\lim g(x)[f(x)-1]}$.

解　(1) $\lim\limits_{x\to0}(\cos x)^{\frac{1}{\ln(1+x^2)}}=e^{\lim\limits_{x\to0}\frac{\cos x-1}{\ln(1+x^2)}}\,\left(\dfrac{0}{0}$型$\right)=e^{\lim\limits_{x\to0}\frac{-\frac{1}{2}x^2}{x^2}}=e^{-\frac{1}{2}}.$

(2) $\lim\limits_{x\to\infty}\left(\dfrac{2x-3}{2x+5}\right)^{4x+7}=e^{\lim\limits_{x\to\infty}(4x+7)\left(\frac{2x-3}{2x+5}-1\right)}=e^{\lim\limits_{x\to\infty}\frac{-8(4x+7)}{2x+5}}=e^{-16}.$

例 7 计算下列极限.

(1) $\lim\limits_{x\to+\infty}(\cos\sqrt{x+1}-\cos\sqrt{x})$;

(2) $\lim\limits_{n\to\infty}\sqrt[n]{1+a^n+\left(\dfrac{a^2}{2}\right)^n}\,(a\geqslant0)$;

(3) $\lim\limits_{n\to\infty}\left(1+\dfrac{1}{1+1}+\dfrac{1}{1+2}+\cdots+\dfrac{1}{1+2+\cdots+n}\right)$;

(4) $\lim\limits_{n\to\infty}(1+x)(1+x^2)(1+x^4)\cdots(1+x^{2^n})(|x|<1)$;

(5) $\lim\limits_{n\to\infty}\dfrac{1\cdot3\cdot5\cdots(2n-1)}{2\cdot4\cdot6\cdots(2n)}$;

(6) $\lim\limits_{n\to\infty}\left(1-\dfrac{1}{2^2}\right)\left(1-\dfrac{1}{3^2}\right)\cdots\left(1-\dfrac{1}{n^2}\right)$.

(1) **分析** 当 $x\to+\infty$ 时,$\cos\sqrt{x+1}$ 与 $\cos\sqrt{x}$ 均振荡无极限,本题不能用极限的四则运算法则计算,它也不是未定式.先用和差化积公式变形,再分子有理化,最后根据无穷小量与有界变量的乘积仍为无穷小这一性质求出极限.

解

$$\lim\limits_{x\to+\infty}(\cos\sqrt{x+1}-\cos\sqrt{x})=-2\lim\limits_{x\to+\infty}\sin\dfrac{\sqrt{x+1}+\sqrt{x}}{2}\sin\dfrac{\sqrt{x+1}-\sqrt{x}}{2}$$

$$=-2\lim\limits_{x\to+\infty}\sin\dfrac{\sqrt{x+1}+\sqrt{x}}{2}\sin\dfrac{1}{2(\sqrt{x+1}+\sqrt{x})},$$

因为 $\left|\sin\dfrac{\sqrt{x+1}+\sqrt{x}}{2}\right|\leqslant1$,而 $\lim\limits_{x\to+\infty}\sin\dfrac{1}{2(\sqrt{x+1}+\sqrt{x})}=0$,所以,原式 $=0$.

(2) **分析** 根据 a 的取值情况讨论 $1,a$ 和 $\dfrac{a^2}{2}$ 三数中的最大值,然后将 $\sqrt[n]{1+a^n+\left(\dfrac{a^2}{2}\right)^n}$ 进行放缩,最后用两边夹法则.

解

① 当 $0\leqslant a\leqslant1$ 时,$\dfrac{a^2}{2}\leqslant a\leqslant1$,则

$$1\leqslant\sqrt[n]{1+a^n+\left(\dfrac{a^2}{2}\right)^n}\leqslant\sqrt[n]{1+1^n+1^n}=\sqrt[n]{3}=3^{\frac{1}{n}}.$$

而 $\lim\limits_{n\to\infty}3^{\frac{1}{n}}=3^0=1$,由两边夹法则得,原式 $=1$.

② 当 $1<a\leqslant2$ 时,$a>1$ 且 $a\geqslant\dfrac{a^2}{2}$,则

$$a\leqslant\sqrt[n]{1+a^n+\left(\dfrac{a^2}{2}\right)^n}\leqslant\sqrt[n]{a^n+a^n+a^n}=\sqrt[n]{3}\cdot a.$$

而 $\lim\limits_{n\to\infty}\sqrt[n]{3}\cdot a=a$,由两边夹法则得,原式 $=a$.

③ 当 $a>2$ 时,$1<a<\dfrac{a^2}{2}$,则

$$\frac{a^2}{2} \leqslant \sqrt[n]{1+a^n+\left(\frac{a^2}{2}\right)^n} \leqslant \sqrt[n]{\left(\frac{a^2}{2}\right)^n+\left(\frac{a^2}{2}\right)^n+\left(\frac{a^2}{2}\right)^n} = \frac{a^2}{2}\cdot\sqrt[n]{3}.$$

而 $\lim\limits_{n\to\infty}\dfrac{a^2}{2}\cdot\sqrt[n]{3}=\dfrac{a^2}{2}$，由两边夹法则得，原式 $=\dfrac{a^2}{2}$．

所以

$$\lim_{n\to\infty}\sqrt[n]{1+a^n+\left(\frac{a^2}{2}\right)^n} = \begin{cases} 1, & 0\leqslant a\leqslant 1, \\ a, & 1<a\leqslant 2, \\ \dfrac{a^2}{2}, & a>2. \end{cases}$$

(3) **分析** $\dfrac{1}{1+2+\cdots+k}=\dfrac{2}{k(k+1)}=2\left(\dfrac{1}{k}-\dfrac{1}{k+1}\right)$

解

$$\text{原式}=\lim_{n\to\infty}\left\{1+\frac{1}{2}+2\left[\left(\frac{1}{2}-\frac{1}{3}\right)+\left(\frac{1}{3}-\frac{1}{4}\right)+\cdots+\left(\frac{1}{n}-\frac{1}{n+1}\right)\right]\right\}$$

$$=\lim_{n\to\infty}\left[\frac{3}{2}+2\left(\frac{1}{2}-\frac{1}{n+1}\right)\right]=\frac{5}{2}.$$

(4) **分析** 分子分母同乘以 $1-x$，发生连锁变化．

解

$$(1+x)(1+x^2)(1+x^4)(1+x^8)\cdots(1+x^{2^n})$$

$$=\frac{1}{1-x}\left[(1-x)(1+x)(1+x^2)(1+x^4)(1+x^8)\cdots(1+x^{2^n})\right]$$

$$=\frac{1}{1-x}\left[(1-x^2)(1+x^2)(1+x^4)(1+x^8)\cdots(1+x^{2^n})\right]$$

$$=\frac{1}{1-x}\left[(1-x^4)(1+x^4)(1+x^8)\cdots(1+x^{2^n})\right]$$

$$=\frac{1}{1-x}\left[(1-x^8)(1+x^8)\cdots(1+x^{2^n})\right]$$

$$=\cdots\cdots$$

$$=\frac{1}{1-x}(1-x^{2^n})(1+x^{2^n})=\frac{1}{1-x}(1-x^{2^{n+1}}),$$

所以，原式 $=\lim\limits_{n\to\infty}\dfrac{1}{1-x}(1-x^{2^{n+1}})=\dfrac{1}{1-x}$（因为当 $|x|<1$ 时，$\lim\limits_{n\to\infty}x^{2^{n+1}}=0$）．

(5) **分析** 本题技巧性较强，注意到一个值小于 1 的分数的分子分母分别都加 1 后分数值变大，值大于 1 的分数的分子分母都加 1 后分数值变小．

解

$$I_n=\frac{1\cdot3\cdot5\cdots(2n-1)}{2\cdot4\cdot6\cdots(2n)}=\frac{1}{2}\cdot\frac{3}{4}\cdot\frac{5}{6}\cdots\frac{2n-1}{2n}$$

$$<\frac{2}{3}\cdot\frac{4}{5}\cdot\frac{6}{7}\cdots\frac{2n-2}{2n-1}\cdot\frac{2n}{2n+1}$$

$$=\frac{2\cdot4\cdot6\cdots(2n)}{3\cdot5\cdot7\cdots(2n-1)}\cdot\frac{1}{2n+1}=\frac{1}{I_n(2n+1)},$$

所以，$I_n^2<\dfrac{1}{2n+1}$，$0<I_n<\dfrac{1}{\sqrt{2n+1}}\to0$，根据两边夹法则得 $\lim\limits_{n\to\infty}I_n=0$．

另一思路是利用 $\sqrt{ab}\leqslant\dfrac{a+b}{2}$,即 $ab\leqslant\left(\dfrac{a+b}{2}\right)^2(a>0,b>0,$ 几何平均值不超过算数平均值). 则

$$1^2\cdot3^2\cdot5^2\cdot7^2\cdots(2n-1)^2\cdot(2n+1)$$
$$=(1\cdot3)\cdot(3\cdot5)\cdot(5\cdot7)\cdots[(2n-3)\cdot(2n-1)]\cdot[(2n-1)\cdot(2n+1)]$$
$$<2^2\cdot4^2\cdot6^2\cdots(2n)^2.$$

两边开方

$$1\cdot3\cdot5\cdot7\cdots(2n-1)\cdot\sqrt{2n+1}<2\cdot4\cdot6\cdots(2n).$$
$$0<\frac{1\cdot3\cdot5\cdots(2n-1)}{2\cdot4\cdot6\cdots(2n)}<\frac{1}{\sqrt{2n+1}}\to0.$$

所以,原式$=0$.

(6) **分析**　$1-\dfrac{1}{k^2}=\dfrac{k^2-1}{k^2}=\dfrac{(k-1)(k+1)}{k^2},$ 当 k 取 $1,2,\cdots,n$ 时,有许多相同因子,可约分化简.

解

$$\lim_{n\to\infty}\left(1-\frac{1}{2^2}\right)\left(1-\frac{1}{3^2}\right)\cdots\left(1-\frac{1}{n^2}\right)$$
$$=\lim_{n\to\infty}\frac{1\cdot3}{2^2}\cdot\frac{2\cdot4}{3^2}\cdot\frac{3\cdot5}{4^2}\cdots\frac{(n-1)(n+1)}{n^2}$$
$$=\lim_{n\to\infty}\frac{[1\cdot2\cdot3\cdot4\cdots(n-1)]\cdot[3\cdot4\cdots(n+1)]}{2^2\cdot3^2\cdot4^2\cdots n^2}$$
$$=\lim_{n\to\infty}\frac{1\cdot2\cdot3^2\cdot4^2\cdots(n-1)^2\cdot n\cdot(n+1)}{2^2\cdot3^2\cdot4^2\cdots n^2}=\lim_{n\to\infty}\frac{n(n+1)}{2n^2}=\frac{1}{2}.$$

例8　设 $0<x_1<3,x_{n+1}=\sqrt{x_n(3-x_n)}(n=1,2\cdots),$ 求 $\lim\limits_{n\to\infty}x_n$.

分析　用递推公式确定的数列,一般用数学归纳法证明其单调性和有界性,根据极限存在的准则,首先证明 $\lim\limits_{n\to\infty}x_n$ 存在,然后在递推公式两边取极限. 注意若 $\lim\limits_{n\to\infty}x_n=A$,则 $\lim\limits_{n\to\infty}x_{n\pm m}=A(m$ 是某个正整数).

解　$0<x_1<3,$ 则

$$x_2=\sqrt{x_1(3-x_1)}\leqslant\frac{1}{2}[x_1+(3-x_1)]=\frac{3}{2}\quad(\text{几何平均值不超过算术平均值}).$$

假设 $0<x_k\leqslant\dfrac{3}{2},$ 则

$$x_{k+1}=\sqrt{x_k(3-x_k)}\leqslant\frac{1}{2}[x_k+(3-x_k)]=\frac{3}{2}.$$

根据数学归纳法,当 $n>1$ 时,$0<x_n\leqslant\dfrac{3}{2},$ 数列 x_n 有界.

又因为当 $n>1$ 时,

$$x_{n+1}-x_n=\sqrt{x_n(3-x_n)}-x_n$$
$$=\frac{x_n(3-x_n)-x_n^2}{\sqrt{x_n(3-x_n)}+x_n}=\frac{x_n(3-2x_n)}{\sqrt{x_n(3-x_n)}+x_n}\geqslant0\quad\left(x_n\leqslant\frac{3}{2}\right).$$

所以,数列$\{x_n\}$单调增加.

根据单调有界数列必有极限,知$\lim\limits_{n\to\infty}x_n$存在.

令$\lim\limits_{n\to\infty}x_n=A$,在$x_{n+1}=\sqrt{x_n(3-x_n)}$两边取极限

$$\lim\limits_{n\to\infty}x_{n+1}=\lim\limits_{n\to\infty}\sqrt{x_n(3-x_n)},$$

得$A=\sqrt{A(3-A)}$,解得$A=0$(舍去),$A=\dfrac{3}{2}$,即$\lim\limits_{n\to\infty}x_n=\dfrac{3}{2}$.

例9 已知极限,确定函数中的常数的例题.

(1) 已知$\lim\limits_{x\to\infty}\left(\dfrac{x^2+1}{x+1}+ax+b\right)=2$,求常数$a,b$.

(2) 已知$\lim\limits_{x\to+\infty}\left(\sqrt{ax^2+bx+1}-3x\right)=2$,求常数$a,b$.

(3) 已知$\lim\limits_{x\to2}\dfrac{x-2}{x^2+ax+6}=b$,求常数$a,b$.

(4) 已知当$x\to0$时,$(1+ax^2)^{\frac{1}{3}}-1\sim1-\cos2x$,求常数$a$.

(5) 设$f(x)$是多项式,且$\lim\limits_{x\to\infty}\dfrac{f(x)-x^4}{2x^2+3x+1}=5$,$\lim\limits_{x\to0}\dfrac{f(x)}{x}=6$,求$f(x)$.

分析 由已知极限确定函数中的参数,主要依据下列几个结论:

(1) $\lim\limits_{x\to\infty}\dfrac{a_0x^n+a_1x^{n-1}+\cdots+a_n}{b_0x^m+b_1x^{m-1}+\cdots+b_m}=\begin{cases}a_0/b_0, & n=m,\\ 0, & n<m,\\ \infty, & n>m;\end{cases}$

(2) 若$\lim\dfrac{f(x)}{g(x)}=A$存在,且

$$\lim g(x)=0\Rightarrow\lim f(x)=\lim\dfrac{f(x)}{g(x)}\cdot g(x)=A\cdot0=0;$$

(3) 若$\lim f(x)\cdot g(x)=A$存在,且

$$\lim g(x)=\infty\Rightarrow\lim f(x)=\lim[f(x)\cdot g(x)]\cdot\dfrac{1}{g(x)}=A\cdot0=0;$$

(4) 若$\lim\dfrac{f(x)}{g(x)}=A(\neq0)$,且

$$\lim f(x)=0(\infty)\Rightarrow\lim g(x)=\lim\dfrac{g(x)}{f(x)}\cdot f(x)=0(或\infty).$$

解 (1) 因为

$$\lim\limits_{x\to\infty}\left(\dfrac{x^2+1}{x+1}+ax+b\right)=\lim\limits_{x\to\infty}\dfrac{(a+1)x^2+(a+b)x+(1+b)}{x+1}=2,$$

所以分子次数等于分母次数,且最高次项的系数比值为2,即

$$\begin{cases}a+1=0,\\ a+b=2,\end{cases}$$

解得,$\begin{cases}a=-1,\\ b=3.\end{cases}$

(2) $\lim\limits_{x\to+\infty}\left(\sqrt{ax^2+bx+1}-3x\right)=\lim\limits_{x\to+\infty}\dfrac{ax^2+bx+1-9x^2}{\sqrt{ax^2+bx+1}+3x}$

$$= \lim_{x \to +\infty} \frac{(a-9)x^2 + bx + 1}{\sqrt{ax^2 + bx + 1} + 3x}$$

$$= \lim_{x \to +\infty} \frac{(a-9)x + b + \dfrac{1}{x}}{\sqrt{a + \dfrac{b}{x} + \dfrac{1}{x^2}} + 3} = 2.$$

所以 $\begin{cases} a - 9 = 0, \\ \dfrac{b}{\sqrt{a} + 3} = 2, \end{cases}$ 解得 $\begin{cases} a = 9, \\ b = 12. \end{cases}$

(3) 由 $\lim\limits_{x \to 2} \dfrac{x-2}{x^2 + ax + 6} = b$，及 $\lim\limits_{x \to 2}(x-2) = 0$，得 $\lim\limits_{x \to 2}(x^2 + ax + 6) = 0$，即 $4 + 2a + 6 = 0, a = -5.$

将 $a = -5$ 代入原极限

$$\lim_{x \to 2} \frac{x-2}{x^2 - 5x + 6} = \lim_{x \to 2} \frac{1}{x-3} = -1,$$

所以 $b = -1$，即 $\begin{cases} a = -5, \\ b = -1. \end{cases}$

(4) 题设条件相当于 $\lim\limits_{x \to 0} \dfrac{(1 + ax^2)^{\frac{1}{3}} - 1}{1 - \cos 2x} = 1$，而 $\lim\limits_{x \to 0} \dfrac{(1 + ax^2)^{\frac{1}{3}} - 1}{1 - \cos 2x} = \lim\limits_{x \to 0} \dfrac{\dfrac{1}{3}ax^2}{\dfrac{1}{2}(2x)^2} = $

$\dfrac{a}{6}$. 所以 $\dfrac{a}{6} = 1$，即 $a = 6.$

(5) 由 $\lim\limits_{x \to \infty} \dfrac{f(x) - x^4}{2x^2 + 3x + 1} = 5$ 知，分子次数和分母次数相等，且最高次项的系数的比值为 5，即得 $f(x) = x^4 + 10x^2 + ax + b.$

再由 $\lim\limits_{x \to 0} \dfrac{f(x)}{x} = \lim\limits_{x \to 0} \dfrac{x^4 + 10x^2 + ax + b}{x} = 6$，得 $\lim\limits_{x \to 0}(x^4 + 10x^2 + ax + b) = 0$，即

$b = 0$. 则 $\lim\limits_{x \to 0} \dfrac{x^4 + 10x^2 + ax}{x} = \lim\limits_{x \to 0}(x^3 + 10x + a) = a$，所以 $a = 6$，即 $\begin{cases} a = 6, \\ b = 0. \end{cases}$

例 10 设 $f(x) = \begin{cases} 2e^x + 1, & x \leqslant 0, \\ \dfrac{\ln(1 + ax)}{x}, & x > 0. \end{cases}$ 试确定正常数 a，使 $f(x)$ 在 $(-\infty, +\infty)$ 内连续.

分析 分段函数除分段点外在每一段内部都是一个初等函数，因而在每段内部各点均连续. 因此考虑分段函数的连续性，归结为讨论在各分段处的连续性.

解 所给函数 $f(x)$ 在区间 $(-\infty, 0)$ 和 $(0, +\infty)$ 内均为初等函数，因而 $f(x)$ 在区间 $(-\infty, 0)$ 和 $(0, +\infty)$ 内处处连续. 而在点 $x = 0$ 处

$$f(0) = 3, \quad \lim_{x \to 0^-} f(x) = \lim_{x \to 0^-}(2e^x + 1) = 3,$$

$$\lim_{x \to 0^+} f(x) = \lim_{x \to 0^+} \frac{\ln(1 + ax)}{x} = \lim_{x \to 0^+} \frac{ax}{x} = a.$$

所以当 $a=3$ 时，$f(x)$ 在点 $x=0$ 处连续，从而在 $(-\infty,+\infty)$ 内处处连续.

例 11 求 $f(x)=\begin{cases}\ln(1+x), & -1<x\leqslant 0, \\ \mathrm{e}^{\frac{1}{x-1}}, & x>0,且\ x\neq 1\end{cases}$ 的间断点,并说明间断点的类型.

解 $D_f=(-1,1)\bigcup(1,+\infty).\ f(x)$ 在点 $x=1$ 处无定义,但在 $x=1$ 点的邻近有定义,因而 $x=1$ 是间断点.

$$f(1-0)=\lim_{x\to 1^-}f(x)=\lim_{x\to 1^-}\mathrm{e}^{\frac{1}{x-1}}=0,$$

$$f(1+0)=\lim_{x\to 1^+}f(x)=\lim_{x\to 1^+}\mathrm{e}^{\frac{1}{x-1}}=+\infty.$$

所以 $x=1$ 是 $f(x)$ 的第二类的无穷型间断点.

$x=0$ 是 $f(x)$ 的分段点,并且有

$$f(0)=0,$$

$$f(0-0)=\lim_{x\to 0^-}f(x)=\lim_{x\to 0^-}\ln(1+x)=0,$$

$$f(0+0)=\lim_{x\to 0^+}f(x)=\lim_{x\to 0^+}\mathrm{e}^{\frac{1}{x-1}}=\mathrm{e}^{-1}.$$

因 $f(0-0)\neq f(0+0)$,所以 $x=0$ 是 $f(x)$ 的第一类的跳跃型间断点.

例 12 设 $f(x)$ 在闭区间 $[a,b]$ 上连续,$x_1,x_2,\cdots,x_n$ 是 $[a,b]$ 上任意 n 个点,证明在 $[a,b]$ 上至少存在一点 ξ,使 $f(\xi)=\dfrac{f(x_1)+f(x_2)+\cdots+f(x_n)}{n}$.

分析 关键是设法证明数 $\dfrac{f(x_1)+f(x_2)+\cdots+f(x_n)}{n}$ 在 $f(x)$ 的最小值和最大值之间,然后根据介值定理,就可以证明本题.

证明 因为 $f(x)$ 在闭区间 $[a,b]$ 上连续,则 $f(x)$ 在 $[a,b]$ 上必存在最小值和最大值.设 m 和 M 分别为 $f(x)$ 在 $[a,b]$ 上的最小值和最大值.

则 $\forall x\in[a,b]$ 都有 $m\leqslant f(x)\leqslant M$,从而,

$$m\leqslant f(x_1)\leqslant M,\quad m\leqslant f(x_2)\leqslant M,\quad\cdots,\quad m\leqslant f(x_n)\leqslant M.$$

n 个不等式相加,得

$$nm\leqslant f(x_1)+f(x_2)+\cdots+f(x_n)\leqslant nM,$$

$$m\leqslant\frac{f(x_1)+f(x_2)+\cdots+f(x_n)}{n}\leqslant M.$$

根据介值定理,在 $[a,b]$ 上至少存在一点 ξ,使

$$f(\xi)=\frac{f(x_1)+f(x_2)+\cdots+f(x_n)}{n}.$$

四、教材习题选解

(A)

3. 根据数列极限定义证明下列极限:

(2) $\lim\limits_{n\to\infty}\sqrt[n]{a}=1(0<a<1)$.

证明 $\forall \varepsilon > 0$,要使

$$\left| \sqrt[n]{a} - 1 \right| = 1 - \sqrt[n]{a} < \varepsilon,$$

只要

$$\sqrt[n]{a} > 1 - \varepsilon, \quad a^{\frac{1}{n}} > 1 - \varepsilon (\text{设 } \varepsilon < 1), \quad \frac{1}{n} < \log_a(1-\varepsilon),$$

这只要 $n > \dfrac{1}{\log_a(1-\varepsilon)}$,可取正整数 $N = \left[\dfrac{1}{\log_a(1-\varepsilon)} \right]$. 所以 $\forall \varepsilon > 0$(设 $\varepsilon < 1$),$\exists$ 正

整数 $N = \left[\dfrac{1}{\log_a(1-\varepsilon)} \right]$,则当 $n > N$ 时,恒有 $\left| \sqrt[n]{a} - 1 \right| < \varepsilon$. 所以 $\lim\limits_{n \to \infty} \sqrt[n]{a} = 1$.

(4) $\lim\limits_{n \to \infty} q^n = 0 (|q| < 1)$.

证明 $\forall \varepsilon > 0$,要使 $|q^n - 0| = |q|^n < \varepsilon$,两边取常用对数,$n \lg|q| < \lg\varepsilon$,只要

$n > \dfrac{\lg\varepsilon}{\lg|q|}$,取 $N = \left[\dfrac{\lg\varepsilon}{\lg|q|} \right]$(设 $\varepsilon < 1$),则 N 是正整数. 所以 $\forall \varepsilon > 0$,$\exists$ 正整数 $N = $

$\left[\dfrac{\lg\varepsilon}{\lg|q|} \right]$,使当 $n > N$ 时,恒有 $|q^n - 0| < \varepsilon$.

所以 $\lim\limits_{n \to \infty} q^n = 0 (|q| < 1)$.

4. 用函数极限定义证明下列极限:

(2) $\lim\limits_{x \to -\infty} a^x = 0 (a > 1)$.

证明 $\forall \varepsilon > 0$,要使 $|a^x - 0| = a^x < \varepsilon$,只要 $x < \log_a\varepsilon$,取 $X = -\log_a\varepsilon$(设 $\varepsilon < 1$),所以 $\forall \varepsilon > 0$,$\exists X = -\log_a\varepsilon > 0 (\varepsilon < 1)$,使得当 $x < -X$ 时,恒有 $|a^x - 0| < \varepsilon$. 所以

$\lim\limits_{x \to -\infty} a^x = 0 (a > 1)$.

(4) $\lim\limits_{x \to 0} a^x = 1 (0 < a \neq 1)$.

证明 ① 当 $0 < a < 1$ 时,$|a^x - 1| = \begin{cases} a^x - 1, & x < 0, \\ 1 - a^x, & x > 0. \end{cases}$

当 $x < 0$ 时,$\forall \varepsilon > 0$,要使 $|a^x - 1| = a^x - 1 < \varepsilon$,即 $a^x < 1 + \varepsilon$,只要 $x > \log_a(1 + \varepsilon)$ 即可;

当 $x > 0$ 时,$\forall \varepsilon > 0$,要使 $|a^x - 1| = 1 - a^x < \varepsilon$,即 $a^x > 1 - \varepsilon$(设 $\varepsilon < 1$),只要 $x < \log_a(1 - \varepsilon)$ 即可;

取 $\delta = \min\{-\log_a(1+\varepsilon), \log_a(1-\varepsilon)\}$($\varepsilon < 1$). 所以 $\forall \varepsilon > 0$(设 $\varepsilon < 1$),$\exists \delta = \min\{-\log_a(1+\varepsilon), \log_a(1-\varepsilon)\}$,则当 $0 < |x| = |x - 0| < \delta$ 时,恒有 $|a^x - 1| < \varepsilon$.

所以当 $0 < a < 1$ 时,有 $\lim\limits_{x \to 0} a^x = 1$.

② 当 $a > 1$ 时,

$$|a^x - 1| = \begin{cases} 1 - a^x, & x < 0, \\ a^x - 1, & x > 0. \end{cases}$$

当 $x < 0$ 时,$\forall \varepsilon > 0$,要使 $|a^x - 1| = 1 - a^x < \varepsilon$,即 $a^x > 1 - \varepsilon$,只要 $x > \log_a(1 - \varepsilon)$(设 $\varepsilon < 1$)即可;

当 $x > 0$ 时,$\forall \varepsilon > 0$,要使 $|a^x - 1| = a^x - 1 < \varepsilon$,即 $a^x < 1 + \varepsilon$,只要 $x < \log_a(1 + \varepsilon)$ 即可.

可取 $\delta=\min\{-\log_a(1-\varepsilon),\log_a(1+\varepsilon)\}(\varepsilon<1)$,所以 $\forall\varepsilon>0$(设 $\varepsilon<1$),$\exists\delta=\min\{-\log_a(1-\varepsilon),\log_a(1+\varepsilon)\}$,则当 $0<|x|=|x-0|<\delta$ 时,恒有 $|a^x-1|<\varepsilon$.

所以当 $a>1$ 时,有 $\lim\limits_{x\to 0}a^x=1$.

故当 $0<a\neq 1$ 时,$\lim\limits_{x\to 0}a^x=1$.

10. 求下列各极限.

(6) $\lim\limits_{x\to 1}\dfrac{x^n-1}{x^m-1}$($m,n$ 均是正整数).

解法一　原式 $=\lim\limits_{x\to 1}\dfrac{(x-1)(x^{n-1}+x^{n-2}+\cdots+x+1)}{(x-1)(x^{m-1}+x^{m-2}+\cdots+x+1)}$

$\qquad\qquad=\lim\limits_{x\to 1}\dfrac{x^{n-1}+x^{n-2}+\cdots+x+1}{x^{m-1}+x^{m-2}+\cdots+x+1}=\dfrac{n}{m}$.

解法二　原式 $=\lim\limits_{x\to 1}\dfrac{[1+(x-1)]^n-1}{[1+(x-1)]^m-1}=\lim\limits_{x\to 1}\dfrac{n(x-1)}{m(x-1)}=\dfrac{n}{m}$

(当 $x\to 1$ 时,$[1+(x-1)]^\alpha-1\sim\alpha(x-1)$).

(10) $\lim\limits_{x\to -8}\dfrac{2+\sqrt[3]{x}}{\sqrt{1-x}-3}$.

解法一　原式 $=\lim\limits_{x\to -8}\dfrac{(2+\sqrt[3]{x})(4-2\sqrt[3]{x}+\sqrt[3]{x^2})(\sqrt{1-x}+3)}{(\sqrt{1-x}-3)(\sqrt{1-x}+3)(4-2\sqrt[3]{x}+\sqrt[3]{x^2})}$

$\qquad\qquad=\lim\limits_{x\to -8}\dfrac{(8+x)(\sqrt{1-x}+3)}{-(8+x)(4-2\sqrt[3]{x}+\sqrt[3]{x^2})}$

$\qquad\qquad=-\lim\limits_{x\to -8}\dfrac{\sqrt{1-x}+3}{4-2\sqrt[3]{x}+\sqrt[3]{x^2}}=-\dfrac{1}{2}$.

解法二　原式 $=\lim\limits_{x\to -8}\dfrac{-2\left(\sqrt[3]{-\dfrac{x}{8}}-1\right)}{3\left(\sqrt{\dfrac{1-x}{9}}-1\right)}=-\dfrac{2}{3}\lim\limits_{x\to -8}\dfrac{\sqrt[3]{1-\dfrac{x+8}{8}}-1}{\sqrt{1-\dfrac{x+8}{9}}-1}$

$\qquad\qquad=-\dfrac{2}{3}\lim\limits_{x\to -8}\dfrac{\dfrac{1}{3}\left(-\dfrac{x+8}{8}\right)}{\dfrac{1}{2}\left(-\dfrac{x+8}{9}\right)}=-\dfrac{1}{2}$.

(24) $\lim\limits_{x\to\infty}\dfrac{3x^2-2x+4}{x^3+5x+2}(3-2\cos 3x)$.

解　因为 $\lim\limits_{x\to\infty}\dfrac{3x^2-2x+4}{x^3+5x+2}=0$,而

$$|3-2\cos 3x|\leqslant 3+2|\cos 3x|\leqslant 5,$$

所以,原式 $=0$.

(25) $x_n=0.\underbrace{123123\cdots 123}_{\text{共}n\text{个循环节}}$,求 $\lim\limits_{n\to\infty}x_n$.

解　$x_n=\dfrac{123}{1000}+\dfrac{123}{1000^2}+\cdots+\dfrac{123}{1000^n}$

$$= \frac{123}{1000}\left(1+\frac{1}{1000}+\cdots+\frac{1}{1000^{n-1}}\right)=\frac{123}{1000}\frac{1-\frac{1}{1000^n}}{1-\frac{1}{1000}}$$

$$=\frac{123}{999}\left(1-\frac{1}{1000^n}\right).$$

所以 $\lim\limits_{n\to\infty}x_n=\lim\limits_{n\to\infty}\frac{123}{999}\left(1-\frac{1}{1000^n}\right)=\frac{123}{999}=\frac{41}{333}\left(\text{即无限循环小数 }0.\overset{\cdots}{1}2\overset{\cdots}{3}123\cdots=\frac{123}{999}\right).$

12. 若 $\lim\limits_{x\to1}\frac{2x^2-5x+k}{x^2-1}=-\frac{1}{2}$,求 k 的值.

解 由 $\lim\limits_{x\to1}\frac{2x^2-5x+k}{x^2-1}=-\frac{1}{2}$ 及 $\lim\limits_{x\to1}(x^2-1)=0$ 可得 $\lim\limits_{x\to1}(2x^2-5x+k)=0$,即

$2-5+k=0,k=3$.

13. 若 $\lim\limits_{x\to3}\frac{x^2+ax+b}{x-3}=4$,求 a,b 的值.

解 由 $\lim\limits_{x\to3}\frac{x^2+ax+b}{x-3}=4$ 及 $\lim\limits_{x\to3}(x-3)=0$ 可得

$$\lim\limits_{x\to3}(x^2+ax+b)=0,\quad 9+3a+b=0,\quad b=-3a-9.$$

代入原极限式得

$$\lim\limits_{x\to3}\frac{x^2+ax-3a-9}{x-3}=\lim\limits_{x\to3}\frac{(x-3)(x+3+a)}{x-3}$$
$$=\lim\limits_{x\to3}(x+3+a)=6+a.$$

所以

$$6+a=4,\quad a=-2,\quad b=-3.$$

15. 若 $\lim\limits_{x\to\infty}\left(\frac{x^2-3x+2}{2x+1}+ax-b\right)=0$,求 a,b 的值.

解 由

$$\lim\limits_{x\to\infty}\left(\frac{x^2-3x+2}{2x+1}+ax-b\right)=\lim\limits_{x\to\infty}\frac{(2a+1)x^2+(a-2b-3)x+2-b}{2x+1}=0$$

得分子次数必低于分母次数,即 $\begin{cases}2a+1=0,\\a-2b-3=0,\end{cases}$ 解得 $\begin{cases}a=-\dfrac{1}{2},\\[2mm]b=-\dfrac{7}{4}.\end{cases}$

17. (单项选择) $\lim\limits_{x\to\infty}\frac{1}{x}\sqrt{\frac{x^3}{x+1}}($).

(A) 等于1; (B) 等于-1; (C) 等于∞; (D) 不存在也不为∞.

解 $\lim\limits_{x\to-\infty}\frac{1}{x}\sqrt{\frac{x^3}{x+1}}=-\lim\limits_{x\to-\infty}\sqrt{\frac{x}{x+1}}=-1$,

$\lim\limits_{x\to+\infty}\frac{1}{x}\sqrt{\frac{x^3}{x+1}}=\lim\limits_{x\to+\infty}\sqrt{\frac{x}{x+1}}=1$.

因为

$$\lim\limits_{x\to-\infty}\frac{1}{x}\sqrt{\frac{x^3}{x+1}}\neq\lim\limits_{x\to+\infty}\frac{1}{x}\sqrt{\frac{x^3}{x+1}},$$

所以 $\lim\limits_{x\to\infty}\dfrac{1}{x}\sqrt{\dfrac{x^3}{x+1}}$ 不存在但也不是 ∞,故选(D).

18. 利用极限存在的准则求下列极限.

(1) $\lim\limits_{n\to\infty}\left(\dfrac{1}{\sqrt{n^4+2}}+\dfrac{3}{\sqrt{n^4+4}}+\dfrac{5}{\sqrt{n^4+6}}+\cdots+\dfrac{2n-1}{\sqrt{n^4+2n}}\right).$

解

$$\dfrac{n^2}{\sqrt{n^4+2n}}=\dfrac{1+3+5+\cdots+(2n-1)}{\sqrt{n^4+2n}}$$

$$\leqslant\dfrac{1}{\sqrt{n^2+2}}+\dfrac{3}{\sqrt{n^2+4}}+\dfrac{5}{\sqrt{n^2+6}}+\cdots+\dfrac{2n-1}{\sqrt{n^2+2n}}$$

$$\leqslant\dfrac{1+3+5+\cdots+(2n-1)}{\sqrt{n^4+2}}=\dfrac{n^2}{\sqrt{n^4+2}}.$$

因为

$$\lim\limits_{n\to\infty}\dfrac{n^2}{\sqrt{n^4+2n}}=\lim\limits_{n\to\infty}\dfrac{1}{\sqrt{1+\dfrac{2}{n^3}}}=1,$$

$$\lim\limits_{n\to\infty}\dfrac{n^2}{\sqrt{n^4+2}}=\lim\limits_{n\to\infty}\dfrac{1}{\sqrt{1+\dfrac{2}{n^4}}}=1.$$

所以,原式 $=1$.

(2) 设 $x_1=\sqrt{2},x_2=\sqrt{2+\sqrt{2}},\cdots,x_n=\sqrt{2+\sqrt{2+\cdots+\sqrt{2}}}$(共 n 层根号),$\cdots$求 $\lim\limits_{n\to\infty}x_n$.

解 $x_{n+1}=\sqrt{2+x_n}(n=1,2,\cdots),x_1=\sqrt{2}<2$,假设 $x_k<2$,则

$$x_{k+1}=\sqrt{2+x_k}<\sqrt{2+2}=2,$$

根据数学归纳法 $\forall n\in\mathbf{N}_+$,都有 $x_n<2$. 所以 $\{x_n\}$ 有上界;

$$x_2=\sqrt{2+\sqrt{2}}>\sqrt{2}=x_1,$$

假设 $x_k>x_{k-1}$,则 $x_{k+1}=\sqrt{2+x_k}>\sqrt{2+x_{k-1}}=x_k$,根据数学归纳法 $\forall n\in\mathbf{N}_+$,都有 $x_{n+1}>x_n$,即 $\{x_n\}$ 单调增加,根据极限存在的准则知 $\lim\limits_{n\to\infty}x_n$ 存在.

设 $\lim\limits_{n\to\infty}x_n=A$,在递推公式 $x_{n+1}=\sqrt{2+x_n}$ 两边取极限,得

$$A=\sqrt{2+A},\quad A^2-A-2=0,$$

则 $A=-1$(舍去,因为 $x_n>0$,所以 $A\geqslant0$)或 $A=2$. 所以 $\lim\limits_{n\to\infty}x_n=2$.

21. 利用等价无穷小量因子代换求下列极限.

(1) $\lim\limits_{x\to0}\dfrac{(\mathrm{e}^{2x^2}-1)\cdot\arctan 3x^2\cdot(\sqrt{1+x}-1)}{x^2\cdot\sin 2x\cdot\ln(1+x^2)}.$

解 原式 $=\lim\limits_{x\to0}\dfrac{2x^2\cdot 3x^2\cdot\dfrac{1}{2}x}{x^2\cdot 2x\cdot x^2}=\dfrac{3}{2}.$

(2) $\lim\limits_{x\to0}\dfrac{1-\cos 2x}{\sqrt{1+x\sin x}-1}.$

解 原式$=\lim\limits_{x\to 0}\dfrac{\dfrac{1}{2}(2x)^2}{\dfrac{1}{2}x\sin x}=\lim\limits_{x\to 0}\dfrac{4x}{\sin x}=\lim\limits_{x\to 0}\dfrac{4x}{x}=4.$

(3) $\lim\limits_{x\to 0}\dfrac{\tan 3x-\sin 3x}{(2-\cos x-\cos^2 x)\arcsin x}.$

解 原式$=\lim\limits_{x\to 0}\dfrac{\tan 3x\cdot(1-\cos 3x)}{(2+\cos x)\cdot(1-\cos)\cdot x}$

$=\lim\limits_{x\to 0}\dfrac{3x\cdot\dfrac{1}{2}(3x)^2}{(2+\cos x)\cdot\dfrac{1}{2}x^2\cdot x}=9.$

(4) $\lim\limits_{x\to a}\dfrac{\sin x-\sin a}{x-a}.$

解 原式$=\lim\limits_{x\to a}\dfrac{2\cos\dfrac{x+a}{2}\sin\dfrac{x-a}{2}}{x-a}$

$=\lim\limits_{x\to a}\dfrac{2\cos\dfrac{x+a}{2}\cdot\dfrac{x-a}{2}}{x-a}=\lim\limits_{x\to a}\cos\dfrac{x+a}{2}=\cos a.$

(5) $\lim\limits_{x\to 0}(x+e^{2x})^{-\frac{1}{x}}.$

解 原式$=e^{\lim\limits_{x\to 0}\left(-\frac{x+e^{2x}-1}{x}\right)}=e^{\lim\limits_{x\to 0}(-1)-\lim\limits_{x\to 0}\frac{e^{2x}-1}{x}}$

$=e^{-1-\lim\limits_{x\to 0}\frac{2x}{x}}=e^{-1-2}=e^{-3}.$

(6) (2004 年)$\lim\limits_{x\to 0}\left(\dfrac{a^x+b^x}{2}\right)^{\frac{1}{x}}.$

解 原式$=e^{\lim\limits_{x\to 0}\left(\frac{a^x+b^x}{2}-1\right)\cdot\frac{1}{x}}=e^{\lim\limits_{x\to 0}\frac{a^x+b^x-2}{2}\cdot\frac{1}{x}}=e^{\lim\limits_{x\to 0}\frac{a^x+b^x-2}{2x}}$

$=e^{\frac{1}{2}\lim\limits_{x\to 0}\frac{(a^x-1)+(b^x-1)}{x}}=e^{\frac{1}{2}\left(\lim\limits_{x\to 0}\frac{a^x-1}{x}+\lim\limits_{x\to 0}\frac{b^x-1}{x}\right)}=e^{\frac{1}{2}\left(\lim\limits_{x\to 0}\frac{e^{x\ln a}-1}{x}+\lim\limits_{x\to 0}\frac{e^{x\ln b}-1}{x}\right)}$

$=e^{\frac{1}{2}\left(\lim\limits_{x\to 0}\frac{x\ln a}{x}+\lim\limits_{x\to 0}\frac{x\ln b}{x}\right)}=e^{\frac{1}{2}(\ln a+\ln b)}=\sqrt{ab}.$

(7) (2004 年)$\lim\limits_{x\to 0}\dfrac{1}{x^3}\left[\left(\dfrac{2+\cos x}{3}\right)^x-1\right].$

解 原式$=\lim\limits_{x\to 0}\dfrac{1}{x^3}\left[e^{x\ln\frac{2+\cos x}{3}}-1\right]=\lim\limits_{x\to 0}\dfrac{1}{x^3}x\ln\dfrac{2+\cos x}{3}$

$=\lim\limits_{x\to 0}\dfrac{1}{x^2}\ln\left(1+\dfrac{\cos x-1}{3}\right)=\lim\limits_{x\to 0}\dfrac{1}{x^2}\cdot\dfrac{\cos x-1}{3}$

$=\lim\limits_{x\to 0}\dfrac{-\dfrac{1}{2}x^2}{3x^2}=-\dfrac{1}{6}.$

(8) (2002 年)$\lim\limits_{n\to\infty}\ln\left[\dfrac{n-2an+1}{(1-2a)n}\right]^n\left(a\neq\dfrac{1}{2}\right).$

解 原式$=\lim\limits_{n\to\infty}n\ln\dfrac{(1-2a)n+1}{(1-2a)n}=\lim\limits_{n\to\infty}n\ln\left[1+\dfrac{1}{(1-2a)n}\right]$

$$= \lim_{n \to \infty} n \frac{1}{(1-2a)n} = \frac{1}{1-2a}.$$

(9)（2009 年）$\lim\limits_{x \to 0} \dfrac{e - e^{\cos x}}{\sqrt[3]{1+x^2}-1}$

解 原式 $= \lim\limits_{x \to 0} \dfrac{e^{\cos x}(e^{1-\cos x}-1)}{(1+x^2)^{\frac{1}{3}}-1} = \lim\limits_{x \to 0} \dfrac{e^{\cos x}(1-\cos x)}{\frac{1}{3}x^2}$

$$= \lim_{x \to 0} \dfrac{e^{\cos x} \cdot \frac{1}{2}x^2}{\frac{1}{3}x^2} = \frac{3}{2}e.$$

(10) $\lim\limits_{x \to 0} \dfrac{\sqrt[n]{1+x}-\sqrt[n]{1-x}}{\sqrt[m]{1+x}-\sqrt[m]{1-x}}$ $(m,n \in \mathbf{N})$.

解 原式 $= \lim\limits_{x \to 0} \dfrac{\sqrt[n]{1-x}\left(\sqrt[n]{\frac{1+x}{1-x}}-1\right)}{\sqrt[m]{1-x}\left(\sqrt[m]{\frac{1+x}{1-x}}-1\right)}$

$$= \lim_{x \to 0} \dfrac{\sqrt[n]{1-x}}{\sqrt[m]{1-x}} \cdot \lim_{x \to 0} \dfrac{\sqrt[n]{1+\frac{2x}{1-x}}-1}{\sqrt[m]{1+\frac{2x}{1-x}}-1}$$

$$= \lim_{x \to 0} \dfrac{\frac{1}{n} \cdot \frac{2x}{1-x}}{\frac{1}{m} \cdot \frac{2x}{1-x}} = \frac{m}{n}.$$

22. 比较下列各对无穷小量的阶.

(1) $\sqrt{x+1}-\sqrt{x}$ 与 $\dfrac{1}{\sqrt{x}}$ $(x \to +\infty)$.

解 因为

$$\lim_{x \to +\infty} \frac{\sqrt{x+1}-\sqrt{x}}{\frac{1}{\sqrt{x}}} = \lim_{x \to +\infty} \frac{\sqrt{x}}{\sqrt{x+1}+\sqrt{x}} = \lim_{x \to +\infty} \frac{1}{\sqrt{1+\frac{1}{x}}+1} = \frac{1}{2},$$

所以当 $x \to +\infty$ 时，$\sqrt{x+1}-\sqrt{x}$ 与 $\dfrac{1}{\sqrt{x}}$ 是同阶无穷小量.

(5)（2005 年）当 $x \to 0$ 时，若 $\sqrt{2-\cos x}-\sqrt{\cos x} \sim kx^2$，求 k 的值.

解 $1 = \lim\limits_{x \to 0} \dfrac{\sqrt{2-\cos x}-\sqrt{\cos x}}{kx^2}$

$$= \lim_{x \to 0} \dfrac{2(1-\cos x)}{kx^2(\sqrt{2-\cos x}+\sqrt{\cos x})},$$

$$= \lim_{x \to 0} \dfrac{2 \cdot \frac{1}{2}x^2}{kx^2(\sqrt{2-\cos x}+\sqrt{\cos x})} = \frac{1}{2k},$$

所以 $k=\dfrac{1}{2}$.

25. (2008年)若函数 $f(x)=\begin{cases}x^2+1, & |x|\leqslant c, \\ \dfrac{2}{|x|}, & |x|>c\end{cases}$ $(c>0)$ 在 $(-\infty,+\infty)$ 内连续,求 c 的值.

解 由于 $f(x)$ 在 $(-\infty,+\infty)$ 内连续,当然在分段点 c 处连续,则
$$\lim_{x\to c^-}f(x)=\lim_{x\to c^+}f(x)=f(c),$$
而
$$f(c)=c^2+1, \qquad \lim_{x\to c^+}f(x)=\lim_{x\to c^+}\frac{2}{x}=\frac{2}{c}.$$
所以 $c^2+1=\dfrac{2}{c}$, $c=1$.

27. 求下列函数的间断点,并判断其类型.

(3) $y=\dfrac{x(x^2-1)}{\sin\pi x}$.

解 初等函数在其定义区间内处处连续,其间断点只可能是没定义的点(但在该点的去心邻域内有定义).本题所给函数的间断点为 $x=0,\pm1,\pm2,\cdots$.

因
$$\lim_{x\to 0}\frac{x(x^2-1)}{\sin\pi x}=-\frac{1}{\pi};$$
$$\lim_{x\to 1}\frac{x(x^2-1)}{\sin\pi x}=\lim_{x\to 1}\frac{x(x^2-1)}{\sin(\pi-\pi x)}=\lim_{x\to 1}\frac{x(x^2-1)}{\pi(1-x)}$$
$$=-\lim_{x\to 1}\frac{x(x+1)}{\pi}=-\frac{2}{\pi};$$
$$\lim_{x\to -1}\frac{x(x^2-1)}{\sin\pi x}=\lim_{x\to -1}\frac{x(x^2-1)}{-\sin(\pi+\pi x)}=\lim_{x\to -1}\frac{x(x^2-1)}{-\pi(1+x)}=-\frac{2}{\pi};$$

当 $k\neq 0,\pm1$ 时,$\lim\limits_{x\to k}\dfrac{x(x^2-1)}{\sin\pi x}=\infty$,所以,$x=0,\pm1$ 是第一类的可去型间断点,$x=\pm2,\pm3,\cdots$ 是第二类的无穷型间断点.

(4) (2005年)$y=\dfrac{1}{e^{\frac{x}{x-1}}-1}$.

解 间断点 $x=0,x=1$.

因 $\lim\limits_{x\to 0}\dfrac{1}{e^{\frac{x}{x-1}}-1}=\infty$,所以 $x=0$ 是第二类的无穷型间断点.

因 $\lim\limits_{x\to 1^-}\dfrac{1}{e^{\frac{x}{x-1}}-1}=-1$, $\lim\limits_{x\to 1^+}\dfrac{1}{e^{\frac{x}{x-1}}-1}=0$,所以 $x=1$ 是第一类型的跳跃间断点.

(6) (1998年)$f(x)=\lim\limits_{n\to\infty}\dfrac{1+x}{1+x^{2n}}$.

解 $f(x) = \lim\limits_{n \to \infty} \dfrac{1+x}{1+x^{2n}} = \begin{cases} 1+x, & |x|<1, \\ 0, & |x|>1, \\ 1, & x=1, \\ 0, & x=-1 \end{cases} = \begin{cases} 0, & x \leqslant -1, \\ 1+x, & -1<x<1, \\ 1, & x=1, \\ 0, & x>1. \end{cases}$

在分段点 $x=-1$ 处，$f(-1-0)=f(-1+0)=f(-1)=0$，函数连续. 在分段点 $x=1$ 处，$f(1-0)=2$，$f(1+0)=0$，所以 $x=1$ 是第一类跳跃型间断点.

30. 证明方程 $x^5-3x=1$ 在 1 与 2 之间至少有一实根.

证明 令 $f(x)=x^5-3x-1$，则 $f(x)$ 在 $[1,2]$ 上连续，$f(1)=-3<0$，$f(2)=25>0$. 根据零点存在定理，$f(x)$ 在 $(1,2)$ 内至少有一零点. 即方程 $x^5-3x=1$ 在 1 与 2 之间至少有一实根.

31. 证明方程 $x=a\sin x+b (a>0, b>0)$ 至少有一个不超过 $a+b$ 的正根.

证明 令 $f(x)=x-a\sin x-b$，则 $f(x)$ 在 $[0, a+b]$ 上连续，且

$$f(0)=-b<0, \quad f(a+b)=a[1-\sin(a+b)] \geqslant 0.$$

若 $f(a+b)=0$，则 $a+b$ 就是一个实根；若 $f(a+b)>0$，根据零点存在定理，$f(x)$ 在 $(0, a+b)$ 内至少有一零点. 即原方程至少有一个实根. 故方程 $x=a\sin x+b (a>0, b>0)$ 至少有一个不超过 $a+b$ 的正根.

32. 证明任何三次代数方程

$$x^3+bx^2+cx+d=0 \quad (b,c,d \text{ 均为常数})$$

至少有一个实根.

证明 令 $f(x)=x^3+bx^2+cx+d$，则 $f(x)$ 在 $(-\infty, +\infty)$ 上连续，由

$$f(-\infty)=\lim_{x \to -\infty} f(x)=-\infty<0$$

和极限的局部保号性定理可知，存在点 a，使 $f(a)<0$；同理，由

$$f(+\infty)=\lim_{x \to +\infty} f(x)=+\infty>0$$

知存在点 $b(b>a)$，使 $f(b)>0$. 根据零点存在定理得，在 (a,b) 内至少有一个零点. 即原方程至少有一实根.

(B)

1. (1998 年)设数列 x_n, y_n 满足 $\lim\limits_{n \to \infty} x_n y_n=0$，则下列结论正确的是( ).

(A) 若 x_n 发散，则 y_n 必发散；

(B) 若 x_n 无界，y_n 则必有界；

(C) 若 x_n 有界，则 y_n 必为无穷小量；

(D) 若 $\dfrac{1}{x_n}$ 为无穷小量，则 y_n 必为无穷小量.

解 若取 $x_n: 1,0,1,0,\cdots, y_n: 0,0,0,0,\cdots$，则 $\lim\limits_{n \to \infty} x_n y_n=0$. 且 x_n 发散，而 y_n 收敛. 故(A)不正确；

若取 $x_n: 1,0,2,0,3,0,\cdots, y_n: 0,1,0,2,\cdots$，则 $\lim\limits_{n \to \infty} x_n y_n=0$. x_n 无界，但 y_n 也无界. 故(B)不正确.

若取 $x_n: 1,0,1,0,\cdots, y_n: 0,1,0,1,\cdots$，则 $\lim\limits_{n \to \infty} x_n y_n=0$. x_n 有界，但 y_n 不是无穷小量. 故(C)不正确.

(D)正确. 证明如下:由 $\lim\limits_{n\to\infty}x_n y_n=0$, 且 $\lim\limits_{n\to\infty}\dfrac{1}{x_n}=0$ 得

$$\lim_{n\to\infty}y_n=\lim_{n\to\infty}\left[(x_n y_n)\cdot\frac{1}{x_n}\right]=0\cdot 0=0,$$

即 y_n 是无穷小量.

3. (2003 年)设 a_n,b_n,c_n 均为非负数列,且 $\lim\limits_{n\to\infty}a_n=0$,$\lim\limits_{n\to\infty}b_n=1$,$\lim\limits_{n\to\infty}c_n=\infty$,则必有(   ).

(A) $a_n<b_n$ 对任意 n 都成立;　　　　(B) $b_n<c_n$ 对任意 n 都成立;

(C) 极限 $\lim\limits_{n\to\infty}a_n c_n$ 不存在;　　　　(D) 极限 $\lim\limits_{n\to\infty}b_n c_n$ 不存在.

解　若取 $a_n:2,0,0,\cdots,b_n:1,1,1,\cdots$,则 $\lim\limits_{n\to\infty}a_n=0$,$\lim\limits_{n\to\infty}b_n=1$. 但 $a_1>b_1$. 故 (A)不正确;

若取 $b_n:1,1,1,1,\cdots,c_n:\dfrac{1}{2},3,4,5,\cdots$,则 $\lim\limits_{n\to\infty}b_n=1$,$\lim\limits_{n\to\infty}c_n=\infty$. 但 $b_1>c_1$. 故 (B)不正确;

若取 $a_n=\dfrac{1}{n},c_n=n$,则 $\lim\limits_{n\to\infty}a_n=0$,$\lim\limits_{n\to\infty}c_n=\infty$. 但 $\lim\limits_{n\to\infty}a_n c_n=1$. 故(C)不正确;

(D)正确. 用反证法. 若 $\lim\limits_{n\to\infty}b_n c_n=A$ 存在,则 $\lim\limits_{n\to\infty}c_n=\lim\limits_{n\to\infty}(b_n c_n)\cdot\dfrac{1}{b_n}=A\cdot 1$ 与 $\lim\limits_{n\to\infty}c_n=\infty$ 矛盾.

4. (2000 年)设对任意 x,总有 $\varphi(x)\leqslant f(x)\leqslant g(x)$,且 $\lim\limits_{x\to\infty}[g(x)-\varphi(x)]=0$,则 $\lim\limits_{x\to\infty}f(x)$(   ).

(A) 存在且等于零;　　　　(B) 存在但不一定等于零;

(C) 一定不存在　　　　(D) 不一定存在.

解　用排除法. 若令

$$\varphi(x)=1-\frac{1}{x^2+1},\quad f(x)=1,\quad g(x)=1+\frac{1}{x^2+1},$$

则对任意的 x 有

$$\varphi(x)\leqslant f(x)\leqslant g(x),$$

且

$$\lim_{x\to\infty}[g(x)-\varphi(x)]=\lim_{x\to\infty}\frac{2}{x^2+1}=0,$$

而 $\lim\limits_{x\to\infty}f(x)=1$,故(A)和(C)都不正确.

若令

$$\varphi(x)=x-\frac{1}{x^2+1},\quad f(x)=x,\quad g(x)=x+\frac{1}{x^2+1},$$

则对任意的 x 有

$$\varphi(x)\leqslant f(x)\leqslant g(x),$$

且

$$\lim_{x\to\infty}[g(x)-\varphi(x)]=\lim_{x\to\infty}\frac{2}{x^2+1}=0,$$

但 $\lim\limits_{x\to\infty}f(x)=\infty$ 不存在. 故(B)不正确;故应选(D).

5. (2008 年)设 $0<a<b$,则 $\lim\limits_{n\to\infty}(a^{-n}+b^{-n})^{\frac{1}{n}}=$ _____.

解 $\lim\limits_{n\to\infty}(a^{-n}+b^{-n})^{\frac{1}{n}}=\lim\limits_{n\to\infty}\left[a^{-n}\left(1+\dfrac{b^{-n}}{a^{-n}}\right)\right]^{\frac{1}{n}}=\lim\limits_{n\to\infty}\dfrac{1}{a}\left(1+\left(\dfrac{a}{b}\right)^n\right)^{\frac{1}{n}}=\dfrac{1}{a}$.

6. 证明:若常数 $a_1,a_2,\cdots,a_k$ 都是正数,则

$$\lim\limits_{n\to\infty}\sqrt[n]{a_1^n+a_2^n+\cdots+a_k^n}=\max\{a_1,a_2,\cdots,a_k\}.$$

证明 记 $\max\{a_1,a_2,\cdots,a_k\}=a$,假如 $a_1,a_2,\cdots,a_k$ 中恰有 $m(1\leqslant m\leqslant k)$ 个数同为最大值 a,无妨设前 m 个,即 $a_1=a_2=\cdots=a_m=a$,且 $a_{m+1},a_{m+2},\cdots,a_k$ 均小于 a,则

$$\begin{aligned}\lim\limits_{n\to\infty}\sqrt[n]{a_1^n+a_2^n+\cdots+a_k^n}&=\lim\limits_{n\to\infty}\sqrt[n]{ma^n+a_{m+1}^n+\cdots+a_k^n}\\&=\lim\limits_{n\to\infty}a\left[m+\left(\dfrac{a_{m+1}}{a}\right)^n+\cdots+\left(\dfrac{a_k}{a}\right)^n\right]^{\frac{1}{n}}\\&=a(m+0+\cdots0)^0\\&=a\cdot m^0=a=\max\{a_1,a_2,\cdots,a_k\}.\end{aligned}$$

7. (2004 年)若 $\lim\limits_{x\to0}\dfrac{\sin x}{e^x-a}(\cos x-b)=5$,则 $a=$ _____,$b=$ _____.

解法一 当 $a\neq1$ 时,$\lim\limits_{x\to0}\dfrac{\sin x}{e^x-a}(\cos x-b)=0\neq5$;

当 $a=1$ 时,$\lim\limits_{x\to0}\dfrac{\sin x}{e^x-1}(\cos x-b)=\lim\limits_{x\to0}\dfrac{x}{x}(\cos x-b)=1-b$. 则 $1-b=5\Rightarrow b=-4$. 故 $a=1,b=-4$.

解法二 由极限与无穷小量的关系,得

$$\dfrac{\sin x}{e^x-a}(\cos x-b)=5+\alpha\quad(\text{其中 }\alpha\text{ 是无穷小量}),$$

$$\sin x(\cos x-b)=(5+\alpha)(e^x-a),$$

两边取极限得 $0\cdot(1-b)=5(1-a)\Rightarrow a=1$. 代入原式得 $\lim\limits_{x\to0}\dfrac{\sin x}{e^x-1}(\cos x-b)=\lim\limits_{x\to0}\dfrac{x}{x}(\cos x-b)=1-b$,则 $1-b=5\Rightarrow b=-4$. 故 $a=1,b=-4$.

8. (1996 年)若 $\lim\limits_{x\to\infty}\left(\dfrac{x+2a}{x-a}\right)^x=8$,则 $a=$ _____.

解 $\lim\limits_{x\to\infty}\left(\dfrac{x+2a}{x-a}\right)^x=e^{\lim\limits_{x\to\infty}x\left(\frac{x+2a}{x-a}-1\right)}=e^{\lim\limits_{x\to\infty}\frac{3ax}{x-a}}=e^{3a}$,

所以 $e^{3a}=8$,即 $a=\ln2$.

9. (2001 年)设当 $x\to0$ 时 $(1-\cos x)\ln(1+x^2)$ 是比 $x\sin x^n$ 高阶的无穷小,而 $x\sin x^n$ 是比 $e^{x^2}-1$ 高阶的无穷小,则正整数 n 等于 _____.

解 $0=\lim\limits_{x\to0}\dfrac{(1-\cos x)\ln(1+x^2)}{x\sin x^n}=\lim\limits_{x\to0}\dfrac{\frac{1}{2}x^2\cdot x^2}{x\cdot x^n}=\dfrac{1}{2}\lim\limits_{x\to0}\dfrac{x^4}{x^{n+1}}$

$=\dfrac{1}{2}\lim\limits_{x\to0}x^{3-n}\Rightarrow n<3$;

$$0=\lim_{x\to0}\frac{x\sin x^n}{\mathrm{e}^{x^2}-1}=\lim_{x\to0}\frac{x^{n+1}}{x^2}=\lim_{x\to0}x^{n-1}\Rightarrow n>1.$$

所以 $1<n<3$，又 n 是正整数，故 $n=2$.

10. (2004 年) 设 $f(x)$ 在 $(-\infty,+\infty)$ 内有定义，且 $\lim\limits_{x\to\infty}f(x)=a,g(x)=$
$\begin{cases}f\left(\dfrac{1}{x}\right), & x\neq0,\\ 0, & x=0.\end{cases}$ 则 (　　).

(A) $x=0$ 必是 $g(x)$ 的第一类间断点；

(B) $x=0$ 必是 $g(x)$ 的第二类间断点；

(C) $x=0$ 必是 $g(x)$ 的连续点；

(D) $g(x)$ 在点 $x=0$ 处的连续性与 a 有关.

解 $\lim\limits_{x\to0}g(x)=\lim\limits_{x\to0}f\left(\dfrac{1}{x}\right)\xlongequal{\text{令}\frac{1}{x}=t}\lim\limits_{t\to\infty}f(t)=a,g(0)=0.$

当 $a=0$ 时，$x=0$ 是 $g(x)$ 的连续点；当 $a\neq0$ 时，$x=0$ 是 $g(x)$ 的第一类间断点. 应选(D).

11. (2000 年) 设 $f(x)=\dfrac{x}{a+\mathrm{e}^{bx}}$ 在 $(-\infty,+\infty)$ 内连续，且 $\lim\limits_{x\to-\infty}f(x)=0$，则常数 a,b 满足 (　　).

(A) $a<b,b<0$；　　　　　(B) $a>0,b>0$；

(C) $a\leqslant0,b>0$；　　　　(D) $a\geqslant0,b<0$.

解 当 $b\geqslant0$ 时，$\lim\limits_{x\to-\infty}f(x)=\lim\limits_{x\to-\infty}\dfrac{x}{a+\mathrm{e}^{bx}}=\infty$，所以 $b<0$；

再由 $f(x)$ 在 $(-\infty,+\infty)$ 内连续，则

$$a+\mathrm{e}^{bx}\neq0(x\in\mathbf{R}),\quad a\neq-\mathrm{e}^{bx},$$

即 a 不能为负值. 所以 $a\geqslant0\Big($否则，由 $\mathrm{e}^{bx}\neq-a,bx=\ln(-a),x=\dfrac{1}{b}\ln(-a)$，即在

点 $x=\dfrac{1}{b}\ln(-a)$ 处函数 $f(x)$ 无定义，与连续相矛盾$\Big)$. 故应选(D).

12. 当 $x\to\infty$ 时，若 $\dfrac{1}{ax^2+bx+c}\sim\dfrac{1}{x+1}$，则 a,b,c 的值必定为 (　　).

(A) $a=0,b=1,c=1$；　　　(B) $a=0,b=1,c$ 任意；

(C) $a=0,b$ 与 c 均任意；　(D) a,b,c 均任意.

解 由

$$1=\lim_{x\to\infty}\frac{\dfrac{1}{ax^2+bx+c}}{\dfrac{1}{x+1}}=\lim_{x\to\infty}\frac{x+1}{ax^2+bx+c}$$

知 $a=0,b=1,c$ 任意. 故应选(B).

13. (2010 年) 若 $\lim\limits_{x\to0}\left[\dfrac{1}{x}-\left(\dfrac{1}{x}-a\right)\mathrm{e}^x\right]>1$，则 a 等于 (　　).

(A) 0；　　　(B) 1；　　　(C) 2；　　　(D) 3.

解 $\lim\limits_{x\to 0}\left[\dfrac{1}{x}-\left(\dfrac{1}{x}-a\right)\mathrm{e}^x\right]=\lim\limits_{x\to 0}\left(\dfrac{1-\mathrm{e}^x}{x}+a\mathrm{e}^x\right)=\lim\limits_{x\to 0}\dfrac{1-\mathrm{e}^x}{x}+a$

$$=\lim_{x\to 0}\dfrac{-x}{x}+a=-1+a>1\Rightarrow a>2.$$

故应选(D).

14. 证明无限循环小数

$$0.\dot{a}_1a_2\cdots\dot{a}_m\cdots$$

等于分数 $\dfrac{a_1a_2\cdots a_m}{\underbrace{99\cdots 9}_{m\text{个}}}$，其中 $a_1,a_2,\cdots,a_m$ 均为 0 到 9 这 10 个数中的数，且 $a_1\neq 0$,

$\dot{a}_1a_2\cdots\dot{a}_m$ 表示一个循环节$\left(\text{如 }0.\dot{1}2\dot{3}123123\cdots=\dfrac{123}{999}=\dfrac{41}{333}\right).$

证明 令

$$x_n=0.\underbrace{\dot{a}_1a_2\cdots\dot{a}_m\dot{a}_1a_2\cdots\dot{a}_m\cdots\dot{a}_1a_2\cdots\dot{a}_m}_{\text{共}n\text{个循环节}},$$

则

$$0.\dot{a}_1a_2\cdots\dot{a}_m\cdots=\lim_{n\to\infty}x_n=\lim_{n\to\infty}\left(\dfrac{a_1a_2\cdots a_m}{10^m}+\dfrac{a_1a_2\cdots a_m}{10^{2m}}+\cdots+\dfrac{a_1a_2\cdots a_m}{10^{nm}}\right)$$

$$=\dfrac{a_1a_2\cdots a_m}{10^m}\lim_{n\to\infty}\left(1+\dfrac{1}{10^m}+\dfrac{1}{10^{2m}}+\cdots+\dfrac{1}{10^{(n-1)m}}\right)$$

$$=\dfrac{a_1a_2\cdots a_m}{10^m}\lim_{n\to\infty}\dfrac{1-\dfrac{1}{10^{nm}}}{1-\dfrac{1}{10^m}}$$

$$=\dfrac{a_1a_2\cdots a_m}{10^m}\cdot\dfrac{1}{1-\dfrac{1}{10^m}}=\dfrac{a_1a_2\cdots a_m}{10^m-1}=\dfrac{a_1a_2\cdots a_m}{\underbrace{99\cdots 9}_{m\text{个}}}.$$

15. 设 $f(x)$ 在开区间 (a,b) 内连续,x_1,x_2 是 (a,b) 内任意两点,且 $x_1<x_2$,证明:$\forall p>0,q>0$,在 (a,b) 内至少存在一点 ξ,使

$$pf(x_1)+qf(x_2)=(p+q)f(\xi).$$

证明 $f(x)$ 在开区间 $[x_1,x_2]\subset(a,b)$ 上连续,则 $f(x)$ 在开区间 $[x_1,x_2]$ 上必存在最小值 m 和最大值 M,则

$$m\leqslant f(x_1)\leqslant M,\quad m\leqslant f(x_2)\leqslant M,$$

则

$$pm\leqslant pf(x_1)\leqslant pM,\quad qm\leqslant qf(x_2)\leqslant qM,$$

两式相加得

$$(p+q)m\leqslant pf(x_1)+qf(x_2)\leqslant(p+q)M\Rightarrow m\leqslant\dfrac{pf(x_1)+qf(x_2)}{p+q}\leqslant M.$$

根据介值定理,至少存在一点 $\xi\in[x_1,x_2]\subset(a,b)$,使

$$f(\xi)=\dfrac{pf(x_1)+qf(x_2)}{p+q},$$

即 $pf(x_1)+qf(x_2)=(p+q)f(\xi).$

16. 设函数 $f(x)$ 在 $[0,2a]$ 上连续,且 $f(0)=f(2a)$,证明:
方程 $f(x)=f(x+a)$ 在 $[0,a]$ 上至少有一个实根.

证明 令 $\varphi(x)=f(x)-f(x+a)$,则 $\varphi(x)$ 在 $[0,a]$ 上连续,
$$\varphi(0)=f(0)-f(a), \quad \varphi(a)=f(a)-f(2a)=f(a)-f(0).$$
若 $\varphi(0)=f(0)-f(a)=0$,则 $x=0$ 和 $x=a$ 都是原方程的实根;

若 $\varphi(0)=f(0)-f(a)\neq0$,则 $\varphi(0)\cdot\varphi(a)<0$.

根据零点存在定理 $\varphi(x)$ 在 $(0,a)$ 内至少有一个零点. 即原方程在 $(0,a)$ 内至少有一个实根.

所以原方程在 $[0,a]$ 上至少有一个实根.

五、自 测 题

1. 填空题.

(1) 若数列 $\{x_n\}$ 与 y_n 的极限分别为 A 与 B,且 $A\neq B$,则数列 x_1,y_1,x_2, $y_2,\cdots,x_n,y_n,\cdots$ 的极限为_____.

(2) $\lim\limits_{n\to\infty}(1^n+2^n+3^n)^{\frac{1}{n}}=$ _____.

(3) 设 $f(x)=\dfrac{1}{1+\mathrm{e}^{\frac{1}{x}}}$,则 $\lim\limits_{x\to0^+}f(x)+\lim\limits_{x\to0^-}f(x)=$ _____.

(4) $\lim\limits_{x\to\infty}\left(\dfrac{5x^2+1}{3x-1}\sin\dfrac{1}{x}+\dfrac{x+1}{x^2}\sin x\right)=$ _____.

(5) 设 $f(x)=a^x(a>0,a\neq1)$,则 $\lim\limits_{n\to\infty}\dfrac{1}{n^2}\ln[f(1)\cdot f(2)\cdots f(n)]=$ _____.

(6) 若 $\lim\limits_{x\to2}\dfrac{x^2-3x+a}{2-x}=b$,则 $a=$ _____,$b=$ _____.

(7) 若 $x\to1$ 时,$\dfrac{(x-1)^m}{x^2-1}$ 是比 $x-1$ 高阶的无穷小,则 m 的取值范围是

_____.

(8) 已知 $x\to0$ 时,$\sqrt{1+\tan x}-\sqrt{1+\sin x}\sim\dfrac{1}{4}x^k$,则 $k=$ _____.

(9) 设 $f(x)=\ln(1+kx)^{\frac{m}{x}}$,则补充定义 $f(0)=$ _____ 可使其在 $x=0$ 连续.

(10) 设 $f(x)=\begin{cases}\dfrac{1}{x}\sin x+5, & x<0, \\ a, & x=0, \\ x\sin\dfrac{1}{x}+6, & x>0\end{cases}$,在 $x=0$ 连续,则 $a=$ _____.

2. 单项选择题.

(1) "函数 $f(x)$ 在点 $x=x_0$ 处有定义"是"当 $x\to x_0$ 时 $f(x)$ 有极限"的( )条件.

(A) 必要; (B) 充分; (C) 充分必要; (D) 既不充分也不必要.

(2) $\lim\limits_{x\to0}\mathrm{e}^{\frac{1}{x}}$ ( ).

(A) 等于 0;　　(B) 等于 ∞;　　(C) 等于 1;　　(D) 不存在.

(3) 若 $\lim\limits_{x\to 0}\dfrac{f(ax)}{x}=\dfrac{1}{2}$，则 $\lim\limits_{x\to 0}\dfrac{f(bx)}{x}=$（　　）$(ab\neq 0)$.

(A) $\dfrac{b}{2a}$;　　(B) $\dfrac{1}{2ab}$;　　(C) $\dfrac{ab}{2}$;　　(D) $\dfrac{a}{2b}$.

(4) 若 $\lim\limits_{x\to x_0}f(x)=\infty$，$\lim\limits_{x\to x_0}g(x)=\infty$，则必有（　　）.

(A) $\lim\limits_{x\to x_0}[f(x)+g(x)]=\infty$;　　(B) $\lim\limits_{x\to x_0}[f(x)-g(x)]=0$;

(C) $\lim\limits_{x\to x_0}f(x)\cdot g(x)=\infty$;　　(D) $\lim\limits_{x\to x_0}\dfrac{f(x)}{g(x)}=1$.

(5) 若 $\lim\limits_{x\to x_0}f(x)=\infty$，$\lim\limits_{x\to x_0}g(x)=k(k$ 为常数$)$，则必有（　　）.

(A) $\lim\limits_{x\to x_0}f(x)\cdot g(x)=\infty$;　　(B) $\lim\limits_{x\to x_0}f(x)^{g(x)}=\infty$;

(C) $\lim\limits_{x\to x_0}\dfrac{f(x)}{g(x)}=\infty$;　　(D) $\lim\limits_{x\to x_0}\dfrac{g(x)}{f(x)}=\infty$.

(6) 设 $\varphi(x)=\dfrac{1-x}{1+x}$，$\psi(x)=1-\sqrt[3]{x}$，则当 $x\to 1$ 时（　　）.

(A) $\varphi(x)$ 与 $\psi(x)$ 为等价无穷小量;

(B) $\varphi(x)$ 是比 $\psi(x)$ 较高阶的无穷小量;

(C) $\varphi(x)$ 是比 $\psi(x)$ 较低阶的无穷小量;

(D) $\varphi(x)$ 与 $\psi(x)$ 是同阶但不等价的无穷小量.

(7) 函数 $f(x)=\begin{cases} \mathrm{e}^{-\frac{1}{x-1}}, & x\neq 1 \\ 0, & x=1 \end{cases}$，在点 $x=1$ 处（　　）.

(A) 连续;　　　　　　　　(B) 不连续,但右连续;

(C) 不连续,但左连续;　　(D) 左、右都不连续.

(8) 函数 $f(x)=\dfrac{1}{x\ln|x-2|}$ 的间断点的个数为（　　）个.

(A) 1;　　(B) 2;　　(C) 3;　　(D) 4.

(9) 补充定义 $f(0)=$（　　）时,能使函数 $f(x)=\dfrac{1-\sqrt{1-x}}{1-\sqrt[3]{1-x}}$ 在点 $x=0$ 处连续.

(A) $\dfrac{3}{2}$;　　(B) $\dfrac{1}{2}$;　　(C) 3;　　(D) 1.

(10) 设 $f(x)=\lim\limits_{n\to\infty}\dfrac{1+x}{1+x^{2n}}$，则 $f(x)$（　　）.

(A) 不存在间断点;　　　　(B) 存在间断点 $x=1$;

(C) 存在间断点 $x=0$;　　(D) 存在间断点 $x=-1$.

3. 计算题.

(1) 设 $f(x-1)=\begin{cases} -\dfrac{\sin x}{x}, & x>0, \\ 2, & x=0, \\ x-1, & x<0. \end{cases}$ 求 $\lim\limits_{x\to -1}f(x)$;

(2) $\lim\limits_{x\to 0}\dfrac{\cos(\sin x)-1}{3x^2}$;　　　　　(3) $\lim\limits_{x\to 0}\dfrac{3\sin x+x^2\sin\frac{1}{x}}{(1+\cos x)\ln(1+x)}$;

(4) 已知 $\lim\limits_{x\to\infty}\left(\dfrac{x+c}{x-c}\right)^{\frac{x}{2}}=3$,求 c;　　　　(5) $\lim\limits_{x\to 0}(x+\mathrm{e}^x)^{\frac{1}{x}}$;

(6) $\lim\limits_{x\to+\infty}(\cos\sqrt{x+1}-\cos\sqrt{x})$;　　　　(7) 设数列 $y_n=\dfrac{n!}{n^n}$,求 $\lim\limits_{n\to\infty}\dfrac{y_{n+1}}{y_n}$;

(8) 设 $f(x)=\dfrac{x-x^2}{|x|(x^2-1)}$,求 $f(x)$ 的间断点,并判断间断点的类型;

(9) 设 $f(x)=\dfrac{\sqrt{1+\sin x+\sin^2 x}-(a+b\sin x)}{\sin^3 x}$,若 $x=0$ 是 $f(x)$ 的可去型间断点,求 a,b;

(10) 已知 $\lim\limits_{x\to+\infty}(\sqrt{x^2-x+1}+ax+b)=0$,求 a,b 的值.

4. 证明题.

(1) 设 $f(x)=\mathrm{e}^x-2$,求证在区间 $(0,2)$ 内至少存在一点 c,使 $f(c)=c$.

(2) 设 $f(x)$ 在 $[0,2]$ 上连续,且 $f(0)=f(2)$,试证明至少存在一点 $\xi\in(0,1)$,使 $f(\xi)=f(\xi+1)$.

(3) 证明方程 $2x^3+3x^2=\mathrm{e}$ 至少有一个正根.

六、自测题参考答案

1. (1) 不存在;　　(2) 3;　　(3) 1;　　(4) $\dfrac{5}{3}$;　　(5) $\dfrac{1}{2}\ln a$;

　(6) $a=2,b=-1$;　(7) $m>2$;　(8) $k=3$;　(9) km;　(10) $a=6$.

2. (1) (D);　　(2) (D);　　(3) (A);　　(4) (C);　　(5) (C);

　(6) (D);　　(7) (B);　　(8) (D);　　(9) (A);　　(10) (B).

3. (1) -1;　　　　(2) $-\dfrac{1}{6}$;　　(3) $\dfrac{3}{2}$;　　(4) $\ln 3$;　　(5) e^2;

　(6) 0;　　　　　(7) $\dfrac{1}{\mathrm{e}}$;

　(8) $x=0$ 是跳跃间断点,$x=1$ 是可去间断点,$x=-1$ 是无穷间断点;

　(9) $a=1,b=\dfrac{1}{2}$;　(10) $a=-1,b=\dfrac{1}{2}$.

4. 证明题(略).

第 3 章　导数与微分

一、基　本　要　求

(1) 理解导数的概念、几何意义及可导性与连续性的关系，会按照导数的定义求导数，会求曲线的切线方程.

(2) 熟练掌握基本初等函数的导数公式及导数的四则运算.

(3) 熟练掌握复合函数求导法则、对数求导法及隐函数求导法，了解参数方程求导法.

(4) 理解高阶导数的概念，会求简单函数的高阶导数.

(5) 理解微分概念、导数与微分之间关系及一阶微分形式的不变性，会求函数的微分，并能利用微分进行近似计算.

二、内　容　提　要

1. 导数的概念

1) 导数的定义

设函数 $y = f(x)$ 在点 x_0 的某个邻域内有定义. 当自变量在点 x_0 处取得改变量 Δx（点 $x_0 + \Delta x$ 仍在该邻域内，且 $\Delta x \neq 0$）时，函数 $f(x)$ 相应的取得改变量 $\Delta y = f(x_0 + \Delta x) - f(x_0)$. 如果当 $\Delta x \to 0$ 时，极限

$$\lim_{\Delta x \to 0} \frac{\Delta y}{\Delta x} = \lim_{\Delta x \to 0} \frac{f(x_0 + \Delta x) - f(x_0)}{\Delta x}$$

存在，则称函数 $f(x)$ 在点 x_0 处**可导**或**具有导数**，并称此极限为函数 $f(x)$ 在点 x_0 处的**导数**，记为 $f'(x_0)$，$y'|_{x=x_0}$，$\dfrac{\mathrm{d}y}{\mathrm{d}x}\Big|_{x=x_0}$ 或 $\dfrac{\mathrm{d}f}{\mathrm{d}x}\Big|_{x=x_0}$，即

$$f'(x_0) = \lim_{\Delta x \to 0} \frac{\Delta y}{\Delta x} = \lim_{\Delta x \to 0} \frac{f(x_0 + \Delta x) - f(x_0)}{\Delta x}.$$

如果上述极限不存在，则称函数 $y = f(x)$ 在点 x_0 处**不可导**，且称点 x_0 为函数 $f(x)$ 的**不可导点**. 如果此极限为 ∞，有时为了方便我们称函数 $y = f(x)$ 在点 x_0 处的**导数为无穷大**.

如果令 $x = x_0 + \Delta x$，则有

$$f'(x_0) = \lim_{x \to x_0} \frac{f(x) - f(x_0)}{x - x_0}.$$

当令 $\Delta x = h$ 时，则有

$$f'(x_0) = \lim_{h \to 0} \frac{f(x_0 + h) - f(x_0)}{h}.$$

2) 单侧导数

设函数 $y = f(x)$ 在点 x_0 及其某个左半邻域内有定义,如果

$$\lim_{\Delta x \to 0^-} \frac{f(x_0 + \Delta x) - f(x_0)}{\Delta x}$$

存在,则称其为函数 $f(x)$ 在点 x_0 处的**左导数**,记作 $f'_-(x_0)$,即

$$f'_-(x_0) = \lim_{\Delta x \to 0^-} \frac{\Delta y}{\Delta x} = \lim_{\Delta x \to 0^-} \frac{f(x_0 + \Delta x) - f(x_0)}{\Delta x} = \lim_{x \to x_0^-} \frac{f(x) - f(x_0)}{x - x_0}.$$

类似可以定义函数 $f(x)$ 在点 x_0 处的**右导数** $f'_+(x_0)$,

$$f'_+(x_0) = \lim_{\Delta x \to 0^+} \frac{\Delta y}{\Delta x} = \lim_{\Delta x \to 0^+} \frac{f(x_0 + \Delta x) - f(x_0)}{\Delta x} = \lim_{x \to x_0^+} \frac{f(x) - f(x_0)}{x - x_0}.$$

函数 $f(x)$ 在点 x_0 处的左导数 $f'_-(x_0)$ 与右导数 $f'_+(x_0)$ 统称为函数 $f(x)$ 在点 x_0 处的**单侧导数**. 且有

$$f'(x_0) = A \Leftrightarrow f'_-(x_0) = f'_+(x_0) = A.$$

3) 导数的几何意义

如果函数 $f(x)$ 在点 x_0 处可导,则其导数 $f'(x_0)$ 为曲线 $y = f(x)$ 在点 $M_0(x_0, f(x_0))$ 处的切线斜率.

曲线 $y = f(x)$ 在点 $M_0(x_0, y_0)(y_0 = f(x_0))$ 处的切线方程为

$$y - y_0 = f'(x_0)(x - x_0);$$

法线方程为

$$y - y_0 = -\frac{1}{f'(x_0)}(x - x_0).$$

如果 $f'(x_0) = 0$,则切线方程为 $y = y_0$,法线方程为 $x = x_0$;如果 $f'(x_0) = \infty$,则切线方程为 $x = x_0$,法线方程为 $y = y_0$.

4) 分段函数的可导性

分段函数在分界点处的可导性,必须用导数定义来判别.

5) 可导性和连续性的关系

如果函数 $y = f(x)$ 在点 x_0 处可导,则它在点 x_0 处一定连续.

注 (1) 如果函数 $f(x)$ 在点 x_0 处连续,但它在点 x_0 处不一定可导;

(2) 如果函数 $f(x)$ 在点 x_0 处不连续,则它在点 x_0 处一定不可导.

2. 导数的基本公式

(1) $(c)' = 0$ (c 为常数);　　　　　　(2) $(x^\alpha)' = \alpha x^{\alpha-1}$;

(3) $(a^x)' = a^x \ln a$;　　　　　　(4) $(e^x)' = e^x$;

(5) $(\log_a |x|)' = \dfrac{1}{x \ln a}$;　　　　　　(6) $(\ln |x|)' = \dfrac{1}{x}$;

(7) $(\sin x)' = \cos x$;　　　　　　(8) $(\cos x)' = -\sin x$;

(9) $(\tan x)' = \sec^2 x$;　　(10) $(\cot x)' = -\csc^2 x$;

(11) $(\sec x)' = \sec x \cdot \tan x$;　　(12) $(\csc x)' = -\csc x \cdot \cot x$;

(13) $(\arcsin x)' = \dfrac{1}{\sqrt{1-x^2}}$;　　(14) $(\arccos x)' = -\dfrac{1}{\sqrt{1-x^2}}$;

(15) $(\arctan x)' = \dfrac{1}{1+x^2}$;　　(16) $(\operatorname{arccot} x)' = -\dfrac{1}{1+x^2}$.

3. 求导法则

1) 导数的四则运算公式

设 $u=u(x)$、$v=v(x)$ 都可导，则 $u(x) \pm v(x)$，$u(x)v(x)$，$\dfrac{u(x)}{v(x)}(v(x) \neq 0)$ 均可导，且

$$[u(x) \pm v(x)]' = u'(x) \pm v'(x);$$
$$[u(x)v(x)]' = u'(x)v(x) + u(x)v'(x);$$
$$\left[\frac{u(x)}{v(x)}\right]' = \frac{u'(x)v(x) - u(x)v'(x)}{v^2(x)} \quad (v(x) \neq 0).$$

2) 复合函数的求导法则

若函数 $u=g(x)$ 在点 x 处可导，函数 $y=f(u)$ 在相应的点 $u=g(x)$ 处可导，则复合函数 $y=f[g(x)]$ 在点 x 处可导，且有

$$\frac{\mathrm{d}y}{\mathrm{d}x} = \frac{\mathrm{d}y}{\mathrm{d}u} \cdot \frac{\mathrm{d}u}{\mathrm{d}x} \quad 或 \frac{\mathrm{d}y}{\mathrm{d}x} = f'(u) \cdot g'(x).$$

3) 反函数的求导法则

若函数 $x=\varphi(y)$ 在某一区间内单调、可导且 $\varphi'(y) \neq 0$，则它的反函数 $y=f(x)$ 在对应区间内也可导，且有 $y' = f'(x) = \dfrac{1}{\varphi'(y)}$ 或 $\dfrac{\mathrm{d}y}{\mathrm{d}x} = \dfrac{1}{\dfrac{\mathrm{d}x}{\mathrm{d}y}}$. 即反函数的导数等于其原函数导数的倒数.

4) 隐函数的求导方法

由方程 $F(x,y)=0$ 所确定的隐函数的导数 y' 的求导方法：将方程 $F(x,y)=0$ 两端对 x 求导（求导过程中视 y 为 x 的函数），求导之后得到一个关于 y' 的方程，解此方程，则得 y' 得表达式，表达式中允许含有 y.

5) 对数求导法

对数求导法主要用来求幂指函数与多个函数连乘积的导数.

求导方法：函数两边取对数，然后在等式两边同时对自变量 x 求导，最后解出所求导数.

6) 参数方程的求导公式

由参数方程 $\begin{cases} x=\varphi(t), \\ y=\psi(t) \end{cases}$ 确定的函数 $y=f(x)$ 的求导公式为

$$\frac{\mathrm{d}y}{\mathrm{d}x} = \frac{y'_t}{x'_t} = \frac{\psi'(t)}{\varphi'(t)} \quad (\varphi'(t) \neq 0).$$

4. 高阶导数

1) 概念

如果函数 $y=f(x)$ 的导函数 $f'(x)$ 在点 x 处可导,则称 $f'(x)$ 在点 x 处导数为函数 $f(x)$ 在点 x 处的**二阶导数**,记作 y'',$f''(x)$,$\dfrac{\mathrm{d}^2 y}{\mathrm{d}x^2}$ 或 $\dfrac{\mathrm{d}^2 f(x)}{\mathrm{d}x^2}$,即

$$f''(x) = \lim_{\Delta x \to 0} \frac{f'(x+\Delta x) - f'(x)}{\Delta x}.$$

相应地,称函数 $y=f(x)$ 的导数 $f'(x)$ 为函数 $y=f(x)$ 的**一阶导数**.

类似地,二阶导数的导数,称作**三阶导数**,记作 y''',$f'''(x)$,$\dfrac{\mathrm{d}^3 y}{\mathrm{d}x^3}$ 或 $\dfrac{\mathrm{d}^3 f(x)}{\mathrm{d}x^3}$. 此时

$$f'''(x) = \lim_{\Delta x \to 0} \frac{f''(x+\Delta x) - f''(x)}{\Delta x}.$$

一般地,如果函数 $y=f(x)$ 的 $n-1$ 阶导数存在且可导,则称 $f(x)$ 的 $n-1$ 阶导数的导数为函数 $y=f(x)$ 的 n **阶导数**,记作 $y^{(n)}$,$f^{(n)}(x)$,$\dfrac{\mathrm{d}^n y}{\mathrm{d}x^n}$ 或 $\dfrac{\mathrm{d}^n f(x)}{\mathrm{d}x^n}$. 即

$$f^{(n)}(x) = \left[f^{(n-1)}(x)\right]' = \lim_{\Delta x \to 0} \frac{f^{(n-1)}(x+\Delta x) - f^{(n-1)}(x)}{\Delta x}.$$

二阶和二阶以上的导数统称为**高阶导数**.

从高阶导数的定义可以看出,求高阶导数就是对函数连续依次的求导. 一般可通过从低阶导数找规律,得到函数的 n 阶导数. 对于较复杂的高阶导数,可利用下面常见的 n 阶导数及和、差、积的 n 阶导数公式来求解.

2) 常见初等函数的 n 阶导数

$$(a^x)^{(n)} = a^x \cdot (\ln a)^n;$$

$$(\sin x)^{(n)} = \sin\left(x + n \cdot \frac{\pi}{2}\right);$$

$$(\cos x)^{(n)} = \cos\left(x + n \cdot \frac{\pi}{2}\right);$$

$$[\ln(1+x)]^{(n)} = (-1)^{n-1} \cdot \frac{(n-1)!}{(1+x)^n};$$

$$(x^n)^{(m)} = \begin{cases} 0, & m > n, \\ n!, & m = n, \quad n \in \mathbf{N}_+. \\ n(n-1)\cdots(n-m+1)x^{n-m}, & m < n. \end{cases}$$

3) 和、差、积的 n 阶导数公式

$$(u \pm v)^{(n)} = u^{(n)} \pm v^{(n)};$$

$$(uv)^{(n)} = \sum_{k=0}^{n} C_n^k u^{(n-k)} v^{(k)} \quad \text{或} (uv)^{(n)} = \sum_{k=0}^{n} C_n^k u^{(k)} v^{(n-k)} \text{(莱布尼茨公式)}.$$

5. 微分

1) 微分定义

设函数 $y=f(x)$ 在某区间内有定义,如果对于自变量在点 x 处的改变量 Δx

(x 及 $x+\Delta x$ 在此区间内),函数 $y=f(x)$ 的相应改变量 $\Delta y=f(x+\Delta x)-f(x)$ 可表示为

$$\Delta y = A\Delta x + o(\Delta x),$$

其中 A 与 Δx 无关,$o(\Delta x)$ 是在 $\Delta x\to0$ 时比 Δx 高阶的无穷小量,则称函数 $y=f(x)$ 在点 x 处**可微**,并称 $A\Delta x$ 为函数在点 x 处的**微分**.记作 $\mathrm{d}y$ 或 $\mathrm{d}f(x)$,即

$$\mathrm{d}y = A\Delta x = f'(x)\mathrm{d}x \quad \text{或} \quad \mathrm{d}f(x) = A\Delta x = f'(x)\mathrm{d}x.$$

如果函数的改变量 Δy 不能表示成 $\Delta y=A\Delta x+o(\Delta x)$ 的形式,则称函数 $y=f(x)$ 在点 x 处**不可微**或**微分不存在**.

2) 可微、可导与连续性关系

$f(x)$ 在点 x_0 处可导 $\Leftrightarrow f(x)$ 在点 x_0 处可微 $\Rightarrow f(x)$ 在点 x_0 处连续.

3) 一阶微分形式不变性

无论 u 为自变量还是中间变量,若 $y=f(u)$ 可微,则函数 $y=f(u)$ 的微分都具有形式

$$\mathrm{d}y = \mathrm{d}f(u) = f'(u)\mathrm{d}u.$$

4) 微分的计算

方法一,解出 $f'(x)$,利用 $\mathrm{d}y=f'(x)\mathrm{d}x$ 求微分;

方法二,利用一阶微分形式不变性.

5) 利用微分作近似计算

若 $y=f(x)$ 在点 x_0 处可微,且 $|\Delta x|$ 很小时,则有

$$\Delta y = f(x_0 + \Delta x) - f(x_0) \approx \mathrm{d}y\,|_{x=x_0} = f'(x_0)\Delta x,$$

或

$$f(x_0 + \Delta x) \approx f(x_0) + f'(x_0)\Delta x.$$

三、典 型 例 题

例1 设下列极限均存在,求其极限值.

(1) $\displaystyle\lim_{\Delta x\to0}\frac{f(x_0+\Delta x)-f(x_0-2\Delta x)}{\Delta x}$;　　(2) $\displaystyle\lim_{x\to0}\frac{f(x_0+3x)-f(x_0-3x)}{x}$;

(3) $\displaystyle\lim_{h\to\infty}h\left[f\left(x_0-\frac{2}{h}\right)-f(x_0)\right]$;　　(4) $\displaystyle\lim_{x\to1}\frac{f(3-x)-f(2)}{x-1}$;

(5) $\displaystyle\lim_{x\to0}\frac{f(a-3x^2)-f(a)}{\sin^2 x}$.

分析 导数是由极限定义的.所以可利用导数定义:

$$f'(x_0) = \lim_{\Delta x\to0}\frac{f(x_0+\Delta x)-f(x_0)}{\Delta x},$$

来求解这种类型的极限.

解 (1) $\displaystyle\lim_{\Delta x\to0}\frac{f(x_0+\Delta x)-f(x_0-2\Delta x)}{\Delta x}$

$$= \lim_{\Delta x\to0}\frac{f(x_0+\Delta x)-f(x_0)+f(x_0)-f(x_0-2\Delta x)}{\Delta x}$$

$$= \lim_{\Delta x \to 0} \frac{f(x_0 + \Delta x) - f(x_0)}{\Delta x} + 2 \lim_{\Delta x \to 0} \frac{f(x_0 - 2\Delta x) - f(x_0)}{-2\Delta x}$$

$$= f'(x_0) + 2f'(x_0) = 3f'(x_0).$$

(2) $\lim\limits_{x \to 0} \dfrac{f(x_0 + 3x) - f(x_0 - 3x)}{x}$

$$= \lim_{x \to 0} \frac{f(x_0 + 3x) - f(x_0) + f(x_0) - f(x_0 - 3x)}{x}$$

$$= 3 \lim_{x \to 0} \frac{f(x_0 + 3x) - f(x_0)}{3x} + 3 \lim_{x \to 0} \frac{f(x_0 - 3x) - f(x_0)}{-3x}$$

$$= 3f'(x_0) + 3f'(x_0) = 6f'(x_0).$$

(3) $\lim\limits_{h \to \infty} h \left[f\left(x_0 - \dfrac{2}{h}\right) - f(x_0) \right]$;

$$= -2 \lim_{h \to \infty} \frac{f\left(x_0 - \dfrac{2}{h}\right) - f(x_0)}{-\dfrac{2}{h}} = -2f'(x_0).$$

(4) $\lim\limits_{x \to 1} \dfrac{f(3 - x) - f(2)}{x - 1}$

$$= \lim_{x \to 1} \frac{f[2 + (1 - x)] - f(2)}{x - 1} = - \lim_{x \to 1} \frac{f[2 + (1 - x)] - f(2)}{1 - x}$$

$$= -f'(2).$$

(5) $\lim\limits_{x \to 0} \dfrac{f(a - 3x^2) - f(a)}{\sin^2 x}$

$$= \lim_{x \to 0} \frac{f(a - 3x^2) - f(a)}{-3x^2} \cdot \frac{-3x^2}{\sin^2 x}$$

$$= \lim_{x \to 0} \frac{f(a - 3x^2) - f(a)}{-3x^2} \cdot \lim_{x \to 0} \frac{-3x^2}{\sin^2 x} = -3f'_-(a).$$

例 2 设 $f(x)$ 在 $(-\infty, +\infty)$ 内有定义,且对 $\forall x, y \in (-\infty, +\infty)$ 有
$$f(x + y) = f(x)f(y), f(0) = 1, f'(0) = 1.$$
证明:函数 $f(x)$ 在 $(-\infty, +\infty)$ 内处处可导.

证明 设 x_0 是 $(-\infty, +\infty)$ 内的任意一点,由于

$$\lim_{\Delta x \to 0} \frac{f(x_0 + \Delta x) - f(x_0)}{\Delta x} = \lim_{\Delta x \to 0} \frac{f(x_0)f(\Delta x) - f(x_0)}{\Delta x}$$

$$= \lim_{\Delta x \to 0} \frac{f(x_0)[f(\Delta x) - 1]}{\Delta x} = \lim_{\Delta x \to 0} f(x_0) \cdot \frac{f(\Delta x) - f(0)}{\Delta x - 0}$$

$$= f(x_0) \cdot \lim_{\Delta x \to 0} \frac{f(\Delta x) - f(0)}{\Delta x - 0} = f(x_0) \cdot f'(0) = f(x_0),$$

所以,$f(x)$ 在点 x_0 处可导,且 $f'(x_0) = f(x_0)$. 故由 x_0 的任意性可知,函数 $f(x)$ 在 $(-\infty, +\infty)$ 内处处可导.

例 3 求下列函数在 $x = 0$ 点的导数.

(1) $f(x) = x \sin^2 (\sqrt[5]{x + 1})$;　　　(2) $f(x) = |x| \sin x$.

分析 在求函数 $f(x)$ 在点 x_0 导数时,一般是先求出 $f'(x)$,后代入 x_0,得 $f'(x_0)$.但此题求 $f'(x)$ 比较复杂,又 $f(0)=0$.所以此题直接用导数定义求解会简便.

解 (1) $f'(0)=\lim\limits_{x\to 0}\dfrac{f(x)-f(0)}{x-0}=\lim\limits_{x\to 0}\dfrac{x\sin^2(\sqrt[5]{x+1})-0}{x-0}=\sin^2 1.$

(2) $f'(0)=\lim\limits_{x\to 0}\dfrac{f(x)-f(0)}{x-0}=\lim\limits_{x\to 0}\dfrac{|x|\sin x-0}{x-0}$

$\quad=\lim\limits_{x\to 0}|x|\cdot\lim\limits_{x\to 0}\dfrac{\sin x-0}{x-0}=\lim\limits_{x\to 0}|x|\cdot\lim\limits_{x\to 0}\dfrac{\sin x}{x}$

$\quad=0\cdot 1=0.$

例 4 设 $\varphi(x)$ 在 $x=a$ 处连续.问:

(1) $f(x)=(x-a)\varphi(x)$ 在点 a 是否可导(习题 A 第 9 题)?

(2) $g(x)=|x-a|\varphi(x)$ 在点 a 是否可导?

分析 本题考查函数在某点的连续性和可导性,可直接利用导数定义来求解.

解 由 $\varphi(x)$ 在 $x=a$ 处连续可知,$\lim\limits_{x\to a}\varphi(x)=\varphi(a).$

(1) $\lim\limits_{x\to a}\dfrac{f(x)-f(a)}{x-a}=\lim\limits_{x\to a}\dfrac{(x-a)\varphi(x)-0}{x-a}=\lim\limits_{x\to a}\varphi(x)=\varphi(a),$

所以函数 $f(x)=(x-a)\varphi(x)$ 在点 a 可导,且 $f'(a)=\varphi(a).$

(2) $\lim\limits_{x\to a}\dfrac{g(x)-f(a)}{x-a}=\lim\limits_{x\to a}\dfrac{|x-a|\varphi(x)}{x-a}=\begin{cases}0,&\varphi(a)=0,\\ \text{不存在},&\varphi(a)\neq 0,\end{cases}$

所以当 $\varphi(a)=0$ 时,$g(x)=|x-a|\varphi(x)$ 在点 a 可导,且 $g'(a)=0$;当 $\varphi(a)\neq 0$ 时,$g(x)$ 在点 a 不可导.

总结 在本题(2)中,若 $\lim\limits_{x\to a}\varphi(x)=0$,则 $g(x)$ 在点 a 可导.一般有

$$f(x)=|x-a|\varphi(x) \text{ 在点 } a \text{ 可导} \Leftrightarrow \lim\limits_{x\to a}\varphi(x)=0.$$

如 $y=x|x|$ 在 $x=0$ 点可导.

例 5 设 $f(x)$ 在 $x=1$ 处连续,且 $\lim\limits_{x\to 1}\dfrac{f(x)}{x-1}=2$,求 $f'(1).$

分析 本题关键在于利用连续求出 $f(1).$

解 因为

$$f(1)=\lim\limits_{x\to 1}f(x)=\lim\limits_{x\to 1}(x-1)\cdot\dfrac{f(x)}{x-1}=0,$$

所以

$$f'(1)=\lim\limits_{x\to 1}\dfrac{f(x)-f(1)}{x-1}=\lim\limits_{x\to 1}\dfrac{f(x)}{x-1}=2.$$

例 6 设 $f(x)=\begin{cases}\dfrac{1}{2}x^2,&x\leqslant 2\\ ax+b,&x>2\end{cases}$ 在点 $x=2$ 处可导,求 a,b 的值.

分析 本题考查了函数可导性和连续性的关系,并利用连续及导数定义来确定未知数.

解 由题意，$f(x)$在$x=2$点连续，而

$$f(2)=2, \quad \lim_{x \to 2^-} \frac{1}{2}x^2=2, \quad \lim_{x \to 2^+}(ax+b)=2a+b,$$

所以

$$2a+b=2 \Rightarrow b=2-2a.$$

又因为$f(x)$在点$x=2$处可导，所以$f'_-(2)=f'_+(2)$，而

$$f'_-(2)=\lim_{x \to 2^-}\frac{f(x)-f(2)}{x-2}=\lim_{x \to 2^-}\frac{\frac{1}{2}x^2-2}{x-2}=\lim_{x \to 2^-}\frac{x+2}{2}=2,$$

$$f'_+(2)=\lim_{x \to 2^+}\frac{f(x)-f(2)}{x-2}=\lim_{x \to 2^+}\frac{ax+b-2}{x-2}$$

$$=\lim_{x \to 2^+}\frac{ax+(2-2a)-2}{x-2}=\lim_{x \to 2^+}\frac{a(x-2)}{x-2}=a.$$

故$a=2,b=-2$.

例7 设$f(x)=\lim\limits_{n \to \infty}\dfrac{x^2 \mathrm{e}^{n(x-1)}+ax+b}{1+\mathrm{e}^{n(x-1)}}$可导，求$a,b$的值.

分析 先求出函数$f(x)$的表达式，再根据题意求解.

解 当$x>1$时，

$$f(x)=\lim_{n \to \infty}\frac{x^2 \mathrm{e}^{n(x-1)}+ax+b}{1+\mathrm{e}^{n(x-1)}}=x^2;$$

当$x<1$时，

$$f(x)=\lim_{n \to \infty}\frac{x^2 \mathrm{e}^{n(x-1)}+ax+b}{1+\mathrm{e}^{n(x-1)}}=ax+b;$$

当$x=1$时，

$$f(1)=\frac{a+b+1}{2}.$$

所以

$$f(x)=\begin{cases} ax+b, & x<1, \\ \dfrac{a+b+1}{2}, & x=1, \\ x^2, & x>1. \end{cases}$$

由题意，$f(x)$在$x=1$点连续，而

$$\lim_{x \to 1^-}(ax+b)=a+b, \quad \lim_{x \to 1^+}x^2=1, \quad f(1)=\frac{a+b+1}{2},$$

所以

$$a+b=1=\frac{a+b+1}{2} \Rightarrow b=1-a.$$

又因为$f(x)$在点$x=1$处可导，所以$f'_-(1)=f'_+(1)$，而

$$f'_-(1)=\lim_{x \to 1^-}\frac{f(x)-f(1)}{x-1}=\lim_{x \to 1^-}\frac{ax+b-\frac{a+b+1}{2}}{x-1}$$

$$= \lim_{x \to 1^-} \frac{ax + (1-a) - \dfrac{a + (1-a) + 1}{2}}{x-1} = \lim_{x \to 1^-} \frac{a(x-1)}{x-1} = a,$$

$$f'_+(1) = \lim_{x \to 1^+} \frac{f(x) - f(1)}{x-1} = \lim_{x \to 1^+} \frac{x^2 - \dfrac{a+b+1}{2}}{x-1}$$

$$= \lim_{x \to 1^+} \frac{x^2 - \dfrac{a + (1-a) + 1}{2}}{x-1} = \lim_{x \to 1^+} \frac{x^2 - 1}{x-1} = 2.$$

故 $a=2, b=-1$.

例 8 求下列函数的导数.

(1) $y = \arctan \sqrt{\ln\sin x}$;　　　　　(2) $y = \sqrt[3]{1 + \sqrt[3]{1 + \sqrt[3]{x}}}$;

(3) $y = \dfrac{1}{2} x \sqrt{a^2 + x^2} + \dfrac{a^2}{2} \ln(x + \sqrt{a^2 + x^2})$;

(4) $y = \ln(\cos^2 x + \sqrt{1 + \cos^4 x})$;　　　(5) $y = \mathrm{e}^x f(x^{\mathrm{e}})$.

解 (1) $y' = (\arctan \sqrt{\ln\sin x})' = \dfrac{1}{1 + \ln\sin x} \cdot (\sqrt{\ln\sin x})'$

$$= \frac{1}{1 + \ln\sin x} \cdot \frac{1}{2\sqrt{\ln\sin x}} \cdot (\ln\sin x)'$$

$$= \frac{1}{1 + \ln\sin x} \cdot \frac{1}{2\sqrt{\ln\sin x}} \cdot \frac{1}{\sin x} \cdot (\sin x)'$$

$$= \frac{\cot x}{2\sqrt{\ln\sin x}(1 + \ln\sin x)}.$$

(2) $y' = \dfrac{1}{3} \left(1 + \sqrt[3]{1 + \sqrt[3]{x}}\right)^{-\frac{2}{3}} \cdot \left(1 + \sqrt[3]{1 + \sqrt[3]{x}}\right)'$

$$= \frac{1}{3} \left(1 + \sqrt[3]{1 + \sqrt[3]{x}}\right)^{-\frac{2}{3}} \cdot \frac{1}{3} \cdot (1 + \sqrt[3]{x})^{-\frac{2}{3}} \cdot (1 + \sqrt[3]{x})'$$

$$= \frac{1}{9} \left[\left(1 + \sqrt[3]{1 + \sqrt[3]{x}}\right)(1 + \sqrt[3]{x})\right]^{-\frac{2}{3}} \cdot \frac{1}{3} x^{-\frac{2}{3}}$$

$$= \frac{1}{27} \left[x(1 + \sqrt[3]{x})\left(1 + \sqrt[3]{1 + \sqrt[3]{x}}\right)\right]^{-\frac{2}{3}}.$$

(3) $y' = \dfrac{1}{2} \left[\sqrt{a^2 + x^2} + x \cdot \dfrac{x}{\sqrt{a^2 + x^2}}\right]$

$$+ \frac{a^2}{2} \frac{1}{x + \sqrt{a^2 + x^2}} \left(1 + \frac{x}{\sqrt{a^2 + x^2}}\right)$$

$$= \frac{2a^2 + 2x^2}{2\sqrt{a^2 + x^2}} = \sqrt{a^2 + x^2}.$$

(4) **分析** 直接求导较复杂. 根据题设可令 $u = \cos^2 x$, 从而原函数可以看成是由 $y = \ln(u + \sqrt{1 + u^2})$ 与 $u = \cos^2 x$ 复合而成, 然后按复合函数的求导方法求导.

令 $u = \cos^2 x$, 则

$$y = \ln(u + \sqrt{1 + u^2}),$$

$$\frac{dy}{dx} = \frac{dy}{du} \cdot \frac{du}{dx} = \frac{1}{u + \sqrt{1+u^2}} \cdot \left(1 + \frac{2u}{2\sqrt{1+u^2}}\right) \cdot 2\cos x \cdot (-\sin x)$$

$$= \frac{1}{\sqrt{1+u^2}} \cdot (-\sin 2x) = -\frac{\sin 2x}{\sqrt{1+\cos^4 x}}.$$

(5) $y' = (e^x)'f(x^e) + e^x[f(x^e)]' = e^x f(x^e) + e^x f'(x^e) \cdot (x^e)'$

$\qquad = e^x f(x^e) + e^x f'(x^e) \cdot e x^{e-1} = e^x f(x^e) + e^{x+1} x^{e-1} f'(x^e).$

总结 复合函数求导的关键在于要分清复合关系,从外到内求导. 当既有四则运算,又有复合函数求导时,要通过题目所给表达式决定先用四则运算还是先用复合函数求导法则.

例 9 设 $f(2x) = x^2$,求 $[f(f(x))]'$.

分析 本题首先要解出 $f(x)$,然后按复合函数求导法求导,要注意过程中的代入.

解 令 $u = 2x$,则 $x = \frac{u}{2}$,$f(u) = \frac{u^2}{4}$,即 $f(x) = \frac{x^2}{4}$.

$$f'(x) = \frac{x}{2}, \quad f'(f(x)) = \frac{1}{2} \cdot \frac{x^2}{4} = \frac{x^2}{8},$$

$$[f(f(x))]' = f'(f(x)) \cdot f'(x) = \frac{x^2}{8} \cdot \frac{x}{2} = \frac{x^3}{16}.$$

例 10 求曲线 $y = (x+1)\sqrt[3]{3-x}$ 在点 $(-1,0)$,$(2,3)$,$(3,0)$ 处的切线方程和法线方程.

解 因为

$$y' = \sqrt[3]{3-x} - \frac{1}{3} \cdot (x+1)(3-x)^{-\frac{2}{3}} = \frac{8-4x}{3\sqrt[3]{(3-x)^2}},$$

所以

$$y'(-1) = \sqrt[3]{4}, \quad y'(2) = 0, \quad y'(3) = -\infty.$$

故在点 $(-1,0)$ 处得切线方程和法线方程分别为

$$y = \sqrt[3]{4}(x+1), \quad y = -\frac{\sqrt[3]{2}}{2}(x+1);$$

在点 $(2,3)$ 处得切线方程和法线方程分别为

$$y = 3, \quad x = 2;$$

在点 $(3,0)$ 处得切线方程和法线方程分别为

$$x = 3, \quad y = 0.$$

例 11 设 $g(x) = \begin{cases} x^2 \arctan \dfrac{1}{x}, & x \neq 0, \\ 0, & x = 0, \end{cases}$ 且 $f(x)$ 处处可导,求 $f[g(x)]$ 的导数.

分析 因为 $\{f[g(x)]\}' = f'[g(x)] \cdot g'(x)$,所以本题只需求出 $g'(x)$ 即可.

解 当 $x \neq 0$ 时,

$$g'(x) = 2x \arctan \frac{1}{x} + x^2 \cdot \frac{1}{1 + \frac{1}{x^2}} \cdot \left(-\frac{1}{x^2}\right)$$

$$= 2x\arctan\frac{1}{x} - \frac{x^2}{1+x^2},$$

当 $x=0$ 时,

$$g'(0) = \lim_{x\to 0}\frac{g(x)-g(0)}{x-0} = \lim_{x\to 0}\frac{x^2\arctan\dfrac{1}{x}}{x}$$

$$= \lim_{x\to 0}x\arctan\frac{1}{x} = 0.$$

所以

$$g'(x) = \begin{cases} 2x\arctan\dfrac{1}{x} - \dfrac{x^2}{1+x^2}, & x\neq 0, \\ 0, & x=0. \end{cases}$$

故

$$\{f[g(x)]\}' = f'[g(x)]\cdot g'(x)$$

$$= \begin{cases} \left(2x\arctan\dfrac{1}{x} - \dfrac{x^2}{1+x^2}\right)f'\left(x^2\arctan\dfrac{1}{x}\right), & x\neq 0, \\ 0, & x=0. \end{cases}$$

例 12 设 $y=f(x)=|(x-1)^2(x+1)^3|$,求 y'.

分析 含有绝对值的函数在求导时,首先要把绝对值去掉,将其化为分段函数,然后按分段函数求导方法求导.

解 $y = \begin{cases} (x-1)^2(x+1)^3, & x\geqslant -1, \\ -(x-1)^2(x+1)^3, & x<-1. \end{cases}$

当 $x>-1$ 时,

$$f'(x) = (x-1)(x+1)^2(5x-1);$$

当 $x<-1$ 时,

$$f'(x) = -(x-1)(x+1)^2(5x-1);$$

当 $x=-1$ 时,

$$f'_-(-1) = \lim_{x\to -1^-}\frac{f(x)-f(-1)}{x+1} = \lim_{x\to -1^-}\frac{-(x-1)^2(x+1)^3-0}{x+1} = 0,$$

$$f'_+(-1) = \lim_{x\to -1^+}\frac{f(x)-f(-1)}{x+1} = \lim_{x\to -1^+}\frac{(x-1)^2(x+1)^3-0}{x+1} = 0.$$

即 $f'_-(-1) = f'_+(-1) = 0$,所以 $f'(-1) = 0$.

故

$$y' = f'(x) = \begin{cases} (x-1)(x+1)^2(5x-1), & x\geqslant -1, \\ -(x-1)(x+1)^2(5x-1), & x<-1. \end{cases}$$

例 13 求下列方程所确定的隐函数的导数.

(1) $xy^2 + e^y = \cos(x+y^2)$,求 $\dfrac{\mathrm{d}y}{\mathrm{d}x}$;

(2) $y = 1 - xe^y$,求 $\dfrac{\mathrm{d}y}{\mathrm{d}x}\Big|_{x=0}$.

(1) **解法一** 方程两边关于 x 求导,得

$$y^2 + 2xy \cdot y' + e^y \cdot y' = -\sin(x+y^2) \cdot (1+2y \cdot y'),$$

解得

$$y' = -\frac{y^2 + \sin(x+y^2)}{2xy + e^y + 2y\sin(x+y^2)}.$$

解法二 方程两边微分,得

$$\mathrm{d}(xy^2 + e^y) = \mathrm{d}\cos(x+y^2),$$
$$y^2\mathrm{d}x + 2xy\mathrm{d}y + e^y\mathrm{d}y = -\sin(x+y^2)(\mathrm{d}x + 2y\mathrm{d}y),$$
$$[2xy + e^y + 2y\sin(x+y^2)]\mathrm{d}y = -[y^2 + \sin(x+y^2)]\mathrm{d}x$$

解得

$$y' = \frac{\mathrm{d}y}{\mathrm{d}x} = -\frac{y^2 + \sin(x+y^2)}{2xy + e^y + 2y\sin(x+y^2)}.$$

(2) **分析** $\left.\dfrac{\mathrm{d}y}{\mathrm{d}x}\right|_{x=0}$ 表示在点 $x=0$ 时导数,它是一个数值,由于 y' 的表达式中

一般含有 y,所以首先解出对应于 $x=0$ 的 y 值,再将其代入 $\dfrac{\mathrm{d}y}{\mathrm{d}x}$.

解 把 $x=0$ 代入方程,得 $y=1$. 方程两边关于 x 求导,得

$$y' = -e^y - xe^y \cdot y',$$

解得

$$y' = -\frac{e^y}{1 + xe^y}.$$

所以

$$\left.\frac{\mathrm{d}y}{\mathrm{d}x}\right|_{(0,1)} = -\frac{e}{1} = -e.$$

总结 隐函数求导一般有以下三种方法:

(1) 方程两边关于 x 求导,得 y' 表达式(解法一);

(2) 利用一阶微分形式不变性,方程两边求微分,然后解出 $\dfrac{\mathrm{d}y}{\mathrm{d}x}$(解法二);

(3) 公式法(将在第 7 章学习)$\dfrac{\mathrm{d}y}{\mathrm{d}x} = -\dfrac{F'_x}{F'_y}$.

例 14 根据要求求下列函数的导数.

(1) 设 $\sqrt{x^2 + y^2} = 2e^{\arctan\frac{y}{x}}$,求 $\dfrac{\mathrm{d}x}{\mathrm{d}y}$;

(2) 设 $y^2 = x - y, t = x + \sin x$,求 $\dfrac{\mathrm{d}y}{\mathrm{d}t}$.

(1) **分析** 这种类型的题,一定要根据待求解分清自变量和因变量. 本题中因

为要求 $\dfrac{\mathrm{d}x}{\mathrm{d}y}$,所以 y 为自变量,x 为因变量.

解 方程两边取对数,得

$$\frac{1}{2}\ln(x^2 + y^2) = \ln 2 + \arctan\frac{y}{x},$$

对上式两边关于 y 求导,得

$$\frac{1}{2} \cdot \frac{1}{x^2+y^2} \cdot \left(2x \cdot \frac{\mathrm{d}x}{\mathrm{d}y} + 2y\right) = \frac{1}{1+\left(\dfrac{y}{x}\right)^2} \cdot \frac{x - y \cdot \dfrac{\mathrm{d}x}{\mathrm{d}y}}{x^2},$$

$$(x+y)\frac{\mathrm{d}x}{\mathrm{d}y} = x - y,$$

所以

$$\frac{\mathrm{d}x}{\mathrm{d}y} = \frac{x-y}{x+y}.$$

注 本题也可以先解出 $\dfrac{\mathrm{d}y}{\mathrm{d}x}$，然后再取倒数即得 $\dfrac{\mathrm{d}x}{\mathrm{d}y}$.

（2）**分析** 方程 $y^2 = x - y$ 确定了 y 是 x 的函数，方程 $t = x + \sin x$ 确定了 x 是 t 的函数，所以 $\dfrac{\mathrm{d}y}{\mathrm{d}t} = \dfrac{\mathrm{d}y}{\mathrm{d}x} \cdot \dfrac{\mathrm{d}x}{\mathrm{d}t}$.

解法一 方程 $y^2 = x - y$ 两边关于 x 求导，得

$$2y \cdot \frac{\mathrm{d}y}{\mathrm{d}x} = 1 - \frac{\mathrm{d}y}{\mathrm{d}x} \Rightarrow \frac{\mathrm{d}y}{\mathrm{d}x} = \frac{1}{1+2y}.$$

方程 $t = x + \sin x$ 两边关于 t 求导，得

$$1 = \frac{\mathrm{d}x}{\mathrm{d}t} + \cos x \cdot \frac{\mathrm{d}x}{\mathrm{d}t} \Rightarrow \frac{\mathrm{d}x}{\mathrm{d}t} = \frac{1}{1+\cos x},$$

故

$$\frac{\mathrm{d}y}{\mathrm{d}t} = \frac{\mathrm{d}y}{\mathrm{d}x} \cdot \frac{\mathrm{d}x}{\mathrm{d}t} = \frac{1}{1+2y} \cdot \frac{1}{1+\cos x} = \frac{1}{(1+2y)(1+\cos x)}.$$

解法二 $t = x + \sin x, \ y^2 = x - y \Rightarrow x = y^2 + y$，所以

$$\frac{\mathrm{d}t}{\mathrm{d}y} = \frac{\mathrm{d}t}{\mathrm{d}x} \cdot \frac{\mathrm{d}x}{\mathrm{d}y} = (1+\cos x)(2y+1),$$

故

$$\frac{\mathrm{d}y}{\mathrm{d}t} = \frac{1}{(1+2y)(1+\cos x)}.$$

例 15 求下列函数的导数 $\dfrac{\mathrm{d}y}{\mathrm{d}x}$.

（1）$y = (1+x^2)^{\sin x}$；　　　　（2）$y = \sqrt[5]{\dfrac{x-5}{\sqrt[5]{x^2+2}}} + x^{\sin x}$.

（1）**分析** 本类题型为幂指函数或多个函数连乘积的导数，所以应采用对数求导法或用对数恒等式将原函数化为指数函数再求导.

解法一 两边取对数，得

$$\ln y = \sin x \ln(1+x^2),$$

对上式两边关于 x 求导，得

$$\frac{1}{y} \cdot y' = \cos x \cdot \ln(1+x^2) + \frac{2x\sin x}{1+x^2},$$

解得

$$y' = (1+x^2)^{\sin x}\left[\cos x\ln(1+x^2) + \frac{2x\sin x}{1+x^2}\right].$$

解法二 原式化为 $y = \mathrm{e}^{\sin x\ln(1+x^2)}$，所以

$$y' = (1+x^2)^{\sin x}\left[\sin x\ln(1+x^2)\right]'$$

$$= (1+x^2)^{\sin x}\left[\cos x\ln(1+x^2) + \frac{2x\sin x}{1+x^2}\right].$$

（2）**分析** 本题可直接求导，但过程会很复杂．所以本题易采用对数求导法．又函数由两部分组成，故可分开来求导．

解 令 $u = \sqrt[5]{\dfrac{x-5}{\sqrt[5]{x^2+2}}},\ v = x^{\sin x}$．则

$$\ln u = \frac{1}{5}\ln(x-5) - \frac{1}{25}\ln(x^2+2),\qquad \frac{1}{u}\cdot u' = \frac{1}{5}\cdot\frac{1}{x-5} - \frac{1}{25}\cdot\frac{2x}{x^2+2},$$

解得

$$u' = \sqrt[5]{\frac{x-5}{\sqrt[5]{x^2+2}}}\cdot\left[\frac{1}{5(x-5)} - \frac{2x}{25(x^2+2)}\right];$$

$$\ln v = \sin x\ln x,\qquad \frac{1}{v}\cdot v' = \sin x\cdot\frac{1}{x} + \cos x\cdot\ln x,$$

解得

$$v' = x^{\sin x}\cdot\left[\sin x\cdot\frac{1}{x} + \cos x\cdot\ln x\right].$$

故

$$y' = u' + v' = \sqrt[5]{\frac{x-5}{\sqrt[5]{x^2+2}}}\cdot\left[\frac{1}{5(x-5)} - \frac{2x}{25(x^2+2)}\right]$$

$$+ x^{\sin x}\cdot\left[\sin x\cdot\frac{1}{x} + \cos x\cdot\ln x\right].$$

例 16 设函数 $y = y(x)$ 由 $\begin{cases} x = \arctan t, \\ 2y - ty^2 + \mathrm{e}^t = 5 \end{cases}$ 确定，求 $\dfrac{\mathrm{d}y}{\mathrm{d}x}$．

分析 本题的关键是对题意的正确理解，方程组 $\begin{cases} x = \arctan t, \\ 2y - ty^2 + \mathrm{e}^t = 5 \end{cases}$ 中第二个方程确定了 y 是 t 的隐函数 $y = y(t)$，所以此方程组实质上是以 t 为参数的参数方程．因而 $y = y(x)$ 是由参数方程 $\begin{cases} x = \arctan t, \\ y = y(t) \end{cases}$ 确定的函数，故 $\dfrac{\mathrm{d}y}{\mathrm{d}x} = \dfrac{\dfrac{\mathrm{d}y}{\mathrm{d}t}}{\dfrac{\mathrm{d}x}{\mathrm{d}t}}$ 易求出，

$\dfrac{\mathrm{d}y}{\mathrm{d}t}$ 可运用隐函数求导法来求导．

解 方程 $2y - ty^2 + \mathrm{e}^t = 5$ 两边关于 t 求导，得

$$2y_t' - y^2 - 2ty\cdot y_t' + \mathrm{e}^t = 0 \Rightarrow y_t' = \frac{y^2 - \mathrm{e}^t}{2(1-ty)},$$

又 $x_t' = \dfrac{1}{1+t^2}$，所以

$$\frac{dy}{dx} = \frac{y'_t}{x'_t} = \frac{(y^2 - e^t)(1 + t^2)}{2(1 - ty)}.$$

例 17 求下列函数在指定阶的导数.

(1) 设 $y = \dfrac{\ln x}{x}$，求 $y^{(n)}$；

(2) 设 $x e^{f(y)} = e^y$，其中 f 具有二阶导数，且 $f' \neq 1$，求 $\dfrac{d^2 y}{dx^2}$；

(3) $y = x^2 e^{2x}$，求 $y^{(20)}$（习题 A 第 24 题）；

(4) $y = \sin^4 x + \cos^4 x$，求 $y^{(n)}$.

解 (1) $y' = -\dfrac{1}{x^2}\ln x + \dfrac{1}{x^2} = -\dfrac{1}{x^2}(\ln x - 1)$，

$$y'' = \frac{2}{x^3}(\ln x - 1) - \frac{1}{x^3} = \frac{2}{x^3}\left[\ln x - \left(1 + \frac{1}{2}\right)\right],$$

$$y''' = -\frac{2 \cdot 3}{x^4}\left[\ln x - \left(1 + \frac{1}{2}\right)\right] - \frac{2}{x^4} = -\frac{2 \cdot 3}{x^4}\left[\ln x - \left(1 + \frac{1}{2} + \frac{1}{3}\right)\right],$$

$$\cdots\cdots$$

$$y^{(n)} = \frac{(-1)^n n!}{x^{n+1}}\left[\ln x - \left(1 + \frac{1}{2} + \frac{1}{3} + \cdots + \frac{1}{n}\right)\right] \quad (n \geqslant 1).$$

(2) 方程两边取对数，得

$$\ln x + f(y) = y,$$

上式关于 x 求导，得

$$\frac{1}{x} + f'(y) \cdot \frac{dy}{dx} = \frac{dy}{dx} \Rightarrow \frac{dy}{dx} = \frac{1}{x[1 - f'(y)]},$$

所以

$$\frac{d^2 y}{dx^2} = -\frac{1 - f'(y) - x f''(y) \cdot \dfrac{dy}{dx}}{x^2 [1 - f'(y)]^2} = -\frac{[1 - f'(y)]^2 - f''(y)}{x^2 [1 - f'(y)]^3}.$$

(3) 用莱布尼茨公式

$$y^{(20)} = x^2 (e^{2x})^{(20)} + 2x C_{20}^1 (e^{2x})^{(19)} + 2 C_{20}^2 (e^{2x})^{(18)}$$

$$= 2^{20} e^{2x} (x^2 + 20x + 95).$$

(4) 因为

$$y = \sin^4 x + \cos^4 x = (\sin^2 x + \cos^2 x)^2 - 2\sin^2 x \cos^2 x$$

$$= 1 - \frac{1}{2}\sin^2 2x = \frac{3}{4} + \frac{1}{4}\cos 4x,$$

所以

$$y^{(n)} = \left(\frac{3}{4} + \frac{1}{4}\cos 4x\right)^{(n)} = \frac{1}{4} \cdot 4^n \cos\left(4x + \frac{n\pi}{2}\right) = 4^{n-1}\cos\left(4x + \frac{n\pi}{2}\right) \quad (n \geqslant 1).$$

总结 求高阶导数一般有以下三种方法.

(1) 归纳法：依次对函数求前几阶导数后，分析结果，由规律得 n 阶导数[例 17(1)].

(2) 间接法：利用常见函数 n 阶导数公式及四则运算求 n 阶导数[例 17(4)].

(3)莱布尼兹公式法:主要用来计算乘积形式的 n 阶导数[例17(3)].

例 18 设函数 $y=y(x)$ 由方程 $2^{xy}=x+y$ 所确定,求 $\mathrm{d}y|_{x=0}$.

分析 本题为隐函数求微分,可利用 $\mathrm{d}y=f'(x)\mathrm{d}x$ 或一阶微分形式不变性来计算.但本题中要注意通过 $x=0$ 解出 $y=1$,即求函数在 $(0,1)$ 点的微分.

解 把 $x=0$ 代入方程,得 $y=1$.

解法一 方程两边关于 x 求导,得

$$2^{xy}\cdot\ln 2\cdot(y+xy')=1+y',$$

将点 $(0,1)$ 代入上式,得

$$y'_{(0,1)}=\ln 2-1.$$

所以

$$\mathrm{d}y|_{x=0}=(\ln 2-1)\mathrm{d}x.$$

解法二 $\mathrm{d}(2^{xy})=\mathrm{d}(x+y)\Rightarrow 2^{xy}(y\mathrm{d}x+x\mathrm{d}y)\cdot\ln 2=\mathrm{d}x+\mathrm{d}y,$
将点 $(0,1)$ 代入上式,得

$$\ln 2\cdot\mathrm{d}x=\mathrm{d}x+\mathrm{d}y,$$

即

$$\mathrm{d}y|_{x=0}=(\ln 2-1)\mathrm{d}x.$$

四、教材习题选解

(A)

3. 设 $f'(x_0)$ 存在,试利用导数的定义求下列极限.

(4) $\lim\limits_{h\to 0}\dfrac{f(x_0+h)-f(x_0-h)}{h}$.

解 $\lim\limits_{h\to 0}\dfrac{f(x_0+h)-f(x_0-h)}{h}$

$$=\lim_{h\to 0}\frac{f(x_0+h)-f(x_0)+f(x_0)-f(x_0-h)}{h}$$

$$=\lim_{h\to 0}\frac{f(x_0+h)-f(x_0)}{h}+\lim_{h\to 0}\frac{f(x_0-h)-f(x_0)}{-h}$$

$$=f'(x_0)+f'(x_0)=2f'(x_0).$$

(6) $\lim\limits_{x\to 0}\dfrac{f(2x)-f(x)}{x}$,其中 $f(0)=0$,且 $f'(0)$ 存在.

解 $\lim\limits_{x\to 0}\dfrac{f(2x)-f(x)}{x}=2\lim\limits_{x\to 0}\dfrac{f(2x)-f(0)}{2x-0}-\lim\limits_{x\to 0}\dfrac{f(x)-f(0)}{x-0}$

$$=2f'(0)-f'(0)=f'(0).$$

6. a 为何值时,$y=ax^2$ 与 $y=\ln x$ 相切 $(a>0)$.

解 由题意,得

$$\begin{cases}ax^2=\ln x,\\ 2ax=\dfrac{1}{x},\end{cases}\Rightarrow\begin{cases}x=\sqrt{\mathrm{e}},\\ a=\dfrac{1}{2\mathrm{e}}.\end{cases}$$

10. 设 $f(x)=\begin{cases}x^2, & x\leqslant 1,\\ ax+b, & x>1,\end{cases}$ 在点 $x=1$ 处可导,求 a,b 的值.

解 由题意,$f(x)$在 $x=1$ 点连续,而

$$f(1)=1, \quad \lim_{x\to 1^-}x^2=1, \quad \lim_{x\to 1^+}(ax+b)=a+b,$$

所以

$$a+b=1\Rightarrow b=1-a.$$

又因为 $f(x)$在点 $x=1$ 处可导,所以 $f'_-(1)=f'_+(1)$,而

$$f'_-(1)=\lim_{x\to 1^-}\frac{f(x)-f(1)}{x-1}=\lim_{x\to 1^-}\frac{x^2-1}{x-1}=2,$$

$$f'_+(1)=\lim_{x\to 1^+}\frac{f(x)-f(1)}{x-1}=\lim_{x\to 1^+}\frac{ax+b-1}{x-1}=\lim_{x\to 1^+}\frac{ax+1-a-1}{x-1}=a.$$

故 $a=2,b=-1$.

13. 求下列复合函数的导数.

(9) $y=\ln\sqrt{x}+\sqrt{\ln x}$.

解 $y'=\dfrac{1}{\sqrt{x}}\cdot\dfrac{1}{2\sqrt{x}}+\dfrac{1}{2\sqrt{\ln x}}\cdot\dfrac{1}{x}=\dfrac{1}{2x}\Big(1+\dfrac{1}{\sqrt{\ln x}}\Big).$

(11) $y=\arctan(x+\sqrt{1+x^2})$.

解
$$
\begin{aligned}
y'&=\frac{1}{1+(x+\sqrt{1+x^2})^2}\cdot\Big(1+\frac{x}{\sqrt{1+x^2}}\Big)\\
&=\frac{1}{1+x^2+2x\sqrt{1+x^2}+1+x^2}\cdot\frac{x+\sqrt{1+x^2}}{\sqrt{1+x^2}}\\
&=\frac{1}{2\sqrt{1+x^2}(x+\sqrt{1+x^2})}\cdot\frac{x+\sqrt{1+x^2}}{\sqrt{1+x^2}}\\
&=\frac{1}{2(1+x^2)}.
\end{aligned}
$$

(12) $y=e^{2x}\cos\sqrt{2x}$.

解
$$
\begin{aligned}
y'&=(e^{2x})'\cos\sqrt{2x}+e^{2x}(\cos\sqrt{2x})'\\
&=2e^{2x}\cos\sqrt{2x}-e^{2x}\sin\sqrt{2x}\cdot\frac{1}{2\sqrt{2x}}\cdot 2\\
&=e^{2x}\Big(2\cos\sqrt{2x}-\frac{\sin\sqrt{2x}}{\sqrt{2x}}\Big).
\end{aligned}
$$

(13) $y=\ln(e^x+\sqrt{1+e^{2x}})$.

解
$$
\begin{aligned}
y'&=\frac{1}{e^x+\sqrt{1+e^{2x}}}\cdot\Big(e^x+\frac{e^{2x}}{\sqrt{1+e^{2x}}}\Big)\\
&=\frac{1}{e^x+\sqrt{1+e^{2x}}}\cdot\frac{e^x(e^x+\sqrt{1+e^{2x}})}{\sqrt{1+e^{2x}}}\\
&=\frac{e^x}{\sqrt{1+e^{2x}}}.
\end{aligned}
$$

(17) $y = x^{a^a} + a^{x^a} + a^{a^x}$ $(a > 0)$.

解 $y' = a^a x^{a^a - 1} + a^{x^a} \ln a \cdot (x^a)' + a^{a^x} \ln a \cdot (a^x)'$

$\qquad = a^a x^{a^a - 1} + \ln a \cdot x^{a-1} a^{x^a + 1} + \ln^2 a \cdot a^{a^x + x}$.

(18) $y = \arctan \mathrm{e}^x - \ln \sqrt{\dfrac{\mathrm{e}^{2x}}{\mathrm{e}^{2x} + 1}}$.

解 因为

$$y = \arctan \mathrm{e}^x - \frac{1}{2}\left[2x - \ln(\mathrm{e}^{2x} + 1)\right],$$

所以

$$y' = \frac{\mathrm{e}^x}{\mathrm{e}^{2x} + 1} - \left(1 - \frac{\mathrm{e}^{2x}}{\mathrm{e}^{2x} + 1}\right) = \frac{\mathrm{e}^x - 1}{\mathrm{e}^{2x} + 1}.$$

(19) $y = \ln \tan \dfrac{x}{2} - \cos x \ln \tan x$.

解 $y' = \dfrac{1}{\tan \dfrac{x}{2}} \cdot \sec^2 \dfrac{x}{2} \cdot \dfrac{1}{2} + \sin x \cdot \ln \tan x - \cos x \cdot \dfrac{1}{\tan x} \cdot \sec^2 x$

$\qquad = \dfrac{1}{\sin x} + \sin x \ln \tan x - \dfrac{1}{\sin x}$

$\qquad = \sin x \ln \tan x$.

(20) $y = x(\arcsin x)^2 + 2\sqrt{1 - x^2} \arcsin x - 2x$.

解 $y' = (\arcsin x)^2 + 2x(\arcsin x) \cdot \dfrac{1}{\sqrt{1 - x^2}} + 2 \cdot \dfrac{-x}{\sqrt{1 - x^2}} \arcsin x$

$\qquad + 2\sqrt{1 - x^2} \cdot \dfrac{1}{\sqrt{1 - x^2}} - 2 = (\arcsin x)^2$ $(|x| < 1)$.

15. 设函数 $f(x)$ 可导, 求下列函数的导数:

(3) 设 $y = f(\sin^2 x) + f(\cos^2 x)$, 求 $\dfrac{\mathrm{d}y}{\mathrm{d}x}$.

解 $\dfrac{\mathrm{d}y}{\mathrm{d}x} = f'(\sin^2 x) \cdot (2 \sin x \cos x) - f'(\cos^2 x) \cdot (2 \cos x \sin x)$

$\qquad = \sin 2x [f'(\sin^2 x) - f'(\cos^2 x)]$.

(4) 设 $y = f(\mathrm{e}^x) \mathrm{e}^{f(x)}$, 求 $\dfrac{\mathrm{d}y}{\mathrm{d}x}$.

解 $\dfrac{\mathrm{d}y}{\mathrm{d}x} = f'(\mathrm{e}^x) \cdot \mathrm{e}^x \cdot \mathrm{e}^{f(x)} + f(\mathrm{e}^x) \cdot \mathrm{e}^{f(x)} \cdot f'(x)$

$\qquad = \mathrm{e}^{f(x)} [f'(\mathrm{e}^x) \mathrm{e}^x - f'(x) f(\mathrm{e}^x)]$.

16. 证明.

(1) 可导的偶函数的导数是奇函数.

证明 令 $f(x)$ 为偶函数, 则

$$f(x) = f(-x),$$

两端关于 x 求导, 得

$$f'(x) = -f'(-x),$$

即 $f'(-x)=-f'(x)$,故 $f'(x)$ 为奇函数.

（2）可导的奇函数的导数是偶函数.

（证明方法同(1)）.

（3）可导周期函数的导数是具有相同周期的周期函数.

证明 令 $f(x)$ 为周期函数,且周期为 T,则
$$f(x+T)=f(x),$$
两端关于 x 求导,得
$$f'(x+T)=f'(x),$$
即 $f'(x)$ 为具有周期 T 的周期函数.

17. 求由下列方程所确定的隐函数 $y=f(x)$ 的导数 $\dfrac{\mathrm{d}y}{\mathrm{d}x}$.

（4） $y=\mathrm{e}^{\frac{y-x}{x}}$.

解 $y'=\mathrm{e}^{\frac{y-x}{x}} \cdot \dfrac{(y'-1)\cdot x-(y-x)}{x^2}$,

$x^2 y'=\mathrm{e}^{\frac{y-x}{x}} \cdot (xy'-y)=y(xy'-y)$,

$y'=\dfrac{y^2}{xy-x^2}$.

（5） $\arctan\dfrac{y}{x}=\ln\sqrt{x^2+y^2}$.

解 $\dfrac{1}{1+\left(\dfrac{y}{x}\right)^2} \cdot \dfrac{xy'-y}{x^2}=\dfrac{1}{2} \cdot \dfrac{2x+2y\cdot y'}{x^2+y^2}$,

$xy'-y=x+yy' \Rightarrow y'=\dfrac{x+y}{x-y}$.

19. 利用对数求导法求下列函数的导数.

（3） $y^x=x^y$.

解 两边取对数,得
$$x\ln y=y\ln x,$$
两边关于 x 求导,得
$$\ln y+x\cdot\dfrac{1}{y}\cdot y'=y'\ln x+\dfrac{y}{x},$$
所以
$$y'=\dfrac{y(x\ln y-y)}{x(y\ln x-x)}.$$

（4） $y=\left(\dfrac{b}{a}\right)^x\left(\dfrac{b}{x}\right)^a\left(\dfrac{x}{a}\right)^b$ $(a>0,b>0)$.

解 两边取对数,得
$$\ln y=x\ln\dfrac{b}{a}+a\ln\dfrac{b}{x}+b\ln\dfrac{x}{a},$$
两边关于 x 求导,得

$$\frac{1}{y} \cdot y' = \ln\frac{b}{a} + a \cdot \frac{x}{b} \cdot \left(-\frac{b}{x^2}\right) + b \cdot \frac{a}{x} \cdot \frac{1}{a}$$

$$= \ln\frac{b}{a} + \frac{b-a}{x},$$

所以

$$y' = \left(\frac{b}{a}\right)^x \left(\frac{b}{x}\right)^a \left(\frac{x}{a}\right)^b \left(\ln\frac{b}{a} + \frac{b-a}{x}\right).$$

(5) $y = \dfrac{(1-x)(1+2x)^2}{\sqrt[3]{1+x}}$.

解 两边先取绝对值再取对数,得

$$\ln|y| = \ln|1-x| + 2\ln|1+2x| - \frac{1}{3}\ln|1+x|,$$

$$\frac{1}{y} \cdot y' = \frac{-1}{1-x} + 2 \cdot \frac{2}{1+2x} - \frac{1}{3} \cdot \frac{1}{1+x}$$

$$= \frac{1}{x-1} + \frac{4}{1+2x} - \frac{1}{3x+3},$$

所以

$$y' = \frac{(1-x)(1+2x)^2}{\sqrt[3]{1+x}} \left(\frac{1}{x-1} + \frac{4}{1+2x} - \frac{1}{3x+3}\right).$$

20. 求下列函数的二阶导数.

(4) $y = \ln f(x)$.

解 $y' = \dfrac{1}{f(x)}f'(x)$,$y'' = \dfrac{f''(x)f(x) - [f'(x)]^2}{[f(x)]^2}$.

(6) $x^2 - xy + y^2 = 1$.

解 两边关于 x 求导,得

$$2x - y - xy' + 2yy' = 0, \qquad\qquad ①$$

所以

$$y' = \frac{2x-y}{x-2y}. \qquad\qquad ②$$

再对①式两边关于 x 求导,得

$$2 - 2y' - xy'' + 2(y')^2 + 2yy'' = 0, \qquad\qquad ③$$

将②式代入③式,得

$$y'' = \frac{6}{(x-2y)^3}.$$

21. 方程 $xy - \sin(\pi y^2) = 0$ 确定了隐函数 $y = f(x)$,求 $y'|_{(0,-1)}$ 及 $y''|_{(0,-1)}$.

解 两边关于 x 求导,得

$$xy' + y - 2\pi yy'\cos(\pi y^2) = 0, \qquad\qquad ①$$

再对①式两边关于 x 求导,得

$$2y' + xy'' - 2\pi[(y')^2 + yy'']\cos(\pi y^2) + (2\pi yy')^2 \cdot \sin(\pi y^2) = 0. \qquad ②$$

将点 $(0,-1)$ 代入①,得

$$-1 - 2\pi y' = 0,$$

解得

$$y'\big|_{(0,-1)}=-\frac{1}{2\pi}.$$

将点 $(0,-1)$ 及 $y'\big|_{(0,-1)}=-\frac{1}{2\pi}$ 代入②，得

$$-\frac{1}{\pi}+2\pi\left(\frac{1}{4\pi^2}-y''\right)=0,$$

解得

$$y''\big|_{(0,-1)}=-\frac{1}{4\pi^2}.$$

22. 求下列函数的 n 阶导数.

(2) $y=\cos^2 x$.

解　$y'=-2\cos x\cdot\sin x=-\sin 2x$.

$$y^{(n)}=-(\sin 2x)^{(n-1)}=-2^{n-1}\sin\left(2x+\frac{n-1}{2}\cdot\pi\right)$$

$$=2^{n-1}\cos\left(2x+\frac{n}{2}\cdot\pi\right).$$

(4) $y=\dfrac{1-x}{1+x}$.

解　$y=\dfrac{1-x}{1+x}=\dfrac{2}{1+x}-1$.

$$y'=2(-1)(1+x)^{-2},$$

$$y'=2(-1)(-2)(1+x)^{-3},$$

$$\cdots\cdots$$

$$y^{(n)}=2\cdot(-1)^n\cdot n!\cdot(1+x)^{-(n+1)}=(-1)^n\frac{2\cdot n!}{(1+x)^{n+1}}.$$

(5) $y=\dfrac{1}{x(1-x)}$.

解　$y=\dfrac{1}{x(1-x)}=\dfrac{1}{x}+\dfrac{1}{1-x}$.

$$y'=\left(\frac{1}{x}\right)^{(n)}+\left(\frac{1}{1-x}\right)^{(n)}=n!\left[\frac{(-1)^n}{x^{n+1}}+\frac{1}{(1-x)^{n+1}}\right]\quad(x\neq 0,x\neq 1).$$

26. 已知函数 $y=f(x)$ 由参数方程 $\begin{cases}x=\varphi(t),\\y=\psi(t)\end{cases}$ 确定，且 $\varphi'(t)\neq 0$，求 $\dfrac{\mathrm{d}y}{\mathrm{d}x}$. 并利用所得结果计算由参数方程 $\begin{cases}x=\arctan t,\\y=\ln(1+t^2)\end{cases}$ 确定的函数 $y=f(x)$ 的导数 $\dfrac{\mathrm{d}y}{\mathrm{d}x}$.

解　$\dfrac{\mathrm{d}y}{\mathrm{d}x}=\dfrac{\psi'(t)\mathrm{d}t}{\varphi'(t)\mathrm{d}t}=\dfrac{\psi'(t)}{\varphi'(t)},$

$$\frac{\mathrm{d}y}{\mathrm{d}x}=\frac{\psi'(t)}{\varphi'(t)}=\frac{\dfrac{2t}{1+t^2}}{\dfrac{1}{1+t^2}}=2t.$$

27. 求下列各式的近似值：

(1) $e^{1.01}$.

解 令 $f(x)=e^x, x_0=1, \Delta x=0.01$, 则

$$e^{1.01} = f(x_0+\Delta x) \approx f(x_0) + f'(x_0)\Delta x = e + e \cdot 0.01 = 2.7455.$$

(3) $\cos 151°$.

解 令 $f(x)=\cos x, x_0=\frac{5}{6}\pi, \Delta x=\frac{\pi}{180}$, 则

$$\cos 151° = f(x_0+\Delta x) \approx f(x_0) + f'(x_0)\Delta x$$
$$= \cos\frac{5}{6}\pi - \sin\frac{5}{6}\pi \cdot \frac{\pi}{180} = -0.8748.$$

29. 半径 $R=100\text{cm}$ 及圆心角 $\alpha=60°$ 的扇形, 若 R 增加 1cm, 求扇形面积变化的近似值.

解 扇形面积

$$A = \frac{1}{2}R^2\alpha,$$

扇形的微分

$$dA = R\alpha dR,$$

所以扇形面积变化的近似值

$$\Delta A \approx dA = 100 \cdot \frac{\pi}{3} \cdot 1 \approx 1.047 (\text{cm}^2).$$

(B)

1. (2006 年) 设函数 $f(x)$ 在 $x=0$ 处连续, 且 $\lim\limits_{h\to 0}\dfrac{f(h^2)}{h^2}=1$, 则_____.

(A) $f(0)=0$ 且 $f'_-(0)$ 存在;   (B) $f(0)=1$ 且 $f'_-(0)$ 存在;

(C) $f(0)=0$ 且 $f'_+(0)$ 存在;   (D) $f(0)=1$ 且 $f'_+(0)$ 存在.

解 由 $\lim\limits_{h\to 0}\dfrac{f(h^2)}{h^2}=1$ 知

$$\lim\limits_{h\to 0}f(h^2) = 0.$$

令 $h^2=x$, 上式即

$$\lim\limits_{x\to 0^+}f(x) = 0.$$

又因为函数 $f(x)$ 在 $x=0$ 处连续, 则

$$f(0) = \lim\limits_{x\to 0^+}f(x) = 0.$$

则

$$1 = \lim\limits_{h\to 0}\frac{f(h^2)}{h^2} = \lim\limits_{x\to 0^+}\frac{f(x)-f(0)}{x-0} = f'_+(0).$$

所以 $f'_+(0)$ 存在, 故选(C).

2. (1998 年) 设周期函数 $f(x)$ 在 $(-\infty, +\infty)$ 内可导, 周期为 4, 又 $\lim\limits_{x\to 0}\dfrac{f(1)-f(1-x)}{2x}=-1$, 则曲线 $y=f(x)$ 在点 $(5, f(5))$ 处的切线斜率为( ).

A. $\dfrac{1}{2}$；　　　　B. 0；　　　　C. -1；　　　　D. -2.

解　$\lim\limits_{x\to0}\dfrac{f(1)-f(1-x)}{2x}=\dfrac{1}{2}\lim\limits_{x\to0}\dfrac{f(1-x)-f(1)}{-x}=\dfrac{1}{2}f'(1)=-1$，

从而 $f'(1)=-2$. 又因为可导周期函数的导数是具有相同周期的周期函数，所以 $f'(5)=f'(1)=-2$. 即曲线 $y=f(x)$ 在点 $(5,f(5))$ 处的切线斜率为 $f'(5)=-2$. 故选(D).

3. (2003 年)设 $f(x)=\begin{cases} x^{\lambda}\cos\dfrac{1}{x}, & x\neq0, \\ 0, & x=0, \end{cases}$ 其导函数在 $x=0$ 处连续,则 λ 的

取值范围是_____.

解　当 $\lambda>1$ 时,有

$$f'(x)=\begin{cases} \lambda x^{\lambda-1}\cos\dfrac{1}{x}+x^{\lambda-2}\sin\dfrac{1}{x}, & x\neq0, \\ 0, & x=0, \end{cases}$$

显然当 $\lambda>2$ 时,有 $\lim\limits_{x\to0}f'(x)=0=f'(0)$,即其导函数在 $x=0$ 处连续.

4. 在什么条件下,三次抛物线 $y=x^3+px+q$ 与 Ox 轴相切?

解　$y'=3x^2+p$.

要使抛物线 $y=x^3+px+q$ 与 Ox 轴相切,必须满足

$$\begin{cases} 3x^2+p=0, & \text{①} \\ x^3+px+q=0, & \text{②} \end{cases}$$

由②式,得

$$x(x^2+p)=-q,$$

两端平方,得

$$x^2(x^2+p)^2=q^2 \qquad\qquad \text{③}$$

将①式代入③式,得

$$-\frac{p}{3}\cdot\left(-\frac{p}{3}+p\right)^2=q^2,$$

即

$$\left(\frac{p}{3}\right)^3+\left(\frac{q}{2}\right)^2=0.$$

此即所求的条件.

5. 求下列函数的导数.

(4) $y=\dfrac{1}{2}\arctan\sqrt{1+x^2}+\dfrac{1}{4}\ln\dfrac{\sqrt{1+x^2}+1}{\sqrt{1+x^2}-1}$.

解法一　因为

$$y=\frac{1}{2}\arctan\sqrt{1+x^2}+\frac{1}{2}\ln\frac{\sqrt{1+x^2}+1}{|x|}$$

$$=\frac{1}{2}\arctan\sqrt{1+x^2}+\frac{1}{2}\ln(\sqrt{1+x^2}+1)-\frac{1}{2}\ln|x|,$$

所以

$$y' = \frac{1}{2} \cdot \frac{1}{2+x^2} \cdot \frac{x}{\sqrt{1+x^2}} + \frac{1}{2} \cdot \frac{1}{\sqrt{1+x^2}+1} \cdot \frac{x}{\sqrt{1+x^2}} - \frac{1}{2x}$$

$$= \frac{1}{2} \cdot \frac{x}{\sqrt{1+x^2}} \left(\frac{1}{2+x^2} + \frac{\sqrt{1+x^2}-1}{x^2} \right) - \frac{1}{2x}$$

$$= \frac{1}{2} \cdot \frac{1}{\sqrt{1+x^2}} \frac{(2+x^2)\sqrt{1+x^2}-2}{x(2+x^2)} - \frac{1}{2x}$$

$$= -\frac{1}{(2x+x^3)\sqrt{1+x^2}}.$$

解法二 令 $u = \sqrt{1+x^2}$，则

$$y = \frac{1}{2}\arctan u + \frac{1}{4}\ln\frac{u+1}{u-1},$$

$$y'_u = \frac{1}{2} \cdot \frac{1}{1+u^2} - \frac{1}{2} \cdot \frac{1}{u^2-1} = -\frac{1}{u^4-1},$$

$$u'_x = \frac{x}{\sqrt{1+x^2}},$$

$$y'_x = y'_u \cdot u'_x = -\frac{1}{u^4-1} \cdot \frac{x}{\sqrt{1+x^2}} = -\frac{1}{(2x+x^3)\sqrt{1+x^2}}.$$

6. (1993 年)已知 $y = f\left(\dfrac{3x-2}{3x+2}\right), f'(x) = \arctan x^2$，求 $\dfrac{\mathrm{d}y}{\mathrm{d}x}\Big|_{x=0}$.

解 因为

$$\frac{\mathrm{d}y}{\mathrm{d}x} = f'\left(\frac{3x-2}{3x+2}\right) \cdot \left(\frac{3x-2}{3x+2}\right)' = \arctan\left(\frac{3x-2}{3x+2}\right)^2 \cdot \frac{12}{(3x+2)^2},$$

所以

$$\frac{\mathrm{d}y}{\mathrm{d}x}\Big|_{x=0} = 3 \cdot \arctan 1 = \frac{3}{4}\pi.$$

7. (2007 年)已知函数 $f(u)$ 具有二阶导数,且 $f'(0)=1$,函数 $y=y(x)$ 由方程 $y-x\mathrm{e}^{y-1}=1$ 所确定. 设 $z=f(\ln y-\sin x)$,求 $\dfrac{\mathrm{d}z}{\mathrm{d}x}\Big|_{x=0}, \dfrac{\mathrm{d}^2 z}{\mathrm{d}x^2}\Big|_{x=0}$.

解 由方程

$$y - x\mathrm{e}^{y-1} = 1 \Rightarrow y(0) = 1$$

求导,得

$$y' - \mathrm{e}^{y-1} - x\mathrm{e}^{y-1}y' = 0 \Rightarrow y'(0) = 1,$$

再求导,得

$$y'' - 2\mathrm{e}^{y-1}y' - x(\mathrm{e}^{y-1}y')' = 0 \Rightarrow y''(0) = 2.$$

由 $z = f(\ln y - \sin x)$ 知

$$\frac{\mathrm{d}z}{\mathrm{d}x} = f'(\ln y - \sin x) \cdot \left(\frac{1}{y}y' - \cos x\right) \Rightarrow \frac{\mathrm{d}z}{\mathrm{d}x}\Big|_{x=0} = f'(0) \cdot 0 = 0,$$

$$\frac{\mathrm{d}^2 z}{\mathrm{d}x^2} = f''(\ln y - \sin x) \cdot \left(\frac{1}{y}y' - \cos x\right)^2$$

$$+ f'(\ln y - \sin x) \cdot \left(-\frac{1}{y^2}y'^2 + \frac{1}{y}y'' + \sin x\right)$$

$$\Rightarrow \frac{\mathrm{d}^2 z}{\mathrm{d}x^2}\bigg|_{x=0} = f''(0) \cdot 0 + f'(0) \cdot (-1+2) = 1.$$

8. 设 $y = f(x)$ 为偶函数,且 $f'(0)$ 存在,证明 $f'(0) = 0$.

证明 由 $f(x)$ 为偶函数,得

$$f(-x) = f(x),$$

因为 $f'(0)$ 存在,所以

$$f'(0) = f'_-(0) = f'_+(0),$$

$$f'(0) = f'_-(0) = \lim_{x \to 0^-} \frac{f(x) - f(0)}{x - 0} \xupequal{\ \diamondsuit\ x = -t\ } \lim_{t \to 0^+} \frac{f(-t) - f(0)}{-t}$$

$$= -\lim_{t \to 0^+} \frac{f(t) - f(0)}{t} = -f'_+(0) = -f'(0).$$

故 $f'(0) = 0$.

9. 求下列函数在指定阶的导数.

(4)(2006 年)设函数 $f(x)$ 在 $x = 2$ 处的某邻域内可导,且 $f'(x) = e^{f(x)}$, $f(2) = 1$. 求 $f'''(2)$;

解 $f''(x) = e^{f(x)} \cdot f'(x) = [e^{f(x)}]^2$,

$$f'''(x) = 2e^{f(x)} \cdot e^{f(x)} \cdot f'(x) = 2e^{f(x)} \cdot e^{f(x)} \cdot e^{f(x)} = 2[e^{f(x)}]^3,$$

所以

$$f'''(2) = 2[e^{f(2)}]^3 = 2e^3.$$

(6)设 $y = e^{\sin x^2}$,求 $y^{(5)}(0)$.

解 因为 $y = e^{\sin x^2}$ 是偶函数,所以 $y^{(5)}$ 为奇函数,故 $y^{(5)}(0) = 0$.

(8)设 $y = \dfrac{x^2}{1-x}$,求 $y^{(8)}$.

解 $y = \dfrac{x^2}{1-x} = \dfrac{x^2 - 1 + 1}{1-x} = -(x+1) + \dfrac{1}{1-x}$,

$$y' = -1 + \frac{1}{(1-x)^2}, \quad y'' = \frac{2}{(1-x)^3},$$

$$y''' = \frac{2 \cdot 3}{(1-x)^4},$$

$$\cdots\cdots$$

$$y^{(8)} = \frac{8!}{(1-x)^9} \quad (x \neq 1).$$

11. 设 $e^{-y} = \cos(xy) - 2x$,求 $\mathrm{d}y\big|_{\substack{x=0 \\ \Delta x=0.1}}$.

解 当 $x = 0$ 时,$y = 0$. 等式两边关于 x 求导,得

$$-e^{-y} \cdot y' = -\sin(xy) \cdot (y + xy') - 2 \Rightarrow y' = \frac{2 + y\sin(xy)}{e^{-y} - x\sin(xy)},$$

所以

$$\mathrm{d}y = \frac{2 + y\sin(xy)}{e^{-y} - x\sin(xy)}\mathrm{d}x,$$

故

$$\left.dy\right|_{\substack{x=0\\\Delta x=0.1}} = \frac{2+0}{e^0-0} \cdot 0.1 = 0.2.$$

12. 设 $y=f(x^2+y)$，f 具有二阶导数，且 $f'(x)\neq1$，求 y''.

解 $y'=f'(x^2+y)\cdot(2x+y')\Rightarrow y'=\dfrac{2xf'(x^2+y)}{1-f'(x^2+y)}$，

$$y''=f''(x^2+y)\cdot(2x+y')^2+f'(x^2+y)\cdot(2+y'')$$

$$=f''(x^2+y)\cdot\left(2x+\frac{2xf'(x^2+y)}{1-f'(x^2+y)}\right)^2+f'(x^2+y)\cdot(2+y'')$$

$$=4x^2f''(x^2+y)\cdot\frac{1}{(1-f'(x^2+y))^2}+f'(x^2+y)\cdot(2+y'')$$

$$=\frac{4x^2f''(x^2+y)+2f'(x^2+y)\cdot(1-f'(x^2+y))^2}{(1-f'(x^2+y))^2}+f'(x^2+y)\cdot y'',$$

从而

$$y''=\frac{4x^2f''(x^2+y)+2f'(x^2+y)(1-f'(x^2+y))^2}{(1-f'(x^2+y))^3}.$$

五、自 测 题

1. 填空题.

(1) 若 $\lim\limits_{\Delta x\to0}\dfrac{f(x_0-2\Delta x)-f(x_0)}{3\Delta x}=\dfrac{2}{3}$，则 $f'(x_0)=$＿＿＿＿.

(2) 若 $f'(1)=1$，则 $\lim\limits_{x\to1}\dfrac{f(x)-f(1)}{x^2-1}=$＿＿＿＿.

(3) 曲线 $y=\ln x$ 上与直线 $x+y=1$ 垂直的切线方程为＿＿＿＿.

(4) 已知 $f(x)=\dfrac{1}{1+x}$，$f(x_0)=5$，则 $f[f'(x_0)]=$＿＿＿＿.

(5) 设 $f(x)=\begin{cases}\ln x+2, & x\geqslant1,\\ 2x^2, & x<1,\end{cases}$ 则 $f'(x)=$＿＿＿＿.

(6) 若 $f(x)=e^{-2x}$，则 $f'(\ln x)=$＿＿＿＿.

(7) 若 $f(t)=\lim\limits_{x\to\infty}t\left(1+\dfrac{t}{x}\right)^{tx}$，则 $f'(t)=$＿＿＿＿.

(8) 若 $f(x)$ 可导，则 $\dfrac{d}{dx}f(x^2)=$＿＿＿＿.

(9) 设 $y=\sin2x$，则 $y^{(5)}(0)=$＿＿＿＿.

(10) 若 $d\ln(1+x)=f(x)d\arctan\sqrt{x}$，则 $f(x)=$＿＿＿＿.

2. 单项选择题.

(1) 设 $f(x)=\arctan x^2$，则 $\lim\limits_{\Delta x\to0}\dfrac{f(x_0)-f(x_0+\Delta x)}{\Delta x}=($ ＿＿).

(A) $-\dfrac{1}{1+x_0^2}$;　　(B) $\dfrac{1}{1+x_0^2}$;　　(C) $-\dfrac{2x_0}{1+x_0^4}$;　　(D) $\dfrac{2x_0}{1+x_0^4}$.

(2) 若 $\lim\limits_{x \to 0} \dfrac{x[f(x)-f(0)]}{1-\cos x}=1$，则（　　）.

(A) $f'(0)=1$；　　　　　　　　(B) $f'(0)=\dfrac{1}{2}$；

(C) $f'(0)=2$；　　　　　　　　(D) $f'(0)$ 未必存在.

(3) 函数 $f(x)$ 在点 x_0 连续是它在 x_0 点可导的（　　）条件.

(A) 必要而不充分；　　　　　　(B) 充分而不必要；

(C) 充分必要；　　　　　　　　(D) 无关.

(4) 下列函数在 $[-1,1]$ 上可导的有（　　）.

(A) $y=x^{\frac{2}{3}}+\sin x$；　　　　　(B) $y=x\sin x$；

(C) $y=\dfrac{x^2+1}{x^2}$；　　　　　　　(D) $y=|x|$.

(5) 若 $y=\begin{cases} \mathrm{e}^{-x}, & x\leqslant 0,\\ ax+b, & x>0 \end{cases}$ 在点 $x=0$ 处可导，则有（　　）.

(A) $a=1,b=1$；　　　　　　　(B) $a=-1,b=-1$；

(C) $a=-1,b=1$；　　　　　　　(D) $a=1,b=-1$.

(6) 函数 $y=|\sin x|$ 在点 $x=0$ 处是（　　）.

(A) 连续且可导；　　　　　　　(B) 不连续；

(C) 不连续但可导；　　　　　　(D) 连续但不可导.

(7) 已知 $y=f(2x)$，且 $f'(4)=2$，则 $\dfrac{\mathrm{d}y}{\mathrm{d}x}\Big|_{x=2}=$（　　）.

(A) 8；　　　(B) 4；　　　(C) 2；　　　(D) 1.

(8) 已知 $f(x)$ 为可导的偶函数，且 $\lim\limits_{x \to 0}\dfrac{f(1)-f(1+x)}{2x}=2$，则曲线 $y=f(x)$ 在点 $(-1,2)$ 处的切线方程是（　　）.

(A) $y=4x+6$；　　　　　　　(B) $y=-4x-2$；

(C) $y=x+3$；　　　　　　　　(D) $y=-x+1$.

(9) 设 $y=\sin x^4$，则 $\dfrac{\mathrm{d}y}{\mathrm{d}(x^2)}=$（　　）.

(A) $4x^3\cos x^4$；　　　　　　(B) $2x^2\cos x^4$；

(C) $4x^2\cos x^4$；　　　　　　(D) $2x\cos x^4$.

(10) 设 $y=f(x)$ 在 x_0 点可导，当 x 由 x_0 增至 $x_0+\Delta x$ 时，$\lim\limits_{\Delta x \to 0}\dfrac{\Delta y-\mathrm{d}y}{\Delta x}=$（　　）.

(A) 0；　　　(B) 1；　　　(C) $f'(x)-\dfrac{\mathrm{d}x}{\Delta x}$；　　　(D) 不存在.

3. 计算题.

(1) 设 $y=\dfrac{x}{1+x^2}$ 求 y'；

(2) 求曲线 $y=x^2-x+2$ 上点 $(1,2)$ 处的切线和法线方程；

(3) 设 $y=x\sqrt{a^2-x^2}+a^2\arcsin\dfrac{x}{a}\ (a>0)$，求 y''；

(4) 设 $y=\dfrac{f(3-2x)}{\sqrt{1+x^2}}$，其中 f 可导，求 y'；

(5) 设 $f(x)=\begin{cases} a\ln x+b, & x\geq 1, \\ \mathrm{e}^x, & x<1 \end{cases}$ 在点 $x=1$ 处可导，求 a,b 之值；

(6) 设 $y=(1+\sin x)^x$，求 $\mathrm{d}y|_{x=\pi}$；

(7) 已知 $\sqrt{x^2+y^2}=a\mathrm{e}^{\arctan\frac{y}{x}}\ (a>0)$，求 y'；

(8) 设 $f(x)$ 的二阶导数存在，若 $y=xf\left(\dfrac{1}{x}\right)$，求 y''；

(9) 设 $y=y(x)$ 是由方程 $xy+\mathrm{e}^y=x+1$ 确定的隐函数，求 $\dfrac{\mathrm{d}^2y}{\mathrm{d}x^2}\bigg|_{x=0}$；

(10) 求由方程 $\mathrm{e}^{xy}+\sin(x^2y)-y=0$ 所确定的隐函数 $y=f(x)$ 在点 $x=0$ 处的微分 $\mathrm{d}y$.

4. 证明题.

设 $f(x)=\begin{cases} x\arctan\dfrac{1}{x^2}, & x\neq 0, \\ 0, & x=0. \end{cases}$ 试证 $f'(x)$ 在点 $x=0$ 处连续.

六、自测题参考答案

1. 填空题.

(1) -1；　　(2) $\dfrac{1}{2}$；　　(3) $y=x-1$；　　(4) $-\dfrac{1}{24}$；

(5) $y'=\begin{cases} \dfrac{1}{x}, & x>1, \\ 4x, & x<1; \end{cases}$　　(6) $-\dfrac{2}{x^2}$；　　(7) $(1+2t^2)\mathrm{e}^{t^2}$；

(8) $2xf'(x^2)$；　　(9) 32；　　(10) $2\sqrt{x}$.

2. 单项选择题.

(1) (C)；　(2) (B)；　(3) (A)；　(4) (B)；　(5) (C)；　(6) (D)；

(7) (B)；　(8) (A)；　(9) (B)；　(10) (A).

3. 计算题.

(1) $y'=\dfrac{1-x^2}{(1+x^2)^2}$；　(2) $x-y+1=0,\ x+y-3=0$；　(3) $-\dfrac{2x}{\sqrt{a^2-x^2}}$；

(4) $y'=-\dfrac{2(1+x^2)^{\frac{1}{2}}f'(3-2x)+xf(3-2x)}{(1+x^2)^{\frac{3}{2}}}$；　(5) $a=b=\mathrm{e}$；　(6) $-\pi\mathrm{d}x$；

(7) $\dfrac{x+y}{x-y}$；　(8) $\dfrac{1}{x^3}f''\left(\dfrac{1}{x}\right)$；　(9) -3；　(10) $\mathrm{d}y=\mathrm{d}x$.

4. 证明题(略).

第4章 微分中值定理与导数的应用

一、基本要求

(1) 理解罗尔定理、拉格朗日中值定理,了解柯西中值定理,并掌握这三个定理的简单应用.

(2) 会用洛必达法则求极限.

(3) 掌握函数单调性与极值的判别方法、最大值和最小值的求法及其应用.

(4) 会用导数判别函数图形的凹凸性,会求函数的拐点和渐近线,会描绘简单函数的图形.

(5) 理解边际函数和函数弹性的概念、意义及其应用.

二、内 容 提 要

1. 中值定理

1) 罗尔定理

如果函数 $f(x)$ 满足:

(1) 在闭区间 $[a,b]$ 上连续;

(2) 在开区间 (a,b) 内可导;

(3) $f(a)=f(b)$,

则在 (a,b) 内至少存在一点 ξ,使 $f'(\xi)=0$.

2) 拉格朗日中值定理

如果函数 $f(x)$ 满足:

(1) 在闭区间 $[a,b]$ 上连续;

(2) 在开区间 (a,b) 内可导,

则至少存在一点 $\xi \in (a,b)$,使得 $f'(\xi)=\dfrac{f(b)-f(a)}{b-a}$,或 $f(b)-f(a)=f'(\xi)(b-a)$,或 $f(b)-f(a)=f'[a+\theta(b-a)](b-a)(0<\theta<1)$.

推论 1 如果函数 $f(x)$ 在 $[a,b]$ 上连续,在 (a,b) 内可导且 $f'(x)\equiv 0$,则在 $[a,b]$ 上,$f(x)\equiv C$(常数).

推论 2 若 $f(x)$,$g(x)$ 均在 $[a,b]$ 上连续,均在 (a,b) 内可导且 $f'(x)\equiv g'(x)$,则在 $[a,b]$ 上,$f(x)-g(x)\equiv C$(C 为常数).

3) 柯西中值定理

若函数 $f(x)$ 和 $g(x)$ 满足:

（1）均在闭区间 $[a,b]$ 上连续；

（2）均在开区间 (a,b) 内可导，且 $g'(x)\neq 0$，

则至少存在一点 $\xi\in(a,b)$ 使得 $\dfrac{f(b)-f(a)}{g(b)-g(a)}=\dfrac{f'(\xi)}{g'(\xi)}$.

2. 洛必达法则

洛必达法则　在 x 的某个变化过程中，如果极限 $\lim\dfrac{f(x)}{g(x)}$ 满足：

（1）它是 $\dfrac{0}{0}$ 型或 $\dfrac{\infty}{\infty}$ 型的未定式；

（2）在某时刻之后，$f(x)$ 与 $g(x)$ 均可导，且 $g'(x)\neq 0$；

（3）$\lim\dfrac{f(x)}{g(x)}=A$（或 ∞），

则必有 $\lim\dfrac{f(x)}{g(x)}=\lim\dfrac{f'(x)}{g'(x)}=A$（或 ∞）.

洛必达法则是求未定式极限的有力工具. 未定式共有 7 种：$\dfrac{0}{0}$ 型、$\dfrac{\infty}{\infty}$ 型、$0\cdot\infty$ 型、$\infty-\infty$ 型、1^{∞} 型、0^0 型和 ∞^0 型.

$\dfrac{0}{0}$ 型和 $\dfrac{\infty}{\infty}$ 型可直接用洛必达法则计算，其他 5 种未定式可转化为 $\dfrac{0}{0}$ 型或 $\dfrac{\infty}{\infty}$ 型. 转化方法是：

$0\cdot\infty$ 型和 $\infty-\infty$ 型变形为分式，此分式一般是 $\dfrac{0}{0}$ 型和 $\dfrac{\infty}{\infty}$ 型；

1^{∞} 型、0^0 型和 ∞^0 型用对数恒等式化为 $0\cdot\infty$ 型
$$\lim f(x)^{g(x)}=\mathrm{e}^{\lim g(x)\ln f(x)(0\cdot\infty\text{型})};$$
其中 1^{∞} 型还可化为

$\lim f(x)^{g(x)}=\mathrm{e}^{\lim g(x)[f(x)-1]}$，然后再将 $0\cdot\infty$ 型化为 $\dfrac{0}{0}$ 型或 $\dfrac{\infty}{\infty}$ 型，再用洛必达法则.

3. 函数的单调性与极值的判别法及其应用

极值定义　设函数 $f(x)$ 在点 x_0 的某一邻域内有定义. 如果对该邻域内任一点 $x(x\neq x_0)$ 都有 $f(x)<f(x_0)$（或 $f(x)>f(x_0)$），则称 $f(x_0)$ 是函数 $f(x)$ 的极大值（或极小值），并称点 x_0 是函数 $f(x)$ 的极大值点（或极小值点）. 极大值和极小值通称为函数的极值，极大值点和极小值点都称作函数的极值点.

单调性判别定理　设函数 $f(x)$ 在闭区间 $[a,b]$ 上连续，在开区间 (a,b) 内可导. 则 $f(x)$ 在 $[a,b]$ 上单调增加（单调减少）$\Leftrightarrow$ 在 (a,b) 内，$f'(x)\geqslant 0(f'(x)\leqslant 0)$.

若在 (a,b) 内恒有 $f'(x)>0(f'(x)<0)$，则 $f(x)$ 在 $[a,b]$ 上严格单调增加（严格单调减少）.

注　若在区间 I，恒有 $f'(x)\geqslant 0(f'(x)\leqslant 0)$，但等号仅在某些孤立点成立，则函数在 I 上仍为严格单调增加（严格单调减少）.

极值存在的必要条件　如果函数 $f(x)$ 在点 x_0 处取得极值,则必有 $f'(x_0)=0$ 或 $f'(x_0)$ 不存在.

使 $f'(x_0)=0$ 的点 x_0 称为函数 $f(x)$ 的**驻点**.必要条件说明,函数的极值点一定是驻点或不可导点.但反之不成立,即驻点和不可导点不一定是极值点.

极值存在的一阶充分条件　设函数 $f(x)$ 在点 x_0 的某去心邻域内可导,且在点 x_0 处连续.

(1) 如果在 x_0 的左半邻域内恒有 $f'(x_0)>0$,右半邻域内恒有 $f'(x_0)<0$,则 x_0 是 $f(x)$ 的极大值点;

(2) 如果在 x_0 的左半邻域内恒有 $f'(x_0)<0$,右半邻域内恒有 $f'(x_0)>0$,则 x_0 是 $f(x)$ 的极小值点;

(3) 如果在 x_0 的左、右两半邻域内导数 $f'(x)$ 的符号不变,则 x_0 不是 $f(x)$ 的极值点.

求函数的单调区间和极值的一般方法(步骤):

(1) 求导数 $f'(x)$,并求出 D_f 内的所有驻点和不可导点,即使 $f'(x)=0$ 的点和使 $f'(x)$ 无意义的点;

(2) 用上述各点将 D_f 分为若干子区间,并确定每个子区间内导数 $f'(x)$ 的符号;

(3) 根据单调性判别定理和极值的一阶充分条件,判别出增减区间和极值点,并计算极值点处的函数值而得到相应的极值.

极值存在的二阶充分条件　若 $f'(x_0)=0,f''(x_0)$ 存在,则

(1) 当 $f''(x_0)>0$ 时,x_0 为 $f(x)$ 的极小值点;

(2) 当 $f''(x_0)<0$ 时,x_0 为 $f(x)$ 的极大值点;

(3) 当 $f''(x_0)=0$ 时,x_0 是否为 $f(x)$ 的极值点都有可能,还需要另外的方法(比如第一充分条件或定义)判别.

闭区间 $[a,b]$ 上连续函数 $f(x)$ 的最大值和最小值的求法(步骤):

(1) 求导数 $f'(x)$,并求出区间 (a,b) 内部的所有驻点和不可导点;

(2) 直接计算(1)中各点的函数值,并计算端点的函数值 $f(a)$ 和 $f(b)$;

(3) 将(2)中函数值进行比较,其中最大(小)者即为 $f(x)$ 在 $[a,b]$ 上的最大(小)值.

注　若某区间 I 上的连续函数只有一个极大(小)值,而无极小(大)值,则此极大(小)值就是函数在区间 I 上的最大(小)值.

4. 曲线的凹向与拐点的定义及判别法

凹向与拐点的定义　如果在某区间内,曲线弧整个地位于其上任一点切线的上方(下方),则称曲线在该区间内上凹(下凹),该区间称为曲线的上凹区间(下凹区间);曲线上上凹和下凹的分界点称为曲线的拐点(注"上凹"="下凸"="凹","下凹"="上凸"="凸").

凹向判别定理　设函数 $f(x)$ 在区间 (a,b) 内二阶可导,则

(1) 若在 (a,b) 内恒有 $f''(x)>0$,则曲线 $y=f(x)$ 在 (a,b) 内上凹;

(2) 若在(a,b)内恒有$f''(x)<0$,则曲线$y=f(x)$在(a,b)内下凹.

拐点存在的必要条件 若点$(x_0,f(x_0))$是曲线$y=f(x)$的拐点,且$f''(x)$在x_0处连续,则有$f''(x_0)=0$.

拐点判别定理 设$f(x)$在点x_0的去心邻域内二阶可导,且在点x_0处连续,则

(1) 若在点x_0的左、右两半邻域$f''(x)$异号,则$(x_0,f(x_0))$是曲线$y=f(x)$的拐点;

(2) 若在点x_0的左、右两半邻域$f''(x)$同号,则$(x_0,f(x_0))$不是曲线$y=f(x)$的拐点.

求曲线的上、下凹区间及拐点的一般方法(步骤):

(1) 求二阶导数$f''(x)$,并求出D_f内所有二阶导数为0和二阶不可导点;

(2) 用(1)中的各点将D_f分为若干子区间,并确定每个子区间内$f''(x)$的符号;

(3) 根据凹向判别定理和拐点判别定理判别出上、下凹区间及拐点.

5. 曲线渐近线的定义及求法

渐近线定义 如果曲线C上的点M沿曲线C趋于无穷远方时,点M与某定直线L的距离趋于零,则称直线L为曲线C的一条渐近线.

渐近线可分为下列三类:

(1) 与x轴平行的渐近线称为**水平渐近线**;

(2) 与x轴垂直的渐近线称为**铅(垂)直渐近线**;

(3) 与x轴既不平行也不垂直的渐近线称为**斜渐近线**.

1) 水平渐近线的求法

如果$\lim\limits_{x\to-\infty}f(x)=b$或$\lim\limits_{x\to+\infty}f(x)=b$,则直线$y=b$为曲线$y=f(x)$的一条水平渐近线.

2) 铅直渐近线的求法

如果$\lim\limits_{x\to c^-}f(x)=\infty$或$\lim\limits_{x\to c^+}f(x)=\infty$,则直线$x=c$是曲线$y=f(x)$的一条铅直渐近线.即在函数$f(x)$的每个无穷型间断点处必有一条铅直渐近线.

3) 斜渐近线

如果极限$\lim\limits_{\substack{x\to-\infty\\(x\to+\infty)}}\dfrac{f(x)}{x}=k$与$\lim\limits_{\substack{x\to-\infty\\(x\to+\infty)}}[f(x)-kx]=b$都存在且$k\neq0$,则直线$y=kx+b$就是曲线$y=f(x)$的一条斜渐近线.

6. 函数图形的做法(步骤)

(1) 确定函数$f(x)$的定义域D_f,对称性(奇偶性)和周期性等;

(2) 求一阶、二阶导数$f'(x)$和$f''(x)$,并求出D_f内所有一、二阶导数分别为零的点及及一、二阶导数不存在的点;

(3) 用(2)中求出的各点把定义域分为若干子区间,并确定每个子区间内一、

二阶导数的符号,判断出增减区间和极值,上、下凹区间及拐点(列表讨论);

(4) 确定曲线的渐近线;

(5) 由曲线方程计算出一些辅助点的坐标特别是和坐标轴的交点(视需要而定);

(6) 描图,先将(3)中的关键点(峰顶、谷底、拐点)和(5)中的辅助点,(4)中的渐近线画在坐标系中,然后根据(3)中的性态(增减性、凹向等)将标出的各点连接起来(注意在无穷远方趋于渐近线的性态),就描绘出了函数的图像.

7. 导数在经济学中的应用

1) 函数的变化率——边际函数

在经济学中,把函数 $y=f(x)$ 的导函数 $f'(x)$ 称为函数 $f(x)$ 的变化率或边际函数,一点 x_0 处的导数值 $f'(x_0)$ 称为函数 $f(x)$ 在点 x_0 处的变化率或边际函数值.

边际成本 $C'(Q)$、边际收益 $R'(Q)$ 及边际利润 $L'(Q)$ 的经济意义依次是:生产(或销售)第 Q 或第 $Q+1$ 个单位产品所花的成本数、所获得的收益数及所获得的利润数;边际需求 $\dfrac{\mathrm{d}Q}{\mathrm{d}P}=f'(Q)(<0)$ 的经济意义是:价格为 P 时,涨价(或降价)一个单位时,需求量将减少(或增加)的单位数.

2) 函数的相对变化率——函数的弹性

设函数 $y=f(x)$ 在点 x 处取得改变量 Δx 时,则 y 取得相应的改变量

$$\Delta y = f(x+\Delta x) - f(x).$$

(1) $\dfrac{\Delta x}{x}$ 与 $\dfrac{\Delta y}{y}$ 分别称为自变量 x 与因变量 y 的**相对改变量**;

(2) $\dfrac{\Delta y/y}{\Delta x/x}$ 称为函数 $y=f(x)$ 在两点 x 到 $x+\Delta x$ 之间的**平均相对变化率**或**平均弹性**;

(3) $\lim\limits_{\Delta x\to 0}\dfrac{\Delta y/y}{\Delta x/x}$ 称为函数 $y=f(x)$ 在点 x 处的**相对变化率**或**弹性**,记为 $\dfrac{\mathrm{E}y}{\mathrm{E}x}$,则

$$\frac{\mathrm{E}y}{\mathrm{E}x} = \lim_{\Delta x\to 0}\frac{\Delta y/y}{\Delta x/x} = \frac{x}{y}y' = \frac{x}{f(x)}f'(x).$$

需求函数 $Q=f(P)$ 的弹性 $\dfrac{\mathrm{E}Q}{\mathrm{E}P}$,也称为需求量对价格的弹性,常记为 $\eta(P)$ 或 ε_{QP},即

$$\eta(P) = \varepsilon_{QP} = \frac{\mathrm{E}Q}{\mathrm{E}P} = \frac{P}{f(P)}f'(P),$$

它是负值. 在许多场合,用其绝对值进行分析,即规定

$$\eta(P) = \varepsilon_{QP} = -\frac{\mathrm{E}Q}{\mathrm{E}P} = -\frac{P}{Q}Q'.$$

其经济意义是:当价格为 P 时,若涨(降)价 1 个百分点,需求量将减少(增加)的百分点数.

三、典型例题

例1 验证 $f(x)=\begin{cases}\dfrac{1}{2}(3-x^2), & x\leqslant 1, \\[2mm] \dfrac{1}{x}, & x>1\end{cases}$ 在 $[0,2]$ 上满足拉格朗日中值定理的

条件,并求定理中的 ξ 值.

分析 验证 $f(x)$ 在 $[0,2]$ 上连续,在 $(0,2)$ 内可导,然后根据拉格朗日中值公

式 $f'(\xi)=\dfrac{f(2)-f(0)}{2-0}$ $\xi\in(0,2)$ 解出 ξ.

证明 当 $x<1$ 时, $f(x)=\dfrac{1}{2}(3-x^2)$ 连续, $f'(x)=-x$ 存在;当 $x>1$ 时,

$f(x)=\dfrac{1}{x}$ 连续, $f'(x)=-\dfrac{1}{x^2}$ 存在;当 $x=1$ 时,因为 $f(1-0)=f(1+0)=f(1)=$

1,所以 $f(x)$ 在点 $x=1$ 连续;又

$$f'_-(1)=\lim_{x\to 1^-}\frac{f(x)-f(1)}{x-1}=\lim_{x\to 1^-}\frac{\frac{1}{2}(3-x^2)-1}{x-1}=-1,$$

$$f'_+(1)=\lim_{x\to 1^+}\frac{f(x)-f(1)}{x-1}=\lim_{x\to 1^-}\frac{\frac{1}{x}-1}{x-1}=-1,$$

所以 $f(x)$ 在点 $x=1$ 处可导,且 $f'(1)=-1$.

综上所述, $f(x)$ 在 $(-\infty,+\infty)$ 内连续、可导.当然在 $[0,2]$ 上连续,可导,满足
拉格朗日中值定理的条件,因而存在 $\xi\in(0,2)$ 使

$$f'(\xi)=\frac{f(2)-f(0)}{2-0}=\frac{\frac{1}{2}-\frac{3}{2}}{2}=-\frac{1}{2}.$$

当 $0<\xi\leqslant 1$ 时, $f'(\xi)=-\xi=-\dfrac{1}{2}\Rightarrow\xi=\dfrac{1}{2}$;当 $1<\xi<2$ 时, $f'(\xi)=-\dfrac{1}{\xi^2}=-\dfrac{1}{2}\Rightarrow$

$\xi=\sqrt{2}$.故 ξ 为 $\dfrac{1}{2}$ 或 $\sqrt{2}$.

例2 证明当 $|x|<\dfrac{1}{2}$ 时, $3\arccos x-\arccos(3x-4x^3)=\pi$.

分析 欲证一个函数恒等于常数,利用拉格朗日定理的推论,只需证明此函数
的导数恒等于零.

解 因为

$$[3\arccos x-\arccos(3x-4x^3)]'=-\frac{3}{\sqrt{1-x^2}}+\frac{3-12x^2}{\sqrt{1-(3x-4x^3)^2}}$$

$$=-\frac{3}{\sqrt{1-x^2}}+\frac{3(1-4x^2)}{\sqrt{(1-x^2)(1-4x^2)^2}}$$

$$=-\frac{3}{\sqrt{1-x^2}}+\frac{3}{\sqrt{1-x^2}}=0\quad\left(|x|<\frac{1}{2}\right),$$

所以
$$3\arccos x - \arccos(3x - 4x^3) = c \quad (常数).$$

令 $x=0$，得 $c=\pi$，故
$$3\arccos x - \arccos(3x - 4x^3) = \pi \quad \left(|x| < \frac{1}{2}\right).$$

例 3　若 $a_1 - \dfrac{a_2}{3} + \dfrac{a_3}{5} - \dfrac{a_4}{7} + \cdots + (-1)^{n-1}\dfrac{a_n}{2n-1} = 0$，证明方程
$$a_1\cos x + a_2\cos 3x + a_3\cos 5x + \cdots + a_n\cos(2n-1)x = 0$$

在 $\left(0, \dfrac{\pi}{2}\right)$ 内至少有一根.

分析　证明方程有根的问题，有两种方法：一种是利用零点存在定理；另一种是利用罗尔中值定理. 若方程 $f(x)=0$ 中的 $f(x)$ 是某函数 $F(x)$ 的导数，则方程变为 $F'(x)=0$，即要证 $F(x)$ 有一个导数为零的点. 这只要证明 $F(x)$ 在所给区间上满足罗尔定理的条件即可. 本题中方程左端的函数

$$f(x) = a_1\cos x + a_2\cos 3x + a_3\cos 5x + \cdots + a_n\cos(2n-1)x$$

$$= (a_1\sin x)' + \left(\frac{1}{3}a_2\sin 3x\right)' + \left(\frac{1}{5}a_3\sin 5x\right)' + \cdots + \left[\frac{1}{2n-1}a_n\sin(2n-1)x\right]'$$

$$= \left[a_1\sin x + \frac{1}{3}a_2\sin 3x + \frac{1}{5}a_3\sin 5x + \cdots + \frac{1}{2n-1}a_n\sin(2n-1)x\right]',$$

因此，本题相当于要证明函数

$$F(x) = a_1\sin x + \frac{1}{3}a_2\sin 3x + \frac{1}{5}a_3\sin 5x + \cdots + \frac{1}{2n-1}a_n\sin(2n-1)x$$

在区间 $\left(0, \dfrac{\pi}{2}\right)$ 内有一个导数为零的点.

证明　作辅助函数

$$F(x) = a_1\sin x + \frac{1}{3}a_2\sin 3x + \frac{1}{5}a_3\sin 5x + \cdots + \frac{1}{2n-1}a_n\sin(2n-1)x,$$

则

$$F'(x) = a_1\cos x + a_2\cos 3x + a_3\cos 5x + \cdots + a_n\cos(2n-1)x,$$

$F(x)$ 在 $\left[0, \dfrac{\pi}{2}\right]$ 上连续，在 $\left(0, \dfrac{\pi}{2}\right)$ 内可导，且

$$f(0) = 0, \quad f\left(\frac{\pi}{2}\right) = a_1 - \frac{a_2}{3} + \frac{a_3}{5} - \frac{a_4}{7} + \cdots + (-1)^{n-1}\frac{a_n}{2n-1} = 0.$$

由罗尔定理，$\exists \xi \in \left(0, \dfrac{\pi}{2}\right)$，使 $F'(\xi)=0$，即

$$a_1\cos\xi + a_2\cos 3\xi + a_3\cos 5\xi + \cdots + a_n\cos(2n-1)\xi = 0,$$

即原方程在 $\left(0, \dfrac{\pi}{2}\right)$ 内至少有一根.

例 4　设 $f(x)$ 在 $[1,2]$ 连续，在 $(1,2)$ 内可导，且 $f(1) = \dfrac{1}{2}$，$f(2) = 2$，证明：存在 $\xi \in (1,2)$，使得 $f'(\xi) = \dfrac{2f(\xi)}{\xi}$.

分析 欲证结论:至少存在一点 $\xi\in(a,b)$,使含 $a,b,f(a),f(b),\xi,f'(\xi),\cdots,$ $f^{(n)}(\xi)$ 的等式

$$\varphi[a,b,f(a),f(b),\xi,f'(\xi),\cdots,f^{(n)}(\xi)]=0,$$

一般用"辅助函数法",先将等式中的 ξ 换为 x,问题转化为要证函数 $\varphi[a,b,f(a),$ $f(b),x,f'(x),\cdots,f^{(n)}(x)]$ 有一个零点 $\xi\in(a,b)$,然后再分析出 φ 是某个函数 $\Phi(x)$ 的导数,则问题转化为求证 $\Phi(x)$ 在 (a,b) 内有一个导数为零的点,只要验证 $\Phi(x)$ 在 $[a,b]$ 满足罗尔定理的条件即可.本题构造辅助函数的思路如下:将要证等式化为 $\xi f'(\xi)-2f(\xi)=0$,将 ξ 换为 x,得 $xf'(x)-2f(x)=0$,两边同乘 x,得 $x^2f'(x)-2xf(x)=0$,即 $x^2f'(x)-(x^2)'f(x)=0$.根据商的求导公式,两边除以 x^4,得 $\dfrac{x^2f'(x)-(x^2)'f(x)}{(x^2)^2}=0$,即 $\left(\dfrac{f(x)}{x^2}\right)'=0$.即问题最终转化为要证函数 $\dfrac{f(x)}{x^2}$ 在 $(1,2)$ 内有一个导数为零的点.

证明 作辅助函数

$$\varphi(x)=\frac{f(x)}{x^2}$$

由条件可知 $\varphi(x)$ 在 $[1,2]$ 上连续,在 $(1,2)$ 内可导,

$$\varphi(1)=f(1)=\frac{1}{2},\quad \varphi(2)=\frac{f(2)}{4}=\frac{1}{2},\quad \varphi(1)=\varphi(2).$$

则在 $[1,2]$ 上满足罗尔定理的条件,根据罗尔定理,至少存在一点 $\xi\in(1,2)$,使 $\varphi'(\xi)=0$,因 $\varphi'(x)=\dfrac{x^2f'(x)-2xf(x)}{x^4}$,所以 $\dfrac{\xi^2f'(\xi)-2\xi f(\xi)}{\xi^4}=0$,$\xi^2f'(\xi)=2\xi f(\xi)$,即

$$f'(\xi)=\frac{2f(\xi)}{\xi},\quad \xi\in(1,2).$$

例5 求下列极限.

(1) $\lim\limits_{x\to0}\dfrac{\cos(\sin x)-\cos x}{x^4}$;

(2) $\lim\limits_{x\to0}\left(\dfrac{1}{x^2}-\cot^2x\right)$;

(3) 设 $f(x)$ 在点 $x=0$ 的某个邻域内有连续的二阶导数,且 $\lim\limits_{x\to0}\left[1+x+\dfrac{f(x)}{x}\right]^{\frac{1}{x}}=\mathrm{e}^3$,求极限 $\lim\limits_{x\to0}\left[1+\dfrac{f(x)}{x}\right]^{\frac{1}{x}}$ 及 $f''(0)$;

(4) $\lim\limits_{x\to+\infty}x^2[\ln\arctan(x+1)-\ln\arctan x]$.

解 (1) 属于 $\dfrac{0}{0}$ 型.若直接用洛必达法则计算较繁,主要是 $\cos(\sin x)$ 的高阶导数较繁,可先用和差化积公式,再用等价无穷小量代换和极限运算法则简化后再用洛必达法则.

$$原式=\lim\limits_{x\to0}\frac{-2\sin\dfrac{\sin x+x}{2}\sin\dfrac{\sin x-x}{2}}{x^4}$$

$$= -\frac{1}{2}\lim_{x\to 0}\frac{(\sin x + x)(\sin x - x)}{x^4}$$

$$= -\frac{1}{2}\lim_{x\to 0}\frac{\sin x + x}{x}\cdot\lim_{x\to 0}\frac{\sin x - x}{x^3}$$

$$= -\frac{1}{2}\lim_{x\to 0}\left(\frac{\sin x}{x}+1\right)\cdot\lim_{x\to 0}\frac{\cos x - 1}{3x^2}$$

$$= -\frac{1}{2}\cdot 2\cdot\lim_{x\to 0}\frac{-\frac{1}{2}x^2}{3x^2}=\frac{1}{6}.$$

(2) 属于 $\infty-\infty$ 型,通分化为分式.

$$原式=\lim_{x\to 0}\left(\frac{1}{x^2}-\frac{1}{\tan^2 x}\right)=\lim_{x\to 0}\frac{\tan^2 x - x^2}{x^2\tan^2 x}$$

$$=\lim_{x\to 0}\frac{\tan^2 x - x^2}{x^4}=\lim_{x\to 0}\frac{(\tan x + x)(\tan x - x)}{x^4}$$

$$=\lim_{x\to 0}\frac{\tan x + x}{x}\cdot\lim_{x\to 0}\frac{\tan x - x}{x^3}=\lim_{x\to 0}\left(\frac{\tan x}{x}+1\right)\cdot\lim_{x\to 0}\frac{\sec^2 x - 1}{3x^2}$$

$$=2\cdot\lim_{x\to 0}\frac{\tan^2 x}{3x^2}=2\lim_{x\to 0}\frac{x^2}{3x^2}=\frac{2}{3}.$$

(3) 条件中的极限和要求的极限均属于 1^∞ 型,由

$$\lim_{x\to 0}\left[1+x+\frac{f(x)}{x}\right]^{\frac{1}{x}}=\mathrm{e}^{\lim\limits_{x\to 0}\frac{1}{x}\left[x+\frac{f(x)}{x}\right]}=\mathrm{e}^{\lim\limits_{x\to 0}\left[1+\frac{f(x)}{x^2}\right]}=\mathrm{e}^3$$

可得出 $\lim\limits_{x\to 0}\dfrac{f(x)}{x^2}=2$,从而 $\lim\limits_{x\to 0}\left[1+\dfrac{f(x)}{x}\right]^{\frac{1}{x}}=\mathrm{e}^{\lim\limits_{x\to 0}\frac{f(x)}{x^2}}=\mathrm{e}^2.$

由 $2=\lim\limits_{x\to 0}\dfrac{f(x)}{x^2}=\lim\limits_{x\to 0}\dfrac{f'(x)}{2x}=\lim\limits_{x\to 0}\dfrac{f''(x)}{2}=\dfrac{f''(0)}{2}$ 得 $f''(0)=4.$

(4) 本题属于 $0\cdot\infty$ 型,若化为

$$\lim_{x\to +\infty}\frac{\ln\arctan(x+1)-\ln\arctan x}{\frac{1}{x^2}}\qquad\left(\frac{0}{0}\text{ 型}\right)$$

若从这里直接用罗比达法则,则计算很繁,下面提供两种解法:

解法一 $原式=\lim\limits_{x\to +\infty}x^2\ln\dfrac{\arctan(x+1)}{\arctan x}$

$$=\lim_{x\to +\infty}x^2\ln\left[1+\left(\frac{\arctan(x+1)}{\arctan x}-1\right)\right]$$

$$=\lim_{x\to +\infty}x^2\left(\frac{\arctan(x+1)}{\arctan x}-1\right)$$

$$=\lim_{x\to +\infty}x^2\cdot\frac{\arctan(x+1)-\arctan x}{\arctan x}$$

$$=\frac{2}{\pi}\lim_{x\to +\infty}\frac{\arctan(x+1)-\arctan x}{\frac{1}{x^2}}$$

$$=\frac{2}{\pi}\lim_{x\to +\infty}\frac{\frac{1}{1+(x+1)^2}-\frac{1}{1+x^2}}{-\frac{2}{x^3}}$$

$$=\frac{2}{\pi}\lim_{x\to+\infty}\frac{(2x+1)x^3}{2[1+(x+1)^2](1+x^2)}=\frac{2}{\pi}\cdot 1=\frac{2}{\pi}.$$

解法二 对函数 $f(t)=\ln\arctan t$ 在 $[x,1+x]$ 上应用拉格朗日中值定理,得

$$f(1+x)-f(x)=f'(\xi_x)\cdot 1 \quad (x<\xi_x<1+x),$$

即 $\ln\arctan(1+x)-\ln\arctan x=\dfrac{1}{\arctan\xi_x\cdot(1+\xi_x^2)}$,则原式 $=\lim\limits_{x\to+\infty}x^2\dfrac{1}{\arctan\xi_x\cdot(1+\xi_x^2)}$

$$=\lim_{x\to+\infty}\frac{x^2}{1+\xi_x^2}\frac{1}{\arctan\xi_x}.$$

由于 $x<\xi_x<1+x$,$\dfrac{x^2}{1+(1+x)^2}<\dfrac{x^2}{1+\xi_x^2}<\dfrac{x^2}{1+x^2}$,且当 $x\to+\infty$ 时,$\xi_x\to+\infty$,

而 $\lim\limits_{x\to+\infty}\dfrac{x^2}{1+(1+x)^2}=1$,$\lim\limits_{x\to+\infty}\dfrac{x^2}{1+x^2}=1$,所以 $\lim\limits_{x\to+\infty}\dfrac{x^2}{1+\xi_x^2}=1$,$\lim\limits_{x\to+\infty}\dfrac{1}{\arctan\xi_x}=\dfrac{2}{\pi}$. 故

原式 $=\dfrac{2}{\pi}$.

例 6 求函数 $f(x)=\sqrt[3]{(2x-3)(3-x)^2}$ 的单调区间与极值.

解 $D_f=(-\infty,+\infty)$.

$$f'(x)=\frac{[(2x-3)(3-x)^2]'}{3\sqrt[3]{(2x-3)^2(3-x)^4}}=\frac{2(2-x)}{\sqrt[3]{(2x-3)^2(3-x)}}.$$

令 $f'(x)=0$ 得驻点 $x=2$,不可导点为 $x=\dfrac{3}{2}$,$x=3$.

列表如下:

x	$\left(-\infty,\frac{3}{2}\right)$	$\frac{3}{2}$	$\left(\frac{3}{2},2\right)$	2	$(2,3)$	3	$(3,+\infty)$
$f'(x)$	$+$	不存在	$+$	0	$-$	不存在	$+$
$f(x)$	↗	无极值	↗	极大值 1	↘	极小值 0	↗

单调增加区间:$(-\infty,2]$,$[3,+\infty)$;单调减少区间:$[2,3]$;极大值:$f(2)=1$;极小值:$f(3)=0$.

例 7 当 $x>0$ 时,证明不等式:$\ln(1+x)<x-\dfrac{x^2}{2}+\dfrac{x^3}{3}$.

分析 将原不等式变形为

$$\ln(1+x)-x+\frac{x^2}{2}-\frac{x^3}{3}<0.$$

令 $f(x)=\ln(1+x)-x+\dfrac{x^2}{2}-\dfrac{x^3}{3}$,因 $f(0)=0$,只要能证明 $f(x)$ 在 $[0,+\infty)$ 严格单调减少,则当 $x>0$ 时,$f(x)<f(0)=0$,即原不等式成立. 根据增减性判别定理,只要证明,在 $(0,+\infty)$ 内 $f'(x)<0$ 即可. 如果无法直接判别一阶导数的符号,则可以继续用二阶导数讨论一阶导数的单调性,进而判断一阶导数的符号,以次类推.

证明 令 $f(x)=\ln(1+x)-x+\dfrac{x^2}{2}-\dfrac{x^3}{3}$,则 $f(x)$ 在 $[0,+\infty)$ 连续,在 $(0,+\infty)$ 内可导,$f(0)=0$. 且

$$f'(x) = \frac{1}{1+x} - 1 + x - x^2, \quad f'(0) = 0,$$

$$f''(x) = -\frac{1}{(1+x)^2} + 1 - 2x, \quad f''(0) = 0,$$

$$f'''(x) = \frac{2}{(1+x)^3} - 2 = 2\left[\frac{1}{(1+x)^3} - 1\right] < 0, \quad (x>0).$$

所以 $f''(x)$ 在 $[0, +\infty)$ 内严格单调减少. 从而, 当 $x>0$ 时, $f''(x)<f''(0)=0$, 则 $f'(x)$ 在 $[0, +\infty)$ 内严格单调减少; 当 $x>0$ 时, $f'(x)<f'(0)=0$. 所以 $f(x)$ 在 $[0, +\infty)$ 内严格单调减少. 所以当 $x>0$ 时, $f(x)<f(0)=0$, 即

$$\ln(1+x) - x + \frac{x^2}{2} - \frac{x^3}{3} < 0,$$

从而 $\ln(1+x) < x - \frac{x^2}{2} + \frac{x^3}{3}\,(x>0)$.

例8 讨论方程 $xe^{-x} - \alpha = 0\,(\alpha > 0)$ 的根的个数.

分析 连续函数在每个单调区间的两个端点的函数值如果异号, 则在该区间内函数有唯一的零点, 如果同号, 则在该区间内函数无零点. 因此考察方程的根的个数的方法是先求出函数的单调区间, 然后计算每个区间的端点的函数值(即极值), 从而可确定出在该区间内是否有根, 进而确定根的个数.

解 令 $f(x) = xe^{-x} - \alpha$, 则 $f'(x) = e^{-x}(1-x)$. 令 $f'(x) = 0$ 得驻点 $x=1$. 在 $(-\infty, 1)$ 内 $f'(x)>0$, $f(x)$ 单调增加; 在 $(1, +\infty)$ 内 $f'(x)<0$, $f(x)$ 单调减少.

$$f(1) = \frac{1}{e} - \alpha(\text{极大值, 即最大值}), \quad f(-\infty) = \lim_{x \to -\infty}(xe^{-x} - \alpha) = -\infty < 0$$

$$f(+\infty) = \lim_{x \to +\infty}(xe^{-x} - \alpha) = \lim_{x \to +\infty}\left(\frac{x}{e^x} - \alpha\right) = \lim_{x \to +\infty}\frac{x}{e^x} - \alpha = -\alpha < 0.$$

(1) 当 $f(1) = \frac{1}{e} - \alpha < 0$, 即 $\alpha > \frac{1}{e}$ 时, 方程无根;

(2) 当 $f(1) = \frac{1}{e} - \alpha > 0$, 即 $\alpha < \frac{1}{e}$ 时, 在 $(-\infty, 1)$ 及 $(1, +\infty)$ 内各有一实根, 共有两个实根;

(3) 当 $f(1) = \frac{1}{e} - \alpha = 0$, 即 $\alpha = \frac{1}{e}$ 时, $x=1$ 就是一个实根, 在 $(-\infty, 1)$ 及 $(1, +\infty)$ 内均无实根, 即共有一个实根.

例9 设 $f(x)$ 在点 $x=0$ 的某邻域内连续, 且 $\lim_{x \to 0}\frac{f(x)}{1-\cos x} = 2$, 则 $f(x)$ 在点 $x=0$ 处 ( ).

(A) 可导, 但 $f'(0) \neq 0$;   (B) 取得极大值;

(C) 取得极小值;   (D) 不可导.

解 由

$$\lim_{x \to 0}\frac{f(x)}{1-\cos x} = \lim_{x \to 0}\frac{f(x)}{\frac{1}{2}x^2} = 2, \quad \lim_{x \to 0}\frac{1}{2}x^2 = 0 \Rightarrow \lim_{x \to 0}f(x) = 0,$$

再由 $f(x)$ 在点 $x=0$ 连续 $\Rightarrow f(0) = 0$; 由

$$\lim_{x \to 0} \frac{f(x)}{\frac{1}{2}x^2} = \lim_{x \to 0} \frac{\frac{f(x)}{x}}{\frac{1}{2}x} = 2, \quad \lim_{x \to 0} \frac{1}{2}x = 0 \Rightarrow \lim_{x \to 0} \frac{f(x)}{x} = 0,$$

即

$$\lim_{x \to 0} \frac{f(x) - f(0)}{x - 0} = 0,$$

所以 $f(x)$ 在点 $x=0$ 可导且 $f'(0)=0$. 所以 (A) 与 (D) 均不正确；由

$$\lim_{x \to 0} \frac{f(x)}{\frac{1}{2}x^2} = 2 > 1,$$

根据极限的保号性定理的推论，得在 $x=0$ 点的某去心邻域内，

$$\frac{f(x)}{\frac{1}{2}x^2} > 1 \Rightarrow f(x) > \frac{1}{2}x^2 > 0 = f(0),$$

由极值定义知，$f(x)$ 在点 $x=0$ 取得极小值，故选 (C).

例 10 求函数 $y = x + \dfrac{x}{x^2 - 1}$ 的单调区间，上、下凹区间，极值，拐点和渐近线.

分析 直接由表达式 $y = x + \dfrac{x}{x^2 - 1}$ 求 y'，y'' 很容易，但要将 y'，y'' 化为因式的形式却比较困难，因此把函数的表达式变为下列两种形式：$y = \dfrac{x^3}{x^2 - 1}$ 和 $y = x + \dfrac{1}{2(x+1)} + \dfrac{1}{2(x-1)}$，用前者求 y'，用后者求 y''.

解 $y = \dfrac{x^3}{x^2 - 1}$, $\quad y' = \dfrac{3x^2(x^2 - 1) - 2x^4}{(x^2 - 1)^2} = \dfrac{x^2(x^2 - 3)}{(x^2 - 1)^2}$;

$$y = x + \frac{1}{2(x+1)} + \frac{1}{2(x-1)}, \quad y' = 1 - \frac{1}{2(x+1)^2} - \frac{1}{2(x-1)^2},$$

$$y'' = \frac{1}{(x+1)^3} + \frac{1}{(x-1)^3} = \frac{(x-1)^3 + (x+1)^3}{(x^2 - 1)^3} = \frac{2x(x^2 + 3)}{(x^2 - 1)^3}.$$

令 $y' = 0$ 得 $x = 0$, $x = \pm\sqrt{3}$，令 $y'' = 0$ 得 $x = 0$，不可导点为 $x = \pm 1$，列表讨论如下：

x	$(-\infty, -\sqrt{3})$	$-\sqrt{3}$	$(-\sqrt{3}, -1)$	-1	$(-1, 0)$	0	$(0, 1)$
y'	$+$	0	$-$	无意义	$-$	0	$-$
y''	$-$		$-$		$+$	0	$-$
y	⤴︎	极大值	⤵︎		⤵︎	拐点	⤵︎

x	1	$(1, \sqrt{3})$	$\sqrt{3}$	$(\sqrt{3}, +\infty)$
y'	无意义	$-$	0	$+$
y''		$+$		$+$
y		⤵︎	极小值	⤴︎

由表可见：

单调增加区间：$(-\infty,-\sqrt{3}]$，$[\sqrt{3},+\infty)$；单调减少区间：$[-\sqrt{3},-1)$，$(-1,1)$，$(1,\sqrt{3}]$；上凹区间：$(-1,0)$，$(1,+\infty)$；下凹区间：$(-\infty,-1)$，$(0,1)$；极大值：$f(-\sqrt{3})=-\dfrac{3\sqrt{3}}{2}$；极小值：$f(\sqrt{3})=\dfrac{3\sqrt{3}}{2}$；拐点：$(0,0)$.

因为 $\lim\limits_{x\to\pm\infty}\left(x+\dfrac{x}{x^2-1}\right)=\infty$，所以无水平渐近线；

因为 $\lim\limits_{x\to 1}\left(x+\dfrac{x}{x^2-1}\right)=\infty$，$\lim\limits_{x\to -1}\left(x+\dfrac{x}{x^2-1}\right)=\infty$，所以有两条铅垂渐近线：$x=-1$ 和 $x=1$.

因为

$$k=\lim_{x\to\infty}\frac{y}{x}=\lim_{x\to\infty}\left(1+\frac{1}{x^2-1}\right)=1,\quad b=\lim_{x\to\infty}(y-1\cdot x)=\lim_{x\to\infty}\frac{x}{x^2-1}=0,$$

所以 $y=x$ 是一条斜渐近线.

例 11 利用函数的凹凸性证明下列不等式.

(1) $\dfrac{1}{2}(x^n+y^n)>\left(\dfrac{x+y}{2}\right)^n$ $(x>0,y>0,x\neq y,n>1)$；

(2) $x\ln x+y\ln y>(x+y)\ln\dfrac{x+y}{2}$ $(x>0,y>0,x\neq y)$.

分析 $f\left(\dfrac{x_1+x_2}{2}\right)$ 是曲线 $y=f(x)$ 在区间 $[x_1,x_2]$ 的中点 $\dfrac{x_1+x_2}{2}$ 处的纵坐标，而 $\dfrac{f(x_1)+f(x_2)}{2}$ 则是两点 $M_1(x_1,f(x_1))$ 与 $M_2(x_2,f(x_2))$ 连线的弦 $\overset{\frown}{M_1M_2}$ 在点 $\dfrac{x_1+x_2}{2}$ 处的纵坐标. 如果曲线上凹，曲线弧在弦之下，则

$$f\left(\frac{x_1+x_2}{2}\right)<\frac{f(x_1)+f(x_2)}{2},$$

如果曲线下凹，曲线弧在弦之上，则

$$f\left(\frac{x_1+x_2}{2}\right)>\frac{f(x_1)+f(x_2)}{2}.$$

证明 (1) 令 $f(t)=t^n$，则 $f'(t)=nt^{n-1}$，$f''(t)=n(n-1)t^{n-2}$. 由于 $n>1$，所以在区间 $(0,+\infty)$ 内 $f''(t)>0$，$f(t)$ 在 $(0,+\infty)$ 内上凹，则当 $x>0,y>0,x\neq y,n>1$ 时，$f\left(\dfrac{x+y}{2}\right)<\dfrac{f(x)+f(y)}{2}$，即

$$\left(\frac{x+y}{2}\right)^n<\frac{1}{2}(x^n+y^n).$$

(2) 原不等式两边乘以 $\dfrac{1}{2}$，变形为

$$\frac{x+y}{2}\ln\frac{x+y}{2}<\frac{1}{2}(x\ln x+y\ln y).$$

令 $f(t)=t\ln t$，则

$$f'(t) = \ln t + 1, \quad f''(t) = \frac{1}{t}.$$

当 $t>0$ 时，$f''(t)>0$，所以 $f(t)$ 在 $(0,+\infty)$ 内上凹. 则 $\forall x>0, y>0$，且 $x \neq y$，有 $f\left(\dfrac{x+y}{2}\right) < \dfrac{1}{2}[f(x)+f(y)]$，即 $\dfrac{x+y}{2}\ln\dfrac{x+y}{2} < \dfrac{1}{2}(x\ln x + y\ln y)$，

即 $x\ln x + y\ln y > (x+y)\ln\dfrac{x+y}{2}$.

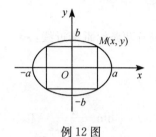

例 12 图

例 12 求椭圆 $\dfrac{x^2}{a^2} + \dfrac{y^2}{b^2} = 1$ 的面积最大的内接矩形及其最大面积值.

分析 如附图所示，根据对称性，内接矩形的四个顶点中位于第一象限的顶点 $M(x,y)$ 只要确定，则内接矩形被唯一确定，因此内接矩形的面积 S 可表示为 M 的横坐标 x 的函数，将问题转化为求函数的最大值问题.

解 设内接矩形在第一象限的顶点为 $M(x,y)$，面积为 S，则

$$S = 4xy = 4x \cdot \frac{b}{a}\sqrt{a^2-x^2} = \frac{4b}{a}x\sqrt{a^2-x^2} \quad (0<x<a),$$

$$S' = \frac{4b}{a}\frac{a^2-2x^2}{\sqrt{a^2-x^2}},$$

令 $S'=0$ 得驻点 $x=\dfrac{\sqrt{2}}{2}a$.

当 $0<x<\dfrac{\sqrt{2}}{2}a$ 时，$S'>0$，当 $\dfrac{\sqrt{2}}{2}a<x<a$ 时，$S'<0$.

所以当 $x=\dfrac{\sqrt{2}}{2}a$ 时 S 取得极大值即最大值：$S\big|_{x=\frac{\sqrt{2}}{2}a} = 2ab$.

例 13 设某产品的平均收益函数和总成本函数分别为

$$\bar{R}(Q) = a - bQ,$$

$$C(Q) = \frac{1}{3}Q^3 - 7Q^2 + 100Q + 50,$$

其中 a,b 均为大于零的常数，已知当边际收益 $R'(Q)=67$，且需求对价格的弹性为 $\dfrac{EQ}{EP} = -\dfrac{89}{22}$ 时，总利润最大，求此时的产量，并确定 a,b 的值.

分析 本问题是由三个条件：$\begin{cases} R'(Q)=67, \\ \dfrac{EQ}{EP} = -\dfrac{89}{22}, \\ L'(Q)=0. \end{cases}$ 求三个数 Q,a,b 的值. 需先求出下

列三个函数：收益函数 $R(Q)$，需求函数 $Q=f(p)$ 及利润函数 $L(Q)$. 注意：平均收益函数 $\bar{R}(Q) = a-bQ$ 其实就是价格 p 和销量 Q 的关系式，即 $p = a-bQ$.

解 收益函数： $\qquad R(Q) = Q \cdot \bar{R}(Q) = aQ - bQ^2$，

需求函数： $\qquad\qquad Q(p) = \dfrac{a}{b} - \dfrac{p}{b}$，

利润函数：

$$L(Q) = R(Q) - C(Q) = aQ - bQ^2 - \frac{1}{3}Q^3 + 7Q^2 - 100Q - 50$$

$$= -\frac{1}{3}Q^3 + (7-b)Q^2 + (a-100)Q - 50.$$

当利润最大时应有 $L'(Q) = 0$，则

$$\begin{cases} R'(Q) = a - 2bQ = 67, \\ \dfrac{EQ}{EP} = \dfrac{p}{Q} \cdot \dfrac{\mathrm{d}Q}{\mathrm{d}p} = \dfrac{p}{Q} \cdot \left(-\dfrac{1}{b}\right) = -\dfrac{a-bQ}{bQ} = \dfrac{-a}{bQ} + 1 = -\dfrac{89}{22}, \\ L'(Q) = -Q^2 + 2(7-b)Q + a - 100 = 0, \end{cases}$$

解得两组解

$$\begin{cases} a = 111, \\ b = 2, \\ Q = 11. \end{cases} \qquad \begin{cases} a = 111, \\ b = \dfrac{22}{3}, \\ Q = 3. \end{cases}$$

把第一组数据中的 a,b 代入利润函数，得利润函数为

$$L(Q) = -\frac{1}{3}Q^3 + 5Q^2 + 11Q - 50, \quad L'(Q) = -Q^2 + 10Q + 11,$$

$$L''(Q) = -2Q + 10, \quad L''(11) = -12 < 0.$$

当 $Q = 11$ 时，L 取得最大值 $L(11) = \dfrac{697}{3} \approx 232.33$.

把第二组数据中的 a,b 代入利润函数，得利润函数为

$$L(Q) = -\frac{1}{3}Q^3 - \frac{1}{3}Q^2 + 11Q - 50, \quad L'(Q) = -Q^2 - \frac{2}{3}Q + 11,$$

$$L''(Q) = -2Q - \frac{2}{3}, \quad L'(3) = 0, \quad L''(3) = -\frac{20}{3} < 0.$$

当 $Q = 3$ 时，L 取得最大值，但 $L(3) = -29 < 0$，不符合实际，故应舍去.

故总利润最大时的产量 $Q = 11$，此时 $a = 111, b = 2$.

四、教材习题选解

(A)

3. 验证函数 $f(x) = x^3$ 与 $g(x) = x^2 + 1$ 在区间 $[1,2]$ 满足柯西中值定理的条件，并求出定理中的 ξ.

证明 $f(x) = x^3$ 与 $g(x) = x^2 + 1$ 均为初等函数，在 $[1,2]$ 上有意义，从而连续，均在 $(1,2)$ 内可导，且 $f'(x) = 3x^2$，$g'(x) = 2x \neq 0$，所以函数 $f(x) = x^3$ 与 $g(x) = x^2 + 1$ 在区间 $[1,2]$ 满足柯西中值定理的条件，则在 $(1,2)$ 内至少存在一点 ξ，使 $\dfrac{f'(\xi)}{g'(\xi)} = \dfrac{f(2)-f(1)}{g(2)-g(1)}$，即 $\dfrac{3\xi^2}{2\xi} = \dfrac{8-1}{5-2} = \dfrac{7}{3} \Rightarrow \xi = \dfrac{14}{9}$.

4. 设函数 $f(x) = x(x-1)(x-2)\cdots(x-2010)$，不求导数，说明方程 $f'(x) = 0$ 有几个根？并指出它们所在的区间.

解 $f(x)=x(x-1)(x-2)\cdots(x-2010)$ 是 x 的 2011 次多项式，在 $(-\infty,+\infty)$ 内连续且可导，且 $f'(x)$ 是 x 的 2010 次多项式，因为 $f(0)=f(1)=f(2)=\cdots=f(2010)=0$，所以 $f(x)$ 在区间 $[0,1],[1,2],[2,3],\cdots,[2009,2010]$ 上均满足罗尔定理的条件，则 $f(x)$ 在这 2010 个区间内分别至少有一个零点，即方程 $f'(x)=0$ 至少有 2010 个实根. 又因为 $f'(x)=0$ 是 2010 次方程，它最多也只有 2010 个实根，所以方程 $f'(x)=0$ 恰有 2010 个实根，分别在区间 $(0,1),(1,2),(2,3),\cdots,(2009,2010)$ 内.

5. 若函数 $f(x)$ 在 $(a,+\infty)$ 内可导，且恒有 $f'(x)>0$，且在点 a 右连续. 用拉格朗日定理证明：当 $x>a$ 时，$f(x)>f(a)$.

证明 当 $x>a$ 时，在 $[a,x]$ 上，$f(x)$ 连续，且在 (a,x) 内可导，根据拉格朗日中值定理可得 $f(x)-f(a)=f'(\xi)(x-a)(a<\xi<x)$. 由条件知 $f'(\xi)>0,x-a>0$，所以 $f(x)-f(a)=f'(\xi)(x-a)>0$，即 $f(x)>f(a)(x>a)$.

6. 证明：当 $x\geqslant 1$ 时，有 $2\arctan x+\arcsin\dfrac{2x}{1+x^2}=\pi$.

证明 令

$$f(x)=2\arctan x+\arcsin\frac{2x}{1+x^2},$$

$$f'(x)=\frac{2}{1+x^2}+\frac{1}{\sqrt{1-\left(\dfrac{2x}{1+x^2}\right)^2}}\cdot\frac{2(1-x^2)}{(1+x^2)^2}$$

$$=\frac{2}{1+x^2}-\frac{2}{1+x^2}=0\quad(x>1).$$

$f(x)$ 在 $[1,+\infty)$ 上连续，且在 $(1,+\infty)$ 内可导，且 $f'(x)=0$. 所以在 $[1,+\infty)$ 上 $f(x)\equiv c$（常数），即 $2\arctan x+\arcsin\dfrac{2x}{1+x^2}=c$.

令 $x=1$，得 $c=\pi$. 所以当 $x\geqslant 1$ 时，有 $2\arctan x+\arcsin\dfrac{2x}{1+x^2}=\pi$.

7. 证明：方程 $\dfrac{1}{3}x^3+x^2+5x-6=0$ 只有一个实根.

证明 (1) 令 $f(x)=\dfrac{1}{3}x^3+x^2+5x-6$，则 $f(x)$ 在 $(-\infty,+\infty)$ 内连续，由 $f(-\infty)=\lim\limits_{x\to-\infty}f(x)=-\infty<0,f(+\infty)=\lim\limits_{x\to+\infty}f(x)=+\infty>0$ 及保号性定理，存在 a 和 b，且 $a<b$，使 $f(a)<0,f(b)>0$. 根据零点存在定理，$f(x)$ 在 (a,b) 内至少有一个零点.

(2) 假如 $f(x)$ 有两个零点，x_1 和 x_2，且 $x_1<x_2$，即 $f(x_1)=f(x_2)=0$，在区间 $[x_1,x_2]$ 上应用罗尔中值定理知，存在 $\xi\in(x_1,x_2)$，使

$$f'(\xi)=\xi^2+2\xi+5=(\xi+1)^2+4=0,$$

这是不可能的. 故 $f(x)$ 最多只有一个零点.

综合 (1)(2) 得 $f(x)$ 恰有一个零点，即原方程恰有一个实根.

8. 用拉格朗日中值定理证明下列不等式.

(1) 当 $x>0$ 时,有 $\dfrac{x}{1+x}<\ln(1+x)<x$.

证明 令 $f(x)=\ln(1+x)$,则 $f'(x)=\dfrac{1}{1+x}$,当 $x>0$ 时,对函数 $f(x)$ 在 $[0,x]$ 上应用拉格朗日中值定理可得

$$f(x)-f(0)=f'(\xi)x \quad (0<\xi<x).$$

即 $\ln(1+x)=\dfrac{x}{1+\xi}$,因 $0<\xi<x\Rightarrow 1<1+\xi<1+x$,$\dfrac{1}{1+x}<\dfrac{1}{1+\xi}<1$,$\dfrac{x}{1+x}<\dfrac{x}{1+\xi}<x$. 所以 $\dfrac{x}{1+x}<\ln(1+x)<x$.

(2) 当 $x>1$ 时,有 $\mathrm{e}^x>\mathrm{e}x$.

证法一 原不等式等价于 $\mathrm{e}^x-\mathrm{e}x>0$.

令 $f(x)=\mathrm{e}^x-\mathrm{e}x$,则 $f'(x)=\mathrm{e}^x-\mathrm{e}$,当 $x>1$ 时,对函数 $f(x)$ 在 $[1,x]$ 上应用拉格朗日中值定理可得

$$f(x)-f(1)=f'(\xi)(x-1) \quad (1<\xi<x).$$

即 $\mathrm{e}^x-\mathrm{e}x=(\mathrm{e}^\xi-\mathrm{e})(x-1)>0$,所以 $\mathrm{e}^x>\mathrm{e}x$.

证法二 将原不等式化为 $\mathrm{e}^x-\mathrm{e}>\mathrm{e}(x-1)$.

令 $f(x)=\mathrm{e}^x$,则 $f'(x)=\mathrm{e}^x$,当 $x>1$ 时,对函数 $f(x)$ 在 $[1,x]$ 上应用拉格朗日中值定理可得 $f(x)-f(1)=f'(\xi)(x-1)(1<\xi<x)$. 即 $\mathrm{e}^x-\mathrm{e}=\mathrm{e}^\xi(x-1)>\mathrm{e}(x-1)\Rightarrow \mathrm{e}^x>\mathrm{e}x$.

(3) 当 $a>b>0,n>1$ 时,有 $nb^{n-1}(a-b)<a^n-b^n<na^{n-1}(a-b)$.

证明 在 $[b,a]$ 上对函数 $f(x)=x^n$ 应用拉格朗日中值定理可得

$$f(a)-f(b)=f'(\xi)(a-b),$$

即

$$a^n-b^n=n\xi^{n-1}(a-b) \quad (b<\xi<a).$$

由 $b<\xi<a,n>1$,得 $b^{n-1}<\xi^{n-1}<a^{n-1}$,$nb^{n-1}(a-b)<n\xi^{n-1}(a-b)<na^{n-1}(a-b)$,即 $nb^{n-1}(a-b)<a^n-b^n<na^{n-1}(a-b)$.

(4) $|\arctan a-\arctan b|\leqslant|a-b|$.

证明 当 $a=b$ 是,不等式两边均为 0,当然成立.

当 $a\neq b$ 时,对函数 $f(x)=\arctan x$ 在以 a,b 为端点的闭区间上应用拉格朗日中值定理可得 $f(a)-f(b)=f'(\xi)(a-b)(\xi$ 在 a 与 b 之间),即

$$\arctan a-\arctan b=\dfrac{1}{1+\xi^2}(a-b),$$

$$|\arctan a-\arctan b|=\dfrac{1}{1+\xi^2}|a-b|\leqslant|a-b|.$$

故对任意的 a,b 均有 $|\arctan a-\arctan b|\leqslant|a-b|$.

9. (2003 年) 设函数 $f(x)$ 在 $[0,3]$ 上连续,在 $(0,3)$ 内可导,且 $f(0)+f(1)+f(2)=3,f(3)=1$. 证明存在 $\xi\in(0,3)$ 使 $f'(\xi)=0$.

分析 若能在 $[0,3]$ 上找到两个点的函数值相等,根据罗尔定理,结论立即得证. 现已知 $f(3)=1$,能否由另一个条件: $f(0)+f(1)+f(2)=3$ 得出另一点的函

数值也等于 1 呢？此条件相当于 $\dfrac{f(0)+f(1)+f(2)}{3}=1$，对于连续函数，由介值定理可知：若干个点处的函数值的平均值一定等于这些点所在区间内某一点的函数值.

证明 因 $f(x)$ 在 $[0,2]$ 上连续，则 $f(x)$ 在 $[0,2]$ 上必取得最大值 M 和最小值 m，则 $m \leqslant f(0) \leqslant M, m \leqslant f(1) \leqslant M, m \leqslant f(2) \leqslant M$，三式相加，得

$$3m \leqslant f(0)+f(1)+f(2) \leqslant 3M, \quad m \leqslant \dfrac{f(0)+f(1)+f(2)}{3} \leqslant M.$$

根据介值定理，至少存在一点 $\eta \in [0,2]$，使 $f(\eta) = \dfrac{f(0)+f(1)+f(2)}{3} = 1$.

所以 $f(\eta) = f(3)$，对函数 $f(x)$ 在 $[\eta,3]$ 上应用罗尔定理，存在 $\xi \in (\eta,3) \subset (0,3)$，使 $f'(\xi) = 0$.

10. 利用洛必达法则求下列极限.

(4) $\lim\limits_{x\to 0} \dfrac{e^x - \cos x}{x \sin x}$；

解 原式 $\left(\dfrac{0}{0}\text{型}\right) \xlongequal{\text{等价无穷小代换}} \lim\limits_{x\to 0} \dfrac{e^x - \cos x}{x^2}$

$$\xlongequal{\text{洛必达法则}} \lim\limits_{x\to 0} \dfrac{e^x + \sin x}{2x} = \infty.$$

(5) $\lim\limits_{x\to 0^+} \dfrac{\ln \sin lx}{\ln px}$ $(l>0, p>0)$.

解 原式 $\left(\dfrac{\infty}{\infty}\text{型}\right) \xlongequal{\text{洛必达法则}} \lim\limits_{x\to 0^+} \dfrac{\dfrac{\cos lx}{\sin lx} \cdot l}{\dfrac{\cos px}{\sin px} \cdot p} = \dfrac{l}{p} \lim\limits_{x\to 0^+} \dfrac{\cos lx}{\cos px} \dfrac{\sin lx}{\sin px}$

$$\xlongequal{\text{等价无穷小转换}} \dfrac{l}{p} \lim\limits_{x\to 0^+} \dfrac{\cos lx}{\cos px} \cdot \dfrac{px}{lx} = \dfrac{l}{p} \cdot \dfrac{p}{l} = 1.$$

(6) $\lim\limits_{x\to +\infty} \dfrac{\ln(1+e^x)}{\sqrt{1+x^2}}$.

解 原式 $\left(\dfrac{\infty}{\infty}\text{型}\right) \xlongequal{\text{洛必达法则}} \lim\limits_{x\to +\infty} \dfrac{\dfrac{e^x}{1+e^x}}{\dfrac{x}{\sqrt{1+x^2}}} = \lim\limits_{x\to +\infty} \dfrac{\dfrac{1}{1+e^{-x}}}{\dfrac{1}{\sqrt{\dfrac{1}{x^2}+1}}} = \dfrac{1}{1} = 1.$

(8) $\lim\limits_{n\to\infty} n^3 (a^{\frac{1}{n}} - a^{\sin\frac{1}{n}})$ $(a>0, \text{且} a\neq 1)$.

分析 本题属于 $0 \cdot \infty$ 型的未定式，但它是数列的极限，自变量取离散值 $1,2,3,\cdots$，函数对自变量 n 是不可导的，不能直接用洛必达法则，将 $n^3(a^{\frac{1}{n}} - a^{\sin\frac{1}{n}})$ 看作函数 $x^3(a^{\frac{1}{x}} - a^{\sin\frac{1}{x}})$ 的一个子数列. 如果 $\lim\limits_{x\to+\infty} x^3(a^{\frac{1}{x}} - a^{\sin\frac{1}{x}}) = A$，则 $\lim\limits_{n\to\infty} n^3(a^{\frac{1}{n}} - a^{\sin\frac{1}{n}}) = A$（海涅定理）.

解 考虑极限

$$\lim\limits_{x\to+\infty} x^3(a^{\frac{1}{x}} - a^{\sin\frac{1}{x}}) (0 \cdot \infty \text{型}) = \lim\limits_{x\to+\infty} \dfrac{a^{\frac{1}{x}} - a^{\sin\frac{1}{x}}}{\left(\dfrac{1}{x}\right)^3} \xlongequal{\text{令}\frac{1}{x}=t} \lim\limits_{t\to 0^+} \dfrac{a^t - a^{\sin t}}{t^3}$$

$$= \lim_{t \to 0^+} a^{\sin t} \frac{a^{t - \sin t} - 1}{t^3}$$

$$= \lim_{t \to 0^+} a^{\sin t} \cdot \lim_{t \to 0^+} \frac{e^{(t - \sin t)\ln a} - 1}{t^3}$$

$$\xlongequal{\text{等价无穷小代换}} \lim_{t \to 0^+} \frac{(t - \sin t)\ln a}{t^3}$$

$$\xlongequal{\text{洛必达法则}} \ln a \cdot \lim_{t \to 0^+} \frac{1 - \cos t}{3t^2}$$

$$\xlongequal{\text{等价无穷小代换}} \ln a \cdot \lim_{t \to 0^+} \frac{\frac{1}{2}t^2}{3t^2} = \frac{1}{6}\ln a.$$

所以 $\lim\limits_{n \to \infty} n^3 (a^{\frac{1}{n}} - a^{\sin\frac{1}{n}}) = \frac{1}{6}\ln a.$

(10)（1997 年）$\lim\limits_{x \to 0} \left[\dfrac{a}{x} - \left(\dfrac{1}{x^2} - a^2 \right) \ln(1 + ax) \right] (a \neq 0).$

解　原式 $= \lim\limits_{x \to 0} \left\{ \left[\dfrac{a}{x} - \dfrac{1}{x^2}\ln(1 + ax) \right] + a^2 \ln(1 + ax) \right\}$

$$= \lim_{x \to 0} \left[\frac{a}{x} - \frac{1}{x^2}\ln(1 + ax) \right] + \lim_{x \to 0} a^2 \ln(1 + ax)$$

$$= \lim_{x \to 0} \frac{ax - \ln(1 + ax)}{x^2} \quad \left(\frac{0}{0} \text{型} \right)$$

$$\xlongequal{\text{洛必达法则}} \lim_{x \to 0} \frac{a - \dfrac{a}{1 + ax}}{2x} = \lim_{x \to 0} \frac{a^2}{2(1 + ax)} = \frac{a^2}{2}.$$

(12)（1998 年）$\lim\limits_{n \to \infty} \left(n \tan \dfrac{1}{n} \right)^{n^2}.$

解　$\lim\limits_{x \to +\infty} \left(x \tan \dfrac{1}{x} \right)^{x^2} (1^\infty \text{型}) = e^{\lim\limits_{x \to +\infty} x^2 \left[x \tan\frac{1}{x} - 1 \right]} (0 \cdot \infty \text{型}) = e^{\lim\limits_{x \to +\infty} \frac{\tan\frac{1}{x} - \frac{1}{x}}{\frac{1}{x^3}}} \left(\frac{0}{0} \text{型} \right)$

$$\xlongequal{\frac{1}{x} = t} e^{\lim\limits_{t \to 0^+} \frac{\tan t - t}{t^3}} \left(\frac{0}{0} \text{型} \right)$$

$$\xlongequal{\text{洛必达法则}} e^{\lim\limits_{t \to 0^+} \frac{\sec^2 t - 1}{3t^2}} = e^{\lim\limits_{t \to 0^+} \frac{\tan^2 t}{3t^2}}$$

$$\xlongequal{\text{等价无穷小代换}} e^{\lim\limits_{t \to 0^+} \frac{t^2}{3t^2}} = e^{\frac{1}{3}}.$$

(13)（2005 年）$\lim\limits_{x \to 0} \left(\dfrac{1 + x}{1 - e^{-x}} - \dfrac{1}{x} \right).$

解　原式 $(\infty - \infty \text{型}) = \lim\limits_{x \to 0} \dfrac{x + x^2 - 1 + e^{-x}}{x(1 - e^{-x})} \left(\dfrac{0}{0} \text{型} \right)$

$$\xlongequal{\text{等价无穷小代换}} \lim_{x \to 0} \frac{x + x^2 - 1 + e^{-x}}{x^2} \left(\frac{0}{0} \text{型} \right)$$

$$\xlongequal{\text{洛必达法则}} \lim_{x \to 0} \frac{1 + 2x - e^{-x}}{2x} \left(\frac{0}{0} \text{型} \right)$$

$$\xlongequal{\text{洛必达法则}} \lim_{x \to 0} \frac{2 + e^{-x}}{2} = \frac{3}{2}.$$

(14) $\lim\limits_{x\to 0^+}\left(\ln\dfrac{1}{x}\right)^x$.

解 原式$(\infty^0$ 型$)=e^{\lim\limits_{x\to 0^+}x\ln\ln\frac{1}{x}}(0\cdot\infty$型$)=e^{\lim\limits_{x\to 0^+}\frac{\ln(-\ln x)}{\frac{1}{x}}}(\frac{\infty}{\infty}$型$)$

$$\xlongequal{洛必达法则}e^{\lim\limits_{x\to 0^+}\frac{\frac{1}{-\ln x}\cdot(-\frac{1}{x})}{-\frac{1}{x^2}}}$$

$$=e^{\lim\limits_{x\to 0^+}\left(-\frac{x}{\ln x}\right)}=e^0=1.$$

(15) $\lim\limits_{x\to +\infty}\left(\dfrac{\pi}{2}-\arctan x\right)^{\frac{1}{\ln x}}$.

解 原式$(0^0$ 型$)=e^{\lim\limits_{x\to +\infty}\frac{1}{\ln x}\ln\left(\frac{\pi}{2}-\arctan x\right)}(0\cdot\infty$型$)=e^{\lim\limits_{x\to +\infty}\frac{\ln\left(\frac{\pi}{2}-\arctan x\right)}{\ln x}}(\frac{\infty}{\infty}$型$)$

$$\xlongequal{洛必达法则}e^{\lim\limits_{x\to +\infty}\frac{\frac{1}{\frac{\pi}{2}-\arctan x}\cdot\left(-\frac{1}{1+x^2}\right)}{\frac{1}{x}}}=e^{\lim\limits_{x\to +\infty}\frac{1}{\frac{\pi}{2}-\arctan x}\cdot\left(-\frac{x}{1+x^2}\right)}$$

$$=e^{\lim\limits_{x\to +\infty}\frac{\frac{1}{x}}{\frac{\pi}{2}-\arctan x}\cdot\left(-\frac{x^2}{1+x^2}\right)}=e^{\lim\limits_{x\to +\infty}\frac{\frac{1}{x}}{\frac{\pi}{2}-\arctan x}\cdot\lim\limits_{x\to +\infty}\left(-\frac{x^2}{1+x^2}\right)}$$

$$\xlongequal{洛必达法则}e^{-\lim\limits_{x\to +\infty}\frac{-\frac{1}{x^2}}{-\frac{1}{1+x^2}}}=e^{-\lim\limits_{x\to +\infty}\frac{1+x^2}{x^2}}=e^{-1}.$$

(16) $\lim\limits_{x\to 0}\left[\dfrac{(1+x)^{\frac{1}{x}}}{e}\right]^{\frac{1}{x}}$.

解 原式$(1^\infty$型$)=e^{\lim\limits_{x\to 0}\frac{1}{x}\left[\frac{(1+x)^{\frac{1}{x}}}{e}-1\right]}(0\cdot\infty$型$)=e^{\lim\limits_{x\to 0}\frac{1}{x}\left[e^{\ln\frac{(1+x)^{\frac{1}{x}}}{e}}-1\right]}$

$$\xlongequal{等价无穷小代换}e^{\lim\limits_{x\to 0}\frac{1}{x}\ln\frac{(1+x)^{\frac{1}{x}}}{e}}(0\cdot\infty$型$)=e^{\lim\limits_{x\to 0}\frac{\frac{1}{x}\ln(1+x)-1}{x}}$$

$$=e^{\lim\limits_{x\to 0}\frac{\ln(1+x)-x}{x^2}}(\frac{0}{0}$型$)$$

$$\xlongequal{洛必达法则}e^{\lim\limits_{x\to 0}\frac{\frac{1}{1+x}-1}{2x}}=e^{\lim\limits_{x\to 0}\frac{-1}{2(1+x)}}=e^{-\frac{1}{2}}.$$

(17) $\lim\limits_{x\to 0^+}\dfrac{\sqrt{1+x^3}-1}{1-\cos\sqrt{x-\sin x}}$.

解 原式$\xlongequal{等价无穷代换}\lim\limits_{x\to 0^+}\dfrac{\frac{1}{2}x^3}{\frac{1}{2}(x-\sin x)}=\lim\limits_{x\to 0^+}\dfrac{x^3}{x-\sin x}$

$$\xlongequal{洛必达法则}\lim\limits_{x\to 0^+}\dfrac{3x^2}{1-\cos x}\xlongequal{等价无穷小代换}\lim\limits_{x\to 0^+}\dfrac{3x^2}{\frac{1}{2}x^2}=6.$$

(18) $\lim\limits_{x\to 0}\dfrac{\sqrt{1+\tan x}-\sqrt{1+\sin x}}{x\ln(1+x)-x^2}$.

解 原式$\left(\dfrac{0}{0}$型$\right)=\lim\limits_{x\to 0}\dfrac{1}{\sqrt{1+\tan x}+\sqrt{1+\sin x}}\cdot\dfrac{\tan x-\sin x}{x\ln(1+x)-x^2}$

$$=\dfrac{1}{2}\lim\limits_{x\to 0}\dfrac{\tan x\cdot(1-\cos x)}{x[\ln(1+x)-x]}\xlongequal{等价无穷小代换}\dfrac{1}{2}\lim\limits_{x\to 0}\dfrac{x\cdot\frac{1}{2}x^2}{x[\ln(1+x)-x]}$$

$$=\frac{1}{4}\lim_{x\to 0}\frac{x^2}{\ln(1+x)-x}\left(\frac{0}{0}型\right)\xlongequal{洛必达法则}\frac{1}{4}\lim_{x\to 0}\frac{2x}{\frac{1}{1+x}-1}$$

$$=-\frac{1}{2}\lim_{x\to 0}(1+x)=-\frac{1}{2}.$$

11. 求下列函数的单调区间和极值.

(3) $y=\dfrac{1}{4x^3-9x^2+6x}$.

解 $y'=\dfrac{-(12x^2-18x+6)}{(4x^3-9x^2+6x)^2}=-\dfrac{6(2x-1)(x-1)}{x^2(4x^2-9x+6)^2}$.

令 $y'=0$ 得驻点 $x=\dfrac{1}{2}$, $x=1$, 不可导点 $x=0$. 列表如下:

x	$(-\infty,0)$	0	$\left(0,\frac{1}{2}\right)$	$\frac{1}{2}$	$\left(\frac{1}{2},1\right)$	1	$(1,+\infty)$
y'	$-$	无意义	$-$	0	$+$	0	$-$
y	↓		↓	极小值	↑	极大值	↓

由表可见:

单调增加区间: $\left[\dfrac{1}{2},1\right]$; 单调减少区间: $(-\infty,0)$, $\left(0,\dfrac{1}{2}\right]$, $[1,+\infty)$; 极大值:

$f(1)=1$; 极小值: $f\left(\dfrac{1}{2}\right)=\dfrac{4}{5}$.

13. 求下列函数在给定区间上的最大值和最小值.

(3) $y=|x^2-3x+2|$, $[-10,10]$.

解 $y=|x^2-3x+2|=|(x-1)(x-2)|$

$$=\begin{cases}x^2-3x+2, & x\leqslant 1,\\ -x^2+3x-2, & 1<x<2,\\ x^2-3x+2, & x\geqslant 2.\end{cases}$$

当 $x<1$ 时, $y'=2x-3$; 当 $1<x<2$ 时, $y'=-2x+3$; 当 $x>2$ 时, $y'=2x-3$.

当 $x=1$ 时,

$$f'_-(1)=\lim_{x\to 1^-}\frac{f(x)-f(1)}{x-1}=\lim_{x\to 1^-}\frac{x^2-3x+2}{x-1}=\lim_{x\to 1^-}(x-2)=-1,$$

$$f'_+(1)=\lim_{x\to 1^+}\frac{f(x)-f(1)}{x-1}=\lim_{x\to 1^+}\frac{-x^2+3x-2}{x-1}=-\lim_{x\to 1^+}(x-2)=1,$$

因为 $f'_-(1)\neq f'_+(1)$, 所以函数在点 $x=1$ 处不可导.

当 $x=2$ 时,

$$f'_-(2)=\lim_{x\to 2^-}\frac{f(x)-f(2)}{x-2}=\lim_{x\to 2^-}\frac{-x^2+3x-2}{x-2}=\lim_{x\to 2^-}\frac{-2x+3}{1}=-1,$$

$$f'_+(2)=\lim_{x\to 2^+}\frac{f(x)-f(2)}{x-2}=\lim_{x\to 2^+}\frac{x^2-3x+2}{x-2}=\lim_{x\to 2^+}\frac{2x-3}{1}=1,$$

因为 $f'_-(2)\neq f'_+(2)$, 所以函数在点 $x=2$ 处不可导.

所以
$$y' = \begin{cases} 2x-3, & x<1, \\ -2x+3, & 1<x<2, \\ 2x-3, & x>2. \end{cases}$$

令 $y'=0$ 得驻点 $x=\dfrac{3}{2}$,不可导点 $x=1,x=2$.

$$y\left(\dfrac{3}{2}\right)=\dfrac{1}{4}, \quad y(1)=0, \quad y(2)=0, \quad y(10)=72, \quad y(-10)=132.$$

比较得最大值为 $y(-10)=132$,最小值为 $y(1)=y(2)=0$.

14. 利用最值证明下列不等式.

(1) $2\tan x-\tan^2 x\leqslant 1\left(0\leqslant x<\dfrac{\pi}{2}\right)$.

证明 $2\tan x-\tan^2 x-1\leqslant 0$.

令 $f(x)=2\tan x-\tan^2 x-1$,$f'(x)=2\sec^2 x-2\tan x\cdot\sec^2 x=2\sec^2 x(1-\tan x)$,令 $f'(x)=0$ 得驻点 $x=\dfrac{\pi}{4}$.

当 $0\leqslant x<\dfrac{\pi}{4}$ 时,$f'(x)>0$,当 $\dfrac{\pi}{4}<x<\dfrac{\pi}{2}$ 时,$f'(x)<0$.

所以在点 $x=\dfrac{\pi}{4}$ 处,$f(x)$ 取得极大值,即最大值 $f\left(\dfrac{\pi}{4}\right)=0$.

所以 $f(x)=2\tan x-\tan^2 x-1\leqslant 0$,即 $2\tan x-\tan^2 x\leqslant 1\left(0\leqslant x<\dfrac{\pi}{2}\right)$.

(2) (1999 年) 当 $0<x<\pi$ 时,有 $\sin\dfrac{x}{2}>\dfrac{x}{\pi}$.

分析 只需证明 $f(x)=\sin\dfrac{x}{2}-\dfrac{x}{\pi}$ 在 $[0,\pi]$ 的最小值大于 0.

证明 令 $f(x)=\sin\dfrac{x}{2}-\dfrac{x}{\pi}$,则 $f'(x)=\dfrac{1}{2}\cos\dfrac{x}{2}-\dfrac{1}{\pi}$,令 $f'(x)=0$ 得驻点 $x_0=2\arccos\dfrac{2}{\pi}\in(0,\pi)$. $f''(x)=-\dfrac{1}{4}\sin\dfrac{x}{2}<0$,

所以 $f(x_0)$ 是极大值,即最大值,那么最小值只能在端点取得,即 $f(0)=f(\pi)=0$ 是 $f(x)$ 在 $[0,\pi]$ 上的最小值.

故当 $0<x<\pi$ 时,$f(x)=\sin\dfrac{x}{2}-\dfrac{x}{\pi}>0$,即 $\sin\dfrac{x}{2}>\dfrac{x}{\pi}(0<x<\pi)$.

(3) $|3x-x^3|\leqslant 2,x\in[-2,2]$.

分析 只要证明函数 $|3x-x^3|$ 在 $[-2,2]$ 上的最大值不超过 2. 因为 $|3x-x^3|$ 是偶函数,它在 $[-2,2]$ 上的最大值就是它在 $[0,2]$ 上的最大值.

证明 令 $f(x)=|3x-x^3|$,则 $f(x)$ 是偶函数,它在 $[-2,2]$ 上的最大值就是它在 $[0,2]$ 上的最大值.

$$f(x)=|3x-x^3|=|x(3-x^2)|=\begin{cases} 3x-x^3, & 0\leqslant x\leqslant\sqrt{3}, \\ x^3-3x, & \sqrt{3}<x\leqslant 2. \end{cases}$$

因为 $f(\sqrt{3}-0)=f(\sqrt{3}+0)=f(\sqrt{3})=0$,所以 $f(x)$ 在 $[0,2]$ 上连续.

当 $0<x<\sqrt{3}$ 时，$f'(x)=3-3x^2$，当 $\sqrt{3}<x<2$ 时，$f'(x)=3x^2-3$.

当 $x=\sqrt{3}$ 时，

$$f'_-(\sqrt{3})=\lim_{x\to\sqrt{3}}\frac{f(x)-f(\sqrt{3})}{x-\sqrt{3}}=\lim_{x\to\sqrt{3}}\frac{3x-x^3}{x-\sqrt{3}}=\lim_{x\to\sqrt{3}}\frac{3-3x^2}{1}=-6,$$

$$f'_+(\sqrt{3})=\lim_{x\to\sqrt{3}^+}\frac{f(x)-f(\sqrt{3})}{x-\sqrt{3}}=\lim_{x\to\sqrt{3}^+}\frac{x^3-3x}{x-\sqrt{3}}=6.$$

因为 $f'_-(\sqrt{3})\neq f'_+(\sqrt{3})$，所以 $x=\sqrt{3}$ 是不可导点.

所以

$$f'(x)=\begin{cases}3-3x^2, & 0\leqslant x<\sqrt{3},\\ 3x^2-3, & \sqrt{3}<x\leqslant 2.\end{cases}$$

令 $f'(x)=0$ 得驻点 $x=1$.

$$f(1)=2,\quad f(\sqrt{3})=0,\quad f(0)=0,\quad f(2)=2.$$

比较可得 $f(x)$ 在 $[0,2]$ 上的最大值为 2. 即 $f(x)$ 在 $[-2,2]$ 上的最大值为 2.

所以在 $[-2,2]$ 上，$f(x)\leqslant 2$，即 $|3x-x^3|\leqslant 2, x\in[-2,2]$.

(4) $x^a\leqslant 1-\alpha+\alpha x, x\in(0,+\infty), 0<\alpha<1$.

分析 将原不等式变形为 $x^a-\alpha x\leqslant 1-\alpha$. 求函数 $x^a-\alpha x$ 在 $(0,+\infty)$ 上的最大值.

证明 令 $f(x)=x^a-\alpha x$，则 $f'(x)=\alpha x^{a-1}-\alpha$. 令 $f'(x)=0$ 得驻点 $x=1$. $f''(x)=\alpha(\alpha-1)x^{a-2}$，$f''(1)=\alpha(\alpha-1)<0$. 所以当 $x=1$ 时，$f(x)$ 取得极大值，及最大值 $f(1)=1-\alpha$. 故当 $x\in(0,+\infty), 0<\alpha<1$ 时，$f(x)=x^a-\alpha x\leqslant 1-\alpha$，即 $x^a\leqslant 1-\alpha+\alpha x$.

17. 某厂生产某种产品，年产量为 24000 件，分若干批次进行生产，每批次的生产准备费为 64 元. 设产品均匀投入市场，且上一批用完后立即生产下一批（即平均库存量为每批生产数量的一半），设每年每台的库存费为 4.8 元，问每批生产数量为多少件？分为多少批生产能使全年的生产准备费与库存费之和最小？

解 设每批生产 x 件，则批次为 $\dfrac{24000}{x}$ 次，全年的生产准备费与库存费之和为 y 元，则

$$y=4.8\cdot\frac{x}{2}+64\cdot\frac{24000}{x}=2.4x+\frac{1536000}{x}(\text{元})\quad(0<x\leqslant 24000).$$

$$y'=2.4-\frac{1536000}{x^2},\text{令}\ y'=0\ \text{得驻点}\ x=800,y''=\frac{2\times1536000}{x^3}>0.$$

所以当 $x=800$ 时，y 取得极小值，即最小值，此时的批次为 30 次.

答：每批生产 800 件、分 30 批生产能使全年的生产准备费与库存费之和最小.

20. (2001 年) 某商品进价为 a(元/件)，根据以往经验，当销售价为 b(元/件) 时，销售量为 c 件 $\left(a,b,c\ \text{都是常数，且}\ b\geqslant\dfrac{4}{3}a\right)$，市场调查表明，销售价每下降 10%，销售量可增加 40%，现决定一次性降价，试问，当销售定价为多少时可获得最大利润？并求出最大利润.

解 设售价为 p(元/件)时的销售量为 Q 件.

由题意得 $Q=c+\dfrac{b-p}{0.1b}\cdot 0.4c=c\left(5-\dfrac{4}{b}p\right)$，总收入为 $R(p)=p\cdot Q=$ $c\left(5p-\dfrac{4}{b}p^2\right)$. 总成本为 $C(p)=a\cdot Q=c\left(5a-\dfrac{4a}{b}p\right)$.

利润为

$$L(p)=R(p)-C(p)=c\left[\left(5+\dfrac{4a}{b}\right)p-\dfrac{4}{b}p^2-5a\right].$$

则

$$L'(p)=c\left(5+\dfrac{4a}{b}-\dfrac{8}{b}p\right).$$

令 $L'(p)=0$ 得驻点: $p=\dfrac{1}{2}a+\dfrac{5}{8}b$, $L''(p)=-\dfrac{8c}{b}p<0$. 所以当 $p=\dfrac{1}{2}a+\dfrac{5}{8}b$ (元/件)时利润最大.

最大利润为

$$L\left(\dfrac{1}{2}a+\dfrac{5}{8}b\right)=c\left[\left(5+\dfrac{4a}{b}\right)\left(\dfrac{1}{2}a+\dfrac{5}{8}b\right)-\dfrac{4}{b}\left(\dfrac{1}{2}a+\dfrac{5}{8}b\right)^2-5a\right]$$

$$=c\left[\dfrac{5b+4a}{b}\cdot\dfrac{5b+4a}{8}-\dfrac{(5b+4a)^2}{16b}-5a\right]$$

$$=\dfrac{c}{16b}\left[(5b+4a)^2-80ab\right]=\dfrac{c}{16b}(5b-4a)^2(\text{元}).$$

21. 一房地产公司有 50 套公寓要出租,当月租金定为 1000(元/套)时,公寓会全部租出去,当月租金每增加 50 元时就会多一套公寓租不出去,而租出去的公寓每月需花费 100 元的维修费,试问房租定为多少可获得最大收入?

解 设月租为 x(元/套)时,收入为 y 元,则月租为 x(元/套)时,能租出去的公寓数为

$$50-\dfrac{x-1000}{50}=70-0.02x(\text{套}),$$

$$y=(70-0.02x)(x-100)(\text{元}).$$

$$y'=-0.02(x-100)+(70-0.02x)=72-0.04x.$$

令 $y'=0$ 得驻点 $x=1800$, $y''=-0.04<0$. 所以当 $x=1800$(元)时, y 取得极大值即最大值. 故当房租定为 1800 元/套时可获得最大收入.

22. 求下列函数的上、下凹区间及拐点:

(4) $y=2-|x^5-1|$.

解 $y=2-|x^5-1|=\begin{cases}1+x^5, & x<1,\\ 3-x^5, & x\geqslant 1.\end{cases}$

当 $x<1$ 时, $y'=5x^4$; 当 $x>1$ 时, $y'=-5x^4$.

当 $x=1$ 时,

$$f'_-(1)=\lim_{x\to 1^-}\dfrac{f(x)-f(1)}{x-1}=\lim_{x\to 1^-}\dfrac{1+x^5-2}{x-1}=\lim_{x\to 1^-}\dfrac{x^5-1}{x-1}=\lim_{x\to 1^-}\dfrac{5x^4}{1}=5,$$

$$f'_+(1)=\lim_{x\to 1^+}\dfrac{f(x)-f(1)}{x-1}=\lim_{x\to 1^+}\dfrac{3-x^5-2}{x-1}=\lim_{x\to 1^+}\dfrac{1-x^5}{x-1}=\lim_{x\to 1^+}\dfrac{-5x^4}{1}=-5.$$

因为 $f'_-(1) \neq f'_+(1)$，所以函数在点 $x=1$ 处不可导. 所以

$$y' = \begin{cases} 5x^4, & x < 1, \\ -5x^4, & x > 1. \end{cases} \qquad y'' = \begin{cases} 20x^3, & x < 1, \\ -20x^3, & x > 1. \end{cases}$$

从而 $x=1$ 也是二阶不可导点，令 $y''=0$ 得 $x=0$.

列表讨论如下：

x	$(-\infty,0)$	0	$(0,1)$	1	$(1,+\infty)$
y''	$-$	0	$+$	不存在	$-$
y	$\cap$	拐点	$\cup$	拐点	$\cap$

由表可见：

上凹区间：$(0,1)$；下凹区间：$(-\infty,0)$，$(1,+\infty)$；拐点 $(0,1)$ 和 $(1,2)$.

23. 若曲线 $y=ax^3+bx^2+cx+d$ 在点 $x=0$ 处取得极小值 0，且点 $(1,1)$ 为拐点，求 a,b,c,d 的值.

解 $y'=3ax^2+2bx+c$，$y''=6ax+2b$.

由题设条件可得方程组：

$$\begin{cases} y'(0)=c=0, \\ y''(1)=6a+2b=0, \\ y(1)=a+b+c+d=1, \\ y(0)=d=0, \end{cases}$$

解得

$$\begin{cases} a=-\dfrac{1}{2}, \\ b=\dfrac{3}{2}, \\ c=0, \\ d=0. \end{cases}$$

24. 求曲线 $y=x^3-3x^2+24x-19$ 在拐点处的切线方程.

解 $y'=3x^2-6x+24$，$y''=6x-6$. 令 $y''=0$ 得 $x=1$，当 $x<1$ 时 $y''<0$，当 $x>1$ 时 $y''>0$. 故在 $x=1$ 处取得拐点，$y(1)=3$，拐点为 $(1,3)$，$y'(1)=21$. 所以在拐点 $(1,3)$ 处的切线方程为 $y-3=21(x-1)$，即 $21x-y-18=0$.

25. (1999 年) 用凹向证明不等式：$\sin\dfrac{x}{2}>\dfrac{x}{\pi}\ (0<x<\pi)$.

分析 若曲线 $y=f(x)$ 在 $[a,b]$ 上连续，在 (a,b) 内 $f''(x)>0(<0)$，即曲线 $y=f(x)$ 在 (a,b) 内上凹（下凹）. 则在 (a,b) 内，曲线弧 $y=f(x)$ 位于两端点 $A(a,f(a))$，$B(b,f(b))$ 的连线弦 AB 之下（之上）. 如附图所示.

而弦 AB 的方程为 $y-f(a)=\dfrac{f(b)-f(a)}{b-a}(x-a)$，则在 (a,b) 内有不等式：

$$f(x)<f(a)+\dfrac{f(b)-f(a)}{b-a}(x-a).$$

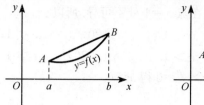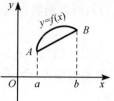

习题 25 图

证明 设 $f(x) = \sin\dfrac{x}{2}$，则 $f'(x) = \dfrac{1}{2}\cos\dfrac{x}{2}$，$f''(x) = -\dfrac{1}{4}\sin\dfrac{x}{2}$.

在 $(0,\pi)$ 内 $f''(x) < 0$，则曲线 $y = f(x) = \sin\dfrac{x}{2}$ 在 $(0,\pi)$ 内下凹. 而曲线过两端点 $A(0,0)$，$B(\pi,1)$ 的连线弦 AB 的方程为 $y = \dfrac{x}{\pi}$. 因为弧在弦之上，所以 $f(x) > \dfrac{x}{\pi}$. 即当 $0 < x < \pi$ 时，$\sin\dfrac{x}{2} > \dfrac{x}{\pi}$.

31. (2007 年) 设某商品的需求函数为 $Q = 120 - 2P$. 如果该商品需求弹性绝对值等于 1，则商品的价格是( ).

   (A) 10；   (B) 20；   (C) 30；   (D) 40.

解 $\dfrac{EQ}{EP} = \dfrac{P}{Q} \cdot \dfrac{\mathrm{d}Q}{\mathrm{d}P} = \dfrac{p}{120-2p} \cdot (120-2p)' = \dfrac{-2p}{120-2p}$.

由 $\left|\dfrac{EQ}{EP}\right| = \dfrac{2p}{120-2p} = 1$，解得 $p = 30$. 故选 (C).

32. (2002 年) 设某商品的需求量 Q 对价格 P 的弹性为 $\eta(P) = \dfrac{2P^2}{192-P^2} > 0$.

(1) 设 R 为总收益，证明 $\dfrac{\mathrm{d}R}{\mathrm{d}P} = Q[1 - \eta(P)]$.

(2) 求当 $P = 6$ 时，总收益对价格的弹性，并说明其经济意义.

解 (1) $\eta(P) = -\dfrac{P}{Q} \cdot \dfrac{\mathrm{d}Q}{\mathrm{d}P}$，$R = P \cdot Q$.

$\dfrac{\mathrm{d}R}{\mathrm{d}P} = P\dfrac{\mathrm{d}Q}{\mathrm{d}P} + Q = Q\left(\dfrac{P}{Q} \cdot \dfrac{\mathrm{d}Q}{\mathrm{d}P} + 1\right) = Q\left[1 - \left(-\dfrac{P}{Q} \cdot \dfrac{\mathrm{d}Q}{\mathrm{d}P}\right)\right] = Q[1 - \eta(P)]$.

(2) 总收益 R 对价格 P 的弹性为 $\dfrac{ER}{EP} = \dfrac{P}{R}\dfrac{\mathrm{d}R}{\mathrm{d}P}$. 由 (1) 知 $\dfrac{\mathrm{d}R}{\mathrm{d}P} = Q[1 - \eta(P)]$，所以

$$\frac{ER}{EP} = \frac{P}{P \cdot Q}Q[1 - \eta(P)] = 1 - \eta(P).$$

$$\left.\frac{ER}{EP}\right|_{P=6} = 1 - \eta(6) = 1 - \frac{6}{13} = \frac{7}{13}.$$

其经济意义是：当价格为 6 时，若涨(降)价 1%，总收益将增加(减少) $\dfrac{7}{13}\%$.

(B)

1. 设函数 $f(x)$ 在 $[a,b]$ 上连续，在 (a,b) 内可导，且 $f(a) = f(b) = 0$. 证明：

∃ξ∈(a,b)使 $f'(\xi)=f(\xi)$.

分析 将要证的结论转化为 $f'(\xi)-f(\xi)=0$,两边同乘以 $e^{-\xi}$,得 $e^{-\xi}f'(\xi)-e^{-\xi}f(\xi)=0$,即 $[e^{-x}f'(x)-e^{-x}f(x)]|_{x=\xi}=0$,即 $[e^{-x}f(x)]'|_{x=\xi}=0$. 将要证的结论转化为证明 ∃ξ∈(a,b),使 $[e^{-x}f(x)]'|_{x=\xi}=0$,这只要对函数 $\varphi(x)=e^{-x}f(x)$ 在 $[a,b]$ 上应用罗尔定理可得证.

证明 作辅助函数 $\varphi(x)=e^{-x}f(x)$,由条件知 $\varphi(x)$ 在 $[a,b]$ 上连续,在 (a,b) 内可导,且 $\varphi'(x)=e^{-x}f'(x)-e^{-x}f(x)$,$\varphi(a)=\varphi(b)=0$. 根据罗尔定理,∃ξ∈(a,b)使 $\varphi'(\xi)=0$,即

$$e^{-\xi}f'(\xi)-e^{-\xi}f(\xi)=0 \Rightarrow f'(\xi)=f(\xi).$$

2. 已知函数 $f(x)$ 在区间 $[0,1]$ 上连续,在开区间 $(0,1)$ 内可导,且 $f(1)=0$. 证明:∃ξ∈(0,1)使得 $f'(\xi)+\dfrac{1}{\xi}f(\xi)=0$.

分析 $f'(\xi)+\dfrac{1}{\xi}f(\xi)=0 \Leftrightarrow \xi f'(\xi)+f(\xi)=0$

$\Leftrightarrow [xf'(x)+f(x)]|_{x=\xi}=0 \Leftrightarrow [xf(x)]'|_{x=\xi}=0$. 即问题转化为要证明 ∃ξ∈(0,1)使 $[xf(x)]'|_{x=\xi}=0$.

证明 作辅助函数 $\varphi(x)=xf(x)$,则 $\varphi(x)$ 在 $[0,1]$ 上连续,在 $(0,1)$ 内可导,且

$$\varphi'(x)=xf'(x)+f(x), \quad \varphi(0)=0=\varphi(1)=1\cdot f(1)=0.$$

根据罗尔定理,∃ξ∈(0,1)使 $\varphi'(\xi)=\xi f'(\xi)+f(\xi)=0$,即 $f'(\xi)+\dfrac{1}{\xi}f(\xi)=0$.

3. 已知函数 $f(x)$ 在 $[a,b]$ 上连续,在 (a,b) 内可导,且 $f(a)=f(b)=0$. 证明:∃ξ∈(a,b)使 $f'(\xi)+f(\xi)=0$.

分析 $f'(\xi)+f(\xi)=0$,两边同乘以 e^{ξ}.

$e^{\xi}f'(\xi)+e^{\xi}f(\xi)=0 \Leftrightarrow [e^{x}f'(x)+e^{x}f(x)]|_{x=\xi}=0 \Leftrightarrow [e^{x}f(x)]'|_{x=\xi}=0$.

证明 作辅助函数 $\varphi(x)=e^{x}f(x)$,则显然 $\varphi(x)$ 在 $[a,b]$ 上连续,在 (a,b) 内可导,且 $\varphi'(x)=e^{x}f'(x)+e^{x}f(x)$,$\varphi(a)=\varphi(b)=0$. 根据罗尔定理,∃ξ∈(a,b)使

$$\varphi'(\xi)=e^{\xi}f'(\xi)+e^{\xi}f(\xi)=0,$$

两边同除以 e^{ξ},得

$$f'(\xi)+f(\xi)=0.$$

4. (1998 年) 设函数 $f(x)$ 在 $[a,b]$ 上连续,在 (a,b) 内可导,且 $f'(x)\neq0$. 证明:∃ξ,η∈(a,b)使 $\dfrac{f'(\xi)}{f'(\eta)}=\dfrac{e^{b}-e^{a}}{b-a}e^{-\eta}$.

分析 要证的结论中出现两个中值点 ξ,η,涉及两个函数 $f(x)$ 和 e^{x}. 这种问题一般应将等式变形为一边只含 ξ,一边只含 η:$f'(\xi)(b-a)=(e^{b}-e^{a})\dfrac{f'(\eta)}{e^{\eta}}$,等式左边只涉及一个中值点 ξ 和一个函数,区间 $[a,b]$ 的长度为 $b-a$,应联系到对函数 $f(x)$ 在 $[a,b]$ 使用拉格朗日中值定理. 等式右边只含一个中值点 η,但涉及两个函数 $f(x)$ 和 e^{x} 以及 e^{η} 在区间 $[a,b]$ 两端的函数值之差,应马上联想到对函数 $f(x)$ 和 e^{x} 在 $[a,b]$ 上使用柯西中值定理.

证明 对函数 $f(x)$ 在 $[a,b]$ 使用拉格朗日中值定理：$\exists\xi\in(a,b)$ 使
$$f(b)-f(a)=f'(\xi)(b-a).\qquad\qquad ①$$

对函数 $f(x)$ 和 e^x 在 $[a,b]$ 上应用柯西中值定理：$\exists\eta\in(a,b)$，使
$$\frac{f(b)-f(a)}{e^b-e^a}=\frac{f'(\eta)}{e^\eta}.\qquad\qquad ②$$

将①代入②，并整理（注意 $f'(\eta)\ne0$），得
$$\frac{f'(\xi)(b-a)}{e^b-e^a}=\frac{f'(\eta)}{e^\eta}\Rightarrow\frac{f'(\xi)}{f'(\eta)}=\frac{e^b-e^a}{b-a}e^{-\eta}.$$

5. （1999 年）设函数 $f(x)$ 在区间 $[0,1]$ 上连续，在开区间 $(0,1)$ 内可导，且 $f(0)=f(1)=0$，$f\left(\dfrac{1}{2}\right)=1$. 试证：

(1) $\exists\eta\in\left(\dfrac{1}{2},1\right)$ 使得 $f(\eta)=\eta$；

(2) $\forall\lambda\in\mathbf{R}$，$\exists\xi\in(0,\eta)$ 使得 $f'(\xi)-\lambda[f(\xi)-\xi]=1$.

分析 (1) $f(\eta)=\eta\Leftrightarrow f(\eta)-\eta=0\Leftrightarrow[f(x)-x]|_{x=\eta}=0.$

对函数 $f(x)-x$ 在 $\left[\dfrac{1}{2},1\right]$ 上应用零点存在定理.

(2) $f'(\xi)-\lambda[f(\xi)-\xi]=1\Leftrightarrow[f'(\xi)-1]-\lambda[f(\xi)-\xi]=0$
$$\Leftrightarrow\{[f'(x)-1]-\lambda[f(x)-x]\}|_{x=\xi}=0$$
$$\Leftrightarrow\{[f(x)-x]'-\lambda[f(x)-x]\}|_{x=\xi}=0.$$

两边同乘以 $e^{-\lambda x}$，
$$\{e^{-\lambda x}[f(x)-x]'-e^{-\lambda x}\lambda[f(x)-x]\}|_{x=\xi}=0$$
$$\Leftrightarrow\{e^{-\lambda x}[f(x)-x]'+(e^{-\lambda x})'[f(x)-x]\}|_{x=\xi}=0$$
$$\Leftrightarrow\{e^{-\lambda x}[f(x)-x]\}'|_{x=\xi}=0.$$

可对函数 $e^{-\lambda x}[f(x)-x]$ 在 $[0,\eta]$ 上使用罗尔定理.

证明 (1) 令 $\varphi(x)=f(x)-x$，则 $\varphi(x)$ 在 $\left[\dfrac{1}{2},1\right]$ 上连续，且
$$\varphi\left(\frac{1}{2}\right)=f\left(\frac{1}{2}\right)-\frac{1}{2}=1-\frac{1}{2}=\frac{1}{2}>0,\quad\varphi(1)=f(1)-1=-1<0.$$

根据零点存在定理，$\exists\eta\in\left(\dfrac{1}{2},1\right)$ 使得 $\varphi(\eta)=f(\eta)-\eta=0$，即 $f(\eta)=\eta$.

(2) 令 $g(x)=e^{-\lambda x}[f(x)-x]$，则 $\forall\lambda\in\mathbf{R}$，$g(x)$ 在 $[0,\eta]$ 上连续，在 $(0,\eta)$ 内可导，且 $g(0)=0$，$g(\eta)=e^{-\lambda\eta}[f(\eta)-\eta]=0$（(1)的结论）.

根据罗尔定理，$\forall\lambda\in\mathbf{R}$，$\exists\xi\in(0,\eta)$ 使 $g'(\xi)=0$，由
$$g'(x)=e^{-\lambda x}[f'(x)-1]-e^{-\lambda x}\lambda[f(x)-x],$$

得 $e^{-\lambda\xi}[f'(\xi)-1]-e^{-\lambda\xi}\lambda[f(\xi)-\xi]=0$，即 $f'(\xi)-\lambda[f(\xi)-\xi]=1$.

6. 求下列函数的极限：

(1) $\lim\limits_{x\to0^+}x^{x^x-1}$.

解法一 因 $\lim\limits_{x\to0^+}x^x$（0^0 型）$=e^{\lim\limits_{x\to0^+}x\ln x}=e^{\lim\limits_{x\to0^+}\frac{\ln x}{\frac{1}{x}}}=e^{\lim\limits_{x\to0^+}\frac{\frac{1}{x}}{-\frac{1}{x^2}}}=e^{\lim\limits_{x\to0^+}(-x)}=e^0=1$,

所以原式属 0^0 型的未定式.

$$原式(0^0\text{ 型})=\mathrm{e}^{\lim\limits_{x\to 0^+}(x^x-1)\ln x(0\cdot\infty\text{型})}.$$

又

$$\lim_{x\to 0^+}(x^x-1)\ln x(0\cdot\infty\text{ 型})=\lim_{x\to 0^+}\frac{x^x-1}{\dfrac{1}{\ln x}}\left(\frac{0}{0}\text{ 型}\right)\xup13\xeq{\text{洛必达法则}}\lim_{x\to 0^+}\frac{x^x(\ln x+1)}{-\dfrac{1}{x\ln^2 x}}$$

$$=-\lim_{x\to 0^+}x^x\cdot\lim_{x\to 0^+}x\ln^2 x(\ln x+1)=-\lim_{x\to 0^+}\frac{\ln^3 x+\ln^2 x}{\dfrac{1}{x}}\left(\frac{\infty}{\infty}\text{ 型}\right)$$

$$\xeq{\text{洛必达法则}}\lim_{x\to 0^+}\frac{3\ln^2 x\cdot\dfrac{1}{x}+2\ln x\cdot\dfrac{1}{x}}{\dfrac{1}{x^2}}=\lim_{x\to 0^+}\frac{3\ln^2 x+2\ln x}{\dfrac{1}{x}}\left(\frac{\infty}{\infty}\text{ 型}\right)$$

$$\xeq{\text{洛必达法则}}\lim_{x\to 0^+}\frac{6\ln x\cdot\dfrac{1}{x}+\dfrac{2}{x}}{-\dfrac{1}{x^2}}=\lim_{x\to 0^+}\frac{6\ln x+2}{\dfrac{1}{x}}\left(\frac{\infty}{\infty}\text{ 型}\right)\xeq{\text{洛必达法则}}\lim_{x\to 0^+}\frac{\dfrac{6}{x}}{-\dfrac{1}{x^2}}$$

$$=\lim_{x\to 0^+}(-6x)=0.$$

所以原式 $=\mathrm{e}^0=1$.

解法二　因为 $\lim\limits_{x\to 0^+}x\ln x=0$,所以当 $x\to 0^+$ 时,$x^x-1=\mathrm{e}^{x\ln x}-1\sim x\ln x$.

$$原式(0^0\text{ 型})=\mathrm{e}^{\lim\limits_{x\to 0^+}(x^x-1)\ln x(0\cdot\infty\text{型})}=\mathrm{e}^{\lim\limits_{x\to 0^+}x\ln^2 x},$$

而

$$\lim_{x\to 0^+}x\ln^2 x(0\cdot\infty\text{ 型})=\lim_{x\to 0^+}\frac{\ln^2 x}{\dfrac{1}{x}}\left(\frac{\infty}{\infty}\text{ 型}\right)=\lim_{x\to 0^+}\frac{2\ln x\cdot\dfrac{1}{x}}{-\dfrac{1}{x^2}}=-2\lim_{x\to 0^+}x\ln x=0,$$

故原式 $=\mathrm{e}^0=1$.

(2) $\lim\limits_{x\to 0}\dfrac{(1+x)^{\frac{1}{x}}-\mathrm{e}}{x}$.

解法一　$原式\left(\dfrac{0}{0}\text{型}\right)\xeq{\text{洛必达法则}}\lim\limits_{x\to 0}(1+x)^{\frac{1}{x}}\cdot\dfrac{\dfrac{x}{1+x}-\ln(1+x)}{x^2}$

$$=\lim_{x\to 0}(1+x)^{\frac{1}{x}}\cdot\frac{1}{1+x}\cdot\frac{x-(x+1)\ln(1+x)}{x^2}$$

$$=\lim_{x\to 0}(1+x)^{\frac{1}{x}}\cdot\lim_{x\to 0}\frac{1}{1+x}\cdot\lim_{x\to 0}\frac{x-(x+1)\ln(1+x)}{x^2}$$

$$\xeq{\text{洛必达法则}}\mathrm{e}\lim_{x\to 0}\frac{-\ln(1+x)}{2x}\left(\frac{0}{0}\text{ 型}\right)\xeq{\text{洛必达法则}}\mathrm{e}\lim_{x\to 0}\frac{-\dfrac{1}{1+x}}{2}=-\frac{1}{2}\mathrm{e}.$$

解法二　$(1+x)^{\frac{1}{x}}-\mathrm{e}=\mathrm{e}\left[\dfrac{(1+x)^{\frac{1}{x}}}{\mathrm{e}}-1\right]=\mathrm{e}\left[\mathrm{e}^{\ln\frac{(1+x)^{\frac{1}{x}}}{\mathrm{e}}}-1\right]\sim\mathrm{e}\cdot\ln\dfrac{(1+x)^{\frac{1}{x}}}{\mathrm{e}}$

$$=\mathrm{e}\left[\frac{\ln(1+x)}{x}-1\right]\quad(x\to 0),$$

所以

$$\text{原式}\left(\frac{0}{0}\text{ 型}\right)=\lim_{x\to 0}\frac{\mathrm{e}\left[\dfrac{\ln(1+x)}{x}-1\right]}{x}=\mathrm{e}\lim_{x\to 0}\frac{\ln(1+x)-x}{x^2}\left(\frac{0}{0}\text{ 型}\right)$$

$$\xrightarrow{\text{洛必达法则}}\mathrm{e}\lim_{x\to 0}\frac{\dfrac{1}{1+x}-1}{2x}=\mathrm{e}\lim_{x\to 0}\frac{-1}{2(x+1)}=-\frac{1}{2}\mathrm{e}.$$

(3) $\displaystyle\lim_{x\to+\infty}x^{\frac{3}{2}}(\sqrt{x+1}+\sqrt{x-1}-2\sqrt{x})$.

解法一 $\sqrt{x+1}+\sqrt{x-1}-2\sqrt{x}$

$$=(\sqrt{x+1}-\sqrt{x})+(\sqrt{x-1}-\sqrt{x})=\frac{1}{\sqrt{x+1}+\sqrt{x}}-\frac{1}{\sqrt{x-1}+\sqrt{x}}$$

$$=\frac{-(\sqrt{x+1}-\sqrt{x-1})}{(\sqrt{x+1}+\sqrt{x})(\sqrt{x-1}+\sqrt{x})}$$

$$=\frac{-2}{(\sqrt{x+1}+\sqrt{x})(\sqrt{x-1}+\sqrt{x})(\sqrt{x+1}+\sqrt{x-1})}.$$

$$\text{原式}=\lim_{x\to+\infty}\frac{-2x^{\frac{3}{2}}}{(\sqrt{x+1}+\sqrt{x})(\sqrt{x-1}+\sqrt{x})(\sqrt{x+1}+\sqrt{x-1})}$$

$$\xrightarrow{\text{分子分母同除以 }x^{\frac{3}{2}}}\lim_{x\to+\infty}\frac{-2}{\left(\sqrt{1+\dfrac{1}{x}}+\sqrt{x}\right)\left(\sqrt{1-\dfrac{1}{x}}+1\right)\left(\sqrt{1+\dfrac{1}{x}}+\sqrt{1-\dfrac{1}{x}}\right)}$$

$$=\frac{-2}{8}=-\frac{1}{4}.$$

解法二

$$\text{原式}=\lim_{x\to+\infty}x^2\left(\sqrt{1+\frac{1}{x}}+\sqrt{1-\frac{1}{x}}-2\right)(0\cdot\infty\text{ 型})$$

$$=\lim_{x\to+\infty}\frac{\sqrt{1+\dfrac{1}{x}}+\sqrt{1-\dfrac{1}{x}}-2}{\dfrac{1}{x^2}}\left(\frac{0}{0}\text{ 型}\right)$$

$$\xrightarrow{\text{令}\frac{1}{x}=t}\lim_{t\to 0^+}\frac{\sqrt{1+t}+\sqrt{1-t}-2}{t^2}\xrightarrow{\text{洛必达法则}}\lim_{t\to 0^+}\frac{\dfrac{1}{2\sqrt{1+t}}-\dfrac{1}{2\sqrt{1-t}}}{2t}$$

$$=\frac{1}{4}\lim_{t\to 0^+}\frac{1}{\sqrt{1-t^2}}\cdot\frac{\sqrt{1-t}-\sqrt{1+t}}{t}=\frac{1}{4}\lim_{t\to 0^+}\frac{-2}{\sqrt{1-t}+\sqrt{1+t}}=-\frac{1}{4}.$$

(4) $\displaystyle\lim_{x\to+\infty}\left[\left(x^3-x^2+\frac{x}{2}\right)\mathrm{e}^{\frac{1}{x}}-\sqrt{x^6+1}\right]$.

分析 本题属 $\infty-\infty$ 型,若用有理化的方式化为分式,则用洛必达法时求导相当复杂. 若用变量代换 $\left(x=\dfrac{1}{t}\right)$ 的技巧比较简便.

解 $\text{原式}\xrightarrow{\text{令}x=\frac{1}{t}}\displaystyle\lim_{t\to 0^+}\left[\left(\frac{1}{t^3}-\frac{1}{t^2}+\frac{1}{2t}\right)\mathrm{e}^t-\sqrt{\frac{1}{t^6}+1}\right]$

$$= \lim_{t \to 0^+} \frac{\left(1-t+\frac{1}{2}t^2\right)e^t - \sqrt{1+t^6}}{t^3} \quad \left(\frac{0}{0}\text{型}\right)$$

$$\xlongequal{\text{洛必达法则}} \lim_{t \to 0^+} \frac{\frac{1}{2}t^2 e^t - \frac{3t^5}{\sqrt{1+t^6}}}{3t^2} = \lim_{t \to 0^+} \frac{\frac{1}{2}e^t - \frac{3t^3}{\sqrt{1+t^6}}}{3} = \frac{1}{6}.$$

(5)（2006 年）$\displaystyle\lim_{x \to 0^+}\left[\lim_{y \to +\infty}\left(\frac{y}{1+xy} - \frac{1-y\sin\frac{\pi x}{y}}{\arctan x}\right)\right] \quad (x>0,y>0).$

解 由于 $x \to 0^+$ 含有 $x>0$ 且 $x \neq 0$ 的意思,所以中括号里边取极限时 x 是正常数,又 $\displaystyle\lim_{y \to +\infty} y\sin\frac{\pi x}{y} = \lim_{y \to +\infty} y \cdot \frac{\pi x}{y} = \pi x$,故

$$\text{原式} = \lim_{x \to 0^+}\left(\frac{1}{x} - \frac{1-\pi x}{\arctan x}\right)(\infty - \infty \text{型}) = \lim_{x \to 0^+} \frac{\arctan x - x + \pi x^2}{x\arctan x} \quad \left(\frac{0}{0}\text{型}\right)$$

$$\xlongequal{\text{等价无穷小代换}} \lim_{x \to 0^+} \frac{\arctan x - x + \pi x^2}{x^2} = \lim_{x \to 0^+} \frac{\arctan x - x}{x^2} + \pi$$

$$= \lim_{x \to 0^+} \frac{\frac{1}{1+x^2}-1}{2x} + \pi = \lim_{x \to 0^+} \frac{-x}{2(1+x^2)} + \pi = \pi.$$

7. 设在区间 $[0,1]$ 上 $f''(x)>0$,则 $f'(0),f(1)-f(0),f'(1)$ 三个数的大小顺序是_____.

解 由 $f''(x)>0$,知 $f'(x)$ 在 $[0,1]$ 上严格单调增加,由拉格朗日中值定理得
$$f(1) - f(0) = f'(\xi) \quad (0<\xi<1).$$
所以 $f'(0)<f'(\xi)=f(1)-f(0)<f'(1)$. 故应填 $f'(0)<f(1)-f(0)<f'(1)$.

11.（2000 年）求函数 $y=(x-1)e^{\frac{\pi}{2}+\arctan x}$ 的单调区间和极值,并求该函数图形的渐近线.

解 $y' = e^{\frac{\pi}{2}+\arctan x} + (x-1)e^{\frac{\pi}{2}+\arctan x} \cdot \frac{1}{1+x^2} = e^{\frac{\pi}{2}+\arctan x}\left(1+\frac{x-1}{1+x^2}\right)$

$$= e^{\frac{\pi}{2}+\arctan x}\frac{x(x+1)}{1+x^2},$$

令 $y'=0$ 得驻点 $x=0,x=-1$. 列表讨论如下:

x	$(-\infty,-1)$	-1	$(-1,0)$	0	$(0,+\infty)$
y'	$+$	0	$-$	0	$+$
y	↑	极大值	↓	极小值	↑

由表可见:

单调递增区间:$(-\infty,-1]$ 和 $[0,+\infty)$;单调减少区间:$[-1,0]$;极小值:
$f(0)=-e^{\frac{\pi}{2}}$;极大值:$f(-1)=-2e^{\frac{\pi}{4}}$.

由于 $\displaystyle\lim_{x \to \mp\infty}(x-1)e^{\frac{\pi}{2}+\arctan x} = \infty$,所以无水平渐近线.

因为 $y=(x-1)e^{\frac{\pi}{2}+\arctan x}$ 在 $(-\infty,+\infty)$ 内连续,所以无垂直渐近线.

$$k_1 = \lim_{x \to +\infty} \frac{y}{x} = \lim_{x \to +\infty} \frac{x-1}{x} e^{\frac{\pi}{2} + \arctan x} = e^{\pi},$$

$$b_1 = \lim_{x \to +\infty}(y - k_1 x) = \lim_{x \to +\infty} \left[(x-1)e^{\frac{\pi}{2} + \arctan x} - e^{\pi} x\right] (\infty - \infty \ \text{型})$$

$$= \lim_{x \to +\infty}(x e^{\frac{\pi}{2} + \arctan x} - e^{\pi} x) - \lim_{x \to +\infty} e^{\frac{\pi}{2} + \arctan x} = \lim_{x \to +\infty} e^{\pi} x (e^{-\frac{\pi}{2} + \arctan x} - 1) - e^{\pi}$$

$$\xrightarrow{\text{等价无穷小代换}} e^{\pi} \lim_{x \to +\infty} x \left(-\frac{\pi}{2} + \arctan x\right) - e^{\pi}$$

$$= e^{\pi} \lim_{x \to +\infty} \frac{\frac{\pi}{2} - \arctan x}{-\frac{1}{x}} - e^{\pi} = e^{\pi} \lim_{x \to +\infty} \frac{-\frac{1}{1+x^2}}{\frac{1}{x^2}} - e^{\pi} = -2e^{\pi},$$

所以 $y = e^{\pi} x - 2e^{\pi}$ 是一条斜渐近线.

$$k_2 = \lim_{x \to -\infty} \frac{y}{x} = \lim_{x \to -\infty} \frac{x-1}{x} e^{\frac{\pi}{2} + \arctan x} = 1,$$

$$b_1 = \lim_{x \to -\infty}(y - k_2 x) = \lim_{x \to -\infty} \left[(x-1)e^{\frac{\pi}{2} + \arctan x} - x\right]$$

$$= \lim_{x \to -\infty}(x e^{\frac{\pi}{2} + \arctan x} - x) - \lim_{x \to -\infty} e^{\frac{\pi}{2} + \arctan x} = \lim_{x \to -\infty} x (e^{\frac{\pi}{2} + \arctan x} - 1) - 1$$

$$\xrightarrow{\text{等价无穷小代换}} \lim_{x \to -\infty} x \left(\frac{\pi}{2} + \arctan x\right) - 1$$

$$= \lim_{x \to -\infty} \frac{\frac{\pi}{2} + \arctan x}{\frac{1}{x}} - 1 = \lim_{x \to -\infty} \frac{\frac{1}{1+x^2}}{-\frac{1}{x^2}} - 1 = \lim_{x \to -\infty} \frac{-x^2}{1+x^2} - 1$$

$$= -1 - 1 = -2,$$

所以 $y = x - 2$ 也是一条斜渐近线.

故渐近线共有两条

$$y = e^{\pi} x - 2e^{\pi}, \quad y = x - 2.$$

12. (2001 年) 设函数 $f(x)$ 的导数在 $x=a$ 处连续, 且 $\lim\limits_{x \to a} \dfrac{f'(x)}{x-a} = -1$, 则(   ).

(A) $x=a$ 是 $f(x)$ 的极小值点;

(B) $x=a$ 是 $f(x)$ 的极大值点;

(C) $(a, f(a))$ 是曲线 $y=f(x)$ 的拐点;

(D) $x=a$ 不是 $f(x)$ 的极值点, $(a, f(a))$ 也不是曲线 $y=f(x)$ 的拐点.

解　由 $\lim\limits_{x \to a} \dfrac{f'(x)}{x-a} = -1$ 及 $\lim\limits_{x \to a}(x-a) = 0$ 推得 $\lim\limits_{x \to a} f'(x) = 0$, 由于 $f'(x)$ 在 $x=a$ 处连续, 所以 $\lim\limits_{x \to a} f'(x) = f'(a)$, 所以

$$f'(a) = 0;$$

$$\lim_{x \to a} \frac{f'(x)}{x-a} = \lim_{x \to a} \frac{f'(x) - f'(a)}{x-a} = -1.$$

根据导数定义, $f(x)$ 在 $x=a$ 二阶可导, 且 $f''(a) = -1 < 0$. 根据极值存在的二阶充分条件, $f(x)$ 在 $x=a$ 取得极大值. 故选(B).

13. (2004 年) 设 $f(x)=|x(1-x)|$，则（　　）.

(A) $x=0$ 是 $f(x)$ 的极值点，但点 $(0,0)$ 不是拐点；

(B) $x=0$ 不是 $f(x)$ 的极值点，但点 $(0,0)$ 是拐点；

(C) $x=0$ 是 $f(x)$ 的极值点，且点 $(0,0)$ 是拐点；

(D) $x=0$ 不是 $f(x)$ 的极值点，点 $(0,0)$ 也不是拐点.

解 $f(x)=|x(1-x)|=\begin{cases} x^2-x, & x<0, \\ x-x^2, & 0\leqslant x\leqslant 1, \\ x^2-x, & x>1. \end{cases}$

当 $x<0$ 时，$f'(x)=2x-1$；当 $0<x<1$ 时，$f'(x)=1-2x$.

在点 $x=0$ 处，

$$f'_-(0)=\lim_{x\to 0^-}\frac{f(x)-f(0)}{x-0}=\lim_{x\to 0^-}\frac{x^2-x}{x}=\lim_{x\to 0^-}(x-1)=-1,$$

$$f'_+(0)=\lim_{x\to 0^+}\frac{f(x)-f(0)}{x-0}=\lim_{x\to 0^+}\frac{x-x^2}{x}=\lim_{x\to 0^+}(1-x)=1,$$

因 $f'_-(0)\ne f'_+(0)$，所以 $x=0$ 是不可导点. 所以

$$f'(x)=\begin{cases} 2x-1, & x<0, \\ 1-2x, & 0<x<1. \end{cases}$$

当 $x<0$ 时，$f'(x)<0$，当 $0<x<\frac{1}{2}$ 时，$f'(x)>0$，故 $x=0$ 是极小值.

$$f''(x)=\begin{cases} 2, & x<0, \\ -2, & 0<x<1. \end{cases}$$

$x=0$ 是二阶不可导点.

当 $x<0$ 时，$f''(x)>0$，当 $0<x<1$ 时，$f''(x)<0$，故 $(0,0)$ 是拐点. 故选（C）
（注：本题从几何图形上可直接看出结论（C）正确）.

14. (2005 年) 设 $f(x)=x\sin x+\cos x$，则下列正确的是（　　）.

(A) $f(0)$ 是极大值，$f\left(\frac{\pi}{2}\right)$ 是极小值；

(B) $f(0)$ 是极小值，$f\left(\frac{\pi}{2}\right)$ 是极大值；

(C) $f(0)$ 是极大值，$f\left(\frac{\pi}{2}\right)$ 也是极大值；

(D) $f(0)$ 是极小值，$f\left(\frac{\pi}{2}\right)$ 也是极小值.

解 $f'(x)=\sin x+x\cos x-\sin x=x\cos x$，$f''(x)=\cos x-x\sin x$.

令 $f'(x)=0$ 得驻点：$x=0$，$x=\frac{\pi}{2}$. $f''(0)=1>0$，$f''\left(\frac{\pi}{2}\right)=-\frac{\pi}{2}<0$.

根据极值存在的二阶充分条件知，$f(0)$ 是极小值，$f\left(\frac{\pi}{2}\right)$ 是极大值. 故应选（B）.

15. (2006 年) 设函数 $y=f(x)$ 具有二阶导数，且 $f'(x)>0$，$f''(x)>0$，Δx 为自变量 x 在点 x_0 处的增量，Δy 与 dy 分别为 $f(x)$ 在点 x_0 处的增量与微分，若 $\Delta x>0$，则（　　）.

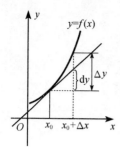

习题 15 图

(A) $0<\mathrm{d}y<\Delta y$;　　　　(B) $0<\Delta y<\mathrm{d}y$;

(C) $\Delta y<\mathrm{d}y<0$;　　　　(D) $\mathrm{d}y<\Delta y<0$.

解 由 $f'(x)>0$，$f''(x)>0$ 知 $y=f(x)$ 单调增加且上凹，曲线 $y=f(x)$ 位于过点 $(x_0,f(x_0))$ 的切线之上. 当 $\Delta x>0$ 时，曲线 $y=f(x)$ 的纵坐标增量 Δy 大于切线纵坐标的增量 $\mathrm{d}y$，且 Δy 与 $\mathrm{d}y$ 均为正值. 如附图所示.

$0<\mathrm{d}y=f'(x_0)<\Delta y=f(x_0+\Delta x)-f(x_0)$. 故应选(A).

另一思路

$$\mathrm{d}y=f'(x_0)\Delta x>0,$$

$$\Delta y=f(x_0+\Delta x)-f(x_0)\xrightarrow{\text{拉格朗日中值定理}}f'(\xi)\Delta x\quad(x_0<\xi<x_0+\Delta x),$$

由 $f''(x)>0$ 知 $f'(x)$ 严格增加及 $x_0<\xi<x_0+\Delta x$，知

$$f'(x_0)<f'(\xi),\quad f'(x_0)\Delta x<f'(\xi)\Delta x,$$

即 $0<\mathrm{d}y<\Delta y$. 故应选(A).

16.（2007 年）曲线 $y=\dfrac{1}{x}+\ln(1+e^x)$ 的渐近线条数为（　　）.

(A) 0;　　(B) 1;　　(C) 2;　　(D) 3.

解 因为 $\lim\limits_{x\to+\infty}\left[\dfrac{1}{x}+\ln(1+e^x)\right]=+\infty$，$\lim\limits_{x\to-\infty}\left[\dfrac{1}{x}+\ln(1+e^x)\right]=0$，

所以水平渐近线有一条 $y=0$.

因为 $\lim\limits_{x\to 0}\left[\dfrac{1}{x}+\ln(1+e^x)\right]=\infty$，所以垂直渐近线有一条 $x=0$.

因为

$$k=\lim_{x\to+\infty}\frac{y}{x}=\lim_{x\to+\infty}\left(\frac{1}{x^2}+\frac{\ln(1+e^x)}{x}\right)=\lim_{x\to+\infty}\frac{1}{x^2}+\lim_{x\to+\infty}\frac{\ln(1+e^x)}{x}$$

$$=\lim_{x\to+\infty}\frac{\dfrac{1}{1+e^x}\cdot e^x}{1}=\lim_{x\to+\infty}\frac{e^x}{1+e^x}\left(\frac{\infty}{\infty}\text{ 型}\right)=\lim_{x\to+\infty}\frac{1}{1+\dfrac{1}{e^x}}=1,$$

$$b=\lim_{x\to+\infty}(y-kx)=\lim_{x\to+\infty}\left[\frac{1}{x}+\ln(1+e^x)-x\right]$$

$$=\lim_{x\to+\infty}\frac{1}{x}+\lim_{x\to+\infty}\left[\ln(1+e^x)-x\right](\infty-\infty\text{ 型})$$

$$=\lim_{x\to+\infty}\left[\ln e^x(e^{-x}+1)-x\right]=\lim_{x\to+\infty}\left[x+\ln(e^{-x}+1)-x\right]$$

$$=\lim_{x\to+\infty}\ln(e^{-x}+1)=\ln 1=0.$$

所以斜渐近线为 $y=x$(注：由于 $x\to-\infty$ 时有水平渐近线，则 $x\to-\infty$ 时无斜渐近线). 故共有三条渐近线，应选(D).

17.（2007 年）设函数 $y=f(x)$ 由方程 $y\ln y-x+y=0$ 确定，试判断曲线 $y=f(x)$ 在点 $(1,1)$ 附近的凹向.

分析 由原方程可解出

$$x = y\ln y + y, \qquad \frac{\mathrm{d}x}{\mathrm{d}y} = \ln y + 2, \qquad \frac{\mathrm{d}^2 x}{\mathrm{d}y^2} = \frac{1}{y}.$$

当 $y > \mathrm{e}^{-2}$ 时,$\dfrac{\mathrm{d}x}{\mathrm{d}y} > 0$,此函数严格单调增加且具有二阶连续的导数,故在点 $y = 1$ 的邻近(半径充分小的邻域内).其反函数 $y = f(x)$ 在 $x = 1$ 邻近也具有二阶连续的导数(因为 $y = f(x)$ 与 $x = f^{-1}(y) = y\ln y + y$ 是同一条曲线).根据连续函数的局部性质,若 $f''(1) > 0$(或 <0),则在点 $x = 1$ 的邻近,$f''(x) > 0$(或 <0).因此要判断 $y = f(x)$ 在点 $(1,1)$ 附近的凹向,只需求出 $y''(1)$.

解 方程两边对 x 求导,得

$$y'\ln y + y' - 1 + y' = 0 \Rightarrow y' = \frac{1}{\ln y + 2},$$

$$y'' = -\frac{1}{(\ln y + 2)^2} \cdot \frac{1}{y} \cdot y' = -\frac{1}{y(\ln y + 2)^2} \cdot \frac{1}{\ln y + 2} = -\frac{1}{y(\ln y + 2)^3}.$$

$y''(1) = -\dfrac{1}{8} < 0$,由 y'' 的连续性知,存在 $x = 1$ 的一个邻域,使在此邻域中恒有 $y''(x) < 0$,即曲线 $y = f(x)$ 在点 $(1,1)$ 附近是下凹的.

20.（2003 年）讨论曲线 $y = 4\ln x + k$ 与 $y = 4x + \ln^4 x$ 的交点的个数.

分析 两曲线交点的个数就是方程 $4\ln x + k = 4x + \ln^4 x$ 的实根的个数,亦即函数 $f(x) = 4x + \ln^4 x - 4\ln x - k$ 的零点的个数,其判别方法是求出 $f(x)$ 的单调区间,根据零点存在定理考察每个单调区间内是否有零点,从而得到零点的个数.

解 令 $f(x) = 4x + \ln^4 x - 4\ln x - k, x \in (0, +\infty)$,则

$$f'(x) = 4 + \frac{4}{x}\ln^3 x - \frac{4}{x} = \frac{4}{x}(x + \ln^3 x - 1),$$

令 $f'(x) = 0$ 得 $x + \ln^3 x = 1$,观察得驻点 $x = 1$,由 $x + \ln^3 x$ 在 $(0, +\infty)$ 内严格单调增加性可知驻点唯一,用 $x = 1$ 把定义域 $(0, +\infty)$ 分为两个区间：$(0,1)$ 和 $(1, +\infty)$,在 $(0,1)$ 内 $f'(x) < 0$,在 $(1, +\infty)$ 内 $f'(x) > 0$,单调增加区间为 $[1, +\infty)$,单调减少区间为 $(0,1]$.

$$f(0+0) = \lim_{x \to 0^+} f(x) = \lim_{x \to 0^+} [4x + \ln^4 x - 4\ln x - k] = +\infty,$$

$$f(1) = 4 - k, \quad f(+\infty) = \lim_{x \to +\infty} f(x) = \lim_{x \to +\infty} [4x + \ln^4 x - 4\ln x - k] = +\infty,$$

根据零点存在定理可得：

若 $4 - k > 0$,即 $k < 4$,则 $f(x)$ 无零点;

若 $4 - k = 0$,即 $k = 4$,则 $f(x)$ 只有一个零点 $x = 1$;

若 $4 - k < 0$,即 $k > 4$,则 $f(x)$ 有两个零点.

21.（2010 年）设函数 $f(x), g(x)$ 具有二阶导数,且 $g''(x) < 0$,若 $g(x_0) = a$ 是 $g(x)$ 的极值,则 $f[g(x)]$ 在 x_0 取得极大值的一个充分条件是（　　）.

(A) $f'(a) < 0$; (B) $f'(a) > 0$; (C) $f''(a) < 0$; (D) $f''(a) > 0$.

分析 根据极值存在的二阶充分条件,若 $\dfrac{\mathrm{d}}{\mathrm{d}x} f[g(x)] \Big|_{x = x_0} = 0$ 且 $\dfrac{\mathrm{d}^2}{\mathrm{d}x^2} f[g(x)] \Big|_{x = x_0} < 0$ 时,函数 $f[g(x)]$ 在 x_0 取得极大值.

解 因 $g(x_0)=a$ 是 $g(x)$ 的极值,所以 $g'(x_0)=0$.

$$\frac{\mathrm{d}}{\mathrm{d}x}f[g(x)]\Big|_{x=x_0}=f'[g(x)]g'(x)\mid_{x=x_0}=f'[g(x_0)]g'(x_0)$$
$$=f'(a)\cdot g'(x_0)=0,$$

$$\frac{\mathrm{d}^2}{\mathrm{d}x^2}f[g(x)]\Big|_{x=x_0}=\{f''[g(x)][g'(x)]^2+f'[g(x)][g''(x)]\}\mid_{x=x_0}$$
$$=f''(a)\cdot[g'(x_0)]^2+f'(a)\cdot g''(x_0)=f'(a)\cdot g''(x_0).$$

由条件知 $g''(x_0)<0$,因此当 $f'(a)>0$ 时,

$$\frac{\mathrm{d}^2}{\mathrm{d}x^2}f[g(x)]\Big|_{x=x_0}=f'(a)\cdot g''(x_0)<0,$$

根据极值存在的二阶充分条件,$f[g(x)]$ 在 x_0 取得极大值. 故选(B).

24. (2010 年) 设函数 $f(x)$ 在区间 $[0,3]$ 上连续,在区间 $(0,3)$ 内存在二阶导数,且 $2f(0)=2f(1)=f(2)+f(3)$,证明存在 $\xi\in(0,3)$,使 $f''(\xi)=0$.

分析 $2f(0)=2f(1)=f(2)+f(3)\Leftrightarrow f(0)=f(1)=\dfrac{f(2)+f(3)}{2}$. 由介值定理可推得连续函数在两点的函数值的平均值等于这两点所在区间上某一点 η 的函数值,这样,$f(x)$ 在三个点 $x=1,x=2,x=\eta$ 的函数值相等,根据罗尔定理可证得结论.

证明 由 $2f(0)=2f(1)=f(2)+f(3)$,得 $f(0)=f(1)=\dfrac{1}{2}[f(2)+f(3)]$.

因为 $f(x)$ 在 $[2,3]$ 上连续,则 $f(x)$ 在 $[2,3]$ 上必存在最大值 M 和最小值 m,则

$$m\leqslant f(2)\leqslant M,\quad m\leqslant f(3)\leqslant M,$$

两式相加,

$$2m\leqslant f(2)+f(3)\leqslant 2M,\quad m\leqslant\frac{f(2)+f(3)}{2}\leqslant M,$$

根据介值定理知,$\exists\eta\in[2,3]$,使 $f(\eta)=\dfrac{1}{2}[f(2)+f(3)]$. 所以 $f(0)=f(1)=f(\eta)$,在 $[0,1]$ 和 $[1,\eta]$ 上分别应用罗尔定理得:$\exists\xi_1\in(0,1)$,使 $f'(\xi_1)=0$. $\exists\xi_2\in(1,\eta)$,使 $f'(\xi_2)=0$. 再在区间 $[\xi_1,\xi_2]$ 上对函数 $f'(x)$ 使用罗尔定理可得:$\exists\xi\in(\xi_1,\xi_2)\subset(0,3)$,使 $f''(\xi)=0$.

25. (2010 年) $\lim\limits_{x\to+\infty}(x^{\frac{1}{x}}-1)^{\frac{1}{\ln x}}$.

解 由于 $\lim\limits_{x\to+\infty}x^{\frac{1}{x}}(\infty^0$ 型$)=\mathrm{e}^{\lim\limits_{x\to+\infty}\frac{\ln x}{x}}=\mathrm{e}^0=1$,所以原式为 0^0 型的未定式.

$$原式(0^0\ 型)=\mathrm{e}^{\lim\limits_{x\to+\infty}\frac{\ln\left(x^{\frac{1}{x}}-1\right)}{\ln x}}(\frac{\infty}{\infty}型).$$

$$\lim_{x\to+\infty}\frac{\ln(x^{\frac{1}{x}}-1)}{\ln x}\left(\frac{\infty}{\infty}\ 型\right)\xlongequal{洛必达法则}\lim_{x\to+\infty}\frac{\dfrac{1}{x^{\frac{1}{x}}-1}\cdot x^{\frac{1}{x}}\cdot\dfrac{1-\ln x}{x^2}}{\dfrac{1}{x}}$$

$$=\lim_{x\to+\infty}x^{\frac{1}{x}}\cdot\lim_{x\to+\infty}\frac{1-\ln x}{(x^{\frac{1}{x}}-1)x}=\lim_{x\to+\infty}\frac{1-\ln x}{(\mathrm{e}^{\frac{\ln x}{x}}-1)x}$$

$$\xrightarrow{\text{等价无穷小代换}} \lim_{x \to +\infty} \frac{1 - \ln x}{\frac{\ln x}{x} \cdot x} = \lim_{x \to +\infty} \frac{1 - \ln x}{\ln x} = \lim_{x \to +\infty} \left(\frac{1}{\ln x} - 1 \right) = -1,$$

所以原式 $= e^{-1}$.

五、自 测 题

1. 填空题.

(1) 设 $f(x) = (x-1)(x-2)(x-3)(x-4)$,则方程 $f'(x) = 0$ 有 _____ 个实根.

(2) 函数 $f(x) = x^4$ 在区间 $[1,2]$ 上满足拉格朗日中值定理的 $\xi =$ _____.

(3) 设函数 $f(x)$ 有连续导数,且 $f(0) = 0, f'(0) = b$. 若函数 $F(x) = \begin{cases} \dfrac{f(x) + a\sin x}{x}, & x \neq 0, \\ A, & x = 0 \end{cases}$ 在 $x = 0$ 处连续,则 $A =$ _____.

(4) 当 $x = \pm 1$ 时,函数 $y = x^3 + 2px + q$ 取得极值,则 $p =$ _____.

(5) 函数 $y = \dfrac{x-1}{x+1}$ 在 $[0,4]$ 上的最小值为 _____.

(6) 曲线 $y = \dfrac{1}{1 - e^x}$ 的渐近线为 _____.

(7) 已知 $y = 1$ 是曲线 $y = f(x)$ 的水平渐近线,且 $\lim\limits_{x \to +\infty} f(x) = \infty$,则 $\lim\limits_{x \to -\infty} f(x) =$ _____.

(8) 曲线 $y = x\arctan x$ 的斜渐近线为 _____.

(9) 设函数 $f(x)$ 具有二阶连续的导数,且 $(a, f(a))$ 为曲线 $y = f(x)$ 的拐点,则 $\lim\limits_{h \to 0} \dfrac{f(a+h) - 2f(a) + f(a-h)}{h^2} =$ _____.

(10) 已知 $f(x) = x^3 + ax^2 + bx + c$ 在 $x = 0$ 有极大值 1,且有一拐点 $(1, -1)$,则 $f(x) =$ _____.

2. 单项选择题.

(1) 下列函数中,在给定区间上满足罗尔定理条件的是( ).

(A) $f(x) = \dfrac{1}{1 + x^2}, [-1, 2]$;   (B) $f(x) = \dfrac{1}{\sqrt{4 - x^2}}, [0, 2]$;

(C) $f(x) = |x|, [-1, 2]$;   (D) $f(x) = \ln\sin x, \left[\dfrac{\pi}{6}, \dfrac{5\pi}{6} \right]$.

(2) 设 $f(x)$ 在 $[a,b]$ 上连续,在 (a,b) 内可导,$f(a) < f(b)$,则在 (a,b) 内至少有一点 ξ,使得( ).

(A) $f'(\xi) < 0$;   (B) $f'(\xi) > 0$;

(C) $f'(\xi) = 0$;   (D) $f'(\xi)$ 不存在.

(3) 若函数 $f(x)$ 在 $[1,3]$ 上连续,在 $(1,3)$ 内可导,且 $f(1) = f(3) + 1$,则在 $(1,3)$ 内曲线 $y = f(x)$ 至少有一条切线平行于直线( ).

(A) $y=2x$;　　(B) $y=-2x$;　　(C) $y=\dfrac{1}{2}x$;　　(D) $y=-\dfrac{1}{2}x$.

(4) 设 $f(x)$ 有连续导数，$f(x)>0$，且 $f(0)=f'(0)=1$，则 $\lim\limits_{x\to 0}[f(x)]^{\frac{1}{x}}=($　　).

(A) 1;　　　　(B) -1;　　　　(C) e;　　　　(D) e^{-1}.

(5) 若 $f(x)$ 二阶可微，且 $(x_0,f(x_0))$ 是它的一个拐点，则必有(　　)成立.

(A) 在 $x=x_0$ 处，导函数 $f'(x)$ 取得极值;

(B) 在 $x=x_0$ 处，曲线 $y=f(x)$ 的切线不存在;

(C) 在 $x=x_0$ 处，函数 $f(x)$ 达到极值;

(D) 上述三个结论都不一定成立.

(6) 设偶函数 $f(x)$ 具有连续的二阶导数，且 $f''(0)\neq 0$，则 $x=0($　　).

(A) 不是 $f(x)$ 的驻点;　　　　(B) 是 $f(x)$ 的极值点;

(C)不是 $f(x)$ 的极值点;　　　　(D) 是否为 $f(x)$ 的极值点还不能确定.

(7) 曲线 $y=\dfrac{(e^{2x}-1)(x+1)}{x(x^2-1)}$ 有(　　)条铅垂渐近线.

(A) 0;　　　(B) 1;　　　(C) 2;　　　(D) 3.

(8) 曲线 $y=\dfrac{x}{\sqrt{x^2-1}}$ 的渐近线共有(　　)条.

(A) 1;　　　(B) 2;　　　(C) 3;　　　(D) 4.

(9) 若点 $(0,1)$ 是曲线 $y=ax^3+bx^2+c$ 拐点，则必有(　　).

(A) $a\neq 0,b=0,c=1$;　　　　(B) a 为任意实数，$b=0,c=1$;

(C) $a=1,b=1c=0$;　　　　(D) $a=-1,b=2,c=1$.

(10) 若在点 x_0 的某邻域内 $f'''(x)<0$，且 $f''(x_0)=0$，则曲线 $y=f(x)$ 在点 $(x_0,f(x_0))$ 的左、右邻近为(　　).

(A) 左凸，右凹;　　　　　　(B) 左凹，右凸;

(C) 左、右皆凸;　　　　　　(D) 左、右皆凹.

(注：上凹＝下凸＝凹，下凹＝上凸＝凸).

3. 计算题.

(1) 利用适当的变量代换，求 $\lim\limits_{x\to+\infty}\left[x-x^2\ln\left(1+\dfrac{1}{x}\right)\right]$;

(2) $\lim\limits_{x\to 0}\left(\dfrac{1}{x^2}-\cot^2 x\right)$;

(3) $\lim\limits_{x\to 0}\dfrac{1-x^2-e^{-x^2}}{\sin^4 x}$;

(4) $\lim\limits_{x\to+\infty}\left[\tan\left(\dfrac{\pi}{4}+\dfrac{1}{x}\right)\right]^x$;

(5) $\lim\limits_{x\to 0}\left(\dfrac{1+3^x+9^x}{3}\right)^{\frac{1}{x}}$;

(6) 已知 $f(x)=\begin{cases}x^2\sin\dfrac{1}{x}, & x\neq 0,\\ 0, & x=0,\end{cases}$ 求曲线 $y=f(x)$ 的渐近线方程.

4. 应用题.

(1) 某厂每年均匀消耗某种原料 3000 吨,计划分批购进. 若每次购进的手续费为 30 元,且每吨库存费为 2 元/年,则每次订货数量为多少吨时可使全年的手续费与库存费之和为最少? 如果从订货单发出到原料达到时间为 3 天,则库存还剩多少时就要订下一批的原料(每年按 365 天计).

(2) 当某产品以每件 500 元的价格出售 x 件时,所获利润为

$$L(x) = 300x - \frac{x^2}{40} - 25000(元).$$

求平均成本最小时的产量及利润.

(3) 某产品的次品数 y 依赖于日产量 x,且

$$y = y(x) = \begin{cases} \dfrac{x}{101-x}, & x < 100, \\ x, & x \geqslant 100, \end{cases}$$

每售出一件产品可盈利 A 元,但售出一件次品将损失 $\dfrac{A}{3}$ 元,求获得最大利润时的日产量 $\left(\sqrt{\dfrac{404}{3}} \approx 12\right)$.

(4) 在抛物线 $y = 1 - x^2(x>0)$ 上求一点 p,使过该点的切线与两坐标轴所围图形的面积最小.

(5) 已知过曲线 $y = x^3 - 3x^2 + ax + b$ 上拐点处的切线平行于直线 $y = 2x + 3$,且切线经过坐标原点,求 a,b 的值.

(6) 若函数 $f(x)$ 在其定义域 $(-\infty,2) \bigcup (2,+\infty)$ 内具有二阶连续的导数,且已知 $\lim\limits_{x\to+\infty} f(x) = 0$, $\lim\limits_{x\to-\infty} \dfrac{f(x)}{x} = 1$, $\lim\limits_{x\to-\infty} [f(x) - x] = 2$, $\lim\limits_{x\to2} f(x) = \infty$,且当 $x \in (0,1)$ 时 $f'(x) < 0$,否则 $f'(x) > 0 (x \neq 2)$,当 $x \in \left(\dfrac{1}{2}, 2\right)$ 时 $f''(x) > 0$,否则 $f''(x) < 0 (x \neq 2)$,则:

① 函数的单调增加区间为_____,单调减少区间为_____.

② 函数的上凹区间为_____,下凹区间为_____,拐点为_____.

③ 当 $x =$_____,函数取得极_____值_____.

④ 曲线 $y = f(x)$ 的渐近线是_____.

⑤ $f(0) = \dfrac{5}{4}$, $f\left(\dfrac{1}{2}\right) = \dfrac{3}{4}$, $f(1) = \dfrac{1}{2}$, $f\left(-\dfrac{7}{4}\right) = 0$,绘出 $y = f(x)$ 的图形.

5. 证明题.

(1) 设 $f(x), g(x)$ 在 $[a,b]$ 上连续,在 (a,b) 内可导,且 $f(a) = g(b)$, $f(b) = g(a)$. 试证明至少存在一点 $\xi \in (a,b)$,使得 $f(\xi)f'(\xi) + g(\xi)g'(\xi) = 0$.

(2) 设 $f(x)$ 在 $[0,1]$ 上连续,在 $(0,1)$ 内可导,且 $f(0) = f(1) = 0$, $f\left(\dfrac{1}{2}\right) = 1$. 试证在 $(0,1)$ 内至少存在一点 ξ,使得 $f'(\xi) = 1$.

(3) 设 $f(x)$ 在 $[0,c]$ 上具有二阶导数,且 $f(0) = 0$, $f''(x) < 0$,证明对于 $0 < a < b < a+b < c$,有 $f(a) + f(b) > f(a+b)$.

(4) 设 $f(x)$ 在 $[0,1]$ 上连续,在 $(0,1)$ 内二阶可导,且过点 $A(0, f(0))$、$B(1,$

$f(1))$ 的直线与曲线 $y=f(x)$ 交于 $C(c,f(c))$ 点（其中 $0<c<1$），试证在 $(0,1)$ 内至少存在一点 ξ，使 $f''(\xi)=0$。

(5) 设 $f(x)$ 在 $[0,1]$ 上二阶可导，$f(0)=f(1)=0$，试证在 $(0,1)$ 内至少存在一点 ξ，使 $f''(\xi)=\dfrac{2f'(\xi)}{1-\xi}$。

(6) 证明 $x>0$ 时，$\sin x>x-\dfrac{x^3}{3!}$。

(7) 设 $e<a<b$，试证明 $a^b>b^a$。

(8) 求证：当 $x<1$ 时，$e^x\leqslant\dfrac{1}{1-x}$。

六、自测题参考答案

1. 填空题.

(1) 3； (2) $\dfrac{1}{2}\sqrt[3]{30}$； (3) $a+b$； (4) $-\dfrac{3}{2}$； (5) -1；

(6) $y=0,y=1,x=0$； (7) 1； (8) $y=\dfrac{\pi}{2}x-1,y=-\dfrac{\pi}{2}x-1$；

(9) 0； (10) x^3-3x^2+1.

2. 单项选择题.

(1) (D)； (2) (B)； (3) (D)； (4) (C)； (5) (A)；

(6) (B)； (7) (A)； (8) (D)； (9) (A)； (10) (B).

3. 计算题.

(1) $\dfrac{1}{2}$； (2) $\dfrac{2}{3}$； (3) $-\dfrac{1}{2}$； (4) e^2； (5) 3； (6) $y=x$.

4. 应用题.

(1) 每次购进 300 吨，库存还有 $\dfrac{3000}{365}\times3\approx25$ 吨.

(2) 产量为 1000 件，利润 $L(1000)=250000$（元）.

(3) 约为 89.

(4) 所求点为 $\left(\dfrac{\sqrt{3}}{3},\dfrac{2}{3}\right)$.

(5) $a=5,b=-1$.

(6) ① 单调增加区间：$(-\infty,0],[1,2),(2,+\infty)$
　　　单调减少区间：$[0,1]$.

　② 上凹区间：$\left(\dfrac{1}{2},2\right)$；下凹区间：$\left(-\infty,\dfrac{1}{2}\right),(2,+\infty)$；

　　拐点 $\left(\dfrac{1}{2},\dfrac{3}{4}\right)$.

　③ 当 $x=0$ 时，函数取得极大值 $\dfrac{5}{4}$.

④ 渐近线:$y=0,y=x+2,x=2$.

⑤ 图形如附图所示.

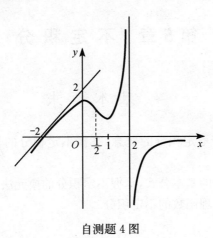

自测题 4 图

5. 证明题(略).

第5章　不定积分

一、基 本 要 求

(1) 理解原函数与不定积分的概念,掌握不定积分的性质,了解原函数存在定理.

(2) 掌握不定积分的基本公式,掌握不定积分的换元法与分部积分法.

(3) 了解简单的有理函数的不定积分.

二、内 容 提 要

1. 原函数与不定积分的概念及性质

1) 原函数的定义

设 $f(x)$ 是定义在某区间上的已知函数,如果存在一个函数 $F(x)$,对于该区间上的每一点 x 都有 $F'(x)=f(x)$,或 $dF(x)=f(x)dx$,则称函数 $F(x)$ 是 $f(x)$ 在该区间上的一个**原函数**.

2) 原函数的两个基本结论

结论 1（存在性）　若 $f(x)$ 在某区间 I 上连续,则 $f(x)$ 在 I 内的原函数必存在.

结论 2　若 $F(x)$ 是 $f(x)$ 在区间 I 内的一个原函数,则 $F(x)+C$ 是 $f(x)$ 的全体原函数,其中 C 为任意实数.

$f(x)$ 的原函数存在时,原函数有无穷多个,其中任何两个原函数之间仅差一个常数.

3) 不定积分的概念

如果函数 $f(x)$ 存在原函数 $F(x)$,则它的全体原函数 $F(x)+C$ 称为 $f(x)$ 的**不定积分**,记作 $\int f(x)dx$. 即

$$\int f(x)dx = F(x)+C.$$

4) 不定积分的基本性质

(1) $\left[\int f(x)dx\right]' = f(x)$;

(2) $d\left[\int f(x)dx\right] = f(x)dx$;

(3) $\int F'(x)dx = F(x)+C$;

(4) $\int \mathrm{d}F(x) = F(x) + C$;

(5) 设 a 是不为零的常数,则 $\int af(x)\mathrm{d}x = a\int f(x)\mathrm{d}x$;

(6) $\int [f(x) \pm g(x)]\mathrm{d}x = \int f(x)\mathrm{d}x \pm \int g(x)\mathrm{d}x$.

2. 不定积分的基本公式

(1) $\int x^k \mathrm{d}x = \dfrac{1}{k+1}x^{k+1} + C(k \neq -1)$,

$\qquad \int \dfrac{1}{x^2}\mathrm{d}x = -\dfrac{1}{x} + C, \quad \int \dfrac{1}{\sqrt{x}}\mathrm{d}x = 2\sqrt{x} + C$;

(2) $\int \dfrac{1}{x}\mathrm{d}x = \ln |x| + C$;

(3) $\int a^x \mathrm{d}x = \dfrac{1}{\ln a}a^x + C(a > 0, a \neq 1), \quad \int \mathrm{e}^x \mathrm{d}x = \mathrm{e}^x + C$;

(4) $\int \cos x\mathrm{d}x = \sin x + C, \quad \int \sin x\mathrm{d}x = -\cos x + C$;

(5) $\int \dfrac{1}{\cos^2 x}\mathrm{d}x = \int \sec^2 x\mathrm{d}x = \tan x + C$,

$\qquad \int \dfrac{1}{\sin^2 x}\mathrm{d}x = \int \csc^2 x\mathrm{d}x = -\cot x + C$;

(6) $\int \sec x\tan x\mathrm{d}x = \sec x + C, \quad \int \csc x\cot x\mathrm{d}x = -\csc x + C$;

(7) $\int \tan x\mathrm{d}x = -\ln |\cos x| + C, \quad \int \cot x\mathrm{d}x = \ln |\sin x| + C$;

(8) $\int \sec x\mathrm{d}x = \ln |\sec x + \tan x| + C, \quad \int \csc x\mathrm{d}x = \ln |\csc x - \cot x| + C$;

(9) $\int \dfrac{1}{a^2 + x^2}\mathrm{d}x = \dfrac{1}{a}\arctan \dfrac{x}{a} + C, \quad \int \dfrac{1}{1 + x^2}\mathrm{d}x = \arctan x + C$;

(10) $\int \dfrac{1}{\sqrt{a^2 - x^2}}\mathrm{d}x = \arcsin \dfrac{x}{a} + C, \quad \int \dfrac{1}{\sqrt{1 - x^2}}\mathrm{d}x = \arcsin x + C$;

(11) $\int \dfrac{1}{a^2 - x^2}\mathrm{d}x = \dfrac{1}{2a}\ln \left|\dfrac{a+x}{a-x}\right| + C, \quad \int \dfrac{1}{1 - x^2}\mathrm{d}x = \dfrac{1}{2}\ln \left|\dfrac{1+x}{1-x}\right| + C$;

(12) $\int \dfrac{1}{\sqrt{x^2 \pm a^2}}\mathrm{d}x = \ln(x + \sqrt{x^2 \pm a^2}) + C$.

3. 基本积分方法

1) 第一类换元积分法(凑微分法)

若 $\int f(x)\mathrm{d}x = F(x) + C$,则 $\int f(u)\mathrm{d}u = F(u) + C$,其中 $u = \varphi(x)$ 是 x 的可微函数.

基本思想是:将较难的积分先通过凑微分,再经过变量代换,把它转化成较易

计算的积分.具体求解过程,可用下列等式表示:

$$\int f[\varphi(x)]\varphi'(x)\mathrm{d}x = \int f[\varphi(x)]\mathrm{d}\varphi(x) \quad (\diamondsuit \; \varphi(x)=u)$$

$$= \int f(u)\mathrm{d}u = F(u)+C = F[\varphi(x)]+C.$$

常见的凑微分形式有

(1) $\int f(ax+b)\mathrm{d}x = \dfrac{1}{a}\int f(ax+b)\mathrm{d}(ax+b)$;

(2) $\int f(ax^n+b)x^{n-1}\mathrm{d}x = \dfrac{1}{na}\int f(ax^n+b)\mathrm{d}(ax^n+b)$;

(3) $\int f(\mathrm{e}^x)\mathrm{e}^x\mathrm{d}x = \int f(\mathrm{e}^x)\mathrm{d}\mathrm{e}^x$;

(4) $\int f(\ln x)\dfrac{1}{x}\mathrm{d}x = \int f(\ln x)\mathrm{d}\ln x$;

(5) $\int f\left(\dfrac{1}{x}\right)\dfrac{1}{x^2}\mathrm{d}x = -\int f\left(\dfrac{1}{x}\right)\mathrm{d}\left(\dfrac{1}{x}\right)$;

(6) $\int f(\sqrt{x})\dfrac{1}{\sqrt{x}}\mathrm{d}x = 2\int f(\sqrt{x})\mathrm{d}\sqrt{x}$;

(7) $\int f(\sin x)\cos x\mathrm{d}x = \int f(\sin x)\mathrm{d}\sin x$;

(8) $\int f(\cos x)\sin x\mathrm{d}x = -\int f(\cos x)\mathrm{d}\cos x$;

(9) $\int f(\tan x)\sec^2 x\mathrm{d}x = \int f(\tan x)\mathrm{d}\tan x$;

(10) $\int f(\cot x)\csc^2 x\mathrm{d}x = -\int f(\cot x)\mathrm{d}\cot x$;

(11) $\int f(\arctan x)\dfrac{1}{1+x^2}\mathrm{d}x = \int f(\arctan x)\mathrm{d}\arctan x$;

(12) $\int f(\arcsin x)\dfrac{1}{\sqrt{1-x^2}}\mathrm{d}x = \int f(\arcsin x)\mathrm{d}\arcsin x$.

2) 第二类换元积分法

设函数 $x=\varphi(t)$ 单调可微,且 $\varphi'(t)\neq0$,其反函数为 $t=\varphi^{-1}(x)$,若 $f[\varphi(t)]\varphi'(t)$ 具有原函数 $F(t)$,则有

$$\int f(x)\mathrm{d}x = \int f[\varphi(t)]\varphi'(t)\mathrm{d}t = F(t)+C$$

$$= F[\varphi^{-1}(x)]+C.$$

常用的第二类换元法有

(1) 根式代换.若被积函数中含有 $\sqrt[n]{ax+b}$,则令 $\sqrt[n]{ax+b}=t$;含有 $\sqrt[n]{\dfrac{ax+b}{cx+d}}$,则令 $\sqrt[n]{\dfrac{ax+b}{cx+d}}=t$.

(2) 三角代换.

若被积函数中含有 $\sqrt{a^2-x^2}$,则令 $x=a\sin t\left(|t|\leqslant\dfrac{\pi}{2}\right)$;

若被积函数中含有 $\sqrt{a^2+x^2}$，则 $x=a\tan t\left(|t|<\dfrac{\pi}{2}\right)$；

若被积函数中含有 $\sqrt{x^2-a^2}$，则令 $x=a\sec t$，当 $x\geqslant a$ 时，$0\leqslant t<\dfrac{\pi}{2}$；当 $x\leqslant$

$-a$ 时，$\dfrac{\pi}{2}<t\leqslant\pi$.

（3）倒代换，则令 $x=\dfrac{1}{t}$；

（4）万能代换，则令 $t=\tan\dfrac{x}{2}$，则

$$\sin x=\frac{2t}{1+t^2}, \quad \cos x=\frac{1-t^2}{1+t^2}, \quad \mathrm{d}x=\frac{2}{1+t^2}\mathrm{d}t.$$

3）分部积分法

设 $u=u(x),v=v(x)$ 有连续的导数，则有分部积分公式

$$\int u(x)v'(x)\mathrm{d}x=u(x)v(x)-\int v(x)u'(x)\mathrm{d}x.$$

或者可写成

$$\int u(x)\mathrm{d}v(x)=u(x)v(x)-\int v(x)\mathrm{d}u(x).$$

可用分部积分法的常见类型有：

（1）形如 $\int p(x)\mathrm{e}^{ax}\mathrm{d}x,\int p(x)\sin ax\,\mathrm{d}x,\int p(x)\cos ax\,\mathrm{d}x$ 的不定积分；

（2）形如 $\int p(x)\ln x\,\mathrm{d}x,\int p(x)\arctan x\,\mathrm{d}x,\int p(x)\arcsin x\,\mathrm{d}x$ 的不定积分；

（3）形如 $\int \mathrm{e}^{ax}\sin bx\,\mathrm{d}x,\int \mathrm{e}^{ax}\cos bx\,\mathrm{d}x$ 的不定积分.

4. 有理函数的积分方法

1）有理函数

有理函数是指由两个多项式的商所表示的函数，其一般形式是

$$R=\frac{P(x)}{Q(x)}=\frac{a_0x^n+a_1x^{n-1}+\cdots+a_{n-1}x+a_n}{b_0x^m+b_1x^{m-1}+\cdots+b_{m-1}x+b_m},$$

2）有理函数不定积分的一般步骤

第一步　将有理函数分解为多项式与真分式之和；

第二步　将真分式分解为部分分式之和；

第三步　计算多项式与部分分式的不定积分.

所谓部分分式是指如下四种"最简真分式".

① $\dfrac{A}{x-a}$；　② $\dfrac{A}{(x-a)^n},n=2,3,\cdots$；　③ $\dfrac{Ax+B}{x^2+px+q},p^2-4q<0$；

④ $\dfrac{Ax+B}{(x^2+px+q)^n},p^2-4q<0,n=2,3,\cdots$.

三、典型例题

1. 第一类换元积分法（凑微分法）

例1 求下列不定积分

(1) $\displaystyle\int e^{e^x + x}\,dx$;

(2) $\displaystyle\int \frac{1}{x^2}\cos\frac{1}{x}\,dx$;

(3) $\displaystyle\int x(1+x^2)^3\,dx$;

(4) $\displaystyle\int \frac{\sqrt{1+2\arctan x}}{1+x^2}\,dx$;

(5) $\displaystyle\int \frac{\cot\theta}{\sqrt{\sin\theta}}\,d\theta$;

(6) $\displaystyle\int \frac{dx}{(\arcsin x)^2\,\sqrt{1-x^2}}$;

(7) $\displaystyle\int \frac{6^{x+1}-3^{x-1}}{2^x}\,dx$;

(8) $\displaystyle\int \frac{1}{x(1+x^{10})}\,dx$;

(9) $\displaystyle\int \frac{\cos\sqrt{t}}{\sqrt{t}}\,dt$;

(10) $\displaystyle\int \frac{\ln(1+x)-\ln x}{x(1+x)}\,dx$.

解 (1) $\displaystyle\int e^{e^x+x}\,dx = \int e^{e^x}\cdot e^x\,dx = \int e^{e^x}\,de^x = e^{e^x} + C$.

(2) $\displaystyle\int \frac{1}{x^2}\cos\frac{1}{x}\,dx = -\int \cos\frac{1}{x}\,d\left(\frac{1}{x}\right) = -\sin\frac{1}{x} + C$.

(3) $\displaystyle\int x(1+x^2)^3\,dx = \frac{1}{2}\int (1+x^2)^3\,dx^2 = \frac{1}{2}\int (1+x^2)^3\,d(1+x^2)$

$$= \frac{1}{4}(1+x^2)^4 + C.$$

(4) $\displaystyle\int \frac{\sqrt{1+2\arctan x}}{1+x^2}\,dx = \int \sqrt{1+2\arctan x}\,d\arctan x$

$$= \frac{1}{2}\int (1+2\arctan x)^{\frac{1}{2}}\,d(1+2\arctan x)$$

$$= \frac{1}{3}(1+2\arctan x)^{\frac{3}{2}} + C.$$

(5) $\displaystyle\int \frac{\cot\theta}{\sqrt{\sin\theta}}\,d\theta = \int \frac{\cos\theta}{\sin\theta\,\sqrt{\sin\theta}}\,d\theta = \int \frac{1}{(\sin\theta)^{\frac{3}{2}}}\,d\sin\theta = -2(\sin\theta)^{-\frac{1}{2}} + C$.

(6) $\displaystyle\int \frac{dx}{(\arcsin x)^2\,\sqrt{1-x^2}} = \int \frac{1}{(\arcsin x)^2}\,d(\arcsin x) = -\frac{1}{\arcsin x} + C$.

(7) $\displaystyle\int \frac{6^{x+1}-3^{x-1}}{2^x}\,dx = \int \frac{6^x\cdot 6 - 3^x\cdot 3^{-1}}{2^x}\,dx = 6\int 3^x\,dx - \frac{1}{3}\int \left(\frac{3}{2}\right)^x\,dx$

$$= 6\,\frac{3^x}{\ln 3} - \frac{1}{3}\,\frac{\left(\frac{3}{2}\right)^x}{\ln\frac{3}{2}} + C.$$

(8) $\displaystyle\int \frac{1}{x(1+x^{10})}\,dx = \int \left(\frac{1}{x} - \frac{x^9}{1+x^{10}}\right)dx = \int \frac{1}{x}\,dx - \int \frac{x^9}{1+x^{10}}\,dx$

$$= \int \frac{1}{x}\,dx - \frac{1}{10}\int \frac{1}{1+x^{10}}\,dx^{10} = \ln|x| - \frac{1}{10}\ln|1+x^{10}| + C.$$

(9) $\int \dfrac{\cos\sqrt{t}}{\sqrt{t}}dt = 2\int \cos\sqrt{t}\,d\sqrt{t} = 2\sin\sqrt{t}+C.$

(10) $\int \dfrac{\ln(1+x)-\ln x}{x(1+x)}dx = \int [\ln(1+x)-\ln x] \cdot \left[\dfrac{1}{x}-\dfrac{1}{x+1}\right]dx$

$$= \int [\ln(1+x)-\ln x]d[\ln x - \ln(1+x)]$$

$$= -\dfrac{1}{2}[\ln(1+x)-\ln x]^2+C.$$

例 2　求下列不定积分：

(1) $\int \sqrt{\dfrac{x}{1-x^3}}dx$;

(2) $\int \dfrac{x}{x^4+2x^2+5}dx$;

(3) $\int \dfrac{\cos 2x}{1+\sin x\cos x}dx$;

(4) $\int \dfrac{\sin x}{1+\sin x}dx$;

(5) $\int (x-1)e^{x^2-2x}dx$;

(6) $\int \dfrac{\sin x-\cos x}{(\cos x+\sin x)^5}dx$;

(7) $\int \dfrac{1}{\sin^2 x+2\cos^2 x}dx$;

(8) $\int (x\ln x)^{\frac{1}{2}}(\ln x+1)dx$;

(9) $\int \sqrt{(x^2+x)e^x}(x^2+3x+1)e^x dx$; (10) $\int \dfrac{\arctan \dfrac{1}{x}}{1+x^2}dx$.

解　(1) $\int \sqrt{\dfrac{x}{1-x^3}}dx = \int \dfrac{\sqrt{x}}{\sqrt{1-x^3}}dx = \dfrac{2}{3}\int \dfrac{1}{\sqrt{1-(x^{\frac{3}{2}})^2}}dx^{\frac{3}{2}}$

$$= \dfrac{2}{3}(\arcsin x^{\frac{3}{2}})+C.$$

(2) $\int \dfrac{x}{x^4+2x^2+5}dx = \dfrac{1}{2}\int \dfrac{1}{(x^2+1)^2+4}dx^2 = \dfrac{1}{2}\int \dfrac{1}{(x^2+1)^2+2^2}d(x^2+1)$

$$= \dfrac{1}{4}\arctan \dfrac{x^2+1}{2}+C.$$

(3) 因为 $(\sin x\cos x)'=\cos 2x$，所以

$$\cos 2x\,dx = d(\sin x\cos x) = d(\sin x\cos x+1),$$

$$\int \dfrac{\cos 2x}{1+\sin x\cos x}dx = \int \dfrac{d(1+\sin x\cos x)}{1+\sin x\cos x} = \ln|1+\sin x\cos x|+C.$$

(4) $\int \dfrac{\sin x}{1+\sin x}dx = \int \dfrac{\sin x(1-\sin x)}{(1+\sin x)(1-\sin x)}dx = \int \dfrac{\sin x-\sin^2 x}{\cos^2 x}dx$

$$= \int \dfrac{\sin x}{\cos^2 x}dx - \int \dfrac{\sin^2 x}{\cos^2 x}dx = -\int \dfrac{d(\cos x)}{\cos^2 x} + \int \left(1-\dfrac{1}{\cos^2 x}\right)dx$$

$$= \sec x - \tan x + x + C.$$

(5) 因为 $(x^2-2x)'=2x-2$，所以

$$(x-1)dx = \dfrac{1}{2}d(x^2-2x)$$

$$\int (x-1)e^{x^2-2x}dx = \dfrac{1}{2}\int e^{x^2-2x}d(x^2-2x) = \dfrac{1}{2}e^{x^2-2x}+C.$$

(6) 因为 $(\cos x+\sin x)'=-\sin x+\cos x$，所以

$$(\sin x - \cos x)\mathrm{d}x = -\,\mathrm{d}(\cos x + \sin x)$$

$$\int \frac{\sin x - \cos x}{(\cos x + \sin x)^5}\mathrm{d}x = -\int \frac{\mathrm{d}(\cos x + \sin x)}{(\cos x + \sin x)^5} = \frac{1}{4}(\cos x + \sin x)^{-4} + C.$$

(7) $\displaystyle\int \frac{1}{\sin^2 x + 2\cos^2 x}\mathrm{d}x = \int \frac{1}{\tan^2 x + 2} \cdot \frac{1}{\cos^2 x}\mathrm{d}x$

$$= \int \frac{\mathrm{d}(\tan x)}{2 + \tan^2 x} = \frac{1}{\sqrt{2}}\arctan\frac{\tan x}{\sqrt{2}} + C.$$

(8) 因为 $(x\ln x)' = \ln x + 1$，所以

$$(\ln x + 1)\mathrm{d}x = \mathrm{d}(x\ln x)$$

$$\int (x\ln x)^{\frac{1}{2}}(\ln x + 1)\mathrm{d}x = \int (x\ln x)^{\frac{1}{2}}\mathrm{d}(x\ln x) = \frac{2}{3}(x\ln x)^{\frac{3}{2}} + C.$$

(9) 因为 $\left[(x^2 + x)\mathrm{e}^x\right]' = (2x+1)\mathrm{e}^x + (x^2 + x)\mathrm{e}^x = (x^2 + 3x + 1)\mathrm{e}^x$，所以

$$(x^2 + 3x + 1)\mathrm{e}^x\mathrm{d}x = \mathrm{d}\left[(x^2 + x)\mathrm{e}^x\right]$$

$$\int \sqrt{(x^2 + x)\mathrm{e}^x}\,(x^2 + 3x + 1)\mathrm{e}^x\mathrm{d}x = \int \sqrt{(x^2 + x)\mathrm{e}^x}\,\mathrm{d}\left[(x^2 + x)\mathrm{e}^x\right]$$

$$= \frac{2}{3}\left[(x^2 + x)\mathrm{e}^x\right]^{\frac{3}{2}} + C.$$

(10) $\displaystyle\int \frac{\arctan\dfrac{1}{x}}{1 + x^2}\mathrm{d}x = \int \frac{\arctan\dfrac{1}{x}}{\dfrac{1}{x^2} + 1} \cdot \frac{1}{x^2}\mathrm{d}x = -\int \frac{\arctan\dfrac{1}{x}}{1 + \dfrac{1}{x^2}}\mathrm{d}\left(\frac{1}{x}\right)$

$$= -\int \arctan\left(\frac{1}{x}\right)\mathrm{d}\arctan\left(\frac{1}{x}\right) = -\frac{1}{2}\left(\arctan\frac{1}{x}\right)^2 + C.$$

2. 第二类换元积分法

1) 根式代换

例3 求下列不定积分：

(1) $\displaystyle\int \frac{x + 1}{\sqrt[3]{3x + 1}}\mathrm{d}x$；　　　　(2) $\displaystyle\int \frac{1}{\sqrt{\mathrm{e}^{2x} - 1}}\mathrm{d}x$.

解 (1) 令 $\sqrt[3]{3x + 1} = t$，则 $x = \dfrac{1}{3}(t^3 - 1)$，$\mathrm{d}x = t^2\mathrm{d}t$，于是

$$\int \frac{x + 1}{\sqrt[3]{3x + 1}}\mathrm{d}x = \frac{1}{3}\int \frac{t^3 + 2}{t} \cdot t^2\mathrm{d}t = \frac{1}{3}\int (t^4 + 2t)\mathrm{d}t = \frac{t^5}{15} + \frac{t^2}{3} + C$$

$$= \frac{1}{15}(3x + 1)^{\frac{5}{3}} + \frac{1}{3}(3x + 1)^{\frac{2}{3}} + C.$$

(2) 令 $\sqrt{\mathrm{e}^{2x} - 1} = t$，则 $x = \dfrac{1}{2}\ln(t^2 + 1)$，于是

$$\int \frac{1}{\sqrt{\mathrm{e}^{2x} - 1}}\mathrm{d}x = \int \frac{1}{t} \cdot \frac{t}{1 + t^2}\mathrm{d}t = \arctan t + C = \arctan\sqrt{\mathrm{e}^{2x} - 1} + C.$$

2) 三角代换

例4 求下列不定积分

(1) $\displaystyle\int \frac{x^2\mathrm{d}x}{\sqrt{4 - x^2}}$；　　　　(2) $\displaystyle\int \frac{\mathrm{d}x}{\sqrt{(x^2 + 1)^3}}$；

(3) $\displaystyle\int\frac{\sqrt{x^2-9}}{x}\mathrm{d}x$;   (4) $\displaystyle\int\frac{x^2\,\mathrm{d}x}{(1+x^2)^2}$.

解　(1) 因为被积函数中含有 $\sqrt{4-x^2}$，所以令 $x=2\sin t\left(|t|<\dfrac{\pi}{2}\right)$，$\mathrm{d}x=2\cos t\,\mathrm{d}t$，于是

$$\int\frac{x^2}{\sqrt{4-x^2}}\mathrm{d}x=\int\frac{4\sin^2 t}{2\cos t}\cdot 2\cos t\,\mathrm{d}t=2\int(1-\cos 2t)\mathrm{d}t=2t-\sin 2t+C$$

$$=2t-2\sin t\cos t+C=2\arcsin\frac{x}{2}-\frac{1}{2}x\sqrt{4-x^2}+C.$$

(2) 因为被积函数中含有 $\sqrt{1+x^2}$，所以，令 $x=\tan t\left(|t|<\dfrac{\pi}{2}\right)$，$\mathrm{d}x=\sec^2 t\,\mathrm{d}t$，于是

$$\int\frac{\mathrm{d}x}{\sqrt{(x^2+1)^3}}=\int\frac{\sec^2 t\,\mathrm{d}t}{\sec^3 t}=\int\cos t\,\mathrm{d}t=\sin t+C=\frac{x}{\sqrt{1+x^2}}+C.$$

(3) 因为被积函数中含有 $\sqrt{x^2-9}$，所以令 $x=3\sec t$，$\mathrm{d}x=3\sec t\cdot\tan t\,\mathrm{d}t$.

当 $x\geqslant 3$ 时，$0\leqslant t<\dfrac{\pi}{2}$，

$$\int\frac{\sqrt{x^2-9}}{x}\mathrm{d}x=\int 3\tan^2 t\,\mathrm{d}t=3\int(\sec^2 t-1)\mathrm{d}t=3\tan t-3t+C$$

$$=\sqrt{x^2-9}-3\arccos\frac{3}{x}+C;$$

当 $x\leqslant -3$ 时，$\dfrac{\pi}{2}<t\leqslant\pi$，

$$\int\frac{\sqrt{x^2-9}}{x}\mathrm{d}x=-\int 3\tan^2 t\,\mathrm{d}t=-3\int(\sec^2 t-1)\mathrm{d}t=-3\tan t+3t+C$$

$$=\sqrt{x^2-9}+3\arccos\frac{3}{x}+C_1$$

$$=\sqrt{x^2-9}-3\arccos\frac{3}{-x}+C_1+3\pi.$$

故可统一写作

$$\int\frac{\sqrt{x^2-9}}{x}\mathrm{d}x=\sqrt{x^2-9}-3\arccos\frac{3}{|x|}+C.$$

(4) 因为被积函数中含有 x^2+1，也可令 $x=\tan t$，$\mathrm{d}x=\sec^2 t\,\mathrm{d}t$，于是

$$\int\frac{x^2\,\mathrm{d}x}{(1+x^2)^2}=\int\frac{\tan^2 t}{(1+\tan^2 t)^2}\cdot\sec^2 t\,\mathrm{d}t=\int\sin^2 t\,\mathrm{d}t=\int\frac{1-\cos 2t}{2}\mathrm{d}t$$

$$=\frac{t}{2}-\frac{1}{4}\sin 2t+C=\frac{1}{2}\arctan x-\frac{1}{2}\cdot\frac{x}{1+x^2}+C.$$

3) 倒代换法

假设被积函数的分子的最高次数为 m，被积函数的分母的最高次数为 n，当 $n-m>1$ 时，用倒代换有望成功.

例 5　求不定积分 $\displaystyle\int\frac{1}{x\sqrt{x^2-1}}\mathrm{d}x$.

解　令 $x = \dfrac{1}{t}, \mathrm{d}x = -\dfrac{1}{t^2}\mathrm{d}t.$

当 $x > 1$ 时, $0 < t < 1, \sqrt{t^2} = t$

$$\int \frac{1}{x\sqrt{x^2-1}}\mathrm{d}x = -\int \frac{\mathrm{d}t}{\sqrt{1-t^2}} = -\arcsin t + C = -\arcsin\frac{1}{x} + C;$$

当 $x < -1$ 时, $-1 < t < 0, \sqrt{t^2} = -t$

$$\int \frac{1}{x\sqrt{x^2-1}}\mathrm{d}x = \int \frac{\mathrm{d}t}{\sqrt{1-t^2}} = \arcsin t + C = \arcsin\frac{1}{x} + C.$$

故在 $(-\infty, -1)$ 或 $(1, +\infty)$ 内,有

$$\int \frac{1}{x\sqrt{x^2-1}}\mathrm{d}x = -\arcsin\frac{1}{|x|} + C.$$

4) 万能代换

万能代换对一般三角函数有理式都适用,有效,但不一定简便.

例 6　求不定积分 $\displaystyle\int \frac{1}{1+\sin x}\mathrm{d}x.$

解　令 $t = \tan\dfrac{x}{2},$ 则

$$\int \frac{1}{1+\sin x}\mathrm{d}x = \int \frac{1}{1+\dfrac{2t}{1+t^2}} \cdot \frac{2}{1+t^2}\mathrm{d}t = \int \frac{2}{1+2t+t^2}\mathrm{d}u$$

$$= 2\int \frac{1}{(1+t)^2}\mathrm{d}(1+t) = -\frac{2}{1+t} + C = -\frac{2}{1+\tan\dfrac{x}{2}} + C.$$

3. 分部积分法

分部积分法主要用于解决两类不同类型函数乘积的积分.

1) 降次型

形如 $\displaystyle\int p(x)\mathrm{e}^{ax}\mathrm{d}x, \int p(x)\sin ax\,\mathrm{d}x, \int p(x)\cos ax\,\mathrm{d}x$ (其中 $p(x)$ 是 x 的多项式) 的不定积分,一般选取 $u(x) = p(x)$,余下的部分凑成某个函数 $v(x)$ 的微分 $\mathrm{d}v(x)$,再用分部积分公式.

例 7　求下列不定积分:

(1) $\displaystyle\int x\sin x\cos x\,\mathrm{d}x;$　　　　(2) $\displaystyle\int x^2\mathrm{e}^{-x}\mathrm{d}x.$

解　(1) $\displaystyle\int x\sin x\cos x\,\mathrm{d}x = \frac{1}{2}\int x\sin 2x\,\mathrm{d}x = \frac{1}{4}\int x\sin 2x\,\mathrm{d}2x$

$$= \frac{1}{4}\int x\mathrm{d}(-\cos 2x) = \frac{1}{4}x(-\cos 2x) + \frac{1}{4}\int \cos 2x\,\mathrm{d}x$$

$$= -\frac{1}{4}x\cos 2x + \frac{1}{8}\sin 2x + C.$$

(2) $\displaystyle\int x^2\mathrm{e}^{-x}\mathrm{d}x = \int x^2\mathrm{d}(-\mathrm{e}^{-x}) = x^2(-\mathrm{e}^{-x}) + \int \mathrm{e}^{-x}\mathrm{d}x^2$

$$= -x^2 e^{-x} + 2\int x e^{-x} dx = -x^2 e^{-x} + 2\int x d(-e^{-x})$$

$$= -x^2 e^{-x} + 2(-x e^{-x} + \int e^{-x} dx) = -e^{-x}(x^2 + 2x + 2) + C.$$

2）转换型

形如 $\int p(x)\ln x dx, \int p(x)\arctan x dx, \int p(x)\arcsin x dx$（其中 $p(x)$ 是 x 的多项式）的不定积分，一般选取 $u(x)$ 为 $\ln x, \arctan x, \arcsin x$ 余下的部分凑成某个函数 $v(x)$ 的微分 $dv(x)$，再用分部积分公式.

例8 求下列不定积分：

(1) $\int x^4 \ln x dx$； (2) $\int x^2 \arccos x dx$； (3) $\int \ln(x + \sqrt{x^2 - a^2}) dx$.

解 (1) $\int x^4 \ln x dx = \frac{1}{5}\int \ln x dx^5 = \frac{1}{5} x^5 \ln x - \frac{1}{5}\int x^5 d\ln x$

$$= \frac{1}{5} x^5 \ln x - \frac{1}{5}\int x^5 \cdot \frac{1}{x} dx = \frac{1}{5} x^5 \ln x - \frac{1}{25} x^5 + C.$$

(2) $\int x^2 \arccos x dx = \frac{1}{3}\int \arccos x d(x^3) = \frac{1}{3} x^3 \arccos x - \frac{1}{3}\int x^3 d\arccos x$

$$= \frac{1}{3} x^3 \arccos x + \frac{1}{3}\int \frac{x^3}{\sqrt{1-x^2}} dx$$

$$= \frac{1}{3} x^3 \arccos x + \frac{1}{6}\int \frac{x^2}{\sqrt{1-x^2}} dx^2$$

$$= \frac{1}{3} x^3 \arccos x - \frac{1}{6}\int \sqrt{1-x^2} dx^2 + \frac{1}{6}\int \frac{1}{\sqrt{1-x^2}} dx^2$$

$$= \frac{1}{3} x^3 \arccos x + \frac{1}{9}(1-x^2)^{\frac{3}{2}} - \frac{1}{3}\sqrt{1-x^2} + C.$$

(3) $\int \ln(x + \sqrt{x^2 - a^2}) dx = x\ln(x + \sqrt{x^2 - a^2}) - \int x d\ln(x + \sqrt{x^2 - a^2})$

$$= x\ln(x + \sqrt{x^2 - a^2}) - \int x \frac{1}{\sqrt{x^2 - a^2}} dx$$

$$= x\ln(x + \sqrt{x^2 - a^2}) - \sqrt{x^2 - a^2} + C.$$

3）循环型

形如 $\int e^{ax} \sin bx dx, \int e^{ax} \cos bx dx$ 的不定积分，一般要用两次分部积分公式, $u(x)$ 的选取可任意，但两次所选 $u(x)$ 的函数类型应一致.

例9 求不定积分 $\int e^{-x} \cos^2 x dx$.

解 $\int e^{-x} \cos^2 x dx = \int e^{-x} \cdot \frac{1 + \cos 2x}{2} dx = \frac{1}{2}\int e^{-x} dx + \frac{1}{2}\int e^{-x} \cos 2x dx$

$$= -\frac{1}{2} e^{-x} + \frac{1}{2}\int e^{-x} \cos 2x dx,$$

其中

$$\int e^{-x} \cos 2x dx = \int \cos 2x d(-e^{-x}) = -e^{-x} \cos 2x + \int e^{-x} d(\cos 2x)$$

$$=-e^{-x}\cos2x - 2\int e^{-x}\sin2x dx = -e^{-x}\cos2x + 2\int \sin2x d(e^{-x})$$

$$=-e^{-x}\cos2x + 2e^{-x}\sin2x - 2\int e^{-x}d(\sin2x)$$

$$= e^{-x}(-\cos2x + 2\sin2x) - 4\int e^{-x}\cos2x dx,$$

移项,得

$$\int e^{-x}\cos2x dx = \frac{1}{5}e^{-x}(-\cos2x + 2\sin2x) + C_1,$$

故

$$\int e^{-x}\cos^2 x dx = -\frac{1}{2}e^{-x} - \frac{1}{10}e^{-x}(\cos2x - 2\sin2x) + C.$$

4) 递推型

通过变形建立所求积分的递推公式.

例 10 求 $I_n = \int \sin^n x \, dx$ 的递推公式($n=0,1,2,\cdots$).

解 当 $n=0$ 时,

$$I_0 = \int \sin^0 x dx = x + C.$$

当 $n=1$ 时,

$$I_1 = \int \sin x dx = -\cos x + C.$$

当 $n \geqslant 2$ 时,

$$I_n = \int \sin^n x dx = -\int \sin^{n-1} x d\cos x$$

$$=-\sin^{n-1} x \cdot \cos x + \int \cos x d\sin^{n-1} x$$

$$=-\sin^{n-1} x \cdot \cos x + (n-1)\int \cos^2 x \cdot \sin^{n-2} x dx$$

$$=-\sin^{n-1} x \cdot \cos x + (n-1)\int (1-\sin^2 x) \cdot \sin^{n-2} x dx$$

$$=-\sin^{n-1} x \cdot \cos x + (n-1)I_{n-2} - (n-1)I_n,$$

移项整理,得

$$I_n = -\frac{1}{n}\sin^{n-1} x \cdot \cos x + \frac{n-1}{n}I_{n-2}.$$

4. 有理函数的积分

例 11 求下列不定积分:

(1) $\int \frac{x^2+8}{2(x-1)(x+2)^2}dx$;   (2) $\int \frac{x^5+x^4-x+4}{x^3-4x}dx$;

(3) $\int \frac{1}{x^4-1}dx$.

(1) **分析** 这是真分式的积分,分母已经分解成两个最简因式之积,但直接积分困难,用待定系数法,将它分解成部分分式,然后再积分.

解　$\dfrac{x^2+8}{2(x-1)(x+2)^2}=\dfrac{1}{2}\left(\dfrac{A}{x-1}+\dfrac{B}{x+2}+\dfrac{C}{(x+2)^2}\right),$

$$A(x+2)^2+B(x-1)(x+2)+C(x-1)=x^2+8,$$

$$(A+B)x^2+(4A+B+C)x+4A-2B-C=x^2+8,$$

比较两端同次幂的系数,得

$$\begin{cases}A+B=1,\\4A+B+C=0,\\4A-2B-C=8,\end{cases}$$

解得 $A=1,B=1,C=-4,$ 于是

$$\int\dfrac{x^2+8}{2(x-1)(x+2)^2}\mathrm{d}x=\dfrac{1}{2}\int\left(\dfrac{1}{x-1}-\dfrac{4}{(x+2)^2}\right)\mathrm{d}x$$

$$=\dfrac{1}{2}\ln|x-1|+\dfrac{2}{(x+2)}+C.$$

（2）**分析**　这是假分式的积分,可用多项式除法化为多项式与真分式之和,再用赋值法将真分式分解为部分分式之和,然后再积分.

$$\dfrac{x^5+x^4-x+4}{x^3-4x}=x^2+x+4+\dfrac{4x^2+15x+4}{x^3-4x},$$

设

$$\dfrac{4x^2+15x+4}{x^3-4x}=\dfrac{A}{x}+\dfrac{B}{x-2}+\dfrac{C}{x+2},$$

则

$$A(x^2-4)+Bx(x+2)+Cx(x-2)=4x^2+15x+4,$$

令 $x=0,$ 得 $A=-1$；令 $x=2,$ 得 $B=\dfrac{25}{4}$；令 $x=-2,$ 得 $C=-\dfrac{5}{4}.$ 于是

$$\int\dfrac{x^5+x^4-x+4}{x^3-4x}\mathrm{d}x$$

$$=\int\left(x^2+x+4-\dfrac{1}{x}+\dfrac{25}{4}\cdot\dfrac{1}{x-2}-\dfrac{5}{4}\cdot\dfrac{1}{x+2}\right)\mathrm{d}x$$

$$=\dfrac{1}{3}x^3+\dfrac{1}{2}x^2+4x-\ln|x|+\dfrac{25}{4}\ln|x-2|-\dfrac{5}{4}\ln|x+2|+C.$$

（3）**分析**　这虽然是真分式的积分,但用前（1）、（2）两例的方法积分比较麻烦,若用拆项法进行分解,然后再积分就比较容易.

$$\int\dfrac{1}{x^4-1}\mathrm{d}x=\dfrac{1}{2}\int\dfrac{(x^2+1)-(x^2-1)}{(x^2+1)(x^2-1)}\mathrm{d}x$$

$$=\dfrac{1}{2}\int\left(\dfrac{1}{x^2-1}-\dfrac{1}{x^2+1}\right)\mathrm{d}x$$

$$=\dfrac{1}{4}\ln\left|\dfrac{x-1}{x+1}\right|-\dfrac{1}{2}\arctan x+C.$$

总结　由上面几个典型例题的解法可以看出,若对真分式的积分能直接分解成部分分式,就尽可能不要用前面介绍的待定系数法或赋值法,这样会更简单.

5. 综合题

例 12 设 $f'(e^x)=x+1$，且 $f(1)=0$，求 $f(x)$.

解 令 $e^x=t$，则 $x=\ln t$，$f'(t)=\ln t+1$，于是

$$\int f'(t)\,\mathrm{d}t = \int(\ln t+1)\,\mathrm{d}t = \int \ln t\,\mathrm{d}t + t,$$

$$f(t) = \int f'(t)\,\mathrm{d}t = t\ln t - \int t\cdot\frac{1}{t}\,\mathrm{d}t + t = t\ln t + C,$$

又 $f(1)=0$，得 $C=0$，故 $f(t)=t\ln t$，即 $f(x)=x\ln x$.

例 13 求不定积分 $\displaystyle\int \frac{\arctan x}{x^2(1+x^2)}\,\mathrm{d}x$.

解 $\displaystyle\int \frac{\arctan x}{x^2(1+x^2)}\,\mathrm{d}x = \int\left(\frac{1}{x^2}-\frac{1}{1+x^2}\right)\arctan x\,\mathrm{d}x = \int\frac{\arctan x}{x^2}\,\mathrm{d}x - \int\frac{\arctan x}{x^2+1}\,\mathrm{d}x$

$$= \int \arctan x\,\mathrm{d}\left(-\frac{1}{x}\right) - \int \arctan x\,\mathrm{d}\arctan x$$

$$= -\frac{1}{x}\arctan x - \int\left(-\frac{1}{x}\right)\frac{1}{1+x^2}\,\mathrm{d}x - \frac{1}{2}(\arctan x)^2$$

$$= -\frac{1}{x}\arctan x + \int\left(\frac{1}{x}-\frac{x}{1+x^2}\right)\mathrm{d}x - \frac{1}{2}(\arctan x)^2$$

$$= -\frac{1}{x}\arctan x + \ln|x| - \frac{1}{2}\int\frac{1}{1+x^2}\,\mathrm{d}x^2 - \frac{1}{2}(\arctan x)^2$$

$$= -\frac{1}{x}\arctan x + \ln|x| - \frac{1}{2}\ln(1+x^2) - \frac{1}{2}(\arctan x)^2 + C.$$

例 14 设 $F(x)$ 为 $f(x)$ 的原函数，且当 $x\geqslant 0$ 时，$f(x)F(x)=\dfrac{xe^x}{2(1+x)^2}$. 已知 $F(0)=1,F(x)>0$，求 $f(x)$.

解 因为 $[F^2(x)]'=2F(x)F'(x)=2F(x)f(x)$，所以，

$$F^2(x) = 2\int f(x)F(x)\,\mathrm{d}x = \int \frac{xe^x}{(1+x)^2}\,\mathrm{d}x = -\int xe^x\,\mathrm{d}\frac{1}{1+x}$$

$$= -\left(\frac{xe^x}{1+x} - \int\frac{1}{1+x}\,\mathrm{d}(xe^x)\right) = -\left(\frac{xe^x}{1+x} - \int e^x\,\mathrm{d}x\right) = \frac{e^x}{1+x} + C.$$

由 $F(x)>0,F(0)=1$，得 $C=0$，从而 $F(x)=\sqrt{\dfrac{e^x}{1+x}}$，代入题设得

$$f(x) = \frac{xe^{\frac{x}{2}}}{2(1+x)^{\frac{3}{2}}}.$$

例 15 求不定积分 $\displaystyle\int\frac{\sin^2 x}{1+\sin^2 x}\,\mathrm{d}x$.

解 $\displaystyle\int\frac{\sin^2 x}{1+\sin^2 x}\,\mathrm{d}x = \int\frac{1+\sin^2 x-1}{1+\sin^2 x}\,\mathrm{d}x = \int \mathrm{d}x - \int\frac{1}{1+\sin^2 x}\,\mathrm{d}x$

$$= x - \int\frac{1}{\dfrac{1}{\sin^2 x}+1}\cdot\frac{1}{\sin^2 x}\,\mathrm{d}x = x + \int\frac{1}{1+\csc^2 x}\,\mathrm{d}\cot x$$

$$= x + \int \frac{1}{2+\cot^2 x} \mathrm{d}\cot x = x + \frac{1}{\sqrt{2}} \mathrm{arc} \left(\frac{\cot x}{\sqrt{2}} \right) + C.$$

四、教材习题选解

(A)

3. 一个质点做直线运动,已知其加速度 $\frac{\mathrm{d}^2 s}{\mathrm{d}t^2} = 3t^2 - \sin t$,如果初速度 $v_0 = 3$,初始位移 $s_0 = 2$,求:

(1) v 和 t 间的函数关系;

(2) s 和 t 间的函数关系.

解 (1) $v = \frac{\mathrm{d}s}{\mathrm{d}t} = \int (3t^2 - \sin t) \mathrm{d}t = t^3 + \cos t + C.$

将 $t=0, v=3$ 代入上式,得 $C=2$,所以,$v = t^3 + \cos t + 2.$

(2) $s = \int v \mathrm{d}t = \int (t^3 + \cos t + 2) \mathrm{d}t = \frac{1}{4} t^4 + \sin t + 2t + C,$

将 $t=0, s=2$ 代入上式,得 $C=2$,所以,$s = \frac{1}{4} t^4 + \sin t + 2t + 2.$

5. 求下列不定积分:

(16) $\int \left(\sqrt{\frac{1+x}{1-x}} + \sqrt{\frac{1-x}{1+x}} \right) \mathrm{d}x.$

解 $\int \left(\sqrt{\frac{1+x}{1-x}} + \sqrt{\frac{1-x}{1+x}} \right) \mathrm{d}x = \int \left[\frac{\sqrt{1-x^2}}{1-x} + \frac{\sqrt{1-x^2}}{1+x} \right] \mathrm{d}x$

$$= \int \sqrt{1-x^2} \left(\frac{1}{1-x} + \frac{1}{1+x} \right) \mathrm{d}x$$

$$= 2 \int \frac{1}{\sqrt{1-x^2}} \mathrm{d}x = 2 \arcsin x + C.$$

6. 用换元法中的凑微分法计算下列不定积分:

(15) $\int x^3 \sqrt[3]{1+x^2} \mathrm{d}x;$ (18) $\int \cos^4 x \mathrm{d}x.$

解 (15) $\int x^3 \sqrt[3]{1+x^2} \mathrm{d}x = \frac{1}{2} \int x^2 \sqrt[3]{1+x^2} \mathrm{d}x^2$

$$= \frac{1}{2} \int (x^2 + 1 - 1) \sqrt[3]{1+x^2} \mathrm{d}x^2$$

$$= \frac{1}{2} \int \left[(x^2+1) \sqrt[3]{1+x^2} - \sqrt[3]{1+x^2} \right] \mathrm{d}x^2$$

$$= \frac{1}{2} \int (x^2+1)^{\frac{4}{3}} \mathrm{d}(x^2+1) - \frac{1}{2} \int (1+x^2)^{\frac{1}{3}} \mathrm{d}(x^2+1)$$

$$= \frac{1}{2} \cdot \frac{3}{7} (x^2+1)^{\frac{7}{3}} - \frac{1}{2} \cdot \frac{3}{4} (x^2+1)^{\frac{4}{3}} + C.$$

(18) $\int \cos^4 x \mathrm{d}x = \int \left(\frac{1+\cos 2x}{2} \right)^2 \mathrm{d}x = \frac{1}{4} \int [1 + 2\cos 2x + \cos^2 2x] \mathrm{d}x$

$$= \frac{1}{4} \int \left[1 + 2\cos 2x + \frac{1+\cos 4x}{2} \right] \mathrm{d}x$$

$$= \frac{1}{4} \int 1 \mathrm{d}x + \frac{1}{4} \int \cos 2x \mathrm{d}2x + \frac{1}{8} \int 1 \mathrm{d}x + \frac{1}{32} \int \cos 4x \mathrm{d}4x$$

$$= \frac{3}{8} x + \frac{1}{4} \sin 2x + \frac{1}{32} \sin 4x + C.$$

7. 用换元法计算下列不定积分：

(5) $\displaystyle\int \frac{\arctan\sqrt{x}}{\sqrt{x}} \cdot \frac{1}{1+x} \mathrm{d}x$;　　　　(7) $\displaystyle\int \frac{1}{(1-x^2)^{\frac{3}{2}}} \mathrm{d}x$;

(9) $\displaystyle\int \frac{1}{(x^2+a^2)^{\frac{3}{2}}} \mathrm{d}x$;　　　　(16) $\displaystyle\int \frac{1}{x^4\sqrt{x^2+1}} \mathrm{d}x$.

解　(5) 令 $\sqrt{x}=t$，则 $x=t^2$，$\mathrm{d}x=2t\mathrm{d}t$，于是

$$\int \frac{\arctan\sqrt{x}}{\sqrt{x}} \cdot \frac{1}{1+x} \mathrm{d}x = \int \frac{\arctan t}{t} \cdot \frac{1}{1+t^2} \cdot 2t\mathrm{d}t$$

$$= 2\int \arctan t \mathrm{d}\arctan t = (\arctan t)^2 + C$$

$$= (\arctan\sqrt{x})^2 + C.$$

(7) 令 $x=\sin t \left(|t| \leqslant \frac{\pi}{2} \right)$，则 $\mathrm{d}x=\cos t\mathrm{d}t$，于是

$$\int \frac{1}{(1-x^2)^{\frac{3}{2}}} \mathrm{d}x = \int \frac{1}{(1-x^2)\sqrt{(1-x^2)}} \mathrm{d}x = \int \frac{1}{\cos^2 t \cdot \cos t} \cdot \cos t \mathrm{d}t$$

$$= \int \sec^2 t \mathrm{d}t = \tan t + C = \tan(\arcsin x) + C.$$

(9) 令 $x=a\tan t \left(-\frac{\pi}{2} < t < \frac{\pi}{2} \right)$，则 $\mathrm{d}x=a\sec^2 t\mathrm{d}t$，于是

$$\int \frac{1}{(x^2+a^2)^{\frac{3}{2}}} \mathrm{d}x = \int \frac{1}{(x^2+a^2) \cdot (x^2+a^2)^{\frac{1}{2}}} \mathrm{d}x$$

$$= \int \frac{1}{(a^2+a^2\tan^2 t) \cdot (a^2+a^2\tan^2 t)^{\frac{1}{2}}} \cdot a\sec^2 t \mathrm{d}t$$

$$= \int \frac{1}{a^2\sec^2 t \cdot a\sec t} \cdot a\sec^2 t \mathrm{d}t$$

$$= \frac{1}{a^2} \int \cos t \mathrm{d}t = \frac{1}{a^2} \sin t + C = \frac{1}{a^2} \frac{x}{\sqrt{a^2+x^2}} + C.$$

(16) 当 $x>0$ 时，令 $x=\frac{1}{t}$，则 $\mathrm{d}x=-\frac{1}{t^2}\mathrm{d}t$，于是

$$\int \frac{1}{x^4\sqrt{x^2+1}} \mathrm{d}x = -\int \frac{t^3}{\sqrt{1+t^2}} \mathrm{d}t = -\frac{1}{2} \int \frac{t^2+1-1}{\sqrt{1+t^2}} \mathrm{d}t^2$$

$$= -\frac{1}{2} \int (1+t^2)^{\frac{1}{2}} \mathrm{d}(t^2+1) + \frac{1}{2} \int (1+t^2)^{-\frac{1}{2}} \mathrm{d}(t^2+1)$$

$$= -\frac{1}{3} (1+t^2)^{\frac{3}{2}} + (1+t^2)^{\frac{1}{2}} + C$$

$$=-\frac{1}{3}\left(1+\frac{1}{x^2}\right)^{\frac{3}{2}}+\left(1+\frac{1}{x^2}\right)^{\frac{1}{2}}+C.$$

当 $x<0$ 时,方法类似,留给读者.

8. 用万能代换求下列不定积分:

(1) $\displaystyle\int\frac{1}{1+\tan x}\mathrm{d}x$;　　(3) $\displaystyle\int\frac{1}{\sin x+\cos x}\mathrm{d}x$.

解　(1) 本题的做法较多,最简单的方法是凑微分法,也可作代换 $\tan x=t$,或万能代换 $\tan\dfrac{x}{2}=t$,用万能代换比较复杂,这里只给出凑微分法.

$$\begin{aligned}
\int\frac{1}{1+\tan x}\mathrm{d}x &=\int\frac{\cos x}{\cos x+\sin x}\mathrm{d}x\\
&=\frac{1}{2}\int\frac{\cos x+\sin x+(\cos x-\sin x)}{\cos x+\sin x}\mathrm{d}x\\
&=\frac{1}{2}\int\mathrm{d}x+\frac{1}{2}\int\frac{1}{\cos x+\sin x}\mathrm{d}(\cos x+\sin x)\\
&=\frac{1}{2}x+\frac{1}{2}\ln|\cos x+\sin x|+C.
\end{aligned}$$

(3) 令 $\tan\dfrac{x}{2}=t$,则 $\mathrm{d}x=\dfrac{2}{1+t^2}\mathrm{d}t$,$\sin x=\dfrac{2t}{1+t^2}$,$\cos x=\dfrac{1-t^2}{1+t^2}$,于是

$$\int\frac{1}{\sin x+\cos x}\mathrm{d}x=-2\int\frac{1}{t^2-2t-1}\mathrm{d}t=2\int\frac{1}{2-(t-1)^2}\mathrm{d}(t-1)$$

$$=2\frac{1}{2\sqrt{2}}\ln\left|\frac{\sqrt{2}+t-1}{\sqrt{2}-t+1}\right|+C=\frac{\sqrt{2}}{2}\ln\left|\frac{\sqrt{2}+\tan\dfrac{x}{2}-1}{\sqrt{2}-\tan\dfrac{x}{2}+1}\right|+C.$$

9. 用分部积分法求下列不定积分:

(8) $\displaystyle\int\ln(x+\sqrt{1+x^2})\mathrm{d}x$;　　(9) $\displaystyle\int\frac{x\mathrm{e}^x}{(x+1)^2}\mathrm{d}x$;

(15) $\displaystyle\int\frac{x^2}{1+x^2}\cdot\arctan x\,\mathrm{d}x$;　　(17) $\displaystyle\int x\sqrt{1-x^2}\arcsin x\,\mathrm{d}x$;

(18) $\displaystyle\int\sin 2x\cdot\ln\tan x\,\mathrm{d}x$;　　(20) $\displaystyle\int\sqrt{x}\sin\sqrt{x}\,\mathrm{d}x$.

解　(8) $\displaystyle\int\ln(x+\sqrt{1+x^2})\mathrm{d}x=x\ln(x+\sqrt{1+x^2})-\int x\mathrm{d}\ln(x+\sqrt{1+x^2})$

$$\begin{aligned}
&=x\ln(x+\sqrt{1+x^2})\\
&\quad-\int\frac{x}{x+\sqrt{1+x^2}}\left(1+\frac{x}{\sqrt{1+x^2}}\right)\mathrm{d}x\\
&=x\ln(x+\sqrt{1+x^2})-\int\frac{x}{\sqrt{1+x^2}}\mathrm{d}x\\
&=x\ln(x+\sqrt{1+x^2})-\sqrt{1+x^2}+C.
\end{aligned}$$

(9) $\displaystyle\int\frac{x\mathrm{e}^x}{(x+1)^2}\mathrm{d}x=\int\frac{(x+1)\mathrm{e}^x-\mathrm{e}^x}{(x+1)^2}\mathrm{d}x$

$$= \int \frac{e^x}{x+1} dx - \int \frac{e^x}{(x+1)^2} dx = \int \frac{1}{x+1} de^x - \int \frac{e^x}{(x+1)^2} dx$$

$$= \frac{e^x}{x+1} - \int e^x d\frac{1}{x+1} - \int \frac{e^x}{(x+1)^2} dx$$

$$= \frac{e^x}{x+1} + \int \frac{e^x}{(x+1)^2} dx - \int \frac{e^x}{(x+1)^2} dx = \frac{e^x}{x+1} + C.$$

注 该题在裂项后,被积函数出现$\frac{e^x}{(x+1)}$与$\frac{e^x}{(x+1)^2}$,其中一项使用分部积分法,往往就把另外一项抵消掉了.

$$(15) \int \frac{x^2}{1+x^2} \cdot \arctan x dx = \int \frac{(1+x^2)-1}{1+x^2} \cdot \arctan x dx$$

$$= \int \arctan x dx - \int \frac{\arctan x}{1+x^2} dx$$

$$= \int \arctan x dx - \int \arctan x d\arctan x$$

$$= x\arctan x - \int \frac{x}{1+x^2} dx - \frac{1}{2} (\arctan x)^2$$

$$= x\arctan x - \frac{1}{2} \ln(1+x^2) - \frac{1}{2} (\arctan x)^2 + C.$$

$$(17) \int x \sqrt{1-x^2} \arcsin x dx = \frac{1}{2} \int \sqrt{1-x^2} \arcsin x dx^2$$

$$= -\frac{1}{2} \int \sqrt{1-x^2} \arcsin x d(1-x^2)$$

$$= -\frac{1}{3} \int \arcsin x d(1-x^2)^{\frac{3}{2}}$$

$$= -\frac{1}{3} \Big[(1-x^2)^{\frac{3}{2}} \arcsin x$$

$$- \int (1-x^2)^{\frac{3}{2}} \frac{1}{\sqrt{1-x^2}} dx \Big]$$

$$= -\frac{1}{3} \Big[(1-x^2)^{\frac{3}{2}} \arcsin x - \int (1-x^2) dx \Big]$$

$$= -\frac{1}{3} (1-x^2)^{\frac{3}{2}} \arcsin x + \frac{1}{3} x - \frac{1}{9} x^3 + C.$$

注 此题还有两种常用做法,令$x=\sin t$,或令$\arcsin x=t$.

$$(18) \int \sin 2x \cdot \ln\tan x dx = 2 \int \ln\tan x \cdot \sin x \cos x dx$$

$$= 2 \int \ln\tan x \cdot \sin x d\sin x = \int \ln\tan x d\sin^2 x$$

$$= \sin^2 x \cdot \ln\tan x - \int \sin^2 x \cdot \frac{\sec^2 x}{\tan x} dx$$

$$= \sin^2 x \cdot \ln\tan x - \int \tan x dx$$

$$= \sin^2 x \cdot \ln\tan x + \ln |\cos x| + C.$$

(20) 令$\sqrt{x}=t$,则 $dx=2t dt$,于是

$$\int \sqrt{x} \sin \sqrt{x} \, \mathrm{d}x = \int t \sin t \cdot 2t \mathrm{d}t = -2 \int t^2 \mathrm{d} \cos t$$

$$= -2 \left(t^2 \cos t - \int \cos t \cdot 2t \mathrm{d}t \right)$$

$$= -2t^2 \cos t + 4 \int t \mathrm{d} \sin t$$

$$= -2t^2 \cos t + 4 \left(t \sin t - \int \sin t \mathrm{d}t \right)$$

$$= -2t^2 \cos t + 4t \sin t + 4 \cos t + C$$

$$= -2x \cos \sqrt{x} + 4 \sqrt{x} \sin \sqrt{x} + 4 \cos \sqrt{x} + C.$$

12. 计算下列有理函数的不定积分:

(6) $\displaystyle\int \frac{x^4}{x^3 + x^2 + x + 1} \mathrm{d}x$;　　(8) $\displaystyle\int \frac{x^2}{(x^2 + 2x + 2)^2} \mathrm{d}x$.

解 (6) 被积函数是假分式,先用多项式除法,化为多项式与真分式的和,再将真分式分解为部分分式,再积分.

$$\int \frac{x^4}{x^3 + x^2 + x + 1} \mathrm{d}x = \int (x-1) \mathrm{d}x + \int \frac{1}{x^3 + x^2 + x + 1} \mathrm{d}x$$

$$= \int (x-1) \mathrm{d}x + \int \frac{1}{(x+1)(x^2+1)} \mathrm{d}x,$$

令

$$\frac{1}{(x+1)(x^2+1)} = \frac{A}{x+1} + \frac{Bx+C}{x^2+1},$$

整理,得

$$1 = (A+B)x^2 + (B+C)x + (A+C),$$

根据对应项系数相等,得

$$\begin{cases} A+B=0, \\ B+C=0, \\ A+C=1. \end{cases}$$

解得 $A = \dfrac{1}{2}, B = -\dfrac{1}{2}, C = \dfrac{1}{2}$. 故

$$原式 = \int (x-1) \mathrm{d}x + \frac{1}{2} \int \frac{1}{x+1} \mathrm{d}x - \frac{1}{2} \int \frac{x-1}{x^2+1} \mathrm{d}x$$

$$= \int (x-1) \mathrm{d}x + \frac{1}{2} \int \frac{1}{x+1} \mathrm{d}x - \frac{1}{2} \int \frac{x}{x^2+1} \mathrm{d}x + \frac{1}{2} \int \frac{1}{x^2+1} \mathrm{d}x$$

$$= \frac{1}{2}x^2 - x + \frac{1}{2} \ln |x+1| - \frac{1}{4} \ln(1+x^2) + \frac{1}{2} \arctan x + C.$$

(8) 这是真分式积分,将分子凑成分母,裂项,再积分.

$$\int \frac{x^2}{(x^2+2x+2)^2} \mathrm{d}x = \int \frac{(x^2+2x+2) - 2x - 2}{(x^2+2x+2)^2} \mathrm{d}x$$

$$= \int \frac{1}{x^2+2x+2} \mathrm{d}x - \int \frac{2x+2}{(x^2+2x+2)^2} \mathrm{d}x$$

$$= \int \frac{1}{(x+1)^2+1} \mathrm{d}x - \int \frac{1}{(x^2+2x+2)^2} \mathrm{d}(x^2+2x+2)$$

$$= \arctan(x+1) + \frac{1}{x^2+2x+2} + C.$$

(B)

1. 求下列不定积分：

(3) $\displaystyle\int \frac{\arctan \dfrac{1}{x}}{1+x^2}\mathrm{d}x$;

(7) $\displaystyle\int \frac{1}{(\sin x + 2\cos x)^2}\mathrm{d}x$;

(10) $\displaystyle\int \frac{(1-x)\arcsin(1-x)}{\sqrt{2x-x^2}}\mathrm{d}x$;

(12) $\displaystyle\int \frac{\ln(1+\mathrm{e}^x)}{\mathrm{e}^x}\mathrm{d}x$;

(14) $\displaystyle\int \mathrm{e}^{2x}\sec^2\mathrm{e}^x\,\mathrm{d}x$;

(16) $\displaystyle\int \frac{1}{\mathrm{e}^x(1+\mathrm{e}^{2x})}\mathrm{d}x$;

(17) $\displaystyle\int \frac{1}{1+x^2}\arctan\frac{1+x}{1-x}\mathrm{d}x$;

(20) $\displaystyle\int \mathrm{e}^{2x}(1+\tan x)^2\,\mathrm{d}x$;

(27) $\displaystyle\int \frac{1}{\sin x - \cos x - 5}\mathrm{d}x$.

解 (3) 令 $\dfrac{1}{x}=t$，则 $\mathrm{d}x=-\dfrac{1}{t^2}\mathrm{d}t$，于是

$$\int \frac{\arctan \dfrac{1}{x}}{1+x^2}\mathrm{d}x = \int \frac{\arctan t}{1+\dfrac{1}{t^2}}\cdot\left(-\frac{1}{t^2}\right)\mathrm{d}t = -\int \arctan t\,\mathrm{d}\arctan t$$

$$= -\frac{1}{2}(\arctan t)^2 + C = -\frac{1}{2}\left(\arctan\frac{1}{x}\right)^2 + C.$$

(7) $\displaystyle\int \frac{1}{(\sin x + 2\cos x)^2}\mathrm{d}x = \int \frac{1}{(\tan x + 2)^2}\cdot\frac{1}{\cos^2 x}\mathrm{d}x$

$$= \int \frac{1}{(\tan x + 2)^2}\mathrm{d}(\tan x + 2) = -\frac{1}{\tan x + 2} + C.$$

(10) 令 $1-x=t$，则 $\mathrm{d}x=-\mathrm{d}t$，于是

$$\int \frac{(1-x)\arcsin(1-x)}{\sqrt{2x-x^2}}\mathrm{d}x = -\int \frac{t\arcsin t}{\sqrt{1-t^2}}\mathrm{d}t = \int \arcsin t\,\mathrm{d}\sqrt{1-t^2}$$

$$= \sqrt{1-t^2}\arcsin t - \int \sqrt{1-t^2}\cdot\frac{1}{\sqrt{1-t^2}}\mathrm{d}t$$

$$= \sqrt{1-t^2}\arcsin t - t + C$$

$$= \sqrt{2x-x^2}\arcsin(1-x) - (1-x) + C.$$

(12) 令 $\mathrm{e}^x=t$，则 $\mathrm{d}x=\dfrac{1}{t}\mathrm{d}t$，于是

$$\int \frac{\ln(1+\mathrm{e}^x)}{\mathrm{e}^x}\mathrm{d}x = \int \frac{\ln(1+t)}{t^2}\mathrm{d}t$$

$$= -\int \ln(1+t)\mathrm{d}\left(\frac{1}{t}\right) = -\left[\frac{\ln(1+t)}{t} - \int \frac{1}{t}\cdot\frac{1}{1+t}\mathrm{d}t\right]$$

$$= -\frac{\ln(1+t)}{t} + \int \left(\frac{1}{t} - \frac{1}{1+t}\right)\mathrm{d}t$$

$$=-\frac{\ln(1+t)}{t}+\ln|t|-\ln|1+t|+C$$

$$=-\frac{\ln(1+e^x)}{e^x}+x-\ln(1+e^x)+C.$$

(14) $\displaystyle\int e^{2x}\sec^2 e^x dx=\int e^x(\sec^2 e^x)\cdot e^x dx=\int e^x\sec^2 e^x de^x$

$$=\int e^x d\tan e^x=e^x\tan e^x-\int\tan e^x de^x$$

$$=e^x\tan e^x+\ln|\cos e^x|+C.$$

(16) $\displaystyle\int\frac{1}{e^x(1+e^{2x})}dx=\int\frac{e^x}{e^{2x}(1+e^{2x})}dx=\int\frac{1}{e^{2x}(1+e^{2x})}de^x$

$$=\int\left(\frac{1}{e^{2x}}-\frac{1}{1+e^{2x}}\right)de^x=\int\frac{1}{(e^x)^2}de^x-\int\frac{1}{1+(e^x)^2}de^x$$

$$=-\frac{1}{e^x}-\arctan e^x+C.$$

(17) 令 $\dfrac{1+x}{1-x}=t$, 则 $dx=\dfrac{2}{(t+1)^2}dt$, 于是

$$\int\frac{1}{1+x^2}\arctan\frac{1+x}{1-x}dx=\int\frac{1}{1+t^2}\arctan t\, dt=\int\arctan t\, d\arctan t$$

$$=\frac{1}{2}(\arctan t)^2+C=\frac{1}{2}\left(\arctan\frac{1+x}{1-x}\right)^2+C.$$

注 此题也可用凑微分法来做, 即 $\dfrac{1}{1+x^2}dx=d\arctan\dfrac{1+x}{1-x}$.

(20) $\displaystyle\int e^{2x}(1+\tan x)^2 dx=\int e^{2x}(1+2\tan x+\tan^2 x)dx$

$$=\int e^{2x}(1+2\tan x+\sec^2 x-1)dx$$

$$=2\int e^{2x}\tan x\, dx+\int e^{2x}d\tan x$$

$$=2\int e^{2x}\tan x\, dx+e^{2x}\tan x-2\int\tan x e^{2x}dx$$

$$=e^{2x}\tan x+C.$$

(27) 令 $\tan\dfrac{x}{2}=t$, 则

$$\sin x=\frac{2t}{1+t^2},\quad \cos x=\frac{1-t^2}{1+t^2},\quad dx=\frac{2}{1+t^2}dt,$$

于是

$$\int\frac{1}{\sin x-\cos x-5}dx=\int\frac{1}{t-3}dt=\ln|t-3|+C=\ln\left|\tan\frac{x}{2}-3\right|+C.$$

3. 设 $F(x)=\displaystyle\int\frac{\sin^2 x}{\sin x+\cos x}dx, G(x)=\int\frac{\cos^2 x}{\sin x+\cos x}dx$, 求: $F(x)+G(x)$, $G(x)-F(x), F(x)$.

解 $F(x)+G(x)=\displaystyle\int\frac{1}{\sin x+\cos x}dx=\frac{\sqrt{2}}{2}\int\frac{1}{\sin x\cos\dfrac{\pi}{4}+\cos x\sin\dfrac{\pi}{4}}dx$

$$= \frac{\sqrt{2}}{2} \int \frac{1}{\sin\left(x + \frac{\pi}{4}\right)} dx$$

$$= \frac{\sqrt{2}}{2} \ln \left| \csc\left(x + \frac{\pi}{4}\right) - \cot\left(x + \frac{\pi}{4}\right) \right| + C_1,$$

$$G(x) - F(x) = \int \frac{\cos^2 x - \sin^2 x}{\sin x + \cos x} dx = \int (\cos x - \sin x) dx = \sin x + \cos x + C_2,$$

$$2F(x) = F(x) + G(x) - [G(x) - F(x)]$$

$$= \frac{\sqrt{2}}{2} \ln \left| \csc\left(x + \frac{\pi}{4}\right) - \cot\left(x + \frac{\pi}{4}\right) \right| - \sin x - \cos x + C_3,$$

$$F(x) = \frac{\sqrt{2}}{4} \ln \left| \csc\left(x + \frac{\pi}{4}\right) - \cot\left(x + \frac{\pi}{4}\right) \right| - \frac{1}{2} \sin x - \frac{1}{2} \cos x + C.$$

6. (1990 年) 求不定积分 $\int \frac{x\cos^4 \frac{x}{2}}{\sin^3 x} dx$.

解 $\int \frac{x\cos^4 \frac{x}{2}}{\sin^3 x} dx = -\frac{1}{4} \int \frac{x(1+\cos x)^2}{(1-\cos^2 x)^2} d\cos x = \frac{1}{4} \int x d \frac{1}{\cos x - 1}$

$$= \frac{x}{4(\cos x - 1)} - \frac{1}{4} \cot \frac{x}{2} + C.$$

9. 见本章例 14.

12. (2002 年) 设 $f(\sin^2 x) = \frac{x}{\sin x}$, 求不定积分 $\int \frac{\sqrt{x}}{\sqrt{1-x}} f(x) dx$.

解 令 $u = \sin^2 x$, 则

$$\sin x = \sqrt{u}, \quad x = \arcsin \sqrt{u}, \quad f(u) = \frac{\arcsin \sqrt{u}}{\sqrt{u}},$$

于是

$$\int \frac{\sqrt{x}}{\sqrt{1-x}} f(x) dx = \int \frac{\arcsin \sqrt{x}}{\sqrt{1-x}} dx = -\int \frac{\arcsin \sqrt{x}}{\sqrt{1-x}} d(1-x)$$

$$= -2 \int \arcsin \sqrt{x} d \sqrt{1-x}$$

$$= -2 \sqrt{1-x} \arcsin \sqrt{x} + 2 \int \sqrt{1-x} \cdot \frac{1}{\sqrt{1-x}} (\sqrt{x})' dx$$

$$= -2 \sqrt{1-x} \arcsin \sqrt{x} + 2 \sqrt{x} + C.$$

13. (2009 年) 计算不定积分 $\int \ln\left(1 + \sqrt{\frac{1+x}{x}}\right) dx \ (x > 0)$.

解 令 $\sqrt{\frac{1+x}{x}} = t$, 则

$$x = \frac{1}{t^2 - 1}, \quad dx = \frac{-2t dt}{(t^2 - 1)^2},$$

于是

$$\int \ln\left(1+\sqrt{\frac{1+x}{x}}\right)dx = \int \ln(1+t)d\left(\frac{1}{t^2-1}\right) = \frac{\ln(1+t)}{t^2-1} - \int \frac{1}{(1+t)^2(t-1)}dt$$

$$= \frac{\ln(1+t)}{t^2-1} - \int \left[\frac{1}{4(t-1)} - \frac{1}{4(t+1)} - \frac{1}{2(1+t)^2}\right]dt$$

$$= \frac{\ln(1+t)}{t^2-1} + \frac{1}{4}\ln\left|\frac{t+1}{t-1}\right| - \frac{1}{2(1+t)} + C$$

$$= x\ln\left(1+\sqrt{\frac{1+x}{x}}\right) + \frac{1}{2}\ln(\sqrt{1+x}+\sqrt{x}) - \frac{\sqrt{x}}{2(\sqrt{1+x}+\sqrt{x})} + C.$$

五、自 测 题

1. 填空题.

(1) 若 $\int f'(x^3)dx = x^3 + C$,则 $f(x) = $ _____.

(2) 若 $\int f(x)dx = F(x) + C$,则 $\int e^{-x}f(e^{-x})dx = $ _____.

(3) 设 e^{-x} 是 $f(x)$ 的一个原函数,则 $\int xf(x)dx = $ _____.

(4) 若 $f(x)$ 的一个原函数是 $\sin x$,则 $\int f''(x)dx = $ _____.

(5) 若 $f'(\sin^2 x) = \cos^2 x$,则 $f(x) = $ _____.

(6) $\int [f(x) + xf'(x)]dx = $ _____.

(7) 已知某函数的导数为 $f(x) = \dfrac{1}{\sqrt{1-x^2}}$,且当 $x=1$ 时,函数值为 $\dfrac{3\pi}{2}$,则此函数为 $F(x) = $ _____.

(8) 已知 $\int \dfrac{f'(\ln x)}{x}dx = x^2 + C$,则 $f(x) = $ _____.

(9) 已知 $f'(\tan^2 x) = \sec^2 x$,且 $f(0)=1$,则 $f(x) = $ _____.

(10) 若 $\int f(x)e^{-\frac{1}{x}}dx = xe^{-\frac{1}{x}} + C$,则 $f(x) = $ _____.

(11) 设 $f(x)$ 的导函数为 $\cos x$,则 $f(x)$ 的原函数是 _____.

(12) $\int \dfrac{e^{2x}}{3+e^{4x}}dx = $ _____.

(13) $\int$ _____ $dx = \ln\sin x + C$.

(14) $\int \dfrac{x^9}{x^{20}+4x^{10}+20}dx = $ _____.

(15) 已知 $F(x)$ 是 $f(x)$ 的一个原函数,则 $\int xf(1-5x^2)dx = $ _____.

(16) 若 $\int f(\sqrt{x})dx = x^2 + C$,则 $\int f(x)dx = $ _____.

(17) $\int \dfrac{\sec^2 x}{4+\tan^2 x}\mathrm{d}x = $ _____.

(18) 若曲线 $y=f(x)$ 过点 $\left(0,-\dfrac{1}{2}\right)$，且其上任一点 (x,y) 处的切线斜率为 $x\ln(1+x^2)$，则 $f(x)=$ _____.

(19) 已知曲线 $y=f(x)$ 上任意一点的切线斜率为 ax^2-3x-6，且 $x=-1$ 时，$y=\dfrac{11}{2}$ 为极大值，则 $f(x)=$ _____，$f(x)$ 的极小值是 _____.

2. 单项选择题.

(1) 若 $\dfrac{2}{3}\ln(\cos 2x)$ 是 $f(x)=k\tan 2x$ 的一个原函数，则 $k=$ (   ).

(A) $\dfrac{2}{3}$；　　　(B) $-\dfrac{2}{3}$；　　　(C) $\dfrac{4}{3}$；　　　(D) $-\dfrac{4}{3}$.

(2) 设 $f'(\ln x)=1+x$，则 $f(x)=$ (   ).

(A) $x+\mathrm{e}^x+C$；　　　　　　(B) $\mathrm{e}^x+\dfrac{1}{2}x^2+C$；

(C) $\ln x+\dfrac{1}{2}(\ln x)^2+C$；　　　(D) $\mathrm{e}^x+\dfrac{1}{2}\mathrm{e}^{2x}+C$.

(3) 若 $\int f(x)\mathrm{d}x=x^2+C$，则 $\int xf(1-x^2)\mathrm{d}x=$ (   ).

(A) $2(1-x^2)^2+C$；　　　　　(B) $-2(1-x^2)^2+C$；

(C) $\dfrac{1}{2}(1-x^2)^2+C$；　　　　(D) $-\dfrac{1}{2}(1-x^2)^2+C$.

(4) 设 $\int f(x)\mathrm{d}x=\sin x+C$，则 $\int \dfrac{f(\arcsin x)}{\sqrt{1-x^2}}\mathrm{d}x=$ (   ).

(A) $\arcsin x+C$；　　　　　　(B) $\sin\sqrt{1-x^2}+C$；

(C) $\dfrac{1}{2}(\arcsin x)^2+C$；　　　(D) $x+C$.

(5) 已知 $f'(\cos x)=\sin x$，则 $f(\cos x)=$ (   ).

(A) $-\cos x+C$；　　　　　　(B) $\cos x+C$；

(C) $\dfrac{1}{2}(x-\sin x\cos x)+C$；　(D) $\dfrac{1}{2}(\sin x\cos x-x)+C$.

(6) $\int xf(x^2)f'(x^2)\mathrm{d}x=$ (   ).

(A) $\dfrac{1}{2}f(x^2)+C$；　　　　　(B) $\dfrac{1}{2}f^2(x^2)+C$；

(C) $\dfrac{1}{4}f^2(x^2)+C$；　　　　　(D) $\dfrac{1}{4}x^2f^2(x^2)+C$.

(7) 设 $\int xf(x)\mathrm{d}x=\arcsin x+C$，则 $\int \dfrac{1}{f(x)}\mathrm{d}x=$ (   ).

(A) $-\dfrac{3}{4}\sqrt{(1-x^2)^3}+C$；　　(B) $-\dfrac{1}{3}\sqrt{(1-x^2)^3}+C$；

(C) $\dfrac{3}{4}\sqrt[3]{(1-x^2)^2}+C$; (D) $\dfrac{2}{3}\sqrt[3]{(1-x^2)^2}+C$.

(8) 若 $\sin x$ 是 $f(x)$ 的一个原函数, 则 $\displaystyle\int xf'(x)\mathrm{d}x=($).

(A) $x\cos x-\sin x+C$; (B) $x\sin x+\cos x+C$;

(C) $x\cos x+\sin x+C$; (D) $x\sin x-\cos x+C$.

(9) 已知 $f'(\mathrm{e}^x)=1+x$, 则 $f(x)=($).

(A) $1+\ln x+C$; (B) $x\ln x+C$;

(C) $x+\dfrac{x^2}{2}+C$; (D) $x\ln x-x+C$.

(10) 下列结论正确的是( ).

(A) 周期函数的原函数一定是周期函数;

(B) 周期函数的原函数一定不是周期函数;

(C) 奇函数的原函数一定是偶函数;

(D) 偶函数的原函数一定是奇函数.

(11) 若 $\displaystyle\int\dfrac{f(x)}{x^2+1}\mathrm{d}x=\ln(x^2+1)+C$, 则 $f(x)=($).

(A) x^2; (B) $2x$; (C) x; (D) $\dfrac{x}{2}$.

(12) 在区间 (a,b) 内, 如果 $f'(x)=g'(x)$, 则一定有( ).

(A) $f(x)=g(x)$; (B) $f(x)=g(x)+C$;

(C) $\left[\displaystyle\int f(x)\mathrm{d}x\right]'=\left[\displaystyle\int g(x)\mathrm{d}x\right]'$; (D) $\displaystyle\int f'(x)\mathrm{d}x=\dfrac{\mathrm{d}}{\mathrm{d}x}\left[\displaystyle\int f(x)\mathrm{d}x\right]$.

(13) 下列等式中, 正确的是( ).

(A) $\displaystyle\int f'(x)\mathrm{d}x=f(x)$; (B) $\dfrac{\mathrm{d}}{\mathrm{d}x}\displaystyle\int f(x^2)\mathrm{d}x=f(x^2)$;

(C) $\displaystyle\int \mathrm{d}f(x)=f(x)$; (D) $\mathrm{d}\displaystyle\int f(x)\mathrm{d}x=f(x)$.

(14) 若 $\displaystyle\int f(x)\mathrm{d}x=F(x)+C$, 则下列各式中( ) 是错误的.

(A) $\displaystyle\int\dfrac{f(\sqrt{x})}{\sqrt{x}}\mathrm{d}x=F(\sqrt{x})+C$; (B) $\displaystyle\int\dfrac{f\left(\dfrac{1}{x}\right)}{x^2}\mathrm{d}x=-F\left(\dfrac{1}{x}\right)+C$;

(C) $\displaystyle\int\dfrac{f(\tan x)\mathrm{d}x}{\cos^2 x}=F(\tan x)+C$; (D) $\displaystyle\int\dfrac{f(\ln x)}{x}\mathrm{d}x=F(\ln x)+C$.

(15) 设 $f(x)=\arcsin x$, 则 $\displaystyle\int f'(\sin x)\cos x\mathrm{d}x=($).

(A) $-x+C$; (B) $x+C$;

(C) $x\arccos x+C$; (D) $\arcsin x+C$.

3. 计算下列不定积分:

(1) $\displaystyle\int\dfrac{\ln\sin x}{\sin^2 x}\mathrm{d}x$; (2) $\displaystyle\int\dfrac{\sqrt{x}}{\sqrt{1-x}}f(x)\mathrm{d}x\left(\text{其中 } f(\sin^2 x)=\dfrac{x}{\sin x}\right)$;

(3) $\int \dfrac{1+\cos x}{(x+\sin x)^2}\mathrm{d}x;$ (4) $\int \mathrm{e}^{\sqrt{2x-1}}\mathrm{d}x;$

(5) $\int \dfrac{x+\ln(1-x)}{x^2}\mathrm{d}x;$ (6) $\int \dfrac{\arctan \mathrm{e}^x}{\mathrm{e}^{2x}}\mathrm{d}x;$

(7) $\int \dfrac{x^3}{\sqrt{1-x^2}}\mathrm{d}x;$ (8) $\int \dfrac{x+1}{x^2\sqrt{x^2-1}}\mathrm{d}x;$

(9) $\int x\mathrm{e}^{-3x}\mathrm{d}x;$ (10) $\int \dfrac{x-2}{x^2+2x+3}\mathrm{d}x;$

(11) $\int \dfrac{\ln x}{x\sqrt{1+\ln x}}\mathrm{d}x;$ (12) $\int \dfrac{x\mathrm{e}^x}{(1+\mathrm{e}^x)^2}\mathrm{d}x.$

4. 计算题.

设 $F(x)$ 为 $f(x)$ 的原函数, 当 $x\geqslant 0$ 时, 有 $f(x)F(x)=\sin^2 2x$, 且 $F(0)=1$, $F(x)\geqslant 0$, 求 $f(x)$.

六、自测题参考答案

1. 填空题.

(1) $\dfrac{9}{5}x^{\frac{5}{3}}+C;$ (2) $-F(\mathrm{e}^{-x})+C;$ (3) $\mathrm{e}^{-x}(x+1)+C;$ (4) $-\sin x+C;$

(5) $x-\dfrac{1}{2}x^2+C;$ (6) $xf(x)+C;$ (7) $\arcsin x+\pi;$ (8) $\mathrm{e}^{2x}+C;$

(9) $\dfrac{1}{2}x^2+x+1;$ (10) $\dfrac{1}{x}+1;$ (11) $-\cos x+C_1x+C_2;$

(12) $\dfrac{1}{2\sqrt{3}}\arctan \dfrac{\mathrm{e}^{2x}}{\sqrt{3}}+C;$ (13) $\dfrac{\cos x}{\sin x};$ (14) $\dfrac{1}{40}\arctan \dfrac{x^{10}+2}{4}+C;$

(15) $-\dfrac{1}{10}F(1-5x^2)+C;$ (16) $\dfrac{2}{3}x^3;$ (17) $\dfrac{1}{2}\arctan \dfrac{\tan x}{2}+C;$

(18) $\dfrac{1}{2}[(1+x^2)\ln(1+x^2)-x^2-1];$ (19) $x^3-\dfrac{3}{2}x^2-6x+2,-8.$

2. 单项选择题.

(1) (D);   (2) (A);   (3) (D);   (4) (D);   (5) (D);   (6) (C);

(7) (B);   (8) (A);   (9) (B);   (10) (C);   (11) (B);   (12) (B);

(13) (B);   (14) (A);   (15) (B).

3. 计算下列不定积分:

(1) $-\cot x\cdot\ln\sin x-\cot x-x+C;$

(2) $-2\sqrt{1-x}\arcsin\sqrt{x}+2\sqrt{x}+C;$ (3) $-\dfrac{1}{x+\sin x}+C;$

(4) $\mathrm{e}^{\sqrt{2x-1}}(\sqrt{2x-1}-1)+C;$ (5) $\left(1-\dfrac{1}{x}\right)\ln(1-x)+C;$

(6) $-\dfrac{1}{2}(\mathrm{e}^{-2x}\arctan \mathrm{e}^x+\mathrm{e}^{-x}+\arctan \mathrm{e}^x)+C;$

(7) $\dfrac{1}{3}\sqrt{(1-x^2)^3}-\sqrt{1-x^2}+C$;

(8) $\dfrac{\sqrt{x^2-1}}{x}+\arccos\dfrac{1}{x}+C$;

(9) $-\dfrac{1}{3}x\mathrm{e}^{-3x}-\dfrac{1}{9}\mathrm{e}^{-3x}+C$;

(10) $\dfrac{1}{2}\ln(x^2+2x+3)-\dfrac{3}{\sqrt{2}}\arctan\dfrac{x+1}{\sqrt{2}}+C$;

(11) $\dfrac{2}{3}\sqrt{1+\ln x}(\ln x-2)+C$;

(12) $-\left[\dfrac{x}{1+\mathrm{e}^x}-x+\ln(1+\mathrm{e}^x)\right]+C$.

4. 计算题.

$$f(x)=\dfrac{\sin^2 2x}{\sqrt{x-\dfrac{1}{4}\sin 4x+1}}.$$

第6章 定 积 分

一、基 本 要 求

(1) 理解定积分的概念,并能利用定积分的定义求最简单的定积分.

(2) 掌握定积分的性质及积分中值定理,会运用定积分的性质证明定积分等式和定积分不等式.

(3) 掌握定积分变上限函数的求导法则及其应用.

(4) 熟练掌握牛顿——莱布尼茨公式.

(5) 熟练掌握定积分的换元法和分部积分法,并运用它们证明定积分等式.

(6) 了解广义积分的概念与计算.

(7) 熟练掌握定积分的思想,并会运用它求平面图形的面积、平行截面面积已知的立体的体积、旋转体体积.

(8) 了解定积分在经济中的应用.

二、内 容 提 要

1. 定积分的概念与性质

1) 定积分的概念

设函数 $f(x)$ 在闭区间 $[a,b]$ 上有定义,如果极限

$$\lim_{\lambda \to 0} \sum_{i=1}^{n} f(\xi_i) \Delta x_i$$

存在,则称此极限值为函数 $f(x)$ 在区间 $[a,b]$ 上的**定积分**,记作 $\int_a^b f(x)\mathrm{d}x$. 即

$$\int_a^b f(x)\mathrm{d}x = \lim_{\lambda \to 0} \sum_{i=1}^{n} f(\xi_i) \Delta x_i.$$

2) 关于函数可积性的几个重要结论

(1) 可积函数必有界;

(2) 闭区间上的连续函数可积;

(3) 在有限区间上只有有限个间断点的有界函数可积.

3) 定积分的几何意义

如果连续函数 $f(x) \geqslant 0, a < b$,则由曲线 $y=f(x)$,直线 $x=a, x=b$ 及 x 轴所围成的曲边梯形的面积 S 就是 $f(x)$ 在区间 $[a,b]$ 上的定积分,即 $S = \int_a^b f(x)\mathrm{d}x.$

4) 定积分的基本性质

(1) 常数因子可以提到积分号前,即

$$\int_a^b kf(x)\mathrm{d}x = k\int_a^b f(x)\mathrm{d}x \quad (k \text{ 为常数}).$$

(2) 函数代数和的积分等于函数积分的代数和,即

$$\int_a^b [f(x) \pm g(x)]\mathrm{d}x = \int_a^b f(x)\mathrm{d}x \pm \int_a^b g(x)\mathrm{d}x.$$

(3) (定积分的可加性)   如果积分区间 $[a,b]$ 被点 c 分成两个小区间 $[a,c]$ 与 $[c,b]$,则

$$\int_a^b f(x)\mathrm{d}x = \int_a^c f(x)\mathrm{d}x + \int_c^b f(x)\mathrm{d}x.$$

(4) (定积分的单调性)   如果函数 $f(x)$ 与 $g(x)$ 在区间 $[a,b]$ 上总满足条件 $f(x) \leqslant g(x)$,则

$$\int_a^b f(x)\mathrm{d}x \leqslant \int_a^b g(x)\mathrm{d}x.$$

推论 1   若 $f(x) \geqslant 0(\leqslant 0), x \in [a,b]$,则有 $\int_a^b f(x)\mathrm{d}x \geqslant 0(\leqslant 0)$.

推论 2   若 $f(x)$ 在 $[a,b]$ 上可积,则有

$$\left| \int_a^b f(x)\mathrm{d}x \right| \leqslant \int_a^b |f(x)|\,\mathrm{d}x.$$

(5) 如果被积函数 $f(x)=1$,则有 $\int_a^b 1\mathrm{d}x = b-a$.

(6) 如果函数 $f(x)$ 在区间 $[a,b]$ 上的最大值与最小值分别为 M 和 m,则

$$m(b-a) \leqslant \int_a^b f(x)\mathrm{d}x \leqslant M(b-a).$$

(7) (积分中值定理)   如果函数 $f(x)$ 在区间 $[a,b]$ 上连续,则在 $[a,b]$ 内至少有一点 ξ 使得

$$\int_a^b f(x)\mathrm{d}x = f(\xi)(b-a), \quad \xi \in [a,b].$$

$\dfrac{1}{b-a}\int_a^b f(x)\mathrm{d}x$ 称为函数 $f(x)$ 在 $[a,b]$ 上的**平均值**.

2. 微积分基本定理

1) 可变上限定积分的导数

若 $f(x)$ 在区间 $[a,b]$ 上连续,则变上限的定积分 $\int_a^x f(t)\mathrm{d}t, x \in [a,b]$ 在 $[a,b]$ 上可导,且其导数 $f(x)$.

2) 原函数存在定理

若函数 $f(x)$ 在区间 $[a,b]$ 上连续,则 $\Phi(x) = \int_a^x f(t)\mathrm{d}t$ 就是 $f(x)$ 在区间 $[a,b]$ 上的一个原函数.

3) 变上、下限函数定积分的导数

设 $f(x)$ 在区间 $[a,b]$ 上连续,$\alpha(x), \beta(x)$ 在 $[a,b]$ 上可导,且

$$a \leqslant \alpha(x), \quad \beta(x) \leqslant b, \quad x \in [a,b],$$

则有

$$\left(\int_{\alpha(x)}^{\beta(x)} f(t) \mathrm{d}t\right)' = f[\beta(x)] \cdot \beta'(x) - f[\alpha(x)] \cdot \alpha'(x).$$

4) 牛顿-莱布尼茨公式

设函数 $f(x)$ 在 $[a,b]$ 上连续,且 $F(x)$ 是 $f(x)$ 的一个原函数,则有公式

$$\int_a^b f(x) \mathrm{d}x = F(x) \Big|_a^b = F(b) - F(a).$$

3. 定积分的换元积分法

1) 定积分的换元积分法

设 $f(x)$ 在 $[a,b]$ 上连续,函数 $x = \varphi(t)$ 满足

(1) $\varphi(\alpha) = a, \varphi(\beta) = b$;

(2) $\varphi(t)$ 在 $[\alpha,\beta]$ 或 $[\beta,\alpha]$ 上单调,且导数 $\varphi'(t)$ 连续,

则有

$$\int_a^b f(x) \mathrm{d}x = \int_\alpha^\beta f[\varphi(t)] \cdot \varphi'(t) \mathrm{d}t.$$

2) 两个结论

(1) 对称区间 $[-a,a]$ $(a>0)$ 上奇偶函数定积分的性质

$$\int_{-a}^a f(x) \mathrm{d}x = 0 \quad (f(x) \text{ 是奇函数});$$

$$\int_{-a}^a f(x) \mathrm{d}x = 2\int_0^a f(x) \mathrm{d}x \quad (f(x) \text{ 是偶函数}).$$

(2) 周期函数定积分的性质

$$\int_a^{a+T} f(x) \mathrm{d}x = \int_0^T f(x) \mathrm{d}x \quad (T \text{ 为 } f(x) \text{ 的周期}).$$

4. 定积分的分部积分法

设函数 $u = u(x), v = v(x)$ 在区间 $[a,b]$ 上有连续的导数,则有定积分的分部积分公式

$$\int_a^b u(x) \mathrm{d}v(x) = [u(x)v(x)] \Big|_a^b - \int_a^b v(x) \mathrm{d}u(x).$$

5. 定积分的应用

(1) 由 $x=a, x=b, y=f(x), y=g(x)$ 所围成的平面图形的面积为

$$S = \int_a^b |f(x) - g(x)| \mathrm{d}x;$$

(2) 平行截面面积 $S(x)$ 已知的立体的体积为

$$V = \int_a^b S(x) \mathrm{d}x;$$

(3) 由 $x=a, x=b, x$ 轴及 $y=f(x)$ 所围成的平面图形的面积绕 x 轴旋转一周

所得体积为

$$V_x = \pi \int_a^b [f(x)]^2 \mathrm{d}x;$$

（4）由 $y=c, y=d, y$ 轴及 $x=g(y)$ 所围成的平面图形的面积绕 y 轴旋转一周所得体积为

$$V_y = \pi \int_c^d [g(y)]^2 \mathrm{d}y;$$

（5）由 $x=a, x=b(b \geqslant a \geqslant 0)x$ 轴及 $y=f(x)$ 所围成的平面图形的面积绕 y 轴旋转一周所得体积为

$$V_y = 2\pi \int_a^b x \mid f(x) \mid \mathrm{d}x.$$

6. 广义积分初步

1）无穷限积分

设函数 $f(x)$ 在区间 $[a, +\infty)$ 上连续，如果极限

$$\lim_{t \to +\infty} \int_a^t f(x) \mathrm{d}x \quad (a < t)$$

存在，则称此极限值为 $f(x)$ 在区间 $[a, +\infty)$ 上的广义积分，记作 $\int_a^{+\infty} f(x) \mathrm{d}x$. 即

$$\int_a^{+\infty} f(x) \mathrm{d}x = \lim_{t \to +\infty} \int_a^t f(x) \mathrm{d}x.$$

这时我们说广义积分 $\int_a^{+\infty} f(x) \mathrm{d}x$ **存在**或**收敛**. 如果 $\lim\limits_{t \to +\infty} \int_a^t f(x) \mathrm{d}x$ 不存在，就说 $\int_a^{+\infty} f(x) \mathrm{d}x$ **不存在**或**发散**.

类似地，可以定义 $f(x)$ 在 $(-\infty, b]$ 及 $(-\infty, +\infty)$ 上的广义积分

$$\int_{-\infty}^b f(x) \mathrm{d}x = \lim_{t \to -\infty} \int_t^b f(x) \mathrm{d}x,$$

$$\int_{-\infty}^{+\infty} f(x) \mathrm{d}x = \int_{-\infty}^c f(x) \mathrm{d}x + \int_c^{+\infty} f(x) \mathrm{d}x.$$

其中 $c \in (-\infty, +\infty)$.

对于广义积分 $\int_{-\infty}^{+\infty} f(x) \mathrm{d}x$，其收敛的充要条件是：$\int_{-\infty}^c f(x) \mathrm{d}x$ 与 $\int_c^{+\infty} f(x) \mathrm{d}x$ 都收敛.

2）无界函数的积分（瑕积分）

设函数 $f(x)$ 在区间 $(a, b]$ 上连续，且 $\lim\limits_{x \to a^+} f(x) = \infty$，如果 $\lim\limits_{t \to a^+} \int_t^b f(x) \mathrm{d}x (a < t \leqslant b)$ 存在，则称此极限值为无界函数 $f(x)$ 在 $(a, b]$ 上的**广义积分**或**瑕积分**，a 称为**瑕点**，记作

$$\int_a^b f(x) \mathrm{d}x = \lim_{t \to a^+} \int_t^b f(x) \mathrm{d}x.$$

这时，我们也称广义积分 $\int_a^b f(x) \mathrm{d}x$ **存在**或**收敛**.

如果 $\lim\limits_{t\to a^+}\int_t^b f(x)\mathrm{d}x$ 不存在,则称广义积分 $\int_a^b f(x)\mathrm{d}x$ **不存在或发散**.

类似地,如果 $f(x)$ 在区间 $[a,b]$ 上连续,且 $\lim\limits_{x\to b^-}f(x)=\infty$ (b 为瑕点),则

$$\int_a^b f(x)\mathrm{d}x = \lim_{t\to b^-}\int_a^t f(x)\mathrm{d}x \quad (a\leqslant t<b);$$

如果 $f(x)$ 在区间 $[a,b]$ 上除 c 点外连续,且 $\lim\limits_{x\to c}f(x)=\infty$ (c 为瑕点),则

$$\int_a^b f(x)\mathrm{d}x = \int_a^c f(x)\mathrm{d}x + \int_c^b f(x)\mathrm{d}x.$$

对于 c 为瑕点的广义积分 $\int_a^b f(x)\mathrm{d}x$ 存在的充要条件是

$$\int_a^c f(x)\mathrm{d}x, \quad \int_c^b f(x)\mathrm{d}x$$

都收敛.

3) Γ 函数

积分 $\Gamma(r) = \int_0^{+\infty} x^{r-1}\mathrm{e}^{-x}\mathrm{d}x\,(r>0)$ 是参变量 r 的函数,称为 **Γ 函数**.

Γ 函数当 $r>0$ 时,收敛,当 $r\leqslant 0$ 时,发散. 且 Γ 函数有如下性质:

(1) $\Gamma(r+1)=r\Gamma(r)\,(r>0)$;

(2) $\Gamma(1)=1$;

(3) $\Gamma(n+1)=n!\ (n\in\mathbf{N})$;

(4) $\Gamma\left(\dfrac{1}{2}\right)=2\int_0^{+\infty}\mathrm{e}^{-t^2}\mathrm{d}t=\sqrt{\pi}$.

三、典型例题

1. 利用定积分的定义计算定积分

例 1 利用定积分的定义计算 $\int_0^1 \mathrm{e}^x\mathrm{d}x$.

解 在区间 $[0,1]$ 中插入 $n-1$ 个分点,把区间 n 等分

$$0 = x_0 < x_1 < x_2 < \cdots < x_{n-1} < x_n = 1, \quad \Delta x_i = \frac{1}{n},$$

$$x_i = \frac{i}{n} \quad (i=1,2,\cdots,n);$$

在每个区间 $[x_{i-1},x_i]$ 中取右端点为 $\xi_i = x_i = \dfrac{i}{n}$,因为 $f(x)=\mathrm{e}^x$,所以

$$\sum_{i=1}^n f(\xi_i)\Delta x_i = \sum_{i=1}^n \mathrm{e}^{\xi_i}\Delta x_i = \sum_{i=1}^n \mathrm{e}^{\frac{i}{n}}\cdot\frac{1}{n},$$

$$\sum_{i=1}^n f(\xi_i)\Delta x_i = \frac{1}{n}(\mathrm{e}^{\frac{1}{n}}+\mathrm{e}^{\frac{2}{n}}+\cdots+\mathrm{e}^{\frac{n-1}{n}}+\mathrm{e}^{\frac{n}{n}}) = \frac{1}{n}\cdot\frac{\mathrm{e}^{\frac{1}{n}}[1-(\mathrm{e}^{\frac{1}{n}})^n]}{1-\mathrm{e}^{\frac{1}{n}}}$$

$$= \frac{1}{n}\cdot\frac{\mathrm{e}^{\frac{1}{n}}(\mathrm{e}-1)}{\mathrm{e}^{\frac{1}{n}}-1};$$

$$\int_0^1 e^x dx = \lim_{\lambda \to 0} \sum_{i=1}^n f(\xi_i)\Delta x_i = \lim_{n \to \infty} \frac{1}{n} \cdot \frac{e^{\frac{1}{n}}(e-1)}{e^{\frac{1}{n}}-1} = e-1.$$

其中 $\lambda = \max_{1 \leqslant i \leqslant n}\{x_i\}$, $e^{\frac{1}{n}}-1 \sim \frac{1}{n} (n \to \infty)$.

2. 定积分性质的应用

例2 比较积分 $\int_0^{-2} e^x dx$ 与 $\int_0^{-2} x dx$ 的大小.

解 令 $f(x) = e^x - x, x \in [-2,0]$, 因为 $f(x) > 0$, 所以 $\int_{-2}^0 (e^x - x)dx > 0$ 即

$\int_{-2}^0 e^x dx > \int_{-2}^0 x dx$, 从而 $\int_0^{-2} e^x dx < \int_0^{-2} x dx$.

例3 估计积分 $\int_{\frac{\pi}{4}}^{\frac{\pi}{2}} \frac{\sin x}{x} dx$ 的值.

解 设 $f(x) = \frac{\sin x}{x}, x \in \left[\frac{\pi}{4}, \frac{\pi}{2}\right]$, 由

$$f'(x) = \frac{x\cos x - \sin x}{x^2} = \frac{\cos x(x - \tan x)}{x^2} < 0$$

知 $f(x)$ 在 $\left[\frac{\pi}{4}, \frac{\pi}{2}\right]$ 上单调减少, 故函数在 $x = \frac{\pi}{4}$ 处取得最大值, 在 $x = \frac{\pi}{2}$ 处取得最小值. 即

$$M = f\left(\frac{\pi}{4}\right) = \frac{2\sqrt{2}}{\pi}, \quad m = f\left(\frac{\pi}{2}\right) = \frac{2}{\pi},$$

于是

$$\frac{2}{\pi}\left(\frac{\pi}{2} - \frac{\pi}{4}\right) \leqslant \int_{\frac{\pi}{4}}^{\frac{\pi}{2}} \frac{\sin x}{x} dx \leqslant \frac{2\sqrt{2}}{\pi}\left(\frac{\pi}{2} - \frac{\pi}{4}\right),$$

故

$$\frac{1}{2} \leqslant \int_{\frac{\pi}{4}}^{\frac{\pi}{2}} \frac{\sin x}{x} dx \leqslant \frac{\sqrt{2}}{2}.$$

例4 设 $f(x)$ 可导, 且 $\lim_{x \to +\infty} f(x) = 1$, 求 $\lim_{x \to +\infty} \int_x^{x+2} t\sin\frac{3}{t} f(t)dt$.

解 由积分中值定理知, 存在 $\xi \in [x, x+2]$, 使

$$\int_x^{x+2} t\sin\frac{3}{t} f(t)dt = \xi\sin\frac{3}{\xi} f(\xi)(x+2-x).$$

由于 ξ 在 $x \sim x+2$, 故当 $x \to +\infty$ 时, $\xi \to +\infty$, 从而

$$\lim_{x \to +\infty} \int_x^{x+2} t\sin\frac{3}{t} f(t)dt = 2\lim_{\xi \to +\infty} \xi\sin\frac{3}{\xi} f(\xi)$$

$$= 6\lim_{\xi \to +\infty} \frac{\sin\frac{3}{\xi}}{\frac{3}{\xi}} \lim_{\xi \to +\infty} f(\xi) = 6.$$

例5 设函数 $f(x)$ 在 $[0,1]$ 上连续, 在 $(0,1)$ 内可导, 且 $2\int_0^{\frac{1}{2}} xf(x)dx = f(1)$.

证明:在 $(0,1)$ 内存在一点 ξ,使 $f(\xi)+\xi f'(\xi)=0$.

分析 要证明 $f(\xi)+\xi f'(\xi)=0$,即要证 $(?)'|_{\xi}=f(\xi)+\xi f'(\xi)=0$,因为 $(xf(x))'|_{\xi}=f(\xi)+\xi f'(\xi)$,所以,构造函数 $F(x)=xf(x)$,这样问题就转化为证明 $F'(\xi)=0$,从而可用罗尔定理.

证明 构造函数 $F(x)=xf(x)$,$x\in[0,1]$.由积分中值定理可知在 $\left[0,\dfrac{1}{2}\right]$ 上存在一点 c,使得

$$\int_0^{\frac{1}{2}} xf(x)\mathrm{d}x = \frac{1}{2}cf(c).$$

又由题设知 $2\displaystyle\int_0^{\frac{1}{2}} xf(x)\mathrm{d}x = f(1)$,得 $cf(c)=f(1)$.于是函数 $F(x)$ 在 $[c,1]$ 上连续,在 $(c,1)$ 内可导,且 $F(c)=F(1)$,由罗尔定理的结论,存在一点 $\xi\in(c,1)\subset(0,1)$,使得 $F'(\xi)=0$,即 $f(\xi)+\xi f'(\xi)=0$.

3. 变上限定积分的导数及其应用

1) 变上限定积分的导数

例 6 求下列函数的导数:

(1) $F(x)=\displaystyle\int_{\frac{1}{x}}^{\ln x} f(t)\mathrm{d}t$(其中 $f(x)$ 为连续函数);

(2) $f(x)=\dfrac{1}{2}\displaystyle\int_0^x (x-t)^2 g(t)\mathrm{d}t$(其中 $f(x)$ 为连续函数),求 $f'(x)$.

解 (1) $F'(x)=f(\ln x)\cdot(\ln x)'-f\left(\dfrac{1}{x}\right)\cdot\left(\dfrac{1}{x}\right)'$

$$=\frac{1}{x}f(\ln x)+\frac{1}{x^2}f\left(\frac{1}{x}\right).$$

(2) $f(x)=\dfrac{1}{2}\displaystyle\int_0^x (x^2-2xt+t^2)g(t)\mathrm{d}t$

$$=\frac{1}{2}x^2\int_0^x g(t)\mathrm{d}t - x\int_0^x tg(t)\mathrm{d}t + \frac{1}{2}\int_0^x t^2 g(t)\mathrm{d}t,$$

$$f'(x)=x\int_0^x g(t)\mathrm{d}t + \frac{x^2}{2}g(x) - \int_0^x tg(t)\mathrm{d}t - x^2 g(x) + \frac{x^2}{2}g(x)$$

$$=x\int_0^x g(t)\mathrm{d}t - \int_0^x tg(t)\mathrm{d}t.$$

2) 变上限定积分的应用

例 7 求证:当 $x\to 0$ 时,$f(x)=\displaystyle\int_0^{\sin x}\sin t^2 \mathrm{d}t$ 与 $g(x)=x^3+x^4$ 是同阶但非等价无穷小.

分析 这是一个关于无穷小的比较问题.显然,当 $x\to 0$ 时,$f(x)\to 0$,$g(x)\to 0$,故只需考查 $\displaystyle\lim_{x\to 0}\frac{f(x)}{g(x)}=c\neq 1$,在作题时要用到等价无穷小 $\sin x\sim x$.

证明 由于

$$\lim_{x\to0}\frac{f(x)}{g(x)}=\lim_{x\to0}\frac{\int_0^{\sin x}\sin t^2\,dt}{x^3+x^4}=\lim_{x\to0}\frac{\sin(\sin x)^2\cdot(\sin x)'}{3x^2+4x^3}$$

$$=\lim_{x\to0}\frac{x^2\cos x}{3x^2+4x^3}=\lim_{x\to0}\frac{\cos x}{3+4x}=\frac13,$$

所以,$f(x)$ 与 $g(x)$ 是同阶非等价无穷小.

例 8 求函数 $f(x)=\int_0^{x^2-x^4}e^{-t^2}\,dt$ 的极值点.

分析 这个定积分直接积分积不出来,故要用到变上限函数的导数.

解 $f'(x)=e^{-(x^2-x^4)^2}\cdot(2x-4x^3)$

$$=-4e^{-(x^2-x^4)^2}\cdot\left(x+\frac{1}{\sqrt2}\right)\cdot x\cdot\left(x-\frac{1}{\sqrt2}\right),$$

令 $f'(x)=0$,得 $x=-\dfrac{1}{\sqrt2},0,\dfrac{1}{\sqrt2}$.

当 $x<-\dfrac{1}{\sqrt2}$ 时,$f'(x)>0$,则 $f(x)$ 为增函数;

当 $-\dfrac{1}{\sqrt2}<x<0$ 时,$f'(x)<0$,则 $f(x)$ 为减函数;

当 $0<x<\dfrac{1}{\sqrt2}$ 时,$f'(x)>0$,则 $f(x)$ 为增函数;

当 $x>\dfrac{1}{\sqrt2}$ 时,$f'(x)<0$,则 $f(x)$ 为减函数.

故 $f(x)$ 的极大值点为 $x=\pm\dfrac{1}{\sqrt2}$;极小值点为 $x=0$.

例 9 设函数 $f(x)$ 在 $[0,1]$ 上连续,且 $f(x)<1$,证明:方程 $2x=1+\int_0^x f(t)\,dt$ 在 $[0,1]$ 上只有一个实根.

分析 判断方程根的存在性问题一般可以考虑"零点定理"和"罗尔定理",而判断根的唯一性可以用反证法或者函数的单调性.当然首先必须构造出恰当的函数.

证明 构造函数 $F(x)=2x-1-\int_0^x f(t)\,dt,x\in[0,1]$,显然 $F(x)$ 在 $[0,1]$ 上连续且可导.

先证存在性:

$F(0)=-1<0,F(1)=1-\int_0^1 f(t)\,dt$,因为 $f(x)<1$,两边同时积分,得 $\int_0^1 f(t)\,dt<\int_0^1 1\,dt=1$,进而 $F(1)=1-\int_0^1 f(t)\,dt>0$,所以,由零点定理,至少存在一点 $\xi\in(0,1)$,使得 $F(\xi)=0$,即方程 $2x=1+\int_0^x f(t)\,dt$ 在 $[0,1]$ 上至少有一个实根.

再证唯一性.由于 $F'(x)=2-f(x)>0$,故 $F(x)$ 在 $[0,1]$ 上单调增加.

综上所述,方程 $2x = 1 + \int_0^x f(t)\mathrm{d}t$ 在 $[0,1]$ 上只有一个实根.

4. 定积分计算的基本方法

例 10 计算下列定积分:

(1) $\displaystyle\int_1^2 \frac{1}{x\ \sqrt{1+\ln x}}\mathrm{d}x$; (2) $\displaystyle\int_{-2}^{-1} \frac{1}{x^2+4x+5}\mathrm{d}x$;

(3) $\displaystyle\int_0^\pi |\cos x|\ \mathrm{d}x$; (4) $\displaystyle\int_{-2}^3 \min\{1,x^2\}\mathrm{d}x$;

(5) 设 $f(x) = \begin{cases} \dfrac{1}{1+x}, & x \geqslant 0, \\ \dfrac{1}{1+\mathrm{e}^x}, & x < 0, \end{cases}$ 求 $\displaystyle\int_0^2 f(x-1)\mathrm{d}x$;

(6) 已知 $f(x) = \begin{cases} 2x+1, & -2 \leqslant x \leqslant 0, \\ 1-x^2, & 0 < x \leqslant 2, \end{cases}$ 求 k 的值使得 $\displaystyle\int_k^1 f(x)\mathrm{d}x = \frac{2}{3}$,其中 $k \in [-2,2]$.

解 (1) $\displaystyle\int_1^2 \frac{1}{x\ \sqrt{1+\ln x}}\mathrm{d}x = \int_1^2 \frac{1}{\sqrt{1+\ln x}}\mathrm{d}\ln x$

$$= 2(\ln x+1)^{\frac{1}{2}}\Big|_1^2 = 2\ \sqrt{\ln 2+1} - 2.$$

(2) $\displaystyle\int_{-2}^{-1} \frac{1}{x^2+4x+5}\mathrm{d}x = \int_{-2}^{-1} \frac{1}{(x+2)^2+1}\mathrm{d}x$

$$= \arctan(x+2)\Big|_{-2}^{-1} = \arctan 1 = \frac{\pi}{4}.$$

(3) $\displaystyle\int_0^\pi |\cos x|\ \mathrm{d}x = \int_0^{\frac{\pi}{2}} |\cos x|\ \mathrm{d}x + \int_{\frac{\pi}{2}}^\pi |\cos x|\ \mathrm{d}x$

$$= \int_0^{\frac{\pi}{2}} \cos x\,\mathrm{d}x - \int_{\frac{\pi}{2}}^\pi \cos x\,\mathrm{d}x = \sin x\Big|_0^{\frac{\pi}{2}} - \sin x\Big|_{\frac{\pi}{2}}^\pi = 2.$$

(4) 因为

$$\min\{1,x^2\} = \begin{cases} x^2, & x^2 \leqslant 1 \\ 1, & x^2 > 1 \end{cases} = \begin{cases} x^2, & x \in [-1,1], \\ 1, & x \in (-\infty,-1)\ \bigcup\ (1,+\infty), \end{cases}$$

所以

$$\int_{-2}^3 \min\{1,x^2\}\mathrm{d}x = \int_{-2}^{-1}\mathrm{d}x + \int_{-1}^1 x^2\,\mathrm{d}x + \int_1^3\mathrm{d}x = 1 + \frac{x^3}{3}\Big|_{-1}^1 + 2 = \frac{11}{3}.$$

(5) 令 $x-1=t$,则 x 由 0 到 2,t 由 -1 到 1,$\mathrm{d}x=\mathrm{d}t$,于是

$$\int_0^2 f(x-1)\mathrm{d}x = \int_{-1}^1 f(t)\mathrm{d}t = \int_{-1}^1 f(x)\mathrm{d}x = \int_{-1}^0 \frac{1}{1+\mathrm{e}^x}\mathrm{d}x + \int_0^1 \frac{1}{1+x}\mathrm{d}x$$

$$= \int_{-1}^0 \frac{(1+\mathrm{e}^x)-\mathrm{e}^x}{1+\mathrm{e}^x}\mathrm{d}x + \ln(1+x)\Big|_0^1$$

$$= \int_{-1}^0 \mathrm{d}x - \int_{-1}^0 \frac{1}{1+\mathrm{e}^x}\mathrm{d}\mathrm{e}^x + \ln 2$$

$$= 1 - \ln(1+\mathrm{e}^x)\Big|_{-1}^0 + \ln 2 = \ln(1+\mathrm{e}).$$

（6）**分析**　本题是分段函数的积分，首先要根据 k 的不同范围，算出 $\int_k^1 f(x)\mathrm{d}x$ 的表达式，然后解关于 k 的方程.

当 $-2\leqslant k\leqslant 0$ 时，

$$\int_k^1 f(x)\mathrm{d}x = \int_k^0 f(x)\mathrm{d}x + \int_0^1 f(x)\mathrm{d}x$$

$$= \int_k^0 (2x+1)\mathrm{d}x + \int_0^1 (1-x^2)\mathrm{d}x = \frac{2}{3} - (k^2+k),$$

由 $\frac{2}{3} - (k^2+k) = \frac{2}{3}$，得 $k=0, k=-1$.

当 $0<k\leqslant 2$ 时，

$$\int_k^1 f(x)\mathrm{d}x = \int_k^1 (1-x^2)\mathrm{d}x = \frac{2}{3} - \left(k - \frac{1}{3}k^3\right),$$

由 $\frac{2}{3} - (k^2+k) = \frac{2}{3}$，得 $k=\sqrt{3}$.

所以，k 的值为 $0,-1,\sqrt{3}$.

例 11　设 $f(x)$ 满足方程 $f(x) = \sqrt{1-x^2} + \dfrac{1}{1+x^2}\displaystyle\int_{-1}^1 f(x)\mathrm{d}x$，求 $f(x)$.

分析　注意到定积分 $\displaystyle\int_{-1}^1 f(x)\mathrm{d}x$ 是一个常数，一旦它确定了，$f(x)$ 也就可由方程确定，在等式两边求定积分可得到 $\displaystyle\int_{-1}^1 f(x)\mathrm{d}x$ 的等式，从中求出 $\displaystyle\int_{-1}^1 f(x)\mathrm{d}x$.

解　设 $\displaystyle\int_{-1}^1 f(x)\mathrm{d}x = A$，在等式两边求定积分可得

$$A = \int_{-1}^1 \sqrt{1-x^2}\,\mathrm{d}x + A\int_{-1}^1 \frac{1}{1+x^2}\mathrm{d}x = \frac{\pi}{2} + A\arctan x\Big|_{-1}^1 = \frac{\pi}{2} + \frac{\pi}{2}A,$$

由此可得 $A = \dfrac{\pi}{2-\pi}$. 故

$$f(x) = \sqrt{1-x^2} + \frac{1}{1+x^2}\cdot\frac{\pi}{2-\pi}.$$

注　$\displaystyle\int_{-1}^1 f(x)\mathrm{d}x$ 是上半个单位圆的面积，所以，它的值为 $\dfrac{\pi}{2}$.

5. 定积分的换元积分法

换元积分法的基本思想是通过变量替换消去被积函数中的根号，特别是被积函数中含有 $\sqrt{a^2-x^2}$，$\sqrt{x^2-a^2}$，$\sqrt{x^2+a^2}$ 时，可采用三角函数代换法，分别令 $x=a\sin t$（或 $x=a\cos t$），$x=a\sec t$，$x=a\tan t$ 可将根号消去；对有些无理函数，则可直接去根号，如当被积函数中含有 $\sqrt[n]{ax+b}$，可令 $\sqrt[n]{ax+b}=t$ 直接去根号.

例 12　计算下列定积分：

(1) $\displaystyle\int_1^{\sqrt2} \frac{x^2}{(4-x^2)^{\frac{3}{2}}}\mathrm{d}x$;

(2) $\displaystyle\int_a^{2a} \frac{\sqrt{x^2-a^2}}{x^4}\mathrm{d}x\,(a>0)$;

(3) $\displaystyle\int_1^{\sqrt3} \frac{1}{x\sqrt{x^2+1}}\mathrm{d}x$;

(4) $\displaystyle\int_1^5 \frac{x-1}{1+\sqrt{2x-1}}\mathrm{d}x$;

(5) $\int_1^e \dfrac{\sqrt{1+\ln x}}{x}\mathrm{d}x$; $\qquad\qquad$ (6) $\int_{-\ln 2}^0 \sqrt{1-\mathrm{e}^{2x}}\,\mathrm{d}x$;

(7) $\int_{-2}^{-1} \dfrac{\sqrt{x^2-1}}{x}\mathrm{d}x$.

解 (1) 令 $x=2\sin t\left(0\leqslant t\leqslant\dfrac{\pi}{2}\right)$，则

$$\int_1^{\sqrt{2}} \dfrac{x^2}{(4-x^2)^{\frac{3}{2}}}\mathrm{d}x = \int_{\frac{\pi}{6}}^{\frac{\pi}{4}} \dfrac{4\sin^2 t}{(4-4\sin^2 t)^{\frac{3}{2}}}\cdot 2\cos t\,\mathrm{d}t = \int_{\frac{\pi}{6}}^{\frac{\pi}{4}}(\sec^2 t-1)\mathrm{d}t$$

$$= (\tan t-t)\Big|_{\frac{\pi}{6}}^{\frac{\pi}{4}} = 1-\dfrac{\sqrt{3}}{3}-\dfrac{\pi}{12}.$$

(2) 令 $x=a\sec t\left(0\leqslant t<\dfrac{\pi}{2}\right)$，则

$$\int_a^{2a} \dfrac{\sqrt{x^2-a^2}}{x^4}\mathrm{d}x = \int_0^{\frac{\pi}{3}} \dfrac{\sqrt{a^2\sec^2 t-a^2}}{a^4\sec^4 t}\cdot a\sec t\tan t\,\mathrm{d}t$$

$$= \dfrac{1}{a^2}\int_0^{\frac{\pi}{3}} \dfrac{\tan^2 t}{\sec^3 t}\mathrm{d}t = \dfrac{1}{a^2}\int_0^{\frac{\pi}{3}}\sin^2 t\cos t\,\mathrm{d}t = \dfrac{1}{3a^2}\sin^3 t\Big|_0^{\frac{\pi}{3}} = \dfrac{\sqrt{3}}{8a^2}.$$

(3) 令 $x=\tan t\left(0<t<\dfrac{\pi}{2}\right)$，则

$$\int_1^{\sqrt{3}} \dfrac{1}{x\sqrt{x^2+1}}\mathrm{d}x = \int_{\frac{\pi}{4}}^{\frac{\pi}{3}} \dfrac{1}{\tan t\sqrt{1+\tan^2 t}}\cdot\sec^2 t\,\mathrm{d}t$$

$$= \int_{\frac{\pi}{4}}^{\frac{\pi}{3}} \dfrac{1}{\sin t}\mathrm{d}t = \ln|\csc t-\cot t|\Big|_{\frac{\pi}{4}}^{\frac{\pi}{3}} = \ln\dfrac{\sqrt{2}+1}{\sqrt{3}}.$$

(4) 令 $\sqrt{2x-1}=t,\mathrm{d}x=t\,\mathrm{d}t$，则

$$\int_1^5 \dfrac{x-1}{1+\sqrt{2x-1}}\mathrm{d}x = \int_1^3 \dfrac{\frac{1}{2}(1+t^2)-1}{1+t}t\,\mathrm{d}t = \dfrac{1}{2}\int_1^3 (t^2-t)\mathrm{d}t$$

$$= \dfrac{1}{2}\left(\dfrac{1}{3}t^3-\dfrac{1}{2}t^2\right)\Big|_1^3 = \dfrac{7}{3}.$$

(5) $\int_1^e \dfrac{\sqrt{1+\ln x}}{x}\mathrm{d}x = \int_1^e \sqrt{1+\ln x}\,\mathrm{d}(1+\ln x) = \dfrac{2}{3}(1+\ln x)^{\frac{3}{2}}\Big|_1^e$

$$= \dfrac{2}{3}(2^{\frac{3}{2}}-1) = \dfrac{2}{3}(\sqrt{8}-1).$$

注 本题可作代换，令 $\sqrt{1+\ln x}=t$，也可令 $\ln x=t$.

(6) 令 $\sqrt{1-\mathrm{e}^{2x}}=t$，则 $x=\dfrac{1}{2}\ln(1-t^2)$，

当 $x=-\ln 2$ 时，$t=\dfrac{\sqrt{3}}{2}$；当 $x=0$ 时，$t=0,\mathrm{d}x=\dfrac{-t}{1-t^2}\mathrm{d}t$，于是

$$\int_{-\ln 2}^0 \sqrt{1-\mathrm{e}^{2x}}\,\mathrm{d}x = \int_{\frac{\sqrt{3}}{2}}^0 t\cdot\dfrac{-t}{1-t^2}\mathrm{d}t = \int_{\frac{\sqrt{3}}{2}}^0 \dfrac{(t^2-1)+1}{t^2-1}\mathrm{d}t$$

$$= -\dfrac{\sqrt{3}}{2}+\dfrac{1}{2}\ln\left|\dfrac{t-1}{t+1}\right|\Big|_{\frac{\sqrt{3}}{2}}^0 = -\dfrac{\sqrt{3}}{2}+\ln(2+\sqrt{3}).$$

(7) 令 $x = \sec t$，则 x 由 -2 变到 -1 时，$\sec t$ 是负数，此时 t 由 $\dfrac{2\pi}{3}$ 变到 π，$\mathrm{d}x = \sec t \tan t \, \mathrm{d}t$，于是

$$\int_{-2}^{-1} \frac{\sqrt{x^2-1}}{x} \mathrm{d}x = \int_{\frac{2\pi}{3}}^{\pi} |\tan t| \tan t \, \mathrm{d}t = -\int_{\frac{2\pi}{3}}^{\pi} \tan^2 t \, \mathrm{d}t$$

$$= -\int_{\frac{2\pi}{3}}^{\pi} (\sec^2 t - 1) \mathrm{d}t = -\tan t \Big|_{\frac{2\pi}{3}}^{\pi} + \frac{\pi}{3} = \frac{\pi}{3} - \sqrt{3}.$$

6. 定积分的分部积分法

例 13 求不定积分：

(1) $\displaystyle\int_0^1 x \arctan x \, \mathrm{d}x$；   (2) $\displaystyle\int_{\frac{1}{e}}^{e} |\ln x| \, \mathrm{d}x$.

解 (1) $\displaystyle\int_0^1 x \arctan x \, \mathrm{d}x = \int_0^1 \arctan x \, \mathrm{d}\left(\frac{1}{2} x^2\right)$

$$= \frac{1}{2} x^2 \arctan x \Big|_0^1 - \frac{1}{2} \int_0^1 x^2 \cdot \frac{1}{1+x^2} \mathrm{d}x$$

$$= \frac{\pi}{8} - \frac{1}{2} \int_0^1 \left(1 - \frac{1}{1+x^2}\right) \mathrm{d}x = \frac{\pi}{8} - \frac{1}{2} + \frac{1}{2} \arctan x \Big|_0^1$$

$$= \frac{\pi}{4} - \frac{1}{2}.$$

(2) $\displaystyle\int_{\frac{1}{e}}^{e} |\ln x| \, \mathrm{d}x = \int_{\frac{1}{e}}^{1} (-\ln x) \mathrm{d}x + \int_1^e \ln x \, \mathrm{d}x$

$$= (-x\ln x) \Big|_{\frac{1}{e}}^{1} + \int_{\frac{1}{e}}^{1} \mathrm{d}x + (x\ln x) \Big|_1^e - \int_1^e \mathrm{d}x = 2 - \frac{2}{e}.$$

例 14 已知 $f(2) = \dfrac{1}{2}$，$f'(2) = 0$ 及 $\displaystyle\int_0^2 f(x) \mathrm{d}x = 1$，求 $\displaystyle\int_0^1 x^2 f''(2x) \mathrm{d}x$.

解 令 $t = 2x$，则 x 由 0 到 1，t 由 0 到 2，$\mathrm{d}x = \dfrac{1}{2} \mathrm{d}t$，于是

$$\int_0^1 x^2 f''(2x) \mathrm{d}x = \frac{1}{2} \int_0^2 \frac{t^2}{4} f''(t) \mathrm{d}t = \frac{1}{8} \int_0^2 t^2 \mathrm{d}f'(t)$$

$$= \frac{1}{8} \left[t^2 f'(t) \Big|_0^2 - 2 \int_0^2 t f'(t) \mathrm{d}t \right]$$

$$= \frac{1}{8} \left[-2 \int_0^2 t \mathrm{d}f(t) \right] = -\frac{1}{4} \left[t f(t) \Big|_0^2 - \int_0^2 f(t) \mathrm{d}t \right] = 0.$$

例 15 设 $f(x) = \displaystyle\int_0^x \frac{\sin t}{\pi - t} \mathrm{d}t$，求 $\displaystyle\int_0^{\pi} f(x) \mathrm{d}x$.

解 变上限积分的导数为 $f'(x) = \dfrac{\sin x}{\pi - x}$，则

$$\int_0^{\pi} f(x) \mathrm{d}x = f(x) \cdot x \Big|_0^{\pi} - \int_0^{\pi} x \cdot f'(x) \mathrm{d}x$$

$$= \pi f(\pi) - \int_0^{\pi} x \cdot \frac{\sin x}{\pi - x} \mathrm{d}x = \pi \int_0^{\pi} \frac{\sin x}{\pi - x} \mathrm{d}x - \int_0^{\pi} x \cdot \frac{\sin x}{\pi - x} \mathrm{d}x$$

$$= \int_0^{\pi} (\pi - x) \cdot \frac{\sin x}{\pi - x} \mathrm{d}x = \int_0^{\pi} \sin x \, \mathrm{d}x = 2.$$

注 第三个等号后的两项都不容易计算,和并是关键.

例 16 设 $f(x)$ 在 $[a,b]$ 上有二阶连续导数,又 $f(a)=f'(a)=0$,证明:

$$\int_a^b f(x)\mathrm{d}x = \frac{1}{2}\int_a^b f''(x)(x-b)^2\mathrm{d}x.$$

证明 $\int_a^b f(x)\mathrm{d}x = \int_a^b f(x)\mathrm{d}(x-b) = (x-b)f(x)\Big|_a^b - \int_a^b (x-b)f'(x)\mathrm{d}x$

$$= -\frac{1}{2}\int_a^b f'(x)\mathrm{d}(x-b)^2$$

$$= -\frac{1}{2}f'(x)(x-b)^2\Big|_a^b + \frac{1}{2}\int_a^b f''(x)(x-b)^2\mathrm{d}x$$

$$= \frac{1}{2}\int_a^b f''(x)(x-b)^2\mathrm{d}x.$$

注 本题也可从右边开始证明.

7. 特殊函数的定积分

1) 对称区间上奇(偶)函数的定积分

当积分区间是关于原点的对称区间时,首先要考虑被积函数的奇偶性,或分项后被积函数的奇偶性.

例 17 计算下列定积分:

(1) $\displaystyle\int_{-2}^2 \frac{2x-3}{\sqrt{8-x^2}}\mathrm{d}x$;　　　　　(2) $\displaystyle\int_{-1}^1 \frac{2x^2+x\cos x}{1-\sqrt{1-x^2}}\mathrm{d}x.$

解 (1) $\displaystyle\int_{-2}^2 \frac{2x-3}{\sqrt{8-x^2}}\mathrm{d}x = \int_{-2}^2 \frac{2x}{\sqrt{8-x^2}}\mathrm{d}x - 3\int_{-2}^2 \frac{1}{\sqrt{8-x^2}}\mathrm{d}x$

$$= 0 - 6\int_0^2 \frac{1}{\sqrt{8-x^2}}\mathrm{d}x = -6\arcsin\frac{x}{2\sqrt{2}}\Big|_0^2 = -\frac{3\pi}{2}.$$

(2) $\displaystyle\int_{-1}^1 \frac{2x^2+x\cos x}{1-\sqrt{1-x^2}}\mathrm{d}x = \int_{-1}^1 \frac{2x^2}{1-\sqrt{1-x^2}}\mathrm{d}x + \int_{-1}^1 \frac{x\cos x}{1-\sqrt{1-x^2}}\mathrm{d}x$

$$= 2\int_0^1 \frac{2x^2}{1-\sqrt{1-x^2}}\mathrm{d}x + 0$$

$$= 2\int_0^1 \frac{2x^2(1+\sqrt{1-x^2})}{x^2}\mathrm{d}x$$

$$= 4\left[\int_0^1 \mathrm{d}x + \int_0^1 \sqrt{1-x^2}\mathrm{d}x\right] = 4 + \pi.$$

注 $\displaystyle\int_0^1 \sqrt{1-x^2}\mathrm{d}x = \frac{\pi}{4}$,这是单位圆面积的四分之一.

2) 周期函数的定积分

例 18 求定积分 $\displaystyle\int_0^{n\pi} \sqrt{1-\sin 2x}\,\mathrm{d}x\,(n\in\mathbf{N}).$

解 $\sqrt{1-\sin 2x} = \sqrt{\sin^2 x + \cos^2 x - 2\sin x\cos x} = |\sin x - \cos x|.$

考虑到 $|\sin x - \cos x|$ 是以 π 为周期的周期函数,于是可利用公式

$$\int_a^{a+T} f(x)\mathrm{d}x = \int_0^T f(x)\mathrm{d}x,$$

从而可得

$$\int_0^\pi f(x)\mathrm{d}x = \int_\pi^{2\pi} f(x)\mathrm{d}x = \cdots = \int_{(n-1)\pi}^{n\pi} f(x)\mathrm{d}x,$$

则

$$\int_0^{n\pi} \sqrt{1-\sin 2x}\,\mathrm{d}x$$

$$= \int_0^\pi |\sin x - \cos x|\,\mathrm{d}x + \int_\pi^{2\pi} |\sin x - \cos x|\,\mathrm{d}x + \cdots + \int_{(n-1)\pi}^{n\pi} |\sin x - \cos x|\,\mathrm{d}x$$

$$= n\int_0^\pi |\sin x - \cos x|\,\mathrm{d}x = n\left[\int_0^{\frac{\pi}{4}} (\cos x - \sin x)\mathrm{d}x + \int_{\frac{\pi}{4}}^\pi (\sin x - \cos x)\mathrm{d}x\right] = 2\sqrt{2}n.$$

8. 广义积分及 Γ 函数

1）无限区间上的广义积分

注意使用公式：

$$\int_{-\infty}^{+\infty} f(x)\mathrm{d}x = \int_{-\infty}^{c} f(x)\mathrm{d}x + \int_{c}^{+\infty} f(x)\mathrm{d}x = \lim_{t\to-\infty}\int_t^c f(x)\mathrm{d}x + \lim_{h\to+\infty}\int_c^h f(x)\mathrm{d}x.$$

当右边的两个积分同时收敛时，左边的积分才收敛；特别注意，不能写成 $\int_{-\infty}^{+\infty} f(x)\mathrm{d}x = \lim_{t\to\infty}\int_{-t}^t f(x)\mathrm{d}x$，否则容易出错.

例如 $\int_{-\infty}^{+\infty} x\,\mathrm{d}x$ 正确结论是发散的，但这样计算 $\lim_{t\to\infty}\int_{-t}^t x\,\mathrm{d}x = \lim_{t\to\infty}\frac{1}{2}x^2\Big|_{-t}^t = 0$ 就变成收敛的了.

例 19 判断下列广义积分的敛散性：

(1) $\displaystyle\int_0^{+\infty} \mathrm{e}^{-x}\sin x\,\mathrm{d}x$；　　　　(2) $\displaystyle\int_1^{+\infty} \frac{1}{x(1+x^2)}\mathrm{d}x$.

解 (1) $\displaystyle\int_0^{+\infty} \mathrm{e}^{-x}\sin x\,\mathrm{d}x = \int_0^{+\infty} \mathrm{e}^{-x}\mathrm{d}(-\cos x)$

$$= -\mathrm{e}^{-x}\cos x\Big|_0^{+\infty} + \int_0^{+\infty} \cos x(-\mathrm{e}^{-x})\mathrm{d}x$$

$$= 1 - \int_0^{+\infty} \cos x \cdot \mathrm{e}^{-x}\mathrm{d}x = 1 - \int_0^{+\infty} \mathrm{e}^{-x}\mathrm{d}\sin x$$

$$= 1 - \left[\mathrm{e}^{-x}\sin x\Big|_0^{+\infty} + \int_0^{+\infty} \sin x \cdot \mathrm{e}^{-x}\mathrm{d}x\right]$$

$$= 1 - \int_0^{+\infty} \sin x \cdot \mathrm{e}^{-x}\mathrm{d}x,$$

移项，得 $2\displaystyle\int_0^{+\infty} \mathrm{e}^{-x}\sin x\,\mathrm{d}x = 1$，故 $\displaystyle\int_0^{+\infty} \mathrm{e}^{-x}\sin x\,\mathrm{d}x = \frac{1}{2}$，故该广义积分收敛.

(2) **分析** 当 $x\geqslant 1$ 时，被积函数 $\dfrac{1}{x(1+x^2)} < \dfrac{1}{x^2}$，由于 $\displaystyle\int_1^{+\infty} \frac{1}{x^2}\mathrm{d}x$ 收敛，所以 $\displaystyle\int_1^{+\infty} \frac{1}{x(1+x^2)}\mathrm{d}x$ 收敛，先求出原函数，再利用牛顿-莱布尼茨公式. 于是

$$\int \frac{1}{x(1+x^2)}\mathrm{d}x = \int\left(\frac{1}{x} - \frac{x}{1+x^2}\right)\mathrm{d}x = \ln x - \frac{1}{2}\ln(1+x^2) + C$$

$$= \ln \frac{x}{\sqrt{1+x^2}} + C.$$

故

$$\int_1^{+\infty} \frac{1}{x(1+x^2)} \mathrm{d}x = \ln \frac{x}{\sqrt{1+x^2}} \bigg|_1^{+\infty} = \frac{1}{2}\ln 2,$$

该广义积分收敛.

注 不能写成 $\int_1^{+\infty} \frac{1}{x(1+x^2)} \mathrm{d}x = \int_1^{+\infty} \frac{1}{x} \mathrm{d}x - \int_1^{+\infty} \frac{x}{1+x^2} \mathrm{d}x$,因为 $\int_1^{+\infty} \frac{1}{x(1+x^2)} \mathrm{d}x$ 是收敛的,右边的两个积分都发散,等式不成立.

2)无界函数的积分

注意使用公式:

$$\int_a^b f(x)\mathrm{d}x = \int_a^c f(x)\mathrm{d}x + \int_c^b f(x)\mathrm{d}x \quad (\text{其中 } c \text{ 为瑕点}),$$

当右边的两个积分同时收敛时,左边的积分才收敛.

例 20 判断下列广义积分的敛散性.

(1) $\int_0^4 \frac{x}{\sqrt{4-x}} \mathrm{d}x$; (2) $\int_{-1}^1 \frac{1}{x^3} \mathrm{d}x$.

解 (1) $x=4$ 为瑕点,用换元法求积分. 令 $\sqrt{4-x}=t$,则 $\mathrm{d}x=-2t\mathrm{d}t$,于是

$$\int_0^4 \frac{x}{\sqrt{4-x}} \mathrm{d}x = -\int_2^0 \frac{(4-t^2)}{t} 2t\mathrm{d}t = \int_0^2 (8-2t^2)\mathrm{d}t$$

$$= \left(8t - \frac{2}{3}t^3\right) \bigg|_0^2 = \frac{32}{3},$$

该广义积分收敛.

(2) $x=0$ 为瑕点,

$$\int_{-1}^1 \frac{1}{x^3} \mathrm{d}x = \int_{-1}^0 \frac{1}{x^3} \mathrm{d}x + \int_0^1 \frac{1}{x^3} \mathrm{d}x,$$

由于

$$\int_0^1 \frac{1}{x^3} \mathrm{d}x = \lim_{t \to 0^+} \int_t^1 \frac{1}{x^3} \mathrm{d}x = -\lim_{t \to 0^+} \frac{1}{2} \frac{1}{x^2} \bigg|_t^1 = +\infty,$$

所以, $\int_{-1}^1 \frac{1}{x^3} \mathrm{d}x$ 积分发散.

注 下面做法是错误的,即

$$\int_{-1}^1 \frac{1}{x^3} \mathrm{d}x = \int_{-1}^0 \frac{1}{x^3} \mathrm{d}x + \int_0^1 \frac{1}{x^3} \mathrm{d}x = -\frac{1}{2} \left(\lim_{t \to 0^-} \frac{1}{t^2} - \lim_{t \to 0^+} \frac{1}{t^2} \right) = -\infty + \infty = 0.$$

(3) Γ 函数

例 21 计算 $\int_0^{+\infty} x^2 \mathrm{e}^{-2x^2} \mathrm{d}x$.

解 令 $2x^2=t$,于是

$$\int_0^{+\infty} x^2 \mathrm{e}^{-2x^2} \mathrm{d}x = \int_0^{+\infty} \frac{t}{2} \mathrm{e}^{-t} \cdot \frac{1}{2\sqrt{2}} \cdot t^{-\frac{1}{2}} \mathrm{d}t = \frac{1}{4\sqrt{2}} \int_0^{+\infty} t^{\frac{1}{2}} \mathrm{e}^{-t} \mathrm{d}t$$

$$= \frac{1}{4\sqrt{2}}\Gamma\left(\frac{3}{2}\right) = \frac{\sqrt{\pi}}{8\sqrt{2}}.$$

9. 定积分的应用

1) 平面图形的面积

求平面图形的面积时,只需画出曲线所围平面图形的草图,确定积分的上、下限,然后再积分. 但要注意,在不知道被积函数正负的情况下,被积函数取绝对值,这样的定积分才表示一个平面图形的面积.

例 22 求下列曲线所围成的平面图形的面积:

(1) $y=x$, $y=\sqrt{x}$;

(2) $y=e^x$, $y=e$, $x=0$;

(3) $y=e^x$, $y=e^{-x}$, $y=0$, $x=-1$, $x=1$;

(4) $y=x^2$, $y=0$, $x^2+y^2=2$.

解 (1) 画草图(附图(a)),解方程 $\begin{cases} y=\sqrt{x}, \\ y=x, \end{cases}$ 得交点为 $(0,0)$ 和 $(1,1)$,于是所求图形的面积为

$$S = \int_0^1 (\sqrt{x}-x)\,dx = \left[\frac{2}{3}x^{\frac{3}{2}} - \frac{1}{2}x^2\right]\Big|_0^1 = \frac{1}{6}.$$

或

$$S = \int_0^1 (y-y^2)\,dy = \left[\frac{1}{2}y^2 - \frac{1}{3}y^3\right]\Big|_0^1 = \frac{1}{6}.$$

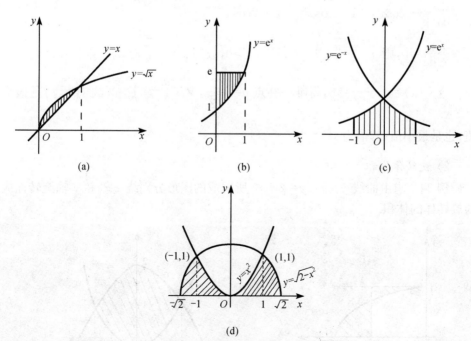

例 22 图

(2) 画草图(附图(b)),从图形可以看出,交点 $(0,1)$,$(1,e)$,于是所求图形的

面积为

$$S = \int_0^1 (e - e^x) dx = (ex - e^x) \Big|_0^1 = 1.$$

或

$$S = \int_1^e \ln y dy = (y \ln y) \Big|_1^e - \int_1^e dy = 1.$$

(3) 画草图(附图(c)),从图形可以看出,所围图形关于 y 轴对称. 故

$$S = 2 \int_0^1 e^{-x} dx = 2 - 2e^{-1}.$$

(4) 画草图(附图(d)),从图形可以看出,所围面积关于 y 轴对称. 故

$$S = 2 \int_0^1 x^2 dx + 2 \int_1^{\sqrt{2}} \sqrt{2 - x^2} dx$$

$$= \frac{2}{3} + 2 \left(\frac{x}{2} \sqrt{2 - x^2} + \arcsin \frac{x}{\sqrt{2}} \right) \Big|_1^{\sqrt{2}}$$

$$= \frac{2}{3} + 2 \left(-\frac{1}{2} + \frac{\pi}{2} - \frac{\pi}{4} \right) = \frac{\pi}{2} - \frac{1}{3}.$$

例 23 如附图所示,曲线 $y = \cos x^2$ 与直线 $y = 0, x = a \left(0 < a < \sqrt{\frac{\pi}{2}} \right)$ 所围图形的面积为 s_1,而与直线 $y = 1, x = a$ 所围图形的面积为 s_2,试问 a 为何值时 $s_1 + s_2$ 最小.

解 $s = s_1 + s_2 = \int_a^{\sqrt{\frac{\pi}{2}}} \cos x^2 dx + \int_0^a (1 - \cos x^2) dx,$

$$\frac{ds}{da} = -\cos a^2 + 1 - \cos a^2 = 1 - 2\cos a^2.$$

令 $\frac{ds}{da} = 0$,则 $a = \sqrt{\frac{\pi}{3}}, \frac{d^2 s}{da^2} = 4a \sin a^2 > 0$,故当 $a = \sqrt{\frac{\pi}{3}}$ 时,$s_1 + s_2$ 最小.

令 $s'(a) = a^2 - \frac{1}{2} = 0$,得唯一驻点 $a = \frac{1}{\sqrt{2}}$,又 $s'' \left(\frac{1}{\sqrt{2}} \right) > 0$,故 $s \left(\frac{1}{\sqrt{2}} \right)$ 是极小值,也是最小值,其值为 $s \left(\frac{1}{\sqrt{2}} \right) = \frac{2 - \sqrt{2}}{6}.$

2) 旋转体体积

例 24 求由曲线 $y = x^2, y = 2 - x^2$ 所围成的图形分别绕 x 轴和 y 轴旋转而成的旋转体的体积.

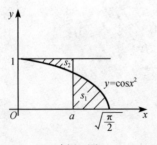

例 23 图

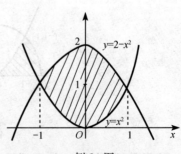

例 24 图

解 如附图所示,解得 $y=x^2$ 与 $y=2-x^2$ 的交点为 $(-1,1)$ 及 $(1,1)$. 于是,所求绕 x 轴旋转而成的旋转体的体积为

$$V_x = 2\pi \int_0^1 [(2-x^2)^2 - x^4] \mathrm{d}x = 8\pi \left(x - \frac{1}{3}x^3\right)\Big|_0^1 = \frac{16\pi}{3}.$$

所求绕 y 轴旋转而成的旋转体的体积为

$$V_y = \pi \int_0^1 (\sqrt{y})^2 \mathrm{d}y + \pi \int_1^2 (\sqrt{2-y})^2 \mathrm{d}y$$

$$= \pi \left(\frac{1}{2}y^2\right)\Big|_0^1 + \pi \left(2y - \frac{1}{2}y^2\right)\Big|_1^2 = \pi.$$

或者取 x 为积分变量

$$V_y = \int_0^1 2\pi x(2-x^2) \mathrm{d}x - \int_0^1 2\pi x \cdot x^2 \mathrm{d}x$$

$$= 4\pi \left[\int_0^1 x \mathrm{d}x - \int_0^1 x^3 \mathrm{d}x\right] = \pi.$$

3)经济应用

例 25 已知边际成本为 $C'(x)=7+\dfrac{25}{\sqrt{x}}$,固定成本为 1000,求总成本函数.

解 $C(x) = C(0) + \displaystyle\int_0^x C'(t)\mathrm{d}t$

$$= 1000 + \int_0^x \left(7 + \frac{25}{\sqrt{t}}\right)\mathrm{d}t = 1000 + 7x + 50\sqrt{x}.$$

下面是收益流的现值与将来值的简单介绍.

若以连续复利率 r 计息,现将 p 个单位的资金存入银行,t 年后的价值(将来值)为 $B = p\mathrm{e}^{rt}$.

若 t 年后得到 B 个单位的资金,则现在需要存入银行的金额(现值)为 $p = B\mathrm{e}^{-rt}$.

若一笔收益流的收益流量为 $p(t)$(元/年),则从现在开始($t=0$)到 T 年后这一时间段(以年连续复利 r 计息).

$$收益流的现值 = \int_0^T p(t)\mathrm{e}^{-rt}\mathrm{d}t,$$

$$收益流的将来值 = \int_0^T p(t)\mathrm{e}^{r(T-t)}\mathrm{d}t.$$

例 26 设一收益流的收益流量为 10 万元/年,在 10 年这一时间段的现值为 80 万元,若以年连续复利率 r 计息. (1)求利率 r;(2)求收益流的将来值.

解 (1) 依题意,$\displaystyle\int_0^{10} 10\mathrm{e}^{-rt}\mathrm{d}t = 80$,即 $\dfrac{10}{r}(1-\mathrm{e}^{-10r}) = 80$,解得 $r \approx 0.04$.

(2) 收益流的将来值为

$$\int_0^{10} 10\mathrm{e}^{r(10-t)}\mathrm{d}t = \int_0^{10} 10\mathrm{e}^{0.04(10-t)}\mathrm{d}t = 250(\mathrm{e}^{0.4}-1) \quad (万元).$$

四、教材习题选解

(A)

7. 设 $F(x)$ 在 $[a,b]$ 上连续,且 $f(x)>0$. $F(x)=\int_a^x f(t)\mathrm{d}t+\int_b^x \frac{1}{f(t)}\mathrm{d}t$. 求证:
(1) $F'(x)\geqslant 2$;(2) $F(x)$ 在 $[a,b]$ 内有且仅有一个零点.

分析 要证 $F'(x)\geqslant 2$,需对 $F(x)$ 求导,再利用不等式 $a+\frac{1}{a}\geqslant 2(a>0)$ 即可. 当 $F'(x)\geqslant 2$ 时,可知 $F(x)$ 单调递增,最多只有一个零点,要证 $F(x)$ 确有零点,则需证 $F(a),F(b)$ 异号.

证明 (1) $F'(x)=f(x)+\frac{1}{f(x)}$,由于 $f(x)>0$,因此

$$f(x)+\frac{1}{f(x)}\geqslant 2,$$

故 $F'(x)\geqslant 2$.

(2) 由(1)可知 $F'(x)>0$,所以 $F(x)$ 严格单调递增. 又

$$F(a)=\int_b^a \frac{1}{f(t)}\mathrm{d}t<0, \quad F(b)=\int_a^b f(t)\mathrm{d}t>0.$$

由零点定理可知,$F(x)$ 在 (a,b) 内有且仅有一个零点.

13. 求由方程 $\int_0^y \mathrm{e}^t\mathrm{d}t+\int_0^x \cos t\mathrm{d}t=0$ 所确定的隐函数 $y=y(x)$ 的导数 $\frac{\mathrm{d}y}{\mathrm{d}x}$.

分析 注意到积分的上限中 y 是 x 的函数,由隐函数求导法则可求出 $\frac{\mathrm{d}y}{\mathrm{d}x}$.

解 首先直接积分,得 $\mathrm{e}^t\Big|_0^y+\sin t\Big|_0^x=0$,即 $\mathrm{e}^y-\mathrm{e}^0+\sin x=0$,也即

$$\mathrm{e}^y=1-\sin x.$$

再对方程 $\int_0^y \mathrm{e}^t\mathrm{d}t+\int_0^x \cos t\mathrm{d}t=0$ 两边关于 x 求导可得

$$\mathrm{e}^y\cdot y'+\cos x=0,$$

故

$$y'=\frac{\mathrm{d}y}{\mathrm{d}x}=-\frac{\cos x}{\mathrm{e}^y}=\frac{\cos x}{\sin x-1}.$$

15. 用换元法计算下列定积分:

(14) $\int_0^\pi \sqrt{\sin x-\sin^3 x}\,\mathrm{d}x$.

解
$$\int_0^\pi \sqrt{\sin x-\sin^3 x}\,\mathrm{d}x=\int_0^\pi \sqrt{\sin x\cos^2 x}\,\mathrm{d}x=\int_0^\pi \sqrt{\sin x}\,|\cos x|\,\mathrm{d}x$$
$$=\int_0^{\frac{\pi}{2}} \sqrt{\sin x}\cos x\,\mathrm{d}x-\int_{\frac{\pi}{2}}^\pi \sqrt{\sin x}\cos x\,\mathrm{d}x$$
$$=\int_0^{\frac{\pi}{2}} (\sin x)^{\frac{1}{2}}\,\mathrm{d}(\sin x)-\int_{\frac{\pi}{2}}^\pi (\sin x)^{\frac{1}{2}}\,\mathrm{d}(\sin x)$$

$$= \frac{2}{3}(\sin x)^{\frac{3}{2}}\Big|_0^{\frac{\pi}{2}} - \frac{2}{3}(\sin x)^{\frac{3}{2}}\Big|_{\frac{\pi}{2}}^{\pi} = \frac{4}{3}.$$

16. 用分部积分法计算下列定积分:

(4) $\displaystyle\int_0^{\sqrt{\ln 2}} x^3 \mathrm{e}^{-x^2}\mathrm{d}x$;　　　　(9) $\displaystyle\int_0^1 x\sqrt{1-x^2}\arcsin x\,\mathrm{d}x$.

解　(4) $\displaystyle\int_0^{\sqrt{\ln 2}} x^3 \mathrm{e}^{-x^2}\mathrm{d}x = \frac{1}{2}\int_0^{\sqrt{\ln 2}} x^2 \mathrm{e}^{-x^2}\mathrm{d}x^2 = -\frac{1}{2}\int_0^{\sqrt{\ln 2}} x^2 \mathrm{d}\mathrm{e}^{-x^2}$

$$= -\frac{1}{2}\left[x^2 \mathrm{e}^{-x^2}\Big|_0^{\sqrt{\ln 2}} - \int_0^{\sqrt{\ln 2}} \mathrm{e}^{-x^2}\mathrm{d}x^2 \right]$$

$$= -\frac{1}{2}\left[\ln 2 \cdot \mathrm{e}^{-\ln 2} - \mathrm{e}^{-x^2}\Big|_0^{\sqrt{\ln 2}} \right] = \frac{1}{4} - \frac{\ln 2}{4}.$$

(9) 令 $x = \sin t$,则 $\mathrm{d}x = \cos t\,\mathrm{d}t$,当 x 由 0 到 1, t 由 0 到 $\frac{\pi}{2}$ 于是

$$\int_0^1 x\sqrt{1-x^2}\arcsin x\,\mathrm{d}x = \int_0^{\frac{\pi}{2}} \sin t\cos t \cdot t\cos t\,\mathrm{d}t$$

$$= \int_0^{\frac{\pi}{2}} t\cos^2 t \cdot \sin t\,\mathrm{d}t = -\int_0^{\frac{\pi}{2}} t\cos^2 t\,\mathrm{d}\cos t = -\frac{1}{3}\int_0^{\frac{\pi}{2}} t\,\mathrm{d}\cos^3 t$$

$$= -\frac{1}{3}\left[(t\cos^3 t)\Big|_0^{\frac{\pi}{2}} - \int_0^{\frac{\pi}{2}} \cos^3 t\,\mathrm{d}t \right]$$

$$= \frac{1}{3}\int_0^{\frac{\pi}{2}} \cos^2 t \cdot \cos t\,\mathrm{d}t = \frac{1}{3}\int_0^{\frac{\pi}{2}} \mathrm{d}\sin t - \frac{1}{3}\int_0^{\frac{\pi}{2}} \sin^2 t\,\mathrm{d}\sin t$$

$$= \frac{1}{3}\sin t\Big|_0^{\frac{\pi}{2}} - \frac{1}{9}\sin^3 t\Big|_0^{\frac{\pi}{2}} = \frac{2}{9}.$$

18. 设连续函数 $f(x)$ 满足 $\displaystyle\int_0^x f(x-t)\mathrm{d}t = \mathrm{e}^{-2x} - 1$,求定积分 $\displaystyle\int_0^1 f(x)\mathrm{d}x$.

解　令 $x - t = u$,则 $\mathrm{d}t = -\mathrm{d}u$,当 t 由 0 到 x 时, u 由 x 到 0,于是

$$\int_0^x f(x-t)\mathrm{d}t = -\int_x^0 f(u)\mathrm{d}u = \int_0^x f(u)\mathrm{d}u,$$

即

$$\int_0^x f(u)\mathrm{d}u = \mathrm{e}^{-2x} - 1,$$

两边求导,得 $f(x) = -2\mathrm{e}^{-2x}$,故

$$\int_0^1 f(x)\mathrm{d}x = -2\int_0^1 \mathrm{e}^{-2x}\mathrm{d}x = \mathrm{e}^{-2x}\Big|_0^1 = \mathrm{e}^{-2} - 1.$$

20. 设 $f(x) = \displaystyle\int_1^x \frac{\ln(1+t)}{t}\mathrm{d}t\,(x > 0)$,求 $f(x) + f\left(\dfrac{1}{x}\right)$.

解　$f(x) + f\left(\dfrac{1}{x}\right) = \displaystyle\int_1^x \frac{\ln(1+t)}{t}\mathrm{d}t + \int_1^{\frac{1}{x}} \frac{\ln(1+t)}{t}\mathrm{d}t$

令 $t = \dfrac{1}{u}$, $\mathrm{d}t = -\dfrac{1}{u^2}\mathrm{d}u$, t 由 1 到 $\dfrac{1}{x}$, u 由 1 到 x.

$$\int_1^{\frac{1}{x}} \frac{\ln(1+t)}{t}\mathrm{d}t = \int_1^x \frac{\ln\left(1+\frac{1}{u}\right)}{\frac{1}{u}} \cdot \left(-\frac{1}{u^2}\right)\mathrm{d}u = -\int_1^x \frac{\ln(1+u) - \ln u}{u}\mathrm{d}u$$

$$= -\int_1^x \frac{\ln(1+u)}{u}\mathrm{d}u + \int_1^x \frac{\ln u}{u}\mathrm{d}u = -\int_1^x \frac{\ln(1+u)}{u}\mathrm{d}u + \frac{1}{2}\ln^2 u\,\Big|_1^x$$

$$= -\int_1^x \frac{\ln(1+u)}{u}\mathrm{d}u + \frac{1}{2}\ln^2 x.$$

由于 $\displaystyle\int_1^x \frac{\ln(1+u)}{u}\mathrm{d}u = \int_1^x \frac{\ln(1+t)}{t}\mathrm{d}t$，所以

$$f(x) + f\left(\frac{1}{x}\right) = \frac{1}{2}\ln^2 x.$$

21. 利用函数奇偶性计算下列定积分：

(4) $\displaystyle\int_{-1}^1 \cos x \arccos x\,\mathrm{d}x$.

解 因为 $\arcsin x + \arccos x = \dfrac{\pi}{2}$，所以 $\arccos x = \dfrac{\pi}{2} - \arcsin x$，于是

$$\cos x \arccos x = \frac{\pi}{2}\cos x - \frac{\pi}{2}\cos x \arcsin x,$$

由于 $\arcsin x$ 为奇函数，$\cos x$ 为偶函数，所以 $\cos x \arcsin x$ 为奇函数，这样 $\displaystyle\int_{-1}^1 \cos x \arcsin x\,\mathrm{d}x = 0$. 故

$$\int_{-1}^1 \cos x \arccos x\,\mathrm{d}x = \int_{-1}^1 \cos x\left(\frac{\pi}{2} - \arcsin x\right)\mathrm{d}x$$

$$= \frac{\pi}{2}\int_{-1}^1 \cos x\,\mathrm{d}x = \pi\int_0^1 \cos x\,\mathrm{d}x = \pi\sin 1.$$

22. 求下列各题中平面图形的面积：

(12) 抛物线 $y = x^2$ 与直线 $y = \dfrac{x}{2} + \dfrac{1}{2}$ 所围成的图形及由 $y = x^2$，$y = \dfrac{x}{2} + \dfrac{1}{2}$ 与 $y = 2$ 所围成的图形.

解 如附图所示

$$S_1 = \int_{-\frac{1}{2}}^1 \left(\frac{x}{2} + \frac{1}{2} - x^2\right)\mathrm{d}x = \left(\frac{x^2}{4} + \frac{x}{2} - \frac{x^3}{3}\right)\Big|_{-\frac{1}{2}}^1 = \frac{27}{48},$$

$$S_2 = \int_1^2 (2y - 1 - \sqrt{y})\,\mathrm{d}y = \left(y^2 - y - \frac{2}{3}y^{\frac{3}{2}}\right)\Big|_1^2 = \frac{4}{3}(2 - \sqrt{2}).$$

23. 求曲线 $y = \ln x$ 在区间 $(2, 6)$ 内的一点，使该点的切线与直线 $x = 2$，$x = 6$ 以及 $y = \ln x$ 所围成的图形面积最小.

解 如附图所示，设切点为 (x_0, y_0)，因为切点在曲线上，所以 $y_0 = \ln x_0$.

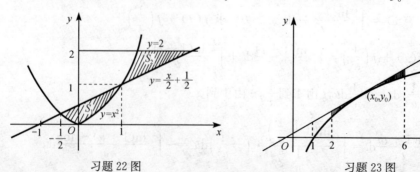

习题 22 图 习题 23 图

设切线方程为 $y-y_0=k(x-x_0)$，其斜率为 $k=(\ln x)'|_{x_0}=\dfrac{1}{x_0}$，因此，切线方程为 $y=\dfrac{1}{x_0}x-1+\ln x_0$，于是，所求面积为

$$S=\int_2^6\left(\frac{1}{x_0}x-1+\ln x_0-\ln x\right)\mathrm{d}x$$

$$=\frac{1}{x_0}\cdot\frac{1}{2}x^2\Big|_2^6+4(\ln x_0-1)-\int_2^6\ln x\,\mathrm{d}x$$

$$=\frac{16}{x_0}+4(\ln x_0-1)-(x\ln x)\Big|_2^6+4$$

$$=\frac{16}{x_0}+4\ln x_0-6\ln 6+2\ln 2.$$

下面求面积的最小值，将 x_0 看成是自变量，关于 x_0 求导得

$$S'=-\frac{16}{x_0^2}+\frac{4}{x_0},$$

令 $S'=0$，得 $x_0=4\in(2,6)$（唯一驻点），

$$S''=32x_0^{-3}-4x_0^{-2},\quad S''(4)=\frac{1}{4}>0,$$

所以，面积在切点 $(4,\ln 4)$ 处产生最小值.

24. 过原点作曲线 $y=\ln x$ 的切线，求切线、x 轴以及 $y=\ln x$ 所围成的图形面积.

解 如附图所示，设切点为 (x_0,y_0)，切线方程为 $y=kx$，其斜率为 $k=(\ln x)'_{x_0}=\dfrac{1}{x_0}$，由于切点既在切线上，又在曲线上，所以，有 $\begin{cases}y_0=\dfrac{1}{x_0}x_0\\[2mm]y_0=\ln x_0,\end{cases}$ 得切点为

$(e,1)$，切线方程为 $y=\dfrac{x}{e}$，所求面积为

$$S=\frac{1}{e}\int_0^e x\,\mathrm{d}x-\int_1^e\ln x\,\mathrm{d}x=\frac{1}{2e}x^2\Big|_0^e-(x\ln x)\Big|_1^e+(e-1)=\frac{1}{2}e-1.$$

25. 设直线 $y=ax$ 与抛物线 $y=x^2$ 所围成的图形的面积为 S_1，它们与直线 $x=1$ 所围成的图形面积为 S_2，并且 $0<a<1$.

(1) 试确定 a 的值，使 S_1+S_2 达到最小，并求出最小值；

(2) 求该最小值所对应的图形绕 x 轴旋转一周所得旋转体体积.

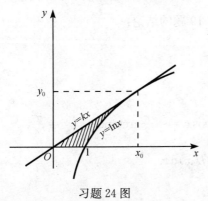

习题 24 图

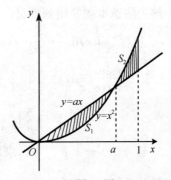

习题 25 图

解 如附图所示,从图中可见,当 $0 < a < 1$ 时,

$$S(a) = S_1 + S_2 = \int_0^a (ax - x^2)\mathrm{d}x + \int_a^1 (x^2 - ax)\mathrm{d}x$$

$$= \left(\frac{a}{2}x^2 - \frac{1}{3}x^3\right)\Big|_0^a + \left(\frac{1}{3}x^3 - \frac{a}{2}x^2\right)\Big|_a^1$$

$$= \frac{1}{3}a^3 - \frac{1}{2}a + \frac{1}{3}.$$

令 $S'(a) = a^2 - \frac{1}{2} = 0$,得唯一驻点 $a = \frac{1}{\sqrt{2}}$,又 $S''\left(\frac{1}{\sqrt{2}}\right) > 0$,故 $S\left(\frac{1}{\sqrt{2}}\right)$ 是极小

值,也是最小值,其值为 $S\left(\frac{1}{\sqrt{2}}\right) = \frac{2 - \sqrt{2}}{6}$.

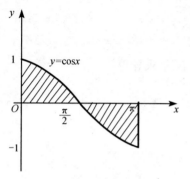

习题 26 图

(2) $V_x = \pi \int_0^{\frac{1}{\sqrt{2}}} \left(\frac{1}{2}x^2 - x^4\right)\mathrm{d}x + \pi \int_{\frac{1}{\sqrt{2}}}^1 \left(x^4 - \frac{1}{2}x^2\right)\mathrm{d}x = \frac{\sqrt{2}+1}{30}\pi.$

26. 求由下列曲线所围成的图形绕指定的坐标轴旋转一周所得旋转体体积:

(6) $y = \cos x, y = 0, x = 0, x = \pi$,求 V_y.

解 如附图所示

$$V_y = \int_0^{\frac{\pi}{2}} 2\pi x \cos x \,\mathrm{d}x - \int_{\frac{\pi}{2}}^{\pi} 2\pi x \cos x \,\mathrm{d}x$$

$$= 2\pi \left[\int_0^{\frac{\pi}{2}} x \,\mathrm{d}\sin x - \int_{\frac{\pi}{2}}^{\pi} x \,\mathrm{d}\sin x\right]$$

$$= 2\pi \left[(x\sin x)\Big|_0^{\frac{\pi}{2}} - \int_0^{\frac{\pi}{2}} \sin x \,\mathrm{d}x - (x\sin x)\Big|_{\frac{\pi}{2}}^{\pi} + \int_{\frac{\pi}{2}}^{\pi} \sin x \,\mathrm{d}x\right]$$

$$= 2\pi \left[\frac{\pi}{2} + \cos x\Big|_0^{\frac{\pi}{2}} + \frac{\pi}{2} - \cos x\Big|_{\frac{\pi}{2}}^{\pi}\right] = 2\pi^2.$$

(B)

3. 计算下列积分:

(1) $\int_0^{\pi} \frac{x\sin x}{1 + \cos^2 x}\mathrm{d}x.$

解 注意本题要用到教材习题 6(A) 中 19 题的结论:

$$\int_0^{\pi} x f(\sin x)\mathrm{d}x = \frac{\pi}{2}\int_0^{\pi} f(\sin x)\mathrm{d}x.$$

$$\int_0^{\pi} \frac{x\sin x}{1 + \cos^2 x}\mathrm{d}x = \frac{\pi}{2}\int_0^{\pi} \frac{\sin x}{1 + \cos^2 x}\mathrm{d}x$$

$$= -\frac{\pi}{2}\int_0^{\pi} \frac{1}{1 + \cos^2 x}\mathrm{d}\cos x = -\frac{\pi}{2}\arctan\cos x\Big|_0^{\pi} = \frac{\pi^2}{4}.$$

5. 设 $f(x) = \int_0^x \mathrm{e}^{-t^2 + 2t}\mathrm{d}t$,求 $\int_0^1 (x-1)^2 f(x)\mathrm{d}x.$

解 $f'(x) = \mathrm{e}^{-x^2 + 2x}$,本题用分部积分法

$$\int_0^1 (x-1)^2 f(x)\mathrm{d}x = \frac{1}{3}\int_0^1 f(x)\mathrm{d}(x-1)^3$$

$$= \frac{1}{3}\left\{\left[f(x)(x-1)^3\right]_0^1 - \int_0^1 (x-1)^3 \mathrm{d}f(x)\right\}$$

$$= -\frac{1}{3}\int_0^1 (x-1)^3 f'(x)\mathrm{d}x = -\frac{1}{3}\int_0^1 (x-1)^3 \mathrm{e}^{-x^2+2x}\mathrm{d}x$$

$$= -\frac{1}{3}\cdot\frac{1}{2}\int_0^1 (x-1)^2 \mathrm{e}^{-(x-1)^2+1}\mathrm{d}(x-1)^2$$

$$= \frac{\mathrm{e}}{6}\int_0^1 (x-1)^2 \mathrm{d}\mathrm{e}^{-(x-1)^2}$$

$$= \frac{\mathrm{e}}{6}\left[(x-1)^2 \mathrm{e}^{-(x-1)^2}\Big|_0^1 - \int_0^1 \mathrm{e}^{-(x-1)^2}\mathrm{d}(x-1)^2\right]$$

$$= \frac{\mathrm{e}}{6} - \frac{1}{3}.$$

9. 设 $f(x)$ 在 $(-\infty, +\infty)$ 内满足 $f(x)=f(x-\pi)+\sin x$，且 $f(x)=x, x\in [0,\pi)$，计算 $\int_\pi^{3\pi} f(x)\mathrm{d}x$.

分析 $\int_\pi^{3\pi} f(x)\mathrm{d}x = \int_\pi^{2\pi} f(x)\mathrm{d}x + \int_{2\pi}^{3\pi} f(x)\mathrm{d}x$.

(1) 当 $x\in [\pi, 2\pi)$ 时，$x-\pi\in [0,\pi)$，$f(x-\pi)=x-\pi$，利用 $f(x)$ 的关系式可得 $f(x)=x-\pi+\sin x$；

(2) 当 $x\in [2\pi, 3\pi)$ 时，$x-\pi\in [\pi, 2\pi)$，利用 (1) 式的结论，得
$$f(x-\pi) = (x-\pi)-\pi+\sin(x-\pi) = x-2\pi-\sin x,$$
再利用题设中的 $f(x)$ 的关系式，可得 $f(x)=x-2\pi$.

解 通过上面的分析，知道
$$f(x) = \begin{cases} x-\pi+\sin x, & x\in [\pi, 2\pi), \\ x-2\pi, & x\in [2\pi, 3\pi), \end{cases}$$
于是
$$\int_\pi^{3\pi} f(x)\mathrm{d}x = \int_\pi^{2\pi}(x-\pi+\sin x)\mathrm{d}x + \int_{2\pi}^{3\pi}(x-2\pi)\mathrm{d}x$$

$$= \frac{(x-\pi)^2}{2}\Big|_\pi^{2\pi} - \cos x\Big|_\pi^{2\pi} + \frac{(x-\pi)^2}{2}\Big|_{2\pi}^{3\pi} = \pi^2 - 2.$$

注 本题不断利用关系式和变量替换，将积分化为 $[0,\pi)$ 上的积分.

11. 设 $f(x), g(x)$ 在区间 $[-a,a]$ $(a>0)$ 上连续，$g(x)$ 为偶函数，$f(x)$ 满足 $f(x)+f(-x)=A$（A 为常数）. 试证 $\int_{-a}^a f(x)g(x)\mathrm{d}x = A\int_0^a g(x)\mathrm{d}x$.

证明 $\int_{-a}^a f(x)g(x)\mathrm{d}x = \int_{-a}^0 f(x)g(x)\mathrm{d}x + \int_0^a f(x)g(x)\mathrm{d}x$，

将积分 $\int_{-a}^0 f(x)g(x)\mathrm{d}x$ 使用负代换，令 $x=-t$，则 $\mathrm{d}x=-\mathrm{d}t$，当 x 由 $-a$ 到 0，t 由 a 到 0；$g(-t)=g(t)$，于是
$$\int_{-a}^0 f(x)g(x)\mathrm{d}x = -\int_a^0 f(-t)g(-t)\mathrm{d}t = \int_0^a [A-f(t)]g(t)\mathrm{d}t$$

$$= A\int_0^a g(t)\mathrm{d}t - \int_0^a f(t)g(t)\mathrm{d}t$$

整理,可得

$$\int_{-a}^a f(x)g(x)\mathrm{d}x = A\int_0^a g(x)\mathrm{d}x.$$

12. 证明公式:$\int_a^b f(x)\mathrm{d}x = \dfrac{1}{2}\int_a^b [f(x)+f(a+b-x)]\mathrm{d}x.$

并用该等式计算定积分:

(1) $\int_0^{\frac{\pi}{2}} \dfrac{\cos^3 x}{\sin x + \cos x}\mathrm{d}x.$

分析 要证$\int_a^b f(x)\mathrm{d}x = \dfrac{1}{2}\int_a^b [f(x)+f(a+b-x)]\mathrm{d}x$,也就是要证$\int_a^b f(x)\mathrm{d}x = \int_a^b f(a+b-x)\mathrm{d}x.$

证明 令$a+b-x=t,\mathrm{d}x=-\mathrm{d}t$,则

$$\int_a^b f(x)\mathrm{d}x = -\int_b^a f(a+b-t)\mathrm{d}t = \int_a^b f(a+b-x)\mathrm{d}x,$$

故得证.

(1) 利用上述结论可得,

$$\int_0^{\frac{\pi}{2}} \frac{\cos^3 x}{\sin x + \cos x}\mathrm{d}x = \int_0^{\frac{\pi}{2}} \frac{\cos^3\left(\frac{\pi}{2}-x\right)}{\sin\left(\frac{\pi}{2}-x\right)+\cos\left(\frac{\pi}{2}-x\right)}\mathrm{d}x = \int_0^{\frac{\pi}{2}} \frac{\sin^3 x}{\cos x + \sin x}\mathrm{d}x,$$

由于

$$\int_0^{\frac{\pi}{2}} \frac{\cos^3 x}{\cos x + \sin x}\mathrm{d}x + \int_0^{\frac{\pi}{2}} \frac{\sin^3 x}{\cos x + \sin x}\mathrm{d}x$$

$$=\int_0^{\frac{\pi}{2}} \frac{\sin^3 x + \cos^3 x}{\cos x + \sin x}\mathrm{d}x = \int_0^{\frac{\pi}{2}} [\sin^2 x - \sin x\cos x + \cos^2 x]\mathrm{d}x$$

$$=\int_0^{\frac{\pi}{2}} (1-\sin x\cos x)\mathrm{d}x = \frac{\pi}{2} - \int_0^{\frac{\pi}{2}} \sin x\mathrm{d}\sin x = \frac{\pi-1}{2}.$$

故

$$\int_0^{\frac{\pi}{2}} \frac{\cos^3 x}{\sin x + \cos x}\mathrm{d}x = \frac{\pi-1}{4}.$$

13. 证明$\int_0^1 (1-x)^n x^m\mathrm{d}x = \int_0^1 x^n(1-x)^m\mathrm{d}x$,并求$\int_0^1 (1-x)^{30} x^2\mathrm{d}x.$

证明 令$x=1-t$,则$\mathrm{d}x=-\mathrm{d}t$

$$左边 = \int_0^1 (1-x)^n x^m\mathrm{d}x = -\int_1^0 t^n(1-t)^m\mathrm{d}t$$

$$= \int_0^1 t^n(1-t)^m\mathrm{d}t = \int_0^1 x^n(1-x)^m\mathrm{d}x = 右边.$$

得证.

$$\int_0^1 (1-x)^{30} x^2\mathrm{d}x = \int_0^1 x^{30}(1-x)^2\mathrm{d}x = \int_0^1 x^{30}(1-2x+x^2)\mathrm{d}x$$

$$= \int_0^1 (x^{30} - 2x^{31} + x^{32}) \mathrm{d}x = \frac{1}{31} - \frac{2}{32} + \frac{1}{33} = \frac{1}{16368}.$$

14. 设 $f(x)$ 在 $[0,2]$ 上连续，且 $f(x)+f(2-x) \neq 0$，求

$$\int_0^2 \frac{f(x)}{f(x)+f(2-x)}(2x-x^2)\mathrm{d}x.$$

分析 因为 $f(x)$ 未知，无法直接积分，但若令 $2-x=t$，则

$$I = \int_0^2 \frac{f(x)}{f(x)+f(2-x)}(2x-x^2)\mathrm{d}x = -\int_2^0 \frac{f(2-t)}{f(2-t)+f(t)}(2t-t^2)\mathrm{d}t$$

就可以算出 $2I$.

解 $I = \int_0^2 \frac{f(x)}{f(x)+f(2-x)}(2x-x^2)\mathrm{d}x = -\int_2^0 \frac{f(2-t)}{f(2-t)+f(t)}(2t-t^2)\mathrm{d}t$

$$= \int_0^2 \frac{f(2-t)}{f(t)+f(2-t)}(2t-t^2)\mathrm{d}t = \int_0^2 \frac{f(2-x)}{f(x)+f(2-x)}(2x-x^2)\mathrm{d}x,$$

可得

$$I = \int_0^2 \frac{f(x)}{f(x)+f(2-x)}(2x-x^2)\mathrm{d}x = \int_0^2 \frac{f(2-x)}{f(x)+f(2-x)}(2x-x^2)\mathrm{d}x$$

$$2I = \int_0^2 \frac{f(x)}{f(x)+f(2-x)}(2x-x^2)\mathrm{d}x + \int_0^2 \frac{f(2-x)}{f(x)+f(2-x)}(2x-x^2)\mathrm{d}x$$

$$= \int_0^2 (2x-x^2)\mathrm{d}x = \frac{4}{3},$$

所以，$I = \frac{2}{3}$.

19. （2001 年）设 $f(x)$ 在区间 $[0,1]$ 上连续，在 $(0,1)$ 内可导，且满足

$$f(1) = k\int_0^{\frac{1}{k}} x\mathrm{e}^{1-x}f(x)\mathrm{d}x \quad (k>1)$$

证明：至少存在一点 $\xi \in (0,1)$，使得 $f'(\xi) = (1-\xi^{-1})f(\xi)$.

分析 本题是有关中值定理的证明问题，关键是构造辅助函数，通常采用原函数法：将要证的关系式 $f'(\xi) = (1-\xi^{-1})f(\xi)$ 的 ξ 换为 x，得

$$f'(x) = (1-x^{-1})f(x),$$

变形后得

$$\frac{f'(x)}{f(x)} = 1 - \frac{1}{x},$$

两边积分得

$$\ln f(x) = x - \ln x + C_1,$$

即

$$xf(x) = C\mathrm{e}^x,$$

也即

$$x\mathrm{e}^{-x}f(x) = C,$$

故可作辅助函数为

$$F(x) = x\mathrm{e}^{-x}f(x).$$

解   由 $f(1) = k\int_0^{\frac{1}{k}} x\mathrm{e}^{1-x}f(x)\mathrm{d}x$ 及积分中值定理,知至少存在一点 $\xi_1 \in \left[0, \frac{1}{k}\right] \subset [0,1)$,使得

$$f(1) = k\int_0^{\frac{1}{k}} x\mathrm{e}^{1-x}f(x)\mathrm{d}x = \xi_1\mathrm{e}^{1-\xi_1}f(\xi_1).$$

在 $[\xi_1, 1]$ 上,令 $\varphi(x) = x\mathrm{e}^{1-x}f(x)$,那么,$\varphi(x)$ 在 $[\xi_1, 1]$ 上连续,在 $(\xi_1, 1)$ 内可导,且 $\varphi(\xi_1) = f(1) = \varphi(1)$.

由罗尔定理知,至少存在一点 $\xi \in (\xi_1, 1) \subset (0,1)$,使得

$$\varphi'(\xi) = \mathrm{e}^{1-\xi}\left[f(\xi) - \xi f(\xi) + \xi f'(\xi)\right] = 0,$$

故

$$f'(\xi) = (1 - \xi^{-1})f(\xi).$$

21. (2005 年)设 $f(x), g(x)$ 在区间 $[0,1]$ 上的导数连续,且

$$f(0) = 0, \quad f'(x) \geqslant 0, \quad g'(x) \geqslant 0.$$

证明:对任何 $a \in [0,1]$,有

$$\int_0^a g(x)f'(x)\mathrm{d}x + \int_0^1 f(x)g'(x)\mathrm{d}x \geqslant f(a)g(1).$$

分析   作辅助函数

$$G(a) = \int_0^a g(x)f'(x)\mathrm{d}x + \int_0^1 f(x)g'(x)\mathrm{d}x - f(a)g(1),$$

并利用其导函数判别 $G(a)$ 的增减性.

解   令 $G(a) = \int_0^a g(x)f'(x)\mathrm{d}x + \int_0^1 f(x)g'(x)\mathrm{d}x - f(a)g(1)$

$$G'(a) = g(a)f'(a) - g(1)f'(a) = [g(a) - g(1)]f'(a) \leqslant 0,$$

由于 $g(a) \leqslant g(1), f'(a) \geqslant 0$,所以 $G(a)$ 单调递减,于是

$$G(a) \geqslant G(1) = \int_0^1 g(x)f'(x)\mathrm{d}x + \int_0^1 f(x)g'(x)\mathrm{d}x - f(1)g(1)$$

$$= \int_0^1 [f(x)g(x)]'\mathrm{d}x - f(1)g(1)$$

$$= f(1)g(1) - f(1)g(1) = 0.$$

故

$$\int_0^a g(x)f'(x)\mathrm{d}x + \int_0^1 f(x)g'(x)\mathrm{d}x \geqslant f(a)g(1).$$

23. (2008 年)设 $f(x)$ 是周期为 2 的连续函数.

(1) 证明对任意的实数 t,有 $\int_t^{t+2} f(x)\mathrm{d}x = \int_0^2 f(x)\mathrm{d}x$;

(2) 证明 $G(x) = \int_0^x \left[2f(t) - \int_t^{t+2} f(s)\mathrm{d}s\right]\mathrm{d}t$ 是周期为 2 的周期函数.

证明   (1) 由积分的性质对任意的实数 t,有

$$\int_t^{t+2} f(x)\mathrm{d}x = \int_t^0 f(x)\mathrm{d}x + \int_0^2 f(x)\mathrm{d}x + \int_2^{t+2} f(x)\mathrm{d}x.$$

对于 $\int_2^{t+2} f(x)\mathrm{d}x$,令 $x = 2 + u$,再利用 $f(x)$ 以 2 为周期的周期性,有

$$\int_2^{t+2} f(x)\mathrm{d}x = \int_0^t f(2+u)\mathrm{d}u = \int_0^t f(u)\mathrm{d}u = \int_0^t f(x)\mathrm{d}x,$$

故

$$\int_t^{t+2} f(x)\mathrm{d}x = \int_t^0 f(x)\mathrm{d}x + \int_0^2 f(x)\mathrm{d}x + \int_2^{t+2} f(x)\mathrm{d}x = \int_0^2 f(x)\mathrm{d}x.$$

(2) 考虑到

$$\int_t^{t+2} f(s)\mathrm{d}s = \int_0^2 f(s)\mathrm{d}s = \int_0^2 f(t)\mathrm{d}t$$

是常数,可以提到积分号外面,可得

$$G(x) = \int_0^x \left[2f(t) - \int_t^{t+2} f(s)\mathrm{d}s \right]\mathrm{d}t = \int_0^x 2f(t)\mathrm{d}t - \int_0^x \left[\int_t^{t+2} f(s)\mathrm{d}s \right]\mathrm{d}t$$

$$= 2\int_0^x f(t)\mathrm{d}t - \int_0^x \left[\int_0^2 f(s)\mathrm{d}s \right]\mathrm{d}t = 2\int_0^x f(t)\mathrm{d}t - x\int_0^2 f(t)\mathrm{d}t$$

$$G(x+2) = 2\int_0^{x+2} f(t)\mathrm{d}t - (x+2)\int_0^2 f(t)\mathrm{d}t$$

$$= 2\int_0^x f(t)\mathrm{d}t + 2\int_x^{x+2} f(t)\mathrm{d}t - (x+2)\int_0^2 f(t)\mathrm{d}t$$

$$= 2\int_0^x f(t)\mathrm{d}t + 2\int_0^2 f(t)\mathrm{d}t - (x+2)\int_0^2 f(t)\mathrm{d}t$$

$$= 2\int_0^x f(t)\mathrm{d}t - x\int_0^2 f(t)\mathrm{d}t = G(x).$$

所以,$G(x)$ 是周期为 2 的周期函数.

24. (2010 年)设位于曲线 $y = \dfrac{1}{\sqrt{x(1+\ln^2 x)}}$ $(\mathrm{e} \leqslant x < +\infty)$ 下方,x 轴上方的

无界区域为 G,则 G 绕 x 轴旋转一周所得空间区域的体积是多少.

解 $V = \int_{\mathrm{e}}^{+\infty} \pi y^2 \mathrm{d}x = \pi \int_{\mathrm{e}}^{+\infty} \dfrac{1}{x(1+\ln^2 x)}\mathrm{d}x = \pi \int_{\mathrm{e}}^{+\infty} \dfrac{1}{1+\ln^2 x}\mathrm{d}\ln x$

$= \pi [\arctan(\ln x)]_{\mathrm{e}}^{+\infty} = \pi \left(\dfrac{\pi}{2} - \dfrac{\pi}{4} \right) = \dfrac{\pi^2}{4}.$

25. (2010 年)比较 $\int_0^1 |\ln t| [\ln(1+t)]^n \mathrm{d}t$ 与 $\int_0^1 t^n |\ln t| \mathrm{d}t$ 的大小.

解 因为当 $0 < t < 1$ 时,有 $0 < \ln(1+t) < t$,也即 $[\ln(1+t)]^n < t^n$,于是有 $|\ln t|[\ln(1+t)]^n < |\ln t| t^n$,所以

$$\int_0^1 |\ln t| [\ln(1+t)]^n \mathrm{d}t < \int_0^1 |\ln t| t^n \mathrm{d}t.$$

五、自 测 题

1. 填空题.

(1) 曲线 $y = -x^3 + x^2 + 2x$ 与 x 轴所围成图形的面积 $A = $ _____.

(2) 位于曲线 $y = x\mathrm{e}^{-x}$ $(0 \leqslant x < +\infty)$ 下方,x 轴上方的无界图形的面积是

_____.

(3) 设 $\lim\limits_{x \to \infty} \left(\dfrac{1+x}{x} \right)^{ax} = \int_{-\infty}^{a} t e^{t} \mathrm{d}t$，则常数 $a =$ _____.

(4) $\int_{-\frac{\pi}{2}}^{\frac{\pi}{2}} (x^3 + \sin^2 x) \cos^2 x \mathrm{d}x =$ _____.

(5) 设 $f(x) = \begin{cases} x e^{x^2}, & -\dfrac{1}{2} \leqslant x < \dfrac{1}{2}, \\ -1, & x \geqslant \dfrac{1}{2}, \end{cases}$ 则 $\int_{\frac{1}{2}}^{2} f(x-1) \mathrm{d}x =$ _____.

(6) 设 $f(x) = \int_{0}^{x} x e^{t^2} \mathrm{d}t$，则 $\dfrac{\mathrm{d}f}{\mathrm{d}x} =$ _____.

(7) 设 $\int_{0}^{1} \dfrac{kx}{(1+x^2)^2} \mathrm{d}x = 1$，则 $k =$ _____.

(8) $\lim\limits_{t \to 0} \dfrac{\int_{0}^{t} x \sin 2x \mathrm{d}x}{t^3} =$ _____.

(9) 若 $\int_{1}^{+\infty} x^{2a+1} \mathrm{d}x$ 收敛，则 α 的取值范围是 _____.

(10) $\int_{1}^{+\infty} \dfrac{1}{x(1+x^2)} \mathrm{d}x =$ _____.

(11) $\int_{0}^{+\infty} e^{-x} \mathrm{d}x =$ _____.

(12) 设 $\int_{0}^{x^2} f(t) \mathrm{d}t = \ln(1+x^2)$，则 $f(x) =$ _____.

(13) $\int_{-\frac{\pi}{2}}^{\frac{\pi}{2}} \left(x + \dfrac{\pi}{2} \right) \cos x \mathrm{d}x =$ _____.

(14) 设 $\lim\limits_{x \to 0} \dfrac{1}{bx - \sin x} \int_{0}^{x} \dfrac{t^2}{\sqrt{a+t^2}} \mathrm{d}t = 1$，则 $a =$ _____，$b =$ _____.

(15) 若积分 $\int_{0}^{1} \dfrac{1}{x^p} \mathrm{d}x$ 收敛，则 p 满足 _____.

2. 单项选择题.

(1) 下列等式正确的是(　　).

(A) $\int f'(x) \mathrm{d}x = f(x)$;　　　　　　(B) $\dfrac{\mathrm{d}}{\mathrm{d}x} \int f(x) \mathrm{d}x = f(x) + C$;

(C) $\dfrac{\mathrm{d}}{\mathrm{d}x} \int_{a}^{b} f(x) \mathrm{d}x = f(x)$;　　　　(D) $\dfrac{\mathrm{d}}{\mathrm{d}x} \int_{a}^{b} f(x) \mathrm{d}x = 0$.

(2) 如果 $f(x)$ 在 $[-1,1]$ 上连续，且平均值为 2，则 $\int_{1}^{-1} f(x) \mathrm{d}x = ($　　$)$.

(A) -1;　　　(B) 1;　　　(C) -4;　　　(D) 4.

(3) 下列积分可直接使用牛顿-莱布尼茨公式的是(　　).

(A) $\int_{0}^{5} \dfrac{x^3}{x^2+1} \mathrm{d}x$;　　　　　　(B) $\int_{-1}^{1} \dfrac{1}{\sqrt{1-x^2}} \mathrm{d}x$;

(C) $\int_{0}^{4} \dfrac{x}{(x^{\frac{3}{2}}-5)^2} \mathrm{d}x$;　　　　　(D) $\int_{\frac{1}{e}}^{1} \dfrac{1}{x \ln x} \mathrm{d}x$.

(4) 根据定积分的几何意义,下列各式中正确的是( ).

(A) $\int_{-\frac{\pi}{2}}^{0} \cos x\,\mathrm{d}x < \int_{0}^{\frac{\pi}{2}} \cos x\,\mathrm{d}x$; (B) $\int_{-\frac{\pi}{2}}^{\frac{\pi}{2}} \cos x\,\mathrm{d}x = \int_{\frac{\pi}{2}}^{\frac{3\pi}{2}} \cos x\,\mathrm{d}x$;

(C) $\int_{0}^{\pi} \sin x\,\mathrm{d}x = 0$; (D) $\int_{0}^{2\pi} \sin x\,\mathrm{d}x = 0$.

(5) $\int_{a}^{b} f'(2x)\,\mathrm{d}x = ($).

(A) $f(b) - f(a)$; (B) $f(2b) - f(2a)$;

(C) $\frac{1}{2}[f(2b) - f(2a)]$; (D) $2[f(2b) - f(2a)]$.

(6) 下列广义积分收敛的是( ).

(A) $\int_{0}^{1} \frac{1}{x}\,\mathrm{d}x$; (B) $\int_{0}^{1} \frac{1}{\sqrt{x}}\,\mathrm{d}x$; (C) $\int_{0}^{1} \frac{1}{x\sqrt{x}}\,\mathrm{d}x$; (D) $\int_{0}^{1} \frac{1}{x^3}\,\mathrm{d}x$.

(7) 已知广义积分 $\int_{0}^{+\infty} \frac{1}{1+kx^2}\,\mathrm{d}x$ 收敛于 $1(k>0)$,则 $k = ($).

(A) $\frac{\pi}{2}$; (B) $\frac{\pi^2}{2}$; (C) $\frac{\sqrt{\pi}}{2}$; (D) $\frac{\pi^2}{4}$.

(8) 设 $f(x)$ 在 $[-a, a]$ 上连续,则 $\int_{-a}^{a} f(x)\,\mathrm{d}x = ($).

(A) $2\int_{0}^{a} f(x)\,\mathrm{d}x$; (B) 0;

(C) $\int_{0}^{a}[f(x) + f(-x)]\,\mathrm{d}x$; (D) $\int_{0}^{a}[f(x) - f(-x)]\,\mathrm{d}x$.

(9) 设 $a_n = \frac{3}{2}\int_{0}^{\frac{n}{n+1}} x^{n-1}\sqrt{1+x^n}\,\mathrm{d}x$,则极限 $\lim\limits_{n\to\infty} na_n$ 等于( ).

(A) $(1+\mathrm{e})^{\frac{3}{2}} + 1$; (B) $(1+\mathrm{e}^{-1})^{\frac{3}{2}} - 1$;

(C) $(1+\mathrm{e}^{-1})^{\frac{3}{2}} + 1$; (D) $(1+\mathrm{e})^{\frac{3}{2}} - 1$.

(10) 设 $f(x)$ 有连续一阶导数 $f(0) = 0, f'(0) \neq 0, F(x) = \int_{0}^{x}(x^2 - t^2)f(t)\,\mathrm{d}t$,
当 $x \to 0$ 时,$F'(x)$ 与 x^k 为同阶无穷小,则 k 等于( ).

(A) 1; (B) 2; (C) 3; (D) 4.

(11) 下列积分值最大的是( ).

(A) $\int_{1}^{\mathrm{e}} \ln x\,\mathrm{d}x$; (B) $\int_{1}^{\mathrm{e}} (\ln x)^2\,\mathrm{d}x$;

(C) $\int_{1}^{\mathrm{e}} \sqrt{\ln x}\,\mathrm{d}x$; (D) $\int_{1}^{\mathrm{e}} \ln \frac{1}{x}\,\mathrm{d}x$.

(12) 设 $F(x) = \int_{\frac{1}{x}}^{\ln x} f(t)\,\mathrm{d}t$,其中 f 连续,则 $F'(x) = ($).

(A) $\frac{1}{x}f(\ln x) + \frac{1}{x^2}f\left(\frac{1}{x}\right)$; (B) $f(\ln x) + f\left(\frac{1}{x}\right)$;

(C) $\frac{1}{x}f(\ln x) - \frac{1}{x^2}f\left(\frac{1}{x}\right)$; (D) $f(\ln x) - f\left(\frac{1}{x}\right)$.

(13) 设 $\int_1^{x+1} f(t)\mathrm{d}t = x\mathrm{e}^{x+1}$，则 $f'(x) = ($ $)$.

(A) $x\mathrm{e}^x$；   (B) $x\mathrm{e}^{x+1}$；   (C) $(x+1)\mathrm{e}^x$；   (D) $(x+1)\mathrm{e}^{x+1}$.

(14) 下列广义积分发散的是(   ).

(A) $\displaystyle\int_{-\infty}^{+\infty} \cos x\,\mathrm{d}x$；   (B) $\displaystyle\int_1^{+\infty} \frac{1}{t^2}\,\mathrm{d}t$；

(C) $\displaystyle\int_0^2 \frac{1}{\sqrt{2-x}}\,\mathrm{d}x$；   (D) $\displaystyle\int_0^{+\infty} \mathrm{e}^{-x}\,\mathrm{d}x$.

(15) $f(x)$ 在 $[a,b]$ 上连续是定积分 $\displaystyle\int_a^b f(x)\,\mathrm{d}x$ 存在的(   )条件.

(A) 必要；   (B) 充分；

(C) 充要；   (D) 既不充分也不必要.

3. 计算题.

(1) 已知两曲线 $y = f(x)$ 与 $y = \displaystyle\int_0^{\arctan x} \mathrm{e}^{-t^2}\,\mathrm{d}t$ 在点 $(0,0)$ 处的切线相同,写出此切线方程,并求极限 $\displaystyle\lim_{n\to\infty} nf\left(\frac{2}{n}\right)$.

(2) 求定积分 $\displaystyle\int_0^{\frac{\pi}{2}} \mathrm{e}^{\frac{x}{\pi}} \sin x\,\mathrm{d}x$.

(3) 求定积分 $\displaystyle\int_0^{\frac{\sqrt{2}}{2}} (1-x^2)^{-\frac{3}{2}}\,\mathrm{d}x$.

(4) 求定积分 $\displaystyle\int_2^{2\sqrt{2}} f(x)\,\mathrm{d}x$,其中 $f\left(x+\dfrac{1}{x}\right) = \dfrac{x+x^3}{1+x^4}$.

(5) 求定积分 $I = \displaystyle\int_0^{\frac{\pi}{2}} \frac{\sin x}{\sin x + \cos x}\,\mathrm{d}x$.

(6) 设 $f(x) = \begin{cases} \dfrac{k}{\sqrt{1-x^2}}, & |x| \leqslant 1 \\ 0, & \text{其他,} \end{cases}$ 且 $\displaystyle\int_{-\infty}^{+\infty} f(x)\,\mathrm{d}x = 1$,求 k.

(7) 求定积分 $\displaystyle\int_{-1}^1 \frac{|x|+x}{1+x^2}\,\mathrm{d}x$.

(8) 设 $f(x) = \begin{cases} x\mathrm{e}^{x^2}, & x < 1 \\ x\ln x, & x \geqslant 1, \end{cases}$ 求 $\displaystyle\int_1^4 f(x-2)\,\mathrm{d}x$.

(9) 求定积分 $\displaystyle\int_{-4}^4 |x^2-x-6|\,\mathrm{d}x$.

(10) 求定积分 $\displaystyle\int_0^1 \ln(\sqrt{x}+1)\,\mathrm{d}x$.

(11) 设 $f(x)$ 的一个原函数是 $\dfrac{\sin x}{x}$,求定积分 $\displaystyle\int_{\frac{\pi}{3}}^{\frac{\pi}{2}} xf'(x)\,\mathrm{d}x$.

(12) 已知 $\displaystyle\int_0^1 f(tx)\,\mathrm{d}x = \sin t\,(t \neq 0)$,求 $f(x)$.

4. 应用题.

(1) 求由曲线 $y = \cos x$, $x = 0$, $x = \pi$ 及 $y = 0$ 所围成的平面区域 D,并计算 D

绕 x 轴旋转所成之旋转体的体积 V_x.

(2) 设平面区域 D 由 $y=\ln x$, x 轴和直线 $x=\mathrm{e}$ 所围成,

① 求 D 的面积 S;

② 求 D 饶 x 轴旋转一周产生的旋转体的体积 V_x;

③ 求 D 饶 y 轴旋转一周产生的旋转体的体积 V_y.

(3) 由曲线 $y=1-x^2$ $(0\leqslant x\leqslant 1)$ 与 x, y 轴围成的区域,被曲线 $y=ax^2$ $(a>0)$ 分为面积相等的两部分,求 a 的值.

(4) ① 求由曲线 $y=\mathrm{e}^{-x}$ $(x\geqslant 0)$ 与直线 $x=\xi(\xi>0)$ 及 x, y 轴围成平面图形绕 x 轴旋转而成的旋转体体积 $V(\xi)$,并求满足 $\dfrac{1}{2}\lim\limits_{\xi\to +\infty}V(\xi)=V(a)$ 的 a 值;

② 在此曲线上找一点,使过该点的切线与 x, y 轴围成的平面图形的面积 S 最大,最大面积是多少?

(5) 已知曲线 $y=a\sqrt{x}$ $(a>0)$ 与曲线 $y=\ln\sqrt{x}$ 在点 (x_0,y_0) 处有公共切线,求:

① a 值及切点坐标;

② 两曲线与 x 轴围成平面图形的面积 S;

③ 该平面图形绕 x 轴旋转而成的旋转体体积 V.

(6) 设某商品从时刻 0 到时刻 t 的销售量为 $x(t)=kt$, $t\in[0,T]$ $(k>0)$. 欲在 T 时将数量为 A 的该商品销售完,试求:

① t 时的商品剩余量,并确定 k 的值;

② 在时间段 $[0,T]$ 上的平均剩余量.

5. 证明题.

(1) 设 $f(x)$ 在 $[0,1]$ 上连续,且 $f(x)=\dfrac{1}{1+x^2}+x\displaystyle\int_0^1 f(x)\mathrm{d}x$,试证:$\displaystyle\int_0^1 f(x)\mathrm{d}x=\dfrac{\pi}{2}$.

(2) 已知 $f(x)=\displaystyle\int_1^x \dfrac{\ln(1+t)}{t}\mathrm{d}t$ $(x>0)$,试证:$f(x)+f\left(\dfrac{1}{x}\right)=\dfrac{1}{2}\ln^2 x$.

(3) 若 $\displaystyle\int_0^1 f(tx)\mathrm{d}x=\sin t$ $(t\neq 0)$,证明:$f(x)=\sin x+x\cos x$.

(4) 设 $f(x)$, $g(x)$ 在 $[0,a]$ 上连续,且满足
$$f(x)=f(a-x),\ g(x)+g(a-x)=A \quad (x\in[0,a], A\text{ 为常数}),$$
求证:
$$\int_0^a f(x)g(x)\mathrm{d}x=\dfrac{A}{2}\int_0^a f(x)\mathrm{d}x,$$
并利用此结果计算定积分 $\displaystyle\int_0^\pi \dfrac{x\sin^3 x}{1+\cos^2 x}\mathrm{d}x$.

(5) 设函数 $f(x)$ 有导数,且 $f(0)=0$, $F(x)=\displaystyle\int_0^x t^{n-1}f(x^n-t^n)\mathrm{d}t$,证明:
$$\lim\limits_{x\to 0}\dfrac{F(x)}{x^{2n}}=\dfrac{1}{2n}f'(0).$$

六、自测题参考答案

1. 填空题.

(1) $\dfrac{37}{12}$; (2) 1; (3) 2; (4) $\dfrac{\pi}{8}$; (5) $-\dfrac{1}{2}$; (6) $\displaystyle\int_0^x e^{t^2}\,dt + x e^{x^2}$;

(7) 4; (8) $\dfrac{2}{3}$; (9) $\alpha < -1$; (10) $\dfrac{1}{2}\ln 2$; (11) 1; (12) $\dfrac{1}{1+x}$;

(13) π; (14) $a = 4, b = 1$; (15) $p < 1$.

2. 单项选择题.

(1) (D); (2) (C); (3) (A); (4) (D); (5) (C); (6) (B);

(7) (D); (8) (C); (9) (B); (10) (C); (11) (C); (12) (A);

(13) (C); (14) (A); (15) (B).

3. 计算题.

(1) $y = x, 2$; (2) $\dfrac{\pi(\pi+1)}{\pi^2+1} e^{\frac{1}{2}}$; (3) 1; (4) $\dfrac{1}{2}\ln 3$; (5) $\dfrac{\pi}{4}$; (6) $k = \dfrac{1}{\pi}$;

(7) $\ln 2$; (8) $2\ln 2 - \dfrac{3}{4}$; (9) $\dfrac{109}{3}$; (10) $\dfrac{1}{2}$; (11) $\dfrac{3\sqrt{3}-4}{\pi} - \dfrac{1}{2}$;

(12) $f(x) = \sin x + x\cos x$.

4. 应用题.

(1) $V_x = \dfrac{\pi^2}{2}$;

(2) ① $S = 1$, ② $V_x = \pi(e-2)$, ③ $V_y = \dfrac{\pi}{2}(e^2+1)$;

(3) $a = 3$;

(4) ① $a = \dfrac{1}{2}\ln 2$, ② $S(1) = 2e^{-1}$;

(5) ① $a = \dfrac{1}{e}$, 切点坐标 $(e^2, 1)$, ② $S = \dfrac{1}{6}e^2 - \dfrac{1}{2}$, ③ $V_x = \dfrac{\pi}{2}$;

(6) ① $K = \dfrac{A}{T}$, ② $\dfrac{A}{2}$.

5. 证明题. (略)

第7章　多元函数微积分

一、基 本 要 求

（1）理解曲面方程的概念，了解平面方程、球面方程、母线平行于坐标轴的柱面方程及常用的二次曲面方程.

（2）理解多元函数的概念，了解二元函数的几何意义，了解二元函数的极限与连续的概念，了解有界闭区域上二元连续函数的性质.

（3）了解多元函数偏导数与全微分的概念，会求多元复合函数的一阶、二阶偏导数，会求全微分，会求多元隐函数的偏导数.

（4）了解多元函数极值与条件极值的概念，掌握多元函数极值存在的必要条件，了解二元函数的极值存在的充分条件，会求二元函数的极值，会用拉格朗日乘数法则求条件极值，会求简单多元函数的最大值和最小值. 并会解决简单的应用问题.

（5）了解二重积分的概念与基本性质，掌握二重积分的计算方法（直角坐标、极坐标），了解无界区域上较简单的反常二重积分并会计算.

二、内 容 提 要

1. 空间曲面与方程

曲面方程的定义　如果曲面 S 上任意一点 $M(x,y,z)$ 的坐标都满足方程 $F(x,y,z)=0$，而不在曲面 S 上的点的坐标都不满足此方程，则称方程 $F(x,y,z)=0$ 为**曲面 S 的方程**，而曲面 S 称为此方程的**图形**.

常见曲面方程有以下几种

1）平面方程

$Ax+By+Cz+D=0$，其中 A,B,C 是不全为零的常数. 与三个坐标平面平行的平面方程分别为 $z=c,y=c,x=c$（其中 c 为常数）.

2）球面方程

以点 (x_0,y_0,z_0) 为球心，R 为半径的球面方程为

$$(x-x_0)^2+(y-y_0)^2+(z-z_0)^2=R^2.$$

以原点 $(0,0,0)$ 为球心，R 为半径的球面方程为

$$x^2+y^2+z^2=R^2.$$

3）柱面方程

不含 x 的方程 $F(y,z)=0$ 的图形是以 yOz 坐标面上的曲线 $F(y,z)=0$ 为准线，平行于 x 轴的直线为母线的柱面；不含 y 的方程 $F(x,z)=0$ 的图形是以 xOz 坐标面上的曲线 $F(x,z)=0$ 为准线，平行于 y 轴的直线为母线的柱面；不含 z 的

方程 $F(x,y)=0$ 的图形是以 xOy 坐标面上的曲线 $F(x,y)=0$ 为准线,平行于 z 轴的直线为母线的柱面;

4)*(补充)旋转面方程

xOy 坐标面上的曲线 $f(x,y)=0$ 分别绕 x 轴和 y 轴旋转一周形成的旋转面方程依次为 $f(x,\pm\sqrt{y^2+z^2})=0$ 和 $f(\pm\sqrt{x^2+z^2},y)=0$;yOz 坐标面上的曲线 $f(y,z)=0$ 分别绕 y 轴和 z 轴旋转一周形成的旋转面方程依次为 $f(y,\pm\sqrt{x^2+z^2})=0$ 和 $f(\pm\sqrt{x^2+y^2},z)=0$;xOz 坐标面上的曲线 $f(x,z)=0$ 分别绕 x 轴和 z 轴旋转一周形成的旋转面方程依次为 $f(x,\pm\sqrt{y^2+z^2})=0$ 和 $f(\pm\sqrt{x^2+y^2},z)=0$.

例如,yOz 坐标面上的抛物线 $z=y^2$ 绕 z 轴旋转一周形成的旋转面(称为旋转抛物面)的方程为 $z=x^2+y^2$. 如图 7.1 所示.

5)常见的二次曲面的方程及其图形

二次曲面共有九种,它们的方程和图形分别为:

(1)椭球面(图 7.2)

$$\frac{x^2}{a^2}+\frac{y^2}{b^2}+\frac{z^2}{c^2}=1 \quad (a,b,c>0);$$

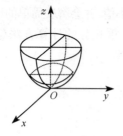

图 7.1

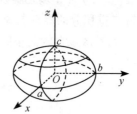

图 7.2

(2)椭圆锥面(图 7.3)

$$\frac{x^2}{a^2}+\frac{y^2}{b^2}=z^2 \quad (a,b>0);$$

(3)单叶双曲面(图 7.4)

$$\frac{x^2}{a^2}+\frac{y^2}{b^2}-\frac{z^2}{c^2}=1 \quad (a,b,c>0);$$

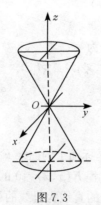

图 7.3

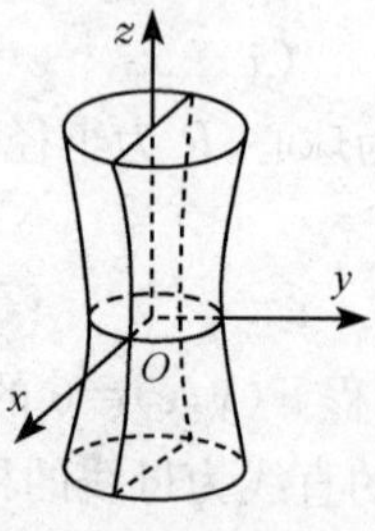

图 7.4

(4) 双叶双曲面(图 7.5)

$$\frac{x^2}{a^2} - \frac{y^2}{b^2} - \frac{z^2}{c^2} = 1 \quad (a,b,c > 0);$$

(5) 椭圆抛物面(图 7.6)

$$\frac{x^2}{a^2} + \frac{y^2}{b^2} = z \quad (a,b > 0);$$

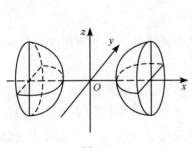

图 7.5

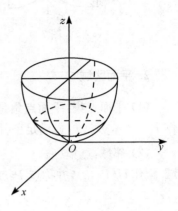

图 7.6

(6) 双曲抛物面(通常称为马鞍面,图 7.7)

$$\frac{x^2}{a^2} - \frac{y^2}{b^2} = z \quad (a,b > 0);$$

(7) 椭圆柱面(图 7.8)

$$\frac{x^2}{a^2} + \frac{y^2}{b^2} = 1 \quad (a,b > 0);$$

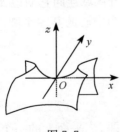

图 7.7

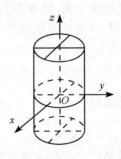

图 7.8

(8) 双曲柱面(图 7.9)

$$\frac{x^2}{a^2} - \frac{y^2}{b^2} = 1 \quad (a,b > 0);$$

(9) 抛物柱面($a > 0$ 时如图 7.10 所示)

$$y^2 = ax.$$

177

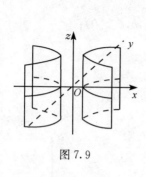

图 7.9

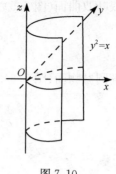

图 7.10

2. 平面区域

(1) 平面点集:**平面点集**是指平面上满足某个条件 P 的一切点构成的集合,记作 $E=\{(x,y)\,|\,(x,y)$满足条件 $P\}$.

(2) 邻域:点集 $\{(x,y)\,|\,\sqrt{(x-x_0)^2+(y-y_0)^2}<\delta\}$,称为**点 $P_0(x_0,y_0)$的δ邻域**. 记作 $U(P_0,\delta)$,并称点 P_0 为邻域的中心,$\delta>0$ 为邻域的半径;点集 $\{(x,y)\,|\,0<\sqrt{(x-x_0)^2+(y-y_0)^2}<\delta\}$ 称为点 $P_0(x_0,y_0)$ 的**去心 δ 邻域**. 如果不需要强调邻域的半径,可用 $U(P_0)$ 或 $\mathring{U}(P_0)$ 分别表示点 P_0 的某个邻域或某个去心邻域.

(3) 内点、外点、边界点:设 E 是给定点集,P 是某个点. 如果存在某个邻域 $U(P)\subset E$,则称点 P 是 E 的内点;如果存在某个邻域 $U(P)\bigcap E=\varnothing$,则称点 P 是 E 的外点;如果 $\forall U(P)$,$U(P)$ 内既有 E 的点,又有不属于 E 的点,则称点 P 为 E 的边界点. E 的边界点可能属于 E,也可能不属于 E. 点集 E 的所有边界点组成的集合称为 E 的边界.

(4) 开集、闭集和连通集:如果点集 E 的点都是它的内点,则称 E 为开集;开集连同它的边界所构成的点集成为闭集;如果点集 E 内任何两点,都可以用全属于 E 的折线连接起来,则称 E 为连通集.

(5) 区域:连通的开集称为开区域(或区域);开区域连同它的边界一起构成的点集称为闭区域;如果区域 D 可以包含在以原点为中心的某一个圆内,则称 D 是有界区域. 否则,就称 D 为无界区域.

3. 多元函数

1) 多元函数的定义

设 D 是某些二元有序数组构成的非空集合,即 R^2 平面上的一个非空点集,f 为一对应规则,如果对于 D 内任一点 (x,y),都能由 f 确定唯一的实数 z,则称对应规则 f 为定义在 D 上的**二元函数**,记作

$$z=f(x,y),\quad (x,y)\in D.$$

其中 x,y 称为**自变量**,z 称为**因变量**,点集 D 称为函数的**定义域**,数集 $\{z\,|\,z=f(x,y),(x,y)\in D\}$ 称为该函数的**值域**. 称集合 $\{(x,y,z)\,|\,z=f(x,y),(x,y)\in D\}$ 为二元函数的图像(一般是一曲面).

类似,设 D 是某些 n 元有序数组构成的非空集合(即 R^n 中的非空点集),f 为一对应规则,如果 $\forall (x_1, x_2, \cdots, x_n) \in D$,都能由 f 确定唯一的实数 z,则称 f 为定义于 D 上的 **n 元函数**,记为

$$z = f(x_1, x_2, \cdots, x_n), (x_1, x_2, \cdots, x_n) \in D,$$

$x_1, x_2, \cdots, x_n$ 称为自变量,z 称为因变量,D 称为函数的定义域,数集

$$\{z \mid z = f(x_1, x_2, \cdots, x_n), (x_1, x_2, \cdots, x_n) \in D\}$$

称为函数的值域. 当 $n=1$ 时,为一元函数,$n=2$ 时为二元函数,等等. 二元及二元以上的函数($n \geqslant 2$)统称为多元函数.

2) 二元函数的极限

直观定义 设函数 $z = f(x, y)$ 在点 $P_0(x_0, y_0)$ 的某去心邻域内有定义,A 为一个常数. 如果动点 $P(x, y)$ 以任何方式趋近于点 $P_0(x_0, y_0)$ 时,函数 $f(x, y)$ 的值总趋向 A,则称 A 是二元函数 $f(x, y)$ 当 $P(x, y) \to P_0(x_0, y_0)$ 时的**极限**,记为

$$\lim_{(x,y) \to (x_0, y_0)} f(x, y) = A \quad \text{或} \lim_{P \to P_0} f(P) = A \quad \text{或} \lim_{\substack{x \to x_0 \\ y \to y_0}} f(x, y) = A$$

或

$$f(P) \to A(P \to P_0) \quad \text{或} f(x, y) \to A((x, y) \to (x_0, y_0)).$$

严格定义 设函数 $z = f(x, y)$ 在点 $P_0(x_0, y_0)$ 的某去心邻域内有定义,A 为常数. 如果 $\forall \varepsilon > 0, \exists \delta > 0$,使当 $0 < \sqrt{(x-x_0)^2 + (y-y_0)^2} < \delta$ 时,恒有

$$| f(x, y) - A | < \varepsilon.$$

成立. 则称常数 A 为函数 $f(x, y)$ 在 $P(x, y) \to P_0(x_0, y_0)$ 时的极限. 记号同直观定义. 二元函数的极限也称为**二重极限**.

3) 二元函数的连续

设二元函数 $z = f(x, y)$ 在点 $P_0(x_0, y_0)$ 的某个邻域内有定义,如果

$$\lim_{(x,y) \to (x_0, y_0)} f(x, y) = f(x_0, y_0),$$

或

$$\lim_{\substack{\Delta x \to 0 \\ \Delta y \to 0}} \Delta z = \lim_{\substack{\Delta x \to 0 \\ \Delta y \to 0}} [f(x_0 + \Delta x, y_0 + \Delta y) - f(x_0, y_0)] = 0$$

则称函数 $f(x, y)$ 在点 $P_0(x_0, y_0)$ 处**连续**. 否则,称 $f(x, y)$ 在 $P_0(x_0, y_0)$ 处**间断**或**不连续**,点 $P_0(x_0, y_0)$ 称为**间断点**或**不连续点**.

如果 $f(x, y)$ 在某一区域 D 内每一点都连续,则称该函数**在区域 D 内连续**,或称 $f(x, y)$ 是 D 上的**连续函数**.

与一元函数类似,二元连续函数的和、差、积、商(在分母不为零处)仍是连续函数;二元连续函数的复合函数也是连续函数;一切二元初等函数在其定义区域内也是连续的.

有界闭区域上的二元连续函数的整体性质与闭区间上一元连续函数的整体性质也完全类似:

如果函数 $f(x, y)$ 在有界闭区域 D 上连续 $\Rightarrow$ ① $f(x, y)$ 在 D 上有界;② $f(x, y)$ 在 D 上必有最大值和最小值;③ $f(x, y)$ 在 D 上必能取得介于最小值和最大值之间的任一中间值;④若在 D 上 $f(x, y)$ 至少有两个点的函数值异号,则在 D 上

$f(x,y)$ 必有零点.

4. 多元函数的微分学

1) 偏导数

设函数 $z=f(x,y)$ 在点 (x_0,y_0) 的某一邻域内有定义,如果极限

$$\lim_{\Delta x \to 0} \frac{\Delta_x z}{\Delta x} = \lim_{\Delta x \to 0} \frac{f(x_0+\Delta x, y_0) - f(x_0, y_0)}{\Delta x}$$

存在,则称此极限为函数 $z=f(x,y)$ 在点 (x_0,y_0) 处**对 x 的偏导数**,记作

$$f_x'(x_0,y_0), \quad z_x'\big|_{(x_0,y_0)}, \quad \frac{\partial z}{\partial x}\bigg|_{(x_0,y_0)} \quad \text{或} \frac{\partial f}{\partial x}\bigg|_{(x_0,y_0)}.$$

即

$$f_x'(x_0,y_0) = \lim_{\Delta x \to 0} \frac{\Delta_x z}{\Delta x} = \lim_{\Delta x \to 0} \frac{f(x_0+\Delta x, y_0) - f(x_0, y_0)}{\Delta x}.$$

类似地,函数 $z=f(x,y)$ 在点 (x_0,y_0) 处对 y 的偏导数为

$$f_y'(x_0,y_0) = \lim_{\Delta y \to 0} \frac{\Delta_y z}{\Delta y} = \lim_{\Delta y \to 0} \frac{f(x_0, y_0+\Delta y) - f(x_0, y_0)}{\Delta y},$$

或记为

$$z_y'\big|_{(x_0,y_0)}, \quad \frac{\partial z}{\partial y}\bigg|_{(x_0,y_0)} \quad \text{或} \quad \frac{\partial f}{\partial y}\bigg|_{(x_0,y_0)}.$$

当函数 $z=f(x,y)$ 在点 (x_0,y_0) 处对 x 和 y 的偏导数都存在时,称 $f(x,y)$ 在点 (x_0,y_0) 处**可偏导**.

如果函数 $z=f(x,y)$ 在某区域 D 内任一点 (x,y) 处都可偏导,则称 $z=f(x,y)$ 在此区域 D 内可偏导. 此时两个偏导数仍然是区域 D 内点 (x,y) 的二元函数,称它们为函数 $f(x,y)$ 分别对 x 和 y 的**偏导函数**,简称为**偏导数**. 记作

$$f_x'(x,y) = z_x' = \frac{\partial z}{\partial x} = \frac{\partial f}{\partial x} \triangleq \lim_{\Delta x \to 0} \frac{f(x+\Delta x, y) - f(x, y)}{\Delta x},$$

$$f_y'(x,y) = z_y' = \frac{\partial z}{\partial y} = \frac{\partial f}{\partial y} \triangleq \lim_{\Delta y \to 0} \frac{f(x, y+\Delta y) - f(x, y)}{\Delta y}.$$

偏导数的概念可以推广到 n 元函数. 例如,三元函数 $u=f(x,y,z)$ 在点 (x,y,z) 处的偏导数为

$$\frac{\partial u}{\partial x} = f_x'(x,y,z) \triangleq \lim_{\Delta x \to 0} \frac{\Delta_x u}{\Delta x} = \lim_{\Delta x \to 0} \frac{f(x+\Delta x, y, z) - f(x, y, z)}{\Delta x};$$

$$\frac{\partial u}{\partial y} = f_y'(x,y,z) \triangleq \lim_{\Delta y \to 0} \frac{\Delta_y u}{\Delta y} = \lim_{\Delta y \to 0} \frac{f(x, y+\Delta y, z) - f(x, y, z)}{\Delta y};$$

$$\frac{\partial u}{\partial z} = f_z'(x,y,z) \triangleq \lim_{\Delta z \to 0} \frac{\Delta_z u}{\Delta z} = \lim_{\Delta z \to 0} \frac{f(x, y, z+\Delta z) - f(x, y, z)}{\Delta z}.$$

二元函数偏导数的几何意义:偏导数 $f_x'(x_0,y_0)$ 为曲线 $\begin{cases} z=f(x,y), \\ y=y_0 \end{cases}$ 在点

$M_0(x_0,y_0,z_0)$处的切线(关于 x 轴)的斜率，即 $f_x'(x_0,y_0)=\tan\alpha$；偏导数 $f_y'(x_0,$ $y_0)$为曲线 $\begin{cases} z=f(x,y), \\ x=x_0 \end{cases}$ 在点 $P_0(x_0,y_0,z_0)$ 处的切线(关于 y 轴)的斜率，即 $f_y'(x_0,$ $y_0)=\tan\beta$(图 7.11).

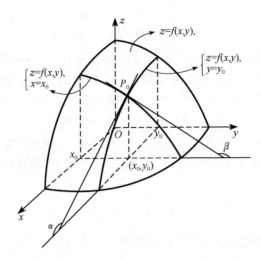

图 7.11

注 可偏导$\nRightarrow$连续，连续$\nRightarrow$可偏导，这和一元函数有本质区别.

2）高阶偏导数

若函数 $z=f(x,y)$ 在区域 D 内的两个偏导(函)数 $f_x'(x,y)$ 和 $f_y'(x,y)$，仍可偏导，则称它们的偏导数为函数 $z=f(x,y)$ 的二阶偏导数. 二元函数的二阶偏导数共有四个，分别记为

$$\frac{\partial^2 z}{\partial x^2}=\frac{\partial^2 f}{\partial x^2}=f_{xx}''(x,y)=z_{xx}''(x,y)\triangleq\frac{\partial}{\partial x}\left(\frac{\partial z}{\partial x}\right)=\left[f_x'(x,y)\right]_x',$$

$$\frac{\partial^2 z}{\partial x\partial y}=\frac{\partial^2 f}{\partial x\partial y}=f_{xy}''(x,y)=z_{xy}''(x,y)\triangleq\frac{\partial}{\partial y}\left(\frac{\partial z}{\partial x}\right)=\left[f_x'(x,y)\right]_y',$$

$$\frac{\partial^2 z}{\partial y\partial x}=\frac{\partial^2 f}{\partial y\partial x}=f_{yx}''(x,y)=z_{yx}''(x,y)\triangleq\frac{\partial}{\partial x}\left(\frac{\partial z}{\partial y}\right)=\left[f_y'(x,y)\right]_x',$$

$$\frac{\partial^2 z}{\partial y^2}=\frac{\partial^2 f}{\partial y^2}=f_{yy}''(x,y)=z_{yy}''(x,y)\triangleq\frac{\partial}{\partial y}\left(\frac{\partial z}{\partial y}\right)=\left[f_y'(x,y)\right]_y'.$$

其中 $f_{xy}''(x,y)$、$f_{yx}''(x,y)$ 称为 $z=f(x,y)$ 对 x 和 y 的**二阶混合偏导数**. 如果 $f_{xy}''(x,y)$ 和 $f_{yx}''(x,y)$ 在区域 D 内连续，则在 D 内必有 $f_{xy}''(x,y)=f_{yx}''(x,y)$.

同理可以定义更高阶的偏导数，例如 $z=f(x,y)$ 对 x 的三阶偏导数：

$$z_{xxx}'''=f_{xxx}'''(x,y)=\frac{\partial^3 z}{\partial x^3}=\frac{\partial^3 f}{\partial x^3}\triangleq\left[f_{xx}''(x,y)\right]_x'.$$

再如，

$$z_{xyy}'''=f_{xyy}'''(x,y)=\frac{\partial^3 z}{\partial x\partial y^2}=\frac{\partial^3 f}{\partial x\partial y^2}\triangleq\left[f_{xy}''(x,y)\right]_y'.$$

等等.

二阶和二阶以上的偏导数统称为**高阶偏导数**.

3）全微分

如果函数 $z=f(x,y)$ 在点 (x,y) 的全增量

$$\Delta z = f(x+\Delta x, y+\Delta y) - f(x,y)$$

可以表示为

$$\Delta z = A\Delta x + B\Delta y + o(\rho), \tag{①}$$

其中，A、B 与 Δx，Δy 无关，$\rho=\sqrt{\Delta x^2+\Delta y^2}$，$o(\rho)$ 是比 $\rho(\rho\to 0)$ 高阶的无穷小量，则称函数 $z=f(x,y)$ 在点 (x,y) 处**可微分**，且称 $A\Delta x+B\Delta y$ 称为函数 $z=f(x,y)$ 在点 (x,y) 处的**全微分**. 记作 $\mathrm{d}z$ 或 $\mathrm{d}f(x,y)$. 即在①式成立时，

$$\mathrm{d}z = \mathrm{d}f(x,y) = A\Delta x + B\Delta y.$$

定理 1　如果函数 $z=f(x,y)$ 在点 (x,y) 处可微分，则该函数在点 (x,y) 处连续.

定理 2　如果函数 $z=f(x,y)$ 在点 (x,y) 处可微分，则该函数在点 (x,y) 处的可偏导. 且

$$\mathrm{d}z = \mathrm{d}f(x,y) = \frac{\partial z}{\partial x}\Delta x + \frac{\partial z}{\partial y}\Delta y.$$

注　定理 2 的逆定理不成立，即可偏导不一定可微.

定理 3　若函数 $z=f(x,y)$ 的偏导数 $\dfrac{\partial z}{\partial x}$ 和 $\dfrac{\partial z}{\partial y}$ 在点 (x,y) 处连续，则函数在点 (x,y) 处可微分，且

$$\mathrm{d}z = \mathrm{d}f(x,y) = \frac{\partial z}{\partial x}\Delta x + \frac{\partial z}{\partial y}\Delta y.$$

规定　自变量 x,y 的全微分就等于 x,y 的增量，即 $\mathrm{d}x=\Delta x$，$\mathrm{d}y=\Delta y$. 则 $z=f(x,y)$ 的全微分可表示为

$$\mathrm{d}z = \mathrm{d}f(x,y) = \frac{\partial z}{\partial x}\mathrm{d}x + \frac{\partial z}{\partial y}\mathrm{d}y.$$

同理 n 元函数 $z=f(x_1,x_2,\cdots,x_n)$ 的全微分

$$\mathrm{d}z = \frac{\partial z}{\partial x_1}\mathrm{d}x_1 + \frac{\partial z}{\partial x_2}\mathrm{d}x_2 + \cdots + \frac{\partial z}{\partial x_n}\mathrm{d}x_n.$$

当 $|\Delta x|\ll 1$，$|\Delta y|\ll 1$ 时，有如下两个近似公式：

$$\Delta z \approx f_x'(x,y)\Delta x + f_y'(x,y)\Delta y,$$

$$f(x+\Delta x, y+\Delta y) \approx f(x,y) + f_x'(x,y)\Delta x + f_y'(x,y)\Delta y.$$

误差为 $o(\rho)$（其中 $\rho=\sqrt{(\Delta x)^2+(\Delta y)^2}$）.

注　二元函数的几个概念之间的关系如下：

4）多元函数的微分法

多元复合函数的微分法　如果函数 $u=\varphi(x,y)$，$v=\psi(x,y)$ 在点 (x,y) 处的偏导数 $\dfrac{\partial u}{\partial x}$，$\dfrac{\partial u}{\partial y}$ 及 $\dfrac{\partial v}{\partial x}$，$\dfrac{\partial v}{\partial y}$ 都存在，且函数 $z=f(u,v)$ 在对应于 (x,y) 的点 (u,v) 处可微，

则复合函数 $z=f[\varphi(x,y),\psi(x,y)]$ 在点 (x,y) 处对 x 及 y 偏导数存在,且有

$$\frac{\partial z}{\partial x}=\frac{\partial z}{\partial u}\frac{\partial u}{\partial x}+\frac{\partial z}{\partial v}\frac{\partial v}{\partial x},$$

$$\frac{\partial z}{\partial y}=\frac{\partial z}{\partial u}\frac{\partial u}{\partial y}+\frac{\partial z}{\partial v}\frac{\partial v}{\partial y}.$$

如果变量较多,复合层次较复杂,则可按如下"树图"的方法,写出函数的偏导数.

例如,$z=f(u,v,w),u=\varphi(x,y),v=\psi(y,t),w=g(x,t),y=h(x,t)$. 这些函数的复合函数"树图"是

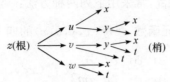

最终 z 是 x 和 t 的二元复合函数.

$$\frac{\partial z}{\partial x}=\frac{\partial z}{\partial u}\cdot\frac{\partial u}{\partial x}+\frac{\partial z}{\partial u}\cdot\frac{\partial u}{\partial y}\cdot\frac{\partial y}{\partial x}+\frac{\partial z}{\partial v}\cdot\frac{\partial v}{\partial y}\cdot\frac{\partial y}{\partial x}+\frac{\partial z}{\partial w}\cdot\frac{\partial w}{\partial x},$$

$$\frac{\partial z}{\partial t}=\frac{\partial z}{\partial u}\cdot\frac{\partial u}{\partial y}\cdot\frac{\partial y}{\partial t}+\frac{\partial z}{\partial v}\cdot\frac{\partial v}{\partial y}\cdot\frac{\partial y}{\partial t}+\frac{\partial z}{\partial v}\cdot\frac{\partial v}{\partial t}+\frac{\partial z}{\partial w}\cdot\frac{\partial w}{\partial t}.$$

其规律是:因变量 z(根)到自变量 x(树梢)有几条路线,则 z 对 x 的偏导数就有几项,每项等于每条路线上前一个变量对后一变量的偏导数的乘积. 其规律可概括为"按线相乘,分线相加".

如果最终的复合函数是一元函数,则此复合函数的导数也称为**全导数**. 例如,$z=f(u,v),u=\varphi(x,y,t),v=\psi(y,t),y=g(x,t),t=h(x)$. 则复合"树图"为

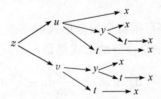

最终的自变量只有一个,因此是一元复合函数,其全导数为

$$\frac{\mathrm{d}z}{\mathrm{d}x}=\frac{\partial z}{\partial u}\cdot\frac{\partial u}{\partial x}+\frac{\partial z}{\partial u}\cdot\frac{\partial u}{\partial y}\cdot\frac{\partial y}{\partial x}+\frac{\partial z}{\partial u}\cdot\frac{\partial u}{\partial y}\cdot\frac{\partial y}{\partial t}\cdot\frac{\mathrm{d}t}{\mathrm{d}x}+\frac{\partial z}{\partial u}\cdot\frac{\partial u}{\partial t}\cdot\frac{\mathrm{d}t}{\mathrm{d}x}$$

$$+\frac{\partial z}{\partial v}\cdot\frac{\partial v}{\partial y}\cdot\frac{\partial y}{\partial x}+\frac{\partial z}{\partial v}\cdot\frac{\partial v}{\partial y}\cdot\frac{\partial y}{\partial t}\cdot\frac{\mathrm{d}t}{\mathrm{d}x}+\frac{\partial z}{\partial v}\cdot\frac{\partial v}{\partial t}\cdot\frac{\mathrm{d}t}{\mathrm{d}x}.$$

注 若某函数中既有自变量又有中间变量,则在求复合函数的偏导数时,偏导数记号上往往会发生某些混乱. 例如,设 $z=f(x,y,u,v)$,而 $u=\varphi(x,y),v=\psi(x,y)$。求复合函数 $z=f[x,y,\varphi(x,y),\psi(x,y)]$ 的偏导数 $\frac{\partial z}{\partial x}$. 复合"树图"为

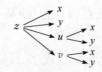

则

$$\frac{\partial z}{\partial x} = \frac{\partial z}{\partial x} + \frac{\partial z}{\partial u} \cdot \frac{\partial u}{\partial x} + \frac{\partial z}{\partial v} \cdot \frac{\partial v}{\partial x}.$$

等式两边有相同的记号$\frac{\partial z}{\partial x}$,但它们的意义却完全不同,左边的$\frac{\partial z}{\partial x}$表示复合函数(二元函数)$z = f[x,y,\varphi(x,y),\psi(x,y)]$对 x 的偏导数(此时 y 是常量)。而右边的$\frac{\partial z}{\partial x}$则表示在四元函数 $z = f(x,y,u,v)$中把 y,u,v 均视为常量后对第一个变量 x 求的偏导数,为了区别这种混乱,常采用下列两种方法:

第一种是把左边的四元函数 $z = f(x,y,u,v)$的四个偏导数$\frac{\partial z}{\partial x}, \frac{\partial z}{\partial y}, \frac{\partial z}{\partial u}, \frac{\partial z}{\partial v}$分别用偏导数的另外的记号:$\frac{\partial f}{\partial x}, \frac{\partial f}{\partial y}, \frac{\partial f}{\partial u}, \frac{\partial f}{\partial v}$或 $f_x'(x,y,u,v), f_y'(x,y,u,v), f_u'(x,y,u,v), f_v'(x,y,u,v)$(可简写为 f_x', f_y', f_u', f_v')则

$$\frac{\partial z}{\partial x} = \frac{\partial f}{\partial x} + \frac{\partial f}{\partial u} \cdot \frac{\partial u}{\partial x} + \frac{\partial f}{\partial v} \cdot \frac{\partial v}{\partial x} \quad \text{或} \frac{\partial z}{\partial x} = f_x' + f_u' \cdot \frac{\partial u}{\partial x} + f_v' \cdot \frac{\partial v}{\partial x}.$$

同理,

$$\frac{\partial z}{\partial y} = \frac{\partial f}{\partial y} + \frac{\partial f}{\partial u} \cdot \frac{\partial u}{\partial y} + \frac{\partial f}{\partial v} \cdot \frac{\partial v}{\partial y} \quad \text{或} \frac{\partial z}{\partial y} = f_y' + f_u' \cdot \frac{\partial u}{\partial y} + f_v' \cdot \frac{\partial v}{\partial y}.$$

第二种方法是把四元函数 $z = f(x,y,u,v)$中的四个变量 x,y,u,v 分别用 $1, 2, 3, 4$ 表示. 则四个偏导数 f_x', f_y', f_u', f_v'可依次记为 f_1', f_2', f_3', f_4',则

$$\frac{\partial z}{\partial x} = f_1' + f_3' \cdot \frac{\partial u}{\partial x} + f_4' \cdot \frac{\partial v}{\partial x}, \quad \frac{\partial z}{\partial y} = f_2' + f_3' \cdot \frac{\partial u}{\partial y} + f_4' \cdot \frac{\partial v}{\partial y}.$$

由复合函数的微分法则可推得全微分形式的不变性:无论 u,v 是自变量还是中间变量,函数 $z = f(u,v)$的全微分的形式都是

$$\mathrm{d}z = \mathrm{d}f(u,v) = \frac{\partial z}{\partial u}\mathrm{d}u + \frac{\partial z}{\partial v}\mathrm{d}v.$$

5) 隐函数的微分法

隐函数的存在定理 设函数 $F(x,y,z)$在点 (x_0,y_0,z_0)的某一邻域内具有一阶连续的偏导数,且 $F(x_0,y_0,z_0) = 0, F_z'(x_0,y_0,z_0) \neq 0$,则三元方程 $F(x,y,z) = 0$ 在点 (x_0,y_0,z_0)的某一邻域内恒能确定唯一一个具有一阶连续的偏导数的二元函数函数 $z = f(x,y)$,它满足 $z_0 = f(x_0,y_0)$,并有

$$\frac{\partial z}{\partial x} = -\frac{F_x'}{F_z'}, \quad \frac{\partial z}{\partial y} = -\frac{F_y'}{F_z'}.$$

6) 多元函数的极值与最值及其应用

a. 二元函数的极值与最值

极值定义 设函数 $f(x,y)$在点 (x_0,y_0)的某一邻域内有定义,且对于该邻域内异于点 (x_0,y_0)的任意一点 (x,y),恒有

$$f(x,y) < f(x_0,y_0) \quad (\text{或} f(x,y) > f(x_0,y_0))$$

成立. 则称 $f(x_0, y_0)$ 是 $f(x, y)$ 的一个**极大值（极小值）**. 点 (x_0, y_0) 称为 $f(x, y)$ 的**极大值点（极小值点）**. 极大值和极小值统称为**极值**；极大值点和极小值点统称为**极值点**.

极值存在的必要条件 设函数 $z = f(x, y)$ 在点 (x_0, y_0) 处具有一阶偏导数，且点 (x_0, y_0) 为该函数的极值点，则有

$$f_x'(x_0, y_0) = 0, \quad f_y'(x_0, y_0) = 0.$$

使函数的各一阶偏导数为零的点称为函数的**驻点**. 极值存在的必要条件指出对可偏导函数来说极值点一定是驻点，但驻点不一定是极值点.

极值存在的充分条件 设函数 $z = f(x, y)$ 在点 (x_0, y_0) 的某邻域内具有二阶连续偏导数，且 $f_x'(x_0, y_0) = f_y'(x_0, y_0) = 0$，记

$$A = f_{xx}''(x_0, y_0), \quad B = f_{xy}''(x_0, y_0), \quad C = f_{yy}''(x_0, y_0).$$

（1）当 $B^2 - AC < 0$ 时，函数 $f(x, y)$ 在点 (x_0, y_0) 处有极值，且当 $A < 0$ 时有极大值 $f(x_0, y_0)$，当 $A > 0$ 时有极小值 $f(x_0, y_0)$；

（2）当 $B^2 - AC > 0$ 时，函数 $f(x, y)$ 在点 (x_0, y_0) 处没有极值；

（3）当 $B^2 - AC = 0$ 时，函数 $f(x, y)$ 在点 (x_0, y_0) 处可能有极值，也可能没有极值，需另作讨论.

求极值的步骤：

（1）解方程组 $\begin{cases} f_x'(x, y) = 0, \\ f_y'(x, y) = 0, \end{cases}$ 得函数 $f(x, y)$ 所有驻点；

（2）求二阶偏导数 $A = f_{xx}''(x, y), B = f_{xy}''(x, y), C = f_{yy}''(x, y)$，写出判别式 $B^2 - AC$；

（3）将每个驻点分别代入判别式 $B^2 - AC$，判定该驻点是否为极值点；

（4）求出函数 $f(x, y)$ 在极值点处的极值.

有界闭区域 D 上的连续函数 $f(x, y)$ 的最大值与最小值，只可能在 D 内部的极值点和 D 的边界上取得. 因此求有界闭区域上连续函数的最大值与最小值的方法是：将函数 $f(x, y)$ 在 D 内的所有驻点或一阶偏导数不存在点的函数值与 D 的边界上的最值作比较，其中最大的就是最大值，最小的就是最小值. 在求解实际问题的最值时，如果 D 内部的驻点唯一，而且从问题的实际意义知道所求函数的最值存在，则该驻点就是所求函数的最值点.

b. 条件极值与拉格朗日乘数法则

求函数 $z = f(x, y)$ 满足条件 $\varphi(x, y) = 0$ 的极值问题，称为条件极值问题. $z = f(x, y)$ 称为目标函数，$\varphi(x, y) = 0$ 称为约束方程.

条件极值问题的解法有两种. 第一种是若能由条件 $\varphi(x, y) = 0$ 解出某个变量比如 $y = y(x)$ 代入目标函数 $z = f(x, y)$，将条件极值问题转化为求一元函数 $z = f[x, y(x)]$ 的无条件极值问题.

第二种方法是拉格朗日乘数法，其步骤为：

（1）构造拉格朗日函数

$$F(x, y) = f(x, y) + \lambda \varphi(x, y) \quad （其中 \lambda 称为拉格朗日乘数）.$$

（2）解方程组

$$\begin{cases} F'_x(x,y) = f'_x(x,y) + \lambda\varphi'_x(x,y) = 0, \\ F'_y(x,y) = f'_y(x,y) + \lambda\varphi'_y(x,y) = 0, \\ \varphi(x,y) = 0, \end{cases}$$

消去 λ，解出可能极值点 (x_0, y_0).

（3）判别 (x_0, y_0) 是否是极值点. 一般由具体问题的实际意义进行判别.

同样，对于三元函数 $u = f(x,y,z)$ 在两个约束条件 $\varphi(x,y,z) = 0$，$\psi(x,y,z) = 0$ 下的条件极值的拉格朗日乘数法为：

（1）构造拉格朗日函数

$$F(x,y,z) = f(x,y,z) + \alpha\varphi(x,y,z) + \beta\psi(x,y,z).$$

其中 α,β 为拉格朗日乘数.

（2）解方程组

$$\begin{cases} F'_x(x,y,z) = f'_x(x,y,z) + \alpha\varphi'_x(x,y,z) + \beta\psi'_x(x,y,z) = 0, \\ F'_y(x,y,z) = f'_y(x,y,z) + \alpha\varphi'_y(x,y,z) + \beta\psi'_y(x,y,z) = 0, \\ F'_z(x,y,z) = f'_z(x,y,z) + \alpha\varphi'_z(x,y,z) + \beta\psi'_z(x,y,z) = 0, \\ \varphi(x,y,z) = 0, \\ \psi(x,y,z) = 0, \end{cases}$$

解出可能的极值点 (x_0, y_0, z_0).

（3）由实际意义判别点 (x_0, y_0, z_0) 是否为极值点.

5. 多元函数的积分学

1）二重积分的定义与几何意义

定义 设 $f(x,y)$ 是定义在有界闭区域 D 上的二元函数，将区域 D 任意分割成 n 个小区域 $\Delta\sigma_1, \Delta\sigma_2, \cdots, \Delta\sigma_n$. 其中 $\Delta\sigma_i$ 既表示第 i 个小区域，也表示它的面积，d_i 表示 $\Delta\sigma_i$ 的直径，记 $\lambda = \max\limits_{1 \leqslant i \leqslant n}\{d_i\}$，在每个小区域 $\Delta\sigma_i$ 上任取一点 (ξ_i, η_i) $(i = 1,$ $2, \cdots, n)$，作乘积 $f(\xi_i, \eta_i)\Delta\sigma_i$，并作和 $\sum\limits_{i=1}^{n} f(\xi_i, \eta_i)\Delta\sigma_i$，如果极限

$$\lim_{\lambda \to 0}\sum_{i=1}^{n} f(\xi_i, \eta_i)\Delta\sigma_i$$

存在，且极限值与区域 D 的分法及点 (ξ_i, η_i) 的取法无关，则称函数 $f(x,y)$ 在区域 D 上**可积**，并称该极限值为函数 $f(x,y)$ 在区域 D 上的**二重积分**，记作 $\iint\limits_{D} f(x, y)\mathrm{d}\sigma$，即

$$\iint\limits_{D} f(x,y)\mathrm{d}\sigma = \lim_{\lambda \to 0}\sum_{i=1}^{n} f(\xi_i, \eta_i)\Delta\sigma_i,$$

其中 $f(x,y)$ 称为**被积函数**，$f(x,y)\mathrm{d}\sigma$ 称为**被积表达式**，x 与 y 称为**积分变量**，D 称为**积分区域**，$\sum\limits_{i=1}^{n} f(\xi_i, \eta_i)\Delta\sigma_i$ 称为**积分和**，$\mathrm{d}\sigma$ 称为**面积元素**. 如果上述极限不存在，则称函数 $f(x,y)$ 在区域 D **不可积**.

注 (1) 在有界闭区域 D 上的无界函数不可积,即可积必有界,但有界不一定可积;在有界闭区域上的连续函数必可积.

(2) 二重积分的值只与被积函数和积分区域有关,而与定义中区域 D 的分法及点 (ξ_i, η_i) 的取法无关,且与积分变量用什么字母表示无关.

(3) 在直角坐标系中,常用平行于 x 轴和 y 轴的两组直线来分割积分区域 D,此时面积元素为 $\mathrm{d}\sigma = \mathrm{d}x\mathrm{d}y$. 所以在直角坐标系中,二重积分又可写作

$$\iint\limits_{D} f(x,y)\mathrm{d}\sigma = \iint\limits_{D} f(x,y)\mathrm{d}x\mathrm{d}y.$$

(4) 二重积分 $\iint\limits_{D} f(x,y)\mathrm{d}\sigma$ 的几何意义:如果在 D 上,$f(x,y) \geqslant 0$,则 $\iint\limits_{D} f(x,y)\mathrm{d}\sigma$ 在几何上表示以积分区域 D 为底,曲面 $z = f(x,y)$ 为顶的曲顶柱体体积. 此时,曲顶柱体整个位于 xOy 面的上方,即 $\iint\limits_{D} f(x,y)\mathrm{d}\sigma = V$;如果在 D 上,$f(x,y) \leqslant 0$,则 $\iint\limits_{D} f(x,y)\mathrm{d}\sigma$ 在几何上表示以积分区域 D 为底,曲面 $z = f(x,y)$ 为顶的曲顶柱体体积 V 的相反数(此时曲顶柱体整个位于 xOy 面的下方). 即 $\iint\limits_{D} f(x,y)\mathrm{d}\sigma = -V$;如果在 D 上,$f(x,y)$ 有正有负,则 $\iint\limits_{D} f(x,y)\mathrm{d}\sigma$ 表示在 D 上由曲面 $z = f(x,y)$ 和 xOy 面所夹的位于 xOy 面上方的体积 $V_{上}$ 减去位于 xOy 面下方的体积 $V_{下}$,即 $\iint\limits_{D} f(x,y)\mathrm{d}\sigma = V_{上} - V_{下}$.

根据二重积分的几何意义,可得出下述几个结论:

(1) 如果积分区域 D 关于 x 轴对称,被积函数 $f(x,y)$ 为 y 的奇(偶)函数,则

$$\iint\limits_{D} f(x,y)\mathrm{d}\sigma = \begin{cases} 0, & f(x,y) \text{ 是 } y \text{ 的奇函数,即 } f(x,-y) = -f(x,y), \\ 2\iint\limits_{D_1} f(x,y)\mathrm{d}\sigma, & f(x,y) \text{ 是 } y \text{ 的偶函数,即 } f(x,-y) = f(x,y). \end{cases}$$

其中 D_1 是 D 在上半平面的部分.

(2) 如果积分区域 D 关于 y 轴对称,被积函数 $f(x,y)$ 为 x 的奇(偶)函数,则

$$\iint\limits_{D} f(x,y)\mathrm{d}\sigma = \begin{cases} 0, & f(x,y) \text{ 是 } x \text{ 的奇函数,即 } f(-x,y) = -f(x,y), \\ 2\iint\limits_{D_2} f(x,y)\mathrm{d}\sigma, & f(x,y) \text{ 是 } x \text{ 的偶函数,即 } f(-x,y) = f(x,y). \end{cases}$$

其中 D_2 是 D 在右半平面的部分.

(3) 如果积分区域 D 关于原点对称,被积函数 $f(x,y)$ 为 x 与 y 的奇(偶)函数,则

$$\iint\limits_{D} f(x,y)\mathrm{d}\sigma = \begin{cases} 0, & f(x,y) \text{ 是 } x \text{ 和 } y \text{ 的奇函数,即 } f(-x,-y) = -f(x,y), \\ 2\iint\limits_{D_3} f(x,y)\mathrm{d}\sigma, & f(x,y) \text{ 是 } x \text{ 和 } y \text{ 的偶函数,即 } f(-x,-y) = f(x,y). \end{cases}$$

其中 D_3 是 D 在上半平面的部分.

(4) 如果积分区域 D 对称于直线 $y=x$, 则

$$\iint\limits_{D} f(x,y)\mathrm{d}\sigma = \iint\limits_{D} f(y,x)\mathrm{d}\sigma.$$

2) 二重积分的性质(假设下面所给函数均在 D 上可积)

(1) 常数因子可提到积分号外面, 即

$$\iint\limits_{D} kf(x,y)\mathrm{d}\sigma = k\iint\limits_{D} f(x,y)\mathrm{d}\sigma \quad (k \text{ 为常数}).$$

(2) 函数代数和的积分等于各个函数积分的代数和, 即

$$\iint\limits_{D} [f(x,y) \pm g(x,y)]\mathrm{d}\sigma = \iint\limits_{D} f(x,y)\mathrm{d}\sigma \pm \iint\limits_{D} g(x,y)\mathrm{d}\sigma.$$

(3) (可加性) 如果积分区域 D 被一曲线分成 D_1, D_2 两个区域, 且 D_1, D_2 除边界外无公共点, 则

$$\iint\limits_{D} f(x,y)\mathrm{d}\sigma = \iint\limits_{D_1} f(x,y)\mathrm{d}\sigma + \iint\limits_{D_2} f(x,y)\mathrm{d}\sigma.$$

(4) 如果在闭区域 D 上有 $f(x,y) \equiv 1$, σ 为 D 的面积, 则

$$\iint\limits_{D} \mathrm{d}\sigma = \sigma.$$

(5) 如果在闭区域 D 上恒有 $f(x,y) \leqslant g(x,y)$, 则

$$\iint\limits_{D} f(x,y)\mathrm{d}\sigma \leqslant \iint\limits_{D} g(x,y)\mathrm{d}\sigma.$$

推论 $\left| \iint\limits_{D} f(x,y)\mathrm{d}\sigma \right| \leqslant \iint\limits_{D} |f(x,y)|\mathrm{d}\sigma.$

(6) 设 M 和 m 分别是函数 $f(x,y)$ 在闭区域 D 上的最大值和最小值, σ 是 D 的面积, 则

$$m\sigma \leqslant \iint\limits_{D} f(x,y)\mathrm{d}\sigma \leqslant M\sigma.$$

(7) (二重积分的中值定理) 如果函数 $f(x,y)$ 在有界闭区域 D 上连续, σ 是 D 的面积, 则在 D 内至少存在一点 (ξ,η), 使得

$$\iint\limits_{D} f(x,y)\mathrm{d}\sigma = f(\xi,\eta)\sigma.$$

3) 二重积分的计算方法

a. 在直角坐标下计算二重积分的方法

(1) 若积分区域 D 是 X-**型区域**, 即 $D = \{(x,y) \mid a \leqslant x \leqslant b, \varphi_1(x) \leqslant y \leqslant \varphi_2(x)\}$

(图 7.12). 则 $\iint\limits_{D} f(x,y)\mathrm{d}\sigma = \int_a^b \mathrm{d}x \int_{\varphi_1(x)}^{\varphi_2(x)} f(x,y)\mathrm{d}y.$

(2) 若积分区域 D 是 Y-**型区域**, 即 $D = \{(x,y) \mid \psi_1(y) \leqslant x \leqslant \psi_2(y), c \leqslant y \leqslant d\}$

(图 7.13). 则 $\iint\limits_{D} f(x,y)\mathrm{d}\sigma = \int_c^d \mathrm{d}y \int_{\psi_1(y)}^{\psi_2(y)} f(x,y)\mathrm{d}x.$

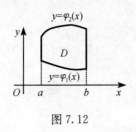

图 7.12

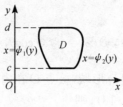

图 7.13

b. 在极坐标系下计算二重积分的方法

当极坐标系的极点和直角坐标系的原点重合,极轴和 x 轴的正半轴重合时,点 M 的直角坐标 (x,y) 和极坐标 (r,θ) 的关系是

$$\begin{cases} x = r\cos\theta, \\ y = r\sin\theta \end{cases} \quad (r > 0, 0 \leqslant \theta \leqslant 2\pi \text{ 或 } -\pi \leqslant \theta \leqslant \pi) \quad \text{或} \quad \begin{cases} r = \sqrt{x^2 + y^2}, \\ \tan\theta = \dfrac{y}{x}. \end{cases}$$

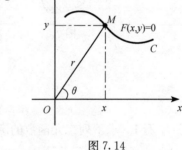

若曲线 C 的直角坐标方程为 $F(x,y)=0$,则 C 的极坐标方程为 $F(r\cos\theta, r\sin\theta)=0$(图 7.14).

在直角坐标和极坐标系下,面积元素的关系为

$$\mathrm{d}\sigma = \mathrm{d}x\mathrm{d}y = r\mathrm{d}r\mathrm{d}\theta;$$

二重积分的关系为

$$\iint\limits_{D} f(x,y)\mathrm{d}\sigma = \iint\limits_{D} f(r\cos\theta, r\sin\theta)r\mathrm{d}r\mathrm{d}\theta.$$

图 7.14

(1) 若极点 O 在积分区域 D 的外部,且 $D = \{(r,\theta) | \alpha \leqslant \theta \leqslant \beta, r_1(\theta) \leqslant r \leqslant r_2(\theta)\}$(图 7.15),则

$$\iint\limits_{D} f(x,y)\mathrm{d}\sigma = \iint\limits_{D} f(r\cos\theta, r\sin\theta)r\mathrm{d}r\mathrm{d}\theta = \int_{\alpha}^{\beta} \mathrm{d}\theta \int_{r_1(\theta)}^{r_2(\theta)} f(r\cos\theta, r\sin\theta)r\mathrm{d}r.$$

(2) 若极点 O 在积分区域 D 的边界上,且 $D = \{(r,\theta) | \alpha \leqslant \theta \leqslant \beta, 0 \leqslant r \leqslant r(\theta)\}$(图 7.16),则

$$\iint\limits_{D} f(x,y)\mathrm{d}\sigma = \iint\limits_{D} f(r\cos\theta, r\sin\theta)r\mathrm{d}r\mathrm{d}\theta = \int_{\alpha}^{\beta} \mathrm{d}\theta \int_{0}^{r(\theta)} f(r\cos\theta, r\sin\theta)r\mathrm{d}r.$$

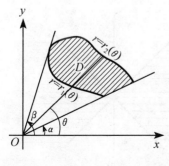

图 7.15

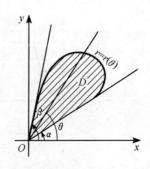

图 7.16

(3) 若极点 O 在区域 D 内部,且 $D = \{(r,\theta) | 0 \leqslant \theta \leqslant 2\pi, 0 \leqslant r \leqslant r(\theta)\}$(图

7.17),则

$$\iint\limits_{D} f(x,y)\mathrm{d}\sigma = \iint\limits_{D} f(r\cos\theta, r\sin\theta) r\mathrm{d}r\mathrm{d}\theta = \int_{0}^{2\pi}\mathrm{d}\theta\int_{0}^{r(\theta)} f(r\cos\theta, r\sin\theta)r\mathrm{d}r.$$

若 D 是环形域,极点 O 在内环线的内部,且 $D=\{(r,\theta)\,|\,0\leqslant\theta\leqslant 2\pi, r_1(\theta)\leqslant r\leqslant r_2(\theta)\}$(图 7.18),则

$$\iint\limits_{D} f(x,y)\mathrm{d}\sigma = \iint\limits_{D} f(r\cos\theta, r\sin\theta) r\mathrm{d}r\mathrm{d}\theta = \int_{0}^{2\pi}\mathrm{d}\theta\int_{r_1(\theta)}^{r_2(\theta)} f(r\cos\theta, r\sin\theta)r\mathrm{d}r.$$

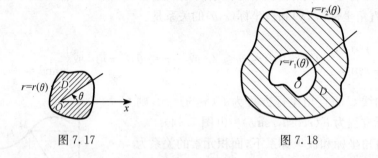

图 7.17 　　　　　　　　　　　　　　　图 7.18

三、典 型 例 题

例 1　求下列二元函数的定义域.并在平面直角坐标系中用阴影表示出来.

(1) $z=\dfrac{\sqrt{y-x^2}}{\ln(1-x^2-y^2)}$;　　　　　(2) $z=\arcsin\dfrac{y}{x}$.

分析　二元函数的(自然)定义域是使函数的解析表达式有意义的自变量 (x,y) 的全体,往往归结为二元不等式组的解集合.因此二元函数的定义域是 R^2 平面上的点集.

解　(1) $\begin{cases} y-x^2\geqslant 0, \\ 1-x^2-y^2>0, \\ 1-x^2-y^2\neq 1 \end{cases} \Rightarrow \begin{cases} y\geqslant x^2, \\ x^2+y^2<1, \\ x^2+y^2\neq 0, \end{cases}$

所以 $D_f=\{(x,y)\,|\,y\geqslant x^2, 0<x^2+y^2<1\}$.如附图(a)所示.

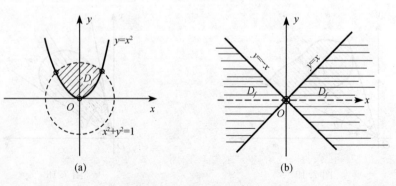

(a)　　　　　　　　　　　　(b)

例 1 图

(2) $\begin{cases} \left| \dfrac{y}{x} \right| \leqslant 1, \\ x \neq 0 \end{cases} \Rightarrow \begin{cases} |y| \leqslant |x|, \\ x \neq 0 \end{cases} \Rightarrow D_f = \{(x,y) \mid |y| \leqslant |x|, x \neq 0\}.$ 如

附图(b)所示.

例 2 若 $f\left(\ln x, \dfrac{y}{x}\right) = \dfrac{x^2 + x(\ln y - \ln x)}{y + x \ln x}$,求 $f(x,y)$.

分析 解决这类问题一般有两种方法. 第一种方法是用变量代换,令 $\ln x = u$,

$\dfrac{y}{x} = v$. 从中解出 x 和 y. 将其代入原表达式,得到 $f(u,v)$,然后将两边的 u 换为 x,

v 换为 y 得到 $f(x,y)$;第二种方法是将原式右边变形为 $\ln x$ 和 $\dfrac{y}{x}$ 的表达式,然后

将两边的 $\ln x$ 换为 x,$\dfrac{y}{x}$ 换为 y 得到 $f(x,y)$.

解法一 令 $\begin{cases} \ln x = u, \\ \dfrac{y}{x} = v, \end{cases}$ 解得 $\begin{cases} x = e^u, \\ y = v e^u, \end{cases}$ 代入原表达式,得

$$f(u,v) = \frac{e^{2u} + e^u(\ln v e^u - \ln e^u)}{v e^u + e^u \ln e^u} = \frac{e^u + \ln v}{v + u}.$$

则

$$f(x,y) = \frac{e^x + \ln y}{x + y}.$$

解法二 $f\left(\ln x, \dfrac{y}{x}\right) = \dfrac{x^2 + x(\ln y - \ln x)}{y + x \ln x} \xrightarrow{\text{同除以}\,x} \dfrac{x + \ln \dfrac{y}{x}}{\dfrac{y}{x} + \ln x} = \dfrac{e^{\ln x} + \ln \dfrac{y}{x}}{\dfrac{y}{x} + \ln x}.$

将两边的 $\ln x$ 换为 x,$\dfrac{y}{x}$ 换为 y 得

$$f(x,y) = \frac{e^x + \ln y}{x + y}.$$

例 3 求下列二元函数的极限:

(1) $\lim\limits_{(x,y) \to (1,2)} \dfrac{xy}{x^2 + y^2}$;

(2) $\lim\limits_{(x,y) \to (0,0)} \dfrac{xy}{\sqrt{x^2 + y^2}}$;

(3) $\lim\limits_{\substack{x \to 0 \\ y \to 2}} \dfrac{\sqrt{1 + x^2 y^2} - 1}{\ln(1 + y \sin^2 x)}$;

(4) $\lim\limits_{\substack{x \to \infty \\ y \to 2}} \left(1 + \dfrac{y}{x}\right)^{\frac{x^2}{x+y}}$.

分析 二重极限与一元函数极限的运算法则、运算性质、无穷小的概念、等价无穷小量因子代换、有界函数与无穷小量的乘积仍为无穷小量等完全相同,各种未定式的处理方法也基本相同(但没有洛必达法则).

解 (1) $\dfrac{xy}{x^2 + y^2}$ 是二元初等函数,在点 $(1,2)$ 及其邻域内有定义,从而在点 $(1,2)$ 处连续,极限值就等于该点的函数值. 所以

$$原式 = \frac{1 \cdot 2}{1^2 + 2^2} = \frac{2}{5}.$$

(2) 因为 $\dfrac{|x|}{\sqrt{x^2+y^2}} \leqslant 1$，$\lim\limits_{(x,y) \to (0,0)} y = 0$. 根据有界变量与无穷小量的乘积仍为无穷小量可得

$$原式 = \lim_{(x,y) \to (0,0)} \frac{x}{\sqrt{x^2+y^2}} \cdot y = 0.$$

(3) 因为 $(x,y) \to (0,2)$ 时，$x^2 y^2 \to 0$，$y \sin^2 x \to 0$，所以

$$\sqrt{1+x^2 y^2} - 1 \sim \frac{1}{2} x^2 y^2, \quad \ln(1 + y \sin^2 x) \sim y \sin^2 x \sim y x^2,$$

故

$$原式 = \lim_{\substack{x \to 0 \\ y \to 2}} \frac{\frac{1}{2} x^2 y^2}{y x^2} = \frac{1}{2} \lim_{\substack{x \to 0 \\ y \to 2}} y = 1.$$

(4) 原式 (1^∞ 型) $= \mathrm{e}^{\lim\limits_{\substack{x \to \infty \\ y \to 2}} \frac{y}{x} \cdot \frac{x^2}{x+y}} = \mathrm{e}^{\lim\limits_{\substack{x \to \infty \\ y \to 2}} \frac{xy}{x+y}} = \mathrm{e}^{\lim\limits_{\substack{x \to \infty \\ y \to 2}} \frac{y}{1+\frac{y}{x}}} = \mathrm{e}^2.$

例 4 证明下列极限不存在：

(1) $\lim\limits_{(x,y) \to (0,0)} \dfrac{y-x}{y+x}$;　　　　(2) $\lim\limits_{(x,y) \to (0,0)} \dfrac{x^2 y + x^3}{y + 3x}$;

(3) $\lim\limits_{(x,y) \to (0,0)} (1+xy)^{\frac{1}{x+y}}$.

分析 证明 $\lim\limits_{P \to P_0} f(P)$ 不存在的方法是找两条通向 P_0 的曲线，使得动点 P 分别沿这两条曲线趋于 P_0 时的极限不等，则证明了此极限不存在. 或找一条通向 P_0 的曲线，使动点 P 沿这条曲线趋于 P_0 时的极限不存在即可.

当动点 $P(x,y)$ 沿某条曲线 $y=y(x)$（或 $x=x(y)$）趋于定点 $P_0(x_0, y_0)$ 时的极限实质上是一元函数的极限：

$$\lim_{(x,y) \to (x_0,y_0)} f(x,y) \xrightarrow{\text{沿 } y=y(x)（或 x=x(y)）} \lim_{x \to x_0} f[x, y(x)]（或 \lim_{y \to y_0} f[x(y), y]）$$

因此这样的两条（或一条）曲线的找法是根据函数的特征和一元函数极限的一些知识进行仔细地观察分析，逐步调整而得到.

解 (1) 动点 (x,y) 沿 x 轴趋于 $(0,0)$ 时，

$$\lim_{(x,y) \to (0,0)} \frac{y-x}{y+x} \xrightarrow{y=0} \lim_{x \to 0} \frac{-x}{x} = -1;$$

动点 (x,y) 沿 y 轴趋于 $(0,0)$ 时，

$$\lim_{(x,y) \to (0,0)} \frac{y-x}{y+x} \xrightarrow{x=0} \lim_{x \to 0} \frac{y}{y} = 1.$$

因沿这两条路径的极限不相等，所以 $\lim\limits_{(x,y) \to (0,0)} \dfrac{y-x}{y+x}$ 不存在.

(2) 动点 (x,y) 沿 x 轴趋于 $(0,0)$ 时，

$$\lim_{(x,y) \to (0,0)} \frac{x^2 y + x^3}{y + 3x} \xrightarrow{y=0} \lim_{x \to 0} \frac{x^3}{3x} = \lim_{x \to 0} \frac{x^2}{3} = 0;$$

动点(x,y)沿曲线 $y=x^3-3x$ 轴趋于$(0,0)$时,

$$\lim_{(x,y)\to(0,0)}\frac{x^2y+x^3}{y+3x}\xlongequal{y=x^3-3x}\lim_{x\to0}\frac{x^5-2x^3}{x^3}=\lim_{x\to0}(x^2-2)=-2.$$

因沿这两条路径的极限不相等,所以 $\lim\limits_{(x,y)\to(0,0)}\dfrac{x^2y+x^3}{y+3x}$ 不存在.

(3) 原式属于1^∞型的未定式,则原式$=\mathrm{e}^{\lim\limits_{(x,y)\to(0,0)}\frac{xy}{x+y}}$.

动点(x,y)沿 x 轴趋于$(0,0)$时,

$$原式=\mathrm{e}^{\lim\limits_{(x,y)\to(0,0)}\frac{xy}{x+y}}\xlongequal{y=0}\mathrm{e}^{\lim\limits_{x\to0}0}=1;$$

动点(x,y)沿曲线 $y=x^2-x$ 轴趋于$(0,0)$时,

$$原式=\mathrm{e}^{\lim\limits_{(x,y)\to(0,0)}\frac{xy}{x+y}}\xlongequal{y=x^2-x}\mathrm{e}^{\lim\limits_{x\to0}\frac{x^3-x^2}{x^2}}=\mathrm{e}^{\lim\limits_{x\to0}(x-1)}=\mathrm{e}^{-1}.$$

因沿这两条路径的极限不相等,所以 $\lim\limits_{(x,y)\to(0,0)}(1+xy)^{\frac{1}{x+y}}$ 不存在.本题也可只找一条极限不存在的路径:

动点(x,y)沿曲线 $y=x^3-x(x<0)$ 轴趋于$(0,0)$时,

$$\lim_{(x,y)\to(0,0)}(1+xy)^{\frac{1}{x+y}}\xlongequal{y=x^3-x(x<0)}\lim_{x\to0^-}(1+x^4-x^2)^{\frac{1}{x^3}}\ (1^\infty\ 型)$$

$$=\mathrm{e}^{\lim\limits_{x\to0^-}\frac{x^4-x^2}{x^3}}=\mathrm{e}^{\lim\limits_{x\to0^-}\left(x-\frac{1}{x}\right)}=+\infty\quad(不存在),$$

所以 $\lim\limits_{(x,y)\to(0,0)}(1+xy)^{\frac{1}{x+y}}$ 不存在(但也不一定是$+\infty$).

例5 设 $f(x,y)=\mathrm{e}^{xy}\sin\pi y+(x-1)\arctan\sqrt{\dfrac{x}{y}}$,求 $f_x'(x,1),f_x'(1,1),$ $f_y'(1,1),f_y'(0,1)$.(习题 A 第 8 题(8))

分析 求 $f_x'(x,y)$ 时,在 $f(x,y)$ 中将 y 看作常数;求 $f_y'(x,y)$ 时,在 $f(x,y)$ 中将 x 看作常数,按一元函数的求导法则和公式即可求得;求 $f_x'(x_0,y_0)$ 时可先求偏导数 $f_x'(x,y)$,再将(x,y)代为(x_0,y_0).也可以将 $f(x,y)$ 中的 y 换为 y_0,对 x 的一元函数 $f(x,y_0)$ 求导得 $f_x'(x_0,y_0)$,然后再将 x 换为 x_0 即得.同样求 $f_y'(x_0,y_0)$ 时可先求偏导数 $f_y'(x,y)$,再将(x,y)代为(x_0,y_0).也可以将 $f(x,y)$ 中的 x 换为 x_0,对 y 的一元函数 $f(x_0,y)$ 求导得 $f_y'(x_0,y_0)$,然后再将 y 换为 y_0 即得.

解法一 $f_x'(x,y)=\mathrm{e}^{xy}\cdot y\sin\pi y+\arctan\sqrt{\dfrac{x}{y}}+(x-1)\dfrac{1}{1+\dfrac{x}{y}}\cdot\dfrac{1}{2\sqrt{\dfrac{x}{y}}}\cdot\dfrac{1}{y},$

$$f_y'(x,y)=\mathrm{e}^{xy}\cdot x\sin\pi y+\pi\mathrm{e}^{xy}\cdot\cos\pi y+(x-1)\cdot\dfrac{1}{1+\dfrac{x}{y}}\cdot\dfrac{1}{2\sqrt{\dfrac{x}{y}}}\cdot\left(-\dfrac{x}{y^2}\right).$$

$$f_x'(x,1)=\arctan\sqrt{x}+\dfrac{x-1}{2\sqrt{x}(1+x)},\quad f_x'(1,1)=\dfrac{\pi}{4},$$

$$f_y'(1,1)=-\pi\mathrm{e},\quad f_y'(0,1)=-\pi.$$

解法二 $f(x,1)=(x-1)\arctan\sqrt{x},$

$$f'_x(x,1) = \arctan\sqrt{x} + \frac{x-1}{2\sqrt{x}(1+x)}, \quad f'_x(1,1) = \frac{\pi}{4},$$

$$f(1,y) = e^y\sin\pi y, \quad f'_y(1,y) = e^y\sin\pi y + \pi e^y\cos\pi y,$$

$$f'_y(1,1) = -\pi e, \quad f(0,y) = \sin\pi y, \quad f'_y(0,y) = \pi\cos\pi y,$$

$$f'_y(0,1) = -\pi.$$

例 6 设二元函数 $f(x,y) = \begin{cases} (x^2+y^2)\cos\dfrac{1}{\sqrt{x^2+y^2}}, & (x,y)\neq(0,0), \\ 0, & (x,y)=(0,0). \end{cases}$

(1) 讨论 $f(x,y)$ 在其定义域内的连续性;

(2) 讨论 $f(x,y)$ 在点 $(0,0)$ 处的可偏导性;

(3) 求 $f'_x(x,y), f'_y(x,y)$,并讨论 $f'_x(x,y)$ 和 $f'_y(x,y)$ 在点 $(0,0)$ 处的连续性;

(4) 讨论 $f(x,y)$ 在点 $(0,0)$ 处的可微性.

分析 同一元函数类似,二元函数在分段点处的连续性和可偏导性一般要用定义讨论.

当 $f(x,y)$ 在点 (x_0,y_0) 处可偏导时,考察它在点 (x_0,y_0) 是否可微,只需讨论极限 $\lim\limits_{\substack{\Delta x\to 0 \\ \Delta y\to 0}} \dfrac{\Delta z - f'_x(x_0,y_0)\Delta x - f'_y(x_0,y_0)\Delta y}{\sqrt{(\Delta x)^2+(\Delta y)^2}}$ 是否为零(因为这等价于 Δz 是否可表示为 $\Delta z = f'_x(x_0,y_0)\Delta x + f'_y(x_0,y_0)\Delta y + o(\rho), \rho = \sqrt{(\Delta x)^2+(\Delta y)^2}, \rho\to 0$ 即 $(\Delta x, \Delta y)\to(0,0)$ 时,$o(\rho)$ 是比 ρ 高阶的无穷小量).

解 (1) 因为

$$\lim_{(x,y)\to(0,0)}(x^2+y^2) = 0, \quad \left|\cos\frac{1}{\sqrt{x^2+y^2}}\right| \leqslant 1,$$

所以

$$\lim_{(x,y)\to(0,0)} f(x,y) = \lim_{(x,y)\to(0,0)}(x^2+y^2)\cos\frac{1}{\sqrt{x^2+y^2}} = 0 = f(0,0),$$

即 $f(x,y)$ 在点 $(0,0)$ 处连续,当 $(x,y)\neq(0,0)$ 时,

$$f(x,y) = (x^2+y^2)\cos\frac{1}{\sqrt{x^2+y^2}}$$

是初等函数,根据初等函数的连续性,$f(x,y)$ 在 $(x,y)\neq(0,0)$ 时均连续. 故 $f(x,y)$ 在其定义域 $\mathbf{R}^2$ 上处处连续.

(2) $f'_x(0,0) = \lim\limits_{x\to 0}\dfrac{f(x,0)-f(0,0)}{x} = \lim\limits_{x\to 0}\dfrac{x^2\cos\dfrac{1}{|x|}}{x} = \lim\limits_{x\to 0}x\cos\dfrac{1}{|x|} = 0,$

$f'_y(0,0) = \lim\limits_{y\to 0}\dfrac{f(0,y)-f(0,0)}{y} = \lim\limits_{y\to 0}\dfrac{y^2\cos\dfrac{1}{|y|}}{y} = \lim\limits_{y\to 0}y\cos\dfrac{1}{|y|} = 0,$

所以 $f(x,y)$ 在点 $(0,0)$ 处可偏导.

注 本例中 $f'_x(0,0)$ 也可先求出 $f(x,0) = \begin{cases} x^2\cos\dfrac{1}{x}, & x\neq 0 \\ 0, & x=0 \end{cases}$,再求 $f'_x(0,0)=0$.

(3) 当 $(x,y) \neq (0,0)$ 时,

$$f_x'(x,y) = 2x\cos\frac{1}{\sqrt{x^2+y^2}} + \frac{x}{\sqrt{x^2+y^2}}\sin\frac{1}{\sqrt{x^2+y^2}},$$

由 $f(x,y)$ 的对称性可得

$$f_y'(x,y) = 2y\cos\frac{1}{\sqrt{x^2+y^2}} + \frac{y}{\sqrt{x^2+y^2}}\sin\frac{1}{\sqrt{x^2+y^2}}.$$

由(2)知 $f_x'(0,0)=0, f_x'(0,0)=0$. 所以

$$f_x'(x,y) = \begin{cases} 2x\cos\dfrac{1}{\sqrt{x^2+y^2}} + \dfrac{x}{\sqrt{x^2+y^2}}\sin\dfrac{1}{\sqrt{x^2+y^2}}, & (x,y) \neq (0,0), \\ 0, & (x,y) = (0,0). \end{cases}$$

$$f_y'(x,y) = \begin{cases} 2y\cos\dfrac{1}{\sqrt{x^2+y^2}} + \dfrac{y}{\sqrt{x^2+y^2}}\sin\dfrac{1}{\sqrt{x^2+y^2}}, & (x,y) \neq (0,0), \\ 0, & (x,y) = (0,0). \end{cases}$$

当动点 (x,y) 沿 x 轴正半轴趋于点 $(0,0)$ 时,

$$\lim_{\substack{(x,y)\to(0,0) \\ (y=0,(x>0))}} f_x'(x,y) = \lim_{x\to 0^+}\left(2x\cos\frac{1}{x} + \sin\frac{1}{x}\right) \quad (振荡不存在),$$

所以 $\lim\limits_{(x,y)\to(0,0)} f_x'(x,y)$ 不存在,从而 $f_x'(x,y)$ 在点 $(0,0)$ 处不连续. 同理, $f_y'(x,y)$ 在点 $(0,0)$ 处也不连续.

(4)
$$\lim_{\substack{\Delta x\to 0 \\ \Delta y\to 0}} \frac{\Delta z - f_x'(0,0)\Delta x - f_y'(0,0)\Delta y}{\sqrt{(\Delta x)^2+(\Delta y)^2}} = \lim_{\substack{\Delta x\to 0 \\ \Delta y\to 0}} \frac{f(0+\Delta x, 0+\Delta y) - f(0,0)}{\sqrt{(\Delta x)^2+(\Delta y)^2}}$$

$$= \lim_{\substack{\Delta x\to 0 \\ \Delta y\to 0}} \frac{f(\Delta x, \Delta y)}{\sqrt{(\Delta x)^2+(\Delta y)^2}} = \lim_{\substack{\Delta x\to 0 \\ \Delta y\to 0}} \frac{[(\Delta x)^2+(\Delta y)^2]\cos\dfrac{1}{\sqrt{(\Delta x)^2+(\Delta y)^2}}}{\sqrt{(\Delta x)^2+(\Delta y)^2}}$$

$$= \lim_{\substack{\Delta x\to 0 \\ \Delta y\to 0}} \sqrt{(\Delta x)^2+(\Delta y)^2}\cos\frac{1}{\sqrt{(\Delta x)^2+(\Delta y)^2}} = 0,$$

所以当 $(\Delta x, \Delta y)\to(0,0)$(等价于 $\rho\to 0$)时,

$$\Delta z - f_x'(0,0)\Delta x - f_y'(0,0)\Delta y = o(\sqrt{(\Delta x)^2+(\Delta y)^2}) = o(\rho),$$

即

$$\Delta z = f_x'(0,0)\Delta x + f_y'(0,0)\Delta y + o(\rho)(\rho\to 0).$$

根据微分定义,函数 $f(x,y)$ 在点 $(0,0)$ 处的可微分.

注 此例说明:可微 $\nRightarrow$ 偏导数连续.

例 7 计算下列各题:

(1) 设 $z = (x^2+y^2)e^{-\arctan\frac{y}{x}}$.

① 求 $dz, dz\Big|_{\substack{x=1 \\ y=1}}, dz\Big|_{\substack{x=1 \\ y=1 \\ \Delta x=0.02 \\ \Delta y=-0.01}}$;

② 求 $\dfrac{\partial^2 z}{\partial x\partial y}, \dfrac{\partial^2 z}{\partial x\partial y}\Big|_{(1,1)}$. (习题 B 第 4 题)

(2) 设 $z = f\left(\ln x, \dfrac{y}{x}\right) = \dfrac{x^2 + x(\ln y - \ln x)}{y + x \ln x}$，求 $\mathrm{d} f(x, y)|_{(1,1)}$.

分析　二元函数 $z = f(x, y)$ 全微分 $\mathrm{d} z$ 的计算方法有两种：①用公式 $\mathrm{d} z = \dfrac{\partial z}{\partial x}\mathrm{d} x + \dfrac{\partial z}{\partial y}\mathrm{d} y$，只要求出两个偏导数，然后代入此公式即可；②用全微分形式的不变性和微分的运算法则直接求出 $\mathrm{d} z$.

二元函数的全微分 $\mathrm{d} z = f'_x(x, y)\mathrm{d} x + f'_y(x, y)\mathrm{d} y$ 与点 (x, y) 及 $\mathrm{d} x = \Delta x, \mathrm{d} y = \Delta y$ 都有关系. 当点 (x, y) 给定时，它是 $\mathrm{d} x = \Delta x, \mathrm{d} y = \Delta y$ 的线性函数；当 $\mathrm{d} x = \Delta x$，$\mathrm{d} y = \Delta y$ 给定时，它是点 (x, y) 的函数；当点 (x, y) 和 $\mathrm{d} x, \mathrm{d} y$ 均给定时，它是一个常数.

解　(1) ① 解法一

$$\frac{\partial z}{\partial x} = 2x \mathrm{e}^{-\arctan\frac{y}{x}} + (x^2 + y^2)\mathrm{e}^{-\arctan\frac{y}{x}} \cdot \left(-\frac{1}{1 + \dfrac{y^2}{x^2}}\right) \cdot \left(-\frac{y}{x^2}\right) = (2x + y)\mathrm{e}^{-\arctan\frac{y}{x}},$$

$$\frac{\partial z}{\partial y} = 2y \mathrm{e}^{-\arctan\frac{y}{x}} + (x^2 + y^2)\mathrm{e}^{-\arctan\frac{y}{x}} \cdot \left(-\frac{1}{1 + \dfrac{y^2}{x^2}}\right) \cdot \frac{1}{x} = (2y - x)\mathrm{e}^{-\arctan\frac{y}{x}},$$

所以

$$\mathrm{d} z = \frac{\partial z}{\partial x}\mathrm{d} x + \frac{\partial z}{\partial y}\mathrm{d} y = \mathrm{e}^{-\arctan\frac{y}{x}}[(2x + y)\mathrm{d} x + (2y - x)\mathrm{d} y].$$

$$\mathrm{d} z\Big|_{\substack{x=1 \\ y=1}} = \mathrm{e}^{-\frac{\pi}{4}}(3\mathrm{d} x + \mathrm{d} y),$$

$$\mathrm{d} z\Big|_{\substack{x=1 \\ y=1 \\ \Delta x=0.02 \\ \Delta y=-0.01}} = (3 \times 0.02 - 0.01)\mathrm{e}^{-\frac{\pi}{4}} = 0.05\mathrm{e}^{-\frac{\pi}{4}}.$$

解法二

$$\mathrm{d} z = \mathrm{d}\left[(x^2 + y^2)\mathrm{e}^{-\arctan\frac{y}{x}}\right] \xlongequal{\text{乘积的微分法测}} [\mathrm{d}(x^2) + \mathrm{d}(y^2)]\mathrm{e}^{-\arctan\frac{y}{x}}$$

$$+ (x^2 + y^2)\mathrm{e}^{-\arctan\frac{y}{x}}\mathrm{d}\left(-\arctan\frac{y}{x}\right)$$

（第一项用和的微分法则，第二项用微分形式的不变性）

$$\xlongequal{\text{微分形式不变性}} \left[2x\mathrm{d} x + 2y\mathrm{d} y + (x^2 + y^2) \cdot \left(-\frac{1}{1 + \dfrac{y^2}{x^2}}\right)\mathrm{d}\left(\frac{y}{x}\right)\right]\mathrm{e}^{-\arctan\frac{y}{x}}$$

$$\xlongequal{\text{商的微分法则}} \left[2x\mathrm{d} x + 2y\mathrm{d} y + x^2 \cdot \frac{x\mathrm{d} y - y\mathrm{d} x}{x^2}\right]\mathrm{e}^{-\arctan\frac{y}{x}}$$

$$= \mathrm{e}^{-\arctan\frac{y}{x}}[(2x + y)\mathrm{d} x + (2y - x)\mathrm{d} y].$$

$$\left(\text{由此也可得} \frac{\partial z}{\partial x} = (2x + y)\mathrm{e}^{-\arctan\frac{y}{x}}, \frac{\partial z}{\partial y} = (2y - x)\mathrm{e}^{-\arctan\frac{y}{x}}\right)$$

以下同解法一.

② $\dfrac{\partial^2 z}{\partial x \partial y} = \dfrac{\partial}{\partial y}\left(\dfrac{\partial z}{\partial x}\right) = \dfrac{\partial}{\partial y}\left[(2x + y)\mathrm{e}^{-\arctan\frac{y}{x}}\right]$

$$= e^{-\arctan\frac{y}{x}}\left[-\frac{1}{1+\frac{y^2}{x^2}}\right]\cdot\frac{1}{x}(2x+y)+e^{-\arctan\frac{y}{x}}\cdot 1=\left[1-\frac{x(2x+y)}{x^2+y^2}\right]e^{-\arctan\frac{y}{x}},$$

$$\left.\frac{\partial^2 z}{\partial x\partial y}\right|_{(1,1)}=-\frac{1}{2}e^{-\frac{\pi}{4}}.$$

(2) **分析** 本题不是求函数 $z=f\left(\ln x,\frac{y}{x}\right)=\dfrac{x^2+x(\ln y-\ln x)}{y+x\ln x}$ 在点 $(1,1)$ 处的全微分 $\mathrm{d}z|_{(1,1)}$,而是求函数 $f(x,y)$ 在点 $(1,1)$ 处的全微分. 因此必须先由 $f\left(\ln x,\frac{y}{x}\right)=\dfrac{x^2+x(\ln y-\ln x)}{y+x\ln x}$ 求出 $f(x,y)$,再求其全微分.

由例 2,得 $f(x,y)=\dfrac{e^x+\ln y}{x+y}$,所以

$$\mathrm{d}f(x,y)=\mathrm{d}\frac{e^x+\ln y}{x+y}=\frac{(x+y)\mathrm{d}(e^x+\ln y)-(e^x+\ln y)\mathrm{d}(x+y)}{(x+y)^2}$$

$$=\frac{(x+y)(e^x\mathrm{d}x+\frac{1}{y}\mathrm{d}y)-(e^x+\ln y)(\mathrm{d}x+\mathrm{d}y)}{(x+y)^2},$$

$$\mathrm{d}f(x,y)\,|_{(1,1)}=\frac{2(e\mathrm{d}x+\mathrm{d}y)-e(\mathrm{d}x+\mathrm{d}y)}{4}=\frac{e}{4}\mathrm{d}x+\frac{2-e}{4}\mathrm{d}y.$$

例 8 设 $z=f\{\varphi[x,g(x,h(x)),h(x)],\psi[g(x,h(x)),h(x)]\}$.

(1) z 是由哪些函数复合而成的? 并画出复合树图.

(2)假如 f,φ,ψ,g,h 均具有连续的偏导数或导数,试将 $\dfrac{\mathrm{d}z}{\mathrm{d}x}$ 用这些函数的偏导数或导数表示.

解 (1) z 是由 $z=f(u,v),u=\varphi(x,y,t),v=\psi(y,t),y=g(x,t),t=h(x)$ 这 5 个函数复合而成的. 复合树图为

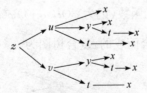

(2) **分析** z(根)到 x(梢)共有 7 条路径,所以 z 对 x 的导数有 7 项. 每一项是每条路径上相邻两个变量中前一个变量对后一个变量的偏导数或导数乘积之和.

$$\frac{\mathrm{d}z}{\mathrm{d}x}=\frac{\partial z}{\partial u}\cdot\frac{\partial u}{\partial x}+\frac{\partial z}{\partial u}\cdot\frac{\partial u}{\partial y}\cdot\frac{\partial y}{\partial x}+\frac{\partial z}{\partial u}\cdot\frac{\partial u}{\partial y}\cdot\frac{\partial y}{\partial t}\cdot\frac{\mathrm{d}t}{\mathrm{d}x}+\frac{\partial z}{\partial u}\cdot\frac{\partial u}{\partial t}\cdot\frac{\mathrm{d}t}{\mathrm{d}x}$$

$$+\frac{\partial z}{\partial v}\cdot\frac{\partial v}{\partial y}\cdot\frac{\partial y}{\partial x}+\frac{\partial z}{\partial v}\cdot\frac{\partial v}{\partial y}\cdot\frac{\partial y}{\partial t}\cdot\frac{\mathrm{d}t}{\mathrm{d}x}+\frac{\partial z}{\partial v}\cdot\frac{\partial v}{\partial t}\cdot\frac{\mathrm{d}t}{\mathrm{d}x}$$

$$=f_u'(u,v)\cdot\varphi_x'(x,y,t)+f_u'(u,v)\cdot\varphi_y'(x,y,t)\cdot g_x'(x,t)$$

$$+f_u'(u,v)\cdot\varphi_y'(x,y,t)\cdot g_t'(x,t)\cdot h'(x)+f_u'(u,v)\cdot\varphi_t'(x,y,t)\cdot h'(x)$$

$$+f_v'(u,v)\cdot\psi_y'(y,t)\cdot g_x'(x,t)+f_v'(u,v)\cdot\psi_y'(y,t)\cdot g_t'(x,t)\cdot h'(x)$$

$$+ f'_v(u,v) \cdot \psi'_t(y,t) \cdot h'(x).$$

注 $\varphi'_x(x,y,t)$ 与 $[\varphi(x,y,t)]'_x$ 的区别：$\varphi'_x(x,y,t)$ 是在三元函数 $\varphi(x,y,t)$ 中把 y，t 看作常量后对第一个变量 x 求的偏导数；而 $[\varphi(x,y,t)]'_x$ 是在 $\varphi(x,y,t)$ 中把 $y=g(x,t)$，$t=h(x)$ 代入以后的复合函数 $\varphi[x,g(x,h(x)),h(x)]$ 对 x 的偏导数，即

$$[\varphi(x,y,t)]'_x = \varphi'_x(x,y,t) + \varphi'_y(x,y,t)[g'_x(x,t) + g'_t(x,t) \cdot h'(x)]$$
$$+ \varphi'_t(x,y,t) \cdot h'(x).$$

例 9 计算下列各题：

(1) 设 $z = u\arctan(uv)$，$u = x^2$，$v = ye^x$. 求 $\dfrac{\partial z}{\partial x}$，$\dfrac{\partial z}{\partial y}$.

(2) 设 $f(u)$ 具有二阶连续的偏导数，且 $g(x,y) = f\left(\dfrac{y}{x}\right) + yf\left(\dfrac{x}{y}\right)$，

求 $x^2 \dfrac{\partial^2 g}{\partial x^2} - y^2 \dfrac{\partial^2 g}{\partial y^2}$. (习题 A 第 16 题(2)).

(3) 设 $f(u,v)$ 具有二阶连续的偏导数，$z = f(e^x \sin y, x^2 + y^2)$，求 $\mathrm{d}z$ 及 $\dfrac{\partial^2 z}{\partial x \partial y}$.

解 (1) 复合树图为

$$\frac{\partial z}{\partial x} = \frac{\partial z}{\partial u} \cdot \frac{\mathrm{d}u}{\mathrm{d}x} + \frac{\partial z}{\partial v} \cdot \frac{\partial v}{\partial x} = \left[\arctan(uv) + \frac{uv}{1+u^2v^2}\right] \cdot 2x + \frac{u^2}{1+u^2v^2} \cdot ye^x$$

$$= 2x\arctan(uv) + \frac{2xuv + yu^2e^x}{1+u^2v^2} = 2x\arctan(x^2ye^x) + \frac{(2+x)x^3ye^x}{1+x^4y^2e^{2x}}.$$

$$\frac{\partial z}{\partial y} = \frac{\partial z}{\partial v} \cdot \frac{\partial v}{\partial y} = \frac{u^2}{1+u^2v^2} \cdot e^x = \frac{x^4e^x}{1+x^4y^2e^{2x}}.$$

(2) **解法一** 令 $u = \dfrac{y}{x}$，$v = \dfrac{x}{y}$，则 $g(x,y) = f(u) + yf(v)$，

即 $g(x,y)$ 是由一个三元函数(记为 $\varphi(u,v,y)$) $\varphi(u,v,y) = f(u) + yf(v)$ 和两个二元函数 $u = \dfrac{y}{x}$，$v = \dfrac{x}{y}$ 复合而成的. 复合树图为

$$\frac{\partial g}{\partial x} = \frac{\partial \varphi}{\partial u} \cdot \frac{\partial u}{\partial x} + \frac{\partial \varphi}{\partial v} \cdot \frac{\partial v}{\partial x} = f'(u) \cdot \left(-\frac{y}{x^2}\right) + yf'(v) \cdot \frac{1}{y} = -\frac{y}{x^2}f'(u) + f'(v),$$

$$\frac{\partial g}{\partial y} = \frac{\partial \varphi}{\partial u} \cdot \frac{\partial u}{\partial y} + \frac{\partial \varphi}{\partial v} \cdot \frac{\partial v}{\partial y} + \frac{\partial \varphi}{\partial y} = f'(u) \cdot \frac{1}{x} + yf'(v) \cdot \left(-\frac{x}{y^2}\right) + f(v)$$

$$= \frac{1}{x}f'(u) - \frac{x}{y}f'(v) + f(v).$$

注 $f'(u)$ 仍为 u 的函数，而 $u = \dfrac{y}{x}$ 是 x，y 的二元函数，所以 $f'(u)$ 仍为以 u 为

中间变量，x, y 为自变量的二元复合函数；同理，$f'(v)$ 仍为以 v 为中间变量，x, y 为自变量的二元复合函数.

$$\frac{\partial^2 g}{\partial x^2} = \left[-\frac{y}{x^2}f'(u) + f'(v) \right]'_x$$

$$= \left(-\frac{y}{x^2} \right)'_x f'(u) + \left(-\frac{y}{x^2} \right)[f'(u)]'_x + [f'(v)]'_x$$

$$= \frac{2y}{x^3}f'(u) - \frac{y}{x^2}f''(u) \cdot \frac{\partial u}{\partial x} + f''(v) \cdot \frac{\partial v}{\partial x}$$

$$= \frac{2y}{x^3}f'(u) - \frac{y}{x^2}f''(u) \cdot \left(-\frac{y}{x^2} \right) + f''(v) \cdot \frac{1}{y}$$

$$= \frac{2y}{x^3}f'(u) + \frac{y^2}{x^4}f''(u) + \frac{1}{y}f''(v).$$

$$\frac{\partial^2 g}{\partial y^2} = \left[\frac{1}{x}f'(u) - \frac{x}{y}f'(v) + f(v) \right]'_y$$

$$= \frac{1}{x}[f'(u)]'_y - \left(\frac{x}{y} \right)'_y f'(v) - \frac{x}{y}[f'(v)]'_y + [f'(v)]'_y$$

$$= \frac{1}{x}f''(u) \cdot \frac{\partial u}{\partial y} + \frac{x}{y^2}f'(v) - \frac{x}{y}f''(v) \cdot \frac{\partial v}{\partial y} + f'(v) \cdot \frac{\partial v}{\partial y}$$

$$= \frac{1}{x}f''(u) \cdot \frac{1}{x} + \frac{x}{y^2}f'(v) - \frac{x}{y}f''(v) \cdot \left(-\frac{x}{y^2} \right) + f'(v) \cdot \left(-\frac{x}{y^2} \right)$$

$$= \frac{1}{x^2}f''(u) + \frac{x^2}{y^3}f''(v).$$

$$x^2 \frac{\partial^2 g}{\partial x^2} - y^2 \frac{\partial^2 g}{\partial y^2} = x^2 \left[\frac{2y}{x^3}f'(u) + \frac{y^2}{x^4}f''(u) + \frac{1}{y}f''(v) \right] - y^2 \left[\frac{1}{x^2}f''(u) + \frac{x^2}{y^3}f''(v) \right]$$

$$= \frac{2y}{x}f'(u) + \frac{y^2}{x^2}f''(u) + \frac{x^2}{y}f''(v) - \frac{y^2}{x^2}f''(u) - \frac{x^2}{y}f''(v)$$

$$= \frac{2y}{x}f'(u) = \frac{2y}{x}f'\left(\frac{y}{x} \right).$$

解法二　$\dfrac{\partial g}{\partial x} = f'\left(\dfrac{y}{x} \right) \cdot \left(\dfrac{y}{x} \right)'_x + y \cdot f'\left(\dfrac{x}{y} \right) \cdot \left(\dfrac{x}{y} \right)'_x = -\dfrac{y}{x^2}f'\left(\dfrac{y}{x} \right) + f'\left(\dfrac{x}{y} \right),$

$$\frac{\partial g}{\partial y} = f'\left(\frac{y}{x} \right) \cdot \left(\frac{y}{x} \right)'_y + 1 \cdot f\left(\frac{x}{y} \right) + y \cdot f'\left(\frac{x}{y} \right) \cdot \left(\frac{x}{y} \right)'_y$$

$$= \frac{1}{x}f'\left(\frac{y}{x} \right) + f\left(\frac{x}{y} \right) - \frac{x}{y}f'\left(\frac{x}{y} \right).$$

$$\frac{\partial^2 g}{\partial x^2} = \left[-\frac{y}{x^2}f'\left(\frac{y}{x} \right) + f'\left(\frac{x}{y} \right) \right]'_x = \left(-\frac{y}{x^2} \right)'_x \cdot f'\left(\frac{y}{x} \right)$$

$$+ \left(-\frac{y}{x^2} \right)\left[f'\left(\frac{y}{x} \right) \right]'_x + \left[f'\left(\frac{x}{y} \right) \right]'_x$$

$$= \frac{2y}{x^3} \cdot f'\left(\frac{y}{x} \right) - \frac{y}{x^2}f''\left(\frac{y}{x} \right) \cdot \left(\frac{y}{x} \right)'_x + f''\left(\frac{x}{y} \right) \cdot \left(\frac{x}{y} \right)'_x$$

$$= \frac{2y}{x^3}f'\left(\frac{y}{x}\right) + \frac{y^2}{x^4}f''\left(\frac{y}{x}\right) + \frac{1}{y}f''\left(\frac{x}{y}\right).$$

$$\frac{\partial^2 g}{\partial y^2} = \left[\frac{1}{x}f'\left(\frac{y}{x}\right) + f\left(\frac{x}{y}\right) - \frac{x}{y}f'\left(\frac{x}{y}\right)\right]'_y$$

$$= \frac{1}{x}\left[f'\left(\frac{y}{x}\right)\right]'_y + \left[f\left(\frac{x}{y}\right)\right]'_y - \left(\frac{x}{y}\right)'_y f'\left(\frac{x}{y}\right) - \frac{x}{y}\left[f'\left(\frac{x}{y}\right)\right]'_y$$

$$= \frac{1}{x}f''\left(\frac{y}{x}\right)\cdot\left(\frac{y}{x}\right)'_y + f'\left(\frac{x}{y}\right)\cdot\left(\frac{x}{y}\right)'_y + \frac{x}{y^2}f'\left(\frac{x}{y}\right) - \frac{x}{y}f''\left(\frac{x}{y}\right)\cdot\left(\frac{x}{y}\right)'_y$$

$$= \frac{1}{x^2}f''\left(\frac{y}{x}\right) - \frac{x}{y^2}f'\left(\frac{x}{y}\right) + \frac{x}{y^2}f'\left(\frac{x}{y}\right) + \frac{x^2}{y^3}f''\left(\frac{x}{y}\right)$$

$$= \frac{1}{x^2}f''\left(\frac{y}{x}\right) + \frac{x^2}{y^3}f''\left(\frac{x}{y}\right).$$

$$x^2\frac{\partial^2 g}{\partial x^2} - y^2\frac{\partial^2 g}{\partial y^2} = x^2\left[\frac{2y}{x^3}f'\left(\frac{y}{x}\right) + \frac{y^2}{x^4}f''\left(\frac{y}{x}\right) + \frac{1}{y}f''\left(\frac{x}{y}\right)\right]$$

$$\qquad - y^2\left[\frac{1}{x^2}f''\left(\frac{y}{x}\right) + \frac{x^2}{y^3}f''\left(\frac{x}{y}\right)\right]$$

$$= \frac{2y}{x}f'\left(\frac{y}{x}\right) + \frac{y^2}{x^2}f''\left(\frac{y}{x}\right) + \frac{x^2}{y}f''\left(\frac{x}{y}\right) - \frac{y^2}{x^2}f''\left(\frac{y}{x}\right) - \frac{x^2}{y}f''\left(\frac{x}{y}\right)$$

$$= \frac{2y}{x}f'\left(\frac{y}{x}\right).$$

（3）**分析**　计算含有抽象函数的复合函数的偏导数时，一定要设出中间变量，明确复合过程. 如本题，设 $u = \mathrm{e}^x\sin y, v = x^2 + y^2$，则函数 $z = f(\mathrm{e}^x\sin y, x^2 + y^2)$ 是由一个二元抽象函数 $z = f(u, v)$ 与两个具体二元函数 $u = \mathrm{e}^x\sin y, v = x^2 + y^2$ 复合而成的复合函数. 在计算高阶偏导数时，对抽象函数 $f(u, v)$ 的两个一阶偏导数 $\frac{\partial f}{\partial u} = f'_u(u, v)$ 和 $\frac{\partial f}{\partial v} = f'_v(u, v)$ 的理解是关键. 一般来说二元函数 $f(u, v)$ 的两个偏导数 $f'_u(u, v), f'_v(u, v)$ 仍为 u 和 v 的二元函数，现在 u 和 v 又都是 x, y 的二元函数，因此 $f'_u(u, v), f'_v(u, v)$ 仍为以 u, v 为中间变量，以 x, y 为自变量的二元复合函数. 换句话说，如果 $f(u, v)$ 的复合树图为

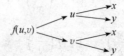

则 $\frac{\partial f}{\partial u} = f'_u(u, v), \frac{\partial f}{\partial v} = f'_v(u, v)$ 的复合树图也为同一形式. 即

所以

$$\left(\frac{\partial f}{\partial u}\right)'_x = \left(\frac{\partial f}{\partial u}\right)'_u \cdot \frac{\partial u}{\partial x} + \left(\frac{\partial f}{\partial u}\right)'_v \cdot \frac{\partial v}{\partial x} = \frac{\partial^2 f}{\partial u^2}\cdot\frac{\partial u}{\partial x} + \frac{\partial^2 f}{\partial u\partial v}\cdot\frac{\partial v}{\partial x}.$$

同理，$\left(\dfrac{\partial f}{\partial u}\right)'_y = \dfrac{\partial^2 f}{\partial u^2} \cdot \dfrac{\partial u}{\partial y} + \dfrac{\partial^2 f}{\partial u \partial v} \cdot \dfrac{\partial v}{\partial y}$，等等.

解法一 设 $u = \mathrm{e}^x \sin y, v = x^2 + y^2$，则 $z = f(u,v)$，即函数 $z = f(\mathrm{e}^x \sin y, x^2 + y^2)$ 是由一个抽象函数 $z = f(u,v)$ 与两个具体二元函数 $u = \mathrm{e}^x \sin y, v = x^2 + y^2$ 复合而成的复合函数. 其复合树图为

则

$$\frac{\partial z}{\partial x} = \frac{\partial f}{\partial u} \cdot \frac{\partial u}{\partial x} + \frac{\partial f}{\partial v} \cdot \frac{\partial v}{\partial x} = \frac{\partial f}{\partial u} \cdot \mathrm{e}^x \sin y + \frac{\partial f}{\partial v} \cdot 2x,$$

$$\frac{\partial z}{\partial y} = \frac{\partial f}{\partial u} \cdot \frac{\partial u}{\partial y} + \frac{\partial f}{\partial v} \cdot \frac{\partial v}{\partial y} = \frac{\partial f}{\partial u} \cdot \mathrm{e}^x \cos y + \frac{\partial f}{\partial v} \cdot 2y.$$

$$\mathrm{d}z = \frac{\partial z}{\partial x}\mathrm{d}x + \frac{\partial z}{\partial y}\mathrm{d}y = \left(\frac{\partial f}{\partial u} \cdot \mathrm{e}^x \sin y + \frac{\partial f}{\partial v} \cdot 2x\right)\mathrm{d}x + \left(\frac{\partial f}{\partial u} \cdot \mathrm{e}^x \cos y + \frac{\partial f}{\partial v} \cdot 2y\right)\mathrm{d}y.$$

本步也可用全微分形式的不变性.

$$\begin{aligned}
\mathrm{d}z &= \mathrm{d}f(u,v) = \frac{\partial f}{\partial u}\mathrm{d}u + \frac{\partial f}{\partial v}\mathrm{d}v = \frac{\partial f}{\partial u}\mathrm{d}(\mathrm{e}^x \sin y) + \frac{\partial f}{\partial v}\mathrm{d}(x^2 + y^2) \\
&= \frac{\partial f}{\partial u}(\sin y \, \mathrm{d}\mathrm{e}^x + \mathrm{e}^x \mathrm{d}\sin y) + \frac{\partial f}{\partial v}[\mathrm{d}(x^2) + \mathrm{d}(y^2)] \\
&= \frac{\partial f}{\partial u}(\sin y \cdot \mathrm{e}^x \mathrm{d}x + \mathrm{e}^x \cos y \mathrm{d}y) + \frac{\partial f}{\partial v}(2x\mathrm{d}x + 2y\mathrm{d}y) \\
&= \left(\frac{\partial f}{\partial u}\mathrm{e}^x \sin y + 2x\frac{\partial f}{\partial v}\right)\mathrm{d}x + \left(\frac{\partial f}{\partial u}\mathrm{e}^x \cos y + 2y\frac{\partial f}{\partial v}\right)\mathrm{d}y
\end{aligned}$$

从这里可得出

$$\frac{\partial z}{\partial x} = \frac{\partial f}{\partial u}\mathrm{e}^x \sin y + 2x\frac{\partial f}{\partial v}, \qquad \frac{\partial z}{\partial y} = \frac{\partial f}{\partial u}\mathrm{e}^x \cos y + 2y\frac{\partial f}{\partial v}.$$

$$\begin{aligned}
\frac{\partial^2 z}{\partial x \partial y} &= \left(\frac{\partial z}{\partial x}\right)'_y = \left(\frac{\partial f}{\partial u}\mathrm{e}^x \sin y + 2x\frac{\partial f}{\partial v}\right)'_y \\
&= \left(\frac{\partial f}{\partial u}\right)'_y \mathrm{e}^x \sin y + \frac{\partial f}{\partial u} \cdot (\mathrm{e}^x \sin y)'_y + 2x\left(\frac{\partial f}{\partial v}\right)'_y \\
&= \left(\frac{\partial^2 f}{\partial u^2} \cdot \frac{\partial u}{\partial y} + \frac{\partial^2 f}{\partial u \partial v} \cdot \frac{\partial v}{\partial y}\right)\mathrm{e}^x \sin y + \frac{\partial f}{\partial u} \cdot \mathrm{e}^x \cos y + 2x\left(\frac{\partial^2 f}{\partial v \partial u} \cdot \frac{\partial u}{\partial y} + \frac{\partial^2 f}{\partial v^2} \cdot \frac{\partial v}{\partial y}\right) \\
&= \left(\frac{\partial^2 f}{\partial u^2} \cdot \mathrm{e}^x \cos y + \frac{\partial^2 f}{\partial u \partial v} \cdot 2y\right)\mathrm{e}^x \sin y + \frac{\partial f}{\partial u} \cdot \mathrm{e}^x \cos y \\
&\quad + 2x\left(\frac{\partial^2 f}{\partial v \partial u} \cdot \mathrm{e}^x \cos y + \frac{\partial^2 f}{\partial v^2} \cdot 2y\right) \\
&= \mathrm{e}^{2x}\sin y \cos y\,\frac{\partial^2 f}{\partial u^2} + 2\mathrm{e}^x(y\sin y + x\cos y)\,\frac{\partial^2 f}{\partial u \partial v} + 4xy\,\frac{\partial^2 f}{\partial v^2} + \mathrm{e}^x \cos y\,\frac{\partial f}{\partial u}
\end{aligned}$$

因为 f 具有二阶连续的偏导数, 所以 $\dfrac{\partial^2 f}{\partial u \partial v}=\dfrac{\partial^2 f}{\partial v \partial u}$.

解法二 说明 为了书写简便, 把第一个中间变量 $e^x \sin y$ 和第二个中间变量 x^2+y^2 依次用 1 和 2 表示 (相当于解法一中的 u 和 v), 复合函数对两个中间变量的偏导数用 f_1' 和 f_2' 表示 $\left(\text{相当于解法一中的 } f_u'=\dfrac{\partial f}{\partial u} \text{ 和 } f_v'=\dfrac{\partial f}{\partial v}\right)$, 对中间变量 1 和 2 的二阶偏导数用 $f_{11}'', f_{12}'', f_{21}'', f_{22}''$ $\left(\text{相当于解法一中的 } f_{uu}''=\dfrac{\partial^2 f}{\partial u^2}, f_{uv}''=\dfrac{\partial^2 f}{\partial u \partial v},\right.$

$\left. f_{vu}''=\dfrac{\partial^2 f}{\partial v \partial u}, f_{vv}''=\dfrac{\partial^2 f}{\partial v^2}\right)$ 表示. 复合树图:

$$\frac{\partial z}{\partial x}=f_1' \cdot e^x \sin y+f_2' \cdot 2x, \quad \frac{\partial z}{\partial y}=f_1' \cdot e^x \cos y+f_2' \cdot 2y.$$

$$dz=(f_1' \cdot e^x \sin y+2x f_2')dx+(f_1' \cdot e^x \cos y+2y f_2')dy.$$

$$\begin{aligned}
\frac{\partial^2 z}{\partial x \partial y} &=\left(\frac{\partial z}{\partial x}\right)_y'=(f_1' \cdot e^x \sin y+f_2' 2x)_y' \\
&=(f_1')_y' \cdot e^x \sin y+f_1' \cdot (e^x \sin y)_y'+2x(f_2')_y' \\
&=(f_{11}'' \cdot e^x \cos y+f_{12}'' \cdot 2y) \cdot e^x \sin y+f_1' \cdot e^x \cos y \\
&\quad +2x(f_{21}'' \cdot e^x \cos y+f_{22}'' \cdot 2y) \\
&=e^{2x} \sin y \cos y f_{11}''+2e^x(y \sin y+x \cos y)f_{12}''+4xy f_{22}''+e^x \cos y f_1'.
\end{aligned}$$

(因为 f 具有二阶连续的偏导数, 所以 $f_{12}''=f_{21}''$).

例 10 计算下列各题:

(1) 设 $z=z(x,y)$ 由方程 $F\left(x+\dfrac{z}{y}, y+\dfrac{z}{x}\right)=0$ 所确定, F 可微. 求 $x\dfrac{\partial z}{\partial x}+y\dfrac{\partial z}{\partial y}$;

(2) 设 $u=f(x,y,z)$ 有连续的偏导数, 又函数 $y=y(x)$ 由方程 $e^{xy}-xy=4$ 确定, 函数 $z=z(x)$ 由方程 $e^z=\displaystyle\int_1^{x-z}\dfrac{\ln t}{t}dt$ 确定, 求 $\dfrac{du}{dx}$;

(3) 设 $y=f(x,t)$ 具有一阶连续的偏导数, 而 t 是由方程 $F(x,y,t)=0$ 确定的 x,y 的隐函数. 求 $\dfrac{dy}{dx}$;

(4) 设 $F(x,y,z)=0$, 其中 F 具有二阶连续的偏导数, 且 $F_z'\neq 0$, 求 $\dfrac{\partial^2 z}{\partial x \partial y}$.

解 (1) **解法一** 令 $G(x,y,z)=F\left(x+\dfrac{z}{y}, y+\dfrac{z}{x}\right)$, 则

$$\frac{\partial z}{\partial x}=-\frac{G_x'}{G_z'}=-\frac{F_1' \cdot 1+F_2' \cdot \left(-\dfrac{z}{x^2}\right)}{F_1' \cdot \dfrac{1}{y}+F_2' \cdot \dfrac{1}{x}}=\frac{yzF_2'-x^2 yF_1'}{x^2 F_1'+xyF_2'},$$

$$\frac{\partial z}{\partial y} = -\frac{G'_y}{G'_z} = -\frac{F'_1 \cdot \left(-\frac{z}{y^2}\right) + F'_2 \cdot 1}{F'_1 \cdot \frac{1}{y} + F'_2 \cdot \frac{1}{x}} = \frac{xzF'_1 - xy^2 F'_2}{xyF'_1 + y^2 F'_2},$$

$$x\frac{\partial z}{\partial x} + y\frac{\partial z}{\partial y} = \frac{yzF'_2 - x^2 yF'_1}{xF'_1 + yF'_2} + \frac{xzF'_1 - xy^2 F'_2}{xF'_1 + yF'_2}$$

$$= \frac{z(xF'_1 + yF'_2) - xy(xF'_1 + yF'_2)}{xF'_1 + yF'_2} = z - xy.$$

解法二 方程 $F\left(x + \frac{z}{y}, y + \frac{z}{x}\right) = 0$ 两边对 x 求偏导,得

$$F'_1 \cdot \left(1 + \frac{1}{y} \cdot \frac{\partial z}{\partial x}\right) + F'_2 \cdot \left(\frac{1}{x} \cdot \frac{\partial z}{\partial x} - \frac{z}{x^2}\right) = 0,$$

解得

$$x\frac{\partial z}{\partial x} = \frac{yzF'_2 - x^2 yF'_1}{xF'_1 + yF'_2},$$

方程 $F\left(x + \frac{z}{y}, y + \frac{z}{x}\right) = 0$ 两边对 y 求偏导,得

$$F'_1 \cdot \left(\frac{1}{y} \cdot \frac{\partial z}{\partial y} - \frac{z}{y^2}\right) + F'_2 \cdot \left(1 + \frac{1}{x} \cdot \frac{\partial z}{\partial y}\right) = 0,$$

解得

$$y\frac{\partial z}{\partial y} = \frac{xzF'_1 - xy^2 F'_2}{xF'_1 + yF'_2}.$$

$$x\frac{\partial z}{\partial x} + y\frac{\partial z}{\partial y} = \frac{yzF'_2 - x^2 yF'_1}{xF'_1 + yF'_2} + \frac{xzF'_1 - xy^2 F'_2}{xF'_1 + yF'_2} = z - xy.$$

解法三 方程 $F\left(x + \frac{z}{y}, y + \frac{z}{x}\right) = 0$ 两边微分,得

$$F'_1 \cdot d\left(x + \frac{z}{y}\right) + F'_2 \cdot d\left(y + \frac{z}{x}\right) = 0,$$

$$F'_1 \cdot \left(dx + d\frac{z}{y}\right) + F'_2 \cdot \left(dy + d\frac{z}{x}\right) = 0,$$

$$F'_1 \cdot \left(dx + \frac{ydz - zdy}{y^2}\right) + F'_2 \cdot \left(dy + \frac{xdz - zdx}{x^2}\right) = 0,$$

$$\frac{xF'_1 + yF'_2}{xy}dz = \frac{zF'_2 - x^2 F'_1}{x^2}dx + \frac{zF'_1 - y^2 F'_2}{y}dy,$$

$$dz = \frac{yzF'_2 - x^2 yF'_1}{x(xF'_1 + yF')}dx + \frac{xzF'_1 - xy^2 F'_2}{y(xF'_1 + yF'_2)}dy,$$

$$\frac{\partial z}{\partial x} = \frac{yzF'_2 - x^2 yF'_1}{x(xF'_1 + yF'_2)}, \quad \frac{\partial z}{\partial y} = \frac{xzF'_1 - xy^2 F'_2}{y(xF'_1 + yF'_2)},$$

$$x\frac{\partial z}{\partial x} + y\frac{\partial z}{\partial y} = \frac{yzF'_2 - x^2 yF'_1}{xF'_1 + yF'_2} + \frac{xzF'_1 - xy^2 F'_2}{xF'_1 + yF'_2} = z - xy.$$

(2) 复合树图为

$$\begin{array}{ccc} u & \rightarrow x & \\ & \searrow y & \rightarrow x \\ & \searrow z & \rightarrow x \end{array}$$

$$\frac{\mathrm{d}u}{\mathrm{d}x} = \frac{\partial f}{\partial x} + \frac{\partial f}{\partial y}\frac{\mathrm{d}y}{\mathrm{d}x} + \frac{\partial f}{\partial z}\frac{\mathrm{d}z}{\mathrm{d}x}. \tag{①}$$

由 $e^{xy}-xy=4$,得 $e^{xy}-xy-4=0$,令 $F(x,y)=e^{xy}-xy-4$,则

$$\frac{\mathrm{d}y}{\mathrm{d}x} = -\frac{F'_x}{F'_y} = -\frac{e^{xy}y-y}{e^{xy}x-x} = -\frac{(e^{xy}-1)y}{(e^{xy}-1)x} = -\frac{y}{x}. \tag{②}$$

再由 $e^z = \displaystyle\int_1^{x-z} \frac{\ln t}{t}\mathrm{d}t$ 得 $e^z - \displaystyle\int_1^{x-z} \frac{\ln t}{t}\mathrm{d}t = 0$. 令 $G(x,z) = e^z - \displaystyle\int_1^{x-z} \frac{\ln t}{t}\mathrm{d}t$,则

$$\frac{\mathrm{d}z}{\mathrm{d}x} = -\frac{G'_x}{G'_z} = -\frac{-\dfrac{\ln(x-z)}{x-z}}{e^z + \dfrac{\ln(x-z)}{x-z}} = \frac{\ln(x-z)}{(x-z)e^z + \ln(x-z)}. \tag{③}$$

将②式和③式代入①,得

$$\frac{\mathrm{d}u}{\mathrm{d}x} = \frac{\partial f}{\partial x} - \frac{y}{x}\cdot\frac{\partial f}{\partial y} + \frac{\ln(x-z)}{(x-z)e^z + \ln(x-z)}\cdot\frac{\partial f}{\partial z}.$$

(3) **分析** 本题最容易出现下述的错误解法:由 $y=f(x,t)$,则 $\dfrac{\mathrm{d}y}{\mathrm{d}x} = \dfrac{\partial f}{\partial x} + \dfrac{\partial f}{\partial t}\cdot$

$\dfrac{\partial t}{\partial x}$. 再由 $F(x,y,t)=0$ 得 $\dfrac{\partial t}{\partial x} = -\dfrac{F'_x}{F'_t}$,代入上式得

$$\frac{\mathrm{d}y}{\mathrm{d}x} = \frac{\partial f}{\partial x} + \frac{\partial f}{\partial t}\cdot\left(-\frac{F'_x}{F'_t}\right) = \frac{f'_x F'_t - f'_t F'_x}{F'_t}.$$

其原因是把 $y=f(x,t)$ 当作 x 的显函数处理. 正确理解是:由于 $t=t(x,y)$ 是由方程 $F(x,y,t)=0$ 确定的隐函数,则 $y=f(x,t(x,y))$. 方程两边都有 y,因此 $y=f(x,t)$(其中 $t=t(x,y)$)是隐函数.它最终确定 y 是 x 的一元隐函数,因而一开始,先要用隐函数的求导公式.

解法一 将 $y=f(x,t)$ 变形为 $y-f(x,t)=0$. 令 $G(x,t,y)=y-f(x,t)$. 根据隐函数的求导公式:

$$\frac{\mathrm{d}y}{\mathrm{d}x} = -\frac{G'_x}{G'_y} = -\frac{-\dfrac{\partial f}{\partial x} - \dfrac{\partial f}{\partial t}\cdot\dfrac{\partial t}{\partial x}}{1 - \dfrac{\partial f}{\partial t}\cdot\dfrac{\partial t}{\partial y}} = \frac{f'_x + f'_t\cdot\dfrac{\partial t}{\partial x}}{1 - f'_t\cdot\dfrac{\partial t}{\partial y}} \tag{①}$$

再根据隐函数 $F(x,y,t)=0$ 的求导公式,有

$$\frac{\partial t}{\partial x} = -\frac{F'_x}{F'_t}, \qquad \frac{\partial t}{\partial y} = -\frac{F'_y}{F'_t}.$$

代入①式,得

$$\frac{\mathrm{d}y}{\mathrm{d}x} = \frac{f'_x + f'_t\cdot\left(-\dfrac{F'_x}{F'_t}\right)}{1 - f'_t\cdot\left(-\dfrac{F'_y}{F'_t}\right)} = \frac{f'_x F'_t - f'_t F'_x}{F'_t + f'_t F'_y}.$$

解法二 联立方程 $\begin{cases} y = f(x,t), \\ F(x,y,t) = 0, \end{cases}$ 两边微分,得

$$\begin{cases} \mathrm{d}y = f'_x \mathrm{d}x + f'_t \mathrm{d}t, \\ F'_x \mathrm{d}x + F'_y \mathrm{d}y + F'_t \mathrm{d}t = 0, \end{cases}$$

即

$$\begin{cases} \mathrm{d}y = f'_x \mathrm{d}x + f'_t \mathrm{d}t, \\ F'_y \mathrm{d}y = -F'_x \mathrm{d}x - F'_t \mathrm{d}t, \end{cases}$$

消去 $\mathrm{d}t$ 得

$$(F'_t + f'_t F'_y)\mathrm{d}y = (f'_x F'_t - f'_t F'_x)\mathrm{d}x,$$

即

$$\frac{\mathrm{d}y}{\mathrm{d}x} = \frac{f'_x F'_t - f'_t F'_x}{F'_t + f'_t F'_y}.$$

解法三 方程 $y = f(x,t)$ 两边对 x 求导(注意 t 是 x,y 的隐函数 $t = t(x,y)$,而 y 又是 x 的隐函数 $y = y(x)$,即 $t = t[x, y(x)]$)得

$$\frac{\mathrm{d}y}{\mathrm{d}x} = f'_x + f'_t \cdot \frac{\mathrm{d}t}{\mathrm{d}x}.$$

而 $\dfrac{\mathrm{d}t}{\mathrm{d}x} = \dfrac{\partial t}{\partial x} + \dfrac{\partial t}{\partial y} \cdot \dfrac{\mathrm{d}y}{\mathrm{d}x} = -\dfrac{F'_x}{F'_t} - \dfrac{F'_y}{F'_t} \cdot \dfrac{\mathrm{d}y}{\mathrm{d}x}$,代入上式,得

$$\frac{\mathrm{d}y}{\mathrm{d}x} = f'_x + f'_t \left(-\frac{F'_x}{F'_t} - \frac{F'_y}{F'_t} \cdot \frac{\mathrm{d}y}{\mathrm{d}x} \right),$$

从中解出 $\dfrac{\mathrm{d}y}{\mathrm{d}x}$,得

$$\frac{\mathrm{d}y}{\mathrm{d}x} = \frac{f'_x F'_t - f'_t F'_x}{F'_t + f'_t F'_y}.$$

(4) **分析** 求隐函数的二阶偏导数时需注意两点:

① 复合树图为

② 求二阶偏导数时,又要用到一阶偏导数.

$$\frac{\partial z}{\partial x} = -\frac{F'_x}{F'_z}, \quad \frac{\partial z}{\partial y} = -\frac{F'_y}{F'_z}.$$

$$\frac{\partial^2 z}{\partial x \partial y} = \left(-\frac{F'_x}{F'_z} \right)'_y = -\frac{(F'_x)'_y \cdot F'_z - F'_x \cdot (F'_z)'_y}{F'^2_z}$$

$$= -\frac{\left(F''_{xy} + F''_{xz} \cdot \dfrac{\partial z}{\partial y} \right) \cdot F'_z - F'_x \cdot \left(F''_{zy} + F''_{zz} \cdot \dfrac{\partial z}{\partial y} \right)}{F'^2_z}$$

$$= -\frac{\left(F''_{xy} - F''_{xz} \cdot \dfrac{F'_y}{F'_z} \right) \cdot F'_z - F'_x \cdot \left(F''_{zy} - F''_{zz} \cdot \dfrac{F'_y}{F'_z} \right)}{F'^2_z}$$

$$=-\frac{{F_z'}^2 \cdot F_{xy}'' - F_y' \cdot F_z' \cdot F_{xz}'' - F_x' \cdot F_z' \cdot F_{yz}'' + F_x' \cdot F_y' \cdot F_{zz}''}{{F_z'}^3}.$$

总结 隐函数的偏导数计算一般有三种方法:

(1) 用隐函数的求导公式. 即若 $z=z(x,y)$ 由方程 $F(x,y,z)=0$ 确定,则 $\frac{\partial z}{\partial x}=-\frac{F_x'}{F_z'}$, $\frac{\partial z}{\partial y}=-\frac{F_y'}{F_z'}$. 注意在用这两个公式时,计算 F_x' 时,把 y,z 看成常量,计算 F_y' 时,把 x,z 看成常量,计算 F_z' 时,把 x,y 看成常量.

(2) 方程 $F(x,y,z)=0$ 两边对 x 求偏导(注意此时把 y 看作常量,但 z 不是常量,z 是 x,y 的(隐)函数)得到一个关于 $\frac{\partial z}{\partial y}$ 的方程,从中解出 $\frac{\partial z}{\partial y}$ 即可.

(3) 利用全微分形式的不变性,方程两边求微分,得到关于 $\mathrm{d}z$ 的方程,从中得出 $\mathrm{d}z$,$\mathrm{d}z$ 的表达式中 $\mathrm{d}x$ 的系数就是 $\frac{\partial z}{\partial x}$,$\mathrm{d}y$ 的系数就是 $\frac{\partial z}{\partial y}$.

例 11 证明下列各题:

(1) 设 $z=x^n f\left(\frac{y}{x^2}\right)$,其中 f 可微,求证 $x\frac{\partial z}{\partial x}+2y\frac{\partial z}{\partial y}=nz$;

(2) 设 $G(u,v)$ 具有一阶连续的偏导数,由方程 $G(x-az,y-bz)=0$ 确定的函数 $z=z(x,y)$ 满足 $a\frac{\partial z}{\partial x}+b\frac{\partial z}{\partial y}=1$;

(3) 若函数 $f(x,y,z)$ 对任意正数 t 满足:
$$f(tx,ty,tz)=t^n f(x,y,z) \quad (n\in \mathbf{N}^+) \qquad ①$$
则称 $f(x,y,z)$ 为 **n 次齐次函数**. 设 $f(x,y,z)$ 可微,证明 $f(x,y,z)$ 为 n 次齐次函数的充分必要条件是
$$xf_x'(x,y,z)+yf_y'(x,y,z)+zf_z'(x,y,z)=nf(x,y,z) \qquad ②$$

分析 (1)题与(2)题的证明属于验证性的证明,即把要证的式子中的偏导数计算出来,再代入验证.

(3)题必要性的证明即由①式推出②式,可由①式两边对 t 求导得证;充分性的证明即由②式推导①式,将①式变形为
$$\frac{f(tx,ty,tz)}{t^n}=f(x,y,z),$$

右边是 t 的函数,而左边相对于 t 来说是常数,这只要证明 $\frac{\mathrm{d}}{\mathrm{d}t}[f(tx,ty,tz)]=0$ 即可.

证明 (1) $\frac{\partial z}{\partial x}=nx^{n-1}f\left(\frac{y}{x^2}\right)+x^n f'\left(\frac{y}{x^2}\right)\cdot\left(-\frac{2y}{x^3}\right)$,$\frac{\partial z}{\partial y}=x^n f'\left(\frac{y}{x^2}\right)\cdot\frac{1}{x^2}$.

$$x\frac{\partial z}{\partial x}+2y\frac{\partial z}{\partial y}=nx^n f\left(\frac{y}{x^2}\right)-2yx^{n-2}f'\left(\frac{y}{x^2}\right)+2yx^{n-2}f'\left(\frac{y}{x^2}\right)=nx^n f\left(\frac{y}{x^2}\right)=nz.$$

所以
$$x\frac{\partial z}{\partial x}+2y\frac{\partial z}{\partial y}=nz.$$

(2) 令 $F(x,y,z)=G(x-az,y-bz)$,根据隐函数的求导公式可得

$$\frac{\partial z}{\partial x}=-\frac{F'_x}{F'_z}=-\frac{G'_1\cdot 1+G'_2\cdot 0}{G'_1\cdot(-a)+G'_2\cdot(-b)}=\frac{G'_1}{aG'_1+bG'_2},$$

$$\frac{\partial z}{\partial y}=-\frac{F'_y}{F'_z}=-\frac{G'_1\cdot 0+G'_2\cdot 1}{G'_1\cdot(-a)+G'_2\cdot(-b)}=\frac{G'_2}{aG'_1+bG'_2},$$

则

$$a\frac{\partial z}{\partial x}+b\frac{\partial z}{\partial y}=\frac{aG'_1}{aG'_1+bG'_2}+\frac{bG'_2}{aG'_1+bG'_2}=\frac{aG'_1+bG'_2}{aG'_1+bG'_2}=1.$$

所以

$$a\frac{\partial z}{\partial x}+b\frac{\partial z}{\partial y}=1.$$

(3) **必要性** 若 $f(x,y,z)$ 为 n 次齐次函数,即 $\forall t>0$,有

$$f(tx,ty,tz)=t^nf(x,y,z)\quad(n\in\mathbf{N}^+)\qquad①$$

①式两边对 t 求导,得

$$xf'_1(tx,ty,tz)+yf'_2(tx,ty,tz)+zf'_3(tx,ty,tz)=nt^{n-1}f(x,y,z).$$

两边同乘以 t,再根据①式,得

$$txf'_1(tx,ty,tz)+tyf'_2(tx,ty,tz)+tzf'_3(tx,ty,tz)$$

$$=nt^nf(x,y,z)=nf(tx,ty,tz).$$

在此式两边将 tx,ty,tz 依次换为 x,y,z,得

$$xf'_x(x,y,z)+yf'_y(x,y,z)+zf'_z(x,y,z)=nf(x,y,z).$$

充分性 若

$$xf'_x(x,y,z)+yf'_y(x,y,z)+zf'_z(x,y,z)=nf(x,y,z)\qquad②$$

令 $\varphi(t)=\dfrac{1}{t^n}f(tx,ty,tz)$,则

$$\varphi'(t)=\frac{1}{t^n}[xf'_1(tx,ty,tz)+yf'_2(tx,ty,tz)+zf'_3(tx,ty,tz)]-\frac{n}{t^{n+1}}f(tx,ty,tz)$$

$$=\frac{1}{t^{n+1}}[txf'_1(tx,ty,tz)+tyf'_2(tx,ty,tz)+tzf'_3(tx,ty,tz)-nf(tx,ty,tz)]$$

将②中的 x,y,z 依次换为 tx,ty,tz 可知

$$txf'_1(tx,ty,tz)+tyf'_2(tx,ty,tz)+tzf'_3(tx,ty,tz)=nf(tx,ty,tz),$$

所以 $\varphi'(t)=0$. 则 $\varphi(t)$ 是与 t 无关的常数,那么

$$\varphi(t)=\varphi(1)=f(x,y,z),$$

即

$$\frac{f(tx,ty,tz)}{t^n}=f(x,y,z),$$

即

$$f(tx,ty,tz)=t^nf(x,y,z).$$

例 12 计算下列各题:

(1) 设函数 $z=x^3-3x^2-3y^2$.

① 求函数的极值;

② 求函数在区域 $D=\{(x,y)\,|\,x^2+y^2\leqslant 16\}$ 上的最大值和最小值.

(2) 求由方程 $x^2-6xy+10y^2-2yz-z^2+18=0$ 确定的二元函数 $z=f(x,y)$ 的极值.

解 (1) ① $z_x'=3x^2-6x, z_y'=-6y$. 令 $\begin{cases}z_x'=3x^2-6x=0,\\z_y'=-6y=0,\end{cases}$ 得驻点: $(0,0),(2,0)$.

$A=z_{xx}''=6x-6$, $B=z_{xy}''=0$, $C=z_{yy}''=-6, B^2-AC=36(x-1)$.

因为 $(B^2-AC)|_{(0,0)}=-36<0, A|_{(0,0)}=-6<0$. 所以点 $(0,0)$ 是极大值点,极大值为 $f(0,0)=0$.

因为 $(B^2-AC)|_{(2,0)}=36>0$. 所以点 $(2,0)$ 不是极值点.

② 函数在 D 内部的极值为 $f(0,0)=0$, 在 D 的边界 $x^2+y^2=16$ 上, 函数化为 $z=x^3-3(x^2+y^2)=x^3-48, x\in[-4,4]$, 即二元函数 $z=x^3-3x^2-3y^2$ 在 D 的边界上的最大值和最小值就是一元函数 $z=x^3-48$ 在区间 $[-4,4]$ 上的最大值和最小值. 由于 $z_x'=3x^2\geqslant0$, 所以 $z=x^3-48$ 在区间 $[-4,4]$ 上单调增加, 最小值为 $z|_{x=-4}=-112$, 最大值为 $z|_{x=4}=16$.

比较函数在 D 内部的极值 $f(0,0)=0$ 及 D 的边界上的最大值和最小值: $f(4,0)=16, f(-4,0)=-112$, 可得函数在 D 上的最大值为 $f(4,0)=16$, 最小值为 $f(-4,0)=-112$.

注 和一元函数不同, 尽管连续函数 $f(x,y)$ 在 D 内只有一个极大值 0, 而无极小值, 但此极大值并非函数在 D 上的最大值.

(2) $\dfrac{\partial z}{\partial x}=-\dfrac{F_x'}{F_z'}=-\dfrac{2x-6y}{-2y-2z}=\dfrac{x-3y}{y+z}$,

$\dfrac{\partial z}{\partial y}=-\dfrac{F_y'}{F_z'}=-\dfrac{-6x+20y-2z}{-2y-2z}=\dfrac{-3x+10y-z}{y+z}$.

令 $\begin{cases}\dfrac{\partial z}{\partial x}=0,\\[2mm]\dfrac{\partial z}{\partial y}=0,\end{cases}$ 得 $\begin{cases}x-3y=0,\\-3x+10y-z=0,\end{cases}$ 即 $\begin{cases}x=3y,\\z=y,\end{cases}$ 代入原方程解得驻点: $(9,3)$,

$(-9,-3)$, 且 $f(9,3)=3, f(-9,-3)=-3$, 即 $z|_{(9,3)}=3, z|_{(-9,-3)}=-3$.

$$A=\dfrac{\partial^2 z}{\partial x^2}=\left(\dfrac{x-3y}{y+z}\right)_x'=\dfrac{y+z-(x-3y)\cdot\dfrac{\partial z}{\partial x}}{(y+z)^2},$$

$A|_{(9,9,3)}=\dfrac{1}{6}$, $A|_{(-9,-9,-3)}=-\dfrac{1}{6}$.

$$B=\dfrac{\partial^2 z}{\partial x\partial y}=\left(\dfrac{x-3y}{y+z}\right)_y'=\dfrac{-3(y+z)-(x-3y)\cdot\left(1+\dfrac{\partial z}{\partial y}\right)}{(y+z)^2},$$

$B|_{(9,9,3)}=-\dfrac{1}{2}$, $B|_{(-9,-9,-3)}=\dfrac{1}{2}$.

$$C=\dfrac{\partial^2 z}{\partial y^2}=\left(\dfrac{-3x+10y-z}{y+z}\right)_y'$$

$$=\dfrac{\left(10-\dfrac{\partial z}{\partial y}\right)(y+z)-(-3x+10y-z)\cdot\left(1+\dfrac{\partial z}{\partial y}\right)}{(y+z)^2},$$

$$C\mid_{(9,9,3)}=\frac{5}{3},\quad A\mid_{(-9,-9,-3)}=-\frac{5}{3}.$$

在点 $(9,3,3)$ 处，$A=\frac{1}{6}>0$，$B=-\frac{1}{2}$，$C=\frac{5}{3}$，$B^2-AC=-\frac{1}{36}<0$，故点 $(9,3)$ 是 $z=f(x,y)$ 的极小值点，极小值为 $z(9,3)=3$.

在点 $(-9,-3,-3)$ 处，$A=-\frac{1}{6}<0$，$B=\frac{1}{2}$，$C=-\frac{5}{3}$，$B^2-AC=-\frac{1}{36}<0$，故点 $(-9,-3)$ 是 $z=f(x,y)$ 的极大值点，极大值为：$z(-9,-3)=-3$.

例 13 在半径为 R 的圆的一切内接三角形中，求出其面积最大者.

解 如附图所示，设内接三角形三边所对的圆心角分别为 x,y,z，则三角形的面积 S 为

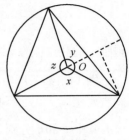

例 13 图

$$S=\frac{1}{2}R\cdot R\sin x+\frac{1}{2}R\cdot R\sin y+\frac{1}{2}R\cdot R\sin z$$

$$=\frac{1}{2}R^2(\sin x+\sin y+\sin z)\quad(x,y,z\text{ 均}\geqslant 0),$$

且

$$x+y+z=2\pi.$$

说明 本问题就是求三元函数 $S=\frac{1}{2}R^2(\sin x+\sin y+\sin z)$ 在条件 $x+y+z=2\pi$ 下的最大值问题，属于条件极值问题，所以可用消元法求解，也可用拉格朗日乘数法求解.

方法一（消元法） 由约束条件 $x+y+z=2\pi$ 解得 $z=2\pi-x-y$，代入目标函数中得

$$S=\frac{1}{2}R^2[\sin x+\sin y+\sin(2\pi-x-y)]$$

$$=\frac{1}{2}R^2[\sin x+\sin y-\sin(x+y)],$$

$$(x,y)\in D=\{(x,y)\mid x\geqslant 0,y\geqslant 0,x+y\leqslant 2\pi\}.$$

$$\frac{\partial S}{\partial x}=\frac{1}{2}R^2[\cos x-\cos(x+y)],$$

$$\frac{\partial S}{\partial y}=\frac{1}{2}R^2[\cos y-\cos(x+y)].$$

令 $\begin{cases}\dfrac{\partial S}{\partial x}=0,\\[2mm]\dfrac{\partial S}{\partial y}=0,\end{cases}$ 解方程组得 D 内部唯一驻点 $\left(\dfrac{2}{3}\pi,\dfrac{2}{3}\pi\right)$，$S\left(\dfrac{2}{3}\pi,\dfrac{2}{3}\pi\right)=\dfrac{3\sqrt{3}}{4}R^2$.

又在 D 的边界上，即当 $x=0$ 或 $y=0$ 或 $x+y=2\pi$ 时，$S(x,y)=0$，因此，S 在点 $\left(\dfrac{2}{3}\pi,\dfrac{2}{3}\pi\right)$ 取最大值 $\dfrac{3\sqrt{3}}{4}R^2$. 因此当 $x=y=z=\dfrac{2}{3}\pi$ 时，即内接等边三角形面积最大.

方法二（拉格朗日乘数法） 构造拉格朗日函数：

$$F(x,y,z) = \frac{1}{2}R^2(\sin x + \sin y + \sin z) + \lambda(x+y-2\pi)$$

解方程组

$$\begin{cases} F'_x = \frac{1}{2}R^2\cos x + \lambda = 0, \\[2mm] F'_y = \frac{1}{2}R^2\cos y + \lambda = 0, \\[2mm] F'_z = \frac{1}{2}R^2\cos z + \lambda = 0, \\[2mm] x+y+z = 2\pi, \end{cases}$$

得唯一的驻点 $\left(\frac{2}{3}\pi, \frac{2}{3}\pi, \frac{2}{3}\pi\right)$.（以下同方法一）.

例 14 某工厂生产两种产品,其产量分别为 x 件和 y 件,总成本函数为 $C(x, y) = x^2 + 2xy + y^2 + 5$（元）. 两种产品的需求函数分别为：$x = 2600 - p$, $y = 1000 - \frac{1}{4}q$, 其中 p 和 q 分别是两种产品的单价（单位：元/件）,为使工厂获得最大利润,试确定两种产品的产出水平.

解 总收益:

$$\begin{aligned} R(x,y) &= xp + yq = x(2600 - x) + y(4000 - 4y) \\ &= 2600x + 4000y - x^2 - 4y^2 \quad (\text{元}). \end{aligned}$$

总利润:

$$\begin{aligned} L(x,y) &= R(x,y) - C(x,y) \\ &= 2600x + 4000y - 2x^2 - 5y^2 - 2xy - 5 \quad (\text{元}). \end{aligned}$$
$$L'_x = 2600 - 4x - 2y, \quad L'_y = 4000 - 10y - 2x.$$

令 $\begin{cases} L'_x = 0, \\ L'_y = 0, \end{cases}$ 解此方程组得驻点 $(500, 300)$. 因驻点唯一,根据实际意义,最大利润确实存在,因此当 $x = 500$ 件, $y = 300$ 件时,利润最大.

例 15 交换下列二次积分的积分次序:

(1) $\displaystyle\int_0^1 dx \int_e^{e^x} f(x,y)dy$; (2) $\displaystyle\int_0^1 dy \int_{1-\sqrt{1-y^2}}^{2-y} f(x,y)dx$;

(3) $\displaystyle\int_0^1 dy \int_0^{\arcsin y} f(x,y)dx + \int_0^1 dy \int_{\pi-\arcsin y}^{\sqrt{\pi^2-y^2}} f(x,y)dx + \int_1^\pi dy \int_0^{\sqrt{\pi^2-y^2}} f(x,y)dx$;

(4) $\displaystyle\int_1^2 dx \int_{\frac{2}{x}}^{2x} f(x,y)dy + \int_2^4 dx \int_{\frac{1}{2}x}^{\frac{8}{x}} f(x,y)dy$;

(5) $\displaystyle\int_{-\frac{\pi}{2}}^{\frac{\pi}{2}} d\theta \int_0^{a\cos\theta} f(r,\theta)dr \, (a > 0)$.

解 (1) 因为当 $0 \leqslant x \leqslant 1$ 时, $e^x \leqslant e$, 所以交换该积分的上下限得

$$\int_0^1 dx \int_e^{e^x} f(x,y)dy = -\int_0^1 dx \int_{e^x}^e f(x,y)dy.$$

$$D: \begin{cases} 0 \leqslant x \leqslant 1, \\ e^x \leqslant y \leqslant e. \end{cases} \quad (\text{附图(a)})$$

故

$$原式 = -\int_1^e \mathrm{d}y \int_0^{\ln y} f(x,y)\mathrm{d}x.$$

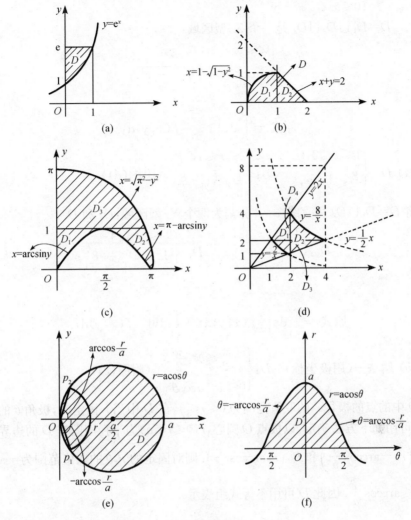

例 15 图

(2) $D: \begin{cases} 0 \leqslant y \leqslant 1, \\ 1 - \sqrt{1-y^2} \leqslant x \leqslant 2-y. \end{cases}$ （附图(b)）

D 是一个 Y-型区域, 用直线 $x=1$ 将 D 分成两个 X-型区域 D_1 和 D_2.

$$D_1: \begin{cases} 0 \leqslant x \leqslant 1, \\ 0 \leqslant y \leqslant \sqrt{2x-x^2}, \end{cases} \qquad D_2: \begin{cases} 1 \leqslant x \leqslant 2, \\ 0 \leqslant y \leqslant 2-x, \end{cases}$$

故

$$原式 = \int_0^1 \mathrm{d}x \int_0^{\sqrt{2x-x^2}} f(x,y)\mathrm{d}y + \int_1^2 \mathrm{d}x \int_0^{2-x} f(x,y)\mathrm{d}y.$$

(3) $D_1: \begin{cases} 0 \leqslant y \leqslant 1, \\ 0 \leqslant x \leqslant \arcsin y, \end{cases}$ $D_2: \begin{cases} 0 \leqslant y \leqslant 1, \\ \pi - \arcsin y \leqslant x \leqslant \sqrt{\pi^2 - y^2}, \end{cases}$

$D_3: \begin{cases} 1 \leqslant y \leqslant \pi, \\ 0 \leqslant x \leqslant \sqrt{\pi^2 - y^2} \end{cases}$ (附图(c)).

$D = D_1 \bigcup D_2 \bigcup D_3$ 是一个 X-型区域:

$$\begin{cases} 0 \leqslant x \leqslant \pi, \\ \sin x \leqslant y \leqslant \sqrt{\pi^2 - x^2}. \end{cases}$$

故

$$原式 = \int_0^\pi dx \int_{\sin x}^{\sqrt{\pi^2 - x^2}} f(x,y) dy.$$

(4) $D_1: \begin{cases} 1 \leqslant x \leqslant 2, \\ \dfrac{2}{x} \leqslant y \leqslant 2x, \end{cases}$ $D_2: \begin{cases} 2 \leqslant x \leqslant 4, \\ \dfrac{1}{2} x \leqslant y \leqslant \dfrac{8}{x} \end{cases}$ (附图(d)).

将 $D = D_1 \bigcup D_2$ 用直线 $x = 2$ 分割为两个 Y-型区域:D_3 和 D_4:

$$D_3: \begin{cases} 1 \leqslant y \leqslant 2, \\ \dfrac{2}{y} \leqslant x \leqslant 2y, \end{cases} \qquad D_4: \begin{cases} 2 \leqslant y \leqslant 4, \\ \dfrac{1}{2} y \leqslant x \leqslant \dfrac{8}{y}. \end{cases}$$

故

$$原式 = \int_1^2 dy \int_{\frac{2}{y}}^{2y} f(x,y) dx + \int_2^4 dy \int_{\frac{1}{2}y}^{\frac{8}{y}} f(x,y) dx.$$

(5) **解法一**(用极坐标) $D: \begin{cases} -\dfrac{\pi}{2} \leqslant \theta \leqslant \dfrac{\pi}{2}, \\ 0 \leqslant x \leqslant a\cos\theta \end{cases}$ (附图(e)).

D 中的点的极径 r 的取值范围为 $0 \leqslant r \leqslant a$,在 D 中当 r 固定时,极角 θ 的取值范围,可用如下方法确定:以极点 O 圆心,$r(0 \leqslant r \leqslant a)$ 为半径画图交 D 的边界于两点 $P_1\left(r, -\arccos\dfrac{r}{a}\right)$ 和 $P_2\left(r, \arccos\dfrac{r}{a}\right)$. 则对固定的 r,θ 的取值范围为 $-\arccos\dfrac{r}{a} \leqslant \theta \leqslant \arccos\dfrac{r}{a}$. 因此 D 可用不等式组表示

$$D: \begin{cases} 0 \leqslant r \leqslant a, \\ -\arccos\dfrac{r}{a} \leqslant x \leqslant \arccos\dfrac{r}{a}. \end{cases}$$

故

$$\int_{-\frac{\pi}{2}}^{\frac{\pi}{2}} d\theta \int_0^{a\cos\theta} f(r,\theta) dr = \int_0^a dr \int_{-\arccos\frac{r}{a}}^{\arccos\frac{r}{a}} f(r,\theta) d\theta.$$

解法二(用直角坐标) 将二次积分 $\int_{-\frac{\pi}{2}}^{\frac{\pi}{2}} d\theta \int_0^{a\cos\theta} f(r,\theta) dr$ 中的 r,θ 理解为两个变量而不管它的几何意义. 在以 r 和 θ 为坐标轴的直角坐标中考虑将会好理解得多.

$$D: \begin{cases} -\dfrac{\pi}{2} \leqslant \theta \leqslant \dfrac{\pi}{2}, \\ 0 \leqslant r \leqslant a\cos\theta \end{cases}$$ (附图(f)).

D 既是 X-型区域也是 Y-型区域. 按 Y-型区域 D 可表示为

$$D: \begin{cases} 0 \leqslant r \leqslant a, \\ -\arccos \dfrac{r}{a} \leqslant \theta \leqslant \arccos \dfrac{r}{a}. \end{cases}$$

故

$$\int_{-\frac{\pi}{2}}^{\frac{\pi}{2}} \mathrm{d}\theta \int_0^{a\cos\theta} f(r,\theta)\mathrm{d}r = \int_0^a \mathrm{d}r \int_{-\arccos\frac{r}{a}}^{\arccos\frac{r}{a}} f(r,\theta)\mathrm{d}\theta.$$

总结 交换二次积分的积分次序的步骤为:

(1) 检查二次积分的每个积分的上限是否大于下限. 若上限小于下限,则应先交换该积分的上下限.

(2) 根据二次积分的上下限写出积分区域 D 满足的不等式组,并由不等式组画出积分区域的草图;若所给二次积分不止一项,应将各项的积分区域都画出来合并成一个区域.

(3) 将积分区域分割成若干另一型(X-型或 Y-型)区域,确定新的二次积分的上下限.

例 16 计算下列各题:

(1) $\displaystyle\iint\limits_D x^2 \mathrm{e}^{-y^2} \mathrm{d}x\mathrm{d}y$,其中 D 是由直线 $y = x, y = 1$ 及 y 轴所围成的平面区域;

(2) $I = \displaystyle\iint\limits_D |x^2 + y^2 - 1| \mathrm{d}\sigma$,其中 $D = \{(x,y) \mid |x| \leqslant 1, |y| \leqslant 1\}$;(习题 A 第 31 题(7))

(3) $I = \displaystyle\iint\limits_D x[1 + y\sin(x^2 + y^2)]\mathrm{d}\sigma$,其中 D 是由曲线 $y = x^3$ 和直线 $x = -1$ 及 $y = 1$ 围成的平面区域;

(4) $I = \displaystyle\int_{\frac{1}{4}}^{\frac{1}{2}} \mathrm{d}y \int_{\frac{1}{2}}^{\sqrt{y}} \mathrm{e}^{\frac{y}{x}} \mathrm{d}x + \int_{\frac{1}{2}}^{1} \mathrm{d}y \int_y^{\sqrt{y}} \mathrm{e}^{\frac{y}{x}} \mathrm{d}x$;

(5) $I = \displaystyle\iint\limits_D y\mathrm{e}^{-x^2} \mathrm{d}x\mathrm{d}y$,其中 D 是第一象限中介于两抛物线 $y^2 = x$ 和 $y^2 = 4x$ 之间的无界区域.

分析 计算二重积分的关键是化二重积分为二次定积分,化二次积分时要注意以下 4 点:

(1) 画出积分区域 D 的草图,要标清楚交点坐标.

(2) 要根据积分区域的形状和被积函数的特点选择适当的坐标系(直角坐标系和极坐标系).

一般地,若积分区域 D 和圆有关,而被积函数中含有 $x^2 + y^2, \sqrt{x^2 + y^2}, \dfrac{y}{x}$,

$\arctan \dfrac{y}{x}$ 等式子时利用极坐标计算较简便,其余情况多采用在直角坐标系下计算.

(3) 要根据积分区域 D 的形状和被积函数先对那个变量积分较易,而选择正确的积分次序.

(4) 要充分利用积分区域 D 的对称性和被积函数的奇偶性简化计算.

解 （1）D 如附图（a）所示，D 既是 X-型区域，也是 Y-型区域. 但被积函数若先对 y 积分时将遇到 $\int e^{-y^2} dy$ 不是初等函数的困难，因此必须按 Y-型区域化为先对 x 积分的次序.

$$\iint\limits_{D} x^2 e^{-y^2} dx dy = \int_0^1 e^{-y^2} dy \int_0^y x^2 dx = \frac{1}{3} \int_0^1 y^3 e^{-y^2} dy$$

$$= -\frac{1}{6} \int_0^1 y^2 e^{-y^2} d(-y^2) \xrightarrow{\text{令}-y^2=t} \frac{1}{6} \int_0^{-1} t e^t dt = \frac{1}{6}\left(1 - \frac{2}{e}\right).$$

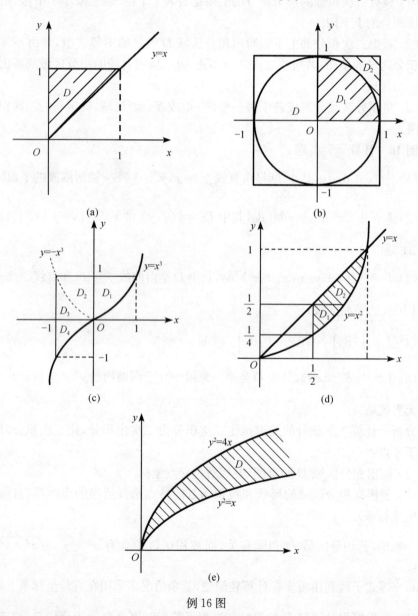

例 16 图

（2）D 如附图（b）所示，而被积函数是分段函数：

$$|x^2+y^2-1|=\begin{cases}1-x^2-y^2, & x^2+y^2\leqslant 1,\\ x^2+y^2-1, & x^2+y^2>1.\end{cases}$$

因为积分区域关于 x 轴和 y 轴均对称,而被积函数既是 x 的偶函数,也是 y 的偶函数,所以

$$I=4\iint\limits_{D_1\cup D_2}|x^2+y^2-1|\,\mathrm{d}\sigma.$$

其中 D_1 和 D_2 分别是 D 在第一象限的圆内部分和圆外部分. 再根据二重积分的可加性:

$$I=4\Big(\iint\limits_{D_1}(1-x^2-y^2)\mathrm{d}\sigma+\iint\limits_{D_2}(x^2+y^2-1)\mathrm{d}\sigma\Big).$$

第一个积分利用极坐标计算:

$$\iint\limits_{D_1}(1-x^2-y^2)\mathrm{d}\sigma=\int_0^{\frac{\pi}{2}}\mathrm{d}\theta\int_0^1(1-r^2)r\mathrm{d}r=\frac{\pi}{2}\Big(\frac{1}{2}-\frac{1}{4}\Big)=\frac{\pi}{8}.$$

第二个积分利用 $D_2=(D_1\cup D_2)-D_1$, $D_1\cup D_2$ 是矩形区域,在 $D_1\cup D_2$ 上的积分在直角坐标系下较简便. 在 D_1 上的积分用极坐标系(可利用第一个积分的结果).

$$\begin{aligned}\iint\limits_{D_2}(x^2+y^2-1)\mathrm{d}\sigma&=\iint\limits_{D_1\cup D_2}(x^2+y^2-1)\mathrm{d}\sigma-\iint\limits_{D_1}(x^2+y^2-1)\mathrm{d}\sigma\\&=\int_0^1\mathrm{d}x\int_0^1(x^2+y^2-1)\mathrm{d}y+\iint\limits_{D_1}(1-x^2-y^2)\mathrm{d}\sigma\\&=\int_0^1\Big(x^2-\frac{2}{3}\Big)\mathrm{d}x+\frac{\pi}{8}=\frac{\pi}{8}-\frac{1}{3}.\end{aligned}$$

故 $I=\pi-\dfrac{4}{3}$.

(3) 积分区域 D 如附图(c)所示. 由于被积函数 $f(x,y)=x[1+y\sin(x^2+y^2)]$ 有一定的奇偶性,但积分区域并非是关于坐标轴或原点的对称区域,将 D 用辅助线 $y=-x^3\,(-1\leqslant x\leqslant 0)$ 和坐标轴分割为 4 部分: $D=D_1\cup D_2\cup D_3\cup D_4$, D_1 与 D_2 关于 y 轴对称, D_3 与 D_4 关于 x 轴对称,则

$$\begin{aligned}I&=\iint\limits_{D_1\cup D_2}x[1+y\sin(x^2+y^2)]\mathrm{d}\sigma+\iint\limits_{D_3\cup D_4}x[1+y\sin(x^2+y^2)]\mathrm{d}\sigma\\&=0+\iint\limits_{D_3\cup D_4}x\mathrm{d}\sigma+\iint\limits_{D_3\cup D_4}xy\sin(x^2+y^2)\mathrm{d}\sigma=2\iint\limits_{D_3}x\mathrm{d}\sigma\\&=2\int_{-1}^0\mathrm{d}x\int_0^{-x^3}x\mathrm{d}y=-2\int_{-1}^0x^4\mathrm{d}x=-\frac{2}{5}.\end{aligned}$$

(4) **分析** 本题虽然已经是二次积分,但先对 x 积分是积不出来的,因为 $\int e^{\frac{y}{x}}\mathrm{d}x$ 不是初等函数,所以无论积分区域形状如何,都必须交换积分次序,化成先对 y 积分的次序.

积分区域: $D=D_1\cup D_2$,如附图(d)所示.

$$D_1: \begin{cases} \dfrac{1}{4} \leqslant y \leqslant \dfrac{1}{2}, \\ \dfrac{1}{2} \leqslant x \leqslant \sqrt{y}, \end{cases} \qquad D_2: \begin{cases} \dfrac{1}{2} \leqslant y \leqslant 1, \\ y \leqslant x \leqslant \sqrt{y}. \end{cases}$$

D 是一个 X-型区域,则交换积分次序,得

$$I = \int_{\frac{1}{2}}^{1} \mathrm{d}x \int_{x^2}^{x} \mathrm{e}^{\frac{y}{x}} \mathrm{d}y = \int_{\frac{1}{2}}^{1} x \,\mathrm{d}x \int_{x^2}^{x} \mathrm{e}^{\frac{y}{x}} \,\mathrm{d}\frac{y}{x} = \int_{\frac{1}{2}}^{1} x(\mathrm{e} - \mathrm{e}^x) \,\mathrm{d}x$$

$$= \mathrm{e} \int_{\frac{1}{2}}^{1} x \,\mathrm{d}x - \int_{\frac{1}{2}}^{1} x \mathrm{e}^x \,\mathrm{d}x = \frac{3}{8}\mathrm{e} - \frac{1}{2}\sqrt{\mathrm{e}}.$$

(5) 积分区域 D 如附图(e)所示,D 是 X-型区域

$$D: \begin{cases} 0 \leqslant x < +\infty, \\ \sqrt{x} \leqslant y \leqslant 2\sqrt{x}. \end{cases}$$

$$I = \int_{0}^{+\infty} \mathrm{d}x \int_{\sqrt{x}}^{2\sqrt{x}} y \mathrm{e}^{-x^2} \,\mathrm{d}y = \int_{0}^{+\infty} \frac{3}{2} x \mathrm{e}^{-x^2} \,\mathrm{d}x$$

$$= -\frac{3}{4} \int_{0}^{+\infty} \mathrm{e}^{-x^2} \,\mathrm{d}(-x^2) = -\frac{3}{4} \mathrm{e}^{-x^2} \Big|_{0}^{+\infty} = \frac{3}{4}.$$

例 17 证明下列各题:

(1) 设 $f(x)$ 在 $[0,1]$ 上连续,证明:

$$\int_{0}^{1} f(x) \,\mathrm{d}x \int_{x}^{1} f(y) \,\mathrm{d}y = \frac{1}{2} \left[\int_{0}^{1} f(x) \,\mathrm{d}x \right]^2;$$

(2) 设函数 $f(x), g(x)$ 在 $[a,b]$ 上连续,且同为单调增加(或同为单调减少)函数,证明:$(b-a) \displaystyle\int_{a}^{b} f(x)g(x) \,\mathrm{d}x \geqslant \int_{a}^{b} f(x) \,\mathrm{d}x \int_{a}^{b} g(x) \,\mathrm{d}x$.

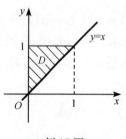

例 17 图

分析 (1) 对含有二次积分的等式证明的思路一是交换积分次序,在证明过程中常用到重积分的可加性和重积分值与积分变量采用什么字母的无关,以及变量代换、对称性等;思路二是利用一元函数定积分的分部法.

(2) 对二重积分不等式的证明常用重积分的估值定理、比较性定理、单调性、公式 $f^2(x) + g^2(x) \geqslant 2f(x)g(x)$ 以及构造辅助函数等方法证明.凡题设条件中有被积函数严格单调,而没有可导条件的命题,其证明一般都是从差式出发进行证明.

证明 (1) **证法一** 交换左边二次积分的次序,应用积分与积分变量所用字母无关,得

$$\int_{0}^{1} f(x) \,\mathrm{d}x \int_{x}^{1} f(y) \,\mathrm{d}y = \int_{0}^{1} f(y) \,\mathrm{d}y \int_{0}^{y} f(x) \,\mathrm{d}x$$

$$\xrightarrow{\text{字母 } x,y \text{ 互换}} \int_{0}^{1} f(x) \,\mathrm{d}x \int_{0}^{x} f(y) \,\mathrm{d}y,$$

故

$$2\int_0^1 f(x)\mathrm{d}x\int_x^1 f(y)\mathrm{d}y = \int_0^1 f(x)\mathrm{d}x\int_x^1 f(y)\mathrm{d}y + \int_0^1 f(x)\mathrm{d}x\int_0^x f(y)\mathrm{d}y$$

$$= \int_0^1 f(x)\mathrm{d}x\Big[\int_0^x f(y)\mathrm{d}y + \int_x^1 f(y)\mathrm{d}y\Big]$$

$$= \int_0^1 f(x)\mathrm{d}x\int_0^1 f(y)\mathrm{d}y$$

$$= \int_0^1 f(x)\mathrm{d}x \cdot \int_0^1 f(x)\mathrm{d}x = \Big[\int_0^1 f(x)\mathrm{d}x\Big]^2.$$

所以

$$\int_0^1 f(x)\mathrm{d}x\int_x^1 f(y)\mathrm{d}y = \frac{1}{2}\Big[\int_0^1 f(x)\mathrm{d}x\Big]^2.$$

证法二　$\int_0^1 f(x)\mathrm{d}x\int_x^1 f(y)\mathrm{d}y = \int_0^1\Big[f(x)\cdot\int_x^1 f(y)\mathrm{d}y\Big]\mathrm{d}x.$

右边是两个函数 $f(x)$ 与 $\int_x^1 f(y)\mathrm{d}y$ 乘积的定积分, 由于 $\Big(\int_x^1 f(y)\mathrm{d}y\Big)'_x = -f(x)$, 因此用分部积分法.

设 $f(x)$ 的一个原函数为 $F(x) = \int_0^x f(t)\mathrm{d}t$, 则

$$\int_0^1\Big[f(x)\cdot\int_x^1 f(y)\mathrm{d}y\Big]\mathrm{d}x = \Big[F(x)\cdot\int_x^1 f(y)\mathrm{d}y\Big]\Big|_0^1 + \int_0^1 F(x)f(x)\mathrm{d}x$$

$$= \int_0^1 F(x)F'(x)\mathrm{d}x = \int_0^1 F(x)\mathrm{d}F(x) = \frac{1}{2}F^2(x)\Big|_0^1$$

$$= \frac{1}{2}F^2(1) = \frac{1}{2}\Big[\int_0^1 f(t)\mathrm{d}t\Big]^2 = \frac{1}{2}\Big[\int_0^1 f(x)\mathrm{d}x\Big]^2.$$

故 $\int_0^1 f(x)\mathrm{d}x\int_x^1 f(y)\mathrm{d}y = \frac{1}{2}\Big[\int_0^1 f(x)\mathrm{d}x\Big]^2.$

(2) 设 $A = (b-a)\int_a^b f(x)g(x)\mathrm{d}x - \int_a^b f(x)\mathrm{d}x\int_a^b g(x)\mathrm{d}x$, 要证明 $A \geqslant 0.$

$$A = \int_a^b 1\cdot\mathrm{d}y\int_a^b f(x)g(x)\mathrm{d}x - \int_a^b f(x)\mathrm{d}x\int_a^b g(y)\mathrm{d}y$$

$$= \iint_D f(x)g(x)\mathrm{d}x\mathrm{d}y - \iint_D f(x)g(y)\mathrm{d}x\mathrm{d}y \quad (D = \{(x,y)\mid a\leqslant x\leqslant b, a\leqslant y\leqslant b\})$$

$$= \iint_D f(x)[g(x) - g(y)]\mathrm{d}x\mathrm{d}y \qquad\qquad ①$$

同理,

$$A = \int_a^b 1\cdot\mathrm{d}x\int_a^b f(y)g(y)\mathrm{d}y - \int_a^b f(y)\mathrm{d}y\int_a^b g(x)\mathrm{d}x$$

$$= \iint_D f(y)g(y)\mathrm{d}x\mathrm{d}y - \iint_D f(y)g(x)\mathrm{d}x\mathrm{d}y$$

$$= \iint_D f(y)[g(y) - g(x)]\mathrm{d}x\mathrm{d}y \qquad\qquad ②$$

①+②式得

$$2A = \iint_D \{f(x)[g(x) - g(y)] + f(y)[g(y) - g(x)]\}\mathrm{d}x\mathrm{d}y$$

$$= \iint_D [f(x) - f(y)][g(x) - g(y)] \mathrm{d}x\mathrm{d}y.$$

因为 $f(x)$ 和 $g(x)$ 同为单调增加(或同为单调减少),因此不论 $x \geqslant y$ 还是 $x < y$,$f(x) - f(y)$ 与 $g(x) - g(y)$ 总是同号,即 $[f(x) - f(y)][g(x) - g(y)] \geqslant 0$,从而 $\iint_D [f(x) - f(y)][g(x) - g(y)] \mathrm{d}x\mathrm{d}y \geqslant 0$. 即 $2A \geqslant 0, A \geqslant 0$,故 $(b-a)\int_a^b f(x)g(x)\mathrm{d}x$ $\geqslant \int_a^b f(x)\mathrm{d}x \int_a^b g(x)\mathrm{d}x$.

例 18 利用二重积分计算由曲面 $z = xy$ 和平面 $z = 0$ 及 $x + y = 1$ 所围立体的体积 V.

分析 曲面 $z = xy$ 是马鞍面,它与平面 $z = 0$ 的交线是 x 轴和 y 轴,它与平面 $x + y = 1$ 的交线是一抛物线.先画出它们所围立体的草图,然后根据二重积分的几何意义进行计算.

解 曲面 $z = xy$ 和平面 $z = 0$ 及 $x + y = 1$ 所围立体如附图(a)所示.此立体是以 xOy 平面上的区域 D(附图(b))为底,以马鞍面为顶的曲顶柱体,故

$$V = \iint_D xy\mathrm{d}x\mathrm{d}y = \int_0^1 \mathrm{d}x \int_0^{1-x} xy\mathrm{d}y = \frac{1}{2}\int_0^1 x(1-x)^2\mathrm{d}x$$

$$= \frac{1}{2}\int_0^1 (x - 2x^2 + x^3)\mathrm{d}x = \frac{1}{2} \times \frac{1}{12} = \frac{1}{24}.$$

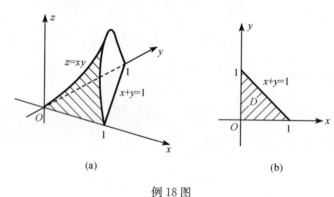

(a)   (b)

例 18 图

四、教材习题选解

(A)

2. 判别函数 $z = \ln(x^2 - y^2)$ 与 $z = \ln(x + y) + \ln(x - y)$ 是否为同一函数? 并说明理由.

解 $z = \ln(x^2 - y^2)$ 的定义域:

$x^2 - y^2 > 0 \Rightarrow$

$D = \{(x,y) \mid x > 0, -x < y < x\} \bigcup \{(x,y) \mid x < 0, x < y < -x\}$;

$z = \ln(x+y) + \ln(x-y)$ 的定义域:

$$\begin{cases} x+y>0, \\ x-y>0 \end{cases} \Rightarrow \begin{cases} y>-x, \\ y<x \end{cases} \Rightarrow D=\{(x,y)\mid x>0,-x<y<x\}.$$

显然两者的定义域不同,所以不是同一个函数.

7. 讨论函数 $f(x,y)=\begin{cases} \dfrac{x^2 y}{x^4+y^2}, & (x,y)\neq(0,0), \\ 0, & (x,y)=(0,0) \end{cases}$ 的连续性.

解 因为 $\lim\limits_{(x,y)\to(0,0)}\dfrac{x^2 y}{x^4+y^2}\overset{y=x}{=}\lim\limits_{x\to 0}\dfrac{x^3}{x^4+x^2}=0$, $\lim\limits_{(x,y)\to(0,0)}\dfrac{x^2 y}{x^4+y^2}\overset{y=x^2}{=}\lim\limits_{x\to 0}\dfrac{x^4}{x^4+x^4}=\dfrac{1}{2}$.

所以 $\lim\limits_{(x,y)\to(0,0)}\dfrac{x^2 y}{x^4+y^2}$ 不存在.

从而函数 $f(x,y)$ 在点 $(0,0)$ 处不连续.

当 $(x,y)\neq(0,0)$ 时,$f(x,y)=\dfrac{x^2 y}{x^4+y^2}$ 是初等函数,根据初等函数的连续性,

$f(x,y)$ 在 $(x,y)\neq(0,0)$ 时均连续.

故函数 $f(x,y)$ 除 $(0,0)$ 点外处处连续.

8. 求下列函数的偏导数:

(10) $u=x^y y^z z^x$.

解 $u'_x=yx^{y-1}y^z z^x+x^y y^z z^x \ln z=x^{y-1}y^z z^x(y+x\ln z)=x^y y^z z^x\left(\dfrac{y}{x}+\ln z\right)$;

$u'_y=x^y y^z z^x\left(\dfrac{z}{y}+\ln x\right)$; $u'_z=x^y y^z z^x\left(\dfrac{x}{z}+\ln y\right)$.

9. 求下列函数的高阶偏导数:

(4) $z=\arctan\dfrac{x+y}{1-xy}$,求 $\dfrac{\partial^2 z}{\partial x^2},\dfrac{\partial^2 z}{\partial y^2},\dfrac{\partial^2 z}{\partial x\partial y}$.

解 $\dfrac{\partial z}{\partial x}=\dfrac{1}{1+\left(\dfrac{x+y}{1-xy}\right)^2}\cdot\dfrac{1-xy+y(x+y)}{(1-xy)^2}$

$\quad=\dfrac{(1-xy)^2}{(1-xy)^2+(x+y)^2}\cdot\dfrac{1+y^2}{(1-xy)^2}=\dfrac{1}{1+x^2}$;

根据对称性,$\dfrac{\partial z}{\partial y}=\dfrac{1}{1+y^2}$.

$\dfrac{\partial^2 z}{\partial x^2}=\dfrac{\partial}{\partial x}\left(\dfrac{1}{1+x^2}\right)=-\dfrac{2x}{(1+x^2)^2}$;

$\dfrac{\partial^2 z}{\partial y^2}=\dfrac{\partial}{\partial y}\left(\dfrac{1}{1+y^2}\right)=-\dfrac{2y}{(1+y^2)^2}$;

$\dfrac{\partial^2 z}{\partial x\partial y}=\dfrac{\partial}{\partial y}\left(\dfrac{1}{1+x^2}\right)=0$.

10. 证明下列各题:

(3) 设 $z=\ln\sqrt{(x-a)^2+(y-b)^2}$,证明:$\dfrac{\partial^2 z}{\partial x^2}+\dfrac{\partial^2 z}{\partial y^2}=0$.

证明 $z=\ln\sqrt{(x-a)^2+(y-b)^2}=\dfrac{1}{2}\ln[(x-a)^2+(y-b)^2]$.

$$\frac{\partial z}{\partial x} = \frac{x-a}{(x-a)^2 + (y-b)^2}, \qquad \frac{\partial z}{\partial y} = \frac{y-b}{(x-a)^2 + (y-b)^2}.$$

$$\frac{\partial^2 z}{\partial x^2} = \left[\frac{x-a}{(x-a)^2 + (y-b)^2} \right]_x' = \frac{(x-a)^2 + (y-b)^2 - 2(x-a) \cdot (x-a)}{[(x-a)^2 + (y-b)^2]^2}$$

$$= \frac{(y-b)^2 - (x-a)^2}{[(x-a)^2 + (y-b)^2]^2};$$

$$\frac{\partial^2 z}{\partial y^2} = \left[\frac{y-a}{(x-a)^2 + (y-b)^2} \right]_y' = \frac{(x-a)^2 + (y-b)^2 - 2(y-b) \cdot (y-b)}{[(x-a)^2 + (y-b)^2]^2}$$

$$= \frac{(x-a)^2 - (y-b)^2}{[(x-a)^2 + (y-b)^2]^2}.$$

所以

$$\frac{\partial^2 z}{\partial x^2} + \frac{\partial^2 z}{\partial y^2} = \frac{(y-b)^2 - (x-a)^2}{[(x-a)^2 + (y-b)^2]^2} + \frac{(x-a)^2 - (y-b)^2}{[(x-a)^2 + (y-b)^2]^2} = 0.$$

11. 求下列函数的全微分:

(5) (1987 年)$z = \arctan \dfrac{x+y}{x-y}$.

解 因为

$$\frac{\partial z}{\partial x} = \frac{1}{1 + \left(\dfrac{x+y}{x-y} \right)^2} \cdot \frac{(x-y) - (x+y)}{(x-y)^2} = -\frac{y}{x^2 + y^2},$$

$$\frac{\partial z}{\partial y} = \frac{1}{1 + \left(\dfrac{x+y}{x-y} \right)^2} \cdot \frac{(x-y) + (x+y)}{(x-y)^2} = \frac{x}{x^2 + y^2}.$$

所以

$$\mathrm{d}z = \frac{\partial z}{\partial x}\mathrm{d}x + \frac{\partial z}{\partial y}\mathrm{d}y = -\frac{y}{x^2 + y^2}\mathrm{d}x + \frac{x}{x^2 + y^2}\mathrm{d}y$$

$$= \frac{1}{x^2 + y^2}(x\mathrm{d}y - y\mathrm{d}x)$$

(6) $u = \ln(x^2 + y^2 + z^2)$.

解 $u_x' = \dfrac{1}{x^2 + y^2 + z^2} \cdot (x^2 + y^2 + z^2)_x' = \dfrac{2x}{x^2 + y^2 + z^2}$,

由对称性可知

$$u_y' = \frac{2y}{x^2 + y^2 + z^2}, \qquad u_z' = \frac{2z}{x^2 + y^2 + z^2}.$$

所以

$$\mathrm{d}u = u_x'\mathrm{d}x + u_y'\mathrm{d}y + u_z'\mathrm{d}z = \frac{2}{x^2 + y^2 + z^2}(x\mathrm{d}x + y\mathrm{d}y + z\mathrm{d}z).$$

13. 计算下列各式的近似值:

(2) $\sqrt{(1.02)^3 + (1.97)^3}$.

解 令

$$f(x,y) = \sqrt{x^3 + y^3}, \quad x_0 = 1, \quad \Delta x = 0.02, \quad y_0 = 2, \quad \Delta y = -0.03.$$

则

$$f'_x = \frac{3x^2}{2\sqrt{x^3+y^3}}, \quad f'_x(1,2) = \frac{3\cdot 1^2}{2\sqrt{1^3+2^3}} = \frac{1}{2},$$

$$f'_y = \frac{3y^2}{2\sqrt{x^3+y^3}}, \quad f'_y(1,2) = \frac{3\cdot 2^2}{2\sqrt{1^3+2^3}} = 2.$$

所以

$$f(x_0+\Delta x, y_0+\Delta y) = \sqrt{(1.02)^3+(1.97)^3}$$
$$\approx f(1,2) + f'_x(1,2)\Delta x + f'_y(1,2)\Delta y$$
$$= \sqrt{1^3+2^3} + \frac{1}{2}\times 0.02 + 2\times(-0.03) = 2.95.$$

14. 已知边长为 $x=6\text{m}$ 与 $y=8\text{m}$ 的矩形，如果 x 边增加 2cm，而 y 边减少 5cm，求这个矩形对角线变化的近似值.

解 矩形对角线长为 $l=\sqrt{x^2+y^2}$，则

$$l'_x = \frac{x}{\sqrt{x^2+y^2}}, \quad l'_y = \frac{y}{\sqrt{x^2+y^2}},$$

$$l'_x(6,8) = \frac{6}{\sqrt{6^2+8^2}} = 0.6, \quad l'_y(6,8) = \frac{8}{\sqrt{6^2+8^2}} = 0.8,$$

$$\Delta x = 0.02, \quad \Delta y = -0.05.$$

则矩形对角线变化的近似值为

$$\Delta l \approx l'_x(6,8)\Delta x + l'_y(6,8)\Delta y$$
$$= 0.6\times 0.02 + 0.8\times(-0.05) = -0.028(\text{m}) = -2.8(\text{cm}).$$

16. 求下列函数的偏导数（其中 f 具有一、二阶偏导数）：

(6) 设 $z=f\left(x,\dfrac{x}{y}\right)$，求 $\dfrac{\partial^2 z}{\partial x^2}, \dfrac{\partial^2 z}{\partial y^2}, \dfrac{\partial^2 z}{\partial x \partial y}$.

解 $\dfrac{\partial z}{\partial x} = f'_1(x)'_x + f'_2\cdot\left(\dfrac{x}{y}\right)'_x = f'_1 + f'_2\cdot\dfrac{1}{y} = f'_1 + \dfrac{1}{y}f'_2,$

$$\frac{\partial z}{\partial y} = f'_2\cdot\left(\frac{x}{y}\right)'_y = -\frac{x}{y^2}f'_2.$$

$$\frac{\partial^2 z}{\partial x^2} = \frac{\partial}{\partial x}\left(f'_1 + \frac{1}{y}f'_2\right) = f''_{11}\cdot(x)'_x + f''_{12}\cdot\left(\frac{x}{y}\right)'_x$$
$$+ \frac{1}{y}\left[f''_{21}\cdot(x)'_x + f''_{22}\cdot\left(\frac{x}{y}\right)'_x\right]$$

$$= f''_{11} + \frac{1}{y}f''_{12} + \frac{1}{y}\left[f''_{21} + \frac{1}{y}f''_{22}\right] = f''_{11} + \frac{2}{y}f''_{12} + \frac{1}{y^2}f''_{22};$$

$$\frac{\partial^2 z}{\partial y^2} = \frac{\partial}{\partial y}\left(-\frac{x}{y^2}f'_2\right) = \frac{2x}{y^3}f'_2 - \frac{x}{y^2}\left[f''_{22}\cdot\left(\frac{x}{y}\right)'_y\right]$$

$$= \frac{2x}{y^3}f'_2 - \frac{x}{y^2}\left[f''_{22}\cdot\left(-\frac{x}{y^2}\right)'\right] = \frac{2x}{y^3}f'_2 + \frac{x^2}{y^4}f''_{22};$$

$$\frac{\partial^2 z}{\partial x \partial y} = \frac{\partial}{\partial y}\left(f'_1 + \frac{1}{y}f'_2\right) = f''_{12}\cdot\left(\frac{x}{y}\right)'_y - \frac{1}{y^2}f'_2 + \frac{1}{y}f''_{22}\cdot\left(\frac{x}{y}\right)'_y$$

$$= f''_{12} \cdot \left(-\frac{x}{y^2}\right) - \frac{1}{y^2} f'_2 + \frac{1}{y} f''_{22} \cdot \left(-\frac{x}{y^2}\right)$$

$$= -\frac{x}{y^2}\left(f''_{12} + \frac{1}{y} f''_{22}\right) - \frac{1}{y^2} f'_2.$$

17. 证明下列各题:

(1)(1995年)设 $z = xyf\left(\dfrac{y}{x}\right)$,且 f 是可微函数,证明: $x\dfrac{\partial z}{\partial x} + y\dfrac{\partial z}{\partial y} = 2z$.

证明 $\dfrac{\partial z}{\partial x} = yf\left(\dfrac{y}{x}\right) + xyf'\left(\dfrac{y}{x}\right) \cdot \left(\dfrac{y}{x}\right)'_x = yf\left(\dfrac{y}{x}\right) - \dfrac{y^2}{x}f'\left(\dfrac{y}{x}\right),$

$\dfrac{\partial z}{\partial y} = xf\left(\dfrac{y}{x}\right) + xyf'\left(\dfrac{y}{x}\right) \cdot \left(\dfrac{y}{x}\right)'_y = xf\left(\dfrac{y}{x}\right) + yf'\left(\dfrac{y}{x}\right).$

所以

$$x\frac{\partial z}{\partial x} + y\frac{\partial z}{\partial y} = xyf\left(\frac{y}{x}\right) - y^2 f'\left(\frac{y}{x}\right) + xyf\left(\frac{y}{x}\right) + y^2 f'\left(\frac{y}{x}\right) = 2xyf\left(\frac{y}{x}\right) = 2z.$$

18. 求下列隐函数的导数:

(3)设 $x^3 + y^3 + z^3 = 3xyz$,求 $\dfrac{\partial z}{\partial x}, \dfrac{\partial z}{\partial y}$.

解法一 令 $F(x, y, z) = x^3 + y^3 + z^3 - 3xyz$,则

$$\frac{\partial z}{\partial x} = -\frac{F'_x}{F'_z} = -\frac{3x^2 - 3yz}{3z^2 - 3xy} = \frac{x^2 - yz}{xy - z^2},$$

$$\frac{\partial z}{\partial x} = -\frac{F'_y}{F'_z} = -\frac{3y^2 - 3xz}{3z^2 - 3xy} = \frac{y^2 - xz}{xy - z^2}.$$

解法二 方程 $x^3 + y^3 + z^3 = 3xyz$ 两边对 x 求偏导,得

$$3x^2 + 3z^2 \cdot z'_x = 3yz + 3xy \cdot z'_x \Rightarrow \frac{\partial z}{\partial x} = \frac{x^2 - yz}{xy - z^2},$$

方程 $x^3 + y^3 + z^3 = 3xyz$ 两边对 y 求偏导,得

$$3y^2 + 3z^2 \cdot z'_y = 3xz + 3xy \cdot z'_y \Rightarrow \frac{\partial z}{\partial y} = \frac{y^2 - xz}{xy - z^2}.$$

解法三 方程 $x^3 + y^3 + z^3 = 3xyz$ 两边微分得

$$\mathrm{d}(x^3 + y^3 + z^3) = \mathrm{d}(3xyz),$$

$$3x^2\mathrm{d}x + 3y^2\mathrm{d}y + 3z^2\mathrm{d}z = 3(yz\mathrm{d}x + xz\mathrm{d}y + xy\mathrm{d}z),$$

整理,得

$$\mathrm{d}z = \frac{\partial z}{\partial x}\mathrm{d}x + \frac{\partial z}{\partial y}\mathrm{d}y = \frac{x^2 - yz}{xy - z^2}\mathrm{d}x + \frac{y^2 - xz}{xy - z^2}\mathrm{d}y.$$

所以

$$\frac{\partial z}{\partial x} = \frac{x^2 - yz}{xy - z^2}, \qquad \frac{\partial z}{\partial y} = \frac{y^2 - xz}{xy - z^2}.$$

(6)设 $\dfrac{x}{z} = \ln\dfrac{z}{y}$,求 $\dfrac{\partial z}{\partial x}, \dfrac{\partial z}{\partial y}, \dfrac{\partial^2 z}{\partial x \partial y}$.

解 (此题可以用(3)题的三种解法计算,这儿不再一一详解,只用解法二来求解本题).

方程 $\dfrac{x}{z}=\ln\dfrac{z}{y}$ 两边对 x 求偏导,得

$$\frac{z-xz'_x}{z^2}=\frac{y}{z}\cdot\frac{1}{y}\cdot z'_x,$$

整理,得

$$z-xz'_x=z\cdot z'_x \qquad\qquad\qquad ①$$

解得

$$\frac{\partial z}{\partial x}=\frac{z}{x+z}.$$

方程 $\dfrac{x}{z}=\ln\dfrac{z}{y}$ 两边对 y 求偏导,得

$$\frac{-xz'_y}{z^2}=\frac{y}{z}\cdot\frac{y\cdot z'_y-z}{y^2},$$

解得

$$\frac{\partial z}{\partial y}=\frac{z^2}{y(x+z)}.$$

对①两边关于 y 求偏导,得

$$z'_y-xz''_{xy}=z'_y\cdot z'_x+z\cdot z''_{xy},$$

整理,得

$$\frac{\partial^2 z}{\partial x\partial y}=z''_{xy}=\frac{z'_y-z'_y\cdot z'_x}{x+z}=\frac{\dfrac{z^2}{y(x+z)}-\dfrac{z^2}{y(x+z)}\cdot\dfrac{z}{x+z}}{x+z}=\frac{xz^2}{y(x+z)^3}.$$

19. 计算下列各题:

(1) 设二元函数 $z=f(x,y)$ 是由方程 $F(x+y+z,x^2+y^2+z^2)=0$ 所确定的,$F(u,v)$ 有连续的偏导数,求 $\dfrac{\partial z}{\partial x},\dfrac{\partial z}{\partial y}.$

解 (此题可以用第 18 题(3)的三种解法计算,这儿不再一一详解,只用解法二来求解本题)方程 $F(x+y+z,x^2+y^2+z^2)=0$ 两边对 x 求偏导,得

$$F'_1\cdot\left(1+\frac{\partial z}{\partial x}\right)+F'_2\cdot\left(2x+2z\cdot\frac{\partial z}{\partial x}\right)=0,$$

解得

$$\frac{\partial z}{\partial x}=-\frac{F'_1+2xF'_2}{F'_1+2zF'_2};$$

方程 $F(x+y+z,x^2+y^2+z^2)=0$ 两边对 y 求偏导,得

$$F'_1\cdot\left(1+\frac{\partial z}{\partial y}\right)+F'_2\cdot\left(2y+2z\cdot\frac{\partial z}{\partial y}\right)=0,$$

解得

$$\frac{\partial z}{\partial y}=-\frac{F'_1+2yF'_2}{F'_1+2zF'_2}.$$

(2) 设 $u=f(x,y,z)$ 有连续偏导数,$y=y(x)$ 和 $z=z(x)$ 分别由方程 $e^{xy}-y=0$ 和 $e^z-xz=0$ 所确定,求 $\dfrac{\mathrm{d}u}{\mathrm{d}x}.$

解 方程 $e^{xy}-y=0$ 两边对 x 求偏导,得

$$e^{xy}\left(y+x\cdot\frac{dy}{dx}\right)-\frac{dy}{dx}=0.$$

解得

$$\frac{dy}{dx}=\frac{ye^{xy}}{1-xe^{xy}}=\frac{y^2}{1-xy};$$

方程 $e^z-xz=0$ 两边对 x 求偏导,得

$$e^z\cdot\frac{dz}{dx}-z-x\cdot\frac{dz}{dx}=0.$$

解得

$$\frac{dz}{dx}=\frac{z}{e^z-x}=\frac{z}{xz-x};$$

所以

$$\frac{du}{dx}=\frac{\partial f}{\partial x}+\frac{\partial f}{\partial y}\cdot\frac{dy}{dx}+\frac{\partial f}{\partial z}\cdot\frac{dz}{dx}=\frac{\partial f}{\partial x}+\frac{y^2}{1-xy}\cdot\frac{\partial f}{\partial y}+\frac{z}{xz-x}\cdot\frac{\partial f}{\partial z}.$$

20. 求下列函数的极值:

(2) $f(x,y)=xy(1-x-y)$.

解 $f'_x=y(1-x-y)-xy=y(1-2x-y)$,

$f'_y=x(1-x-y)-xy=x(1-x-2y)$.

令

$$\begin{cases} f'_x=y(1-2x-y)=0, \\ f'_y=x(1-x-2y)=0, \end{cases}$$

得驻点:$(0,0),(0,1),(1,0),\left(\frac{1}{3},\frac{1}{3}\right)$.

$$A=f''_{xx}=-2y, \quad B=f''_{xy}=1-2x-2y, \quad C=f''_{yy}=-2x.$$

因为 $(B^2-AC)|_{(0,0)}=1>0$. 所以点 $(0,0)$ 不是极值点;

因为 $(B^2-AC)|_{(0,1)}=1>0$. 所以点 $(0,1)$ 不是极值点;

因为 $(B^2-AC)|_{(1,0)}=1>0$. 所以点 $(2,0)$ 不是极值点;

因为 $(B^2-AC)|_{\left(\frac{1}{3},\frac{1}{3}\right)}=-\frac{1}{3}<0,A|_{\left(\frac{1}{3},\frac{1}{3}\right)}=-\frac{2}{3}<0$. 所以点 $\left(\frac{1}{3},\frac{1}{3}\right)$ 是极

大值点,极大值为 $f\left(\frac{1}{3},\frac{1}{3}\right)=\frac{1}{27}$.

21. 求函数 $z=xy$ 在条件 $x+y=1$ 下的极大值.

解法一(消元法) 由约束条件 $x+y=1$ 解得

$$y=1-x,$$

代入目标函数中得

$$z=xy=x-x^2.$$

从而

$$z'_x=1-2x.$$

令 $z'_x=0$ 得 $x=\frac{1}{2}$. 又 $z''_{xx}=-2<0$,所以 $x=\frac{1}{2}$ 为极大值点. 此时 $y=\frac{1}{2}$.

故函数 $z=xy$ 在条件 $x+y=1$ 下的极大值为 $z\left(\dfrac{1}{2},\dfrac{1}{2}\right)=\dfrac{1}{4}$.

解法二(拉格朗日乘数法) 构造拉格朗日函数:

$$F(x,y)=xy+\lambda(x+y-1).$$

解方程组

$$\begin{cases} F'_x=y+\lambda=0,\\ F'_y=x+\lambda=0,\\ x+y-1=0 \end{cases}$$

得唯一的驻点:$\left(\dfrac{1}{2},\dfrac{1}{2}\right)$.

故函数 $z=xy$ 在条件 $x+y=1$ 下的极大值为 $z\left(\dfrac{1}{2},\dfrac{1}{2}\right)=\dfrac{1}{4}$.

24. (1991 年)某厂家生产的一种产品同时在两个市场销售,售价分别为 p_1 和 p_2;销售量分别为 q_1 和 q_2;需求函数分别为

$$q_1=24-0.2p_1,\quad q_2=10-0.05p_2,$$

总成本函数为

$$C=35+40(q_1+q_2).$$

试问:厂家如何确定两个市场的售价,能使其获得的总利润最大? 最大总利润是多少?

解 总收入函数为

$$R=p_1q_1+p_2q_2=24p_1-0.2p_1^2+10p_2-0.05p_2^2.$$

总利润函数为

$$L=R-C=32p_1-0.2p_1^2+12p_2-0.05p_2^2-1395.$$

解方程组

$$\begin{cases} \dfrac{\partial L}{\partial p_1}=32-0.4p_1=0,\\[2mm] \dfrac{\partial L}{\partial p_2}=12-0.1p_2=0, \end{cases}$$

得唯一的驻点:$\begin{cases} p_1=80,\\ p_2=120. \end{cases}$

由问题的实际意义可知当 $p_1=80,p_2=120$ 时,厂家获得的总利润最大,最大总利润为 $L(80,120)=605$.

26. 生产某种产品的数量与所用两种原料 A,B 的数量 x,y 之间有关系式

$$p(x,y)=0.005x^2y.$$

现用 150 元购料,已知 A、B 原料的单价分别为 1 元和 2 元.问购进两种原料各多少时,可使生产的数量最多?

解 本题转化为数学语言表达即为求目标函数 $p(x,y)=0.005x^2y$ 在约束条件 $x+2y=150$ 下的最大值.

构造拉格朗日函数:

$$F(x,y)=0.005x^2y+\lambda(x+2y-150).$$

解方程组

$$\begin{cases} F'_x = 0.01xy + \lambda = 0, \\ F'_y = 0.005x^2 + 2\lambda = 0, \\ x + 2y - 150 = 0, \end{cases}$$

得唯一的驻点：$\begin{cases} x = 100, \\ y = 25. \end{cases}$

因驻点唯一，根据实际意义，最大值确实存在，因此当 $x = 100, y = 25$ 时，生产的数量最多。

27. (1999 年)设生产某种产品必须投入两种要素，x_1 和 x_2 分别为两要素的投入量，Q 为产出量；若生产函数为 $Q = 2x_1^\alpha x_2^\beta$，其中 α, β 为正常数，且 $\alpha + \beta = 1$。假定两种要素的价格分别为 p_1 和 p_2，试问：当产出量为 12 时，两要素各投入多少可以使得投入总费用最小？

解 由题意知此题为在产量 $2x_1^\alpha x_2^\beta = 12$ 的条件下，求总费用 $p_1 x_1 + p_2 x_2$ 的最小值。

构造拉格朗日函数：

$$F(x, y) = p_1 x_1 + p_2 x_2 + \lambda(12 - 2x_1^\alpha x_2^\beta).$$

解方程组

$$\begin{cases} F'_{x_1} = p_1 - 2\lambda\alpha x_1^{\alpha-1} x_2^\beta = 0, \\ F'_{x_2} = p_2 - 2\lambda\beta x_1^\alpha x_2^{\beta-1} = 0, \\ 2x_1^\alpha x_2^\beta - 12 = 0, \end{cases}$$

得唯一的驻点

$$\begin{cases} x_1 = 6\left(\dfrac{p_2\alpha}{p_1\beta}\right)^\beta, \\ x_2 = 6\left(\dfrac{p_1\beta}{p_2\alpha}\right)^\alpha. \end{cases}$$

因驻点唯一，根据实际意义，最小值确实存在，因此当 $x_1 = 6\left(\dfrac{p_2\alpha}{p_1\beta}\right)^\beta$，$x_2 = 6\left(\dfrac{p_1\beta}{p_2\alpha}\right)^\alpha$ 时，投入的总费用最小。

28. 化二重积分 $\iint\limits_D f(x, y)\mathrm{d}x\mathrm{d}y$ 为二次积分(写出两种积分次序)，其中积分区域 D 给定如下：

(2) 由直线 $x = 0, x + y = 1$ 及 $x - y = 1$ 所围成的闭区域。

解 积分区域 D 的图形如附图(a)所示。

X-型区域：

$$D = \{(x, y) \mid 0 \leqslant x \leqslant 1, x - 1 \leqslant y \leqslant 1 - x\},$$

所以

$$\iint\limits_D f(x, y)\mathrm{d}x\mathrm{d}y = \int_0^1 \mathrm{d}x \int_{x-1}^{1-x} f(x, y)\mathrm{d}y;$$

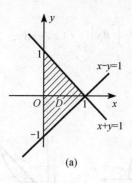 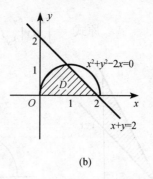

(a)   (b)

习题 28 图

Y-型区域:

$$D = \{(x,y) \mid 0 \leqslant x \leqslant 1+y, -1 \leqslant y \leqslant 0\}$$
$$\bigcup \{(x,y) \mid 0 \leqslant x \leqslant 1-y, 0 \leqslant y \leqslant 1\},$$

所以

$$\iint\limits_{D} f(x,y)\mathrm{d}x\mathrm{d}y = \int_{-1}^{0}\mathrm{d}y\int_{0}^{1+y} f(x,y)\mathrm{d}x + \int_{0}^{1}\mathrm{d}y\int_{0}^{1-y} f(x,y)\mathrm{d}x.$$

（4）由直线 $y=0, x+y=2$ 及曲线 $x^2+y^2-2x=0$ 所围成的在第一象限的闭区域.

解 积分区域 D 的图形如附图(b)所示.

X-型区域:

$$D = \{(x,y) \mid 0 \leqslant x \leqslant 1, 0 \leqslant y \leqslant \sqrt{2x-x^2}\}$$
$$\bigcup \{(x,y) \mid 1 \leqslant x \leqslant 2, 0 \leqslant y \leqslant 2-x\},$$

所以

$$\iint\limits_{D} f(x,y)\mathrm{d}x\mathrm{d}y = \int_{0}^{1}\mathrm{d}x\int_{0}^{\sqrt{2x-x^2}} f(x,y)\mathrm{d}y + \int_{1}^{2}\mathrm{d}x\int_{0}^{2-x} f(x,y)\mathrm{d}y;$$

Y-型区域:

$$D = \{(x,y) \mid 1-\sqrt{1-y^2} \leqslant x \leqslant 2-y, 0 \leqslant y \leqslant 1\},$$

所以

$$\iint\limits_{D} f(x,y)\mathrm{d}x\mathrm{d}y = \int_{0}^{1}\mathrm{d}y\int_{1-\sqrt{1-y^2}}^{2-y} f(x,y)\mathrm{d}x.$$

29. 交换下列二次积分的积分次序:

（3）$\int_{0}^{2}\mathrm{d}x\int_{x}^{2x} f(x,y)\mathrm{d}y$;

解 积分区域

$$D: \begin{cases} 0 \leqslant x \leqslant 2, \\ x \leqslant y \leqslant 2x \end{cases} \quad (\text{附图}(a)).$$

所以

$$\text{原式} = \int_0^2 \mathrm{d}y \int_{\frac{1}{2}y}^y f(x,y)\mathrm{d}x + \int_2^4 \mathrm{d}y \int_{\frac{1}{2}y}^2 f(x,y)\mathrm{d}x.$$

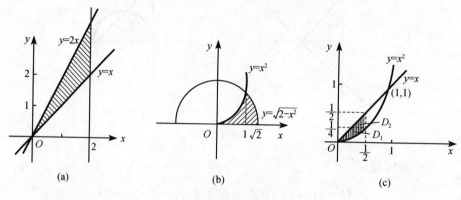

(a)　　　　　　　(b)　　　　　　　(c)

习题 29 图

(4) (1992 年) $\displaystyle\int_0^1 \mathrm{d}y \int_{\sqrt{y}}^{\sqrt{2-y^2}} f(x,y)\mathrm{d}x.$

解 积分区域

$$D:\begin{cases} 0 \leqslant y \leqslant 1, \\ \sqrt{y} \leqslant x \leqslant \sqrt{2-y^2} \end{cases} \quad (\text{附图(b)}).$$

所以

$$\text{原式} = \int_0^1 \mathrm{d}x \int_0^{x^2} f(x,y)\mathrm{d}y + \int_1^{\sqrt{2}} \mathrm{d}x \int_0^{\sqrt{2-x^2}} f(x,y)\mathrm{d}y.$$

(6) (2002 年) $\displaystyle\int_0^{\frac{1}{4}} \mathrm{d}y \int_y^{\sqrt{y}} f(x,y)\mathrm{d}x + \int_{\frac{1}{4}}^{\frac{1}{2}} \mathrm{d}y \int_y^{\frac{1}{2}} f(x,y)\mathrm{d}x.$

解 积分区域

$$D_1:\begin{cases} 0 \leqslant y \leqslant \dfrac{1}{4}, \\ y \leqslant x \leqslant \sqrt{y}, \end{cases} \qquad D_2:\begin{cases} \dfrac{1}{4} \leqslant y \leqslant \dfrac{1}{2}, \\ y \leqslant x \leqslant \dfrac{1}{2} \end{cases} \quad (\text{附图(c)}).$$

所以

$$\text{原式} = \int_0^{\frac{1}{2}} \mathrm{d}x \int_{x^2}^x f(x,y)\mathrm{d}y.$$

31. 计算下列二重积分:

(3) $\displaystyle\iint\limits_D xy\,\mathrm{d}x\mathrm{d}y$, 其中 D 是由直线 $y = x-2$ 及抛物线 $y^2 = x$ 所围成的闭区域.

解 积分区域 D 如附图(a)所示.

$$\iint\limits_D xy\,\mathrm{d}x\mathrm{d}y = \int_{-1}^2 \mathrm{d}y \int_{y^2}^{y+2} xy\,\mathrm{d}y = \int_{-1}^2 y \cdot \frac{1}{2} x^2 \Big|_{y^2}^{y+2} \mathrm{d}y$$

$$= \int_{-1}^2 (y^3 + 4y^2 + 4y - y^5)\mathrm{d}y = \frac{45}{8}.$$

(4) $\displaystyle\iint\limits_D \frac{\sin x}{x}\mathrm{d}x\mathrm{d}y$, 其中 D 是由直线 $y = x$ 及抛物线 $y = x^2$ 所围成的闭区域.

解 积分区域 D 如附图(b)所示.

$$\iint\limits_{D}\frac{\sin x}{x}\mathrm{d}x\mathrm{d}y=\int_0^1\mathrm{d}x\int_{x^2}^{x}\frac{\sin x}{x}\mathrm{d}y=\int_0^1\frac{\sin x}{x}\cdot y\bigg|_{x^2}^{x}\mathrm{d}y$$

$$=\int_0^1\frac{\sin x}{x}\cdot(x-x^2)\mathrm{d}x=\int_0^1(\sin x-x\sin x)\mathrm{d}x$$

$$=\int_0^1\sin x\mathrm{d}x-\int_0^1 x\sin x\mathrm{d}x=\int_0^1\sin x\mathrm{d}x+\int_0^1 x\mathrm{d}\cos x$$

$$=-\cos x\bigg|_0^1+x\cos x\bigg|_0^1-\int_0^1\cos x\mathrm{d}x=1-\sin 1.$$

(8) (2008 年) $\displaystyle\iint\limits_{D}\max\{xy,1\}\mathrm{d}x\mathrm{d}y$, 其中 $D=\{(x,y)\,|\,0\leqslant x\leqslant 2,0\leqslant y\leqslant 2\}$.

解 积分区域 D 如附图(c)所示.

$$\max\{xy,1\}=\begin{cases}xy,&xy\geqslant 1,\\1,&xy<1.\end{cases}$$

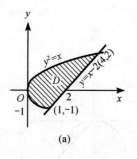
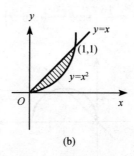
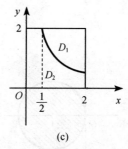

(a)   (b)   (c)

习题 31 图

记

$$D_1=\{(x,y)\,|\,xy\geqslant 1,(x,y)\in D\},$$
$$D_2=\{(x,y)\,|\,xy<1,(x,y)\in D\},$$

则

$$\iint\limits_{D}\max\{xy,1\}\mathrm{d}x\mathrm{d}y$$

$$=\iint\limits_{D_1}xy\mathrm{d}x\mathrm{d}y+\iint\limits_{D_2}\mathrm{d}x\mathrm{d}y=\int_{\frac{1}{2}}^2\mathrm{d}x\int_{\frac{1}{x}}^2 xy\mathrm{d}y+\int_0^{\frac{1}{2}}\mathrm{d}x\int_0^2\mathrm{d}y+\int_{\frac{1}{2}}^2\mathrm{d}x\int_0^{\frac{1}{x}}\mathrm{d}y$$

$$=\frac{1}{2}\int_{\frac{1}{2}}^2\left(4x-\frac{1}{x}\right)\mathrm{d}x+1+\int_{\frac{1}{2}}^2\frac{1}{x}\mathrm{d}x=\frac{1}{2}(2x^2-\ln x)\bigg|_{\frac{1}{2}}^2+1+\ln x\bigg|_{\frac{1}{2}}^2$$

$$=\frac{15}{4}-\ln 2+1+2\ln 2=\frac{19}{4}+\ln 2.$$

32. 化下列二次积分为极坐标形式的二次积分:

(2) (1996 年) $\displaystyle\int_0^1\mathrm{d}x\int_0^{\sqrt{x-x^2}}f(x,y)\mathrm{d}y$.

解 如附图所示,

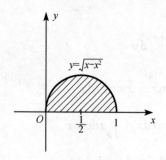

習題 32 図

$$D:\begin{cases} 0 \leqslant x \leqslant 1, \\ 0 \leqslant y \leqslant \sqrt{x-x^2}. \end{cases}$$

$$I = \int_0^{\frac{\pi}{2}} d\theta \int_0^{\cos\theta} f(r\cos\theta, r\sin\theta) r dr.$$

33. 利用极坐标计算下列各题:

(3) $\iint\limits_D \sqrt{x^2+y^2} dxdy$, 其中 D 是由圆 $x^2+y^2 \leqslant 2x$

所围成的闭区域.

解 积分区域 D 如附图(a)所示.

$$\iint\limits_D \sqrt{x^2+y^2} dxdy = \int_{-\frac{\pi}{2}}^{\frac{\pi}{2}} d\theta \int_0^{2\cos\theta} r^2 dr = \int_{-\frac{\pi}{2}}^{\frac{\pi}{2}} \frac{1}{3} r^3 \Big|_0^{2\cos\theta} d\theta$$

$$= \frac{16}{3} \int_0^{\frac{\pi}{2}} \cos^3\theta d\theta = \frac{16}{3} \int_0^{\frac{\pi}{2}} (1-\sin^2\theta) d\sin\theta$$

$$= \frac{16}{3} \left(\sin\theta - \frac{1}{3} \sin^3\theta \right) \Big|_0^{\frac{\pi}{2}} = \frac{32}{9}.$$

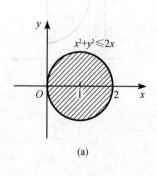

(a)

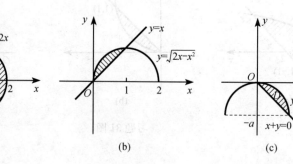

(b)

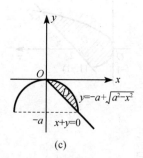

(c)

习题 33 图

(4) $\iint\limits_D y dxdy$, 其中 D 是由直线 $y=x$ 及圆 $y=\sqrt{2x-x^2}$ 所围成的闭区域.

解 积分区域 D 如附图(b)所示.

$$\iint\limits_D y dxdy = \int_{\frac{\pi}{4}}^{\frac{\pi}{2}} d\theta \int_0^{2\cos\theta} r^2 \sin\theta dr = \int_{\frac{\pi}{4}}^{\frac{\pi}{2}} \sin\theta \cdot \frac{1}{3} r^3 \Big|_0^{2\cos\theta} d\theta$$

$$= \frac{8}{3} \int_{\frac{\pi}{4}}^{\frac{\pi}{2}} \sin\theta \cdot \cos^3\theta d\theta = -\frac{8}{3} \int_{\frac{\pi}{4}}^{\frac{\pi}{2}} \cos^3\theta d\cos\theta = -\frac{2}{3} \cos^4\theta \Big|_{\frac{\pi}{4}}^{\frac{\pi}{2}} = \frac{1}{6}.$$

(5) (2000 年) $\iint\limits_D \frac{\sqrt{x^2+y^2}}{\sqrt{4a^2-x^2-y^2}} dxdy$, 其中 D 是由直线 $x+y=0$ 及圆 $y=$

$-a+\sqrt{a^2-x^2}(a>0)$ 所围成的闭区域.

解 积分区域 D 如附图(c)所示.

$$\iint\limits_D \frac{\sqrt{x^2+y^2}}{\sqrt{4a^2-x^2-y^2}} dxdy = \int_{-\frac{\pi}{4}}^0 d\theta \int_0^{-2a\sin\theta} \frac{r^2}{\sqrt{4a^2-r^2}} dr$$

$$\xrightarrow{\text{令 } r=2a\sin t} 4a^2\int_{-\frac{\pi}{4}}^{0}\mathrm{d}\theta\int_{0}^{-\theta}\sin^2 t\,\mathrm{d}t$$

$$=2a^2\int_{-\frac{\pi}{4}}^{0}\mathrm{d}\theta\int_{0}^{-\theta}(1-\cos2t)\mathrm{d}t=2a^2\int_{-\frac{\pi}{4}}^{0}\left(-\theta+\frac{1}{2}\sin2\theta\right)\mathrm{d}\theta$$

$$=2a^2\left(-\frac{1}{2}\theta^2-\frac{1}{4}\cos2\theta\right)\Big|_{-\frac{\pi}{4}}^{0}=\left(\frac{\pi^2}{16}-\frac{1}{2}\right)a^2.$$

34. 利用积分区域的对称性和被积函数的奇偶性计算下列各题:

(2) $\iint\limits_{D}\left(|x|+\dfrac{y}{1+x^2}-xe^{y^2}+2\right)\mathrm{d}x\mathrm{d}y$,其中 $D=\{(x,y)\,|\,|x|+|y|\leqslant 1\}$.

解 积分区域 D 如附图所示.因为 D 关于 x 轴和 y 轴对称,且 $f_1(x,y)=|x|+$

2 是关于 x 或 y 的偶函数, $f_2(x,y)=\dfrac{y}{1+x^2}-xe^{y^2}$ 是关于 x 或 y 的奇函数.所以题

设积分等于在区域 $D_1:D=\{(x,y)\,|\,0\leqslant x\leqslant 1,0\leqslant y\leqslant$

$1-x\}$ 上的积分的 4 倍,即

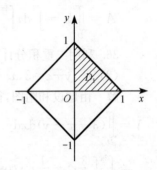

$$\iint\limits_{D}\left(|x|+\frac{y}{1+x^2}-xe^{y^2}+2\right)\mathrm{d}x\mathrm{d}y$$

$$=4\int_{0}^{1}\mathrm{d}x\int_{0}^{1-x}(x+2)\mathrm{d}y=4\int_{0}^{1}(x+2)y\Big|_{0}^{1-x}\mathrm{d}x$$

$$=4\int_{0}^{1}(2-x-x^2)\mathrm{d}x=4\left(2x-\frac{1}{2}x^2-\frac{1}{3}x^3\right)\Big|_{0}^{1}=\frac{14}{3}.$$

(3) (2003 年) $\iint\limits_{D}e^{-(x^2+y^2-\pi)}\sin(x^2+y^2)\mathrm{d}x\mathrm{d}y$,其中

$D=\{(x,y)\,|\,x^2+y^2\leqslant\pi\}$.

习题 34 图

解 显然积分区域 D 是以原点为圆心的圆域.所以 D 关于 x 轴和 y 轴对称,且

$$f(x,y)=e^{-(x^2+y^2-\pi)}\sin(x^2+y^2)$$

是关于 x 或 y 的偶函数.所以题设积分等于在区域 $D_1:D=\left\{(r,\theta)\,\Big|\,0\leqslant\theta\leqslant\dfrac{\pi}{2},0\leqslant\right.$

$r\leqslant\sqrt{\pi}\Big\}$ 上的积分的 4 倍,即

$$\iint\limits_{D}e^{-(x^2+y^2-\pi)}\sin(x^2+y^2)\mathrm{d}x\mathrm{d}y=4e^{\pi}\int_{0}^{\frac{\pi}{2}}\mathrm{d}\theta\int_{0}^{\sqrt{\pi}}re^{-r^2}\sin r^2\,\mathrm{d}r$$

$$=\pi e^{\pi}\int_{0}^{\sqrt{\pi}}e^{-r^2}\sin r^2\,\mathrm{d}r^2\xrightarrow{\text{令 } t=r^2}\pi e^{\pi}\int_{0}^{\pi}e^{-t}\sin t\,\mathrm{d}t.$$

令 $A=\displaystyle\int_{0}^{\pi}e^{-t}\sin t\,\mathrm{d}t$,则

$$A=-\int_{0}^{\pi}\sin t\,\mathrm{d}e^{-t}=-e^{-t}\sin t\Big|_{0}^{\pi}+\int_{0}^{\pi}e^{-t}\cos t\,\mathrm{d}t$$

$$=-\int_{0}^{\pi}\cos t\,\mathrm{d}e^{-t}=-e^{-t}\cos t\Big|_{0}^{\pi}-\int_{0}^{\pi}e^{-t}\sin t\,\mathrm{d}t$$

$$=e^{-\pi}+1-A\Rightarrow A=\frac{1}{2}(1+e^{-\pi}).$$

所以

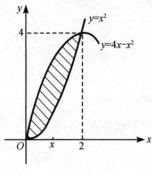

习题 35 图

$$原式 = \pi e^\pi A = \frac{\pi}{2}(e^\pi + 1).$$

35. 利用二重积分计算下列曲线所围成平面图形的面积:

(2) $y = x^2, y = 4x - x^2$.

解 曲线所围成平面图形如附图所示. 则

$$A = \iint\limits_D d\sigma,$$

其中

$$D = \{(x,y) \mid 0 \leqslant x \leqslant 2, x^2 \leqslant y \leqslant 4x - x^2\}.$$

所以

$$A = \iint\limits_D d\sigma = \int_0^2 dx \int_{x^2}^{4x-x^2} dy = \int_0^2 (4x - 2x^2) dx = \left(2x^2 - \frac{2}{3}x^3\right)\Big|_0^2 = \frac{8}{3}.$$

36. 利用二重积分计算下列曲面所围成的立体体积:

(2) $x + y + z = 3, x^2 + y^2 = 1, z = 0$.

解 由题设和附图,得

$$V = \iint\limits_D (3 - x - y) dx dy = \int_0^{2\pi} d\theta \int_0^1 (3 - r\cos\theta - r\sin\theta) r dr$$

$$= \int_0^{2\pi} \left[\frac{3}{2}r^2 - \frac{1}{3}r^3 (\cos\theta + \sin\theta)\right]\Big|_0^1 d\theta$$

$$= \int_0^{2\pi} \left[\frac{3}{2} - \frac{1}{3}(\cos\theta + \sin\theta)\right] d\theta$$

$$= \left(\frac{3}{2}\theta - \frac{1}{3}\sin\theta + \frac{1}{3}\cos\theta\right)\Big|_0^{2\pi} = 3\pi.$$

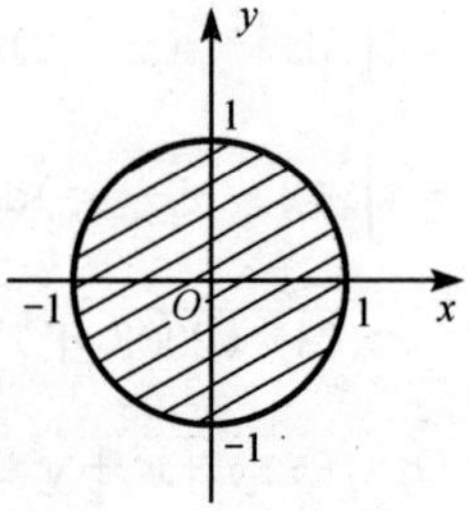

习题 36 图

(B)

2. (2006 年)设 $f(x,y) = \dfrac{y}{1+xy} - \dfrac{1 - y\sin\dfrac{\pi x}{y}}{\arctan x}, x > 0, y > 0$. 求:

(1) $g(x) = \lim\limits_{y \to +\infty} f(x,y)$;

(2) $\lim\limits_{x \to 0^+} g(x)$.

解 (1) $g(x) = \lim\limits_{y \to +\infty} f(x,y) = \lim\limits_{y \to +\infty} \left[\dfrac{y}{1+xy} - \dfrac{1 - y\sin\dfrac{\pi x}{y}}{\arctan x}\right]$

$$= \lim\limits_{y \to +\infty} \frac{y}{1+xy} - \lim\limits_{y \to +\infty} \frac{1 - y\sin\dfrac{\pi x}{y}}{\arctan x}$$

$$= \lim\limits_{y \to +\infty} \frac{1}{\dfrac{1}{y} + x} - \lim\limits_{y \to +\infty} \frac{1}{\arctan x}\left[1 - \frac{\sin\dfrac{\pi x}{y}}{\dfrac{\pi x}{y}} \cdot \pi x\right]$$

$$= \frac{1}{x} - \frac{1-\pi x}{\arctan x} \quad (x>0).$$

(2) $\displaystyle\lim_{x\to 0^+} g(x) = \lim_{x\to 0^+}\left(\frac{1}{x} - \frac{1-\pi x}{\arctan x}\right)$

$\displaystyle\qquad = \lim_{x\to 0^+}\frac{\arctan x - x(1-\pi x)}{x\arctan x} = \lim_{x\to 0^+}\frac{\arctan x - x + \pi x^2}{x^2}$

$\displaystyle\qquad = \lim_{x\to 0^+}\frac{\dfrac{1}{1+x^2}-1+2\pi x}{2x} = \lim_{x\to 0^+}\frac{1-1-x^2}{2x(1+x^2)} + \pi = \pi.$

3. (1996 年)设函数 $z=f(u)$,方程 $u = \varphi(u) + \displaystyle\int_y^x p(t)\,\mathrm{d}t$ 确定 u 是 x,y 的函数,其中 $f(u),\varphi(u)$ 可微;$p(t),\varphi'(u)$ 连续,且 $\varphi'(u)\neq 1$. 求 $\dfrac{\partial z}{\partial x}, \dfrac{\partial z}{\partial y}$.

解 由 $z=f(u)$ 可知

$$\frac{\partial z}{\partial x} = \frac{\partial f}{\partial u}\cdot\frac{\partial u}{\partial x} = f'(u)\cdot\frac{\partial u}{\partial x}, \qquad \frac{\partial z}{\partial y} = \frac{\partial f}{\partial u}\cdot\frac{\partial u}{\partial y} = f'(u)\cdot\frac{\partial u}{\partial y}.$$

方程 $u = \varphi(u) + \displaystyle\int_y^x p(t)\,\mathrm{d}t$ 两边关于 x 求偏导,得

$$\frac{\partial u}{\partial x} = \varphi'(u)\cdot\frac{\partial u}{\partial x} + p(x) \Rightarrow \frac{\partial u}{\partial x} = \frac{p(x)}{1-\varphi'(u)};$$

方程 $u = \varphi(u) + \displaystyle\int_y^x p(t)\,\mathrm{d}t$ 两边关于 y 求偏导,得

$$\frac{\partial u}{\partial y} = \varphi'(u)\cdot\frac{\partial u}{\partial y} - p(y) \Rightarrow \frac{\partial u}{\partial y} = \frac{-p(y)}{1-\varphi'(u)}.$$

所以

$$\frac{\partial z}{\partial x} = \frac{p(x)f'(u)}{1-\varphi'(u)}, \qquad \frac{\partial z}{\partial y} = -\frac{p(y)f'(u)}{1-\varphi'(u)}.$$

7. (2008 年)设 $z=z(x,y)$ 是由方程 $x^2+y^2-z = \varphi(x+y+z)$ 所确定的函数,其中 φ 具有二阶导数,且 $\varphi' \neq -1$,

(1) 求 $\mathrm{d}z$;

(2) 记 $u(x,y) = \dfrac{1}{x-y}\left(\dfrac{\partial z}{\partial x} - \dfrac{\partial z}{\partial y}\right)$,求 $\dfrac{\partial u}{\partial x}$.

解 (1) 方程 $x^2+y^2-z=\varphi(x+y+z)$ 两边微分,得

$$\mathrm{d}(x^2+y^2-z) = \mathrm{d}\varphi(x+y+z),$$

$$2x\,\mathrm{d}x + 2y\,\mathrm{d}y - \mathrm{d}z = \varphi'(x+y+z)(\mathrm{d}x+\mathrm{d}y+\mathrm{d}z),$$

(为了简化,以下把 $\varphi'(x+y+z)$ 简写为 φ')

整理,得

$$(\varphi'+1)\mathrm{d}z = (-\varphi'+2x)\mathrm{d}x + (-\varphi'+2y)\mathrm{d}y,$$

所以

$$\mathrm{d}z = \frac{2x-\varphi'}{\varphi'+1}\mathrm{d}x + \frac{2y-\varphi'}{\varphi'+1}\mathrm{d}y \quad (\varphi' \neq -1).$$

(2) 由(1)可知

$$\frac{\partial z}{\partial x} = \frac{2x - \varphi'}{\varphi' + 1}, \quad \frac{\partial z}{\partial y} = \frac{2y - \varphi'}{\varphi' + 1}.$$

从而

$$u(x,y) = \frac{1}{x-y}\left(\frac{\partial z}{\partial x} - \frac{\partial z}{\partial y}\right) = \frac{1}{x-y}\left(\frac{2x-\varphi'}{\varphi'+1} - \frac{2y-\varphi'}{\varphi'+1}\right) = \frac{2}{\varphi'+1}.$$

所以

$$\frac{\partial u}{\partial x} = \frac{-2\varphi''\left(1 + \dfrac{\partial z}{\partial x}\right)}{(\varphi'+1)^2} = -\frac{2\varphi''\left(1 + \dfrac{2x-\varphi'}{\varphi'+1}\right)}{(\varphi'+1)^2} = -\frac{2\varphi''(1+2x)}{(\varphi'+1)^3} \quad (\varphi' \neq -1).$$

9. (2010 年)求函数 $M = xy + 2yz$ 在约束条件 $x^2 + y^2 + z^2 = 10$ 下的最大值和最小值.

解 构造拉格朗日函数:

$$F(x,y,z) = xy + 2yz + \lambda(x^2 + y^2 + z^2 - 10).$$

解方程组

$$\begin{cases} F'_x = y + 2\lambda x = 0, \\ F'_y = x + 2z + 2\lambda y = 0, \\ F'_z = 2y + 2\lambda z = 0, \\ x^2 + y^2 + z^2 = 10, \end{cases}$$

得驻点:$(-1, \sqrt{5}, -2), (1, -\sqrt{5}, 2), (1, \sqrt{5}, 2), (-1, -\sqrt{5}, -2)$.

将这 4 个驻点代入 $M = xy + 2yz$,得

$$M(-1, \sqrt{5}, -2) = -5\sqrt{5}, \quad M(1, -\sqrt{5}, 2) = -5\sqrt{5},$$
$$M(1, \sqrt{5}, 2) = 5\sqrt{5}, \quad M(-1, -\sqrt{5}, -2) = 5\sqrt{5}.$$

所以函数 $M = xy + 2yz$ 在约束条件 $x^2 + y^2 + z^2 = 10$ 下的最大值为 $5\sqrt{5}$,最小值为 $-5\sqrt{5}$.

11. (2000 年)假设某企业在两个相互分割的市场上出售同一种产品,两个市场的需求函数分别是

$$P_1 = 18 - 2Q_1, \quad P_2 = 12 - Q_2,$$

其中 P_1 和 P_2 分别表示该产品在两个市场的价格(单位:万元/吨),Q_1 和 Q_2 分别表示该产品在两个市场的销售量(即需求量,单位:吨),并且该企业生产这种产品的总成本函数是 $C = 2Q + 5$,其中 Q 表示该产品在两个市场的销售总量,即 $Q = Q_1 + Q_2$.

(1) 如果该企业实行价格差别策略,试确定两个市场上该产品的销售量和价格,使该企业获得最大利润.

(2) 如果该企业实行价格无差别策略,试确定两个市场上该产品的销售量及其统一的价格,使该企业的总利润最大化;并比较两种价格策略下的总利润大小.

解 (1) 总利润

$$L = R - C = P_1 Q_1 + P_2 Q_2 - (2Q + 5)$$
$$= -2Q_1^2 - Q_2^2 + 16Q_1 + 10Q_2 - 5.$$

解方程组

$$\begin{cases} L'_{Q_1} = -4Q_1 + 16 = 0, \\ L'_{Q_2} = -2Q_2 + 10 = 0, \end{cases}$$

得唯一驻点：$\begin{cases} Q_1 = 4, \\ Q_2 = 5. \end{cases}$

因驻点唯一,根据实际意义,最大利润确实存在,因此当 $Q_1 = 4$(吨),$Q_2 = 5$(吨)时,利润最大,此时价格 $P_1 = 10$(万元/吨),$P_2 = 7$(万元/吨),最大利润为 $L(4,5) = 52$(万元).

(2) 价格无差别策略,即 $P_1 = P_2$,从而有约束条件 $2Q_1 - Q_2 = 6$.

构造拉格朗日函数：

$$F(Q_1, Q_2) = -2Q_1^2 - Q_2^2 + 16Q_1 + 10Q_2 - 5 + \lambda(2Q_1 - Q_2 - 6).$$

解方程组

$$\begin{cases} F'_{Q_1} = -4Q_1 + 16 + 2\lambda = 0, \\ F'_{Q_2} = -2Q_2 + 10 - \lambda = 0, \\ 2Q_1 - Q_2 = 6, \end{cases}$$

得驻点：$\begin{cases} Q_1 = 5, \\ Q_2 = 4. \end{cases}$

因驻点唯一,根据实际意义,最大利润确实存在,因此当 $Q_1 = 5$(吨),$Q_2 = 4$(吨)时,利润最大,此时价格 $P_1 = P_2 = 8$(万元/吨),最大利润为 $L(5,4) = 49$(万元).

由上述结果可知,企业实行价格差别策略时所得最大利润要大于企业实行价格无差别策略时所得最大利润.

12. (2005 年)设 $I_1 = \iint\limits_D \cos \sqrt{x^2+y^2} \, d\sigma$, $I_2 = \iint\limits_D \cos(x^2+y^2) d\sigma$, $I_3 = \iint\limits_D \cos(x^2+y^2)^2 d\sigma$,其中 $D = \{(x,y) \mid x^2 + y^2 \leqslant 1\}$. 则(　　).

(A) $I_3 > I_2 > I_1$; 　　　　(B) $I_1 > I_2 > I_3$;

(C) $I_2 > I_1 > I_3$; 　　　　(D) $I_3 > I_1 > I_2$.

解 在区域 $D = \{(x,y) \mid x^2 + y^2 \leqslant 1\}$ 上,有 $0 \leqslant x^2 + y^2 \leqslant 1$,从而有

$$0 \leqslant (x^2+y^2)^2 \leqslant x^2+y^2 \leqslant \sqrt{x^2+y^2} \leqslant 1 < \frac{\pi}{2}.$$

由于 $\cos x$ 在 $\left(0, \frac{\pi}{2}\right)$ 上为单调减函数,于是

$$\cos(x^2+y^2)^2 \geqslant \cos(x^2+y^2) \geqslant \cos \sqrt{x^2+y^2} \geqslant 0.$$

又因为在区域 D 内 $\cos \sqrt{x^2+y^2}$,$\cos(x^2+y^2)$,$\cos(x^2+y^2)^2$ 连续,且至少存在区域 D 内一点,使得这三个函数在该点的值两两不相等,所以由积分的比值定理可知

$$\iint\limits_D \cos(x^2+y^2)^2 d\sigma > \iint\limits_D \cos(x^2+y^2) d\sigma > \iint\limits_D \cos \sqrt{x^2+y^2} d\sigma.$$

故应选(A).

13. （2007 年）交换积分次序：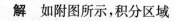 $\int_{\frac{\pi}{2}}^{\pi}\mathrm{d}x\int_{\sin x}^{1}f(x,y)\mathrm{d}y.$

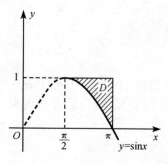

习题 13 图

解 如附图所示，积分区域

$$D:\begin{cases}\dfrac{\pi}{2}\leqslant x\leqslant\pi,\\[2mm]\sin x\leqslant y\leqslant 1.\end{cases}$$

所以

$$原式 = \int_{0}^{1}\mathrm{d}y\int_{\pi-\arcsin y}^{\pi}f(x,y)\mathrm{d}x.$$

注 在本题中，确定 y 的取值范围时要注意：当 $\dfrac{\pi}{2}\leqslant x\leqslant\pi$ 时，$y=\sin x=\sin(\pi-x)$，所以 $\pi-x=\arcsin y$，从而 $x=\pi-\arcsin y$.

14. 选用适当坐标系计算下列各题：

(1) （1994 年）$\iint\limits_{D}(x+y)\mathrm{d}x\mathrm{d}y$，其中 $D=\{(x,y)\mid x^2+y^2\leqslant x+y+1\}.$

解 如附图(a)所示，积分区域 $D=\{(x,y)\mid x^2+y^2\leqslant x+y+1\}$ 可化为

$$D=\left\{(x,y)\mid\left(x-\frac{1}{2}\right)^2+\left(y-\frac{1}{2}\right)^2\leqslant\frac{3}{2}\right\}.$$

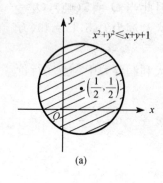
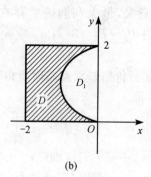
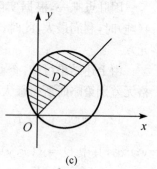

(a)　　　　　　　(b)　　　　　　　(c)

习题 14 图

令 $x-\dfrac{1}{2}=r\cos\theta,y-\dfrac{1}{2}=r\sin\theta$，则在极坐标系下：

$$D=\left\{(r,\theta)\mid 0\leqslant\theta\leqslant 2\pi,0\leqslant r\leqslant\sqrt{\frac{3}{2}}\right\}.$$

$$\iint\limits_{D}(x+y)\mathrm{d}x\mathrm{d}y=\int_{0}^{2\pi}\mathrm{d}\theta\int_{0}^{\sqrt{\frac{3}{2}}}(1+r\cos\theta+r\sin\theta)r\mathrm{d}r$$

$$=\int_{0}^{2\pi}\mathrm{d}\theta\int_{0}^{\sqrt{\frac{3}{2}}}r\mathrm{d}r+\int_{0}^{2\pi}(\cos\theta+\sin\theta)\mathrm{d}\theta\int_{0}^{\sqrt{\frac{3}{2}}}r^2\mathrm{d}r$$

$$=2\pi\cdot\frac{1}{2}r^2\bigg|_{0}^{\sqrt{\frac{3}{2}}}+0\cdot\int_{0}^{\sqrt{\frac{3}{2}}}r^2\mathrm{d}r=\frac{3}{2}\pi.$$

(2) （1999 年）$\iint\limits_{D}y\mathrm{d}x\mathrm{d}y$，其中 D 是由直线 $x=-2,y=0,y=2$ 及曲线 $x=$

$-\sqrt{2y-y^2}$ 所围成的平面区域.

解 积分区域 D 如附图(b)所示. 由图形易知

$$\iint\limits_{D} y\mathrm{d}x\mathrm{d}y = \iint\limits_{D+D_1} y\mathrm{d}x\mathrm{d}y - \iint\limits_{D_1} y\mathrm{d}x\mathrm{d}y,$$

而

$$\iint\limits_{D+D_1} y\mathrm{d}x\mathrm{d}y = \int_{-2}^{0}\mathrm{d}x\int_{0}^{2}y\mathrm{d}y = 2 \cdot \frac{1}{2}y^2\Big|_{0}^{2} = 4.$$

在极坐标系下

$$D_1 = \left\{(r,\theta) \mid \frac{\pi}{2} \leqslant \theta \leqslant \pi, 0 \leqslant r \leqslant 2\sin\theta\right\}.$$

从而

$$\iint\limits_{D_1} y\mathrm{d}x\mathrm{d}y = \int_{\frac{\pi}{2}}^{\pi}\mathrm{d}\theta\int_{0}^{2\sin\theta} r\sin\theta \cdot r\mathrm{d}r = \frac{8}{3}\int_{\frac{\pi}{2}}^{\pi}\sin^4\theta\mathrm{d}\theta$$

$$= \frac{8}{3}\int_{\frac{\pi}{2}}^{\pi}\left(\frac{1-\cos^2\theta}{2}\right)^2\mathrm{d}\theta = \frac{\pi}{2}.$$

所以

$$\iint\limits_{D} y\mathrm{d}x\mathrm{d}y = 4 - \frac{\pi}{2}.$$

(3) (2009 年)$\iint\limits_{D}(x-y)\mathrm{d}x\mathrm{d}y$,其中 $D = \{(x,y) \mid (x-1)^2 + (y-1)^2 \leqslant 2,$ $y \geqslant x\}$.

解 积分区域 D 如附图(c)所示.

在极坐标系下

$$D = \left\{(r,\theta) \mid \frac{\pi}{4} \leqslant \theta \leqslant \frac{3}{4}\pi, 0 \leqslant r \leqslant 2(\sin\theta + \cos\theta)\right\}.$$

所以

$$\iint\limits_{D}(x-y)\mathrm{d}x\mathrm{d}y = \int_{\frac{\pi}{4}}^{\frac{3}{4}\pi}\mathrm{d}\theta\int_{0}^{2(\sin\theta+\cos\theta)}(r\cos\theta - r\sin\theta) \cdot r\mathrm{d}r$$

$$= \int_{\frac{\pi}{4}}^{\frac{3}{4}\pi}(\cos\theta - \sin\theta) \cdot \frac{1}{3}r^3\Big|_{0}^{2(\sin\theta+\cos\theta)}\mathrm{d}\theta$$

$$= \frac{8}{3}\int_{\frac{\pi}{4}}^{\frac{3}{4}\pi}(\cos\theta - \sin\theta) \cdot (\sin\theta + \cos\theta)^3\mathrm{d}\theta$$

$$= \frac{8}{3}\int_{\frac{\pi}{4}}^{\frac{3}{4}\pi}(\sin\theta + \cos\theta)^3\mathrm{d}(\sin\theta + \cos\theta)$$

$$= \frac{8}{3} \cdot \frac{1}{4} \cdot (\sin\theta + \cos\theta)^4\Big|_{\frac{\pi}{4}}^{\frac{3}{4}\pi} = -\frac{8}{3}.$$

16. 利用积分区域的对称性和被积函数的奇偶性计算下列各题:

(1) (2004 年)$\iint\limits_{D}(\sqrt{x^2+y^2}+y)\mathrm{d}\sigma$,其中 D 是由圆 $x^2+y^2=4$ 和 $(x+1)^2+y^2=1$ 所围成的平面区域;

解 积分区域 D 如附图(a)所示.

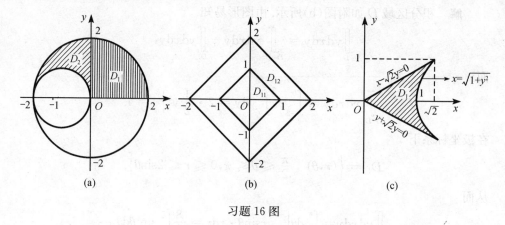

习题 16 图

因为积分区域 D 关于 x 轴对称,而函数 $f_1(x,y)=\sqrt{x^2+y^2}$ 是 y 的偶函数, 函数 $f_2(x,y)=y$ 是 y 的奇函数. 所以由对称性,$\iint\limits_{D} y\mathrm{d}\sigma=0$.

令

$$D_1=\left\{(r,\theta)\mid 0\leqslant\theta\leqslant\frac{\pi}{2},0\leqslant r\leqslant 2\right\},$$

$$D_2=\left\{(r,\theta)\mid \frac{\pi}{2}\leqslant\theta\leqslant\pi,-2\cos\theta\leqslant r\leqslant 2\right\},$$

$$\iint\limits_{D}(\sqrt{x^2+y^2}+y)\mathrm{d}\sigma=\iint\limits_{D}\sqrt{x^2+y^2}\mathrm{d}\sigma+0$$

$$=2\left(\iint\limits_{D_1}\sqrt{x^2+y^2}\mathrm{d}\sigma+\iint\limits_{D_2}\sqrt{x^2+y^2}\mathrm{d}\sigma\right)$$

$$=2\left(\int_0^{\frac{\pi}{2}}\mathrm{d}\theta\int_0^2 r^2\mathrm{d}r+\int_{\frac{\pi}{2}}^{\pi}\mathrm{d}\theta\int_{-2\cos\theta}^2 r^2\mathrm{d}r\right)$$

$$=2\left[\frac{4}{3}\pi+\left(\frac{4}{3}\pi-\frac{16}{9}\right)\right]=\frac{16}{9}(3\pi-2).$$

(2) (2007 年)设二元函数

$$f(x,y)=\begin{cases} x^2, & |x|+|y|\leqslant 1,\\ \dfrac{1}{\sqrt{x^2+y^2}}, & 1<|x|+|y|\leqslant 2.\end{cases}$$

计算二重积分 $\iint\limits_{D}f(x,y)\mathrm{d}\sigma$,其中 $D=\{(x,y)\mid |x|+|y|\leqslant 2\}$.

解 积分区域 D 如附图(b)所示. 显然 D 分别关于 x 轴和 y 轴对称,被积函数 $f(x,y)$ 既是 x 的偶函数,也是 y 的偶函数.

令 D_1 是 D 在第一象限中的部分,即

$$D_1=D\bigcap\{(x,y)\mid x\geqslant 0,y\geqslant 0\},$$

则

$$\iint\limits_{D} f(x,y)\,\mathrm{d}\sigma = 4\iint\limits_{D_1} f(x,y)\,\mathrm{d}\sigma.$$

令 $D_1 = D_{11} + D_{12}$，其中

$$D_{11} = \{(x,y) \mid x+y \leqslant 1, x \geqslant 0, y \geqslant 0\},$$
$$D_{12} = \{(x,y) \mid 1 \leqslant x+y \leqslant 2, x \geqslant 0, y \geqslant 0\}.$$

于是

$$\iint\limits_{D} f(x,y)\,\mathrm{d}\sigma = 4\iint\limits_{D_1} f(x,y)\,\mathrm{d}\sigma = 4\iint\limits_{D_{11}} f(x,y)\,\mathrm{d}\sigma + 4\iint\limits_{D_{12}} f(x,y)\,\mathrm{d}\sigma$$

$$= 4\iint\limits_{D_{11}} x^2\,\mathrm{d}\sigma + 4\iint\limits_{D_{12}} \frac{1}{\sqrt{x^2+y^2}}\,\mathrm{d}\sigma.$$

由于 $D_{11} = \{(x,y) \mid 0 \leqslant x \leqslant 1, 0 \leqslant y \leqslant 1-x\}$，故

$$\iint\limits_{D_{11}} x^2\,\mathrm{d}\sigma = \int_0^1 x^2\,\mathrm{d}x \int_0^{1-x}\mathrm{d}y = \int_0^1 x^2(1-x)\,\mathrm{d}x = \frac{1}{3} - \frac{1}{4} = \frac{1}{12}.$$

为计算 D_{12} 上的二重积分，可引入极坐标. 在极坐标系下

$$D_{12} = \left\{ 0 \leqslant \theta \leqslant \frac{\pi}{2}, \frac{1}{\cos\theta + \sin\theta} \leqslant r \leqslant \frac{2}{\cos\theta + \sin\theta} \right\},$$

故

$$\iint\limits_{D_{12}} \frac{\mathrm{d}\sigma}{\sqrt{x^2+y^2}} = \int_0^{\frac{\pi}{2}} \mathrm{d}\theta \int_{\frac{1}{\cos\theta+\sin\theta}}^{\frac{2}{\cos\theta+\sin\theta}} \frac{r}{r}\,\mathrm{d}r = \int_0^{\frac{\pi}{2}} \frac{1}{\cos\theta + \sin\theta}\,\mathrm{d}\theta$$

$$\xrightarrow{\ \diamondsuit\, \tan\frac{\theta}{2} = t\ } \int_0^1 \frac{2\,\mathrm{d}t}{1 + 2t - t^2} = \int_0^1 \frac{2\,\mathrm{d}t}{2 - (1-t)^2}$$

$$\xrightarrow{\ \diamondsuit\, 1-t = u\ } -\int_1^0 \frac{2\,\mathrm{d}u}{2 - u^2} = \int_0^1 \frac{2\,\mathrm{d}u}{2 - u^2} = \frac{1}{\sqrt{2}} \int_0^1 \left(\frac{1}{\sqrt{2}-u} - \frac{1}{\sqrt{2}+u} \right)\mathrm{d}u$$

$$= \frac{1}{\sqrt{2}} \ln\left| \frac{\sqrt{2}+u}{\sqrt{2}-u} \right| \Bigg|_0^1 = \frac{1}{\sqrt{2}} \ln\frac{\sqrt{2}+1}{\sqrt{2}-1} = \sqrt{2}\ln(\sqrt{2}+1).$$

故由以上计算结果可知

$$\iint\limits_{D} f(x,y)\,\mathrm{d}\sigma = 4 \times \frac{1}{12} + 4\ln(\sqrt{2}+1) = \frac{1}{3} + 4\sqrt{2}\ln(\sqrt{2}+1).$$

(3)（2010 年）$\displaystyle\iint\limits_{D}(x+y)^3\,\mathrm{d}x\mathrm{d}y$，其中 D 是由曲线 $x = \sqrt{1+y^2}$ 与直线 $x+\sqrt{2}y = 0$ 及 $x - \sqrt{2}y = 0$ 所围成的平面区域.

解 积分区域 D 如附图(c)所示. 显然 D 关于 x 轴对称.

令 D 在第一象限的区域为

$$D_1 = \{(x,y) \mid \sqrt{2}y \leqslant x \leqslant \sqrt{1+y^2}, 0 \leqslant y \leqslant 1\}.$$

则

$$\iint\limits_{D}(x+y)^3\,\mathrm{d}x\mathrm{d}y = \iint\limits_{D}(x^3 + 3x^2y + 3xy^2 + y^3)\,\mathrm{d}x\mathrm{d}y$$

$$= \iint\limits_{D}(x^3 + 3xy^2)\,\mathrm{d}x\mathrm{d}y = 2\iint\limits_{D_1}(x^3 + 3xy^2)\,\mathrm{d}x\mathrm{d}y$$

$$= 2\int_0^1 \mathrm{d}y \int_{\sqrt{2}y}^{\sqrt{1+y^2}} (x^3 + 3xy^2)\mathrm{d}x = 2\int_0^1 \left(\frac{1}{4}x^4 + \frac{3}{2}x^2y^2 \right) \Big|_{\sqrt{2}y}^{\sqrt{1+y^2}} \mathrm{d}y$$

$$= 2\int_0^1 \left(-\frac{9}{4}y^4 + 2y^2 + \frac{1}{4} \right)\mathrm{d}y = 2\left(-\frac{9}{20}y^5 + \frac{2}{3}y^3 + \frac{1}{4}y \right)\Big|_0^1$$

$$= \frac{14}{15}.$$

17. 求由曲面 $z = x^2 + 2y^2$ 及 $z = 6 - 2x^2 - y^2$ 所围成的立体体积.

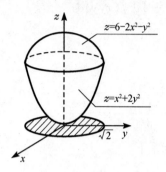

习题 17 图

解 曲面 $z = x^2 + 2y^2$ 及 $z = 6 - 2x^2 - y^2$ 所围成的立体图形如附图所示. 由二重积分的几何意义可知

$$V = \iint\limits_D (6 - 2x^2 - y^2)\mathrm{d}\sigma - \iint\limits_D (x^2 + 2y^2)\mathrm{d}\sigma$$

$$= \iint\limits_D (6 - 3x^2 - 3y^2)\mathrm{d}\sigma.$$

其中积分区域 D 为两曲面所围立体在 xOy 面上的投影区域,即

$$D = \{(x, y) \mid x^2 + y^2 \leqslant 2\}.$$

于是

$$V = \iint\limits_D (6 - 3x^2 - 3y^2)\mathrm{d}\sigma = \int_0^{2\pi} \mathrm{d}\theta \int_0^{\sqrt{2}} (6 - 3r^2)r\mathrm{d}r$$

$$= 2\pi \cdot \left(3r^2 - \frac{3}{4}r^4 \right)\Big|_0^{\sqrt{2}} = 6\pi.$$

18. (1995 年)计算广义二重积分 $\displaystyle\int_{-\infty}^{+\infty}\int_{-\infty}^{+\infty} \min\{x, y\}\mathrm{e}^{-(x^2+y^2)}\mathrm{d}x\mathrm{d}y$.

解 在极坐标系下,积分区域 $D = \{(r, \theta) \mid 0 \leqslant \theta \leqslant 2\pi, 0 \leqslant r \leqslant +\infty\}$. 根据题设将 D 分为两部分:

$$D_1 = \left\{ (r, \theta) \mid -\frac{3}{4}\pi \leqslant \theta \leqslant \frac{\pi}{4}, 0 \leqslant r \leqslant +\infty \right\},$$

$$D_2 = \left\{ (r, \theta) \mid \frac{\pi}{4} \leqslant \theta \leqslant \frac{5\pi}{4}, 0 \leqslant r \leqslant +\infty \right\}.$$

则

$$\int_{-\infty}^{+\infty}\int_{-\infty}^{+\infty} \min\{x, y\}\mathrm{e}^{-(x^2+y^2)}\mathrm{d}x\mathrm{d}y$$

$$= \int_{-\frac{3}{4}\pi}^{\frac{\pi}{4}} \mathrm{d}\theta \int_0^{+\infty} r\sin\theta\mathrm{e}^{-r^2}r\mathrm{d}r + \int_{\frac{\pi}{4}}^{\frac{5\pi}{4}} \mathrm{d}\theta \int_0^{+\infty} r\cos\theta\mathrm{e}^{-r^2}r\mathrm{d}r$$

$$= -\cos\theta\Big|_{-\frac{3}{4}\pi}^{\frac{\pi}{4}} \int_0^{+\infty} r^2\mathrm{e}^{-r^2}\mathrm{d}r + \cos\theta\Big|_{\frac{\pi}{4}}^{\frac{5\pi}{4}} \int_0^{+\infty} r\mathrm{e}^{-r^2}r\mathrm{d}r$$

$$= -2\sqrt{2}\int_0^{+\infty} r^2\mathrm{e}^{-r^2}\mathrm{d}r = \sqrt{2}\int_0^{+\infty} r\mathrm{d}\mathrm{e}^{-r^2}$$

$$= \sqrt{2}\left(r\mathrm{e}^{-r^2}\Big|_0^{+\infty} - \int_0^{+\infty} \mathrm{e}^{-r^2}\mathrm{d}r \right) = -\sqrt{2}\int_0^{+\infty} \mathrm{e}^{-r^2}\mathrm{d}r$$

$$= -\sqrt{2} \cdot \frac{\sqrt{\pi}}{2} = -\sqrt{\frac{\pi}{2}} \quad \left(\int_0^{+\infty} e^{-r^2} dr = \frac{\sqrt{\pi}}{2}, \text{参见教材 7.7 节例 12} \right).$$

五、自 测 题

1. 填空题.

(1) 函数 $z = \ln(y-x) + \dfrac{\sqrt{x}}{\sqrt{1-x^2-y^2}}$ 的定义域是_____.

(2) 若 $f(x+y, e^y) = x^2 y$,则 $f(x,y)=$_____.

(3) $\lim\limits_{(x,y)\to(0,0)} \dfrac{\sqrt{xy+1}-1}{xy} =$ _____.

(4) 设 $z = e^{2x-3y} + 2y$,则 $\dfrac{3}{2} \dfrac{\partial z}{\partial x} + \dfrac{\partial z}{\partial y} =$ _____.

(5) 若 $u = f(x-y, y-z, z-x)$,其中 f 可微,则 $\dfrac{\partial u}{\partial x} + \dfrac{\partial u}{\partial y} + \dfrac{\partial u}{\partial z} =$ _____.

(6) 设 $z = e^{-x} - f(x-2y)$,且当 $y=0$ 时,$z = x^2$,则 $\dfrac{\partial z}{\partial x} =$ _____.

(7) 曲线 $\begin{cases} z = \dfrac{1}{4}(x^2+y^2), \\ y = 4 \end{cases}$ 在点 $(2,4,5)$ 处的切线与 x 轴的夹角为_____.

(8) 设 $u = \left(\dfrac{y}{x} \right)^z$,则 $du =$ _____.

(9) 已知 $dz = \dfrac{1}{y} e^{\frac{x}{y}} dx - \dfrac{x}{y^2} e^{\frac{x}{y}} dy$,则 $\dfrac{\partial^2 z}{\partial x \partial y} =$ _____.

(10) 设当 $x \neq 0$ 时,$f(x)$ 可微,$f(1) = 0$,且 $z = f(x^2+y^2)$ 满足 $x \dfrac{\partial z}{\partial x} + y \dfrac{\partial z}{\partial y} = 1$,则 $f(x) =$ _____.

(11) 若 $f(x,y)$ 在其驻点 (x_0, y_0) 的某邻域内具有二阶连续的偏导数,且 $f''_{xx}(x_0, y_0) = 3, f''_{xy}(x_0, y_0) = a, f''_{yy}(x_0, y_0) = 12$,当 a 满足条件_____时,点 (x_0, y_0) 必为极_____值点.

(12) $\displaystyle\iint\limits_{x^2+y^2 \leqslant a^2} dxdy =$ _____.

(13) 设 $I = \displaystyle\iint\limits_{D} f(x^2+y^2) dxdy$,其中 $D: x^2+y^2 \leqslant 1$,若已知 $\displaystyle\int_0^1 f(t) dt = 1$,则 I 的值为_____.

(14) 将 $\displaystyle\int_{-\frac{\pi}{4}}^{\frac{\pi}{4}} d\theta \int_0^a f(r\cos\theta, r\sin\theta) r dr \ (a>0)$ 化为直角坐标系下先对 x 后对 y 积分的二次积分为_____.

(15) 若 $\displaystyle\iint\limits_{x^2+y^2 \leqslant ax} \sqrt{x^2+y^2} dxdy = \dfrac{4}{9}$,其中 $a>0$,则 $a =$ _____.

2. 单项选择题.

(1) 考虑二元函数 $f(x,y)$ 在点 $P_0(x_0,y_0)$ 处得 4 个命题:①在 P_0 处连续;②在P_0 处两个偏导数连续;③在 P_0 处可微;④在 P_0 处可偏导.则有(　　)成立.

(A) ③⇒②⇒①;　　　　　　　　(B) ②⇒③⇒①;

(C) ③⇒①⇒④;　　　　　　　　(D) ③⇒④⇒①.

(2) 设在全平面上有 $\dfrac{\partial f(x,y)}{\partial x}<0,\dfrac{\partial f(x,y)}{\partial y}>0$,则下列条件中使 $f(x_1,y_1)<f(x_2,y_2)$ 成立的是(　　).

(A) $x_1<x_2,y_1<y_2$;　　　　　　(B) $x_1<x_2,y_1>y_2$;

(C) $x_1>x_2,y_1<y_2$;　　　　　　(D) $x_1>x_2,y_1>y_2$.

(3) 已知函数 $f(x,y)=|x-y|g(x,y)$,其中 $g(x,y)$ 在点 $(0,0)$ 的某邻域内有定义,则 $f(x,y)$ 在点 $(0,0)$ 处可偏导的充分条件是(　　).

(A) $g(0,0)=0$;

(B) $\lim\limits_{(x,y)\to(0,0)}g(x,y)$ 存在;

(C) $\lim\limits_{(x,y)\to(0,0)}g(x,y)$ 存在,且 $g(0,0)=0$;

(D) $g(x,y)$ 在点 $(0,0)$ 处连续,且 $g(0,0)=0$.

(4) 函数 $f(x,y)=\sqrt{|xy|}$ 在点 $(0,0)$ 处(　　).

(A) 连续,但不可偏导;　　　　(B) 可偏导,但不可微;

(C) 可微;　　　　　　　　　　(D) 偏导存在且可微.

(5) 若 $z=f(x,y)$ 有连续的二阶偏导数,且 $f''_{xy}(x,y)=2xy$,则 $f'_y(x,y)=$(　　).

(A) xy^2;

(B) x^2y;

(C) $x^2y+c(c$ 为任意常数);

(D) $x^2y+c(y),(c(y)$ 为 y 的具有连续导数的任意函数).

(6) 设函数 $z=f(x,y)$ 是由方程 $F(x,y,z)=0$ 确定的隐函数,已知 $F'_x(1,1,1)=-1,F'_y(1,1,1)=2,f(1,1)=1,f'_y(1,1)=1$,则 $f'_x(1,1)=$(　　).

(A) $-\dfrac{1}{2}$;　　　(B) $\dfrac{1}{2}$;　　　(C) -2;　　　(D) 2.

(7) 函数 $z=x^2+y^2-2\ln|x|-2\ln|y|(x\neq0,y\neq0)$(　　).

(A) 有四个驻点,且均为极小值点;

(B) 有四个驻点,且均为极大值点;

(C) 有四个驻点,其中两个为极大值点,两个为极小值点;

(D) 有二个驻点,其中一个为极大值点,一个为极小值点.

(8) 设函数 $f(x,y)$ 具有二阶连续的偏导数且满足方程 $\dfrac{\partial^2 f}{\partial x^2}=\dfrac{\partial^2 f}{\partial y^2}$ 及条件 $f(x,2x)=x,f'_x(x,2x)=x^2$,则 $f''_{xx}(x,2x)=$(　　).

(A) $\dfrac{5}{3}x$;　　　(B) $\dfrac{4}{3}x$;　　　(C) $-\dfrac{4}{3}x$;　　　(D) $-\dfrac{5}{3}x$.

(9) 设方程 $xyz+\sqrt{x^2+y^2+z^2}=\sqrt{2}$ 确定的函数 $z=f(x,y)$ 满足 $f(1,0)=-1$，则 $\mathrm{d}z|_{(1,0)}=(\qquad)$.

(A) $\mathrm{d}x+\sqrt{2}\mathrm{d}y$；　　　　　　　(B) $-\mathrm{d}x+\sqrt{2}\mathrm{d}y$；

(C) $-\mathrm{d}x-\sqrt{2}\mathrm{d}y$；　　　　　　(D) $\mathrm{d}x-\sqrt{2}\mathrm{d}y$.

(10) 二次积分 $\int_0^1\mathrm{d}x\int_{x^2}^x f(x,y)\mathrm{d}y$ 交换积分次序后应为（　　）.

(A) $\int_0^1\mathrm{d}y\int_{x^2}^x f(x,y)\mathrm{d}x$；　　　(B) $\int_0^1\mathrm{d}y\int_0^1 f(x,y)\mathrm{d}x$；

(C) $\int_0^1\mathrm{d}y\int_y^{\sqrt{y}} f(x,y)\mathrm{d}x$；　　(D) $\int_0^1\mathrm{d}y\int_{y^2}^y f(x,y)\mathrm{d}x$.

(11) 已知 $\int_0^{\frac{1}{2}}\mathrm{d}x\int_0^\pi x\sin y^2\mathrm{d}y=a$，则 $\int_0^\pi\sin t^2\mathrm{d}t=(\qquad)$.

(A) $4a$；　　(B) $8a$；　　(C) $\dfrac{a}{4}$；　　(D) $\dfrac{a}{8}$.

(12) 设 $\displaystyle\iint\limits_{x^2+y^2\leqslant R^2}\sqrt{R^2-x^2-y^2}\,\mathrm{d}x\mathrm{d}y=\dfrac{2}{3}\pi(R>0)$，则 $R=(\qquad)$.

(A) $\sqrt[3]{\dfrac{3}{2}}$；　　(B) $\sqrt[3]{\dfrac{3}{4}}$；　　(C) $\sqrt[3]{\dfrac{1}{2}}$；　　(D) 1.

(13) 设 $D_1=\{(x,y)\,|\,x^2+y^2\leqslant R^2\}$，$D_2=\{(x,y)\,|\,x^2+y^2\leqslant R^2,x\geqslant0\}$，$D_3=\{(x,y)\,|\,x^2+y^2\leqslant R^2,x\geqslant0,y\geqslant0\}$，则必有（　　）.

(A) $\displaystyle\iint\limits_{D_1}x\mathrm{d}\sigma=2\iint\limits_{D_2}x\mathrm{d}\sigma$；　　　(B) $\displaystyle\iint\limits_{D_2}x\mathrm{d}\sigma=2\iint\limits_{D_3}x\mathrm{d}\sigma$；

(C) $\displaystyle\iint\limits_{D_1}y\mathrm{d}\sigma\neq2\iint\limits_{D_2}y\mathrm{d}\sigma$；　　(D) $\displaystyle\iint\limits_{D_2}y\mathrm{d}\sigma=2\iint\limits_{D_3}y\mathrm{d}\sigma$.

(14) 设 $f(x)$ 为连续函数，则 $\displaystyle\iint\limits_{x^2+y^2\leqslant1}[1+xyf(\sqrt{x^2+y^2})]\mathrm{d}x\mathrm{d}y=(\qquad)$.

(A) 0；　　(B) 1；　　(C) π；　　(D) 2π.

(15) 设 $f(x,y)$ 连续，且 $f(x,y)=6xy\displaystyle\iint\limits_D f(x,y)\mathrm{d}\sigma+3$，其中 D 是由 $y=0$，$y=x^2$，$x=1$ 所围的平面区域，则 $f(x,y)=(\qquad)$.

(A) $6xy+3$；　　(B) $\dfrac{1}{2}xy+3$；　　(C) $72xy+3$；　　(D) $12xy+3$.

3. 计算题.

(1) 设 $z=f(x,y)$ 由方程 $F(xyz,x^2+y^2+z^2)=0$ 确定，其中 F 可微，求 $\dfrac{\partial z}{\partial y}$.

(2) 设 $u=\mathrm{e}^{2x+y+z}$，其中 $z=f(x,y)$ 由方程 $x+x^2z-yz^3=0$ 确定，求 $\dfrac{\partial u}{\partial x}\Big|_{(1,0)}$.

(3) 设 $z=f(x,x^2)\sin x$，其中 f 可微，求 $\dfrac{\mathrm{d}z}{\mathrm{d}x}$.

(4) 设 $u=(yz)^x$，求 $\mathrm{d}u|_{(1,1,2)}$.

(5) 设 $z=f[\sin(xy),x^2+y^2]$，其中 f 具有二阶连续的偏导数，求 $\dfrac{\partial^2z}{\partial x\partial y}$.

(6) 设 $z=u(x,y)\mathrm{e}^{ax+y}$,且 $\dfrac{\partial^2 u}{\partial x \partial y}=0$,试求常数 a,使得 $\dfrac{\partial^2 z}{\partial x \partial y}-\dfrac{\partial z}{\partial x}-\dfrac{\partial z}{\partial y}+z=0$.

(7) 设当 $x\neq 0$ 时,$f(x)$ 可微且 $f(1)=0$,已知函数 $z=f(\sqrt{x^2+y^2})$ 满足 $x\dfrac{\partial z}{\partial x}+y\dfrac{\partial z}{\partial y}=1$,求 $f(\sqrt{x^2+y^2})$.

(8) 计算 $\iint\limits_{D}|xy|\,\mathrm{d}x\mathrm{d}y$,其中 $D=\{(x,y)\,|\,|x|\leqslant 1,|y|\leqslant 1\}$.

(9) 已知 $f(x)=\displaystyle\int_{\pi}^{x}\dfrac{\sin t}{t}\mathrm{d}t$,计算 $\displaystyle\int_{0}^{\pi}f(x)\mathrm{d}x$.

(10) 设 $D=\{(x,y)\,|\,0\leqslant x\leqslant y\leqslant 2x\}$,计算 $\iint\limits_{D}\mathrm{e}^{-y^2}\,\mathrm{d}x\mathrm{d}y$.

(11) $\iint\limits_{D}|\cos(x+y)|\,\mathrm{d}\sigma$,其中 $D=\left\{(x,y)\,\Big|\,0\leqslant x\leqslant \pi,0\leqslant y\leqslant \dfrac{\pi}{2}\right\}$.

(12) 计算 $\displaystyle\iint\limits_{x^2+y^2\leqslant a^2-b^2}\sqrt{1+\left(\dfrac{\partial z}{\partial x}\right)^2+\left(\dfrac{\partial z}{\partial y}\right)^2}\,\mathrm{d}x\mathrm{d}y$,其中 z 是由方程 $x^2+y^2+z^2=a^2$ 确定的 x,y 的函数,且 $0<b\leqslant z\leqslant a$.

4. 应用题.

(1) 设两种商品的需求量 x,y 与它们的价格 p,q 满足:$x=1-p+2q$,$y=11+p-3q$,总成本为 $c(x,y)=4x+y$,求利润最大时两种商品的产量与相应的价格.

(2) 某商品采用甲、乙两种营销方式进入市场. 若销售收入 R(万元)与两种营销成本 x,y 满足:$R(x,y)=15+14x+32y-8xy-2x^2-10y^2$,求:

① 在营销成本不限的情况下,两种营销成本各为多少,可使销售利润最大?

② 当两种营销成本满足 $x+y=1.5$(万元)时的最佳营销方式.

(3) 求原点到旋转抛物面 $z=x^2+y^2$ 与平面 $x+y+z=1$ 的交线:$\begin{cases}z=x^2+y^2,\\x+y+z=1\end{cases}$ 的最长距离和最短距离.

(4) 求球面 $x^2+y^2+z^2=4a^2$ 和柱面 $x^2+y^2=2ax(a>0)$ 所包围的且在柱面内部的体积.

5. 证明题.

(1) 设 $u=x\varphi(x+y)+y\psi(x+y)$,其中 φ,ψ 有连续的二阶偏导数,证明:$\dfrac{\partial^2 u}{\partial x^2}-2\dfrac{\partial^2 u}{\partial x \partial y}+\dfrac{\partial^2 u}{\partial y^2}=0$.

(2) 设 $\varphi(u,v)$ 具有连续的偏导数,证明方程 $\varphi(cx-az,cy-bz)=0$ 所确定的函数 $z=f(x,y)$ 满足 $a\dfrac{\partial z}{\partial x}+b\dfrac{\partial z}{\partial y}=c$.

(3) 证明 $\displaystyle\int_{0}^{1}\mathrm{d}y\int_{0}^{\sqrt{y}}\mathrm{e}^y f(x)\mathrm{d}x=\int_{0}^{1}(\mathrm{e}-\mathrm{e}^{x^2})f(x)\mathrm{d}x$.

(4) 设 $f(u)$ 可导,且 $f(0)=0$,试证

$$\lim_{t\to 0^+}\frac{3}{2\pi t^3}\iint\limits_{x^2+y^2\leqslant t^2}f(\sqrt{x^2+y^2})\mathrm{d}x\mathrm{d}y=f'(0).$$

六、自测题参考答案

1. 填空题.

(1) $\{(x,y)\,|\,x\geqslant0,y>x,x^2+y^2<1\}$;　(2) $(x-\ln y)^2\ln y$;　(3) $\dfrac{1}{2}$;

(4) 2;　(5) 0;　(6) $-e^{-x}+e^{2y-x}+2(x-2y)$;　(7) $\dfrac{\pi}{4}$;

(8) $\left(\dfrac{y}{x}\right)^z\left(-\dfrac{z}{x}dx+\dfrac{z}{y}dy+\ln\dfrac{y}{x}dz\right)$;　(9) $-\dfrac{x+y}{y^3}e^{\frac{x}{y}}$;　(10) $\dfrac{1}{2}\ln|x|$;

(11) $-6<a<6$,小;　(12) πa^2;　(13) π;

(14) $\displaystyle\int_{-\frac{\sqrt{2}}{2}a}^{0}dy\int_{-y}^{\sqrt{a^2-y^2}}f(x,y)dx+\int_{0}^{\frac{\sqrt{2}}{2}a}dy\int_{y}^{\sqrt{a^2-y^2}}f(x,y)dx$;　(15) 1.

2. 单项选择题.

(1) (B);　(2) (C);　(3) (D);　(4) (B);　(5) (D);

(6) (A);　(7) (A);　(8) (C);　(9) (D);　(10) (C);

(11) (B);　(12) (D);　(13) (B);　(14) (C);　(15) (D).

3. 计算题.

(1) $-\dfrac{xzF_1'+2yF_2'}{xyF_1'+2zF_2'}$;　(2) 3e;　(3) $e^x[f_1'(x,x^2)+2xf_2'(x,x^2)+f(x,x^2)]$;

(4) $2\ln2 dx+2dy+dz$;

(5) $xy\cos^2(xy)\cdot f_{11}''+2(x^2+y^2)\cos(xy)\cdot f_{12}''+4xy\cdot f_{22}''+[\cos(xy)-xy\sin(xy)]\cdot f_1'$;

(6) $a=1$;　(7) $\dfrac{1}{2}\ln(x^2+y^2)$;

(8) 1;　(9) -2;　(10) $\dfrac{1}{4}$;　(11) π;　(12) $2\pi a(a-b)$.

4. 应用题.

(1) $x=3,y=1,p=14,q=8$.

(2) ① $x=0.75$ 万元,$y=1.25$ 万元;② $x=0$ 万元,$y=1.5$ 万元.

(3) 最大值点为 $\left(-\dfrac{\sqrt{3}+1}{2},-\dfrac{\sqrt{3}+1}{2},2+\sqrt{3}\right)$,最长距离为 $\sqrt{9+5\sqrt{3}}$. 最小值点

为 $\left(\dfrac{\sqrt{3}-1}{2},\dfrac{\sqrt{3}-1}{2},2-\sqrt{3}\right)$,最短距离为 $\sqrt{9-5\sqrt{3}}$.

(4) $\dfrac{16}{9}(3\pi-4)a^3$.

5. 证明题(略).

第 8 章　无穷级数

一、基本要求

（1）理解无穷级数收敛、发散以及收敛级数的和的概念，了解无穷级数的基本性质及收敛的必要条件.

（2）了解正项级数的比较审敛法，掌握几何级数与 p 级数的收敛性结果，掌握正项级数的比值审敛法.

（3）了解交错级数的莱布尼茨定理，了解绝对收敛、条件收敛的概念以及绝对收敛和收敛的关系.

（4）会求简单幂级数的收敛半径、收敛区间及收敛域（对收敛域的求法不作过多要求），了解幂级数在其收敛域（或收敛区间）内的一些性质，会求一些简单的幂级数的和函数。

（5）会用 $\mathrm{e}^x, \sin x, \cos x, \ln(1+x)$ 与 $(1+x)^\alpha$ 的麦克劳林（Maclaurin）展开式将一些简单的函数展开成幂级数.

（6）了解无穷级数在经济管理中的一些应用.

二、内 容 提 要

1. 常数项级数

1）基本概念

（1）数列 $\{u_n\}$ 的各项依次相加所得的表达式

$$\sum_{n=1}^{\infty} u_n = u_1 + u_2 + \cdots + u_n + \cdots$$

称为**常数项无穷级数**（简称**常数项级数**或**级数**），其中 u_n 称为通项或一般项.

（2）令 $s_n = u_1 + u_2 + \cdots + u_n = \sum_{k=1}^{n} u_k$，称 s_n 为级数 $\sum_{n=1}^{\infty} u_n$ 的**部分和**. 若 $\lim_{n\to\infty} s_n = s$（$s$ 为常数），则称级数 $\sum_{n=1}^{\infty} u_n$ **收敛**，s 为其和，即 $\sum_{n=1}^{\infty} u_n = s$；若 $\lim_{n\to\infty} s_n$ 不存在或为 $\pm\infty$，则称 $\sum_{n=1}^{\infty} u_n$ **发散**.

（3）设有级数 $\sum_{n=1}^{\infty} u_n$，若级数 $\sum_{n=1}^{\infty} |u_n|$ 收敛，则称级数 $\sum_{n=1}^{\infty} u_n$ 为**绝对收敛级数**；若级数 $\sum_{n=1}^{\infty} |u_n|$ 发散，而级数 $\sum_{n=1}^{\infty} u_n$ 收敛，则级数 $\sum_{n=1}^{\infty} u_n$ 为**条件收敛级数**.

2) 级数的基本性质

(1)（级数收敛的必要条件）　如果级数 $\sum\limits_{n=1}^{\infty} u_n$ 收敛,则通项 u_n 趋于零,即 $\lim\limits_{n \to \infty} u_n = 0$.

注意　(1) 这只是个必要条件,而非充分条件.

此定理可用来判别级数发散,也可用来验证极限为 0.

(2) 设常数 $k \neq 0$,则 $\sum\limits_{n=1}^{\infty} u_n$ 与 $\sum\limits_{n=1}^{\infty} k u_n$ 有相同的敛散性.

(3) 设有两个级数 $\sum\limits_{n=1}^{\infty} u_n$ 与 $\sum\limits_{n=1}^{\infty} v_n$.

① 若 $\sum\limits_{n=1}^{\infty} u_n = s, \sum\limits_{n=1}^{\infty} v_n = \sigma$,则 $\sum\limits_{n=1}^{\infty} (u_n \pm v_n) = s \pm \sigma$;

② 若 $\sum\limits_{n=1}^{\infty} u_n$ 收敛, $\sum\limits_{n=1}^{\infty} v_n$ 发散,则 $\sum\limits_{n=1}^{\infty} (u_n \pm v_n)$ 发散;

③ 若 $\sum\limits_{n=1}^{\infty} u_n, \sum\limits_{n=1}^{\infty} v_n$ 均发散,则 $\sum\limits_{n=1}^{\infty} (u_n \pm v_n)$ 敛散性不确定.

(4) 增加或删去有限项不影响一个级数的敛散性.

(5) 设级数 $\sum\limits_{n=1}^{\infty} u_n$ 收敛,则对其各项任意加括号后所得新级数仍收敛于原级数的和.

注　加括号收敛的级数,原级数未必收敛;加括号后发散的级数,原级数一定发散.

3) 常数项级数判别法

A. 正项级数敛散性的判别法

a. 比较判别法

若 $0 \leqslant u_n \leqslant v_n (n=1, 2, \cdots)$,则

(1) 若 $\sum\limits_{n=1}^{\infty} v_n$ 收敛,则 $\sum\limits_{n=1}^{\infty} u_n$ 收敛;

(2) 若 $\sum\limits_{n=1}^{\infty} u_n$ 发散,则 $\sum\limits_{n=1}^{\infty} v_n$ 发散.

b. 比较判别法的极限形式

设 $\sum\limits_{n=1}^{\infty} u_n$ 与 $\sum\limits_{n=1}^{\infty} v_n$ 均为正项级数,且 $\lim\limits_{n \to \infty} \dfrac{u_n}{v_n} = A$.

(1) 若 $0 < A < +\infty$,则 $\sum\limits_{n=1}^{\infty} u_n$ 与 $\sum\limits_{n=1}^{\infty} v_n$ 同时收敛或同时发散;

(2) 若 $A = 0$,且 $\sum\limits_{n=1}^{\infty} v_n$ 收敛,则 $\sum\limits_{n=1}^{\infty} u_n$ 收敛;

(3) 若 $A = +\infty$,且 $\sum\limits_{n=1}^{\infty} v_n$ 发散,则 $\sum\limits_{n=1}^{\infty} u_n$ 发散.

常用于比较的级数有:

几何级数 级数 $\sum\limits_{n=1}^{\infty} aq^{n-1}$ 当 $|q|<1$ 时收敛,当 $|q|\geqslant 1$ 时发散.

p 级数 级数 $\sum\limits_{n=1}^{\infty} \dfrac{1}{n^p}$ 当 $p>1$ 时收敛,当 $p\leqslant 1$ 时发散.

调和级数 级数 $\sum\limits_{n=1}^{\infty} \dfrac{1}{n} = 1+\dfrac{1}{2}+\dfrac{1}{3}+\cdots+\dfrac{1}{n}+\cdots$ 发散.

c. 比值判别法(达朗贝尔判别法)

设 $\sum\limits_{n=1}^{\infty} u_n$ 为正项级数,且 $\lim\limits_{n\to\infty} \dfrac{u_{n+1}}{u_n} = r$,则

(1) 当 $r<1$ 时,级数 $\sum\limits_{n=1}^{\infty} u_n$ 收敛;

(2) 当 $r>1$ 时,级数发散.

注意 (1) 在比值判别法中,若 $r=1$,则此方法失效,需用其他方法来判别;

(2) 比值判别法适用于 u_n 中含有 $n!$ 或关于 n 的若干乘积的形式.

d. 根值判别法(柯西判别法)

设 $\sum\limits_{n=1}^{\infty} u_n$ 为正项级数,且 $\lim\limits_{n\to\infty} \sqrt[n]{u_n} = r$,则

(1) 当 $r<1$ 时,级数收敛;

(2) 当 $r>1$ 时,级数发散.

注 (1) 在根值判别法中,若 $r=1$ 此方法失效,需用其他方法采判别;

(2) 根值判别法适用于 u_n 中含有以 n 为指数幂的因子;

(3) 比值判别法与根值判别法条件是充分但非必要的,即正项级数 $\sum\limits_{n=1}^{\infty} u_n$ 收

敛 $\not\Rightarrow$ $\lim\limits_{n\to\infty} \dfrac{u_{n+1}}{u_n} = r<1$ 或 $\lim\limits_{n\to\infty} \sqrt[n]{u_n} = r<1$.

e. 积分判别法(柯西积分判别法)

设 $\sum\limits_{n=1}^{\infty} u_n$ 为正项级数,若有一个在 $[1,+\infty)$ 单调连续函数 $f(x)$,且 $f(n) = u_n$,则 $\sum\limits_{n=1}^{\infty} u_n$ 与 $\int_1^{+\infty} f(x)\mathrm{d}x$ 具有相同的敛散性.

B. 交错级数敛散性判别法

莱布尼茨判别法 如果交错级数 $\sum\limits_{n=1}^{\infty} (-1)^{n-1} u_n (u_n>0, n=1,2,\cdots)$ 满足如下条件:

$$u_n \geqslant u_{n+1} \quad (n=1,2,\cdots), \qquad \lim_{n\to\infty} u_n = 0,$$

则交错级数 $\sum\limits_{n=1}^{\infty} (-1)^{n-1} u_n$ 收敛.

注 (1) 莱布尼茨判别法中的条件" $u_n\geqslant u_{n+1}(n=1,2,\cdots)$ "改为"存在正整数 N,使 $n>N$ 时,有 $u_n\geqslant u_{n+1}$ "结论同样成立.

(2) 莱布尼茨判别法判别交错级数 $\sum\limits_{n=1}^{\infty} (-1)^{n-1} u_n$ 是否收敛时,比较 u_n 与 u_{n+1}

大小一般采用的方法有：① 比值法，即比较 $\dfrac{u_{n+1}}{u_n}$ 与 1 的大小；② 差值法，即比较 $u_n -$ u_{n+1} 与 0 的大小；③ 函数导数法，即由 $u_n = f(n)(n = 1, 2, \cdots)$ 考察 $f'(x)$ 是否小于 0.

C. 任意项级数敛散性判别法

(1) 若 $\displaystyle\sum_{n=1}^{\infty} |u_n|$ 收敛，则 $\displaystyle\sum_{n=1}^{\infty} u_n$ 必收敛.

(2) 条件收敛级数的所有正项(或负项)所构成的级数一定发散.

2. 幂级数

1) 基本概念

(1) 设 $u_0(x), u_1(x), \cdots u_2(x), \cdots$ 为定义在某实数集合 D 上的函数序列，则 $\displaystyle\sum_{n=0}^{\infty} u_n(x) = u_0(x) + u_1(x) + u_2(x) + \cdots$ 为定义在 D 上的**函数项无穷级数**(或**函数级数**).

(2) 设 $x_0 \in D$，若级数 $\displaystyle\sum_{n=0}^{\infty} u_n(x_0)$ 收敛(或发散)，则称 x_0 为函数项级数 $\displaystyle\sum_{n=0}^{\infty} u_n(x)$ 的**收敛点**(或**发散点**). 函数项级数 $\displaystyle\sum_{n=0}^{\infty} u_n(x)$ 的收敛点(或发散点)的全体称为其**收敛域**(或**发散域**).

(3) 设 $\{s_n(x)\}$ 为函数项级数 $\displaystyle\sum_{n=0}^{\infty} u_n(x)$ 的前 n 项和序列. 若极限 $\displaystyle\lim_{n \to \infty} s_n(x) = s(x), x \in D$，则 $s(x)$ 称为 $\displaystyle\sum_{n=0}^{\infty} u_n(x)$ 的**和函数**.

(4) 形如 $\displaystyle\sum_{n=0}^{\infty} a_n(x - x_0)^n = a_0 + a_1(x - x_0) + a_2(x - x_0)^2 + \cdots + a_n(x - x_0)^n + \cdots$ 的函数项级数，称为 $x - x_0$ 的**幂级数**，其中 $a_n(n = 0, 1, 2, 3, \cdots)$ 为常数.

当 $x_0 = 0$ 时，$\displaystyle\sum_{n=0}^{\infty} a_n(x - x_0)^n = \sum_{n=0}^{\infty} a_n x^n$ 称为 x 的**幂级数**.

(5) 设 $f(x)$ 在 $x = x_0$ 的某一邻域内具有任意阶导数，称级数

$$\sum_{n=0}^{\infty} \frac{f^n(x_0)}{n!}(x - x_0)^n = f(x_0) + f'(x_0)(x - x_0) + \frac{1}{2!}f''(x_0)(x - x_0)^2 + \cdots$$
$$+ \frac{1}{n!}f^{(n)}(x_0)(x - x_0)^n + \cdots$$

为 $f(x)$ 在 $x = x_0$ 处的**泰勒级数**.

当 $x_0 = 0$ 时，级数

$$\sum_{n=0}^{\infty} \frac{f^{(n)}(0)}{n!} x^n = f(0) + f'(0)x + \frac{1}{2!}f''(0)x^2 + \cdots + \frac{1}{n!}f^{(n)}(0)x^n + \cdots$$

称为**麦克劳林级数**.

2) 求幂级数收敛半径、收敛域的方法

若幂级数 $\sum\limits_{n=0}^{\infty} a_n x^n$ 满足条件 $\lim\limits_{n\to\infty}\left|\dfrac{a_{n+1}}{a_n}\right|=\rho$,则

(1) 当 $0<\rho<+\infty$,收敛半径 $R=\dfrac{1}{\rho}$;

(2) 当 $\rho=0$ 时,收敛半径 $R=+\infty$;

(3) 当 $\rho=+\infty$ 时,收敛半径 $R=0$.

求函数项级数收敛域的解题步骤:

(1) 用比值法(或根值法)求 $\rho(x)$,即

$$\lim_{n\to\infty}\left|\frac{u_{n+1}(x)}{u_n(x)}\right|=\rho(x) \quad (\text{或}\lim_{n\to\infty}\sqrt[n]{|u_n(x)|}=\rho(x))$$

(2) 由 $\rho(x)<1$,求出 $\sum\limits_{n=0}^{\infty} u_n(x)$ 的收敛区间 (a,b);

(3) 分别考察点 $x=a$ 和 $x=b$ 处级数 $\sum\limits_{n=0}^{\infty} u_n(x)$ 的敛散性;

(4) 写出 $\sum\limits_{n=0}^{\infty} u_n(x)$ 的收敛域.

3) 幂级数的性质

设幂级数 $\sum\limits_{n=0}^{\infty} a_n x^n$ 的收敛半径为 R,则在 $(-R,R)$ 内有:

(1) $\sum\limits_{n=0}^{\infty} a_n x^n$ 的和函数 $f(x)$ 是连续的;

(2) $\sum\limits_{n=0}^{\infty} a_n x^n$ 可逐项微分,且

$$f'(x)=\left(\sum_{n=0}^{\infty} a_n x^n\right)'=\sum_{n=0}^{\infty}(a_n x^n)'=\sum_{n=1}^{\infty} n a_n x^{n-1}, \quad x\in(-R,R);$$

(3) $\sum\limits_{n=0}^{\infty} a_n x^n$ 可逐项积分,且

$$\int_0^x f(x)\mathrm{d}x=\int_0^x\left(\sum_{n=0}^{\infty} a_n x^n\right)\mathrm{d}x=\sum_{n=0}^{\infty}\left(\int_0^x a_n x^n \mathrm{d}x\right)=\sum_{n=0}^{\infty}\frac{a_n}{n+1}x^{n+1}, \quad x\in(-R,R).$$

4) 函数的幂级数展开的方法

设 $f(x)$ 在 $x=x_0$ 的某一邻域内具有任意阶导数,则泰勒级数

$$\sum_{n=0}^{\infty}\frac{f^{(n)}(x_0)}{n!}(x-x_0)^n$$

收敛于 $f(x)$ 的充要条件是 $\lim\limits_{n\to\infty} R_n(x)=0$,其中

$$R_n(x)=\frac{1}{(n+1)!}f^{(n+1)}[x_0+\theta(x-x_0)](x-x_0)^{n+1} \quad (0<\theta<1).$$

将给定函数在某点处展开成泰勒级数有两种方法:直接法与间接法. 间接法就是利用已知的函数展开式,通过适当的变量代换、四则运算、复合以及逐项微分、积分而将一个函数展开成幂级数的方法. 通常采用的是间接法.

常用函数的展开式：

(1) $\dfrac{1}{1-x}=1+x+x^2+\cdots+x^n+\cdots,x\in(-1,1)$；

(2) $\dfrac{1}{1+x}=1-x+x^2-x^3+\cdots+(-1)^nx^n+\cdots,x\in(-1,1)$；

(3) $e^x=1+x+\dfrac{1}{2!}x^2+\cdots+\dfrac{1}{n!}x^n+\cdots,x\in(-\infty,+\infty)$；

(4) $\sin x=x-\dfrac{1}{3!}x^3+\cdots+(-1)^n\dfrac{1}{(2n+1)!}x^{2n+1}+\cdots,x\in(-\infty,+\infty)$；

(5) $\cos x=1-\dfrac{1}{2!}x^2+\dfrac{1}{4!}x^4-\cdots+(-1)^n\dfrac{1}{(2n)!}x^{2n}+\cdots,x\in(-\infty,+\infty)$；

(6) $\ln(1+x)=x-\dfrac{1}{2}x^2+\dfrac{1}{3}x^3-\cdots+(-1)^n\dfrac{1}{n+1}x^{n+1}+\cdots,x\in(-1,1)$；

(7)

$$(1+x)^\alpha=1+x+\frac{\alpha(\alpha-1)}{2!}x^2+\cdots$$
$$+\frac{\alpha(\alpha-1)\cdots(\alpha-n+1)}{n!}x^n+\cdots,x\in(-1,1)$$

三、典 型 例 题

例 1 求级数 $2+\dfrac{3}{4}+\dfrac{4}{9}+\dfrac{5}{16}+\dfrac{6}{25}+\cdots$ 的一般项及 u_8.

分析 对于级数求一般项主要是要通过已知的几项观察其变化规律,在本题中分母是 n^2,而分子是 $n+1$.

解 $u_n=\dfrac{n+1}{n^2}$,$u_8=\dfrac{8+1}{8^2}=\dfrac{9}{64}$.

例 2 数项级数 $\displaystyle\sum_{n=1}^{\infty}u_n$ 的前 n 项和 $s_n=\dfrac{2n}{n+1}$,求 u_1,u_2 和 u_n.

分析 s_n 是前 n 项之和,s_{n-1} 是前 $n-1$ 项之和,则 $u_n=s_n-s_{n-1}$,$u_1=s_1$.

解 $u_1=s_1=1$,$u_2=s_2-s_1=\dfrac{2\cdot2}{2+1}-\dfrac{2}{1+1}=\dfrac{4}{3}-1=\dfrac{1}{3}$,

$$u_n=s_n-s_{n-1}=\frac{2n}{n+1}-\frac{2(n-1)}{n-1+1}=\frac{2}{n(n+1)}.$$

例 3 设 $\displaystyle\sum_{n=1}^{\infty}u_n=s$,求 $\displaystyle\sum_{n=1}^{\infty}(u_n+u_{n+2})$.

分析 $\displaystyle\sum_{n=1}^{\infty}u_n=s$,$\displaystyle\sum_{n=1}^{\infty}u_n$ 收敛,则 $\displaystyle\sum_{n=1}^{\infty}u_{n+2}$ 也收敛,而 $\displaystyle\sum_{n=1}^{\infty}u_{n+2}$ 只比 $\displaystyle\sum_{n=1}^{\infty}u_n$ 少了前

两项,可用收敛级数和的性质求出 $\displaystyle\sum_{n=1}^{\infty}(u_n+u_{n+2})$.

解 $\displaystyle\sum_{n=1}^{\infty}u_{n+2}=u_3+u_4+u_5+\cdots+u_n+\cdots$

$$= \sum_{n=1}^{\infty} u_n - u_1 - u_2 = s - u_1 - u_2,$$

因此

$$\sum_{n=1}^{\infty} (u_n + u_{n+2}) = \sum_{n=1}^{\infty} u_n + \sum_{n=1}^{\infty} u_{n+2} = 2s - u_1 - u_2.$$

例 4 求下列级数的和:

(1) $\displaystyle\sum_{n=1}^{\infty} \frac{2^n + 3^n}{6^n}$; (2) $\displaystyle\sum_{n=1}^{\infty} (a^{\frac{1}{2n+1}} - a^{\frac{1}{2n-1}})$ $(a \neq 0)$; (3) $\displaystyle\sum_{n=1}^{\infty} \frac{n-1}{n!}$.

分析 级数 $\displaystyle\sum_{n=1}^{\infty} u_n$ 收敛是指前 n 项和数列 $\{s_n\}$ 收敛,且 $\displaystyle\sum_{n=1}^{\infty} u_n = \lim_{n \to \infty} s_n$. 仅有为数不多的几类级数,可用初等方法求出其前 n 项部分和 $s_n = \displaystyle\sum_{k=1}^{n} u_k$ 的简缩表达式. 其中最简单的是几何级数和可用拆项、消去法求和的级数.

解 (1) $\displaystyle\sum_{n=1}^{\infty} \frac{2^n + 3^n}{6^n} = \sum_{n=1}^{\infty} \left(\frac{1}{3}\right)^n + \sum_{n=1}^{\infty} \left(\frac{1}{2}\right)^n = \frac{\frac{1}{3}}{1 - \frac{1}{3}} + \frac{\frac{1}{2}}{1 - \frac{1}{2}} = \frac{3}{2}$.

(2)

$$s_n = \sum_{k=1}^{n} (a^{\frac{1}{2k+1}} - a^{\frac{1}{2k-1}})$$

$$= (a^{\frac{1}{3}} - a) + (a^{\frac{1}{5}} - a^{\frac{1}{3}}) + (a^{\frac{1}{7}} - a^{\frac{1}{5}}) + \cdots + (a^{\frac{1}{2n+1}} - a^{\frac{1}{2n-1}})$$

$$= a^{\frac{1}{2n+1}} - a,$$

$$s = \lim_{n \to \infty} s_n = \lim_{n \to \infty} (a^{\frac{1}{2n+1}} - a) = 1 - a.$$

(3) $u_n = \dfrac{n-1}{n!} = \dfrac{n}{n!} - \dfrac{1}{n!} = \dfrac{1}{(n-1)!} - \dfrac{1}{n!}$

$$s_n = \sum_{k=1}^{n} u_k = \sum_{k=1}^{n} \left[\frac{1}{(k-1)!} - \frac{1}{k!}\right] = 1 - \frac{1}{n!}.$$

$$s = \lim_{n \to \infty} s_n = \lim_{n \to \infty} \left(1 - \frac{1}{n!}\right) = 1.$$

例 5 判断下列结论的正确性,若正确,说明理由,若不正确,给出反例.

(1) 若 $\displaystyle\sum_{n=1}^{\infty} (u_{2n-1} + u_{2n})$ 收敛,则 $\displaystyle\sum_{n=1}^{\infty} u_n$ 必收敛,且有 $u_n \to 0$,

(2) 若 $\displaystyle\sum_{n=1}^{\infty} (u_{2n-1} + u_{2n})$ 发散,则 $\displaystyle\sum_{n=1}^{\infty} u_n$ 必发散.

分析 $\displaystyle\sum_{n=1}^{\infty} (u_{2n-1} + u_{2n})$ 是 $\displaystyle\sum_{n=1}^{\infty} u_n$ 的一个加括号级数,收敛级数加括号后收敛,但加括号级数收敛未必有原级数收敛.

解 结论 (1) 不正确. 例 $\displaystyle\sum_{n=1}^{\infty} (-1)^{n-1}$ 的一个加括号级数 $\displaystyle\sum_{n=1}^{\infty} [(-1)^{2n-1} + (-1)^{2n}]$ 收敛,但 $\displaystyle\sum_{n=1}^{\infty} (-1)^{n-1}$ 发散.

结论(2)正确. 假设不正确, 则 $\sum_{n=1}^{\infty} u_n$ 收敛, 这时 $\sum_{n=1}^{\infty}(u_{2n-1}+u_{2n})$ 是它的一个加括号级数, 一定收敛, 与 $\sum_{n=1}^{\infty}(u_{2n-1}+u_{2n})$ 发散矛盾.

例 6 判断下列级数的敛散性:

(1) $1+\dfrac{1}{3}+\dfrac{1}{5}+\cdots$;　　　　(2) $\displaystyle\sum_{n=1}^{\infty}\dfrac{1}{\sqrt{n+3}+\sqrt{n+2}}$;

(3) $\displaystyle\sum_{n=1}^{\infty}\dfrac{1}{(n+1)(n+4)}$;　　(4) $\displaystyle\sum_{n=1}^{\infty}\dfrac{2n+1}{n^2(n+1)}$.

(1) **分析** 该级数是调和级数中奇数项之和, 因此应考虑它与调和级数的关系, 判别其敛散性.

解 $1+\dfrac{1}{3}+\dfrac{1}{5}+\cdots=\displaystyle\sum_{n=1}^{\infty}\dfrac{1}{2n-1}$, 当 $n>1$ 时 $\dfrac{1}{2n-1}>\dfrac{1}{2n}$, 而 $\displaystyle\sum_{n=1}^{\infty}\dfrac{1}{2n}$ 发散, 根据比较判别法 $\displaystyle\sum_{n=1}^{\infty}\dfrac{1}{2n-1}$ 发散.

(2) **分析** 该级数分母 $\sqrt{n+3}+\sqrt{n+2}$, 在 $n\to\infty$ 时与 $2\sqrt{n}$ 是等价的, 所以其敛散性应与 $\displaystyle\sum_{n=1}^{\infty}\dfrac{1}{\sqrt{n}}$ 是一致, 找出它们一般项之间的关系, 判别敛散性.

解 当 $n\geq 3$ 时,

$$\dfrac{1}{\sqrt{n+3}+\sqrt{n+2}}\geq\dfrac{1}{2\sqrt{n+3}}\geq\dfrac{1}{2\sqrt{2n}}=\dfrac{1}{2\sqrt{2}\cdot\sqrt{n}}$$

由 p 级数 $p=\dfrac{1}{2}$ 知, 级数 $\displaystyle\sum_{n=1}^{\infty}\dfrac{1}{\sqrt{n}}$ 发散, 因此 $\displaystyle\sum_{n=1}^{\infty}\dfrac{1}{\sqrt{n+3}+\sqrt{n+2}}$ 也发散.

(3) **分析** 该级数分母 $(n+1)(n+4)$, 在 $n\to\infty$ 时与 n^2 是等价的, 因此其敛散性应与 $\displaystyle\sum_{n=1}^{\infty}\dfrac{1}{n^2}$ 是一致的, 找出它们一般项之间的关系, 判别敛散性.

解 $\dfrac{1}{(n+1)(n+4)}\leq\dfrac{1}{n^2}$, 而 $\displaystyle\sum_{n=1}^{\infty}\dfrac{1}{n^2}$ 收敛, 则 $\displaystyle\sum_{n=1}^{\infty}\dfrac{1}{(n+1)(n+4)}$ 也收敛.

(4) **分析** $n\to\infty$ 时 $2n+1$ 与 $n+1$ 都趋于无穷大, 且都是关于 n 的一次式, 因此 $\displaystyle\sum_{n=1}^{\infty}\dfrac{2n+1}{n^2(n+1)}$ 的敛散性应与 $\displaystyle\sum_{n=1}^{\infty}\dfrac{1}{n^2}$ 敛散性一致, 找出它们一般项之间的关系, 判别敛散性.

解 $\dfrac{2n+1}{n^2(n+1)}\leq\dfrac{2n+2}{n^2(n+1)}=\dfrac{2}{n^2}$, 而 $\displaystyle\sum_{n=1}^{\infty}\dfrac{2}{n^2}$ 是收敛的, 则 $\displaystyle\sum_{n=1}^{\infty}\dfrac{2n+1}{n^2(n+1)}$ 也是收敛的.

注意 正项级数 $\displaystyle\sum_{n=1}^{\infty}u_n$ 的一般项 u_n 是 n 的有理式或无理式时, 常可以适当放大或缩小 u_n 与 p 级数进行比较.

例 7 判断下列级数的敛散性:

$(1)\ \sum_{n=0}^{\infty}\dfrac{1}{2^n+a}(a>0);\qquad\qquad (2)\ \sum_{n=0}^{\infty}\dfrac{4^n}{2^n+3^n}.$

(1) **分析** $2^n+a(a>0)$ 在 $n\to\infty$ 时与 2^n 都趋于无穷, $\sum\limits_{n=0}^{\infty}\dfrac{1}{2^n+a}$ 应与 $\sum\limits_{n=0}^{\infty}\dfrac{1}{2^n}$ 敛散性比较.

解 $\dfrac{1}{2^n+a}<\dfrac{1}{2^n}=\left(\dfrac{1}{2}\right)^n$, 而 $\sum\limits_{n=0}^{\infty}\left(\dfrac{1}{2}\right)^n$ 是收敛的, 则 $\sum\limits_{n=0}^{\infty}\dfrac{1}{2^n+a}$ 是收敛的.

(2) **分析** $\dfrac{4^n}{2^n+3^n}$ 分母的底数小于分子的底数, 因此其敛散性应与几何级数 $\sum\limits_{n=1}^{\infty}q^n,|q|>1$ 一致.

解 $\dfrac{4^n}{2^n+3^n}>\dfrac{4^n}{2\cdot 3^n}=\dfrac{1}{2}\cdot\left(\dfrac{4}{3}\right)^n$, 而 $\sum\limits_{n=0}^{\infty}\left(\dfrac{4}{3}\right)^n$ 是发散的, 则 $\sum\limits_{n=0}^{\infty}\dfrac{4^n}{2^n+3^n}$ 发散.

例 8 设正项级数 $\sum\limits_{n=1}^{\infty}u_n$ 收敛, 证明级数 $\sum\limits_{n=1}^{\infty}u_n^2$ 和 $\sum\limits_{n=1}^{\infty}\sqrt{u_nu_{n-1}}$ 都收敛.

分析 $\sum\limits_{n=1}^{\infty}u_n$ 收敛, 一般项 u_n 趋于零, 要证明 $\sum\limits_{n=1}^{\infty}u_n^2$ 和 $\sum\limits_{n=1}^{\infty}\sqrt{u_nu_{n-1}}$ 收敛, 要从它们与 $\sum\limits_{n=1}^{\infty}u_n$ 之间的关系出发.

证明 $\sum\limits_{n=1}^{\infty}u_n$ 收敛, $\lim\limits_{n\to\infty}u_n=0$, 当 n 充分大时, $0\leqslant u_n<1$, 则 $u_n^2<u_n$, 则 $\sum\limits_{n=0}^{\infty}u_n^2$ 收敛.

由不等式 $a^2+b^2\geqslant|ab|$, $\sqrt{u_nu_{n-1}}\leqslant u_n+u_{n-1}$, 而 $\sum\limits_{n=1}^{\infty}u_n$ 和 $\sum\limits_{n=1}^{\infty}u_{n-1}$ 收敛, 则 $\sum\limits_{n=1}^{\infty}\sqrt{u_nu_{n-1}}$ 收敛.

例 9 判断下列级数的敛散性:

$(1)\ \sum_{n=1}^{\infty}\dfrac{3+n^2}{2+n^3};\qquad\qquad (2)\ \sum_{n=1}^{\infty}\dfrac{\sqrt[3]{n}}{(n+2)\sqrt{n}};$

$(3)\ \sum_{n=1}^{\infty}\dfrac{4^n}{5^n-2^n};\qquad\qquad (4)\ \sum_{n=0}^{\infty}5^{n+1}\sin\dfrac{1}{6^n};$

$(5)\ \sum_{n=1}^{\infty}(\mathrm{e}^{\frac{1}{3}}-1);\qquad\qquad (6)\ \sum_{n=1}^{\infty}(\sqrt[n]{a}-1)(a>1).$

分析 在比较判别法的极限形式中, 设 $u_n>0,v_n>0,\lim\limits_{n\to\infty}\dfrac{u_n}{v_n}=A(0<A<+\infty)$, 则级数 $\sum\limits_{n=1}^{\infty}u_n$ 和 $\sum\limits_{n=1}^{\infty}v_n$ 同敛散. 若 $u_n\to 0,v_n\to 0(n\to\infty)$ 且 $A=1$, 即 $u_n\sim v_n$ 时, 级数 $\sum\limits_{n=1}^{\infty}u_n$ 和 $\sum\limits_{n=1}^{\infty}v_n$ 同敛散. 可以用基本等价无穷小确定其他等价无穷小的敛散性.

解 $(1)\ n\to\infty$ 时, $\dfrac{3+n^2}{2+n^3}\sim\dfrac{n^2}{n^3}=\dfrac{1}{n}$, 调和级数发散, 则 $\sum\limits_{n=1}^{\infty}\dfrac{3+n^2}{2+n^3}$ 也发散;

(2) $n \to \infty$ $\dfrac{\sqrt[3]{n}}{(n+2)\sqrt{n}} \sim \dfrac{\sqrt[3]{n}}{n\sqrt{n}} = \dfrac{1}{n^{\frac{7}{6}}}$，而 $\displaystyle\sum_{n=1}^{\infty} \dfrac{1}{n^{\frac{7}{6}}}$ 是 p 级数 $p = \dfrac{7}{6} > 1$ 收敛，

则 $\displaystyle\sum_{n=1}^{\infty} \dfrac{\sqrt[3]{n}}{(n+2)\sqrt{n}}$ 也收敛.

(3) $n \to \infty$ 时，$\dfrac{4^n}{5^n - 2^n} \sim \left(\dfrac{4}{5}\right)^n$，几何级数 $\displaystyle\sum_{n=1}^{\infty} \left(\dfrac{4}{5}\right)^n$ 收敛，则 $\displaystyle\sum_{n=1}^{\infty} \dfrac{4^n}{5^n - 2^n}$ 收敛.

(4) $n \to \infty$ $5^{n+1} \sin \dfrac{1}{6^n} \sim 5^{n+1} \cdot \dfrac{1}{6^n} = 5\left(\dfrac{5}{6}\right)^n$，而 $\displaystyle\sum_{n=0}^{\infty} \left(\dfrac{5}{6}\right)^n$ 收敛，则 $\displaystyle\sum_{n=0}^{\infty} 5^{n+1} \sin \dfrac{1}{6^n}$

收敛.

(5) $n \to \infty$ $\mathrm{e}^{\frac{1}{n^3}} - 1 \sim \dfrac{1}{n^3}$，而 $\displaystyle\sum_{n=1}^{\infty} \dfrac{1}{n^3}$ 收敛，则 $\displaystyle\sum_{n=1}^{\infty} \left(\mathrm{e}^{\frac{1}{n^3}} - 1\right)$ 也收敛.

(6) $n \to \infty$ $\sqrt[n]{a} - 1 \sim \dfrac{1}{n} \ln a$ $(a > 1)$，而 $\displaystyle\sum_{n=1}^{\infty} \dfrac{1}{n}$ 发散，则 $\displaystyle\sum_{n=1}^{\infty} (\sqrt[n]{a} - 1)(a > 1)$ 也发散.

例 10 判别下列级数的敛散性：

(1) $\displaystyle\sum_{n=1}^{\infty} 2n \tan \dfrac{\pi}{5^{n+1}}$；　　　　　　(2) $\displaystyle\sum_{n=1}^{\infty} \dfrac{2^n}{7^{\ln n}}$；

(3) $\displaystyle\sum_{n=1}^{\infty} \left(\dfrac{1}{n} - \ln \dfrac{n+1}{n}\right)$.

解 (1) 用比值判别法

$$\lim_{n \to \infty} \dfrac{u_{n+1}}{u_n} = \lim_{n \to \infty} \dfrac{2(n+1) \tan \dfrac{\pi}{5^{n+2}}}{2n \tan \dfrac{\pi}{5^{n+1}}} = \lim_{n \to \infty} \left(1 + \dfrac{1}{n}\right) \dfrac{\tan \dfrac{\pi}{5^{n+2}}}{\tan \dfrac{\pi}{5^{n+1}}} = \lim_{n \to \infty} \dfrac{\dfrac{\pi}{5^{n+2}}}{\dfrac{\pi}{5^{n+1}}} = \dfrac{1}{5} < 1$$

故级数收敛.

(2) 用根式判别法

$$\lim_{n \to \infty} \sqrt[n]{u_n} = \lim_{n \to \infty} \sqrt[n]{\dfrac{2^n}{7^{\ln n}}} = \lim_{n \to \infty} \dfrac{2}{7^{\frac{\ln n}{n}}} = 2 > 1,$$

其中 $\displaystyle\lim_{n \to \infty} \dfrac{\ln n}{n} = 0$，故原级数发散.

(3) **分析** 由函数 $\ln(1+x)$ 的性质可知，当 $x > 0$ 时，$\ln(1+x) < x$，知 $u_n = \dfrac{1}{n} - \ln\left(1 + \dfrac{1}{n}\right) > 0$，又当 $x \to 0$ 时，$\ln(1+x) \sim x$，从而 $x - \ln(1+x) = o(x)$，因此 $u_n = o\left(\dfrac{1}{n}\right)$. 为判定其收敛性，用收敛的 p 级数与它比较，最简单的收敛 p 级数为 $\displaystyle\sum_{n=1}^{\infty} \dfrac{1}{n^2}$，因此尝试用 $\dfrac{1}{n^2}$ 与 u_n 作比较.

解 为了利用洛必塔法则，先计算

$$\lim_{x \to +\infty} \dfrac{\dfrac{1}{x} - \ln \dfrac{x+1}{x}}{\dfrac{1}{x^2}} = \lim_{x \to +\infty} \dfrac{-\dfrac{1}{x^2} - \dfrac{1}{x+1} + \dfrac{1}{x}}{-\dfrac{2}{x^3}} = \lim_{x \to +\infty} \dfrac{x}{2(x+1)} = \dfrac{1}{2},$$

因此 $\lim\limits_{n\to\infty}\dfrac{\dfrac{1}{n}-\ln\dfrac{n+1}{n}}{\dfrac{1}{n^2}}=\dfrac{1}{2}$，而 $\sum\limits_{n=1}^{\infty}\dfrac{1}{n^2}$ 收敛，故级数 $\sum\limits_{n=1}^{\infty}\left(\dfrac{1}{n}-\ln\dfrac{n+1}{n}\right)$ 收敛.

例 11 证明级数 $\sum\limits_{n=1}^{\infty}\dfrac{e^n n!}{n^n}$ 发散.

分析 这里用比值判别法判断级数收敛时，求出比值的极限为 1，比值判别法失效，但还能利用比值 $\dfrac{u_{n+1}}{u_n}$ 恒大于 1，从而得到一般项不收敛于 0 的结论.

证明 $\dfrac{u_{n+1}}{u_n}=e(n+1)\dfrac{n^n}{(n+1)^{n+1}}=e\left(\dfrac{n}{n+1}\right)^n$，因 $\left(1+\dfrac{1}{n}\right)^n<e$，故 $\dfrac{u_{n+1}}{u_n}>1$，$u_{n+1}>u_n$，从而 $\lim\limits_{n\to\infty}u_n\neq0$，根据级数收敛的必要条件，知级数发散.

对比值判别法可作如下补充：

(1) 若 $\dfrac{u_{n+1}}{u_n}\geqslant1$，则级数 $\sum\limits_{n=1}^{\infty}u_n$ 发散;

(2) 若 $0<\dfrac{u_{n+1}}{u_n}\leqslant r<1$ （r 为常数），则级数 $\sum\limits_{n=1}^{\infty}u_n$ 收敛.

例 12 判别下列级数的敛散性

(1) $\sum\limits_{n=1}^{\infty}(-1)^{n+1}(\sqrt{n+1}-\sqrt{n})$; (2) $\sum\limits_{n=0}^{\infty}\dfrac{\cos n\pi}{\sqrt{n+2}}$;

(3) $\sum\limits_{n=1}^{\infty}(-1)^{n-1}\dfrac{2^n}{n^3}$.

(1) **分析** 这是交错级数用莱布尼茨判别法，要对 u_n 进行变形.

解

$$u_n=\sqrt{n+1}-\sqrt{n}=\dfrac{1}{\sqrt{n+1}+\sqrt{n}}$$

$$u_{n+1}=\dfrac{1}{\sqrt{n+2}+\sqrt{n+1}}<u_n=\dfrac{1}{\sqrt{n+1}+\sqrt{n}},$$

$$\lim\limits_{n\to\infty}u_n=\lim\limits_{n\to\infty}\dfrac{1}{\sqrt{n+1}+\sqrt{n}}=0$$

根据莱布尼茨判别法，级数收敛.

(2) **分析** $\cos n\pi=(-1)^n$ $n=0,1,2,3,\cdots$ 是莱布尼茨型级数.

解 $u_n=\dfrac{\cos n\pi}{\sqrt{n+2}}=(-1)^n\dfrac{1}{\sqrt{n+2}}$，$u_n=\dfrac{1}{\sqrt{n+2}}>u_{n+1}=\dfrac{1}{\sqrt{n+3}}$，$\lim\limits_{n\to\infty}u_n=0$

级数收敛.

(3) **分析** 此级数仍为交错级数，但不符合莱布尼茨定理的条件，注意到一般项 u_n 在 $n\to\infty$ 时无限增大，可判别其敛散性.

解 $\lim\limits_{x\to+\infty}\dfrac{2^x}{x^3}=\lim\limits_{x\to+\infty}\dfrac{2^x\ln2}{3x^2}=\lim\limits_{x\to+\infty}\dfrac{2^x(\ln2)^2}{6x}=\lim\limits_{x\to+\infty}\dfrac{2^x(\ln2)^3}{6}=+\infty$，所以 $u_n=\dfrac{2^n}{n^3}$

在 $n\to\infty$ 时无限增大，所以 $\sum\limits_{n=1}^{\infty}(-1)^{n-1}\dfrac{2^n}{n^3}$ 发散.

收敛级数又分为绝对收敛和条件收敛级数两大类. 正项级数 $\sum\limits_{n=1}^{\infty}|u_n|$ 收敛时, 级数 $\sum\limits_{n=1}^{\infty}u_n$ 必收敛. 因此, 为判断变号级数 $\sum\limits_{n=1}^{\infty}u_n$ 的敛散性(而不是发散性), 常可判断正项级数 $\sum\limits_{n=1}^{\infty}|u_n|$ 的收敛性.

判断级数 $\sum\limits_{n=1}^{\infty}u_n$ 绝对收敛问题归结为判断正项级数 $\sum\limits_{n=1}^{\infty}|u_n|$ 收敛, 为判断条件收敛, 不但要判定级数 $\sum\limits_{n=1}^{\infty}u_n$ 收敛, 而且要判定正项级数 $\sum\limits_{n=1}^{\infty}|u_n|$ 发散.

例 13 判断下列级数的敛散性, 在收敛的情况下, 进一步判断是绝对收敛还是条件收敛.

(1) $\sum\limits_{n=0}^{\infty}\dfrac{\sin 5^n}{2^n}$;　　　　　　　(2) $\sum\limits_{n=0}^{\infty}\sin\left(n\pi+\dfrac{1}{\sqrt{n+1}}\right)$;

(3) $\sum\limits_{n=0}^{\infty}(-2)^n\left(\dfrac{3n+2}{8n-1}\right)^n$;　　　　(4) $\sum\limits_{n=1}^{\infty}(-1)^{n-1}\sqrt[n]{0.0001}$;

(5) $\sum\limits_{n=1}^{\infty}\dfrac{3\cdot 5\cdot 7\cdots(2n+1)}{2\cdot 5\cdot 8\cdots(3n-1)}\sin\dfrac{n\pi}{2}$.

(1) **解**　$\left|\dfrac{\sin 5^n}{2^n}\right|\leqslant\dfrac{1}{2^n}$, 而 $\sum\limits_{n=1}^{\infty}\dfrac{1}{2^n}$ 收敛, 则 $\sum\limits_{n=0}^{\infty}\dfrac{\sin 5^n}{2^n}$ 绝对收敛.

(2) **分析**　$\sin\left(n\pi+\dfrac{1}{\sqrt{n+1}}\right)=(-1)^n\sin\dfrac{1}{\sqrt{n+1}}$ 是交错级数.

解　$u_n=\sin\dfrac{1}{\sqrt{n+1}}>u_{n+1}=\sin\dfrac{1}{\sqrt{n+2}}$, $\lim\limits_{n\to\infty}u_n=0$, 因此 $\sum\limits_{n=1}^{\infty}\sin\left(n\pi+\dfrac{1}{\sqrt{n+1}}\right)$ 收敛.

而 $\left|(-1)^n\sin\dfrac{1}{\sqrt{n+1}}\right|=\sin\dfrac{1}{\sqrt{n+1}}\sim\dfrac{1}{\sqrt{n}}$, $\sum\limits_{n=1}^{\infty}\dfrac{1}{\sqrt{n}}$ 发散, 则

$$\sum\limits_{n=0}^{\infty}\left|(-1)^n\sin\dfrac{1}{\sqrt{n+1}}\right|$$

发散, 因此该级数条件收敛.

(3) **分析**　该级数一般项中含有 n 的指数幂的因子, 因此先看其对应正项级数的敛散性.

解　$\lim\limits_{n\to\infty}\sqrt[n]{|u_n|}=\lim\limits_{n\to\infty}\sqrt[n]{\left|(-2)^n\left(\dfrac{3n+2}{8n-1}\right)^n\right|}=\lim\limits_{n\to\infty}2\cdot\dfrac{3n+2}{8n-1}=\dfrac{3}{4}<1$,

因此正项级数 $\sum\limits_{n=0}^{\infty}\left|(-2)^n\left(\dfrac{3n+2}{8n-1}\right)^n\right|$ 收敛, 即级数 $\sum\limits_{n=0}^{\infty}(-2)^n\left(\dfrac{3n+2}{8n-1}\right)^n$ 绝对收敛.

(4) **解**　$\lim\limits_{n\to\infty}\sqrt[n]{0.0001}=\lim\limits_{n\to\infty}(0.0001)^{\frac{1}{n}}=1$, 一般项不趋近于零, 该级数发散.

(5) **分析**　该级数一般项含有 n 的若干乘积形式, 可先看其对应正项级数的

敛散性.

解 $\left| \dfrac{3 \cdot 5 \cdot 7 \cdots (2n+1)}{2 \cdot 5 \cdot 8 \cdots (3n-1)} \sin \dfrac{n\pi}{2} \right| \leqslant \dfrac{3 \cdot 5 \cdot 7 \cdots (2n+1)}{2 \cdot 5 \cdot 8 \cdots (3n-1)},$

$$\lim_{n \to \infty} \frac{u_{n+1}}{u_n} = \lim_{n \to \infty} \frac{3 \cdot 5 \cdot 7 \cdots (2n+1)(2n+3)}{2 \cdot 5 \cdot 8 \cdots (3n-1)(3n+2)} \bigg/ \frac{3 \cdot 5 \cdot 7 \cdots (2n+1)}{2 \cdot 5 \cdot 8 \cdots (3n-1)}$$

$$= \lim_{n \to \infty} \frac{2n+3}{3n+2} = \frac{2}{3} < 1,$$

$\displaystyle\sum_{n=1}^{\infty} \dfrac{3 \cdot 5 \cdot 7 \cdots (2n+1)}{2 \cdot 5 \cdot 8 \cdots (3n-1)}$ 收敛,由比较判别法,原级数绝对收敛.

较简单级数的判别问题,一般可按如下程序进行:

首先考察通项是否为零,通项不趋于零,判定级数发散;通项趋于零时作进一步判定.

对通项趋于零的级数,考察是否为正项级数,若为正项级数,用正项级数有关判敛法判敛.

如果不是正项级数,应考察是否为莱布尼茨型级数,通项中未出现 $(-1)^n$ 因子的变号级数,应考察是否为绝对收敛级数.

例 14(2004 年) 设有以下命题:

(1) $\displaystyle\sum_{n=1}^{\infty}(u_{2n-1}+u_{2n})$ 收敛,则 $\displaystyle\sum_{n=1}^{\infty}u_n$ 收敛.

(2) 若 $\displaystyle\sum_{n=1}^{\infty}u_n$ 收敛,则 $\displaystyle\sum_{n=1}^{\infty}u_{n+1000}$ 收敛.

(3) 若 $\displaystyle\lim_{n \to \infty}\dfrac{u_{n+1}}{u_n}>1$,则 $\displaystyle\sum_{n=1}^{\infty}u_n$ 发散.

(4) 若 $\displaystyle\sum_{n=1}^{\infty}(u_n+v_n)$ 收敛,则 $\displaystyle\sum_{n=1}^{\infty}u_n$ 和 $\displaystyle\sum_{n=1}^{\infty}v_n$ 都收敛.

以上命题中正确的是( ).

(A) (1)(2); (B) (2)(3); (C) (3)(4); (D) (1)(4).

分析 令 $u_n=(-1)^{n-1}$,则 $u_{2n-1}+u_{2n}=0$,从而级数 $\displaystyle\sum_{n=1}^{\infty}(u_{2n-1}+u_{2n})$ 收敛,但级数 $\displaystyle\sum_{n=1}^{\infty}u_n = \sum_{n=1}^{\infty}(-1)^{n-1}$ 发散,所以(1) 不正确.

级数 $\displaystyle\sum_{n=1}^{\infty}u_{n+1000}$ 是级数 $\displaystyle\sum_{n=1}^{\infty}u_n$ 去掉前 1000 项所得到的,由级数性质可知,若 $\displaystyle\sum_{n=1}^{\infty}u_n$ 收敛,则 $\displaystyle\sum_{n=1}^{\infty}u_{n+1000}$ 必收敛,则(2) 正确.

若 $\displaystyle\lim_{n \to \infty}\dfrac{u_{n+1}}{u_n}>1$,当 n 足够大时有 $\dfrac{u_{n+1}}{u_n}>1$,一般项不趋于零,$\displaystyle\sum_{n=1}^{\infty}u_n$ 发散,故(3) 正确.

令 $u_n=1,v_n=-1$,则级数 $\displaystyle\sum_{n=1}^{\infty}(u_n+v_n)$ 显然收敛,但级数 $\displaystyle\sum_{n=1}^{\infty}u_n$、$\displaystyle\sum_{n=1}^{\infty}v_n$ 都发散,则(4) 不正确.

解 应选(B).

例 15(2005 年) 设 $a_n > 0$，$n = 1, 2, \cdots$，若 $\sum\limits_{n=1}^{\infty} a_n$ 发散，$\sum\limits_{n=1}^{\infty} (-1)^{n-1} a_n$ 收敛，则下列结论正确的是( ).

(A) $\sum\limits_{n=1}^{\infty} a_{2n-1}$ 收敛，$\sum\limits_{n=1}^{\infty} a_{2n}$ 发散； (B) $\sum\limits_{n=1}^{\infty} a_{2n}$ 收敛，$\sum\limits_{n=1}^{\infty} a_{2n-1}$ 发散；

(C) $\sum\limits_{n=1}^{\infty} (a_{2n-1} + a_{2n})$ 收敛； (D) $\sum\limits_{n=1}^{\infty} (a_{2n-1} - a_{2n})$ 收敛.

分析 级数 $\sum\limits_{n=1}^{\infty} (a_{2n-1} - a_{2n})$ 是 $\sum\limits_{n=1}^{\infty} (-1)^{n-1} a_n$ 加括号所得级数. 由级数 $\sum\limits_{n=1}^{\infty} (-1)^{n-1} a_n$ 的收敛性知，则级数 $\sum\limits_{n=1}^{\infty} (a_{2n-1} - a_{2n})$ 收敛.

解 应选(D).

例 16(1994 年) 设常数 $\lambda > 0$，而级数 $\sum\limits_{n=1}^{\infty} a_n^2$ 收敛，则级数 $\sum\limits_{n=1}^{\infty} (-1)^n \dfrac{|a_n|}{\sqrt{n^2 + \lambda}}$

( ).

(A) 发散； (B) 条件收敛； (C) 绝对收敛； (D) 收敛性与 λ 有关.

分析 本题主要是利用不等式

$$2ab \leqslant a^2 + b^2,$$

$$\left| (-1)^n \frac{|a_n|}{\sqrt{n^2 + \lambda}} \right| = \frac{|a_n|}{\sqrt{n^2 + \lambda}} < \frac{|a_n|}{n} \leqslant \frac{1}{2} \left[a_n^2 + \frac{1}{n^2} \right],$$

而 $\sum\limits_{n=1}^{\infty} a_n^2$ 和 $\sum\limits_{n=1}^{\infty} \dfrac{1}{n^2}$ 收敛，则原级数绝对收敛.

解 应选(C).

例 17(2003 年) 设 $p_n = \dfrac{a_n + |a_n|}{2}$，$q_n = \dfrac{a_n - |a_n|}{2}$，$n = 1, 2, \cdots$，则下列命题正确的是( ).

(A) 若 $\sum\limits_{n=1}^{\infty} a_n$ 条件收敛，则 $\sum\limits_{n=1}^{\infty} p_n$ 与 $\sum\limits_{n=1}^{\infty} q_n$ 都收敛；

(B) 若 $\sum\limits_{n=1}^{\infty} a_n$ 绝对收敛，则 $\sum\limits_{n=1}^{\infty} p_n$ 与 $\sum\limits_{n=1}^{\infty} q_n$ 都收敛；

(C) 若 $\sum\limits_{n=1}^{\infty} a_n$ 条件收敛，则 $\sum\limits_{n=1}^{\infty} p_n$ 与 $\sum\limits_{n=1}^{\infty} q_n$ 的敛散性都不定；

(D) 若 $\sum\limits_{n=1}^{\infty} a_n$ 绝对收敛，则 $\sum\limits_{n=1}^{\infty} p_n$ 与 $\sum\limits_{n=1}^{\infty} q_n$ 的敛散性都不定.

分析 由于若 $\sum\limits_{n=1}^{\infty} a_n$ 绝对收敛，则 $\sum\limits_{n=1}^{\infty} |a_n|$ 收敛，$\sum\limits_{n=1}^{\infty} a_n$ 也收敛，从而 $\sum\limits_{n=1}^{\infty} p_n$ 和 $\sum\limits_{n=1}^{\infty} q_n$ 都收敛.

解 应选(B).

例 18 判断级数 $\sum\limits_{n=1}^{\infty}\left[\dfrac{\sqrt{n+1}}{n}-\dfrac{1}{\sqrt{n}}\right]$ 的敛散性.

分析 级数 $\sum\limits_{n=1}^{\infty}\dfrac{\sqrt{n+1}}{n}$ 和 $\sum\limits_{n=1}^{\infty}\dfrac{1}{\sqrt{n}}$ 都发散,不能由此判断 $\sum\limits_{n=1}^{\infty}\left[\dfrac{\sqrt{n+1}}{n}-\dfrac{1}{\sqrt{n}}\right]$ 发散,应化简通项作具体判断.

解 $0\leqslant\dfrac{\sqrt{n+1}}{n}-\dfrac{1}{\sqrt{n}}=\dfrac{\sqrt{n+1}-\sqrt{n}}{n}=\dfrac{1}{n(\sqrt{n+1}+\sqrt{n})}\leqslant\dfrac{1}{n(\sqrt{n}+\sqrt{n})}$

$=\dfrac{1}{2n\sqrt{n}}=\dfrac{1}{2}\cdot\dfrac{1}{n^{\frac{3}{2}}}.$

而 $\sum\limits_{n=1}^{\infty}\dfrac{1}{n^{\frac{3}{2}}}$ 收敛,由比较判别法知,级数 $\sum\limits_{n=1}^{\infty}\left[\dfrac{\sqrt{n+1}}{n}-\dfrac{1}{\sqrt{n}}\right]$ 收敛.

例 19 判断级数 $\sum\limits_{n=1}^{\infty}\dfrac{5^n+(-3)^n}{n}\left(\dfrac{1}{5}\right)^n$ 的敛散性.

解 级数

$$\sum_{n=1}^{\infty}\dfrac{5^n+(-3)^n}{n}\left(\dfrac{1}{5}\right)^n=\sum_{n=1}^{\infty}\left[\dfrac{1}{n}+\dfrac{(-3)^n}{n\cdot 5^n}\right],$$

$$\left|\dfrac{(-3)^n}{n\cdot 5^n}\right|=\dfrac{1}{n}\left(\dfrac{3}{5}\right)^n\leqslant\left(\dfrac{3}{5}\right)^n,$$

几何级数 $\sum\limits_{n=1}^{\infty}\left(\dfrac{3}{5}\right)^n$ 收敛,由比较判别法知,级数 $\sum\limits_{n=1}^{\infty}\dfrac{(-3)^n}{n\cdot 5^n}$ 绝对收敛,而级数 $\sum\limits_{n=1}^{\infty}\dfrac{1}{n}$ 发散,因此级数 $\sum\limits_{n=1}^{\infty}\dfrac{5^n+(-3)^n}{n}\left(\dfrac{1}{5}\right)^n$ 发散.

例 20 设幂级数 $\sum\limits_{n=1}^{\infty}a_nx^n$ 在点 $x=-6$ 收敛,则该幂级数在点( ).

(A) $x=-6$ 绝对收敛;   (B) $x=6$ 收敛;

(C) $x=6$ 发散;   (D) $x=5$ 绝对收敛.

分析 对幂级数 $\sum\limits_{n=1}^{\infty}a_nx^n$,若 $x_1\neq 0$ 为收敛点,比点 x_1 更接近原点 o 的点 x(即 $|x|<|x_1|$)必是该幂级数的绝对收敛点;若 $x_2\neq 0$ 是发散点,比 x_2 更远离原点 o 的点 x(即 $|x|>|x_2|$)必是该幂级数的发散点.

解 在满足条件 $|x|<|-6|=6$ 的点 x,幂级数绝对收敛.因此选(D)项.

例 21 求下列幂级数的收敛区间:

(1) $\sum\limits_{n=1}^{\infty}\dfrac{(-1)^n}{\sqrt{n}}x^n$;   (2) $\sum\limits_{n=1}^{\infty}\dfrac{x^n}{(2n-1)!}$;

(3) $\sum\limits_{n=1}^{\infty}\dfrac{2^n}{n^2+1}x^n$;   (4) $\sum\limits_{n=0}^{\infty}n!x^n$.

解 (1) $\rho=\lim\limits_{n\to\infty}\left|\dfrac{a_{n+1}}{a_n}\right|=\lim\limits_{n\to\infty}\dfrac{\sqrt{n}}{\sqrt{n+1}}=1,R=1$,该幂级数的收敛区间为 $(-1,1)$.

(2) $\rho=\lim\limits_{n\to\infty}\left|\dfrac{a_{n+1}}{a_n}\right|=\lim\limits_{n\to\infty}\dfrac{(2n-1)!}{[2(n+1)-1]!}=\lim\limits_{n\to\infty}\dfrac{1}{(2n+1)2n}=0,\quad R=+\infty,$

该幂级数的收敛区间为 $(-\infty,+\infty)$.

(3)
$$\rho = \lim_{n\to\infty} \left|\frac{a_{n+1}}{a_n}\right| = \lim_{n\to\infty} \frac{2^{n+1}}{(n+1)^2+1} \cdot \frac{n^2+1}{2^n}$$
$$= 2\lim_{n\to\infty} \frac{n^2+1}{n^2+2n+2} = 2, \quad R = \frac{1}{2},$$

该级数的收敛区间为 $\left(-\frac{1}{2},\frac{1}{2}\right)$.

(4) $\rho = \lim_{n\to\infty} \left|\frac{a_{n+1}}{a_n}\right| = \lim_{n\to\infty} \frac{(n+1)!}{n!} = \lim_{n\to\infty}(n+1) = +\infty, \quad R=0,$

该幂级数仅在 $x=0$ 收敛.

例 22 求下列幂级数的收敛区域

(1) $\displaystyle\sum_{n=1}^{\infty} \frac{2^{n-1}}{n^n}x^n$;　　　　　　(2) $\displaystyle\sum_{n=1}^{\infty} \frac{x^n}{n \cdot 2^n}$.

分析 幂级数 $\displaystyle\sum_{n=0}^{\infty} a_n x^n, a_n$ 中含有 n 次方因子时,宜用公式 $\rho = \lim_{n\to\infty} \sqrt[n]{|a_n|}$.

解 (1) $\displaystyle\sum_{n=1}^{\infty} \frac{2^{n-1}}{n^n}x^n = \frac{1}{2}\sum_{n=1}^{\infty} \frac{2^n}{n^n}x^n$.

$$\rho = \lim_{n\to\infty} \sqrt[n]{|a_n|} = \lim_{n\to\infty} \sqrt[n]{\frac{2^n}{n^n}} = \lim_{n\to\infty} \frac{2}{n} = 0, \quad R = +\infty,$$

该幂级数的收敛域为 $(-\infty,+\infty)$.

(2) $\rho = \lim_{n\to\infty} \sqrt[n]{|a_n|} = \lim_{n\to\infty} \sqrt[n]{\frac{1}{n \cdot 2^n}} = \frac{1}{2}\frac{1}{\sqrt[n]{n}} = \frac{1}{2}, \quad R=2,$

该幂级数收敛区间为 $(-2,2)$.

当 $x=2$ 时, $\displaystyle\sum_{n=1}^{\infty} \frac{2^n}{n \cdot 2^n} = \sum_{n=1}^{\infty} \frac{1}{n}$ 发散,当 $x=-2$ 时, $\displaystyle\sum_{n=1}^{\infty} \frac{(-2)^n}{n \cdot 2^n} = \sum_{n=1}^{\infty} \frac{(-1)^n}{n}$

收敛,该幂级数的收敛区域是 $[-2,2)$.

例 23 求下列级数的收敛区间.

(1) $\displaystyle\sum_{n=0}^{\infty} \frac{(5x-1)^n}{5^n}$;　　　　　　(2) $\displaystyle\sum_{n=0}^{\infty} \frac{1}{3n+5}\left(\frac{1+x}{x}\right)^n$;

(3) $\displaystyle\sum_{n=1}^{\infty} \frac{2^n}{n}e^{nx}$.

分析 形如 $\displaystyle\sum_{n=1}^{\infty} a_n[\varphi(x)]^n$ 的级数求收敛区间,可令 $t = \varphi(x)$,就有

$$\sum_{n=1}^{\infty} a_n[\varphi(x)]^n = \sum_{n=1}^{\infty} a_n t^n,$$

设幂级数 $\displaystyle\sum_{n=1}^{\infty} a_n t^n$ 的收敛区间为 $(-R,R)(R>0)$,则级数 $\displaystyle\sum_{n=1}^{\infty} a_n[\varphi(x)]$ 的收敛区间

是不等式 $-R < \varphi(x) < R$ 的解集.

解 (1) 令 $t=5x-1$,得幂级数

$$\sum_{n=0}^{\infty} \frac{t^n}{5^n} = \sum_{n=0}^{\infty} \left(\frac{t}{5}\right)^n.$$

由几何级数的敛散结果,仅当 $\left|\dfrac{t}{5}\right|<1$ 时 $\displaystyle\sum_{n=0}^{\infty} \left(\frac{t}{5}\right)^n$ 收敛,因此,级数 $\displaystyle\sum_{n=0}^{\infty} \frac{(5x-1)^n}{5^n}$ 的收敛域为 $-1<\dfrac{5x-1}{5}<1$,解得 $-\dfrac{4}{5}<x<\dfrac{6}{5}$.

(2) 令 $t=\dfrac{1+x}{x}$,考虑幂级数 $\displaystyle\sum_{n=1}^{\infty} \frac{t^n}{3n+5}$.

$$\lim_{n\to\infty} \left|\frac{a_{n+1}}{a_n}\right| = \lim_{n\to\infty} \left|\frac{3n+5}{3(n+1)+5}\right| = 1,$$

收敛区间为 $|t|<1$,$\left|\dfrac{1+x}{x}\right|<1$,解得 $x<-\dfrac{1}{2}$. 则 $\displaystyle\sum_{n=0}^{\infty} \frac{1}{3n+5}\left(\frac{1+x}{x}\right)^n$ 的收敛区间为 $\left(-\infty,-\dfrac{1}{2}\right)$.

(3) 令 $t=2\mathrm{e}^x$,$\displaystyle\sum_{n=1}^{\infty} \frac{2^n}{n}\mathrm{e}^{nx} = \sum_{n=1}^{\infty} \frac{t^n}{n}$,收敛区间为 $|t|<1$,$|2\mathrm{e}^x|<1$,即 $2\mathrm{e}^x<1$,解得 $x<\ln\dfrac{1}{2}=-\ln2$. $\displaystyle\sum_{n=1}^{\infty} \frac{2^n}{n}\mathrm{e}^{nx}$ 的收敛区间为 $(-\infty,-\ln2)$.

例 24 求下列各函数项级数的收敛域:

(1) $\displaystyle\sum_{n=1}^{\infty} \frac{n^2}{x^n}$;　　　　(2) $\displaystyle\sum_{n=1}^{\infty} \frac{x^{n^2}}{2^n}$;　　　　(3) $\displaystyle\sum_{n=1}^{\infty} \frac{3^n+(-2)^n}{n}(x+1)^n$.

(1) **分析** $\displaystyle\sum_{n=1}^{\infty} \frac{n^2}{x^n}$ 不是形如 $\displaystyle\sum_{n=0}^{\infty} a_n x^n$ 的幂级数. 对于这类函数项级数,也可按收敛域的定义,用正项级数的比值判别法直接求解.

解 $\displaystyle\lim_{n\to\infty} \left|\frac{u_{n+1}(x)}{u_n(x)}\right| = \lim_{n\to\infty} \left|\frac{(n+1)^2 x^n}{x^{n+1} n^2}\right| = \left|\frac{1}{x}\right|$.

由比值判别法知,

当 $\left|\dfrac{1}{x}\right|<1$,$|x|>1$ 时,原级数收敛,当 $\left|\dfrac{1}{x}\right|>1$,$|x|<1$ 时原级数发散.

当 $x=1$ 时,$\displaystyle\sum_{n=1}^{\infty} n^2$ 发散,当 $x=-1$ 时,$\displaystyle\sum_{n=1}^{\infty} (-1)^n n^2$ 发散,收敛域为 $(-\infty,-1)\bigcup(1,+\infty)$.

(2) **分析** 这也不是形如 $\displaystyle\sum_{n=0}^{\infty} a_n x^n$ 的幂级数,可按收敛域的定义,用正项级数的根值审敛法,即可求得收敛域.

解 $\displaystyle\lim_{n\to\infty} \sqrt[n]{|u_n(x)|} = \lim_{n\to\infty} \sqrt[n]{\left|\frac{x^{n^2}}{2^n}\right|} = \frac{|x|^n}{2} = \begin{cases} 0, & |x|<1, \\ \dfrac{1}{2}, & |x|=1, \\ +\infty, & |x|>1, \end{cases}$

即当 $|x|\leqslant 1$ 时,$\displaystyle\sum_{n=1}^{\infty} \left|\frac{x^{n^2}}{2^n}\right|$ 收敛,即 $\displaystyle\sum_{n=1}^{\infty} \frac{x^{n^2}}{2^n}$ 绝对收敛. 当 $|x|>1$ 时,$\displaystyle\sum_{n=1}^{\infty} \frac{x^{n^2}}{2^n}$ 发散.

收敛域为$[-1,1]$.

（3）**分析** 这也不是$\sum\limits_{n=0}^{\infty}a_nx^n$型的幂级数，但也可以用正项级数的比值判别法直接求解.

解

$$
\begin{aligned}
\lim_{n\to\infty}\left|\frac{u_{n+1}(x)}{u_n(x)}\right| &= \lim_{n\to\infty}\left|\frac{\dfrac{3^{n+1}+(-2)^{n+1}}{n+1}(x+1)^{n+1}}{\dfrac{3^n+(-2)^n}{n}(x+1)^n}\right| \\
&= \lim_{n\to\infty}\left|\frac{n}{n+1}\cdot\frac{3^{n+1}+(-2)^{n+1}}{3^n+(-2)^n}(x+1)\right| \\
&= \lim_{n\to\infty}\left|\frac{n}{n+1}\cdot\frac{1+\left(-\dfrac{2}{3}\right)^{n+1}}{\dfrac{1}{3}+\dfrac{1}{3}\left(-\dfrac{2}{3}\right)^n}(x+1)\right| = 3\,|\,x+1\,|,
\end{aligned}
$$

当$3\,|x+1|<1$时，即$-\dfrac{4}{3}<x<-\dfrac{2}{3}$，级数收敛. 当$3\,|x+1|>1$，即$x<-\dfrac{4}{3}$或$x>-\dfrac{2}{3}$时，级数发散.

当$x=-\dfrac{4}{3}$时，

$$
\sum_{n=1}^{\infty}\frac{3^n+(-2)^n}{n}\left(-\frac{4}{3}+1\right)^n = \sum_{n=1}^{\infty}\frac{(-1)^n}{n}+\sum_{n=1}^{\infty}\frac{1}{n}\left(\frac{2}{3}\right)^n,
$$

右端两个级数均收敛，故原级数在$x=-\dfrac{4}{3}$处收敛.

当$x=-\dfrac{2}{3}$时，

$$
\sum_{n=1}^{\infty}\frac{3^n+(-2)^n}{n}\left(\frac{1}{3}\right)^n = \sum_{n=1}^{\infty}\frac{1}{n}+\sum_{n=1}^{\infty}\frac{(-1)^n}{n}\left(\frac{2}{3}\right)^n,
$$

右端两个级数中，前一个发散，后一个收敛，故原级数当$x=-\dfrac{2}{3}$时发散.

$\sum\limits_{n=1}^{\infty}\dfrac{3^n+(-2)^n}{n}(x+1)^n$ 收敛域为$\left[-\dfrac{4}{3},-\dfrac{2}{3}\right)$.

例25 求下列幂级数的收敛区间：

（1）$\sum\limits_{n=1}^{\infty}\left[\dfrac{(-1)^n n}{5^n}+\dfrac{n^2}{2^n}\right]x^n$；　　　　　（2）$\sum\limits_{n=1}^{\infty}\left[\dfrac{n!}{(2n)^n}-\dfrac{n}{5^n}\right](2x-1)^{2n-1}$.

分析 幂级数$\sum\limits_{n=1}^{\infty}(a_n\pm b_n)x^n$的收敛半径是幂级数$\sum\limits_{n=1}^{\infty}a_nx^n$和$\sum\limits_{n=1}^{\infty}b_nx^n$的收敛半径中较小者. $\sum\limits_{n=1}^{\infty}a_nx^n$和$\sum\limits_{n=1}^{\infty}b_nx^n$的收敛半径为$R_a$、$R_b$，则$\sum\limits_{n=1}^{\infty}(a_n\pm b_n)x^n$的收敛半径$R=\min\{R_a,R_b\}$.

解 （1）对于$\sum\limits_{n=1}^{\infty}\dfrac{(-1)^n n}{5^n}x^n$，

$$\rho = \lim_{n \to \infty} \sqrt[n]{|a_n|} = \lim_{n \to \infty} \sqrt[n]{\left|\frac{(-1)^n n}{5^n}\right|} = \lim_{n \to \infty} \frac{\sqrt[n]{n}}{5} = \frac{1}{5}, \quad R = 5,$$

对于 $\sum\limits_{n=1}^{\infty} \frac{n^2}{2^n} x^n$,

$$\rho = \lim_{n \to \infty} \left|\frac{a_{n+1}}{a_n}\right| = \lim_{n \to \infty} \left|\frac{(n+1)^2}{2^{n+1}} \cdot \frac{2^n}{n^2}\right| = \frac{1}{2}, \quad R = 2,$$

则 $\sum\limits_{n=1}^{\infty} \left[\frac{(-1)^n n}{5^n} + \frac{n^2}{2^n}\right] x^n$ 的收敛半径 $R = 2$, 收敛区间 $(-2, 2)$.

(2) $\sum\limits_{n=1}^{\infty} \frac{n!}{(2n)^n} (2x-1)^{2n-1}$, 令 $t = 2x - 1$, 则

$$\sum_{n=1}^{\infty} \frac{n!}{(2n)^n} (2x-1)^{2n-1} = \sum_{n=1}^{\infty} \frac{n!}{(2n)^n} t^{2n-1}$$

缺少奇数项, 用正项级数比值判别法,

$$\lim_{n \to \infty} \left|\frac{u_{n+1}}{u_n}\right| = \lim_{n \to \infty} \left|\frac{(n+1)!}{(2(n+1))^{n+1}} t^{2(n+1)-1} \cdot \frac{(2n)^n}{n! \, t^{2n-1}}\right|$$

$$= \lim_{n \to \infty} \left|\frac{1}{2} \cdot \left(\frac{n}{n+1}\right)^n t^2\right| = \left|\frac{t^2}{2e}\right| = \frac{1}{2e} t^2 < 1$$

$$|t| < \sqrt{2e}, \quad R = \sqrt{2e}.$$

$\sum\limits_{n=1}^{\infty} \frac{n}{5^n} (2x-1)^{2n-1}$, 令 $2x - 1 = t$, 有

$$\sum_{n=1}^{\infty} \frac{n}{5^n} (2x-1)^{2n-1} = \sum_{n=1}^{\infty} \frac{n}{5^n} t^{2n-1},$$

$$\lim_{n \to \infty} \left|\frac{u_{n+1}}{u_n}\right| = \lim_{n \to \infty} \left|\frac{n+1}{5^{n+1}} t^{2n+1} \cdot \frac{5^n}{n \cdot t^{2n-1}}\right| = \frac{1}{5} t^2 < 1, \; |t| < \sqrt{5}, \quad R = \sqrt{5}.$$

本题讨论幂级数的收敛半径

$$R = \min\{\sqrt{2e}, \sqrt{5}\} = \sqrt{5},$$

$|2x - 1| < \sqrt{5}$, 得收敛区间为 $\left(\frac{1-\sqrt{5}}{2}, \frac{1+\sqrt{5}}{2}\right)$.

例 26 求函数 $f(x) = \dfrac{1}{\sqrt{1+x}}$ 展开式的前四项.

分析 用直接展开法, 计算出 $f^{(n)}(0)(n=0,1,2,3)$, 代入公式 $\sum\limits_{n=0}^{3} \frac{f^{(n)}(0)}{n!} x^n$.

解 $f(0) = 1$, $f'(x) = -\frac{1}{2}(1+x)^{-\frac{3}{2}}$, $f'(0) = -\frac{1}{2}$,

$$f''(x) = -\frac{1}{2}\left(-\frac{3}{2}\right)(1+x)^{-\frac{5}{2}}, \quad f''(0) = \frac{3}{4},$$

$$f'''(x) = -\frac{15}{8}(1+x)^{-\frac{7}{2}}, \quad f'''(0) = -\frac{15}{8}.$$

$f(x)$ 展开式的前四项为

$$f(0) + f'(0)x + \frac{f''(0)}{2!} x^2 + \frac{f'''(0)}{3!} x^3$$

$$=1-\frac{1}{2}x+\frac{1}{2!}\left(\frac{3}{4}\right)x^2+\frac{1}{3!}\left(-\frac{15}{8}\right)x^3=1-\frac{1}{2}x+\frac{3}{8}x^2-\frac{5}{16}x^3.$$

例 27 将下列函数展开成 x 的幂级数,并指明展开式成立的区间:

(1) $f(x)=\dfrac{x^2}{2-x-x^2}$;　　　　　(2) $f(x)=x\cos x-\sin x$.

(1) **分析** 先将 $f(x)$ 化为幂函数与部分分式乘积的形式,然后再分别展开成关于 x 的幂级数,最后再化为一个幂级数并指明其收敛域.

解 $f(x)=\dfrac{x^2}{(1-x)(2+x)}=x^2\cdot\dfrac{1}{3}\left[\dfrac{1}{1-x}+\dfrac{1}{2\left(1+\dfrac{x}{2}\right)}\right],$

$$\frac{1}{1-x}=\sum_{n=0}^{\infty}x^n\quad(-1<x<1),$$

$$\frac{1}{1+\dfrac{x}{2}}=\sum_{n=0}^{\infty}(-1)^n\left(\frac{x}{2}\right)^n\quad(-2<x<2),$$

$$f(x)=\frac{x^2}{3}\left[\sum_{n=0}^{\infty}x^n+\frac{1}{2}\sum_{n=0}^{\infty}(-1)^n\left(\frac{x}{2}\right)^n\right]$$

$$=\frac{1}{3}\sum_{n=0}^{\infty}\left[1+(-1)^n\frac{1}{2^{n+1}}\right]x^{n+2},\quad-1<x<1.$$

(2) **分析** 可先分别展开 $x\cos x,\sin x$ 然后相减就可得到所求幂级数.

解 $\cos x=\displaystyle\sum_{k=0}^{\infty}\frac{(-1)^k}{(2k)!}x^{2k}\quad(-\infty<x<+\infty)$

$$\sin x=\sum_{k=0}^{\infty}\frac{(-1)^k}{(2k+1)!}x^{2k+1}\quad(-\infty<x<+\infty),$$

$$f(x)=x\cos x-\sin x=x\sum_{k=0}^{\infty}\frac{(-1)^k}{(2k)!}x^{2k}-\sum_{k=0}^{\infty}\frac{(-1)^k}{(2k+1)!}x^{2k+1}$$

$$=\sum_{k=0}^{\infty}(-1)^k\left[\frac{1}{(2k)!}-\frac{1}{(2k+1)!}\right]x^{2k+1}$$

$$=\sum_{k=1}^{\infty}\frac{(-1)^k}{(2k+1)\cdot(2k-1)!}x^{2k+1}\quad(-\infty<x<+\infty).$$

上述将 $f(x)$ 展开成 x 的幂级数时,都是首先展开成两个级数再合并为一个级数的,合并为一个级数的步骤不能少,收敛域是由两个级数收敛域的公共部分确定的.

本例说明当通过变量代换或四则运算的方法将某些函数展开成 x 的幂级数时,可设法通过先求导数,得到导函数的幂级数,再积分得到所求函数的幂级数.

例 28 将函数 $f(x)=\ln\dfrac{1}{2+2x+x^2}$ 展开成 $(x+1)$ 的幂级数,并指明展开式成立的区间.

分析 用间接展开法

已知

$$\ln(1+x)=x-\frac{x^2}{2}+\frac{x^3}{3}-\cdots+(-1)^{n-1}\frac{x^n}{n}+\cdots,\quad-1<x\leqslant1,$$

可以将 $f(x)$ 变形成 $\ln[1+\varphi(x)]$ 再用上述展开式.

解 $f(x)=\ln\dfrac{1}{2+2x+x^2}=-\ln[1+(1+x)^2]$

又

$$\ln(1+x)=x-\frac{x^2}{2}+\frac{x^3}{3}+\cdots+(-1)^{n-1}\frac{x^n}{n}+\cdots,$$

$$\begin{aligned}
f(x)&=-\ln[1+(1+x)^2]\\
&=-\left[(1+x)^2-\frac{(1+x)^4}{2}+\frac{(1+x)^6}{3}-\cdots+(-1)^{n-1}\frac{(1+x)^{2n}}{n}+\cdots\right]\\
&=\sum_{n=1}^{\infty}(-1)^n\frac{(1+x)^{2n}}{n},\quad(1+x)^2\leqslant1,
\end{aligned}$$

即展开式成立区间为 $[-2,0]$.

利用间接展开法将函数展开成幂级数,都是运用在内容提要中提到常用函数的麦克劳林展开式计算,只有熟记这些公式,才能灵活使用.

对简单的幂级数,有可能求出其和函数,幂级数求和的基本原理是:利用初等函数运算或微分、积分运算,把幂级数化为已知的函数展开式如 $\dfrac{1}{1-x}$,$\ln(1+x)$,e^x 的展开式求和.

例 29 求幂级数 $\displaystyle\sum_{n=1}^{\infty}2nx^{2n-1}$ 的和函数.

分析 已知

$$1+x+x^2+\cdots+x^n+\cdots=\frac{1}{1-x}\quad(-1<x<1),$$

该题中把要求和函数的幂级数凑成 $\displaystyle\sum_{n=1}^{\infty}x^{n-1}$ 的形式,再用上式的结果即可.

解 设 $\displaystyle\sum_{n=1}^{\infty}2nx^{2n-1}=s(x)$,

$$\int_0^x s(t)\mathrm{d}t=\int_0^x\sum_{n=1}^{\infty}2nt^{2n-1}\mathrm{d}t=\sum_{n=1}^{\infty}\int_0^x 2nt^{2n-1}\mathrm{d}t$$

$$=\sum_{n=1}^{\infty}\left(2n\frac{1}{2n}t^{2n}\right)\Big|_0^x=\sum_{n=1}^{\infty}x^{2n}=\frac{x^2}{1-x^2},\quad-1<x<1,$$

再两边求导求 $s(x)$,

$$s(x)=\left(\frac{x^2}{1-x^2}\right)'=\frac{2x}{(1-x^2)^2},\quad-1<x<1,$$

当 $x=-1$ 时,$\displaystyle\sum_{n=1}^{\infty}2nx^{2n-1}=-\sum_{n=1}^{\infty}2n$ 级数发散,当 $x=1$ 时,$\displaystyle\sum_{n=1}^{\infty}2nx^{2n-1}=\sum_{n=1}^{\infty}2n$,级数也发散.则

$$\sum_{n=1}^{\infty}2nx^{2n-1}=\frac{2x}{(1-x^2)^2},\quad-1<x<1.$$

例 30 求幂级数 $\sum\limits_{n=0}^{\infty}(-1)^n\dfrac{x^{2n+1}}{2n+1}$ 的和函数.

分析 已知

$$1-x+x^2-x^3+x^4-\cdots+(-1)^n x^n+\cdots=\frac{1}{1+x}$$

将 $\sum\limits_{n=0}^{\infty}(-1)^n\dfrac{x^{2n+1}}{2n+1}$ 的一般项凑成 $(-1)^n x^n$ 形式.

解 设 $\sum\limits_{n=0}^{\infty}(-1)^n\dfrac{x^{2n+1}}{2n+1}=s(x)$,

$$s'(x)=\sum_{n=0}^{\infty}\left[(-1)^n\frac{x^{2n+1}}{2n+1}\right]'=\sum_{n=0}^{\infty}(-1)^n x^{2n}=\frac{1}{1+x^2},\quad -1<x<1,$$

再积分

$$\int_0^x s'(t)\,\mathrm{d}t=\int_0^x \frac{1}{1+t^2}\mathrm{d}t,$$

$$s(x)-s(0)=\arctan x-\arctan 0,$$

$$s(x)=s(0)+\arctan x,$$

而 $s(0)=0$,所以

$$s(x)=\arctan x,\quad -1<x<1.$$

当 $x=1$ 时, $\sum\limits_{n=0}^{\infty}(-1)^n\dfrac{1}{2n+1}$,级数收敛;

当 $x=-1$ 时, $\sum\limits_{n=0}^{\infty}(-1)^{n+1}\dfrac{1}{2n+1}$,级数收敛.

则

$$s(x)=\arctan x,\quad x\in[-1,1].$$

通过以上两题可以看出,求和函数经常与求几何级数的和相互联系.一般来说,当通项中的系数是关于 n 的整式函数时,可先逐项积分,使它转化为等比级数,求出等比级数的和,再求导得和函数;当通项中的系数是关于 n 的分式函数时,可逐项求导使它转化为等比级数,求出等比级数的和,再积分得和函数,要注意,幂级数经过逐项求导(或积分),收敛半径不变.但端点处的收敛性要看对应的数项级数的敛散性.

例 31 求下列幂级数的和函数或数项级数的和:

(1) $\sum\limits_{n=1}^{\infty}nx^n$; (2) $\sum\limits_{n=1}^{\infty}\dfrac{nx^n}{2^{n+1}}$; (3) $\sum\limits_{n=1}^{\infty}\dfrac{n+1}{3^{n+2}}$.

(1) **分析** 对 $\sum\limits_{n=1}^{\infty}nx^n$,把一般项变成几何级数的一般项,通过 nx^{n-1} 积分得 x^n.

解 $\sum\limits_{n=1}^{\infty}nx^n=x\sum\limits_{n=1}^{\infty}nx^{n-1}$,设 $\sum\limits_{n=1}^{\infty}nx^{n-1}=s_1(x)$,

$$\int_0^x s_1(t) \, \mathrm{d}t = \sum_{n=1}^{\infty} \int_0^x nt^{n-1} \, \mathrm{d}t = \sum_{n=1}^{\infty} x^n = \frac{x}{1-x}, \quad -1 < x < 1,$$

$$s_1(x) = \left(\frac{x}{1-x}\right)' = \frac{1-x+x}{(1-x)^2} = \frac{1}{(1-x)^2}, \quad -1 < x < 1,$$

$$\sum_{n=1}^{\infty} nx^n = \frac{x}{(1-x)^2}, \quad -1 < x < 1,$$

当 $x=1$ 时, $\sum\limits_{n=1}^{\infty} n$ 发散, 当 $x=-1$ 时, $\sum\limits_{n=1}^{\infty} (-1)^n n$ 发散, 因此和函数

$$s(x) = \frac{x}{(1-x)^2}, \quad -1 < x < 1.$$

(2) **分析** 要把该级数的一般项变成几何级数的一般项, 应首先对该级数变形.

解 $\sum\limits_{n=1}^{\infty} \frac{nx^n}{2^{n+1}} = \frac{1}{2} \sum\limits_{n=1}^{\infty} n \left(\frac{x}{2}\right)^n = \frac{1}{2} \cdot \frac{x}{2} \sum\limits_{n=1}^{\infty} n \left(\frac{x}{2}\right)^{n-1} = \frac{x}{4} \sum\limits_{n=1}^{\infty} n \left(\frac{x}{2}\right)^{n-1},$

令 $\frac{x}{2}=t$, 设

$$\sum_{n=1}^{\infty} n \left(\frac{x}{2}\right)^{n-1} = \sum_{n=1}^{\infty} nt^{n-1} = s_1(t),$$

$$\int_0^t s_1(\tau) \, \mathrm{d}\tau = \sum_{n=1}^{\infty} \int_0^t n\tau^{n-1} \, \mathrm{d}\tau = \sum_{n=1}^{\infty} n \cdot \frac{1}{n} t^n = \sum_{n=1}^{\infty} t^n = \frac{t}{1-t}, \quad -1 < t < 1,$$

$$s_1(t) = \left(\frac{t}{1-t}\right)' = \frac{1}{(1-t)^2}, \quad -1 < t < 1,$$

则

$$\sum_{n=1}^{\infty} n \left(\frac{x}{2}\right)^{n-1} = \frac{1}{\left(1-\frac{x}{2}\right)^2}, \quad -1 < \frac{x}{2} < 1.$$

当 $x=\pm 2$ 时, 级数发散, 则和函数

$$s(x) = \frac{x}{(2-x)^2}, \quad -2 < x < 2.$$

(3) **分析** 这是一个数项级数, 求和时要先求出对应幂级数的和, 再令 x 为具体值即可.

解 $\sum\limits_{n=1}^{\infty} \frac{n+1}{3^{n+2}} = \sum\limits_{n=1}^{\infty} (n+1) \left(\frac{1}{3}\right)^{n+2} = \frac{1}{9} \sum\limits_{n=1}^{\infty} (n+1) \left(\frac{1}{3}\right)^n,$

设

$$\sum_{n=1}^{\infty} (n+1) x^n = s(x),$$

$$\int_0^x s(t) \, \mathrm{d}t = \sum_{n=1}^{\infty} \int_0^x (n+1) t^n \, \mathrm{d}t = \sum_{n=1}^{\infty} x^{n+1} = \frac{x^2}{1-x}, \quad -1 < x < 1,$$

$$s(x) = \left(\frac{x^2}{1-x}\right)' = \frac{2x-x^2}{(1-x)^2}, \quad -1 < x < 1,$$

$$\sum_{n=1}^{\infty}(n+1)\left(\frac{1}{3}\right)^n=\frac{2\cdot\frac{1}{3}-\left(\frac{1}{3}\right)^2}{\left(1-\frac{1}{3}\right)^2}=\frac{5}{4},$$

$$\sum_{n=1}^{\infty}\frac{n+1}{3^{n+2}}=\frac{1}{9}\cdot\frac{5}{4}=\frac{5}{36}.$$

例32（2005 年）　求幂级数 $\sum\limits_{n=1}^{\infty}\left(\frac{1}{2n+1}-1\right)x^{2n}$ 在区间 $(-1,1)$ 内的和函数 $s(x)$.

分析　$\sum\limits_{n=1}^{\infty}\left(\frac{1}{2n+1}-1\right)x^{2n}=\sum\limits_{n=1}^{\infty}\frac{x^{2n}}{2n+1}-\sum\limits_{n=1}^{\infty}x^{2n}$，可分别求和函数.

解　设 $\sum\limits_{n=1}^{\infty}\frac{x^{2n}}{2n+1}=s_1(x)$，则

$$xs_1(x)=\sum_{n=1}^{\infty}\frac{x^{2n+1}}{2n+1},$$

$$[xs_1(x)]'=\sum_{n=1}^{\infty}\left(\frac{x^{2n+1}}{2n+1}\right)'=\sum_{n=1}^{\infty}x^{2n}=\frac{x^2}{1-x^2},\quad -1<x<1,$$

$$\int_0^x[ts_1(t)]'\mathrm{d}t=\int_0^x\frac{t^2}{1-t^2}\mathrm{d}t,$$

$$xs_1(x)=-\int_0^x\frac{1-t^2-1}{1-t^2}\mathrm{d}t=-x+\frac{1}{2}\ln\frac{1+x}{1-x},$$

$$s_1(x)=\begin{cases}-1+\frac{1}{2x}\ln\frac{1+x}{1-x},&|x|\in(0,1),\\0,&x=0,\end{cases}$$

$$s_2(x)=\sum_{n=1}^{\infty}x^{2n}=\frac{x^2}{1-x^2},\quad -1<x<1,$$

$$\sum_{n=1}^{\infty}\left(\frac{1}{2n+1}-1\right)x^{2n}=s_1(x)-s_2(x)$$

$$=\begin{cases}\frac{1}{2x}\ln\frac{1+x}{1-x}-\frac{1}{1-x^2},&|x|\in(0,1),\\0,&x=0.\end{cases}$$

四、教材习题选解

(A)

3. 判断下列级数是否收敛，若收敛求其和.

(1) $\sum\limits_{n=1}^{\infty}\frac{\sqrt{n+1}-\sqrt{n}}{\sqrt{n^2+n}}$.

解　$u_n=\frac{\sqrt{n+1}-\sqrt{n}}{\sqrt{n}\cdot\sqrt{n+1}}=\frac{1}{\sqrt{n}}-\frac{1}{\sqrt{n+1}},$

$$s_n = 1 - \frac{1}{\sqrt{2}} + \frac{1}{\sqrt{2}} - \frac{1}{\sqrt{3}} + \frac{1}{\sqrt{3}} - \frac{1}{\sqrt{4}} + \cdots + \frac{1}{\sqrt{n}} - \frac{1}{\sqrt{n+1}} = 1 - \frac{1}{\sqrt{n+1}},$$

$$\lim_{n \to \infty} s_n = \lim_{n \to \infty} \left(1 - \frac{1}{\sqrt{n+1}}\right) = 1,$$

该级数收敛和为 1.

(3) $\sum\limits_{n=0}^{\infty} \dfrac{1}{\sqrt{n+3} + \sqrt{n+2}}$.

解 $u_n = \dfrac{1}{\sqrt{n+3} + \sqrt{n+2}} = \dfrac{\sqrt{n+3} - \sqrt{n+2}}{n+3-n-2} = \sqrt{n+3} - \sqrt{n+2}$,

$$s_n = \sqrt{4} - \sqrt{3} + \sqrt{5} - \sqrt{4} + \sqrt{6} - \sqrt{5} + \cdots + \sqrt{n+3} - \sqrt{n+2} = \sqrt{n+3} - \sqrt{3},$$

$$\lim_{n \to \infty} s_n = \lim_{n \to \infty} (\sqrt{n+3} - \sqrt{3}) = +\infty,$$

该级数发散.

5. 已知级数 $\sum\limits_{n=1}^{\infty} (u_n + v_n)$ 收敛,判别下列结论是否正确:

(1) $\sum\limits_{n=1}^{\infty} u_n$ 与 $\sum\limits_{n=1}^{\infty} v_n$ 均收敛;

(2) $\sum\limits_{n=1}^{\infty} u_n$ 与 $\sum\limits_{n=1}^{\infty} v_n$ 中至少有一个收敛;

(3) $\sum\limits_{n=1}^{\infty} u_n$ 与 $\sum\limits_{n=1}^{\infty} v_n$ 或者同时收敛,或者同时发散;

(4) $\sum\limits_{n=1}^{\infty} (u_n + v_n) = \sum\limits_{n=1}^{\infty} u_n + \sum\limits_{n=1}^{\infty} v_n$;

(5) 数列 $\left\{ \sum\limits_{k=1}^{n} (u_k + v_k) \right\}$ 有界;

(6) $n \to \infty$ 时,$u_n \to 0$ 且 $v_n \to 0$.

解 (1) 不正确. 如 $\sum\limits_{n=1}^{\infty} \left(\dfrac{1}{n} - \dfrac{1}{n+1} \right)$ 收敛,而 $\sum\limits_{n=1}^{\infty} \dfrac{1}{n}$ 与 $\sum\limits_{n=1}^{\infty} \dfrac{1}{n+1}$ 发散.

(2) 不正确如上例.

(3) 正确.

(4) 不正确,只有 $\sum\limits_{n=1}^{\infty} u_n, \sum\limits_{n=1}^{\infty} v_n$ 收敛时该式才成立.

(5) 正确,数列 $\left\{ \sum\limits_{k=1}^{n} (u_k + v_k) \right\}$ 实际上是级数 $\sum\limits_{n=1}^{\infty} (u_n + v_n)$ 的部分和数列,而

级数收敛,即 $\lim\limits_{n \to \infty} s_n$ 存在,根据极限的局部有界性,数列 s_n 有界,则数列 $\left\{ \sum\limits_{k=1}^{n} (u_k + v_k) \right\}$ 有界.

(6) 不正确,如 $\sum\limits_{n=1}^{\infty} (1-1)$ 收敛,而 $\sum\limits_{n=1}^{\infty} 1$ 发散.

7. 利用无穷级数性质,以及几何级数与调和级数的敛散性,判别下列级数的

敛散性：

(1) $\cos\dfrac{\pi}{4}+\cos\dfrac{\pi}{5}+\cos\dfrac{\pi}{6}+\cdots$.

解　$\lim\limits_{n\to\infty}u_n=\lim\limits_{n\to\infty}\cos\dfrac{\pi}{n+3}=1\neq0$ 该级数发散.

(6) $\displaystyle\sum_{n=1}^{\infty}\left(\dfrac{\sin a}{n(n+1)}+\dfrac{1}{n}\right)$.

解　$\dfrac{1}{n(n+1)}=\dfrac{1}{n}-\dfrac{1}{n+1}$, $\displaystyle\sum_{n=1}^{\infty}\dfrac{\sin a}{n(n+1)}$ 收敛，$\displaystyle\sum_{n=1}^{\infty}\dfrac{1}{n}$ 发散，则 $\displaystyle\sum_{n=1}^{\infty}\left(\dfrac{\sin a}{n(n+1)}+\dfrac{1}{n}\right)$ 发散.

(7) $\dfrac{2}{1}-\dfrac{2}{3}+\dfrac{4}{3}-\dfrac{2^2}{3^2}+\dfrac{6}{5}-\dfrac{2^3}{3^3}+\cdots$.

解　$u_n=\dfrac{2n}{2n-1}-\left(\dfrac{2}{3}\right)^n$,

$$\lim_{n\to\infty}u_n=\lim_{n\to\infty}\left(\dfrac{2n}{2n-1}-\left(\dfrac{2}{3}\right)^n\right)=1\neq0,$$

原级数发散.

(8) $\left(\dfrac{1}{3}+\dfrac{6}{7}\right)+\left(\dfrac{1}{3^2}+\dfrac{6^2}{7^2}\right)+\left(\dfrac{1}{3^3}+\dfrac{6^3}{7^3}\right)+\cdots$.

解　$u_n=\dfrac{1}{3^n}+\left(\dfrac{6}{7}\right)^n$, 而 $\displaystyle\sum_{n=1}^{\infty}\left(\dfrac{1}{3}\right)^n$, $\displaystyle\sum_{n=1}^{\infty}\left(\dfrac{6}{7}\right)^n$ 收敛，则原级数收敛.

9. 利用比较判别法或其极限形式，判别下列级数的敛散性：

(3) $\displaystyle\sum_{n=1}^{\infty}\dfrac{1}{n^{1+\frac{1}{n}}}$.

解　$u_n=\dfrac{1}{n^{1+\frac{1}{n}}}=\dfrac{1}{n\cdot n^{\frac{1}{n}}}$,

$$\lim_{n\to\infty}\dfrac{\dfrac{1}{n^{1+\frac{1}{n}}}}{\dfrac{1}{n}}=\lim_{n\to\infty}\dfrac{1}{n^{\frac{1}{n}}}=1,$$

而 $\displaystyle\sum_{n=1}^{\infty}\dfrac{1}{n}$ 发散，则 $\displaystyle\sum_{n=1}^{\infty}\dfrac{1}{n^{1+\frac{1}{n}}}$ 发散.

(6) $\displaystyle\sum_{n=1}^{\infty}\dfrac{1}{1+a^n}$　$(a>0)$.

解　当 $0<a<1$ 时，$\lim\limits_{n\to\infty}a^n=0$，$\lim\limits_{n\to\infty}\dfrac{1}{1+a^n}=1\neq0$ 发散，

当 $a=1$ 时，$\lim\limits_{n\to\infty}\dfrac{1}{1+a^n}=\dfrac{1}{2}\neq0$，$\displaystyle\sum_{n=1}^{\infty}\dfrac{1}{1+a^n}$ 发散，

当 $a>1$ 时，$\dfrac{1}{1+a^n}\sim\dfrac{1}{a^n}$，而 $\displaystyle\sum_{n=1}^{\infty}\left(\dfrac{1}{a}\right)^n$ 收敛，则 $\displaystyle\sum_{n=1}^{\infty}\dfrac{1}{1+a^n}$ 收敛.

(10) $\sum\limits_{n=1}^{\infty}\left(\sqrt[3]{1+\dfrac{1}{n^2}}-1\right)$.

解 $u_n=\sqrt[3]{1+\dfrac{1}{n^2}}-1=\dfrac{\dfrac{1}{n^2}}{\left(\sqrt[3]{1+\dfrac{1}{n^2}}\right)^2+\sqrt[3]{1+\dfrac{1}{n^2}}+1}\sim\dfrac{1}{3}\cdot\dfrac{1}{n^2}$,

而 $\sum\limits_{n=1}^{\infty}\dfrac{1}{3}\cdot\dfrac{1}{n^2}$ 收敛,则 $\sum\limits_{n=1}^{\infty}\left(\sqrt[3]{1+\dfrac{1}{n^2}}-1\right)$ 收敛.

(11) $\sum\limits_{n=1}^{\infty}\dfrac{\ln n}{n^2}$.

解 $\lim\limits_{n\to\infty}\dfrac{\dfrac{\ln n}{n^2}}{\dfrac{1}{n^{\frac{3}{2}}}}=\lim\limits_{n\to\infty}\dfrac{\ln n}{n^{\frac{1}{2}}}=0$,而 $\sum\limits_{n=1}^{\infty}\dfrac{1}{n^{\frac{3}{2}}}$ 收敛,则 $\sum\limits_{n=1}^{\infty}\dfrac{\ln n}{n^2}$ 收敛.

(13) $\sum\limits_{n=1}^{\infty}\left(\dfrac{1+n^2}{1+n^3}\right)^2$.

解 $\lim\limits_{n\to\infty}\dfrac{\left(\dfrac{1+n^2}{1+n^3}\right)^2}{\dfrac{1}{n^2}}=\lim\limits_{n\to\infty}\left(\dfrac{n^3+n}{1+n^3}\right)^2=1$,而 $\sum\limits_{n=1}^{\infty}\dfrac{1}{n^2}$ 收敛,则 $\sum\limits_{n=1}^{\infty}\left(\dfrac{1+n^2}{1+n^3}\right)^2$ 收敛.

(14) $\sum\limits_{n=1}^{\infty}\dfrac{n^2}{(n+a)^b(n+b)^a}$($a,b$ 为正常数).

解 $u_n=\dfrac{n^2}{(n+a)^b(n+b)^a}\sim\dfrac{1}{n^{b+a-2}}$,

而当 $b+a-2>1,b+a>3$ 时,$\sum\limits_{n=1}^{\infty}\dfrac{1}{n^{b+a-2}}$ 收敛,则原级数收敛,当 $0<b+a\leqslant3$ 时,

$\sum\limits_{n=1}^{\infty}\dfrac{1}{n^{b+a-2}}$ 发散,则原级数发散.

11. 利用比值判别法或根值判别法判别下列级数的敛散性.

(14) $\sum\limits_{n=1}^{\infty}\dfrac{2^n}{n+3}x^{2n}$.

解 $\lim\limits_{n\to\infty}\dfrac{u_{n+1}}{u_n}=\lim\limits_{n\to\infty}\dfrac{\dfrac{2^{n+1}}{n+4}x^{2n+2}}{\dfrac{2^n}{n+3}x^{2n}}=2x^2$.

当 $|2x^2|<1,|x|<\dfrac{1}{\sqrt{2}}$ 时,级数收敛,当 $|x|>\dfrac{1}{\sqrt{2}}$ 时,级数发散,当 $|x|=\dfrac{1}{\sqrt{2}}$

时,$\sum\limits_{n=1}^{\infty}\dfrac{1}{n+3}$ 发散.

(15) $\sum\limits_{n=1}^{\infty}k^n\left(\dfrac{n-1}{n+1}\right)^{n^2}$ 其中 $k>0$ 且 $k\neq\mathrm{e}^2$.

解 $\lim\limits_{n\to\infty}\sqrt[n]{u_n}=\lim\limits_{n\to\infty}k\cdot\left(\dfrac{n-1}{n+1}\right)^n=\dfrac{k}{\mathrm{e}^2}$,

当 $\dfrac{k}{e^2}<1,k<e^2$ 时,级数收敛,当 $\dfrac{k}{e^2}>1,k>e^2$ 时,级数发散.

12. 利用积分判别法判别下列级数的敛散性:

(1) $\displaystyle\sum_{n=2}^{\infty}\dfrac{1}{n(\ln n)^k}$ (k 为正整数).

解 $\displaystyle\int_2^{+\infty}\dfrac{1}{x(\ln x)^k}\mathrm{d}x=\left[\dfrac{1}{1-k}(\ln x)^{1-k}\right]\Big|_2^{+\infty}=\dfrac{1}{1-k}\lim_{x\to+\infty}(\ln x)^{1-k}-$

$\dfrac{1}{1-k}(\ln 2)^{1-k}$,

当 $1-k<0,k>1$ 时,收敛,级数也收敛,$k<1$ 发散,级数也发散,

$k=1$,$\displaystyle\int_2^{+\infty}\dfrac{1}{x\ln x}\mathrm{d}x=\lim_{x\to+\infty}\ln\ln x-\ln\ln 2=+\infty$ 发散,级数也发散.

13. 判别下列结论是否正确:

(1) 正项级数 $\displaystyle\sum_{n=1}^{\infty}u_n$ 收敛,是 $\displaystyle\sum_{n=1}^{\infty}u_n^2$ 收敛的充分必要条件;

(2) 若 $\displaystyle\sum_{n=1}^{\infty}u_n$ 收敛,则 $\displaystyle\sum_{n=1}^{\infty}(-1)^{n-1}u_n$ 条件收敛;

(3) 若 $\displaystyle\sum_{n=1}^{\infty}u_n$ 与 $\displaystyle\sum_{n=1}^{\infty}v_n$ 都发散,则 $\displaystyle\sum_{n=1}^{\infty}(u_n+v_n)$ 发散;

(4) 若 $\displaystyle\sum_{n=1}^{\infty}(-1)^{n-1}u_n(u_n>0)$ 条件收敛,则 $\displaystyle\sum_{n=1}^{\infty}u_n$ 发散;

(5) 若 $n=1,2,\cdots$,不等式 $u_n\leqslant v_n$ 成立,则由 $\displaystyle\sum_{n=1}^{\infty}u_n$ 发散,可推得 $\displaystyle\sum_{n=1}^{\infty}v_n$ 发散;

(6) 若 $\displaystyle\lim_{n\to\infty}\dfrac{u_n}{v_n}=1$,则 $\displaystyle\sum_{n=1}^{\infty}u_n$ 与 $\displaystyle\sum_{n=1}^{\infty}v_n$ 同时收敛或同时发散;

(7) 若 $\displaystyle\sum_{n=1}^{\infty}|u_n|$ 发散,则 $\displaystyle\sum_{n=1}^{\infty}u_n$ 也发散;

(8) 若 $\dfrac{u_{n+1}}{u_n}>1$,则正项级数 $\displaystyle\sum_{n=1}^{\infty}u_n$ 必发散;

(9) 若 $\displaystyle\sum_{n=1}^{\infty}u_n^2$ 发散,则 $\displaystyle\sum_{n=1}^{\infty}u_n$ 也发散;

(10) 若 $\displaystyle\sum_{n=1}^{\infty}u_n$ 收敛,$\displaystyle\sum_{n=1}^{\infty}v_n$ 绝对收敛,则 $\displaystyle\sum_{n=1}^{\infty}u_nv_n$ 绝对收敛.

解 (1) 不正确,如 $\displaystyle\sum_{n=1}^{\infty}\dfrac{1}{n}$ 发散,而 $\displaystyle\sum_{n=1}^{\infty}\dfrac{1}{n^2}$ 收敛.

(2) 不正确,如 $\displaystyle\sum_{n=1}^{\infty}\dfrac{1}{n^2}$ 收敛,而 $\displaystyle\sum_{n=1}^{\infty}(-1)^{n-1}\dfrac{1}{n^2}$ 绝对收敛.

(3) 不正确,如 $\displaystyle\sum_{n=1}^{\infty}\dfrac{1}{n},\sum_{n=1}^{\infty}-\dfrac{1}{n+1}$ 发散,而 $\displaystyle\sum_{n=1}^{\infty}\left(\dfrac{1}{n}-\dfrac{1}{n+1}\right)$ 收敛.

(4) 正确,根据条件收敛的定义.

(5) 不正确,这里没有明确是否为正项级数,结论不一定成立.

(6) 不正确,不是正项级数,结论不一定成立.

(7) 不正确,如 $\sum\limits_{n=1}^{\infty}\dfrac{1}{n}$ 发散,而 $\sum\limits_{n=1}^{\infty}(-1)^{n-1}\dfrac{1}{n}$ 收敛.

(8) 正确,若 $\dfrac{u_{n+1}}{u_n}>1$,有一般项不趋于零.

(9) 不正确,如 $\sum\limits_{n=1}^{\infty}\left(\dfrac{1}{\sqrt{n}}\right)^2$ 发散,而 $\sum\limits_{n=1}^{\infty}(-1)^n\dfrac{1}{\sqrt{n}}$ 收敛.

(10) 正确,$\sum\limits_{n=1}^{\infty}u_n$ 收敛,u_n 有界,则 $\mid u_n v_n\mid<M\mid v_n\mid$,而 $\sum\limits_{n=1}^{\infty}v_n$ 绝对收敛,则 $\sum\limits_{n=1}^{\infty}u_n v_n$ 绝对收敛.

14. 判别下列级数是绝对收敛,条件收敛,还是发散?

(5) $\sum\limits_{n=1}^{\infty}(-1)^n(1-\sqrt[n]{e})$.

解 $\sum\limits_{n=1}^{\infty}(1-\sqrt[n]{e})=-\sum\limits_{n=1}^{\infty}(\sqrt[n]{e}-1),(e^{\frac{1}{n}}-1)\sim\dfrac{1}{n},\sum\limits_{n=1}^{\infty}(1-\sqrt[n]{e})$ 发散,
设

$$f(x)=e^{\frac{1}{x}}-1,f'(x)=e^{\frac{1}{x}}\left(-\dfrac{1}{x^2}\right)<0,$$

则

$$u_n=e^{\frac{1}{n}}-1>u_{n+1}=e^{\frac{1}{n+1}}-1,$$
$$\lim_{n\to\infty}(e^{\frac{1}{n}}-1)=0,$$

$\sum\limits_{n=1}^{\infty}(-1)^n(1-\sqrt[n]{e})$ 条件收敛.

(6) $\sum\limits_{n=1}^{\infty}\dfrac{n!}{n^n}2^n\sin\dfrac{n\pi}{5}$.

解 $\left|\dfrac{n!}{n^n}2^n\sin\dfrac{n\pi}{5}\right|\leqslant\dfrac{n!}{n^n}\cdot2^n$,

$\lim\limits_{n\to\infty}\dfrac{\dfrac{(n+1)!}{(n+1)^{n+1}}\cdot2^{n+1}}{\dfrac{n!}{n^n}\cdot2^n}=\dfrac{2}{e}<1,\sum\limits_{n=1}^{\infty}\dfrac{n!}{n^n}\cdot2^n$ 收敛,$\sum\limits_{n=1}^{\infty}\dfrac{n!}{n^n}2^n\sin\dfrac{n\pi}{5}$ 绝对收敛.

(11) $\sum\limits_{n=2}^{\infty}\dfrac{\cos\dfrac{n\pi}{4}}{n(\ln n)^3}$.

解 $|u_n|=\left|\dfrac{\cos\dfrac{n\pi}{4}}{n(\ln n)^3}\right|\leqslant\dfrac{1}{n(\ln n)^3}$,

而 $\displaystyle\int_2^{+\infty}\dfrac{\mathrm{d}x}{x(\ln x)^3}=\int_2^{+\infty}\dfrac{\mathrm{d}\ln x}{(\ln x)^3}=-\dfrac{1}{2(\ln x)^2}\Big|_2^{+\infty}=\dfrac{1}{2(\ln 2)^2}$ 收敛,则 $\sum\limits_{n=1}^{\infty}\dfrac{1}{n(\ln n)^3}$ 收

敛, $\sum\limits_{n=2}^{\infty}\left|\dfrac{\cos\frac{n\pi}{4}}{n(\ln n)^3}\right|$ 收敛, $\sum\limits_{n=2}^{\infty}\dfrac{\cos\frac{n\pi}{4}}{n(\ln n)^3}$ 绝对收敛.

(12) $\sum\limits_{n=1}^{\infty}\left(\dfrac{1}{n}-e^{-n^2}\right)$.

解 $\sum\limits_{n=1}^{\infty}\left(\dfrac{1}{n}-e^{-n^2}\right)=\sum\limits_{n=1}^{\infty}\dfrac{1}{n}\left(1-\dfrac{n}{e^{n^2}}\right)$, $\lim\limits_{n\to\infty}\dfrac{\dfrac{1}{n}\left(1-\dfrac{n}{e^{n^2}}\right)}{\dfrac{1}{n}}=1$,

$\sum\limits_{n=1}^{\infty}\dfrac{1}{n}$ 发散, 则 $\sum\limits_{n=1}^{\infty}\left(\dfrac{1}{n}-e^{-n^2}\right)$ 发散.

(13) $\sum\limits_{n=2}^{\infty}\dfrac{\cos a+(-1)^n n}{n^2}$。

解 $|u_n|=\left|\dfrac{\cos a+(-1)^n n}{n^2}\right|\geqslant\dfrac{n-1}{n^2}, n>3,$ 而 $\dfrac{n-1}{n^2}\sim\dfrac{1}{n}$, $\sum\limits_{n=2}^{\infty}\left|\dfrac{\cos a+(-1)^n n}{n^2}\right|$
发散,

$$\sum\limits_{n=2}^{\infty}\dfrac{\cos a+(-1)^n n}{n^2}=\sum\limits_{n=2}^{\infty}\dfrac{\cos a}{n^2}+\sum\limits_{n=2}^{\infty}(-1)^n\dfrac{1}{n}$$

收敛, 则 $\sum\limits_{n=2}^{\infty}\dfrac{\cos a+(-1)^n n}{n^2}$ 条件收敛.

15. 求下列级数的收敛域:

(7) $\sum\limits_{n=1}^{\infty}\dfrac{(-1)^{n-1}}{n3^n}\sqrt{x^n}$ $(x\geqslant 0)$.

解 $\lim\limits_{n\to\infty}\left|\dfrac{u_{n+1}}{u_n}\right|=\lim\limits_{n\to\infty}\left|\dfrac{\dfrac{(-1)^n\sqrt{x^{n+1}}}{(n+1)3^{n+1}}}{\dfrac{(-1)^{n-1}\sqrt{x^n}}{n3^n}}\right|=\dfrac{1}{3}\sqrt{x}$,

$$\dfrac{1}{3}\sqrt{x}<1, \quad \sqrt{x}<3, \quad 0\leqslant x<9,$$

当 $x=0$ 时, 级数收敛, 当 $x=9$ 时, $\sum\limits_{n=1}^{\infty}(-1)^{n-1}\dfrac{1}{n}$ 收敛, 收敛域为 $[0,9]$.

(8) $\sum\limits_{n=0}^{\infty}\dfrac{(5x-1)^n}{5^n}$.

解 令 $5x-1=t$, 则

$$\sum\limits_{n=0}^{\infty}\dfrac{(5x-1)^n}{5^n}=\sum\limits_{n=0}^{\infty}\dfrac{1}{5^n}t^n.$$

$$\lim\limits_{n\to\infty}\left|\dfrac{a_{n+1}}{a_n}\right|=\lim\limits_{n\to\infty}\left|\dfrac{5^n}{5^{n+1}}\right|=\dfrac{1}{5}, \quad R=5,$$

$$|5x-1|<5, \quad -\dfrac{4}{5}<x<\dfrac{6}{5},$$

当 $x=-\dfrac{4}{5}$ 时，$\displaystyle\sum_{n=1}^{\infty}(-1)^n$ 发散，当 $x=\dfrac{6}{5}$ 时，$\displaystyle\sum_{n=1}^{\infty}1$ 发散，收敛域为 $\left(-\dfrac{4}{5},\dfrac{6}{5}\right)$.

(12) $\displaystyle\sum_{n=1}^{\infty}\dfrac{1}{3n+5}\left(\dfrac{1+x}{x}\right)^n$.

解 $\displaystyle\lim_{n\to\infty}\left|\dfrac{u_{n+1}}{u_n}\right|=\lim_{n\to\infty}\left|\dfrac{\dfrac{1}{3n+8}\left(\dfrac{1+x}{x}\right)^{n+1}}{\dfrac{1}{3n+5}\left(\dfrac{1+x}{x}\right)^n}\right|=\left|\dfrac{1+x}{x}\right|<1$,

$$|1+x|<|x|,\quad x<-\dfrac{1}{2},$$

当 $x=-\dfrac{1}{2}$ 时，$\displaystyle\sum_{n=1}^{\infty}(-1)^n\dfrac{1}{3n+5}$ 收敛，收敛域为 $\left(-\infty,-\dfrac{1}{2}\right]$.

16. 求下列级数的收敛域，以及它们在收敛域内的和函数：

(1) $\displaystyle\sum_{n=1}^{\infty}\dfrac{x^{2n-1}}{2n-1}$.

解 设 $\displaystyle\sum_{n=1}^{\infty}\dfrac{x^{2n-1}}{2n-1}=s(x)$,

$$s'(x)=\sum_{n=1}^{\infty}\left(\dfrac{x^{2n-1}}{2n-1}\right)'=\sum_{n=1}^{\infty}x^{2n-2}=\dfrac{1}{x^2}\sum_{n=1}^{\infty}x^{2n}$$

$$=\dfrac{1}{x^2}\cdot\dfrac{x^2}{1-x^2}=\dfrac{1}{1-x^2},\quad |x|<1,$$

$$\int_0^x s'(x)\mathrm{d}x=\int_0^x\dfrac{1}{1-x^2}\mathrm{d}x=\dfrac{1}{2}\ln\dfrac{1+x}{1-x},$$

$$s(x)-s(0)=\dfrac{1}{2}\ln\dfrac{1+x}{1-x},\quad s(0)=0,\quad s(x)=\dfrac{1}{2}\ln\dfrac{1+x}{1-x},$$

当 $x=1$ 时，$\displaystyle\sum_{n=1}^{\infty}\dfrac{1}{2n-1}$ 发散，当 $x=-1$ 时，$\displaystyle\sum_{n=1}^{\infty}\dfrac{-1}{2n-1}$ 发散，和函数

$$s(x)=\dfrac{1}{2}\ln\dfrac{1+x}{1-x},\quad x\in(-1,1).$$

(2) $\displaystyle\sum_{n=1}^{\infty}n^2x^{n-1}$.

解 设 $\displaystyle\sum_{n=1}^{\infty}n^2x^{n-1}=s(x)$,

$$\int_0^x s(x)\mathrm{d}x=\sum_{n=1}^{\infty}n^2\cdot\dfrac{x^n}{n}=x\sum_{n=1}^{\infty}nx^{n-1},$$

设

$$\sum_{n=1}^{\infty}nx^{n-1}=s_1(x),$$

$$\int_0^x s_1(x)\mathrm{d}x=\sum_{n=1}^{\infty}\int_0^x nx^{n-1}\mathrm{d}x=\sum_{n=1}^{\infty}x^n=\dfrac{x}{1-x},\quad |x|<1,$$

$$s_1(x) = \left(\frac{x}{1-x}\right)' = \frac{1}{(1-x)^2},$$

$$\int_0^x s(x)\,\mathrm{d}x = \frac{x}{(1-x)^2}, \quad s(x) = \frac{1+x}{(1-x)^3},$$

当 $x=1$ 时，$\sum\limits_{n=1}^{\infty} n^2$ 发散，当 $x=-1$ 时，$\sum\limits_{n=1}^{\infty} (-1)^{n-1} n^2$ 发散，和函数

$$s(x) = \frac{1+x}{(1-x)^3}, \quad x \in (-1,1).$$

(5) $\sum\limits_{n=1}^{\infty} \frac{1}{n(n+1)} x^{n+1}$.

解 设

$$\sum_{n=1}^{\infty} \frac{1}{n(n+1)} x^{n+1} = s(x),$$

$$s'(x) = \sum_{n=1}^{\infty} \left[\frac{1}{n(n+1)} x^{n+1}\right]' = \sum_{n=1}^{\infty} \frac{1}{n} x^n,$$

$$s''(x) = \sum_{n=1}^{\infty} \left[\frac{1}{n} x^n\right]' = \sum_{n=1}^{\infty} x^{n-1} = \frac{1}{1-x}, \quad |x| < 1,$$

$$s'(x) = \int_0^x \frac{1}{1-x}\,\mathrm{d}x = -\ln(1-x), \quad s'(0) = 0,$$

$$s(x) - s(0) = \int_0^x -\ln(1-x)\,\mathrm{d}x = (1-x)\ln(1-x) + x, \quad s(0) = 0,$$

当 $x=1$ 时，$\sum\limits_{n=1}^{\infty} \frac{1}{n(n+1)} = 1$ 收敛，当 $x=-1$ 时，$\sum\limits_{n=1}^{\infty} \frac{(-1)^{n+1}}{n(n+1)}$ 收敛，和函数

$$s(x) = \begin{cases} (1-x)\ln(1-x) + x, & x \in [-1,1), \\ 1, & x = 1. \end{cases}$$

18. 设幂级数 $\sum\limits_{n=1}^{\infty} a_n(x-1)^n$ 在 $x=0$ 收敛，在 $x=2$ 发散，求该幂级数的收敛域.

解 设 $x-1=t$，则

$$\sum_{n=1}^{\infty} a_n(x-1)^n = \sum_{n=0}^{\infty} a_n t^n.$$

当 $x=0$ 时，$t=-1$，当 $x=2$ 时，$t=1$，$\sum\limits_{n=0}^{\infty} a_n t^n$ 在 $|t|<1$ 收敛，$\sum\limits_{n=1}^{\infty} a_n(x-1)^n$ 的收敛域为 $[0,2)$.

21. 将下列函数展开成 x 的幂级数，并求收敛域：

(5) $f(x) = \frac{1}{x}\ln(1+x)$.

解 已知

$$\frac{1}{1+x} = \sum_{n=0}^{\infty} (-1)^n x^n, \quad |x| < 1,$$

$$\ln(1+x) = \int_0^x \frac{1}{1+x} dx = \sum_{n=0}^{\infty} \int_0^x (-1)^n x^n dx = \sum_{n=0}^{\infty} (-1)^n \frac{x^{n+1}}{n+1},$$

$$f(x) = \frac{1}{x} \ln(1+x) = \frac{1}{x} \sum_{n=0}^{\infty} (-1)^n \frac{x^{n+1}}{n+1}, \quad 0 < |x| < 1.$$

当 $x=1$ 时，$\sum_{n=1}^{\infty} (-1)^{n-1} \frac{1}{n}$ 收敛，

$$f(x) = \frac{1}{x} \ln(1+x) = \sum_{n=1}^{\infty} (-1)^{n-1} \frac{x^{n-1}}{n}, \quad x \in (-1,0) \bigcup (0,1].$$

(6) $f(x) = \dfrac{1}{(x-1)(x-2)}$.

解 $f(x) = \dfrac{1}{(x-1)(x-2)} = \dfrac{1}{1-x} - \dfrac{1}{2-x}$,

$$\frac{1}{1-x} = \sum_{n=0}^{\infty} x^n, \quad |x| < 1,$$

$$\frac{1}{2-x} = \frac{1}{2} \cdot \frac{1}{1-\frac{x}{2}} = \frac{1}{2} \sum_{n=0}^{\infty} \left(\frac{x}{2}\right)^n, \quad \left|\frac{x}{2}\right| < 1,$$

$$f(x) = \frac{1}{1-x} - \frac{1}{2-x} = \sum_{n=0}^{\infty} x^n - \frac{1}{2} \sum_{n=0}^{\infty} \left(\frac{x}{2}\right)^n$$

$$= \sum_{n=0}^{\infty} \left(1 - \frac{1}{2^{n+1}}\right) x^n, \quad |x| < 1.$$

23. 设 $f(x) = \arctan \dfrac{1+x}{1-x}$，(1) 将 $f(x)$ 展开成幂级数，并求收敛域；(2) 利用展开式求 $f^{(101)}(0)$.

解 由于 $f'(x) = \dfrac{1}{1+x^2} = \sum_{n=0}^{\infty} (-1)^n x^{2n}, \quad -1 < x < 1$, 则

$$\int_0^x f'(t) dt = \sum_{n=0}^{\infty} \int_0^x (-1)^n t^{2n} dt = \sum_{n=0}^{\infty} (-1)^n \frac{x^{2n+1}}{2n+1},$$

$$f(x) - f(0) = \sum_{n=0}^{\infty} \frac{(-1)^n}{2n+1} x^{2n+1},$$

$$f(0) = \frac{\pi}{4}, \quad f(x) = \frac{\pi}{4} + \sum_{n=0}^{\infty} \frac{(-1)^n}{2n+1} x^{2n+1},$$

当 $x=-1$ 时，$\dfrac{\pi}{4} + \sum_{n=0}^{\infty} \dfrac{(-1)^{n+1}}{2n+1}$ 收敛，

$$f(x) = \frac{\pi}{4} + \sum_{n=0}^{\infty} \frac{(-1)^n}{2n+1} x^{2n+1}, \quad -1 \leqslant x < 1.$$

(2) 由泰勒展开式 $f(x) = \sum_{n=0}^{\infty} \dfrac{f^{(n)}(0)}{n!} x^n$ 有

$$\sum_{n=0}^{\infty} \frac{f^{(n)}(0)}{n!} x^n = \frac{\pi}{4} + \sum_{n=0}^{\infty} \frac{(-1)^n x^{2n+1}}{2n+1},$$

比较 x^{101} 项的系数 $\dfrac{f^{(101)}(0)}{101!}=\dfrac{(-1)^{50}}{101}$,得

$$f^{(101)}(0)=100!.$$

24. 求下列函数在指定点处的幂级数展开式,并求其收敛域.

(3) $f(x)=\ln(1+x)$,$x_0=2$.

解 $f(x)=\ln(1+x)=\ln(1+(x-2)+2)=\ln\left[3\left(1+\dfrac{x-2}{3}\right)\right]$

$$=\ln 3+\ln\left(1+\dfrac{x-2}{3}\right),$$

$$\ln(1+x)=\sum_{n=0}^{\infty}(-1)^n\dfrac{x^{n+1}}{n+1},$$

$$f(x)=\ln(1+x)=\ln 3+\sum_{n=0}^{\infty}(-1)^n\dfrac{\left(\dfrac{x-2}{3}\right)^{n+1}}{n+1},$$

$$\left|\dfrac{x-2}{3}\right|<1,\quad -1<x<5,\quad x=5\ \text{收敛},$$

$$f(x)=\ln 3+\sum_{n=1}^{\infty}(-1)^{n-1}\dfrac{(x-2)^n}{3^n n},\quad (-1,5].$$

(B)

1. 判别下列级数的敛散性:

(4) $\displaystyle\sum_{n=1}^{\infty}\left(1-\cos\dfrac{\pi}{n}\right)^p\ (p>0)$.

解 $u_n=\left(1-\cos\dfrac{\pi}{n}\right)^p\sim\left(\dfrac{1}{2}\cdot\dfrac{\pi}{n^2}\right)^p=\dfrac{1}{2}\cdot\dfrac{\pi^p}{n^{2p}}$,

当 $2p>1,p>\dfrac{1}{2}$ 时,收敛,当 $0<2p\leqslant 1,0<p\leqslant\dfrac{1}{2}$ 时,发散.

(5) $\displaystyle\sum_{n=1}^{\infty}\dfrac{1!+2!+\cdots+n!}{(2n)!}$.

解 $u_n=\dfrac{1!+2!+\cdots+n!}{(2n)!}\leqslant\dfrac{n\cdot n!}{(2n)!}=\dfrac{n}{(n+1)(n+2)\cdots(2n-1)2n}$

$$\leqslant\dfrac{1}{2(n+1)^2},$$

而 $\displaystyle\sum_{n=1}^{\infty}\dfrac{1}{2(n+1)^2}$ 收敛,则原级数收敛.

3. 讨论下列级数是绝对收敛,还是条件收敛,或是发散.

(4) $\displaystyle\sum_{n=1}^{\infty}\dfrac{(-1)^n}{n-\ln n}$.

解 对于 $\displaystyle\sum_{n=1}^{\infty}\dfrac{1}{n-\ln n}$,$\dfrac{1}{n-\ln n}\sim\dfrac{1}{n}$,则 $\displaystyle\sum_{n=1}^{\infty}\dfrac{1}{n-\ln n}$ 发散,记 $b_n=\dfrac{1}{n-\ln n}$,则

$$b_{n+1}-b_n=\dfrac{\ln\left(1+\dfrac{1}{n}\right)-1}{(n-\ln n)(n+1-\ln(n+1))}<0,$$

$$b_n>b_{n+1},\quad \lim_{n\to\infty}b_n=\lim_{n\to\infty}\dfrac{1}{n-\ln n}=0,$$

$\sum\limits_{n=1}^{\infty}\dfrac{(-1)^n}{n-\ln n}$ 条件收敛.

4. 已知函数 $f(x)=\begin{cases}x, & 0\leqslant x\leqslant 1,\\ 2-x, & 1<x\leqslant 2,\end{cases}$ 试计算下列各题:

(1) $s_0=\displaystyle\int_0^2 f(x)\mathrm{e}^{-x}\mathrm{d}x$;   (2) $s_1=\displaystyle\int_2^4 f(x-2)\mathrm{e}^{-x}\mathrm{d}x$;

(3) $s_n=\displaystyle\int_{2n}^{2n+2} f(x-2n)\mathrm{e}^{-x}\mathrm{d}x\,(n=2,3,\cdots)$;   (4) $s=\displaystyle\sum_{n=0}^{\infty}s_n$.

解 (1) $s_0=\displaystyle\int_0^2 f(x)\mathrm{e}^{-x}\mathrm{d}x=\int_0^1 x\mathrm{e}^{-x}\mathrm{d}x+\int_1^2(2-x)\mathrm{e}^{-x}\mathrm{d}x=\left(1-\dfrac{1}{\mathrm{e}}\right)^2$.

(2) 令 $x-2=t$, 则当 $x=2$ 时, $t=0$, 当 $x=4$ 时, $t=2$, 则

$$s_1=\int_2^4 f(x-2)\mathrm{e}^{-x}\mathrm{d}x=\int_0^2 f(t)\mathrm{e}^{-(t+2)}\mathrm{d}t=\mathrm{e}^{-2}s_0.$$

(3) $s_n=\displaystyle\int_{2n}^{2n+2} f(x-2n)\mathrm{e}^{-x}\mathrm{d}x$, 令 $x-2n=t$, 当 $x=2n$ 时, $t=0$, 当 $x=2n+2$ 时, $t=2$, 则

$$s_n=\int_0^2 f(t)\mathrm{e}^{-2n}\cdot\mathrm{e}^{-t}\mathrm{d}t=\mathrm{e}^{-2n}\int_0^2 f(t)\mathrm{e}^{-t}\mathrm{d}t=\mathrm{e}^{-2n}s_0.$$

(4) $s=\displaystyle\sum_{n=0}^{\infty}s_n=\sum_{n=0}^{\infty}s_0\mathrm{e}^{-2n}=s_0\sum_{n=0}^{\infty}(\mathrm{e}^{-2})^n=\dfrac{s_0}{1-\mathrm{e}^{-2}}=\dfrac{\left(1-\dfrac{1}{\mathrm{e}}\right)^2}{1-\dfrac{1}{\mathrm{e}^2}}=\dfrac{\mathrm{e}-1}{\mathrm{e}+1}$.

9. 设 $0\leqslant a_n<\dfrac{1}{n}(n=1,2,\cdots)$, 证明 $\displaystyle\sum_{n=1}^{\infty}(-1)^n a_n^2$ 收敛.

证明 已知 $0\leqslant a_n<\dfrac{1}{n}$, $a_n^2<\dfrac{1}{n^2}$, $\displaystyle\sum_{n=1}^{\infty}\dfrac{1}{n^2}$ 收敛, $\displaystyle\sum_{n=1}^{\infty}a_n^2$ 收敛, 则 $\displaystyle\sum_{n=1}^{\infty}(-1)^n a_n^2$ 收敛.

11. 求幂级数 $1+\displaystyle\sum_{n=1}^{\infty}(-1)^n\dfrac{x^{2n}}{2n}(|x|<1)$ 的和函数 $f(x)$ 及其极值.

解 设 $1+\displaystyle\sum_{n=1}^{\infty}(-1)^n\dfrac{x^{2n}}{2n}=f(x)$, 则

$$f'(x)=(1)'+\sum_{n=1}^{\infty}\left[(-1)^n\dfrac{x^{2n}}{2n}\right]'=\sum_{n=1}^{\infty}(-1)^n x^{2n-1}=-\dfrac{x}{1+x^2},$$

$$\int_0^x f'(t)\mathrm{d}t=\int_0^x -\dfrac{t}{1+t^2}\mathrm{d}t,$$

$$f(x)-f(0)=-\dfrac{1}{2}\ln(1+x^2),\quad f(0)=1,$$

$$f(x)=1-\dfrac{1}{2}\ln(1+x^2),$$

$$f'(x)=-\dfrac{x}{1+x^2},\quad f'(x)=0,\quad x=0.$$

当 $x<0$ 时, $f'(x)>0$, 当 $x>0$ 时, $f'(x)<0$, $x=0$ 为极大值点, 极大值 $f(0)=1$.

16. 求幂级数 $\displaystyle\sum_{n=1}^{\infty}\left(\dfrac{1}{2n+1}-1\right)x^{2n}$ 在区间 $(-1,1)$ 内的和函数.

解 已知

$$\sum_{n=1}^{\infty} x^{2n} = \frac{x^2}{1-x^2},$$

设

$$s_1(x) = \sum_{n=1}^{\infty} \frac{1}{2n+1} x^{2n}, \quad x s_1(x) = \sum_{n=1}^{\infty} \frac{1}{2n+1} x^{2n+1},$$

$$(x s_1(x))' = \sum_{n=1}^{\infty} \left(\frac{1}{2n+1} x^{2n+1} \right)' = \sum_{n=1}^{\infty} x^{2n} = \frac{x^2}{1-x^2}$$

$$\int_0^x (t s_1(t))' \mathrm{d}t = \int_0^x \frac{t^2}{1-t^2} \mathrm{d}t = -x + \frac{1}{2} \ln \frac{1+x}{1-x},$$

$$x s_1(x) = -x + \frac{1}{2} \ln \frac{1+x}{1-x}, \quad s_1(x) = -1 + \frac{1}{2x} \ln \frac{1+x}{1-x}, \quad x \neq 0,$$

$$\sum_{n=1}^{\infty} \left(\frac{1}{2n+1} - 1 \right) x^{2n} = \sum_{n=1}^{\infty} \frac{1}{2n+1} x^{2n} - \sum_{n=1}^{\infty} x^{2n}$$

$$= -1 + \frac{1}{2x} \ln \frac{1+x}{1-x} - \frac{x^2}{1-x^2}, \quad x \in (-1,0) \bigcup (0,1),$$

$x = 0$, $s(0) = 0$,则

$$s(x) = \begin{cases} \dfrac{1}{2x} \ln \dfrac{1+x}{1-x} - \dfrac{1}{1-x^2}, & |x| \in (0,1), \\ 0, & x = 0. \end{cases}$$

18. 设银行的年利率为 $r = 0.05$,并依年复利计算,某基金会希望通过存款 A 万元实现第一年提取 19 万元,第二年提取 28 万元,…第 n 年提取 $(10+9n)$ 万元,并能按此规律一直提取下去,问 A 至少应为多少万元?

分析 一笔数量为 A 的本金,若年率为 r,按复利的计算方法,则第一年末的本利和为 $A(1+r)$,第 n 年的本利和为 $A(1+r)^n (n=1,2,\cdots)$. 假定存 n 年的本金为 A_n,则第 n 年末的本利和为 $A_n(1+r)^n (n=1,2,\cdots)$. 为保证第 n 年能提取 $(10+9n)$ 万元,必须要求第 n 年末的本利和最少应等于 $(10+9n)$ 万元,即

$$A_n(1+r)^n = (10+9n) \quad (n=1,2,\cdots),$$

$$A_n = (1+r)^{-n}(10+9n) \quad (n=1,2,\cdots),$$

因此,为使第 n 年末提取 $(10+9n)$ 万元,事先应存入本金

$$A_n = (1+r)^{-n}(10+9n) \text{ 万元},$$

如果按此规律一直提下去,则事先应存入的本金总额为 $\sum_{n=1}^{\infty} A_n$.

解 由以上分析知

$$A = \sum_{n=1}^{\infty} A_n = \sum_{n=1}^{\infty} \frac{10+9n}{(1+r)^n} = 10 \sum_{n=1}^{\infty} \frac{1}{(1+r)^n} + \sum_{n=1}^{\infty} \frac{9n}{(1+r)^n}$$

$$= 200 + 9 \sum_{n=1}^{\infty} \frac{n}{(1+r)^n}.$$

设

$$s(x) = \sum_{n=1}^{\infty} n x^n \quad x \in (-1,1),$$

因为

$$s(x) = x\Big(\sum_{n=1}^{\infty} x^n\Big)' = x\Big(\frac{x}{1-x}\Big)' = \frac{x}{(1-x)^2}, \quad x \in (-1,1)$$

所以

$$s\Big(\frac{1}{1+r}\Big) = s\Big(\frac{1}{1.05}\Big) = 420(万元),$$

故 $A = 200 + 9 \times 420 = 3980$(万元),即至少应存入 3980(万元).

五、自 测 题

1. 单项选择题.

(1) 设 $\lim\limits_{n \to \infty} u_n = 0$,则级数 $\sum\limits_{n=1}^{\infty} u_n$ (　　).

(A) 必收敛;　　(B) 必发散;　　　　(C) 必条件收敛;　　(D) 敛散性不定.

(2) 设 $\lim\limits_{n \to \infty} u_n \neq 0$,则级数 $\sum\limits_{n=1}^{\infty} u_n$ (　　).

(A) 必收敛;　　(B) 必发散;　　　　(C) 必条件收敛;　　(D) 敛散性不定.

(3) 设级数 $(u_1 + u_2) + (u_3 + u_4) + \cdots + (u_{2n-1} + u_{2n}) + \cdots$ 收敛,则级数 $\sum\limits_{n=1}^{\infty} u_n$

(　　).

(A) 必收敛;　　(B) 必发散;　　　　(C) 条件收敛;　　(D) 敛散性不定.

(4) 若级数 $\sum\limits_{n=1}^{\infty} \frac{1}{n^{\alpha+1}}$ 收敛,则必有(　　).

(A) $\alpha \leqslant 0$;　　(B) $\alpha \geqslant 0$;　　　(C) $\alpha < 0$;　　　(D) $\alpha > 0$.

(5) 若级数 $\sum\limits_{n=1}^{\infty} (1 + \alpha)^n$ 收敛,则(　　).

(A) $\alpha \leqslant 0$;　　(B) $\alpha < 0$;　　　(C) $|\alpha| < 1$;　　(D) $-2 < \alpha < 0$.

(6) 以下六个级数

$$\Big(\frac{1}{3} - \frac{1}{4}\Big) + \Big(\frac{1}{3^2} + \frac{1}{4^2}\Big) + \Big(\frac{1}{3^3} - \frac{1}{4^3}\Big) + \cdots,$$

$$\frac{1}{1 \times 2} + \frac{1}{2 \times 3} + \frac{1}{3 \times 4} + \cdots, \quad \sum_{n=1}^{\infty}\Big(1 - \frac{1}{n}\Big)^n,$$

$$\sum_{n=1}^{\infty} \frac{(-2)^n + 3^{n+1}}{4^n}, \quad \sum_{n=1}^{\infty} \frac{(-1)^n + 3^n}{2^n}, \quad \sum_{n=1}^{\infty} \cos\frac{1}{n^2}$$

中,收敛级数共有(　　).

(A) 1个;　　(B) 2个;　　　(C) 3个;　　　(D) 4个.

(7) 若级数 $\sum\limits_{n=1}^{\infty} |u_n|$ 发散,则(　　).

(A) 级数 $\sum\limits_{n=1}^{\infty} u_n$ 条件收敛;　　　(B) 级数 $\sum\limits_{n=1}^{\infty} u_n$ 发散;

(C) $\sum\limits_{n=1}^{\infty} u_n$ 可能收敛，也可能发散； (D) $\lim\limits_{n\to\infty} u_n \neq 0$.

(8) 下列级数中，条件收敛级数是(　　).

(A) $\sum\limits_{n=1}^{\infty} \dfrac{(-1)^{n+1}}{\sqrt{n}}$； (B) $\sum\limits_{n=1}^{\infty} \sin\dfrac{1}{n}$；

(C) $\sum\limits_{n=1}^{\infty} n\sin\dfrac{1}{n}$； (D) $\sum\limits_{n=1}^{\infty} (-1)^n 3^n \sin\dfrac{\pi}{4^n}$.

(9) 下列级数中，绝对收敛级数是(　　).

(A) $\sum\limits_{n=1}^{\infty} \dfrac{n}{100n+1}$； (B) $\sum\limits_{n=1}^{\infty} \dfrac{(-1)^{n+1}}{n}$；

(C) $\sum\limits_{n=1}^{\infty} \dfrac{(-1)^{n+1}}{n\sqrt{n}}$； (D) $\sum\limits_{n=1}^{\infty} \left(\dfrac{1}{2^n} - \dfrac{1}{n}\right)$.

(10) 设幂级数 $\sum\limits_{n=1}^{\infty} a_n x^n$ 在点 $x=-3$ 收敛，则在点(　　).

(A) $x=-3$ 绝对收敛； (B) $x=3$ 收敛；

(C) $x=2$ 绝对收敛； (D) $x=4$ 发散.

(11) 幂级数 $\sum\limits_{n=1}^{\infty} \dfrac{(x-1)^n}{n}$ 的收敛区域是(　　).

(A) $(-1,1)$； (B) $[-1,1)$； (C) $0<x\leqslant 2$； (D) $0\leqslant x<2$.

(12) 幂级数 $\sum\limits_{n=1}^{\infty} \dfrac{(-1)^n}{n\cdot 9^n} x^{2n-1}$ 的收敛区间是(　　).

(A) $(-9,9)$； (B) $\left(-\dfrac{1}{9}, \dfrac{1}{9}\right)$； (C) $(-3,3)$； (D) $\left(-\dfrac{1}{3}, \dfrac{1}{3}\right)$.

2. 填空题.

(1) 级数 $\sum\limits_{n=1}^{\infty} \dfrac{3^n-2^n}{4^n}$ 的和是_____.

(2) 级数 $\sum\limits_{n=1}^{\infty} \dfrac{3}{n(n+1)} = $_____.

(3) 级数 $\sum\limits_{n=1}^{\infty} \dfrac{2^{n-1}}{3^{n+2}} = $_____.

(4) 幂级数 $\sum\limits_{n=1}^{\infty} \dfrac{x^n}{\sqrt{n}}$ 的收敛区域是_____.

(5) 幂级数 $\sum\limits_{n=1}^{\infty} \dfrac{(x-2)^n}{2\cdot 2^n}$ 的收敛区域是_____.

(6) 函数 $f(x) = e^{-x^2}$ 的麦克劳林级数展开式是_____.

3. 判断下列级数的敛散性：

(1) $\sum\limits_{n=1}^{\infty} \dfrac{1}{n^2+2}$； (2) $\sum\limits_{n=1}^{\infty} \dfrac{1}{\sqrt{n}+\sqrt{n+1}}$； (3) $\sum\limits_{n=0}^{\infty} \dfrac{3^n}{5^n+2^n}$；

(4) $\sum\limits_{n=0}^{\infty} 2^n \sin\dfrac{\pi}{3^n+1}$； (5) $\sum\limits_{n=1}^{\infty} \dfrac{3\sqrt{n}+1}{n\sqrt{n}+5}$； (6) $\sum\limits_{n=1}^{\infty} n\left(\dfrac{2}{3}\right)^n$；

(7) $\sum_{n=1}^{\infty} \left(\frac{2n-1}{5n+2} \right)^n$;　　　(8) $\sum_{n=1}^{\infty} \left(\frac{2n+1}{2n-1} \right)^n$;

(9) $\sum_{n=1}^{\infty} (-1)^{n+1} \ln \left(1 + \frac{1}{\sqrt{n}} \right)$;

(10) $\sum_{n=1}^{\infty} \left(\frac{2+n^2}{1+n^3} + \frac{2^n}{2+\mathrm{e}^n} \right)$.

4. 判断下列级数是发散,条件收敛或绝对收敛:

(1) $\sum_{n=1}^{\infty} \frac{(-1)^n}{\sqrt[3]{n^2}}$;　　　(2) $\sum_{n=1}^{\infty} (-3)^n \left(\frac{n+3}{5n-1} \right)^n$;

(3) $\sum_{n=1}^{\infty} \frac{(-1)^{n-1}}{\sqrt{n^2+1}}$;　　　(4) $\sum_{n=1}^{\infty} (-1)^n \ln \left(1 + \frac{1}{n} \right)$;

(5) $\sum_{n=1}^{\infty} (-1)^{n-1} \sqrt[n]{0.00001}$.

5. 求下列级数的收敛半径:

(1) $\sum_{n=1}^{\infty} \frac{2n^2}{3n+1} x^n$;　　(2) $\sum_{n=1}^{\infty} \frac{3^n}{n} (x-1)^n$;　　(3) $\sum_{n=1}^{\infty} \frac{(2n)!}{(n!)^2} x^{2n}$.

6. 求下列级数的收敛区间:

(1) $\sum_{n=1}^{\infty} \frac{n+1}{3^n} x^n$;　　(2) $\sum_{n=1}^{\infty} \frac{n^2}{2^n} (x-1)^n$;　　(3) $\sum_{n=1}^{\infty} \frac{(5x-1)^{2n}}{3^n}$.

7. 求下列级数的收敛区域:

(1) $\sum_{n=1}^{\infty} (-1)^{n-1} \frac{x^n}{\sqrt{n}}$;　　(2) $\sum_{n=1}^{\infty} \frac{n^2}{x^n}$;　　(3) $\sum_{n=1}^{\infty} (-1)^n \frac{x^n}{n^2}$.

8. 求下列幂级数的和函数或数项级数的和:

(1) $\sum_{n=1}^{\infty} \frac{x^{n+1}}{n}$;　　(2) $\sum_{n=1}^{\infty} (-1)^n n x^{n-1}$;　　(3) $\sum_{n=1}^{\infty} \frac{n}{3^{n+1}}$;

(4) $\sum_{n=1}^{\infty} \frac{1}{(n+1)(n+2)}$.

9. 证明题.

(1) 设级数 $\sum_{n=1}^{\infty} u_n^2$ 和 $\sum_{n=1}^{\infty} v_n^2$ 都收敛,证明级数 $\sum_{n=1}^{\infty} u_n v_n$ 绝对收敛.

(2) 证明:级数 $\sum_{n=1}^{\infty} \frac{a^n n!}{n^n}, a > e$ 发散.

(3) 设 $a_n > 0, \lim_{n \to \infty} a_n = a > 0$,证明幂级数 $\sum_{n=0}^{\infty} a_n x^n$ 的收敛半径 $R = 1$.

六、自测题参考答案

1. 单项选择题.

(1) (D);　(2) (B);　(3) (D);　(4) (D);　(5) (D);　(6) (C);

(7) (C);　(8) (A);　(9) (C);　(10) (C);　(11) (D);　(12) (C).

2. 填空题.

(1) 2； (2) 3； (3) $\dfrac{1}{9}$； (4) $[-1,1)$； (5) $(0,4)$；

(6) $\displaystyle\sum_{n=0}^{\infty}\dfrac{(-1)^{n}x^{2n}}{n!},|x|<+\infty.$

3. 判断下列级数的敛散性：

(1) 收敛； (2) 发散； (3) 收敛； (4) 收敛； (5) 发散； (6) 收敛；

(7) 收敛； (8) 发散； (9) 收敛； (10) 发散.

4. 判断下列级数的发散,条件收敛或绝对收敛：

(1) 条件收敛； (2) 绝对收敛； (3) 条件收敛； (4) 条件收敛；

(5) 发散.

5. 求下列级数的收敛半径：

(1) 1； (2) $\dfrac{1}{3}$； (3) $\dfrac{1}{2}$.

6. 求下列级数的收敛区间：

(1) $(-3,3)$； (2) $(-1,3)$； (3) $\left(\dfrac{1-\sqrt{3}}{5},\dfrac{1+\sqrt{3}}{5}\right).$

7. 求下列级数的收敛区域：

(1) $(-1,1]$； (2) $(-\infty,-1)\bigcup(1,+\infty)$； (3) $[-1,1]$.

8. 求下列幂级数的和函数或数项级数的和：

(1) $-x\ln(1-x),x\in[-1,1)$； (2) $-\dfrac{1}{(1+x)^{2}},x\in(-1,1)$；

(3) $\dfrac{1}{4}$； (4) $\dfrac{1}{2}$.

9. 证明题.（略）

第 9 章　微分方程初步

一、基本要求

(1) 了解微分方程的一些基本概念.

(2) 掌握基本的一阶微分方程(可分离变量方程、齐次方程及一阶线性方程)的求解方法.

*(3) 会用降阶法求下列三种类型的高阶方程:
$$y^{(n)} = f(x), \quad y'' = f(x, y'), \quad y'' = f(y, y').$$

(4) 了解二阶线性微分方程的结构,会求解二阶常系数齐次线性微分方程,会求解一些简单的二阶常系数的非齐次线性微分方程.

(5) 会通过建立微分方程模型,解决一些简单的经济问题.

二、内 容 提 要

1) 微分方程的基本概念

(1) 含有自变量、未知函数以及未知函数的导数或微分的方程,称为**微分方程**.

(2) 常微分方程. 未知函数为一元函数的微分方程,称之为**常微分方程**.

常微分方程的一般形式:
$$F(x, y, y', \cdots y^{(n)}) = 0. \tag{9.1}$$

常微分方程的标准形式:
$$y^{(n)} = f(x, y, y', \cdots, y^{(n-1)}). \tag{9.2}$$

(3) 微分方程的阶. 微分方程中未知函数导数或微分的最高阶数,称之为微分方程的**阶**.

(4) 常微分方程的解.

显式解　如果函数 $y = y(x)$ 代入(9.1)式或(9.2)式后,使之成为恒等式,即
$$F(x, \varphi(x), \varphi'(x), \cdots \varphi^{(n)}(x)) \equiv 0$$
或
$$\varphi^{(n)}(x) \equiv f(x, \varphi(x), \varphi''(x), \cdots \varphi^{(n-1)}(x)),$$
则称函数 $y = \varphi(x)$ 为方程(9.1)或(9.2)的**显式解**.

(5) 通解. 含有 n 个独立任意常数 $C_1, C_2, \cdots, C_n$ 的解 $y = \varphi(x, C_1, C_2, \cdots C_n)$,称之为方程(9.1)或(9.2)的**通解**.

(6) 特解. 通解中的任意常数被确定出来后,称之为方程(9.1)或(9.2)的**特解**.

(7) 初始条件. 确定微分方程通解中 n 个任意常数的条件 $y(x_0) = y_0$, $y'(x_0) = y_1 \cdots y^{(n-1)}(x_0) = y_{n-1}$,称其为**初始条件**.

2) 一阶微分方程的分类及解法

a. 可分离变量得微分方程

若方程类型为 $y'=f(x)g(y)$，则

$$\frac{\mathrm{d}y}{g(y)}=f(x)\mathrm{d}x\Rightarrow\int\frac{\mathrm{d}y}{g(y)}=\int f(x)\mathrm{d}x+C;$$

若方程类型为 $M_1(x)N_1(y)\mathrm{d}x+M_2(x)N_2(y)\mathrm{d}y=0$，则

$$\frac{M_1(x)}{M_2(x)}\mathrm{d}x=-\frac{N_2(y)}{N_1(y)}\mathrm{d}y\Rightarrow\int\frac{M_1(x)}{M_2(x)}\mathrm{d}x=-\int\frac{N_2(y)}{N_1(y)}\mathrm{d}y+C.$$

注意 此处把 $\int f(x)\mathrm{d}x$ 与 $\int\frac{N_2(y)}{N_1(y)}\mathrm{d}y$ 都看作其被积函数的一个原函数.

b. 齐次方程

方程类型:

$$y'=f\left(\frac{y}{x}\right).$$

求解方法:令 $u=\dfrac{y}{x}$，则 $y=ux$，且 $y'=u+x\dfrac{\mathrm{d}u}{\mathrm{d}x}$，于是原方程化为

$$u+x\frac{\mathrm{d}u}{\mathrm{d}x}=f(u)\Rightarrow\frac{\mathrm{d}u}{f(u)-u}=\frac{\mathrm{d}x}{x}\Rightarrow\int\frac{\mathrm{d}u}{f(u)-u}=\ln|x|+C.$$

c. 一阶线性微分方程

方程类型

$$y'+p(x)y=q(x). \tag{9.3}$$

当非齐次项 $q(x)\equiv 0$ 时,方程(9.3)转化为

$$y'+p(x)y=0. \tag{9.4}$$

方程(9.4)称为方程(9.3)对应的线性齐次微分方程,它是可分离变量的微分方程,相应地,当 $q(x)\not\equiv 0$ 时,称方程(9.3)为一阶线性非齐次微分方程.

一阶线性非齐次微分方程的解题步骤如下:

(1) 求出对应的线性齐次微分方程 $y'+p(x)y=0$ 的通解 $y=C\mathrm{e}^{-\int p(x)\mathrm{d}x}$;

(2) 令原方程的解为 $y=C(x)\mathrm{e}^{-\int p(x)\mathrm{d}x}$;

(3) 代入原方程整理得 $C(x)=\int q(x)\mathrm{e}^{\int p(x)\mathrm{d}x}\mathrm{d}x+\widetilde{C}$;

(4) 原方程通解为

$$y=\mathrm{e}^{-\int p(x)\mathrm{d}x}\left[\int q(x)\mathrm{e}^{\int p(x)\mathrm{d}x}+\widetilde{C}\right].$$

一阶微分方程的解题程序

(1) 判断方程类型(有时需作适当的变换或恒等变形);

(2) 根据方程类型,确定解题方法;

(3) 若方程需作变量代换,作变量代换后的解最后一定要还原为原变量.

3) 二阶线性微分方程

A. 线性微分方程解的性质和解的结构定理

二阶线性微分方程形式:

$$y'' + p_1(x)y' + p_2(x)y = f(x), \tag{9.5}$$

其中 $p_1(x), p_2(x)$ 分别称为 y', y 的系数，$f(x)$ 为自由项. 当 $f(x) \equiv 0$ 时，(9.5)式变为

$$y'' + p_1(x)y' + p_2(x)y = 0 \tag{9.6}$$

(9.6)式称为(9.5)式对应的线性齐次微分方程. 相应地，当 $f(x) \not\equiv 0$ 时，(9.5)式称为二阶线性非齐次微分方程.

齐次线性微分方程解的结构定理 设 $y_1(x), y_2(x)$ 是线性齐次方程(9.6)的两个特解，且 $y_1(x)/y_2(x) \neq$ 常数，则

$$y = C_1 y_1(x) + C_2 y_2(x)$$

是方程(9.6)的通解，其中 C_1, C_2 为两个独立的任意常数.

非齐次线性微分方程解的结构定理 设 $y^*(x)$ 为线性非齐次方程(9.5)的一个特解，而 $y_1(x), y_2(x)$ 为对应的线性齐次方程(9.6)的两个特解，且 $y_1(x)/y_2(x) \neq$ 常数，则

$$y = C_1 y_1(x) + C_2 y_2(x) + y^*(x)$$

为方程(9.5)的通解，其中 C_1, C_2 为两个独立的任意常数.

解的叠加性定理 若 $y_1(x), y_2(x)$ 分别是方程 $y'' + p_1(x)y' + p_2(x)y = f_1(x)$ 和 $y'' + p_1(x)y' + p_2(x)y = f_2(x)$ 的解，则 $y = y_1(x) + y_2(x)$ 是方程 $y'' + p_1(x)y' + p_2(x)y = f_1(x) + f_2(x)$ 的解.

B. 二阶常系数线性微分方程解法

a. 二阶常系数线性齐次微分方程解的求法

方程形式：

$$y'' + ay' + by = 0, \quad a, b \text{ 为常数.}$$

特征方程：

$$\lambda^2 + a\lambda + b = 0.$$

二阶常系数线性齐次微分方程的通解与特征方程的根有如下关系：

(1) 若特征方程有两个不等实根 $\lambda_1 \neq \lambda_2$，则通解为 $y = C_1 e^{\lambda_1 x} + C_2 e^{\lambda_2 x}$；

(2) 若特征方程有两个相等实根 $\lambda_1 = \lambda_2 = \lambda$，则通解为 $y = (C_1 + C_2 x)e^{\lambda x}$；

(3) 若特征方程有一对复根 $\lambda_{1,2} = \alpha \pm i\beta$，则通解为 $y = e^{\alpha x}(C_1 \cos\beta x + C_2 \sin\beta x)$.

b. 二阶常系数线性非齐次微分方程解的求法

方程形式：

$$y'' + ay' + by = f(x), \quad a, b \text{ 为常数.}$$

二阶常系数线性非齐次微分方程特解的求法

待定系数法 对于不同形式的自由项 $f(x)$，二阶常系数线性非齐次微分方程求特解的方法见表 9.1.

表 9.1　二阶常系数线性非齐次微分方程特解的求法

$f(x)$ 的形式	条　件	特解 y^* 的形式
$y''+ay'+by=p_m(x)$	$b\neq 0$	$Q_m(x)$
	$b=0,a\neq 0$	$xQ_m(x)$
$y''+ay'+by=p_m(x)e^{\alpha x}$	α 不是特征根	$Q_m(x)e^{\alpha x}$
	α 是特征方程单根	$xQ_m(x)e^{\alpha x}$
	α 是特征方程二重根	$x^2Q_m(x)e^{\alpha x}$
$y''+ay'+by=p_m(x)e^{\alpha x}\cos\beta x$ 或 $y''+ay'+by=p_m(x)e^{\alpha x}\sin\beta x$	$\alpha+i\beta$ 不是特征根	$Q_m(x)e^{\alpha x}(A\cos\beta x+B\sin\beta x)$
	$\alpha+i\beta$ 是特征根	$Q_m(x)e^{\alpha x}x(A\cos\beta x+B\sin\beta x)$

其中 $p_m(x)$,$Q_m(x)$ 是 m 次多项式,$Q_m(x)$ 是待定多项式,A,B 为待定常数,α,β 为实数

二阶常系数线性非齐次微分方程解题步骤如下:

(1) 用特征根法求出对应线性齐次微分方程的通解 $\bar{y}(x)$;

(2) 用待定系数法求出线性微分非齐次微分方程的一个特解 $y^*(x)$;

(3) 写出原方程的通解,即 $y=\bar{y}(x)+y^*(x)$.

三、典型例题

例 1　试求以下列函数为通解的微分方程:

(1) $y=Ce^{\arcsin x}$;　　　　　(2) $y^2=C_1x+C_2$.

分析　求以含有任意常数的函数为通解的微分方程,就是求一个方程,使所给函数满足该方程,且所求微分方程的阶数与函数中任意常数的个数相等.

解　(1) 在 $y=Ce^{\arcsin x}$ 两边对 x 求导,得

$$y'=Ce^{\arcsin x}\frac{1}{\sqrt{1-x^2}},$$

消去常数 C,得

$$y'=y\frac{1}{\sqrt{1-x^2}},$$

即

$$y'\sqrt{1-x^2}-y=0.$$

显然,将 $y=Ce^{\arcsin x}$ 代入 $y'\sqrt{1-x^2}-y=0$ 中,等式恒成立,且方程的阶数与任意常数的个数相等,故此方程符合题意.

注　含有任意常数的恒等式 $y'=Ce^{\arcsin x}\dfrac{1}{\sqrt{1-x^2}}$ 并不是所求的微分方程.

这类问题的解法是先求导,再消去任意常数,若通解中含有两个或三个任意常数,则需要求二阶或三阶导数.

(2) 在 $y^2=C_1x+C_2$ 两边对 x 求导,得 $2yy'=C_1$,再求导,得

$$2yy''+2(y')^2=0\quad\text{或}\quad yy''+(y')^2=0,$$

即为所求的微分方程.

例 2 验证由方程 $xy - \ln y = C$ 确定的隐函数 $y = y(x)$ 满足微分方程

$$y^2 + (xy - 1)y' = 0.$$

分析 这里首先是隐函数求导的问题. 从方程 $xy - \ln y = C$ 不易解出 y, 可以对方程两端关于 x 求导, 再变形看是否是微分方程的解.

解 对 $xy - \ln y = C$ 两端对 x 求导并乘以 y

$$y + xy' - \frac{1}{y}y' = 0,$$

$$y^2 + xyy' - y' = 0,$$

即

$$y^2 + (xy - 1)y' = 0.$$

因此, 方程 $xy - \ln y = C$ 确定的隐函数 $y = y(x)$ 满足微分方程 $y^2 + (xy - 1)y' = 0$.

例 3 求下列微分方程的通解或特解:

(1) 求方程 $\dfrac{\mathrm{d}y}{\mathrm{d}x} - \dfrac{x}{1+x^2}y = 0$ 满足初始条件 $y(0) = 2$ 的特解;

(2) $\mathrm{d}y = (x^2 y - x^2 + y - 1)\mathrm{d}x$.

分析 对一阶微分方程求解, 首先应判断方程的类型, 再求解, 这两个方程都是变量可分离方程, 变形后直接积分即可.

解 (1) 将方程变形为

$$\frac{\mathrm{d}y}{y} = \frac{x}{1+x^2}\mathrm{d}x, \quad \int \frac{\mathrm{d}y}{y} = \int \frac{x}{1+x^2}\mathrm{d}x,$$

得

$$\ln|y| = \frac{1}{2}\ln(1+x^2) + \bar{c}$$

因此, 通解为

$$y = c\sqrt{1+x^2}, \quad c = \pm e^{\bar{c}},$$

代入 $y(0) = 2 \Rightarrow c = 2$.

于是, 所求特解为 $y = 2\sqrt{1+x^2}$.

(2) $\mathrm{d}y = (x^2+1)(y-1)\mathrm{d}x$, $\dfrac{\mathrm{d}y}{y-1} = (x^2+1)\mathrm{d}x$.

$$\int \frac{\mathrm{d}y}{y-1} = \int (x^2+1)\mathrm{d}x,$$

得

$$\ln|y-1| = \frac{x^3}{3} + x + c_1.$$

通解为

$$y = ce^{\frac{x^3}{3}+x} + 1, \quad c = \pm e^{c_1}.$$

例 4 求下列微分方程的通解:

(1) $y' = \dfrac{1}{(x-y)^2}$; (2) $y' = \dfrac{y}{2x} + \dfrac{1}{2y}\tan\dfrac{y^2}{x}$.

分析 有些方程并不是可变量分离方程,必须先根据题中特点引进变换,把方程变为可分离变量的,这是解微分方程的基本方法.

解 (1) 不能直接分离变量,令 $x-y=u$,则 $y=x-u$.

$$\frac{\mathrm{d}y}{\mathrm{d}x}=1-\frac{\mathrm{d}u}{\mathrm{d}x}=\frac{1}{u^2}, \quad \frac{\mathrm{d}u}{\mathrm{d}x}=\frac{u^2-1}{u^2}.$$

分离变量,得

$$\frac{u^2}{u^2-1}du=\mathrm{d}x,$$

即

$$\left(1+\frac{1}{u^2-1}\right)\mathrm{d}u=\mathrm{d}x.$$

积分,得

$$u+\frac{1}{2}\ln\left|\frac{u-1}{u+1}\right|=x+c_1.$$

将 $u=x-y$ 代回,既得通解

$$\frac{x-y-1}{x-y+1}=ce^{2y}.$$

(2) 方程变形为

$$2yy'=\frac{y^2}{x}+\tan\frac{y^2}{x},$$

方程右端是以 $\dfrac{y^2}{x}$ 为中间变量的函数.令 $\dfrac{y^2}{x}=u,y^2=xu$,求导得

$$2yy'=xu'+u,$$

代入方程,得

$$xu'+u=u+\tan u,$$

即

$$xu'=\tan u,$$

分离变量,得

$$\frac{\mathrm{d}u}{\tan u}=\frac{\mathrm{d}x}{x},$$

积分,得

$$\ln|\sin u|=\ln|x|+c_1 \quad \text{或} \quad \sin u=cx.$$

以 $u=\dfrac{y^2}{x}$ 回代,得原方程通解为

$$\sin\frac{y^2}{x}=Cx.$$

例5 求下列各初值问题的解:

(1) $\begin{cases} y\mathrm{d}x+x^2\mathrm{d}y-4\mathrm{d}y=0, \\ y|_{x=1}=2; \end{cases}$

(2) $\begin{cases} xy'+x+\sin(x+y)=0, \\ y|_{x=\frac{\pi}{2}}=0. \end{cases}$

分析 先求出微分方程的通解,再由初始条件确定任意常数 C 的值,这是求解微分方程初值问题的一般方法.

解 (1) 将方程写成

$$(4-x^2)\mathrm{d}y = y\mathrm{d}x,$$

分离变量,得

$$\frac{1}{y}\mathrm{d}y = \frac{\mathrm{d}x}{4-x^2},$$

两边积分,得通解

$$\ln|y| = \frac{1}{4}\ln\left|\frac{2+x}{2-x}\right| + c_1,$$

或写为

$$cy^4 = \frac{2+x}{2-x}.$$

再由初值条件 $y|_{x=1}=2$,得 $16c=3$,即 $c=\dfrac{3}{16}$. 于是所求特解为

$$\frac{3}{16}y^4 = \frac{2+x}{2-x}.$$

(2) 令 $u=x+y$,则有

$$\frac{\mathrm{d}y}{\mathrm{d}x} = \frac{\mathrm{d}u}{\mathrm{d}x} - 1,$$

于是原方程化为

$$x\left(\frac{\mathrm{d}u}{\mathrm{d}x} - 1\right) + x + \sin u = 0,$$

分离变量,得

$$\frac{\mathrm{d}u}{\sin u} = -\frac{\mathrm{d}x}{x},$$

积分,得

$$\ln|\csc u - \cot u| = -\ln|x| + c_1,$$

即

$$\csc u - \cot u = \frac{c}{x}.$$

将 $u=x+y$ 回代,得

$$\csc(x+y) - \cot(x+y) = \frac{c}{x},$$

再由初值条件 $y|_{x=\frac{\pi}{2}}=0$,求出 $c=\dfrac{\pi}{2}$,从而所求特解为

$$\csc(x+y) - \cot(x+y) = \frac{\pi}{2x}.$$

例 6 设函数 $f(x)$ 连续且满足条件 $\displaystyle\int f(x)\mathrm{d}x = 2f(x) + c$,又 $f(0)=\dfrac{1}{2}$,求 $f(x)$.

分析 这个式子从表面上看不是微分方程,但通过两边求导就可以得到一个

变量可分离的微分方程,再求解.

解 对式 $\int f(x)\mathrm{d}x=2f(x)+c$,两端求导数,有

$$f(x)=2f'(x),$$

则 $f(x)$ 是微分方程 $f(x)=2f'(x)$ 满足初始条件 $f(0)=\dfrac{1}{2}$ 的特解.

$f(x)=2f'(x)$,即为 $f(x)=2\dfrac{\mathrm{d}f(x)}{\mathrm{d}x}$,变量分离得

$$\frac{\mathrm{d}f(x)}{f(x)}=\frac{1}{2}\mathrm{d}x,$$

得通解为 $\ln|f(x)|=\dfrac{1}{2}x+c_1$,即 $f(x)=c\mathrm{e}^{\frac{x}{2}}$,其中 $c=\pm\mathrm{e}^{c_1}$.代入初始条件 $f(0)=\dfrac{1}{2}$,得 $c=\dfrac{1}{2}$.则 $f(x)=\dfrac{1}{2}\mathrm{e}^{\frac{x}{2}}$.

例 7 求下列微分方程的通解:

(1) $2xy\mathrm{d}x-(x^2+y^2)\mathrm{d}y=0$;

(2) $(1+\mathrm{e}^{-\frac{x}{y}})y\mathrm{d}x+(y-x)\mathrm{d}y=0$.

(1) **分析** 对齐次方程 $\dfrac{\mathrm{d}y}{\mathrm{d}x}=f\left(\dfrac{y}{x}\right)$,可用变量代换 $\dfrac{y}{x}=u$,将其化为变量可分离的方程。

解 将方程写成

$$\frac{\mathrm{d}y}{\mathrm{d}x}=\frac{2xy}{x^2+y^2}=\frac{2\left(\dfrac{y}{x}\right)}{1+\left(\dfrac{y}{x}\right)^2},$$

设 $\dfrac{y}{x}=u$,有 $\dfrac{\mathrm{d}y}{\mathrm{d}x}=u+x\dfrac{\mathrm{d}u}{\mathrm{d}x}$。代入原方程,得

$$x\frac{\mathrm{d}u}{\mathrm{d}x}+u=\frac{2u}{1+u^2},$$

即

$$x\frac{\mathrm{d}u}{\mathrm{d}x}=\frac{u-u^3}{1+u^2},$$

分离变量,两边积分,求得通解

$$\int\frac{1+u^2}{u-u^3}\mathrm{d}u=\int\frac{\mathrm{d}x}{x}+c_1,\quad c=\pm\mathrm{e}^{c_1},$$

即

$$\ln\left|\frac{u}{1-u^2}\right|=\ln|x|+c_1\quad\text{或}\frac{u}{1-u^2}=cx,\quad c=\pm\mathrm{e}^{c_1}.$$

再将 $u=\dfrac{y}{x}$ 回代,则原方程的通解为

$$c(x^2-y^2)=y.$$

(2) **分析** 这个方程将 y 视为 x 的函数不是齐次方程,而将 x 视为 y 的函数,

方程可变形为关于 $\frac{x}{y}$ 的齐次函数.

解 将 x 视为 y 的函数,方程可变形为

$$\left(1+e^{-\frac{x}{y}}\right)\frac{dx}{dy}=\frac{x}{y}-1,$$

令 $u=\frac{x}{y}$,方程化为

$$\left(1+e^{-u}\right)\left(y\frac{du}{dy}+u\right)=u-1,$$

即

$$y(e^u+1)\frac{du}{dy}=-(u+e^u).$$

分离变量,得

$$\frac{dy}{y}=-\frac{1+e^u}{u+e^u}du.$$

积分,得

$$\ln|y|=-\ln|u+e^u|+\ln c \quad \text{或}\quad y(u+e^u)=c,$$

将 $u=\frac{x}{y}$ 回代,得所求通解 $ye^{\frac{x}{y}}+x=c$.

例 8 求下列微分方程的通解:

(1) $(\tan x)\frac{dy}{dx}-y=5$;

(2) $\cos y dx+(x-2\cos y)\sin y dy=0$.

(1) **分析** 该方程的解法较多,作为一阶线性微分方程可直接用公式法求解;也可用常数变易法求之;最简单的解法是直接分离变量求得通解.

解 **解法一** 分离变量求解

$$\frac{dy}{y+5}=\frac{\cos x dx}{\sin x},$$

积分,得

$$\ln|y+5|=\ln|\sin x|+c_1,$$

即

$$y+5=c\sin x \quad \text{或}\quad y=c\sin x-5.$$

解法二 利用一阶线性微分方程的公式法求解.

将方程写成

$$y'-y\cot x=5\cot x,$$

直接应用公式

$$\begin{aligned}
y&=e^{-\int p(x)dx}\left[\int q(x)e^{\int p(x)dx}+c\right]\\
&=e^{-\int -\cot x dx}\left[\int 5\cot x e^{\int -\cot x dx}dx+c\right]\\
&=\sin x\left(\int 5\cot x\csc x dx+c\right)\\
&=\sin x(-5\csc x+c),
\end{aligned}$$

即 $y = c\sin x - 5$.

一题多解便于寻找最简方法,又可以从不同角度验证求解的正确性,因此解题时要注意先观察分析,辨清方程类型再求解.

(2) **分析** 在解微分方程时也可以视 x 为 y 的函数 $x = x(y)$,特别是判断是否为一阶线性微分方程时,常常要考虑这种情况.

解 将方程
$$\cos y \mathrm{d}x + (x - 2\cos y)\sin y \mathrm{d}y = 0$$
改写为
$$\frac{\mathrm{d}x}{\mathrm{d}y} + x\tan y = 2\sin y,$$
这是一个一阶线性微分方程,直接利用公式可求得通解.
$$\begin{aligned}
x &= \mathrm{e}^{-\int p(y)\mathrm{d}y}\left[\int q(y)\mathrm{e}^{\int p(y)\mathrm{d}y} + c\right] \\
&= \mathrm{e}^{-\int \tan y \mathrm{d}y}\left[\int 2\sin y \mathrm{e}^{\int \tan y \mathrm{d}y}\mathrm{d}y + c\right] \\
&= \mathrm{e}^{\ln|\cos y|}\left[\int 2\sin y \mathrm{e}^{-\ln|\cos y|}\mathrm{d}y + c\right] \\
&= \pm\cos y\left[\pm\int 2\tan y \mathrm{d}y + c\right] \\
&= \cos y[-2\ln|\cos y| + c].
\end{aligned}$$
即所求通解为
$$x = -2\cos y\ln|\cos y| + c\cos y.$$

例 9 设 $y(x)$ 是一个连续函数,且满足
$$y(x) = \cos 2x + \int_0^x y(t)\sin t \mathrm{d}t,$$
求 $y(x)$.

分析 这是一个积分式中含有未知函数的方程,称为积分方程,为解积分方程,通常先把它两边求导化为微分方程初值问题,再解微分方程.

解 在等式两端对自变量 x 求导,由于 $y(x)$ 连续,故等式右端可导,从而 $y(x)$ 可导,因此有
$$y'(x) = -2\sin 2x + y(x)\sin x,$$
再确定初始条件 $y(0) = 1$,于是得微分方程初值问题
$$\begin{cases} y' - y\sin x = -2\sin 2x, \\ y(0) = 1, \end{cases}$$
这是一阶线性微分方程,下面用常数变易法求解.

$y' - y\sin x = -2\sin 2x$ 对应的齐次方程为 $y' - y\sin x = 0$,分离变量,得
$$\frac{\mathrm{d}y}{y} = \sin x \mathrm{d}x,$$
解得
$$\ln|y| = -\cos x + c_1,$$
即

$$y = ce^{-\cos x}.$$

常数变易 $y=c(x)e^{-\cos x}$, 求导得 $y'=c'(x)e^{-\cos x}+c(x)e^{-\cos x}\sin x$, 代入非齐次方程, 得

$$c'(x)e^{-\cos x}+c(x)e^{-\cos x}\sin x-c(x)e^{-\cos x}\sin x=-2\sin 2x,$$

得

$$c'(x)e^{-\cos x}=-2\sin 2x,$$

解得

$$c(x)=4\cos x e^{\cos x}-4e^{\cos x}+c.$$

则

$$y=c(x)e^{-\cos x}=(4\cos x e^{\cos x}-4e^{\cos x}+c)e^{-\cos x}$$
$$=ce^{-\cos x}+4\cos x-4,$$

再由初始条件 $y|_{x=0}=1$, 得 $1=ce^{-1}$. 所以 $c=e$, 所求初值问题的解即积分方程的解为 $y=e^{1-\cos x}+4(\cos x-1)$.

某些特殊的高阶方程, 可用适当的变量代换降阶为一阶微分方程求解.

例 10 $y'''=1-x$, 求通解.

分析 这是 $y^{(n)}=f(x)$ 型方程, 积分 n 次既得通解.

解 $y''=\int y''' dx=\int(1-x)dx=x-\dfrac{1}{2}x^2+c_1,$

$y'=\int y'' dx=\int\left(x-\dfrac{1}{2}x^2+c_1\right)dx=\dfrac{1}{2}x^2-\dfrac{1}{6}x^3+c_1 x+c_2,$

$y=\int y' dx=\int\left(\dfrac{1}{2}x^2-\dfrac{1}{6}x^3+c_1 x+c_2\right)dx=\dfrac{1}{6}x^3-\dfrac{1}{24}x^4+\dfrac{1}{2}c_1 x^2+c_2 x+c_3.$

*例 11 求方程 $(1+x^2)y''-2xy'=0$ 满足初始条件 $y(0)=-1,y'(0)=3$ 的特解.

分析 这是型如 $y''=f(x,y')$ 的方程. 令 $y'=p(x)$, 化为关于未知函数 $p(x)$ 的一阶方程.

解 $y''=\dfrac{2xy'}{1+x^2}$, 方程不显含 y. 令 $y'=p(x),y''=p'(x)$, 代入原方程, 有

$$\dfrac{dp}{dx}=\dfrac{2xp}{1+x^2}.$$

可分离变量

$$\dfrac{dp}{p}=\dfrac{2xdx}{1+x^2}, \quad \int\dfrac{dp}{p}=\int\dfrac{2xdx}{1+x^2},$$

得

$$\ln|p|=\ln(1+x^2)+c_1, \quad p=c(1+x^2).$$

代入 $y'(0)=3$, 即 $p(0)=3$, 有 $3=c$. 因此 $p=3(1+x^2)$, 即 $y'=3(1+x^2)$.

$$y=\int 3(1+x^2)dx=3x+x^3+\bar{c}.$$

由 $y(0)=-1$, 得 $\bar{c}=-1$. 因此, 所求特解为

$$y=x^3+3x-1.$$

例 12 求方程 $yy''=2(y'^2-y')$ 满足初始条件 $y(0)=1,y'(0)=2$ 的特解.

分析 这是型如 $y''=f(y,y')$ 的方程,仍令 $y'=p(x)$,有

$$y''=\frac{\mathrm{d}p}{\mathrm{d}x}=\frac{\mathrm{d}p}{\mathrm{d}y}\cdot\frac{\mathrm{d}y}{\mathrm{d}x}=p\frac{\mathrm{d}p}{\mathrm{d}y}.$$

代入原方程,即化为一阶方程.

解 该方程不显含 x,令 $y'=p(x)$,有 $y''=p\dfrac{\mathrm{d}p}{\mathrm{d}y}$. 代入原方程,有

$$yp\frac{\mathrm{d}p}{\mathrm{d}y}=2(p^2-p).$$

由 $y'(0)=2$,即 $p(0)=2$ 得 $p\not\equiv0$. 于是方程两端同除以 p,得一阶方程

$$y\frac{\mathrm{d}p}{\mathrm{d}y}=2(p-1).$$

分离变量

$$\frac{\mathrm{d}p}{p-1}=\frac{2\mathrm{d}y}{y},\quad \int\frac{\mathrm{d}p}{p-1}=2\int\frac{\mathrm{d}y}{y},$$

得

$$\ln|p-1|=2\ln|y|+c_1,$$

即 $p-1=cy^2$.

由 $y(0)=1,p(0)=y'(0)=2,\Rightarrow c=1$. 因此得 $p-1=y^2$. $p=\dfrac{\mathrm{d}y}{\mathrm{d}x}$,得方程

$$\frac{\mathrm{d}y}{\mathrm{d}x}=1+y^2.$$

分离变量

$$\frac{\mathrm{d}y}{1+y^2}=\mathrm{d}x,\quad \int\frac{\mathrm{d}y}{1+y^2}=\int\mathrm{d}x,$$

得

$$\arctan y=x+c.$$

代入初始条件 $y(0)=1$,得 $c=\dfrac{\pi}{4}$. 于是所求特解为 $\arctan y=x+\dfrac{\pi}{4}$,即 $y=\tan\left(x+\dfrac{\pi}{4}\right)$.

例 13 求下列各微分方程的通解:

(1) $y''+3y'+2y=0$;

(2) $3y''+2y'=0$;

(3) $y''+4y=0$.

分析 这是一组常系数齐次线性微分方程,先求出特征根,便可得到方程的通解.

解 (1) 特征方程为 $\lambda^2+3\lambda+2=0$,即

$$(\lambda+1)(\lambda+2)=0,$$

得特征根 $\lambda_1=-1,\lambda_2=-2$,所以线性无关的特解为 $\mathrm{e}^{-x},\mathrm{e}^{-2x}$. 方程的通解为

$$y = c_1 e^{-x} + c_2 e^{-2x}.$$

（2）特征方程为 $3\lambda^2 + 2\lambda = 0$，即
$$\lambda(3\lambda + 2) = 0,$$
得特征根 $\lambda_1 = 0, \lambda_2 = -\dfrac{2}{3}$. 方程的通解为
$$y = c_1 + c_2 e^{-\frac{2}{3}x}.$$

（3）特征方程为 $\lambda^2 + 4 = 0$，得特征根 $\lambda_1 = 2i, \lambda_2 = -2i$，方程的通解为
$$y = c_1 \cos 2x + c_2 \sin 2x.$$

例 14 求下列各微分方程的通解：

（1）$y'' - 4y' + 4y = \sin 2x + x$；

（2）$y'' + y = \cos x \cos 2x$.

分析 这是一组常系数非齐次线性微分方程，在求其通解时，须先求对应的齐次线性微分方程的通解，再用待定系数法求非齐次线性微分方程的一个特解 y^*，求 y^* 的关键是如何设 y^* 的形式. 因此在解这类问题时，必须先掌握设特解 y^* 的规律，然后再去计算.

解 （1）对应的齐次线性微分方程为 $y'' - 4y' + 4y = 0$，特征方程为 $\lambda^2 - 4\lambda + 4 = 0$，特征根为 $\lambda_1 = \lambda_2 = 2$，所以对应的齐次线性微分方程的通解为
$$Y = (c_1 + c_2 x)e^{2x}.$$
为了求方程的特解 y^*，考虑下列两个方程：
$$y'' - 4y' + 4y = \sin 2x,$$
$$y'' - 4y' + 4y = x.$$
在第一个非齐次线性微分方程中，$2i$ 不是特征根，故设特解
$$y_1^* = A\cos 2x + B\sin 2x,$$
代入第一个方程解得 $A = \dfrac{1}{8}, B = 0$，于是
$$y_1^* = \frac{1}{8}\cos 2x.$$
在第二个非齐次线性微分方程中，0 不是特征根，故设特解
$$y_2^* = C + Dx,$$
代入第二个方程解得 $C = \dfrac{1}{4}, D = \dfrac{1}{4}$，于是
$$y_2^* = \frac{1}{4}x + \frac{1}{4}.$$

根据叠加原理，原方程的特解为
$$y^* = \frac{1}{8}\cos 2x + \frac{1}{4}x + \frac{1}{4}.$$
因此原方程的通解为
$$y = (c_1 + c_2 x)e^{2x} + \frac{1}{8}\cos 2x + \frac{1}{4}x + \frac{1}{4}.$$

（2）对应的齐次线性微分方程为 $y'' + y = 0$，特征方程为 $\lambda^2 + 1 = 0$，特征根为

$\lambda_{1,2}=\pm i$. 所以对应的齐次线性微分方程的通解为

$$Y = c_1\cos x + c_2\sin x.$$

方程的右端

$$f(x) = \cos x\cos 2x = \frac{1}{2}(\cos x + \cos 3x).$$

为了求方程的特解 y^*,考虑下列两个方程:

$$y'' + y = \frac{1}{2}\cos x, \quad y'' + y = \frac{1}{2}\cos 3x.$$

在前一个非齐次线性微分方程中,i 是特征根,故设特解

$$y_1^* = x(A\cos x + B\sin x),$$

代入前一个方程,解得 $A=0, B=\frac{1}{4}$. 于是

$$y_1^* = \frac{1}{4}x\sin x.$$

在后一个非齐次线性微分方程中,3i 不是特征根,故设特解

$$y_2^* = C\cos 3x + D\sin 3x,$$

代入后一个方程,解得 $C=-\frac{1}{16}, D=0$. 于是

$$y_2^* = -\frac{1}{16}\cos 3x.$$

根据叠加原理,原方程的特解为

$$y^* = \frac{1}{4}x\sin x - \frac{1}{16}\cos 3x.$$

因此原方程的通解为

$$y = C_1\cos x + C_2\sin x + \frac{1}{4}x\sin x - \frac{1}{16}\cos 3x.$$

例 15 曲线 $y=f(x)$ 过点 $(-1,1)$ 且在该点的切线为 $4x-y+5=0$. 又 $f''(x)=-4$,求该曲线的方程.

分析 这是一个微分方程的简单应用,已知微分方程及满足的初始条件的初值问题,求解即可.

解 初值问题 $\begin{cases} y''=-4, \\ y(-1)=1, y'(-1)=4. \end{cases}$

$$y' = -\int 4\mathrm{d}x = -4x + c_1,$$

由 $y'(-1)=4 \Rightarrow c_1=0.$

$$y = \int y'\mathrm{d}x = \int(-4x)\mathrm{d}x = -2x^2 + c_2.$$

由 $y(-1)=1 \Rightarrow c_2=3$. 因此,该曲线的方程为 $y=-2x^2+3$.

例 16 曲线 $y=f(x)$ 过点 $(0,-1)$. 该曲线上每点处切线斜率都比切点的纵坐标小 2. 求曲线方程.

分析 由导数的几何意义及题中已知条件可列出微分方程再求解.

解 $y'-y=-2$,满足的初始条件为 $y(0)=-1$,$\dfrac{dy}{dx}=y-2$,分离变量 $\dfrac{dy}{y-2}=$ dx,解得 $\ln|y-2|=x+c_1$,即 $y=ce^x+2$,代入初始条件 $y(0)=-1$ 得 $c=-3$,该曲线方程为 $y=2-3e^x$.

例 17 已知函数 $y=f(x)$ 的弹性函数为 $\varepsilon_{yx}=\dfrac{2x^2}{1+x^2}$,且 $f(1)=6$. 求函数 f 的表达式.

分析 根据弹性的定义可列出微分方程再求解.

解 $f(x)$ 是微分方程 $\dfrac{x}{y}y'=\dfrac{2x^2}{1+x^2}$ 满足初始条件 $y(1)=6$ 的特解. 求该特解. 分离变量,有

$$\frac{dy}{y}=\frac{2x\,dx}{1+x^2},\quad \int\frac{dy}{y}=\int\frac{2x\,dx}{1+x^2},\Rightarrow\ln y=\ln c(1+x^2).$$

通解为 $y=c(1+x^2)$. 代入 $y(1)=6$,得 $c=3$. 因此,

$$f(x)=3(1+x^2).$$

例 18 (2007 年)微分方程 $\dfrac{dy}{dx}=\dfrac{y}{x}-\dfrac{1}{2}\left(\dfrac{y}{x}\right)^3$ 满足 $y|_{x=1}=1$ 的特解为 $y=$ _____.

分析 这道题实际是考察一阶齐次微分方程的求解问题.

解 方程 $\dfrac{dy}{dx}=\dfrac{y}{x}-\dfrac{1}{2}\left(\dfrac{y}{x}\right)^3$ 是一个齐次方程,因此令 $\dfrac{y}{x}=u$,则 $y=xu$,$\dfrac{dy}{dx}=u+x\dfrac{du}{dx}$,代入原方程得

$$u+x\frac{du}{dx}=u-\frac{1}{2}u^3,\quad \frac{-2du}{u^3}=\frac{1}{x}dx,$$

解得

$$\frac{1}{u^2}=\ln|x|+c.$$

由 $y|_{x=1}=1$ 知,$c=1$,即 $u=\dfrac{1}{\sqrt{\ln|x|+1}}$,则 $y=\dfrac{x}{\sqrt{\ln|x|+1}}$.

例 19 (2008 年)微分方程 $xy'+y=0$ 满足条件 $y|_{x=1}=1$ 的特解为 $y=$ _____.

分析 本题主要考查可分离变量方程的求解方法.

解 方程 $xy'+y=0$ 是一个变量可分离方程,原方程可改写为

$$\frac{dy}{y}=-\frac{dx}{x}\Rightarrow\ln|y|=-\ln|x|+\ln c_1\Rightarrow y=\frac{c}{x},$$

由 $y(1)=1$ 知 $c=1$,则 $y=\dfrac{1}{x}$.

例 20 (2003 年)设 $F(x)=f(x)g(x)$,其中函数 $f(x)$,$g(x)$ 在 $(-\infty$,$+\infty)$ 内满足以下条件:

$$f'(x)=g(x),\quad g'(x)=f(x),$$

且
$$f(0) = 0, \quad f(x) + g(x) = 2e^x.$$

(1) 求 $F(x)$ 所满足的一阶方程;

(2) 求出 $F(x)$ 的表达式.

分析 这是函数求导与微分方程的求解的问题,根据已知条件列出一阶线性方程,再求解.

解 (1) 由
$$\begin{aligned} F'(x) &= f'(x)g(x) + f(x)g'(x) = g^2(x) + f^2(x) \\ &= [f(x) + g(x)]^2 - 2f(x)g(x) \\ &= 4e^{2x} - 2F(x), \end{aligned}$$

则 $F(x)$ 所满足的一阶微分方程为
$$F'(x) + 2F(x) = 4e^{2x}.$$

(2) 方程 $F'(x) + 2F(x) = 4e^{2x}$ 是一个一阶线性方程,由求解公式得
$$\begin{aligned} F(x) &= e^{-\int 2dx}\left[\int 4e^{2x} \cdot e^{\int 2dx}dx + c\right] \\ &= e^{2x} + ce^{-2x}. \end{aligned}$$

将 $F(0) = f(0)g(0) = 0$ 代入上式得 $c = -1$,故
$$F(x) = e^{2x} - e^{-2x}.$$

四、教材习题选解

(A)

3. 求下列微分方程的通解或在给定条件下的特解.

(7) $\dfrac{3}{xy}dx + \dfrac{2}{x^3 - 1}e^{y^2}dy = 0, y(1) = 0$;

解 $\dfrac{3}{xy}dx = \dfrac{2}{1 - x^3}e^{y^2}dy, \dfrac{3(1 - x^3)}{x}dx = 2ye^{y^2}dy$

积分得
$$3\ln|x| - x^3 = e^{y^2} + c,$$

由 $y(1) = 0$ 得 $c = -2$,则
$$3\ln|x| - x^3 = e^{y^2} - 2,$$

即
$$y^2 = \ln|3\ln|x| - x^3 + 2|.$$

(9) $yy' + xe^y = 0, y(1) = 0$.

解 $yy' + xe^y = 0$,分离变量得
$$-ye^{-y}dy = xdx,$$

积分得
$$ye^{-y} + e^{-y} = \frac{1}{2}x^2 + c,$$

由初始条件 $y(1)=0$ 得 $c=\dfrac{1}{2}$，解为

$$2y+2=(x^2+1)e^y.$$

4. 求下列微分方程的通解或在给定初始条件下的特解：

(2) $x\dfrac{dy}{dx}=y\ln\dfrac{y}{x}$.

解 $\dfrac{dy}{dx}=\dfrac{y}{x}\ln\dfrac{y}{x}$，令 $\dfrac{y}{x}=u$，$\dfrac{dy}{dx}=u+x\dfrac{du}{dx}$，代入方程

$$u+x\dfrac{du}{dx}=u\ln u,\quad x\dfrac{du}{dx}=u(\ln u-1),$$

分离变量得

$$\dfrac{du}{u(\ln u-1)}=\dfrac{dx}{x},$$

积分得

$$\ln|\ln u-1|=\ln|x|+c_1,$$

即

$$\ln u-1=cx,$$

将 $\dfrac{y}{x}=u$ 回代 $\ln\dfrac{y}{x}-1=cx$，即 $y=xe^{cx+1}$.

(6) $(y^2-3x^2)dy-2xydx=0,\ y(0)=1$.

解 $(y^2-3x^2)dy=2xydx$，$\dfrac{dx}{dy}=\dfrac{y^2-3x^2}{2xy}$，

$$\dfrac{dx}{dy}=\dfrac{1}{2}\cdot\dfrac{y}{x}-\dfrac{3}{2}\cdot\dfrac{x}{y},$$

令 $\dfrac{x}{y}=v,x=yv$，则

$$\dfrac{dx}{dy}=v+y\dfrac{dv}{dy},$$

代入原方程得

$$v+y\dfrac{dv}{dy}=\dfrac{1}{2}\cdot\dfrac{1}{v}-\dfrac{3}{2}v,$$

分离变量

$$\dfrac{dv}{\dfrac{1}{v}-5v}=\dfrac{dy}{2y},$$

积分得

$$1-5v^2=cy^{-5},$$

将 $v=\dfrac{x}{y}$ 回代得

$$1-5\left(\dfrac{x}{y}\right)^2=cy^{-5},$$
$$y^5-5x^2y^3=c,$$

由 $y(0)=1$ 得 $c=1$,则解为

$$y^5 - 5x^2 y^3 = 1.$$

7. 一曲线通过点 $(2,3)$,它在两坐标轴间的任一切线线段被切点所平分,求曲线方程.

解 设曲线上任一点 (x,y),过该点的切线为 $Y-y=y'(X-x)$,令 $X=0$,得 $Y=y-xy'$,令 $Y=0$,得 $X=x-\dfrac{y}{y'}$,切线与 y 轴的交点 $(0,y-xy')$,切线与 x 轴的交点为 $\left(x-\dfrac{y}{y'},0\right)$ 由已知条件得 $x=\dfrac{1}{2}\left(x-\dfrac{y}{y'}\right)$,整理得 $y'=-\dfrac{y}{x}$ 分离变量得 $\dfrac{\mathrm{d}y}{y}=-\dfrac{\mathrm{d}x}{x}$,积分得 $\ln|y|=-\ln|x|+c_1$,即得 $xy=c$,又曲线过 $(2,3)$ 点,得 $c=6$,则该曲线为 $xy=6$.

8. 求下列微分方程的通解或给定初始条件下的特解.

(6) $y'-\dfrac{y}{x+1}=(x+1)\mathrm{e}^x$, $y(0)=1$.

解 直接应用公式

$$y=\mathrm{e}^{-\int p(x)\mathrm{d}x}\left[\int q(x)\mathrm{e}^{\int p(x)\mathrm{d}x}+c\right]=\mathrm{e}^{-\int -\frac{1}{x+1}\mathrm{d}x}\left(\int (x+1)\mathrm{e}^x \cdot \mathrm{e}^{\int -\frac{1}{x+1}\mathrm{d}x}\mathrm{d}x+c\right)$$

$$=\mathrm{e}^{\ln|x+1|}\left(\int (x+1)\mathrm{e}^x \cdot \mathrm{e}^{-\ln|x+1|}\mathrm{d}x+c\right)=(x+1)(\mathrm{e}^x+c)$$

由 $y(0)=1$ 得 $c=0$,解为

$$y=(x+1)\mathrm{e}^x.$$

(7) $y'+\dfrac{2x}{1+x^2}y=\dfrac{2x^2}{1+x^2}$, $y(0)=\dfrac{2}{3}$.

解 直接应用公式

$$y=\mathrm{e}^{-\int p(x)\mathrm{d}x}\left[\int q(x)\mathrm{e}^{\int p(x)\mathrm{d}x}+c\right]=\mathrm{e}^{-\int \frac{2x}{1+x^2}\mathrm{d}x}\left(\int \frac{2x^2}{1+x^2}\mathrm{e}^{\int \frac{2x}{1+x^2}\mathrm{d}x}\mathrm{d}x+c\right)$$

$$=\frac{1}{1+x^2}\left(\frac{2}{3}x^3+c\right),$$

由 $y(0)=\dfrac{2}{3}$,得 $c=\dfrac{2}{3}$,则

$$y=\frac{2(x^3+1)}{3(1+x^2)}.$$

(10) $y'+2xy=(x\sin x)\mathrm{e}^{-x^2}$, $y(0)=1$.

解 直接应用公式

$$y=\mathrm{e}^{-\int p(x)\mathrm{d}x}\left[\int q(x)\mathrm{e}^{\int p(x)\mathrm{d}x}+c\right]$$

$$=\mathrm{e}^{-\int 2x\mathrm{d}x}\left(\int x\sin x \mathrm{e}^{-x^2}\mathrm{e}^{\int 2x\mathrm{d}x}\mathrm{d}x+c\right)=\mathrm{e}^{-x^2}(-x\cos x+\sin x+c),$$

代入初始条件 $y(0)=c=1$,特解为

$$y=\mathrm{e}^{-x^2}(-x\cos x+\sin x+1).$$

9. 求下列微分方程的通解或在给定初始条件下的特解:

(1) $xy' + y = y^2 x \ln x$.

解 将方程变形为

$$y' + \frac{1}{x}y = y^2 \ln x, \quad \frac{1}{y^2} \cdot \frac{dy}{dx} + \frac{1}{x} \cdot \frac{1}{y} = \ln x,$$

$$\frac{dy^{-1}}{dx} - \frac{1}{x}y^{-1} = -\ln x,$$

$$y^{-1} = e^{-\int -\frac{1}{x}dx}\left(\int -\ln x \cdot e^{\int -\frac{1}{x}dx}dx + c\right) = x\left[-\frac{1}{2}(\ln x)^2 + c\right].$$

$$y = \frac{1}{x\left[-\frac{1}{2}(\ln x)^2 + c\right]}.$$

(3) $y' + \frac{1}{x}y = x^2 y^4$.

解 将方程变形为

$$\frac{1}{y^4} \cdot \frac{dy}{dx} + \frac{1}{x}y^{-3} = x^2, \quad \frac{dy^{-3}}{dx} - \frac{3}{x}y^{-3} = -3x^2,$$

$$y^{-3} = e^{-\int -\frac{3}{x}dx}\left(\int -3x^2 e^{\int -\frac{3}{x}dx}dx + c\right) = x^3(-3\ln|x| + c),$$

解为

$$x^3 y^3(-3\ln|x| + c) = 1.$$

10. 设函数 $y = y(x)$ 连续且满足方程 $\int_0^x ty(t)dt = x^2 - 1 + y(x)$，求 $y(\sqrt{2})$.

解 两边求导得

$$xy(x) = 2x + y'$$

即

$$y' - xy = -2x, \quad y(0) = 1,$$

$$y = e^{-\int -x dx}\left(\int -2x e^{\int -x dx}dx + c\right)$$

$$= 2 + ce^{\frac{1}{2}x^2},$$

由 $y(0) = 1$ 得 $c = -1$，则

$$y = 2 - e^{\frac{1}{2}x^2}, \quad y(\sqrt{2}) = 2 - e.$$

11. 验证：形如 $\frac{x}{y} \cdot \frac{dy}{dx} = f(xy)$ 经变换 $xy = u$ 可化为变量分离方程. 并由此求解方程 $y(1+xy)dx = xdy$.

解 $\frac{x}{y} \cdot \frac{dy}{dx} = f(xy)$，令

$$xy = u, \quad \frac{dy}{dx} = \frac{x\dfrac{du}{dx} - u}{x^2},$$

代入原方程得

$$\frac{1}{u}\left(\frac{du}{dx}x - u\right) = f(u),$$

分离变量得

$$\frac{\mathrm{d}u}{u+uf(u)}=\frac{\mathrm{d}x}{x}.$$

$$y(1+xy)\mathrm{d}x=x\mathrm{d}y,\qquad \frac{\mathrm{d}y}{\mathrm{d}x}=\frac{y(1+xy)}{x},$$

令

$$xy=u,\qquad \frac{\mathrm{d}y}{\mathrm{d}x}=\frac{x\dfrac{\mathrm{d}u}{\mathrm{d}x}-u}{x^2},$$

代入原方程得

$$\frac{x\dfrac{\mathrm{d}u}{\mathrm{d}x}-u}{x^2}=\frac{u(1+u)}{x^2},$$

分离变量得

$$\frac{\mathrm{d}u}{u(2+u)}=\frac{\mathrm{d}x}{x},$$

积分得

$$\ln\mid u\mid-\ln\mid 2+u\mid=\ln x^2+\ln c,$$

即$\dfrac{u}{2+u}=cx^2$ 回代 $u=xy$ 得

$$\frac{xy}{2+xy}=cx^2.$$

13. 求方程 $x\mathrm{d}y-y\mathrm{d}x=\dfrac{y^2}{1+y^2}\mathrm{d}y$ 的通解.

解 将方程变形为$\dfrac{x\mathrm{d}y-y\mathrm{d}x}{y^2}=\dfrac{\mathrm{d}y}{1+y^2}$,则有

$$-\mathrm{d}\frac{x}{y}=\frac{\mathrm{d}y}{1+y^2},$$

积分得

$$-\frac{x}{y}=\mathrm{arctan}y+c,$$

则解为

$$x=y(c-\mathrm{arctan}y).$$

14. 求下列方程的通解或在给定初始条件下的特解:

(2) $(1+x^2)y''-2xy'=0,y(0)=-1,y'(0)=3.$

解 $(1+x^2)\dfrac{\mathrm{d}y'}{\mathrm{d}x}=2xy',\qquad \dfrac{\mathrm{d}y'}{y'}=\dfrac{2x}{1+x^2}\mathrm{d}x$,积分得

$$\ln\mid y'\mid=\ln(1+x^2)+\ln c_1,$$

则

$$y'=c_1(1+x^2),$$

$$\frac{\mathrm{d}y}{\mathrm{d}x}=c_1(1+x^2),\qquad \mathrm{d}y=c_1(1+x^2)\mathrm{d}x,$$

积分得
$$y = c_1\left(x + \frac{1}{3}x^3\right) + c_2,$$
由 $y(0) = -1$ 得 $c_2 = -1$, 由 $y'(0) = 3$ 得 $c_1 = 3$, 则解为
$$y = 3x + x^3 - 1.$$

(3) $yy'' = 2(y'^2 - y'), y(0) = 1, y'(0) = 2$.

解 令
$$y' = p, \quad y'' = \frac{\mathrm{d}p}{\mathrm{d}x} = \frac{\mathrm{d}p}{\mathrm{d}y} \cdot \frac{\mathrm{d}y}{\mathrm{d}x} = p\frac{\mathrm{d}p}{\mathrm{d}y},$$

$$yp\frac{\mathrm{d}p}{\mathrm{d}y} = 2p(p-1),$$

分离变量
$$\frac{\mathrm{d}p}{p-1} = 2\frac{1}{y}\mathrm{d}y,$$

积分得
$$\ln|p-1| = 2\ln|y| + \ln c_1,$$

$$p - 1 = c_1 y^2, \quad \frac{\mathrm{d}y}{\mathrm{d}x} = c_1 y^2 + 1,$$

由 $y'(0) = 2, y(0) = 1$ 得 $c_1 = 1$, 则

$$\frac{\mathrm{d}y}{\mathrm{d}x} = 1 + y^2, \quad \frac{\mathrm{d}y}{1 + y^2} = \mathrm{d}x,$$

积分得
$$\arctan y = x + c,$$

由 $y(0) = 1$ 得 $c = \frac{\pi}{4}$, $\arctan y = x + \frac{\pi}{4}$, 则

$$y = \tan\left(x + \frac{\pi}{4}\right).$$

16. 求下列非齐次线性微分方程的通解或在给定初始条件下的特解.

(2) $y'' + a^2 y = \mathrm{e}^x (a \neq 0)$.

解 特征方程 $\lambda^2 + a^2 = 0$, 特征根 $\lambda = \pm ai$, 齐次方程的通解为
$$Y = c_1 \cos ax + c_2 \sin ax,$$

设非齐次方程的特解为 $y^* = A\mathrm{e}^x$, 代入原方程 $A\mathrm{e}^x + a^2 A\mathrm{e}^x = \mathrm{e}^x$,

解得 $A = \frac{1}{1+a^2}$, 得特解为 $y^* = \frac{\mathrm{e}^x}{1+a^2}$, 则该方程的通解为

$$y = c_1 \cos ax + c_2 \sin ax + \frac{\mathrm{e}^x}{1+a^2}.$$

(4) $y'' + 3y' + 2y = 3x\mathrm{e}^{-x}$

解 特征方程为 $\lambda^2 + 3\lambda + 2 = 0$, 特征根为 $\lambda_1 = -1, \lambda_2 = -2$, 齐次方程的通解为

$$Y = c_1 \mathrm{e}^{-x} + c_2 \mathrm{e}^{-2x}.$$

设非齐次方程的特解为

$$y^* = x(a_0 x + a_1)\mathrm{e}^{-x},$$

代入原方程得 $a_0 = \dfrac{3}{2}$, $a_1 = -3$, 则

$$y^* = \left(\dfrac{3}{2}x^2 - 3x\right)\mathrm{e}^{-x},$$

则该方程的通解为

$$y = c_1 \mathrm{e}^{-x} + c_2 \mathrm{e}^{-2x} + \left(\dfrac{3}{2}x^2 - 3x\right)\mathrm{e}^{-x}.$$

(8) $y'' - 6y' + 25y = 2\sin x + 3\cos x$, $y(0) = \dfrac{1}{2}$, $y'(0) = 1$.

解 特征方程 $\lambda^2 - 6\lambda + 25 = 0$, 特征根 $\lambda = 3 \pm 4\mathrm{i}$, 齐次方程的通解为
$$Y = \mathrm{e}^{3x}(c_1 \cos 4x + c_2 \sin 4x).$$

设非齐次方程的特解为

$$y^* = a_0 \sin x + a_1 \cos x,$$

代入非齐次方程得 $a_0 = \dfrac{5}{102}$, $a_1 = \dfrac{7}{51}$, 则

$$y^* = \dfrac{5}{102}\sin x + \dfrac{7}{51}\cos x,$$

则原方程的通解为

$$y = \mathrm{e}^{3x}(c_1 \cos 4x + c_2 \sin 4x) + \dfrac{5}{102}\sin x + \dfrac{7}{51}\cos x.$$

代入初始条件 $y(0) = \dfrac{1}{2}$, $y'(0) = 1$, 得 $c_1 = \dfrac{37}{102}$, $c_2 = -\dfrac{7}{204}$, 则该方程的特解为

$$y = \mathrm{e}^{3x}\left(\dfrac{37}{102}\cos 4x - \dfrac{7}{204}\sin 4x\right) + \dfrac{5}{102}\sin x + \dfrac{7}{51}\cos x.$$

17. 设函数 $y = f(x)$ 满足方程
$$y'' + ay' + (b^2 + 1)y = 0,$$
若 x_0 为函数 $f(x)$ 的驻点且 $f(x_0) > 0$. 试证明函数 $f(x)$ 在点 x_0 取极大值.

证明 x_0 为 $f(x)$ 的驻点 $f'(x_0) = 0$, 则
$$f''(x_0) + (b^2 + 1)f(x_0) = 0,$$
$$f''(x_0) = -(b^2 + 1)f(x_0) < 0,$$
$f(x)$ 在 x_0 处取得极大值.

18. 某银行账户以当年余额的 5% 的年利率连续每年盈取利息, 假设最初存入的数额为 10000 元, 并且这之后没有其他数额存入和取出. 给出账户中余额所满足的微分方程, 并求存款到第 10 年的余额.

解 设存款余额为 x, 根据题设有

$$\dfrac{\mathrm{d}x}{\mathrm{d}t} = 0.05x, \quad x(0) = 10000.$$

$$\dfrac{\mathrm{d}x}{x} = 0.05\mathrm{d}t, \quad \ln x = 0.05t + c_1, \quad x = c\mathrm{e}^{0.05t}, \quad x(0) = c = 10000,$$

则

$$x = 10000\mathrm{e}^{0.05t}, \quad x(10) = 10000\mathrm{e}^{0.5}.$$

19. 已知函数 $y = f(x)$ 的弹性函数为 $\varepsilon_{yx} = \dfrac{2x^2}{1+x^2}$，并且 $f(1) = 6$，求函数 f 的表达式.

解 $\varepsilon_{yx} = \dfrac{2x^2}{1+x^2}$，$\quad y|_{x=1} = 6$，

$$\varepsilon_{yx} = \frac{x}{y} \cdot \frac{\mathrm{d}y}{\mathrm{d}x} = \frac{2x^2}{1+x^2}, \qquad \frac{\mathrm{d}y}{y} = \frac{2x}{1+x^2}\mathrm{d}x,$$

积分得

$$\ln|y| = \ln(1+x^2) + c_1,$$

即

$$y = c(1+x^2), \quad y(1) = c \cdot 2 = 6,$$

得 $c = 3$，则

$$f(x) = 3(1+x^2).$$

20. 某商品的需求价格弹性为 $\varepsilon_{Qp} = -k$. 求商品的需求函数 $Q = f(p)$.

解 $\varepsilon_{Qp} = \dfrac{p}{Q} \cdot \dfrac{\mathrm{d}Q}{\mathrm{d}p} = -k$, $\quad \dfrac{p}{Q} \cdot \dfrac{\mathrm{d}Q}{\mathrm{d}p} = -k$, $\quad \dfrac{\mathrm{d}Q}{Q} = -k\dfrac{\mathrm{d}p}{p}$,

积分得

$$\ln Q = -k \ln P + \ln c,$$

即 $Q = cp^{-k}$.

21. 某养鱼池最多养 1000 条鱼, 鱼数 y 是时间 t 的函数, 且鱼的数目的变化速度与 y 及 $1000-y$ 的乘积成正比. 现知养鱼 100 条, 3 个月后变为 250 条, 求函数 $y(t)$ 以及 6 个月后养鱼池里的鱼的数量.

解 $\dfrac{\mathrm{d}y}{\mathrm{d}t} = ky(1000-y)$, $\quad y(0) = 100$, $\quad y(3) = 250$, $\quad \dfrac{\mathrm{d}y}{y(1000-y)} = k\mathrm{d}t$,

积分得

$$\ln\frac{y}{1000-y} = 1000kt + c_1, \qquad \frac{y}{1000-y} = c\mathrm{e}^{1000kt}.$$

代入 $y(0) = 100$ 得

$$c = \frac{1}{9}, \qquad \frac{y}{1000-y} = \frac{1}{9}\mathrm{e}^{1000kt},$$

代入 $y(3) = 250$ 得 $k = \dfrac{\ln 3}{3000}$，则

$$\frac{y}{1000-y} = \frac{1}{9} \cdot 3^{\frac{t}{3}}, \quad y = \frac{1000 \cdot 3^{\frac{t}{3}}}{9 + 3^{\frac{t}{3}}}.$$

$$y(6) = \frac{1000 \cdot 3^2}{9 + 3^2} = 500.$$

23. 已知某商品的生产成本 $c = c(x)$ 随生产量 x 的增加而增加, 其增长率为

$$c'(x) = \frac{1+x+c(x)}{1+x}$$

且生产量为零时, 固定成本 $c(0) = c_0 \geqslant 0$, 求该商品的生产成本函数 $c = c(x)$.

解 $c'(x)=\dfrac{1+x+c(x)}{1+x}=1+\dfrac{c(x)}{1+x}$, $\quad \dfrac{\mathrm{d}c(x)}{\mathrm{d}x}-\dfrac{1}{1+x}c(x)=1$,

$$c(x)=\mathrm{e}^{-\int-\frac{1}{1+x}\mathrm{d}x}\left(\int\mathrm{e}^{\int-\frac{1}{1+x}\mathrm{d}x}\mathrm{d}x+c\right)=(1+x)(\ln(1+x)+c).$$

$$c(0)=c=c_0,$$

则

$$c(x)=(1+x)(\ln(1+x)+c_0).$$

25. (2010 年)设某商品的收益函数为 $R(p)$,收益弹性为 $1+p^3$,其中 p 为价格,且 $R(1)=1$,求 $R(p)$.

解 $\varepsilon_{Rp}=\dfrac{p}{R}\cdot\dfrac{\mathrm{d}R}{\mathrm{d}p}=1+p^3$,分离变量

$$\dfrac{\mathrm{d}R}{R}=\left(\dfrac{1}{p}+p^2\right)\mathrm{d}p,$$

积分得

$$\ln R=\ln p+\dfrac{1}{3}p^3+c,$$

由 $R(1)=1,\dfrac{1}{3}+c=0$ 得 $c=-\dfrac{1}{3}$.

$$R=p\mathrm{e}^{\frac{1}{3}(p^3-1)}.$$

(B)

1. 求下列方程的通解或给定条件下的特解.

(1) $\dfrac{\mathrm{d}y}{\mathrm{d}x}=\dfrac{y}{x-\sqrt{x^2+y^2}}\,(y\neq0)$.

解 将方程变形为

$$\dfrac{\mathrm{d}x}{\mathrm{d}y}=\dfrac{x-\sqrt{x^2+y^2}}{y},$$

$$y>0,\quad\dfrac{\mathrm{d}x}{\mathrm{d}y}=\dfrac{x}{y}-\sqrt{\left(\dfrac{x}{y}\right)^2+1},$$

令 $\dfrac{x}{y}=v$,则

$$x=yv,\quad\dfrac{\mathrm{d}x}{\mathrm{d}y}=v+y\dfrac{\mathrm{d}v}{\mathrm{d}y},$$

代入方程

$$v+y\dfrac{\mathrm{d}v}{\mathrm{d}y}=v-\sqrt{v^2+1},$$

分离变量得

$$\dfrac{\mathrm{d}v}{\sqrt{v^2+1}}=-\dfrac{\mathrm{d}y}{y},$$

积分得

$$\ln(v+\sqrt{v^2+1})=-\ln|y|+\ln c,\quad v+\sqrt{v^2+1}=\dfrac{c}{y},$$

$$\frac{x}{y}+\sqrt{\left(\frac{x}{y}\right)^2+1}=\frac{c}{y}, \quad x+\sqrt{x^2+y^2}=c.$$

$y<0,\dfrac{\mathrm{d}x}{\mathrm{d}y}=\dfrac{x}{y}+\sqrt{\left(\dfrac{x}{y}\right)^2+1}$,得解为

$$x-\sqrt{x^2+y^2}=cy^2.$$

则该方程的解为

$$x+\sqrt{x^2+y^2}=c \quad \text{或} \quad x-\sqrt{x^2+y^2}=cy^2.$$

2. 设 $y=\mathrm{e}^x$ 是微分方程 $xy'+p(x)y=x$ 的一个解,求此方程满足条件 $y(\ln 2)=0$ 的特解.

解 $x\mathrm{e}^x+p(x)\mathrm{e}^x=x$, $p(x)=x(\mathrm{e}^{-x}-1)$,则方程为

$$x\frac{\mathrm{d}y}{\mathrm{d}x}+x(\mathrm{e}^{-x}-1)y=x, \quad \frac{\mathrm{d}y}{\mathrm{d}x}+(\mathrm{e}^{-x}-1)y=1,$$

$$y=\mathrm{e}^{-\int(\mathrm{e}^{-x}-1)\mathrm{d}x}\left(\int 1\cdot \mathrm{e}^{\int(\mathrm{e}^{-x}-1)\mathrm{d}x}\mathrm{d}x+c\right)=\mathrm{e}^x+c\mathrm{e}^x\cdot\mathrm{e}^{\mathrm{e}^{-x}}.$$

由 $y(\ln 2)=0$ 得 $c=-\mathrm{e}^{-\frac{1}{2}}$,解为

$$y=\mathrm{e}^x-\mathrm{e}^{x-\frac{1}{2}+\mathrm{e}^{-x}}.$$

6. (1995 年)已知连续函数 $f(x)$ 满足条件 $f(x)=\displaystyle\int_0^{3x}f\left(\frac{t}{3}\right)\mathrm{d}t+\mathrm{e}^{2x}$,求 $f(x)$.

解 已知 $f(x)=\displaystyle\int_0^{3x}f\left(\frac{t}{3}\right)\mathrm{d}t+\mathrm{e}^{2x}$,两边求导

$$f'(x)=f(x)\cdot 3+2\mathrm{e}^{2x}, \quad f'(x)-3f(x)=2\mathrm{e}^{2x},$$

$$f(x)=\mathrm{e}^{-\int-3\mathrm{d}x}\left(\int 2\mathrm{e}^{2x}\cdot \mathrm{e}^{\int-3\mathrm{d}x}\mathrm{d}x+c\right)=-2\mathrm{e}^{2x}+c\mathrm{e}^{3x}.$$

$f(0)=1,c=3$,则

$$f(x)=-2\mathrm{e}^{2x}+3\mathrm{e}^{3x}.$$

9. (2002 年)(1)验证函数 $y(x)=1+\dfrac{x^3}{3!}+\dfrac{x^6}{6!}+\dfrac{x^9}{9!}+\cdots+\dfrac{x^{3n}}{(3n)!}+\cdots(-\infty<x<+\infty)$满足微分方程 $y''+y'+y=\mathrm{e}^x$.

(2) 利用(1)的结果求幂级数 $\displaystyle\sum_{n=0}^{\infty}\frac{x^{3n}}{(3n)!}$ 的和函数.

解 (1) $y(x)=1+\dfrac{x^3}{3!}+\dfrac{x^6}{6!}+\dfrac{x^9}{9!}+\cdots+\dfrac{x^{3n}}{(3n)!}+\cdots$

$$y'(x)=\frac{3x^2}{3!}+\frac{6x^5}{6!}+\frac{9x^8}{9!}+\cdots+\frac{3nx^{3n-1}}{(3n)!}+\cdots$$

$$=\frac{x^2}{2!}+\frac{x^5}{5!}+\frac{x^8}{8!}+\cdots+\frac{x^{3n-1}}{(3n-1)!}+\cdots.$$

$$y''=\frac{2x}{2!}+\frac{5x^4}{5!}+\frac{8x^7}{8!}+\cdots+\frac{(3n-1)x^{3n-2}}{(3n-1)!}+\cdots$$

$$=x+\frac{x^4}{4!}+\frac{x^7}{7!}+\cdots+\frac{x^{3n-2}}{(3n-2)!}+\cdots.$$

$$y'' + y' + y = x + \frac{x^4}{4!} + \frac{x^7}{7!} + \cdots + \frac{x^{3n-2}}{(3n-2)!} + \cdots$$
$$+ \frac{x^2}{2!} + \frac{x^5}{5!} + \frac{x^8}{8!} + \cdots + \frac{x^{3n-1}}{(3n-1)!} + \cdots$$
$$+ 1 + \frac{x^3}{3!} + \frac{x^6}{6!} + \frac{x^9}{9!} + \cdots + \frac{x^{3n}}{(3n)!} + \cdots$$
$$= 1 + x + \frac{x^2}{2!} + \frac{x^3}{3!} + \frac{x^4}{4!} + \frac{x^5}{5!} + \cdots + \frac{x^n}{n!} + \cdots = e^x.$$

(2) $\sum\limits_{n=0}^{\infty} \frac{x^{3n}}{(3n)!} = y(x)$ 是方程 $y'' + y' + y = e^x$ 的解,

$\sum\limits_{n=0}^{\infty} \frac{x^{3n}}{(3n)!}$ 的和函数就是初值问题 $\begin{cases} y'' + y' + y = e^x, \\ y(0) = 1, y'(0) = 0 \end{cases}$ 的解.

特征方程

$$\lambda^2 + \lambda + 1 = 0, \quad \lambda = -\frac{1}{2} \pm \frac{\sqrt{3}}{2}i,$$

齐次方程的通解为

$$Y = e^{-\frac{1}{2}x} \left(c_1 \cos \frac{\sqrt{3}}{2}x + c_2 \sin \frac{\sqrt{3}}{2}x \right),$$

设非齐次方程的特解 $y^* = Ae^x$,代入原方程得 $A = \frac{1}{3}e^x$,通解为

$$y = e^{-\frac{1}{2}x} \left(c_1 \cos \frac{\sqrt{3}}{2}x + c_2 \sin \frac{\sqrt{3}}{2}x \right) + \frac{1}{3}e^x,$$

由初始条件 $y(0) = 1, y'(0) = 0$ 得 $c_1 = \frac{2}{3}, c_2 = 0$,则初值问题的解为

$$y = e^{-\frac{1}{2}x} \cdot \frac{2}{3} \cos \frac{\sqrt{3}}{2}x + \frac{1}{3}e^x,$$

即幂级数 $\sum\limits_{n=0}^{\infty} \frac{x^{3n}}{(3n)!}$ 的和函数为

$$y = e^{-\frac{1}{2}x} \cdot \frac{2}{3} \cos \frac{\sqrt{3}}{2}x + \frac{1}{3}e^x \quad (-\infty < x < +\infty).$$

五、自 测 题

1. 单项选择题.

(1) 下列等式中,是微分方程的是(   ).

(A) $(uv)' = u'v + uv'$;

(B) $\frac{\mathrm{d}(y + e^x)}{\mathrm{d}x} = \frac{\mathrm{d}y}{\mathrm{d}x} + e^x$;

(C) $y'' + 3y' + 4y = xe^x$;

(D) $e^y - xy + 1 = 0$.

(2) 微分方程 $\left(\frac{\mathrm{d}y}{\mathrm{d}x} \right)^3 + x \frac{\mathrm{d}^2 y}{\mathrm{d}x^2} - x^2 \frac{\mathrm{d}y}{\mathrm{d}x} + y^4 = 0$ 的阶数是(   ).

(A) 1；　　　(B) 2；　　　(C) 3；　　　(D) 4.

(3) 下列方程中，一阶线性方程是（　　）.

(A) $\dfrac{\mathrm{d}^2 y}{\mathrm{d}x^2}=\dfrac{\ln x}{x}y^2-\dfrac{y}{x}$；

(B) $\dfrac{\mathrm{d}y}{\mathrm{d}x}=xy-\mathrm{e}^x y^3$；

(C) $\left(\dfrac{\mathrm{d}y}{\mathrm{d}x}\right)^2+xy=\sin x$；

(D) $\dfrac{\mathrm{d}y}{\mathrm{d}x}+y\tan x=\dfrac{1}{\cos x}$.

(4) 设 y_1 和 y_2 是二阶常系数线性齐次方程 $y''+py'+qy=0$ 的两个特解，c_1 和 c_2 是任意常数. 则 $y=c_1 y_1+c_2 y_2$（　　）.

(A) 是该方程的特解；　　　(B) 是该方程的通解；

(C) 是该方程的解；　　　(D) 不是该方程的解.

(5) 微分方程 $\sqrt{1+x^2}\,y'-x=0$ 满足初始条件 $y(0)=1$ 的特解是 $y=$（　　）.

(A) $\dfrac{1}{\sqrt{1+x^2}}$；

(B) $\sqrt{1+x^2}$；

(C) $\dfrac{c}{\sqrt{1+x^2}}$；

(D) $\sqrt{1+x^2}+c$.

(6) 设一曲线在其上每点 (x,y) 处的切线斜率为 $3x-2$，且该曲线过点 $(0,1)$. 该曲线方程是（　　）.

(A) $y=\dfrac{3}{2}x^2-2x+c$；

(B) $y=\dfrac{3}{2}x^2-2x+1$；

(C) $y=\dfrac{3}{2}x^3$；

(D) $y=3x^2+2x+1$.

2. 填空题.

(1) 一阶线性齐次微分方程的标准形式是 _____，它的通解是 _____.

(2) 微分方程 $y'=y+1$ 的通解是 _____.

(3) 方程 $y''-5y'+6y=0$ 的通解是 _____.

(4) 方程 $y''+2y'+2y=0$ 的通解是 _____.

(5) 方程 $y''+2y'+y=0$ 的通解是 _____.

3. 计算题.

(1) 求 $(1+x^2)\mathrm{d}y=xy\mathrm{d}x,\ y(0)=3$ 的特解.

(2) $\dfrac{\mathrm{d}y}{\mathrm{d}x}=1-x+y^2-xy^2$ 求通解.

(3) $\dfrac{\mathrm{d}y}{\mathrm{d}x}=2\sqrt{\dfrac{y}{x}}+\dfrac{y}{x}$ 求通解.

(4) $xy'=y(\ln\sqrt{y}-\ln\sqrt{x}),\ y(1)=\mathrm{e}^4$ 求特解.

(5) $\dfrac{\mathrm{d}y}{\mathrm{d}x}+2xy=2x\mathrm{e}^{-x^2}$ 求通解.

(6) $\dfrac{\mathrm{d}y}{\mathrm{d}x}=\dfrac{2}{x}y+\dfrac{x}{2},\ y(1)=1$ 求特解.

(7) $2y''-y'-3y=0,\ y(0)=1,\ y'(0)=4$ 求特解.

4. 应用题.

(1) 曲线 $y=f(x)$ 过点 $(0,1)$. 该曲线每点处切线的斜率等于曲线上该点的横坐标与纵坐标之和. 求曲线方程.

(2) 某商品的需求量 Q 对价格 P 的弹性为 $P^2\ln3$. 已知该商品的最大需求量为 10000(即当 $P=0$ 时, $Q=10000$). 求需求量 Q 对价格 P 的函数关系.

六、自测题参考答案

1. 单项选择题.

(1) C; (2) B; (3) D; (4) C; (5) B; (6) B.

2. 填空题.

(1) $y'+p(x)y=0, y=ce^{-\int p(x)\mathrm{d}x}$;

(2) $y=ce^x-1$; (3) $y=c_1e^{2x}+c_2e^{3x}$; (4) $y=e^{-x}(c_1\cos x+c_2\sin x)$;

(5) $y=e^{-x}(c_1+c_2x)$.

3. 计算题.

(1) $y=3\sqrt{1+x^2}$; (2) $y=-\tan\left[\dfrac{(1-x)^2}{2}+c\right]$; (3) $y=x(\ln x+c)^2$;

(4) $\ln\dfrac{y}{x}=2(\sqrt{x}+1)$; (5) $y=e^{-x^2}(x^2+c)$; (6) $y=x^2\left(\dfrac{1}{2}\ln|x|+1\right)$;

(7) $y=2e^{\frac{3}{2}x}-e^{-x}$.

4. 应用题.

(1) $y=2e^x-x-1$; (2) $Q=10000\cdot3^{-\frac{P^2}{2}}$.

第 10 章 差 分 方 程

一、基 本 要 求

(1) 了解差分方程的一些基本概念.

(2) 掌握一阶常系数齐次线性差分方程的求解方法,掌握简单的一阶常系数非齐次线性差分方程的求解方法.

*(3) 了解二阶常系数差分方程解的结构,会求解二阶常系数齐次线性差分方程和一些简单的二阶常系数非齐次线性差分方程,并会建立差分方程模型,解决一些简单的经济管理方面的应用问题.

二、内 容 提 要

1. 差分

设函数 $y=g(x)$,并记 $y_x=g(x)$,则 $y_{x+1}=g(x+1)$.

一阶差分:$\Delta y_x = y_{x+1} - y_x = g(x+1) - g(x)$;

二阶差分:$\Delta^2 y_x = \Delta(\Delta y_x) = \Delta y_{x+1} - \Delta y_x = (y_{x+2} - y_{x+1}) - (y_{x+1} - y_x)$
$$= y_{x+2} - 2y_{x+1} + y_x;$$

......

n 阶差分:$\Delta^n y_x = \sum_{i=0}^{n} (-1)^i C_n^i y_{x+n-i}$.

差分的性质:

(1) $\Delta(Cy_x) = C\Delta y_x$($C$ 为常数);

(2) $\Delta(y_x \pm z_x) = \Delta y_x \pm \Delta z_x$.

2. 差分方程

差分方程　含有未知函数的差分或未知函数的几个时期值符号的方程,称为**差分方程**.

差分方程的阶　方程中所含未知函数角标的最大值与最小值的差,称为**差分方程的阶**.

差分方程的解　代入差分方程使之成为恒等式的函数,称为差分方程的解.

差分方程的通解　如果差分方程的解中所含独立的任意常数的个数恰等于方程阶数,则称该解为差分方程的通解.

初始条件　确定差分方程通解中任意常数的条件,称为初始条件.

差分方程的特解　如果差分方程的解中不含任意常数,称为特解.

3. 一阶常系数线性差分方程的解法

一阶常系数线性差分方程形式:

$$y_{x+1} - ay_x = f(x), \quad a \neq 0 \text{ 为常数.} \tag{10.1}$$

若 $f(x) \equiv 0$,由方程(10.1)可得

$$y_{x+1} - ay_x = 0. \tag{10.2}$$

方程(10.2)称为方程(10.1)对应的线性齐次差分方程,相应地,当 $f(x) \not\equiv 0$,称方程(10.2)为线性非齐次差分方程.

一阶常系数线性齐次方程的解法:

(1) 迭代法.设 y_0 为已知,分别将 $x=0,1,2,\cdots$,依次代入方程 $y_1 = ay_0$,$y_2 = ay_1 = a^2 y_0$,$\cdots$.一般 $y_x = a^x y_0$,它满足方程,故是差分方程的解.

(2) 特征根法.由特征方程 $\lambda - a = 0$,求出特征根 $\lambda = a$,从而 $y_x^* = a^x$ 是线性齐次方程的一个特解,故 $\bar{y}_x = Ca^x$ 是线性齐次方程的通解,其中 C 为任意常数.

一阶常系数线性非齐次方程的特解的求法

对于几种常见类型的 $f(x)$,一阶常系数非齐次线性差分方程特解形式见表10.1.

表 10.1

$f(x)$ 的形式	特解形式
$f(x) = p_n(x)$	$y_x^* = Q_n(x), a \neq 1$ $y_x^* = xQ_n(x), a = 1$
$f(x) = b^x p_n(x)$	$y_x^* = b^x Q_n(x), b \neq a$ $y_x^* = xb^x Q_n(x), b = a$

求一阶常系数线性非齐次方程(10.1)的通解,只要求出它的一个特解 y_x^* 及它对应的齐次方程(10.2)的通解 $\bar{y}_x = ca^x$.就可得到(10.1)的通解为

$$y_x = ca^x + y_x^*, x = 0,1,2,\cdots. \tag{10.3}$$

4. 二阶常系数线性差分方程的解法

二阶常系数线性差分方程的一般形式为

$$y_{x+2} + ay_{x+1} + by_x = f(x), \quad x = 0,1,2,\cdots \tag{10.4}$$

其中 a,b 为已知常数,且 $b \neq 0$,$f(x)$ 为 x 的已知函数.

方程(10.4)对应的齐次方程为

$$y_{x+2} + ay_{x+1} + by_x = 0. \tag{10.5}$$

为了求出(10.4)的通解,只需求出(10.4)一个特解 y_x^* 及其对应齐次方程(10.5)的通解 $\bar{y}_x$,然后将两者相加,即得(10.4)的通解 $y_x = \bar{y}_x + y_x^*$.

二阶常系数齐次方程的通解

特征方程　　　　　　　　$\lambda^2 + a\lambda + b = 0.$ 　　　　　　　(10.6)

(1) 特征方程有两个相异实根 λ_1、λ_2,方程(10.5)的通解为

$$y_x = c_1\lambda_1^x + c_2\lambda_2^x, \tag{10.7}$$

c_1, c_2 为任意常数.

(2) 特征方程有重根 λ 时,方程(10.5)的通解为

$$y_x = (c_1 + c_2 x)\lambda^x, \tag{10.8}$$

其中 $\lambda = \lambda_1 = \lambda_2, c_1, c_2$ 为任意常数.

(3) 特征方程有一对共轭复根 $\lambda_1 = \alpha + i\beta, \lambda_2 = \alpha - i\beta, \lambda_1, \lambda_2$ 可改成 $\lambda_{1,2} = r(\cos\theta \pm i\sin\theta)$,其中 $r = \sqrt{\alpha^2 + \beta^2}, \theta = \arctan\dfrac{\beta}{\alpha}. \left(\alpha = 0, \theta = \dfrac{\pi}{2}\right)$. 此时方程(10.5)的通解为

$$y_x = r^x(c_1\cos\theta x + c_2\sin\theta x). \tag{10.9}$$

二阶常系数非齐次方程的特解

$$y_{x+2} + ay_{x+1} + by_x = f(x), x = 0, 1, 2, \cdots$$

对于不同形式的 $f(x)$,二阶常系数非齐次线性差分方程(10.4)特解形式见表10.2.

表 10.2

$f(x)$的形式	特解形式
$f(x) = p_n(x)$	$Q_n(x)$,1 不是特征方程的根时 $xQ_n(x)$,1 是特征方程单根时 $x^2Q_n(x)$,1 是特征方程二重根时
$f(x) = d^x p_n(x)$	$d^x Q_n(x)$,d 不是特征方程的根时 $xd^x Q_n(x)$,d 是特征方程单根时 $x^2 d^x Q_n(x)$,d 是特征方程二重根时

三、典型例题

例 1 判别下列等式中哪些是差分方程,如果是差分方程请指出阶数:

(1) $\Delta^2 y_x - xy_x = x$;

(2) $\Delta^2 y_x = y_{x+2} - 2y_{x+1} + y_x$;

(3) $-3\Delta y_x = 3y_x + a^x$($a$ 为任意实数);

(4) $y_x - y_{x-a} = y_{x+1}$(a 为任意实数);

(5) $\Delta^3 y_x + 3\Delta^2 y_x + 2\Delta y_x = x$.

分析 以非负整数为自变量的函数值等式是否为差分方程,不能只看是否出现差分符号,要看是否含有不同整数处的函数值.

解 (1) 方程可整理为

$$y_{x+2} - 2y_{x+1} + (1-x)y_x = x,$$

是二阶线性差分方程.

(2) 等式为二阶差分的定义式,因此不是差分方程.

(3) 方程可整理成 $y_{x+1} = -\dfrac{1}{3}a^x$,等式中只有一个整数处的函数值,因此不是

差分方程.

(4) 不是差分方程,因为 $x-a$ 未必是非负整数.

(5) 方程可整理为 $y_{x+3}-y_{x+1}=x$ 是二阶线性差分方程.

例2 设 $y_1(x)=2^x$,$y_2(x)=2^x-3x$ 是差分方程 $y_{x+1}+a(x)y_x=f(x)$ 的两个解,求 $a(x)$,$f(x)$ 和方程的通解($x=1,2,\cdots$).

分析 这是一阶线性差分方程,由线性差分方程解的结构定理知道 $y_1(x)-y_2(x)$ 为相应齐次方程的解.而当 $y_1(x)-y_2(x)$ 不恒为零时,则 $C[y_1(x)-y_2(x)]+y_1(x)$ 就是通解.

解 由线性差分方程解的结构定理可知
$$y_1(x)-y_2(x)=3x$$
是相应齐次方程 $y_{x+1}+a(x)y_x=0$ 的解,由此可得
$$a(x)=-\frac{x+1}{x}.$$

将 $y_1(x)=2^x$ 代入 $f(x)=y_{x+1}-\dfrac{x+1}{x}y_x$ 中可得 $f(x)=\left(1-\dfrac{1}{x}\right)2^x$. 由于 $y_1(x)-y_2(x)=3x\neq0$,由线性差分方程解的结构定理可得方程 $y_{x+1}-\dfrac{x+1}{x}y_x=\dfrac{x-1}{x}2^x$ 的通解为 $y_x=cx+2^x$,c 为任意常数.

例3 设 $y_x=c_1+c_2a^x$ 是方程 $y_{x+2}-4y_{x+1}+3y_x=0$ 的通解,求 a 的值.

分析 这是二阶差分方程,其通解中必须含有两个任意常数及两个线性无关的解.

解 当 $y_x=c_1+c_2a^x$ 时,
$$y_{x+2}-4y_{x+1}+3y_x=c_2a^x(a^2-4a+3),$$
因此 $y_x=c_1+c_2a^x$ 是 $y_{x+2}-4y_{x+1}+3y_x=0$ 的通解当且仅当
$$a^2-4a+3=0,\text{且 }a\neq1.$$
从而 $a=3$.

例4 下列哪种函数可能是差分方程 $y_{x+1}-y_x=x^2-1$ 的特解( ).

(A) $y^*(x)=Ax^2+B$;　　　　　　(B) $y^*(x)=Ax^3+Bx^2$;

(C) $y^*(x)=Ax^3+Bx^2+Cx$;　　　(D) $y^*(x)=Ax^2+Bx+C$.

分析 由于这是一阶常系数非齐次线性差分方程,自由项 $f(x)=x^2-1$ 是 x 的二次多项式,又由于 $a=-1$,因此它具有形式 $y^*(x)=x(Ax^2+Bx+C)$ 的特解. 故选(C).

例5 利用待定系数法,求下列一阶常系数非齐次差分方程的通解或满足初始条件的特解.

(1) $y_{x+1}+y_x=40+6x^2$;

(2) $7y_{x+1}+2y_x=7+7^{x+1}$,$y_0=1$.

(1) **分析** 由 $y_{x+1}-ay_x=f(x)$ 的通解公式求,本题是 $a\neq1$,$f(x)=40+6x^2$ 的形式.

解 方程对应的齐次方程为 $y_{x+1}+y_x=0$,它的通解是

$$y_x = C(-1)^x.$$

在方程 $y_{x+1}+y_x=40+6x^2$ 中，$a\neq1$，因此它有形如 $y_x^*=Ax^2+Bx+C$ 的特解. 将 $y_x^*=Ax^2+Bx+C$ 代入 $y_{x+1}+y_x=40+6x^2$ 中可得 $A=3,B=-3,C=20$. 因此它的通解为

$$y_x = C(-1)^x + 3x^2 - 3x + 20.$$

（2）**分析** 先求出通解，再求初值问题的解.

解 原方程与 $y_{x+1}+\dfrac{2}{7}y_x=1+7^x$ 等价，齐次方程 $y_{x+1}+\dfrac{2}{7}y_x=0$ 的通解为 $\bar{y}_x=C\left(-\dfrac{2}{7}\right)^x$，设非齐次方程的特解为 $y_x^*=A+B\cdot7^x$，将 $y_x^*=A+B\cdot7^x$ 代入 $y_{x+1}+\dfrac{2}{7}y_x=1+7^x$ 中可得 $A=\dfrac{7}{9},B=\dfrac{7}{51}$，即 $y_x^*=\dfrac{7}{9}+\dfrac{7^{x+1}}{51}$. $y_{x+1}+\dfrac{2}{7}y_x=1+7^x$ 的通解为

$$y_x = c\left(-\frac{2}{7}\right)^x + \frac{7}{9} + \frac{7^{x+1}}{51},$$

将初始条件 $y_0=1$ 代入通解中可求得 $C=\dfrac{13}{153}$，所求初值问题的解为

$$y_x = \frac{13}{153}\left(-\frac{2}{7}\right)^x + \frac{7}{9} + \frac{7^{x+1}}{51}.$$

例 6 已知某人欠有债务 25000 元，月利率为 1%，计划在 12 个月内采用每月等额付款的方式还清债务，问他每月应付多少钱？记 a_x 为第 x 个月付款后还剩余的债务额，求 a_x 满足的差分方程.

分析 所用模型为

当月还款后剩余债务＝上月剩余债务－当月还款额，并注意到上月剩余债务中包含利息.

解 设 b 为每月还款额，依题意 a_x 满足的差分方程为

$$a_{x+1} = (1+1\%)a_x - b,$$

$a_0=25000,a_{12}=0$. 该方程的通解为

$$a_x = C(1.01)^x + 100b.$$

由 $a_0=25000,a_{12}=0$，可求得

$$b = \frac{250(1.01)^{12}}{(1.01)^{12}-1}, \quad C = \frac{25000}{1-(1.01)^{12}}.$$

即 $C\approx-197122,b\approx2221.22$.

因此他每月应付款 2221.22 元，12 个月可以还清债务.

注 差分方程中涉及的函数都是以非负整数为自变量的函数. 因此货币存储问题和库存问题常用差分方程来解决. 在建立差分方程时，要注意到当前值与前期值之间的关系.

例 7 试证 $y_1(x)=(-2)^x$ 和 $y_2(x)=x(-2)^x$ 是方程

$$y_{x+2}+4y_{x+1}+4y_x=0$$

的两个线性无关的特解，并求该方程的通解.

分析 直接将 $y_1(x), y_2(x)$ 代入方程中验证. 两个特解 $y_1(x), y_2(x)$ 线性无关的充要条件是 $\dfrac{y_1(x)}{y_2(x)}$ 不恒为常数, 再由线性差分方程解的结构给出通解.

解 由
$$y_1(x+2)+4y_1(x+1)+4y_1(x)=(-2)^{x+2}+4(-2)^{x+1}+4(-2)^x=0$$
知 $y_1(x)$ 为原方程的一个特解, 同样可验证 $y_2(x)$ 也满足方程, 也为原方程的一个特解.

又 $\dfrac{y_1(x)}{y_2(x)}=\dfrac{1}{x}$ 不恒为常数, 故 $y_1(x)$ 和 $y_2(x)$ 线性无关. 因此, 原方程的通解为
$$y_x=C_1(-2)^x+C_2x(-2)^x \quad (C_1,C_2 \text{ 为任意常数}).$$

例 8 求解下列二阶常系数齐次线性差分方程的通解或满足初始条件的特解:

(1) $y_{x+2}+4y_x=0$;   (2) $y_{x+2}-4y_{x+1}+4y_x=0$;

(3) $y_{x+2}-4y_x=0, y_0=1, y_1=4$.

分析 求解二阶常系数齐次线性差分方程的基本方法是特征根法, 即由特征方程求特征根, 再由特征根是两个不等实根、两个相等实根、两个共轭复根三种情况构造通解.

解 (1) 特征方程为 $\lambda^2+4=0$, 有两个共轭复根 $\lambda=\pm 2\mathrm{i}$, 则 $r=2, \theta=\dfrac{\pi}{2}$, 方程的通解为
$$y_x=2^x\left(C_1\cos\frac{\pi}{2}x+C_2\sin\frac{\pi}{2}x\right) \quad (C_1,C_2 \text{ 为任意常数}).$$

(2) 特征方程为 $\lambda^2-4\lambda+4=0$, 特征方程为二重实根 $\lambda=2$, 方程的通解为
$$y_x=(C_1+C_2x)2^x \quad (C_1,C_2 \text{ 为任意常数}).$$

(3) 特征方程为 $\lambda^2-4=0$, 特征根为 $\lambda_1=2, \lambda_2=-2$, 方程的通解为
$$y_x=C_1 2^x+C_2(-2)^x \quad (C_1,C_2 \text{ 为任意常数}).$$

将初始条件 $y_0=1, y_1=4$ 代入通解中可得 $C_1=\dfrac{3}{2}, C_2=-\dfrac{1}{2}$. 因此所求初值问题的解为 $y=3\cdot 2^{x-1}+(-2)^{x-1}$.

例 9 (1997 年) 差分方程 $y_{t+1}-y_t=t2^t$ 的通解为 _____.

分析 齐次差分方程 $y_{t+1}-y_t=0$ 的通解为 C, C 为任意常数. 设 $(at+b)2^t$ 是差分方程 $y_{t+1}-y_t=t2^t$ 的一个特解, 代入方程得 $a=1, b=-2$, 因此 $y_t=C+(t-2)2^t$ 为所求方程的通解.

答 应填 $y_t=C+(t-2)2^t$.

例 10 (2001 年) 某公司每年的工资总额在比上一年增加 20% 的基础上再追加 2 百万. 若以 w_t 表示 t 年的工资总额 (单位: 百万元), 则 w_t 满足的差分方程是 _____.

分析 w_t 表示第 t 年的工资总额 (单位: 百万元), w_{t-1} 表示第 t 年上一年的工资总额, 由题设知 $w_t=1.2w_{t-1}+2$.

答 应填 $w_t = 1.2 w_{t-1} + 2$.

四、教材习题选解

(A)

1. 计算下列各题的差分：

(3) $y_x = (x+1)^3 + 2$，求 $\Delta^3 y_x$.

解 $y_x = (x+1)^3 + 2$,

$$\Delta y_x = (x+2)^3 + 2 - (x+1)^3 - 2 = 3x^2 + 9x + 7,$$

$$\Delta^2 y_x = \Delta(\Delta y_x) = 3(x+1)^2 + 9(x+1) + 7 - 3x^2 - 9x - 7$$
$$= 6x + 12,$$

$$\Delta^3 y_x = \Delta(\Delta^2 y_x) = 6(x+1) + 12 - 6x - 12 = 6.$$

(4) $y_x = \ln(x+3)$，求 $\Delta^2 y_x$.

解 $y_x = \ln(x+3)$,

$$\Delta y_x = \ln(x+1+3) - \ln(x+3) = \ln(x+4) - \ln(x+3),$$

$$\Delta^2 y_x = \Delta(\Delta y_x) = \ln(x+1+4) - \ln(x+1+3) - \ln(x+4) + \ln(x+3)$$

$$= \ln \frac{(x^2 + 8x + 15)}{(x^2 + 8x + 16)}.$$

3. 将差分方程 $y_{x+3} - 2y_{x+2} + 3y_{x+1} + y_x = 2x - 1$ 化成以函数差分 Δy_x，$\Delta^2 y_x \cdots$ 表示的形式.

解 将差分方程变形

$$y_{x+3} - 3y_{x+2} + 3y_{x+1} - y_x + y_{x+2} + 2y_x = 2x - 1,$$

$$\Delta^3 y_x + y_{x+2} - 2y_{x+1} + y_x + 2y_{x+1} + y_x = 2x - 1,$$

$$\Delta^3 y_x + \Delta^2 y_x + 2(y_{x+1} - y_x) + 3y_x = 2x - 1,$$

$$\Delta^3 y_x + \Delta^2 y_x + 2\Delta y_x + 3y_x = 2x - 1.$$

5. 已知 $y_x = c_1 + c_2 \cdot a^x$ 是方程 $y_{x+2} - 3y_{x+1} + 2y_x = 0$ 的通解，求满足条件的常数 a.

解 将 $y_x = c_1 + c_2 \cdot a^x$ 代入方程 $y_{x+2} - 3y_{x+1} + 2y_x = 0$,

$$c_1 + c_2 a^{x+2} - 3(c_1 + c_2 a^{x+1}) + 2(c_1 + c_2 a^x) = 0,$$

整理得

$$(a^2 c_2 - 3ac_2 + 2c_2)a^x = 0, \quad a^2 - 3a + 2 = 0,$$

解得 $a = 1, a = 2$. 而原方程是二阶差分方程，通解中必须有二个任意常数，所以 $a \neq 1$，则 $a = 2$.

8. 求下列各差分方程的通解或在给定条件下的特解：

(4) $y_{x+1} - 4y_x = 2^{x+1}$.

解 齐次方程 $y_{x+1} - 4y_x = 0$ 的通解为 $\bar{y}_x = c4^x$，设非齐次方程的特解为 $y_x^* = A2^x$，将 $y_x^* = A2^x$ 代入方程 $y_{x+1} - 4y_x = 2^{x+1}$，得

$$A \cdot 2^{x+1} - 4A \cdot 2^x = 2^{x+1}, \quad A = -1, \quad y_x^* = -2^x,$$

则
$$y_x = c \cdot 4^x - 2^x.$$

(6) $y_{x+1} - 5y_x = (1+2x)5^{x+1}$, $y_0 = 2$.

解 齐次方程 $y_{x+1} - 5y_x = 0$ 的通解为 $\bar{y}_x = c5^x$，设非齐次方程的特解为 $y_x^* = x(a_0 + a_1 x)5^x = (a_0 x + a_1 x^2)5^x$，代入原方程得
$$a_0 = 0, \quad a_1 = 1, \quad y_x^* = x^2 5^x,$$
非齐次方程的通解为 $y_x = c5^x + x^2 5^x$，由 $y_0 = 2$ 得 $c = 2$，所求特解为
$$y = 2 \cdot 5^x + x^2 \cdot 5^x.$$

10. 求下列各差分方程的通解或在给定条件下的特解:

(4) $y_{x+2} - 10y_{x+1} + 24y_x = 3^{x+1}$.

解 特征方程 $\lambda^2 - 10\lambda + 24 = 0$，特征根 $\lambda_1 = 4, \lambda_2 = 6$，齐次方程的通解为
$$\bar{y}_x = c_1 \cdot 4^x + c_2 \cdot 6^x,$$
设非齐次方程的特解为 $y_x^* = A \cdot 3^x$，代入方程 $y_{x+2} - 10y_{x+1} + 24y_x = 3^{x+1}$ 得 $A = 1$，$y_x^* = 3^x$，则该方程的通解为
$$y_x = C_1 \cdot 4^x + C_2 \cdot 6^x + 3^x.$$

(6) $y_{x+2} - 8y_{x+1} + 7y_x = -12x - 4$, $y_0 = 0$, $y_1 = 1$.

解 特征方程 $\lambda^2 - 8\lambda + 7 = 0$，特征根 $\lambda_1 = 1, \lambda_2 = 7$，齐次方程的通解为
$$\bar{y}_x = C_1 + C_2 \cdot 7^x,$$
设非齐次方程的特解为
$$y_x^* = x(a_0 x + a_1) = a_0 x^2 + a_1 x,$$
代入
$$y_{x+2} - 8y_{x+1} + 7y_x = -12x - 4,$$
得 $a_0 = 1, a_1 = 0, y_x^* = x^2$，原方程的通解为
$$y_x = C_1 + C_2 \cdot 7^x + x^2,$$
由 $y_0 = 0, y_1 = 1$ 得 $C_1 = 0, C_2 = 0$. 则该初值问题的解为 $y = x^2$.

12. 设 Y_t 为 t 期国民收入，S_t 为 t 期储蓄，I_t 为 t 期投资. 三者之间有如下关系:
$$\begin{cases} S_t = \alpha Y_t + \beta, & 0 < \alpha < 1, \beta \geqslant 0, \\ I_t = \gamma(Y_t - Y_{t-1}), & \gamma > 0, \\ S_t = \delta I_t, & \delta > 0. \end{cases}$$
已知 y_0，试求 Y_t, S_t, I_t.

解 $s_t = \alpha Y_t + \beta = \delta I_t$, $\quad I_t = \dfrac{\alpha}{\delta} Y_t + \dfrac{\beta}{\delta}$,
$$I_t = \frac{\alpha}{\delta} Y_t + \frac{\beta}{\delta} = \gamma(Y_t - Y_{t-1}),$$
$$\frac{\alpha}{\delta} Y_t - \gamma Y_t + \gamma Y_{t-1} = -\frac{\beta}{\delta},$$
整理得

$$Y_t + \frac{\gamma\delta}{\alpha - \gamma\delta}Y_{t-1} = -\frac{\beta}{\alpha - \delta\gamma},$$

齐次方程 $Y_t + \frac{\gamma\delta}{\alpha - \gamma\delta}Y_{t-1} = 0$ 的通解为

$$\bar{Y}_t = C\left(\frac{\delta\gamma}{\delta\gamma - \alpha}\right)^t,$$

设非齐次方程的特解为 $Y_t^* = A$，代入方程 $Y_t + \frac{\gamma\delta}{\alpha - \gamma\delta}Y_{t-1} = -\frac{\beta}{\alpha - \delta\gamma}$，得 $A = -\frac{\beta}{\alpha}$，

即 $Y_t^* = -\frac{\beta}{\alpha}$，则 $Y_t = C\left(\frac{\gamma\delta}{\gamma\delta - \alpha}\right)^t - \frac{\beta}{\alpha}$，已知 Y_0，则 $C = \frac{\beta}{\alpha} + Y_0$，

则

$$Y_t = \left(\frac{\beta}{\alpha} + Y_0\right)\left(\frac{\gamma\delta}{\gamma\delta - \alpha}\right)^t - \frac{\beta}{\alpha}.$$

$$I_t = \frac{\alpha}{\delta}\left[\left(\frac{\beta}{\alpha} + Y_0\right)\left(\frac{\gamma\delta}{\gamma\delta - \alpha}\right)^t - \frac{\beta}{\alpha}\right] + \frac{\beta}{\delta}$$

$$= \frac{1}{\delta}(\alpha Y_0 + \beta)\left(\frac{\gamma\delta}{\gamma\delta - \alpha}\right)^t,$$

$$S_t = (\beta + \alpha Y_0)\left(\frac{\gamma\delta}{\gamma\delta - \alpha}\right)^t.$$

(B)

1. 求下列差分方程的通解：

(2) (1998 年)$2y_{t+1} + 10y_t - 5t = 0$.

解 将方程变形为

$$y_{t+1} + 5y_t = \frac{5}{2}t,$$

齐次方程 $y_{t+1} + 5y_t = 0$ 的通解为

$$\bar{y}_t = C(-5)^t,$$

设非齐次方程的特解为 $y_t^* = a_0 t + a_1$，代入方程 $y_{t+1} + 5y_t = \frac{5}{2}t$，得 $a_0 = \frac{5}{12}$，$a_1 = -\frac{5}{72}$，得

$$y_t^* = \frac{5}{12}t - \frac{5}{72},$$

则原方程的通解为

$$y = C(-5)^t + \frac{5}{12}t - \frac{5}{72}.$$

2. 设 $f(x)$ 是 R 上的二次连续可导函数，$h > 0$ 为常数，分别称

$$\Delta_h f(x) = f(x+h) - f(x), \quad \Delta_h^2 f(x) = \Delta_h[\Delta_h f(x)]$$

为 $f(x)$ 的步长为 h 的一阶和二阶差分，证明：

$$\Delta_h^2 f(x) = \int_0^h \left[\int_0^h f''(x + t_1 + t_2)\,\mathrm{d}t_1\right]\mathrm{d}t_2$$

分析 注意到 $f'(x + t_2 + t_1)$ 是 $f''(x + t_2 + t_1)$ 的原函数（以 t_1 为积分变量），

由牛顿－莱布尼茨公式求出累次积分与

$$\Delta_h^2 f(x) = f(x+2h) - 2f(x+h) + f(x)$$

相比较.

证明 由于 $\Delta_h^2 f(x) = \Delta_h[\Delta_h f(x)] = \Delta_h[f(x+h) - f(x)]$

$$= [f(x+h+h) - f(x+h)] - [f(x+h) - f(x)]$$

$$= f(x+2h) - 2f(x+h) + f(x),$$

并且

$$\int_0^h f''(x+t_1+t_2) dt_1 = f'(x+t_2+t_1)\Big|_0^h = f'(x+t_2+h) - f'(x+t_2),$$

因此

$$\int_0^h \left[\int_0^h f''(x+t_1+t_2) dt_1\right] dt_2$$

$$= \int_0^h [f'(x+t_2+h) - f'(x+t_2)] dt_2 = f(x+h+t_2)\Big|_0^h - f(x+t_2)\Big|_0^h$$

$$= f(x+2h) - f(x+h) - [f(x+h) - f(x)]$$

$$= f(x+2h) - 2f(x+h) + f(x) = \Delta_h^2 f(x).$$

3. 已知差分方程 $y_{x+1} = ky_x - cy_x y_{x+1}$,试证:经代换 $z_x = \dfrac{1}{y_x}$,可将方程化为关于 z_x 的线性差分方程,并由此找出原方程的通解及满足初始条件 $y(0) = y_0$ 的特解.

解 $y_x = \dfrac{1}{z_x}$ 代入原方程

$$\frac{1}{z_{x+1}} = k \cdot \frac{1}{z_x} - c \cdot \frac{1}{z_x} \cdot \frac{1}{z_{x+1}},$$

整理得 $z_{x+1} - \dfrac{1}{k} \cdot z_x = \dfrac{c}{k}$ 是关于 z_x 的线性差分方程. 齐次方程 $z_{x+1} - \dfrac{1}{k} \cdot z_x = 0$,

通解为 $\bar{z}_x = c_1 \left(\dfrac{1}{k}\right)^x$.

设非齐次方程的特解为 $z_x^* = A$,代入 $z_{x+1} - \dfrac{1}{k} \cdot z_x = \dfrac{c}{k}$ 得 $A = \dfrac{c}{k-1}$,即 $z_x^* = \dfrac{c}{k-1}$,则

$$z_x = c_1 \left(\frac{1}{k}\right)^x + \frac{c}{k-1}$$

而 $y_x = \dfrac{1}{z_x}$,则通解为

$$y_x = \frac{1}{c_1 \left(\dfrac{1}{k}\right)^x + \dfrac{c}{k-1}}.$$

若 y_0 已知,则由 $y_x = \dfrac{1}{c_1 \left(\dfrac{1}{k}\right)^x + \dfrac{c}{k-1}}$ 得 $c_1 = \dfrac{1}{y_0} - \dfrac{c}{k-1}$,则满足初始条件的特解为

$$y_x = \cfrac{1}{\left(\cfrac{1}{y_0} - \cfrac{c}{k-1}\right)\left(\cfrac{1}{k}\right)^x + \cfrac{c}{k-1}}.$$

4. 已知 $y_1 = 4x^3$，$y_2 = 3x^2$，$y_3 = x$，是方程

$$y_{x+2} + a_1(x)y_{x+1} + a_2(x)y_x = f(x)$$

的三个特解，问它们能否组合构成所给方程的通解，如可以，给出方程的通解.

解 能构成所给方程的通解

$$y_x = c_1(4x^3 - x) + c_2(3x^2 - x) + x.$$

五、自 测 题

(1) 设 $y_x = 3^x + 3x$，则 $\Delta^2 y_x = $ _____.

(2) $y_{t+2} + \Delta y_{t+1} = t + 1$ 是 _____ 阶差分方程.

(3) 差分方程 $y_{t+1} = 3 - y_t$ 的通解为 $y_t = $ _____.

(4) 设 $y_t = t^3$，则 $\Delta^3 y_t = $ _____.

(5) 差分方程 $y_{t+1} - y_t = -4$ 满足初始条件 $y_0 = 1$ 的特解是 _____.

(6) $y_x = \ln(1+x) + 2^x$，求 $\Delta^2 y_x$.

(7) 差分方程 $6y_{x+1} + 9y_x = 3$ 的通解为 _____.

(8) 已知 $y_t = e^t$ 是差分方程 $y_{t+1} + ay_{t-1} = 2e^t$ 的一个特解，则 $a = $ _____.

(9) 求差分方程 $y_{x+1} + 4y_x = x$ 的通解.

(10) 求差分方程 $y_{x+1} + y_x = x(-1)^x$ 的通解.

六、自测题参考答案

(1) $4 \cdot 3^x$；　(2) 一；　(3) $c(-1)^t + \dfrac{3}{2}$；　(4) 6；　(5) $1 - 4t$；

(6) $\Delta^2 y_x = \ln \dfrac{x^2 + 4x + 3}{x^2 + 4x + 4} + 2^x$；

(7) $y_x = c\left(-\dfrac{3}{2}\right)^x + \dfrac{1}{5}$；

(8) $a = 2e - e^2$；

(9) $y_x = c(-4)^x + \dfrac{1}{5}x - \dfrac{1}{25}$；

(10) $y_x = c(-1)^x + \dfrac{1}{2}(-1)^x(1-x)x$.

参 考 文 献

党高学,韩金仓.2010.微积分.北京:科学出版社

同济大学应用数学系.2003.高等数学习题全解指南(第五版).北京:高等教育出版社

朱来义.2009.微积分中的典型例题分析与习题(第二版).北京:高等教育出版社

吴传生,陈盛双.2007.经济数学——微积分学习辅导与习题选解.北京:高等教育出版社

樊映川.2004.高等数学讲义.北京:高等教育出版社

阮炯.2002.差分方程和常微分方程.上海:复旦大学出版社

马振民,吕克璞.1999.微积分习题类型分析.兰州:兰州大学出版社

刘书田.2010.微积分学习辅导与解题方法.北京:高等教育出版社

黄先开,曹显兵.2009.微积分过关与提高.北京:原子能出版社

彭辉,叶宏.2010.高等数学辅导.济南:山东科学技术出版社

陈放.2001.微积分题库精编.2版(修订本).沈阳:东北大学出版社

王东升,周泰文,刘后邗等.1998.新编高等数学题解.长沙:华中理工大学出版社

费定晖,周学圣.1983.数学分析习题集题解.济南:山东科学技术出版社

全国硕士研究生入学考试辅导教程编审委员会.2010.年全国硕士研究生入学考试辅导教程.北
  京:北京大学出版社

附录　模拟试题及参考答案

第一学期期末考试模拟试题(A)

一、填空题(每小题 2 分,共计 20 分)

1. 设 $f(x)$ 的定义域是 $[2,6]$,则 $f(x-1)+f(x+1)$ 的定义域是_____.

2. 函数 $y=\begin{cases} -x^2, & 0\leqslant x\leqslant 1 \\ x^2, & x>1 \end{cases}$ 的反函数是_____.

3. $\lim\limits_{x\to\pi}\dfrac{\sin\sin x}{\pi-x}=$_____.

4. 已知当 $x\to 0$ 时,$f(x)\sim 1-\cos x$,则 $\lim\limits_{x\to 0}\dfrac{f(2x)}{x\ln(1+x)}=$_____.

5. 若 $f(x)=\begin{cases} \dfrac{x-\sin x}{\tan x-x}, & 0<|x|<\dfrac{\pi}{2} \\ k, & x=0 \end{cases}$,在 $\left(-\dfrac{\pi}{2},\dfrac{\pi}{2}\right)$ 内连续,则 $k=$

_____.

6. 已知曲线 $y=f(x)$ 与曲线 $y=\mathrm{e}^x$ 相切于点 $(0,1)$,则 $\lim\limits_{n\to\infty}n\left[f\left(\dfrac{2}{n}\right)-1\right]=$

_____.

7. 曲线 $y=\dfrac{1}{\sqrt{x(x-1)}}$ 的渐近线是_____.

8. 设某商品的需求函数为 $Q=100\mathrm{e}^{-0.25p}$,当价格 $p=16$ 时,若降价 1 个百分点,总收益将增加_____个百分点.

9. 若 $\displaystyle\int xf(x)\mathrm{d}x=x^2\mathrm{e}^x+C$,则 $\displaystyle\int\dfrac{\mathrm{e}^x}{f(x)}\mathrm{d}x=$_____.

10. 已知 $\lim\limits_{h\to 0}\dfrac{f(x+2h)-f(x)}{h}=\sqrt{x}$,则 $\displaystyle\int f(x)\mathrm{d}x=$_____.

二、单项选择题(每小题 2 分,共计 10 分)

11. $f(x)=\dfrac{x-x^3}{\sin\pi x}$ 的可去间断点的个数为(　　).

　　(A) 1;　　　　(B) 2;　　　　(C) 3;　　　　(D) 无穷多个.

12. 下列函数中,在点 $x=0$ 处可导的是(　　).

　　(A) $f(x)=x|x|$;　　　　　　　(B) $f(x)=|\sin x|$;

　　(C) $f(x)=\begin{cases} x\sin\dfrac{1}{x}, & x\neq 0 \\ 0, & x=0 \end{cases}$;　　(D) $f(x)=\begin{cases} 2x+1, & x\leqslant 0 \\ x^2, & x>0 \end{cases}$.

13. 设 $f(x)$, $\varphi(x)$ 均可导, 且 $\varphi'(x) > 0$, 则 $\{f[\varphi^{-1}(x)]\}' = ($).

(A) $f'(x) \cdot \varphi'(x)$;   (B) $\dfrac{f'[\varphi^{-1}(x)]}{\varphi'(x)}$;

(C) $\dfrac{f'[\varphi^{-1}(x)]}{[\varphi^{-1}(x)]'}$;   (D) $\dfrac{f'[\varphi^{-1}(x)]}{\varphi'[\varphi^{-1}(x)]}$.

14. 设 $\lim\limits_{x \to a} \dfrac{f(x) - f(a)}{(x-a)^2} = -1$, 则函数 $f(x)$ 在点 $x = a$ 处( ).

(A) 不可导;   (B) 可导, 但 $f'(a) \neq 0$;

(C) 取得极大值;   (D) 取得极小值.

15. 设 $f(x) = \arcsin x$, 则当 $|x| < \dfrac{\pi}{2}$ 时, $\int f'(\sin x) \cos x \, dx = ($)

(A) $x + c$;   (B) $-x + c$;   (C) $\arcsin x + c$;   (D) $\arccos x + c$.

三、计算题(每小题 6 分, 共计 48 分)

16. 设 $f(x) = \begin{cases} ax^2, & x \leqslant c, \\ \ln x, & x > c, \end{cases}$ 求 a, c 的值, 使 $f(x)$ 在 $(-\infty, +\infty)$ 内可导.

17. 设 $y = \dfrac{f(\ln x)}{x}$, 其中 f 二阶可导, 求 y', y''.

18. 设函数 $y = f(x)$ 由方程 $y = x + \arctan y$ 确定, 求 dy, $\dfrac{d^2 y}{dx^2}$.

19. $\lim\limits_{x \to \infty} x^2 \left(1 - x\sin \dfrac{1}{x}\right)$.

20. $\lim\limits_{x \to 0^+} (\cos \sqrt{x})^{\frac{2}{x}}$.

21. $\displaystyle\int \dfrac{1}{x^2} e^{1 + \frac{4}{x}} \, dx$.

22. $\displaystyle\int (\arcsin x)^2 \, dx$.

23. $\displaystyle\int \dfrac{dx}{1 + \sqrt{1 - x^2}}$.

四、应用题(每小题 8 分, 共计 16 分)

24. 设某产品的产量为 x 个单位时, 平均成本函数为 $\overline{c(x)} = 6 - x$, 需求函数为 $p = 26 - 3x$(其中 p 为价格). 试求:

(1) 获得最大利润时的产量及价格;

(2) 需求量对价格的弹性.

25. 设 $y = \ln(1 + x^2)$, 求:

(1) 凹向、区间及拐点;

(2) 该曲线在拐点处的切线方程.

五、证明题(6 分)

26. 若 $f(x)$ 在区间 $[0,1]$ 上连续, 在区间 $(0,1)$ 内可微, 且 $f(0) = 1$, $f(1) = 0$, 试证: 在 $(0,1)$ 内至少有一点 ξ, 使 $f(\xi) + \xi f'(\xi) = 0$.

第一学期期末考试模拟试题(B)

一、填空题(每小题 2 分,共计 20 分)

1. $\lim\limits_{n\to\infty}\arctan(\sqrt{n^2+2n}-n)=$_____.

2. 若 $\lim\limits_{x\to0}\dfrac{f(x)}{x}=6$,则 $\lim\limits_{x\to0}\dfrac{f(1-\cos x)}{x^2}=$_____.

3. 若 $\lim\limits_{x\to2}\left(\dfrac{1}{x-2}-\dfrac{a}{x^2-4}\right)=b$,则 $\dfrac{a}{b}=$_____.

4. 当 $x\to+\infty$ 时,两个无穷小量 $x^{-n}(n\in\mathbf{N}_+)$ 与 e^{-x} 相比较,趋于 0 速度较快的是_____.

5. 若函数 $f(x)=\begin{cases}(x^{-1}\sin x)^{\ln^{-1}(1+x^2)}, & x\neq0,\\ k, & x=0\end{cases}$ 在 $(-\infty,+\infty)$ 内连续,则 $k=$_____.

6. 已知函数 $y=\begin{cases}x^k\sin\dfrac{1}{x}, & x\neq0,\\ 0, & x=0\end{cases}$ 在 $(-\infty,+\infty)$ 内具有一阶连续的导数,则 k 的取值范围是_____.

7. 曲线 $xy+2\ln x=y^4$ 在点 $(1,1)$ 处的切线方程为_____.

8. 若点 $(1,3)$ 是曲线 $y=x^3+ax^2+bx+14$ 的拐点,则该曲线的极大值为_____.

9. 若 $a\neq0$,则 $\displaystyle\int f(ax+b)f'(ax+b)\mathrm{d}x=$_____.

10. 已知曲线 $y=f(x)$ 过原点,且其上任一点 (x,y) 处得切线斜率为 $x\ln(1+x^2)$,则 $f(x)=$_____.

二、单项选择题(每小题 2 分,共计 10 分)

11. 函数 $y=\lg(x-1)$ 在区间( )有界.
    (A) $(1,+\infty)$;　　(B) $(2,+\infty)$;　　(C) $(1,2)$;　　(D) $(2,3)$.

12. 若 $\alpha=$( ),则当 $x\to0$ 时,x^α 与 $\sin^3 x^2$ 为等价无穷小量.
    (A) 2;　　　　(B) 3;　　　　(C) 5;　　　　(D) 6.

13. 曲线 $y=x^3-3x$ 上切线平行于 x 轴的点是( ).
    (A) $(0,0)$;　　(B) $(1,2)$;　　(C) $(-1,2)$;　　(D) $(-1,-2)$.

14. 函数 $f(x)$ 在点 x_0 处取得极大值,则必有( ).
    (A) $f'(x_0)=0$;　　　　　　　　(B) $f''(x_0)<0$;
    (C) $f'(x_0)=0$ 且 $f''(x_0)<0$;　　(D) $f'(x_0)=0$ 或 $f'(x_0)$ 不存在.

15. 若 $\mathrm{d}[e^{-x}f(x)]=e^x\mathrm{d}x$,且 $f(0)=0$,则 $f(x)=$( ).
    (A) $e^{2x}+e^x$;　　(B) $e^{2x}-e^x$;　　(C) $e^{2x}+e^{-x}$;　　(D) $e^{2x}-e^{-x}$.

三、计算题(每小题 6 分,共计 48 分)

16. $\lim\limits_{n\to\infty}n(\sqrt{n^4+4n+1}-n^2)$.

17. 已知 $\lim\limits_{x \to -1} \dfrac{x^3 - ax^2 - x + 4}{x+1} = b$，求 a, b 的值.

18. $\lim\limits_{x \to +\infty} \left(\dfrac{2}{\pi} \arctan x \right)^{\pi x}$.

19. 设 $y = (1+x)\ln(1+x+\sqrt{x^2+2x}) - \sqrt{x^2+2x}$，求 $\mathrm{d}y \Big|_{x=1}, \dfrac{\mathrm{d}^2 y}{\mathrm{d}x^2} \Big|_{x=1}$.

20. 设 $f(x) = \begin{cases} \dfrac{g(x) - \mathrm{e}^{-x}}{x}, & x \neq 0, \\ 0, & x = 0, \end{cases}$ 其中 $g(x)$ 有二阶连续的导数，且 $g(0) = 1, g'(0) = -1$.

   (1) 求 $f'(x)$；

   (2) 讨论 $f'(x)$ 在 $(-\infty, +\infty)$ 内的连续性.

21. $\displaystyle\int \dfrac{x^3}{(1+x)^4} \mathrm{d}x$.

22. $\displaystyle\int \dfrac{\ln(1+x)}{\sqrt{x}} \mathrm{d}x$.

23. $\displaystyle\int \dfrac{x+1}{x^2 \sqrt{x^2-1}} \mathrm{d}x$.

四、应用题（每小题 8 分，共计 16 分）

24. 某产品的月销售量是由售价确定的：若每公斤售价 50 元，则可售出 10000 公斤，若价格每降低 2 元，则可多出售 2000 公斤. 而生产这种产品的固定成本为 60000 元，变动成本为每公斤 20 元，则在产销平衡的条件下，求：

   (1) 销量 x 与价格 p 之间的函数关系；

   (2) 获利最大时的产量及相应的价格.

25. 已知函数 $y = f(x)$ 在 $(-\infty, +\infty)$ 上具有二阶连续的导数，其一阶导函数 $f'(x)$ 的图形如附图所示，且 $f(-1) = 4, f(0) = 5, f(1) = 6, f(2) = 7, f(3) = 8$，则

   (1) 函数 $f(x)$ 的驻点为_____；

   (2) $f(x)$ 的递增区间为_____，
       $f(x)$ 的递减区间为_____；

   (3) $f(x)$ 的极大值为_____，
       $f(x)$ 的极小值为_____；

   (4) $y = f(x)$ 的上凹区间为_____，
       $y = f(x)$ 的下凹区间为_____，
       $y = f(x)$ 的拐点为_____.

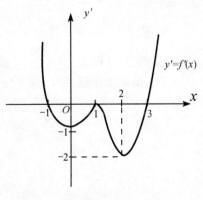

应用题 25 图

五、证明题（6 分）

26. 假设函数 $f(x)$ 和 $g(x)$ 在区间 $[a,b]$ 上存在二阶导数，并且 $g''(x) \neq 0, f(a) = f(b) = g(a) = g(b) = 0$，试证：

   (1) 在开区间 (a,b) 内 $g(x) \neq 0$；

(2) 在开区间 (a,b) 内至少存在一点 ξ, 使 $\dfrac{f(\xi)}{g(\xi)}=\dfrac{f''(\xi)}{g''(\xi)}$.

第二学期期末考试模拟试题(A)

一、填空题(每小题 2 分, 共计 20 分)

1. $\lim\limits_{x\to 0}\dfrac{1}{x^3}\displaystyle\int_0^x (1-\cos t)\,\mathrm{d}t=$ _____.

2. $\displaystyle\int_{-\frac{\pi}{2}}^{\frac{\pi}{2}} (x^3+\sin^2 x)\cos^2 x\,\mathrm{d}x=$ _____.

3. 若广义积分 $\displaystyle\int_1^{+\infty} x^{3-\frac{1}{2}p}\,\mathrm{d}x$ 与 $\displaystyle\int_a^b (x-a)^{2-\frac{1}{3}p}\,\mathrm{d}x$ 均收敛, 则 p 的取值范围为
_____.

4. 设函数 $f(u,v)$ 满足: $f[xg(y),y]=x+g(y)$, 其中 $g(y)$ 可微且 $g(y)\neq 0$,
则 $\dfrac{\partial^2 f}{\partial u\partial v}=$ _____.

5. 设 $u=f(x-y,y-z)$, 其中 f 可微, 则 $\dfrac{\partial u}{\partial x}+\dfrac{\partial u}{\partial y}+\dfrac{\partial u}{\partial z}=$ _____.

6. 设二元函数 $f(x,y)$ 在区域 $D=\{(x,y)\mid |x|\leqslant 1,|y|\leqslant 1\}$ 上连续, 且 $f(x,y)=x^3 e^{-x^2}-x+y+5-\displaystyle\iint_D f(x,y)\,\mathrm{d}\sigma$, 则 $\displaystyle\iint_D f(x,y)\,\mathrm{d}\sigma=$ _____.

7. 二次积分 $\displaystyle\int_0^1 \mathrm{d}y\int_1^{e^y} f(x,y)\,\mathrm{d}x+\int_1^e \mathrm{d}y\int_1^{\frac{e}{y}} f(x,y)\,\mathrm{d}x$ 交换积分次序后应为
_____.

8. 若级数 $\displaystyle\sum_{n=1}^{\infty} u_n$ 的部分和数列为 $S_n=\dfrac{2n}{n+1}(n=1,2,3,\cdots)$, 则 $u_n=$
_____, 级数 $\displaystyle\sum_{n=1}^{\infty} u_n$ 的和 $S=$ _____.

9. 若 $f(x)=1+2\displaystyle\int_0^x f(t)\,\mathrm{d}t$, 则 $f(x)=$ _____.

10. 差分方程 $\Delta y_t+4y_t=4$ 满足 $y_0=4$ 的特解为_____.

二、单项选择题(每小题 2 分, 共计 10 分)

11. 设 $M=\displaystyle\int_{-\frac{\pi}{2}}^{\frac{\pi}{2}}\dfrac{\sin x}{1+x^2}\cos^4 x\,\mathrm{d}x$,

$N=\displaystyle\int_{-\frac{\pi}{2}}^{\frac{\pi}{2}}(\sin^3 x+\cos^4 x)\,\mathrm{d}x$,

$P=\displaystyle\int_{-\frac{\pi}{2}}^{\frac{\pi}{2}}(x^2\sin^3 x-\cos^4 x)\,\mathrm{d}x$,

则有( ).

    (A) $N<P<M$;　　　　　　　　(B) $M<P<N$;

    (C) $N<M<P$;　　　　　　　　(D) $P<M<N$.

12. 设 $f(x,y)$ 和 $\varphi(x,y)$ 均为可微函数,且 $\varphi'_y(x,y)\neq 0$,已知 (x_0,y_0) 是 $f(x,y)$ 在约束条件 $\varphi(x,y)=0$ 下的一个极值点,下列选项正确的是( ).

    (A) 若 $f'_x(x_0,y_0)=0$,则 $f'_y(x_0,y_0)=0$;

    (B) 若 $f'_x(x_0,y_0)=0$,则 $f'_y(x_0,y_0)\neq 0$;

    (C) 若 $f'_x(x_0,y_0)\neq 0$,则 $f'_y(x_0,y_0)=0$;

    (D) 若 $f'_x(x_0,y_0)\neq 0$,则 $f'_y(x_0,y_0)\neq 0$.

13. 设 D 是由曲线 $y=-x^3$ 及直线 $y=1,x=1$ 围成的平面区域,$f(u)$ 连续,则二重积分 $\iint\limits_{D}x[1+yf(x^2+y^2)]\mathrm{d}x\mathrm{d}y=($).

    (A) 0;   (B) 1;   (C) $\dfrac{2}{5}$;   (D) $-\dfrac{2}{5}$.

14. 下列级数中条件收敛的是( ).

    (A) $\displaystyle\sum_{n=1}^{\infty}(-1)^{n-1}\frac{1}{n\sqrt{n}}$;   (B) $\displaystyle\sum_{n=1}^{\infty}(-1)^{n-1}\frac{n}{2n+1}$;

    (C) $\displaystyle\sum_{n=1}^{\infty}(-1)^{n-1}\frac{1}{\sqrt{n(n+1)}}$;   (D) $\displaystyle\sum_{n=1}^{\infty}(-1)^{n-1}\left(\frac{2}{\mathrm{e}}\right)^{n}$.

15. 微分方程 $y''+3y'=\mathrm{e}^{-3x}$ 的一个特解为( )

    (A) $-\dfrac{1}{3}\mathrm{e}^{-3x}$;   (B) $-\dfrac{x}{3}\mathrm{e}^{-3x}$;   (C) $\dfrac{1}{3}\mathrm{e}^{3x}$;   (D) $\dfrac{1}{3}x\mathrm{e}^{3x}$.

三、计算题(每小题 6 分,共计 48 分)

16. $\displaystyle\int_{1}^{\mathrm{e}}\sin(\ln x)\mathrm{d}x$.

17. $\displaystyle\int_{-2}^{-1}\frac{\sqrt{x^2-1}}{x}\mathrm{d}x$.

18. 设 $\mathrm{e}^{xyz}+z-\sin(xy)=6$,求 $\mathrm{d}z$.

19. $I=\displaystyle\int_{1}^{2}\mathrm{d}x\int_{\sqrt{x}}^{x}\sin\frac{\pi x}{2y}\mathrm{d}y+\int_{2}^{4}\mathrm{d}x\int_{\sqrt{x}}^{2}\sin\frac{\pi x}{2y}\mathrm{d}y$.

20. $I=\displaystyle\iint\limits_{D}\sqrt{x^2+y^2}\,\mathrm{d}\sigma$,其中 $D=\{(x,y)\mid ax\leqslant x^2+y^2\leqslant a^2\}(a>0)$.

21. 判定级数 $\displaystyle\sum_{n=1}^{\infty}\frac{(-1)^{n+1}}{n+\sqrt{n}}$ 是绝对收敛、条件收敛还是发散?

22. 解微分方程:$\begin{cases}xy'+y=x\mathrm{e}^x,\\ y(1)=1.\end{cases}$

23. 解差分方程:$\begin{cases}y_{x+2}+5y_{x+1}=7\cdot 2^x,\\ y_0=1.\end{cases}$

四、应用题(每小题 8 分,共计 16 分)

24. 求由 $y=x^2,y=1,y=4$ 及 $x=0$ 围成的位于第一象限内的平面图形分别绕 x 轴和 y 轴旋转所成的旋转体的体积.

25. 某厂生产两种可以相互替代的商品,其需求函数分别为 $Q_1=40-2p_1+p_2$,$Q_2=15+p_1-p_2$(其中 Q_1,Q_2 分别为两种商品的需求量,p_1,p_2 分别为两种商品的价格). 如果总成本函数为 $C(Q_1, Q_2) = Q_1^2 + Q_1 Q_2 + Q_2^2$, 求获得最大利润时的产量及相应的价格.

五、证明题(6 分)

26. 设 $u = f(xy, yz)$, 其中 f 可微. 证明: $x \dfrac{\partial u}{\partial x} + z \dfrac{\partial u}{\partial z} = y \dfrac{\partial u}{\partial y}$.

第二学期期末考试模拟试题(B)

一、填空题(每小题 2 分, 共计 20 分)

1. 设 $f(x)$ 连续, 且当 $x \to 0$ 时, $f(x) \sim x$. 则 $\lim\limits_{x \to 0} \dfrac{\displaystyle\int_0^x t f(x^2 - t^2) \, dt}{1 - \cos x^2} = $ _____.

2. $\displaystyle\int_{-1}^1 \left(x \mathrm{e}^{|x|} + \dfrac{1}{1+|x|} \right) dx + \int_0^{+\infty} x^4 \mathrm{e}^{-x} \, dx = $ _____.

3. 设 $z = \arctan \sqrt{\dfrac{y}{x}}$, 则 $dz|_{(1,1)} = $ _____.

4. 若 $z = f(x, xy)$, 其中 f 具有二阶连续的偏导数, 则 $\dfrac{\partial^2 z}{\partial x \partial y} = $ _____.

5. 若 $D = \left\{ (x, y) \mid 1 - x^2 \leqslant y^2 \leqslant \dfrac{4}{9}(9 - x^2) \right\}$, 则 $\iint\limits_D d\sigma = $ _____.

6. $\displaystyle\int_0^1 dx \int_x^{\sqrt{x}} \dfrac{\sin y}{y} \, dy = $ _____.

7. 若级数 $\sum\limits_{n=1}^{\infty} (p^2 - 1)^n$ 与级数 $\sum\limits_{n=1}^{\infty} \dfrac{(-1)^{n-1}}{n^{2p+1}}$ 均收敛, 则 p 的取值范围是 _____.

8. 若级数 $\sum\limits_{n=1}^{\infty} \dfrac{(-1)^{n-1} + a}{n}$ 收敛, 则 $a = $ _____.

9. 已知 $y = y(x)$ 是微分方程 $\dfrac{1}{y} dy + 2 dx = 0$ 的满足 $y(0) = 1$ 的解, 则 $y(1) = $ _____.

10. 设 $y_x = x^3 + 3^x$, 则 $\Delta^3 y_x = $ _____.

二、单项选择题(每小题 2 分, 共计 10 分)

11. 积分 $\displaystyle\int_0^{\pi} \sqrt{\sin x - \sin^3 x} \, dx = ($).

(A) 0;   (B) $\dfrac{2}{3}$;   (C) $\dfrac{4}{3}$;   (D) 2.

12. 设函数 $u(x, y) = \varphi(x + y) + \varphi(x - y) + \displaystyle\int_{x-y}^{x+y} \psi(t) \, dt$, 其中 φ 具有二阶导数, ψ 具有一阶导数, 则必有( ).

(A) $\dfrac{\partial^2 u}{\partial x^2} = \dfrac{\partial^2 u}{\partial y^2}$;   (B) $\dfrac{\partial^2 u}{\partial x^2} = -\dfrac{\partial^2 u}{\partial y^2}$;

(C) $\dfrac{\partial^2 u}{\partial x \partial y} = \dfrac{\partial^2 u}{\partial x^2}$;   (D) $\dfrac{\partial^2 u}{\partial x \partial y} = \dfrac{\partial^2 u}{\partial y^2}$.

13. 设 D 是由直线 $y = 1 - x, y = 1, x = 1$ 所围成的平面区域,

$$I_1 = \iint\limits_D \sin(x+y)\,\mathrm{d}x\mathrm{d}y,\quad I_2 = \iint\limits_D (x+y)\,\mathrm{d}x\mathrm{d}y,\quad I_3 = \iint\limits_D (x+y)^2\,\mathrm{d}x\mathrm{d}y,$$

则( ).

     (A) $I_1 < I_2 < I_3$;   (B) $I_3 < I_2 < I_1$;

     (C) $I_1 < I_3 < I_2$;   (D) $I_2 < I_1 < I_3$.

14. 设 $u_n = (-1)^n \ln\left(1 + \dfrac{1}{\sqrt{n}}\right)$,则( ).

     (A) $\sum\limits_{n=1}^{\infty} u_n$ 与 $\sum\limits_{n=1}^{\infty} u_n^2$ 都收敛;   (B) $\sum\limits_{n=1}^{\infty} u_n$ 与 $\sum\limits_{n=1}^{\infty} u_n^2$ 都发散;

     (C) $\sum\limits_{n=1}^{\infty} u_n$ 收敛,而 $\sum\limits_{n=1}^{\infty} u_n^2$ 发散;   (D) $\sum\limits_{n=1}^{\infty} u_n$ 发散,而 $\sum\limits_{n=1}^{\infty} u_n^2$ 收敛.

15. 差分方程 $y_{x+1} - 2y_x = 3 \cdot 2^x$ 有形如 $y_x^* = ($)特解(其中 k 为待定常数).

     (A) $k \cdot 2^x$;   (B) $kx \cdot 2^x$;   (C) $k \cdot 4^x$;   (D) $kx \cdot 4^x$.

三、计算题(每小题 7 分,共计 49 分)

16. 利用定积分的定义计算极限 $\lim\limits_{n \to \infty} \left[\dfrac{\sin\dfrac{\pi}{n}}{n+1} + \dfrac{\sin\dfrac{2}{n}\pi}{n+\dfrac{1}{2}} + \cdots + \dfrac{\sin\dfrac{n}{n}\pi}{n+\dfrac{1}{n}} \right]$.

17. 设 $f(x)$ 具有三阶连续的导数,已知曲线 $y = f(x)$ 过原点,且有拐点 $(3, 2)$,且过这两点的切线相交于点 $(2, 4)$,计算定积分 $\int_0^3 (x^2 + x) f'''(x)\,\mathrm{d}x$.

18. 设 $f(u, v)$ 存在二阶连续的偏导数,$z = f(x+y, xy)$,求 $\dfrac{\partial^2 z}{\partial x \partial y}$.

19. 计算 $\iint\limits_D | y - x^2 | \,\mathrm{d}\sigma$,其中 $D = \{(x, y) \mid 0 \leqslant x \leqslant 1, 0 \leqslant y \leqslant 1\}$.

20. 计算 $\iint\limits_{x^2 + y^2 \leqslant a^2 - b^2} \sqrt{1 + \left(\dfrac{\partial z}{\partial x}\right)^2 + \left(\dfrac{\partial z}{\partial y}\right)^2}\,\mathrm{d}x\mathrm{d}y$,其中 z 是由方程 $x^2 + y^2 + z^2 = a^2$ 所确定的隐函数,且 $0 < b \leqslant z \leqslant a$.

21. 求幂级数 $\sum\limits_{n=1}^{\infty} \dfrac{x^n}{n}$ 的收敛域及和函数,并求数项级数 $1 - \dfrac{1}{2} + \dfrac{1}{3} - \cdots + (-1)^{n-1} \dfrac{1}{n} + \cdots$ 的和.

22. 设位于第一象限的曲线 $y = f(x)$ 过点 $\left(\dfrac{\sqrt{2}}{2}, \dfrac{1}{2}\right)$,其上任一点 $P(x, y)$ 处的法线与 y 轴的交点为 Q,且线段 PQ 被 x 轴平分,求曲线 $y = f(x)$ 的方程.

四、应用题(每小题 8 分,共计 16 分)

23. 设 D 是由曲线 $y = \begin{cases} x^2, & 0 \leqslant x \leqslant 2, \\ 6 - x, & x > 2 \end{cases}$,与直线 $y = 0, y = 4$ 围成的平面区

域.求:

(1) D 的面积;

(2) D 绕 y 轴旋转一周形成的旋转体的体积.

24. 设某种产品的产量是劳动力 x 和原料 y 的函数: $f(x,y)=60x^{\frac{3}{4}}y^{\frac{1}{4}}$, 若劳动力单价为 100 元, 原料单价为 200 元, 则在投入 3 万元资金用于生产的情况下, 如何安排劳动力和原料, 可使产量最多?

五、证明题(5分)

25. 若 $a_n \leqslant b_n \leqslant c_n (n=1,2,\cdots)$, 且 $\sum\limits_{n=1}^{\infty} a_n$ 与 $\sum\limits_{n=1}^{\infty} c_n$ 均收敛. 证明 $\sum\limits_{n=1}^{\infty} b_n$ 收敛.

第一学期期末考试模拟试题(A)参考答案

一、填空题(每小题2分,共计20分)

1. $[3,5]$; 2. $y=\begin{cases} \sqrt{-x}, & -1 \leqslant x \leqslant 0, \\ \sqrt{x}, & x>1; \end{cases}$ 3. 1; 4. 2; 5. $\frac{1}{2}$;

6. 2; 7. $y=0, x=0, x=1$; 8. 3; 9. $\ln|2+x|+c$;

10. $\frac{2}{15}x^{\frac{5}{2}}+c_1 x+c_2$.

二、单项选择题(每小题2分,共计10分)

11. (C); 12. (A); 13. (D); 14. (C); 15. (A)

三、计算题(每小题6分,共计48分)

16. 在 $(-\infty,c)$ 内, $f'(x)=2ax$ 存在; 在 $(c,+\infty)$ 内 $f'(x)=\frac{1}{x}$ 存在.

所以只要 $f(x)$ 在 $x=c$ 处可导,则在 $x=c$ 处必连续,从而 $f(c-0)=f(c+0)$,即

$$ac^2=\ln c. \qquad\qquad ①$$

$$f'_-(c)=\lim_{x\to c^-}\frac{f(x)-f(c)}{x-c}=\lim_{x\to c^-}\frac{ax^2-ac^2}{x-c}=\lim_{x\to c^-}a(x+c)=2ac,$$

$$f'_+(c)=\lim_{x\to c^+}\frac{f(x)-f(c)}{x-c}=\lim_{x\to c^+}\frac{\ln x-ac^2}{x-c}=\lim_{x\to c^+}\frac{\frac{1}{x}}{1}=\frac{1}{c}.$$

根据左、右导数定理,得

$$2ac=\frac{1}{c}. \qquad\qquad ②$$

联立①,②两式,解得 $\begin{cases} a=\dfrac{1}{2e}, \\ c=\sqrt{e}. \end{cases}$

17. $y'=\dfrac{f'(\ln x)-f(\ln x)}{x^2}$,

$$y'' = \frac{\left[f''(\ln x) \cdot \frac{1}{x} - f'(\ln x) \cdot \frac{1}{x}\right] \cdot x^2 - \left[f'(\ln x) - f(\ln x)\right] \cdot 2x}{x^4}$$

$$= \frac{1}{x^3}\left[f''(\ln x) - 3f'(\ln x) + 2f(\ln x)\right].$$

18. 原方程两边微分得 $\mathrm{d}y = \mathrm{d}x + \frac{1}{1+y^2}\mathrm{d}y$,解得

$$\mathrm{d}y = \frac{1+y^2}{y^2}\mathrm{d}x, \qquad \frac{\mathrm{d}y}{\mathrm{d}x} = \frac{1+y^2}{y^2}.$$

$$\frac{\mathrm{d}^2 y}{\mathrm{d}x^2} = \left(\frac{1+y^2}{y^2}\right)'_x = \left(1 + \frac{1}{y^2}\right)'_y \cdot \frac{\mathrm{d}y}{\mathrm{d}x} = -\frac{2}{y^3} \cdot \frac{1+y^2}{y^2} = -\frac{2(1+y^2)}{y^5}.$$

19. $\lim\limits_{x \to \infty} x^2\left(1 - x\sin\frac{1}{x}\right)(\infty \cdot 0 \text{ 型}) = \lim\limits_{x \to \infty} \frac{\frac{1}{x} - \sin\frac{1}{x}}{\frac{1}{x^3}} \xtofrom{\diamond \frac{1}{x} = t} \lim\limits_{t \to 0} \frac{t - \sin t}{t^3}$

$$= \lim_{t \to 0} \frac{1 - \cos t}{3t^2} = \lim_{t \to 0} \frac{\frac{1}{2}t^2}{3t^2} = \frac{1}{6}.$$

20. $\lim\limits_{x \to 0^+}(\cos\sqrt{x})^{\frac{2}{x}}(1^\infty \text{型}) = \mathrm{e}^{2 \cdot \lim\limits_{x \to 0^+}\frac{\cos\sqrt{x}-1}{x}} = \mathrm{e}^{2 \cdot \lim\limits_{x \to 0^+}\frac{-\frac{1}{2}x}{x}} = \mathrm{e}^{-1}.$

21. $\int \frac{1}{x^2}\mathrm{e}^{1+\frac{4}{x}}\mathrm{d}x = -\frac{1}{4}\int \mathrm{e}^{1+\frac{4}{x}}\mathrm{d}\left(1 + \frac{4}{x}\right) = -\frac{1}{4}\mathrm{e}^{1+\frac{4}{x}} + c.$

22. 解法一:$\int (\arcsin x)^2 \mathrm{d}x = x(\arcsin x)^2 - 2\int \arcsin x \cdot \frac{x}{\sqrt{1-x^2}}\mathrm{d}x$

$$= x(\arcsin x)^2 + 2\int \arcsin x \mathrm{d}\sqrt{1-x^2}$$

$$= x(\arcsin x)^2 + 2\sqrt{1-x^2} \cdot \arcsin x - 2\int \mathrm{d}x$$

$$= x(\arcsin x)^2 + 2\sqrt{1-x^2}\arcsin x - 2x + c.$$

解法二:令 $\arcsin x = t$,则 $x = \sin t, \mathrm{d}x = \cos t\mathrm{d}t$,则

原式 $= \int t^2 \cos t\mathrm{d}t = t^2 \sin t - 2\int t\sin t\mathrm{d}t$

$$= t^2 \sin t + 2t\cos t - 2\int \cos t\mathrm{d}t = t^2 \sin t + 2t\cos t - 2\sin t + c$$

$$= x(\arcsin x)^2 + 2\sqrt{1-x^2}\arcsin x - 2x + c.$$

23. 解法一:$\int \frac{\mathrm{d}x}{1 + \sqrt{1-x^2}} \xtofrom{\diamond x = \sin t} \int \frac{\cos t}{1 + \cos t}\mathrm{d}t = \int \left(1 - \frac{1}{1 + \cos t}\right)\mathrm{d}t$

$$= t - \int \frac{1}{1 + \cos t}\mathrm{d}t = t - \int \frac{1 - \cos t}{\sin^2 t}\mathrm{d}t$$

$$= t - \int (\csc^2 t - \csc t \cdot \cot t)\mathrm{d}t$$

$$= t + \cot t - \csc t + c = \arcsin x + \frac{\sqrt{1-x^2}}{x} - \frac{1}{x} + c$$

$$= \arcsin x + \frac{\sqrt{1-x^2}-1}{x} + c.$$

解法二：$\displaystyle\int \frac{\mathrm{d}x}{1+\sqrt{1-x^2}} \xlongequal{\text{令 } x=\sin t} \int \left(1-\frac{1}{1+\cos t}\right)\mathrm{d}t = t - \int \frac{1}{1+\cos t}\mathrm{d}t$

$$= t - \int \frac{\mathrm{d}t}{2\cos^2 \frac{t}{2}} = t - \int \sec^2 \frac{t}{2} \mathrm{d}\frac{t}{2} = t - \tan\frac{t}{2} + c$$

$$= t - \frac{1-\cos t}{\sin t} + c = \arcsin x + \frac{\sqrt{1-x^2}-1}{x} + c.$$

四、应用题（每小题 8 分，共计 16 分）

24.（1）成本函数 $C(x) = \overline{C(x)} \cdot x = 6x - x^2$，收益函数 $R(x) = p \cdot x = 26x - 3x^2$，利润函数 $L(x) = R(x) - C(x) = 20x - 2x^2$. $L'(x) = 20 - 4x$，令 $L'(x) = 0$，得驻点 $x = 5$，$L''(x) = -4 < 0$，所以当 $x = 5$ 时利润 L 取得极大值，即最大值. 此时价格 $p = 11$.

（2）需求函数 $x = \dfrac{26-p}{3}$，需求量 x 对价格 p 的弹性

$$\frac{\mathrm{E}x}{\mathrm{E}p} = \frac{p}{x} \cdot \frac{\mathrm{d}x}{\mathrm{d}p} = \frac{3p}{26-p} \cdot \left(-\frac{1}{3}\right) = -\frac{p}{26-p}.$$

25.（1）$y' = \dfrac{2x}{1+x^2}$，$y'' = \dfrac{2(1-x^2)}{(1+x^2)^2}$.

令 $y'' = 0$ 得 $x = \pm 1$，列表讨论

x	$(-\infty,-1)$	-1	$(-1,1)$	1	$(1,+\infty)$
y''	$-$	0	$+$	0	$-$
y	$\frown$	拐点	$\smile$	拐点	$\frown$

由表可见：

上凹区间：$(-1,1)$；下凹区间：$(-\infty,-1)$ 和 $(1,+\infty)$；

拐点：$(-1,\ln 2)$，$(1,\ln 2)$.

（2）在拐点 $(-1,\ln 2)$ 处 $y'(-1) = -1$，切线方程为

$$y - \ln 2 = -1 \cdot (x+1),$$

即

$$y = -x + \ln 2 - 1;$$

在拐点 $(1,\ln 2)$ 处 $y'(1) = 1$，切线方程为 $y - \ln 2 = x - 1$，即 $y = x + \ln 2 - 1$.

五、证明题（6 分）

26. 证明：令辅助函数 $\varphi(x) = x f(x)$，则 $\varphi(x)$ 在 $[0,1]$ 上连续，在 $(0,1)$ 内可导，且 $\varphi(0) = \varphi(1) = 0$. 根据罗尔定理，存在 $\xi \in (0,1)$，使 $\varphi'(\xi) = 0$，即 $f(\xi) + \xi f'(\xi) = 0$.

第一学期期末考试模拟试题(B)参考答案

一、填空题(每小题 2 分,共计 20 分)

1. $\frac{\pi}{4}$;   2. 3;   3. 16;   4. e^{-x};   5. $e^{-\frac{1}{6}}$;   6. $k>2$;   7. $y=x$;   8. 19;

9. $\frac{1}{2a}f^2(ax+b)+c$;   10. $f(x)=\frac{1}{2}(1+x^2)\ln(1+x^2)-\frac{1}{2}x^2$.

二、单项选择题(每小题 2 分,共计 10 分)

11. (D);   12. (D);   13. (C);   14. (D);   15. (B).

三、计算题(每小题 6 分,共计 48 分)

16. $\lim\limits_{n\to\infty} n(\sqrt{n^4+4n+1}-n^2) = \lim\limits_{n\to\infty} n^3\left(\sqrt{1+\frac{4}{n^3}+\frac{1}{n^4}}-1\right)$

$$= \lim\limits_{n\to\infty} n^3 \cdot \frac{1}{2}\left(\frac{4}{n^3}+\frac{1}{n^4}\right) = \lim\limits_{n\to\infty} \frac{1}{2}\left(4+\frac{1}{n}\right) = 2.$$

17. 由 $\lim\limits_{x\to-1}\dfrac{x^3-ax^2-x+4}{x+1}=b$ 及 $\lim\limits_{x\to-1}(x+1)=0$ 得

$$\lim\limits_{x\to-1}(x^3-ax^2-x+4)=0,$$

即

$$-1-a+1+4=0, \quad a=4,$$

$$\lim\limits_{x\to-1}\frac{x^3-4x^2-x+4}{x+1} = \lim\limits_{x\to-1}\frac{3x^2-8x-1}{1}=10,$$

即 $b=10$.

18. $\lim\limits_{x\to+\infty}\left(\dfrac{2}{\pi}\arctan x\right)^{\pi x}$ (1^∞ 型) $= e^{\lim\limits_{x\to+\infty}\left(\frac{2}{\pi}\arctan x-1\right)\cdot \pi x} = e^{\lim\limits_{x\to+\infty}\frac{2\arctan x-\pi}{\frac{1}{x}}}$ $\left(\frac{0}{0}\text{型}\right)$

$$= e^{\lim\limits_{x\to+\infty}\frac{\frac{2}{1+x^2}}{-\frac{1}{x^2}}} = e^{\lim\limits_{x\to+\infty}-\frac{2x^2}{1+x^2}} = e^{-2}.$$

19. $y'=\ln(1+x+\sqrt{x^2+2x})+\dfrac{1+x}{1+x+\sqrt{x^2+2x}}\left(1+\dfrac{x+1}{\sqrt{x^2+2x}}\right)$

$$-\frac{x+1}{\sqrt{x^2+2x}}$$

$$=\ln(1+x+\sqrt{x^2+2x}),$$

$$y'|_{x=1} = \ln(2+\sqrt{3}), \quad \mathrm{d}y|_{x=1} = \ln(2+\sqrt{3})\mathrm{d}x.$$

$$y''=\frac{1}{1+x+\sqrt{x^2+2x}}\cdot\left(1+\frac{x+1}{\sqrt{x^2+2x}}\right) = \frac{1}{\sqrt{x^2+2x}},$$

$$\frac{\mathrm{d}^2 y}{\mathrm{d}x^2}\bigg|_{x=1} = y''|_{x=1} = \frac{1}{\sqrt{3}}.$$

20. (1) 当 $x\neq 0$ 时,

$$f'(x)=\frac{[g'(x)+e^{-x}]x-[g(x)-e^{-x}]}{x^2};$$

当 $x=0$ 时,

$$f'(0) = \lim_{x \to 0} \frac{f(x)-f(0)}{x} = \lim_{x \to 0} \frac{g(x)-e^{-x}}{x^2}$$

$$= \lim_{x \to 0} \frac{g'(x)+e^{-x}}{2x} = \lim_{x \to 0} \frac{g''(x)-e^{-x}}{2} = \frac{g''(0)-1}{2}.$$

所以

$$f'(x) = \begin{cases} \dfrac{g'(x)x+e^{-x}x-g(x)+e^{-x}}{x^2}, & x \neq 0, \\ \dfrac{g''(0)-1}{2}, & x=0. \end{cases}$$

(2) 由题设条件知,当 $x \neq 0$ 时,$f'(x)$ 连续,由于

$$\lim_{x \to 0} f'(x) = \lim_{x \to 0} \frac{g'(x)x+e^{-x}x-g(x)+e^{-x}}{x^2} \left(\frac{0}{0} \, 型 \right)$$

$$= \lim_{x \to 0} \frac{g''(x)x+g'(x)+e^{-x}-xe^{-x}-g'(x)-e^{-x}}{2x}$$

$$= \lim_{x \to 0} \frac{g''(x)x-xe^{-x}}{2x} = \lim_{x \to 0} \frac{g''(x)-e^{-x}}{2} = \frac{g''(0)-1}{2} = f'(0),$$

所以当 $x=0$ 时 $f'(x)$ 连续. 故 $f'(x)$ 在 $(-\infty,+\infty)$ 内连续.

21. $\displaystyle \int \frac{x^3}{(1+x)^4} \mathrm{d}x \xlongequal{\text{令} 1+x=t} \int \frac{(t-1)^3}{t^4} \mathrm{d}t = \int \left(\frac{1}{t} - \frac{3}{t^2} + \frac{3}{t^3} - \frac{1}{t^4} \right) \mathrm{d}t$

$\qquad = \ln|t| + \dfrac{3}{t} - \dfrac{3}{2t^2} + \dfrac{1}{3t^3} + c$

$\qquad = \ln|1+x| + \dfrac{3}{1+x} - \dfrac{3}{2(1+x)^2} + \dfrac{1}{3(1+x)^3} + c.$

22. $\displaystyle \int \frac{\ln(1+x)}{\sqrt{x}} \mathrm{d}x \xlongequal{\text{令}\sqrt{x}=t} 2\int \ln(1+t^2) \mathrm{d}t = 2t\ln(1+t^2) - 4\int \frac{t^2}{1+t^2} \mathrm{d}t$

$\qquad = 2t\ln(1+t^2) - 4\int \left(1 - \frac{1}{1+t^2} \right) \mathrm{d}t$

$\qquad = 2t\ln(1+t^2) - 4t + 4\arctan t + c$

$\qquad = 2\sqrt{x}\ln(1+x) - 4\sqrt{x} + 4\arctan\sqrt{x} + c.$

23. 解法一:令 $x=\sec t,\ \mathrm{d}x=\sec t \cdot \tan t \mathrm{d}t.$

当 $x>1$ 时,$t \in \left(0, \dfrac{\pi}{2} \right),$

$\displaystyle \int \frac{x+1}{x^2\sqrt{x^2-1}} \mathrm{d}x = \int \frac{\sec t+1}{\sec^2 t \cdot \tan t} \sec t \mathrm{d}t$

$\qquad = \int (1+\cos t) \mathrm{d}t = t + \sin t + c = \arccos\frac{1}{x} + \sqrt{1-\frac{1}{x^2}} + c$

$\qquad = \arccos\frac{1}{x} + \frac{\sqrt{x^2-1}}{x} + c.$

当 $x<-1$ 时,$t \in \left(\dfrac{\pi}{2}, \pi \right),$

$$\int \frac{x+1}{x^2\sqrt{x^2-1}}dx = \int \frac{\sec t+1}{\sec^2 t \cdot (-\tan t)}\sec t\, dt$$

$$=-\int(1+\cos t)dt = -t-\sin t+c_1 = -\arccos\frac{1}{x}-\sqrt{1-\frac{1}{x^2}}+c_1$$

$$= \arccos\frac{1}{-x}-\pi+\frac{\sqrt{x^2-1}}{x}+c_1 = \arccos\frac{1}{|x|}+\frac{\sqrt{x^2-1}}{x}+c.$$

所以

$$\int\frac{x+1}{x^2\sqrt{x^2-1}}dx = \arccos\frac{1}{|x|}+\frac{\sqrt{x^2-1}}{x}+c.$$

解法二：$\displaystyle\int\frac{x+1}{x^2\sqrt{x^2-1}}dx \xlongequal{\,\text{令}\,x=\frac{1}{t}\,} \int \frac{\dfrac{1}{t}+1}{\dfrac{1}{|t|}\sqrt{1-t^2}}dt$

$$=\begin{cases} -\displaystyle\int\frac{1+t}{\sqrt{1-t^2}}dt, & 0<t<1, \\[2mm] \displaystyle\int\frac{1+t}{\sqrt{1-t^2}}dt, & -1<t<0 \end{cases}$$

$$=\begin{cases} -\arcsin t+\sqrt{1-t^2}+c, & 0<t<1, \\[2mm] \arcsin t-\sqrt{1-t^2}+c, & -1<t<0 \end{cases}$$

$$=\begin{cases} -\arcsin\dfrac{1}{x}+\dfrac{\sqrt{x^2-1}}{x}+c, & x>1, \\[2mm] \arcsin\dfrac{1}{x}+\dfrac{\sqrt{x^2-1}}{x}+c, & x<-1 \end{cases}$$

$$=-\arcsin\frac{1}{|x|}+\frac{\sqrt{x^2-1}}{x}+c \quad (|x|>1).$$

四、应用题（每小题 8 分,共计 16 分）

24. (1) $x=10000+\dfrac{50-p}{2}\times 2000 = 60000-1000p$（公斤）.

(2) 成本函数 $C(x)=60000+20x$（元）,

　　收益函数 $R(x)=p\cdot x=(60-0.001x)x=60x-0.001x^2$（元）,

　　利润函数 $L(x)=R(x)-C(x)=-0.001x^2+40x-60000$（元）.

$L'(x)=-0.002x+40=0$ 得驻点 $x=20000$,因 $L''(x)=-0.002<0$,所以当 $x=20000$ 是极大值点,即最大值点. 所以获利最大时的产量为 20000 公斤,此时的价格是 $p=40$（元/公斤）.

25. (1) 函数 $f(x)$ 的驻点是 $\underline{x=-1,x=1,x=3}$;

(2) $f(x)$ 的递增区间是 $\underline{(-\infty,-1]\text{和}[3,+\infty)}$;

　　$f(x)$ 的递减区间是 $\underline{[-1,3]}$;

(3) $f(x)$ 的极大值为 $\underline{\quad 4\quad}$,极小值为 $\underline{\quad 8\quad}$;

(4) $y=f(x)$ 的上凹区间为 $\underline{(0,1)\text{和}(2,+\infty)}$,

　　下凹区间为 $\underline{(-\infty,0)\text{和}(1,2)}$,拐点为 $\underline{(0,5),(1,6)\text{和}(2,7)}$.

五、证明题(6 分)

26. 证明

(1)（反证法）若 $\exists c \in (a,b)$，使 $g(c)=0$，则分别在 $[a,c]$ 和 $[c,b]$ 上对 $g(x)$ 应用罗尔定理知，存在 $\xi_1 \in (a,c)$，$\xi_2 \in (c,b)$，使 $g'(\xi_1)=0$，$g'(\xi_2)=0$. 再对函数 $g'(x)$ 在 $[\xi_1, \xi_2]$ 上应用罗尔定理知，存在 $\xi_3 \in (\xi_1, \xi_2)$，使 $g''(\xi_3)=0$. 这与题设 $g''(x) \neq 0$ 矛盾，故在 (a,b) 内 $g(x) \neq 0$.

(2) 作辅助函数：

$$\varphi(x) = f(x)g'(x) - f'(x)g(x),$$

则 $\varphi(x)$ 在 $[a,b]$ 上连续，在 (a,b) 内可导，且

$$\varphi(a) = \varphi(b) = 0.$$

根据罗尔定理，存在 $\xi \in (a,b)$，使 $\varphi'(\xi)=0$，即

$$f(\xi)g''(\xi) - f''(\xi)g(\xi) = 0.$$

因 $g(\xi) \neq 0$，$g''(\xi) \neq 0$，故有 $\dfrac{f(\xi)}{g(\xi)} = \dfrac{f''(\xi)}{g''(\xi)}$.

第二学期期末考试模拟试题(A)参考答案

一、填空题(每小题 2 分，共计 20 分)

1. $\dfrac{1}{6}$； 2. $\dfrac{\pi}{8}$； 3. $8 < p < 9$； 4. $-\dfrac{g'(v)}{g^2(v)}$； 5. 0； 6. 4；

7. $\displaystyle\int_1^e \mathrm{d}x \int_{\ln x}^{\frac{e}{x}} f(x,y)\mathrm{d}y$； 8. $u_n = \dfrac{2}{n(n+1)}$，$S=2$； 9. e^{2x}；

10. $y_x = 3 \cdot (-3)^x + 1$.

二、单项选择题(每小题 2 分，共计 10 分)

11. (D)； 12. (D)； 13. (C)； 14. (C)； 15. (B).

三、计算题(每小题 6 分，共计 48 分)

16. $\displaystyle\int_1^e \sin(\ln x)\mathrm{d}x = x\sin\ln x \Big|_1^e - \int_1^e \cos(\ln x)\mathrm{d}x$

$\qquad\qquad = \mathrm{e}\sin 1 - x\cos(\ln x)\Big|_1^e - \int_1^e \sin(\ln x)\mathrm{d}x$,

$2\displaystyle\int_1^e \sin(\ln x)\mathrm{d}x = \mathrm{e}\sin 1 - \mathrm{e}\cos 1 + 1$,

$\displaystyle\int_1^e \sin(\ln x)\mathrm{d}x = \dfrac{1}{2}(\mathrm{e}\sin 1 - \mathrm{e}\cos 1 + 1).$

17. 令 $x = \sec t$，则 $\mathrm{d}x = \sec t \cdot \tan t\,\mathrm{d}t$.

$\displaystyle\int_{-2}^{-1} \dfrac{\sqrt{x^2-1}}{x}\mathrm{d}x = \int_{\frac{2}{3}\pi}^{\pi} \dfrac{-\tan t}{\sec t} \cdot \sec t \cdot \tan t\,\mathrm{d}t = -\int_{\frac{2}{3}\pi}^{\pi} \tan^2 t\,\mathrm{d}t$

$\qquad\qquad = -\displaystyle\int_{\frac{2}{3}\pi}^{\pi} (\sec^2 t - 1)\mathrm{d}t = -\tan t \Big|_{\frac{2}{3}\pi}^{\pi} + \dfrac{\pi}{3} = -\sqrt{3} + \dfrac{\pi}{3}.$

18. 解法一：令 $F(x,y,z) = \mathrm{e}^{xyz} + z - \sin(xy) - 6$，

$$\frac{\partial z}{\partial x}=-\frac{F'_x}{F'_z}=-\frac{\mathrm{e}^{xyz}yz-y\cos xy}{\mathrm{e}^{xyz}xy+1},$$

$$\frac{\partial z}{\partial y}=-\frac{F'_y}{F'_z}=-\frac{\mathrm{e}^{xyz}xz-x\cos xy}{\mathrm{e}^{xyz}xy+1}.$$

$$\mathrm{d}z=\frac{\partial z}{\partial x}\mathrm{d}x+\frac{\partial z}{\partial y}\mathrm{d}y$$

$$=\frac{1}{\mathrm{e}^{xyz}xy+1}\big[(y\cos xy-yz\,\mathrm{e}^{xyz})\mathrm{d}x+(x\cos xy-xz\,\mathrm{e}^{xyz})\mathrm{d}y\big]$$

$$=\frac{(\cos xy-z\mathrm{e}^{xyz})(y\mathrm{d}x+x\mathrm{d}y)}{xy\mathrm{e}^{xyz}+1}.$$

解法二:方程两边微分,得

$$\mathrm{e}^{xyz}\mathrm{d}(xyz)+\mathrm{d}z-\cos(xy)\mathrm{d}(xy)=0,$$

$$\mathrm{e}^{xyz}(yz\mathrm{d}x+xz\mathrm{d}y+xy\mathrm{d}z)+\mathrm{d}z-\cos(xy)(y\mathrm{d}x+x\mathrm{d}y)=0,$$

解出 $\mathrm{d}z$ 得 $\mathrm{d}z=\dfrac{\cos xy-z\mathrm{e}^{xyz}}{xy\mathrm{e}^{xyz}+1}(y\mathrm{d}x+x\mathrm{d}y).$

19. 交换积分次序得

$$I=\int_1^2\mathrm{d}y\int_y^{y^2}\sin\frac{\pi x}{2y}\mathrm{d}x=\int_1^2\frac{2y}{\pi}\cos\frac{\pi y}{2}\mathrm{d}y=\frac{4}{\pi^2}\sin\frac{\pi y}{2}\Big|_1^2-\int_1^2\frac{4}{\pi^2}\sin\frac{\pi y}{2}\mathrm{d}y$$

$$=-\frac{4}{\pi^2}+\frac{8}{\pi^3}\cos\frac{\pi y}{2}\Big|_1^2=-\frac{4}{\pi^2}-\frac{8}{\pi^3}.$$

20. 解法一: $I=\displaystyle\int_{-\frac{\pi}{2}}^{\frac{\pi}{2}}\mathrm{d}\theta\int_{a\cos\theta}^{a}r^2\mathrm{d}r+\int_{\frac{\pi}{2}}^{\frac{3\pi}{2}}\mathrm{d}\theta\int_0^a r^2\mathrm{d}r=\frac{1}{3}a^3\int_{-\frac{\pi}{2}}^{\frac{\pi}{2}}(1-\cos^3\theta)\mathrm{d}\theta$

$$+\frac{1}{3}a^3\int_{\frac{\pi}{2}}^{\frac{3\pi}{2}}\mathrm{d}\theta$$

$$=\frac{1}{3}a^3\Big(\pi-2\int_0^{\frac{\pi}{2}}\cos^3\theta\mathrm{d}\theta\Big)+\frac{1}{3}a^3\pi=\frac{1}{3}a^3\Big(\pi-\frac{4}{3}\Big)+\frac{1}{3}a^3\pi$$

$$=\frac{2}{3}a^3\pi-\frac{4}{9}a^3.$$

解法二: $I=\displaystyle\iint\limits_{x^2+y^2\leqslant a^2}\sqrt{x^2+y^2}\,\mathrm{d}x\mathrm{d}y-\iint\limits_{x^2+y^2\leqslant ax}\sqrt{x^2+y^2}\,\mathrm{d}x\mathrm{d}y$

$$=\int_0^{2\pi}\mathrm{d}\theta\int_0^a r^2\mathrm{d}r-2\int_0^{\frac{\pi}{2}}\mathrm{d}\theta\int_0^{a\cos\theta}r^2\mathrm{d}r$$

$$=\frac{2\pi}{3}a^3-\frac{2\pi}{3}a^3\int_0^{\frac{\pi}{2}}\cos^3\theta\mathrm{d}\theta=\frac{2}{3}\pi a^3-\frac{4}{9}a^3$$

21. 因 $\left|\dfrac{(-1)^{n+1}}{n+\sqrt{n}}\right|=\dfrac{1}{n+\sqrt{n}}\geqslant\dfrac{1}{2n}$,而 $\displaystyle\sum_{n=1}^{\infty}\frac{1}{2n}$ 发散,故 $\displaystyle\sum_{n=1}^{\infty}\left|\frac{(-1)^{n+1}}{n+\sqrt{n}}\right|$ 发散,又因

为 $\dfrac{1}{n+\sqrt{n}}$ 单调递减,且 $\displaystyle\lim_{n\to\infty}\frac{1}{n+\sqrt{n}}=0$,根据交错级数的莱布尼茨判别定理,知

$\displaystyle\sum_{n=1}^{\infty}\frac{(-1)^{n+1}}{n+\sqrt{n}}$ 收敛,从而 $\displaystyle\sum_{n=1}^{\infty}\frac{(-1)^{n+1}}{n+\sqrt{n}}$ 条件收敛.

22. 将原方程变形为

$$y' + \frac{1}{x}y = \mathrm{e}^x,$$

$$y = \mathrm{e}^{-\int \frac{1}{x}\mathrm{d}x}\left(\int \mathrm{e}^x \mathrm{e}^{\int \frac{1}{x}\mathrm{d}x}\mathrm{d}x + c\right) = \mathrm{e}^{-\ln x}\left(\int \mathrm{e}^x \mathrm{e}^{\ln x}\mathrm{d}x + c\right)$$

$$= \mathrm{e}^{-\ln x}\left(\int \mathrm{e}^x \mathrm{e}^{\ln x}\mathrm{d}x + c\right) = \frac{1}{x}(x\mathrm{e}^x - \mathrm{e}^x + c) = \mathrm{e}^x - \frac{1}{x}\mathrm{e}^x + \frac{c}{x}.$$

由 $y(1) = 1$ 得 $c = 1$. 所以 $y = \mathrm{e}^x - \frac{1}{x}\mathrm{e}^x + \frac{1}{x}$.

23. 原方程等价于 $y_{x+1} + 5y_x = \frac{7}{2} \cdot 2^x$, 对应的齐次线性差分方程的通解为 $\overline{y_x} = c(-5)^x$. 因 $b = 2 \neq a = -5$, 则方程具有形如 $y_x^* = a_0 \cdot 2^x$ 的特解. 将其代入原方程, 可得 $a_0 = \frac{1}{2}$, 则 $y_x^* = \frac{1}{2} \cdot 2^x$, 故原方程的通解为 $y_x = c(-5)^x + \frac{1}{2} \cdot 2^x$. 将初始条件 $y_0 = 1$ 代入可得 $c = \frac{1}{2}$. 故所求特解为 $y_x = \frac{1}{2}\left[(-5)^x + 2^x\right]$.

四、应用题(每小题 8 分, 共计 16 分)

24. $V_x = 2\pi \int_1^4 y \cdot \sqrt{y}\mathrm{d}y = \frac{4}{5}\pi y^{\frac{5}{2}}\Big|_1^4 = \frac{124}{5}\pi;$

$$V_y = \pi \int_1^4 (\sqrt{y})^2 \mathrm{d}y = \frac{15}{2}\pi.$$

25. 由

$$\begin{cases} Q_1 = 40 - 2p_1 + p_2, \\ Q_2 = 15 + p_1 - p_2. \end{cases}$$

解得

$$\begin{cases} p_1 = 55 - Q_1 - Q_2, \\ p_2 = 70 - Q_1 - 2Q_2. \end{cases}$$

则收益函数为

$$R(Q_1, Q_2) = p_1 Q_1 + p_2 Q_2$$
$$= (55 - Q_1 - Q_2)Q_1 + (70 - Q_1 - 2Q_2)Q_2$$
$$= -Q_1^2 - 2Q_1 Q_2 - Q_2^2 + 55Q_1 + 70Q_2.$$

总利润函数为

$$L(Q_1, Q_2) = R(Q_1, Q_2) - C(Q_1, Q_2)$$
$$= -2Q_1^2 - 3Q_1 Q_2 - 3Q_2^2 + 55Q_1 + 70Q_2.$$

令

$$\begin{cases} L'_{Q_1} = -4Q_1 - 3Q_2 + 55 = 0, \\ L'_{Q_2} = -3Q_1 - 6Q_2 + 70 = 0. \end{cases}$$

解得驻点 $\left(8, \frac{23}{3}\right)$. 则 $A = L''_{Q_1 Q_1} = -4, B = L''_{Q_1 Q_2} = -3, C = L''_{Q_2 Q_2} = -6, B^2 - AC = -15 < 0$, 故点 $\left(8, \frac{23}{3}\right)$ 是极大值点也是最大值点。即当 $Q_1 = 8, Q_2 = \frac{23}{3}$ 时, 可获得

最大利润,此时相应的价格为 $p_1 = \dfrac{118}{3}, p_2 = \dfrac{140}{3}$.

五、证明题(6 分)

26. 证明:$\dfrac{\partial u}{\partial x} = f_1' \cdot y, \quad \dfrac{\partial u}{\partial y} = f_1' \cdot x + f_2' \cdot z, \quad \dfrac{\partial u}{\partial z} = f_2' \cdot y,$

所以 $x\dfrac{\partial u}{\partial x} + z\dfrac{\partial u}{\partial z} = xyf_1' + yzf_2' = y(xf_1' + zf_2') = y\dfrac{\partial u}{\partial y}.$

第二学期期末考试模拟试题(B)参考答案

一、填空题(每小题 2 分,共计 20 分)

1. $\dfrac{1}{2}$;   2. $2\ln 2 + 4!$;   3. $\dfrac{-\mathrm{d}x + \mathrm{d}y}{4}$;   4. $xf_{12}'' + xyf_{22}'' + f_2'$;   5. 5π;

6. $1 - \sin 1$;   7. $\left(-\dfrac{1}{2}, 0\right) \bigcup (0, \sqrt{2})$;   8. 0;   9. e^{-2};   10. $6 + 2^3 \cdot 3^x$.

二、单项选择题(每小题 2 分,共计 10 分)

11. (C);   12. (A);   13. (A);   14. (C);   15. (B).

三、计算题(每小题 7 分,共计 49 分)

16. 记

$$S_n = \frac{\sin\dfrac{\pi}{n}}{n+1} + \frac{\sin\dfrac{2}{n}\pi}{n+\dfrac{1}{2}} + \frac{\sin\dfrac{n}{n}\pi}{n+\dfrac{1}{n}},$$

则

$$\frac{1}{n+1}\left(\sin\frac{\pi}{n} + \sin\frac{2}{n}\pi + \cdots + \sin\frac{n}{n}\pi\right) \leqslant S_n \leqslant \frac{1}{n}\left(\sin\frac{\pi}{n} + \sin\frac{2}{n}\pi + \cdots + \sin\frac{n}{n}\pi\right).$$

而

$$\lim_{n\to\infty} \frac{1}{n}\left(\sin\frac{\pi}{n} + \sin\frac{2}{n}\pi + \cdots + \sin\frac{n}{n}\pi\right)$$

$$= \lim_{n\to\infty}\sum_{i=1}^{n}\sin\left(\frac{i}{n}\pi\right)\cdot\frac{1}{n} = \int_0^1 \sin\pi x\,\mathrm{d}x = \frac{2}{\pi},$$

$$\lim_{n\to\infty}\frac{1}{n+1}\left(\sin\frac{\pi}{n} + \sin\frac{2}{n}\pi + \cdots + \sin\frac{n}{n}\pi\right)$$

$$= \lim_{n\to\infty}\frac{n}{n+1}\cdot\frac{1}{n}\left(\sin\frac{\pi}{n} + \sin\frac{2}{n}\pi + \cdots + \sin\frac{n}{n}\pi\right) = 1\cdot\frac{2}{\pi} = \frac{2}{\pi}.$$

根据两边夹法则,知 $\lim_{n\to\infty} S_n = \dfrac{2}{\pi}$.

17. 由已知条件可得 $\begin{cases} f(0) = 0, \\ f(3) = 2, \\ f''(3) = 0, \\ f'(0) = 2, \\ f'(3) = -2, \end{cases}$ 则

$$\int_0^3 (x^2+x)f'''(x)\mathrm{d}x = (x^2+x)f''(x)\Big|_0^3 - \int_0^3 (2x+1)f''(x)\mathrm{d}x$$

$$= -(2x+1)f'(x)\Big|_0^3 + \int_0^3 2\cdot f'(x)\mathrm{d}x$$

$$= 16 + 2f(x)\Big|_0^3 = 16 + 4 = 20.$$

18. $\dfrac{\partial z}{\partial x} = f_1' + yf_2'$,

$$\dfrac{\partial^2 z}{\partial x \partial y} = f_{11}'' + xf_{12}'' + y(f_{21}'' + yf_{22}'') + f_2'$$

$$= f_{11}'' + (x+y)f_{12}'' + y^2 f_{22}'' + f_2'.$$

19. 如附图所示，$|y-x^2| = \begin{cases} y-x^2, & y \geqslant x^2, (x,y) \in D, \\ x^2-y, & y < x^2, (x,y) \in D \end{cases}$

$$= \begin{cases} y-x^2, & (x,y) \in D_1, \\ x^2-y, & (x,y) \in D_2. \end{cases}$$

根据二重积分的可加性得

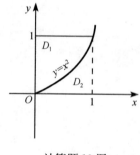

计算题 19 图

$$\iint\limits_D |y-x^2| \, \mathrm{d}\sigma$$

$$= \iint\limits_{D_1} (y-x^2)\mathrm{d}x\mathrm{d}y + \iint\limits_{D_2} (x^2-y)\mathrm{d}x\mathrm{d}y$$

$$= \int_0^1 \mathrm{d}x \int_{x^2}^1 (y-x^2)\mathrm{d}y + \int_0^1 \mathrm{d}x \int_0^{x^2} (x^2-y)\mathrm{d}y$$

$$= \int_0^1 \left(\frac{1}{2}x^4 - x^2 + \frac{1}{2}\right)\mathrm{d}x + \int_0^1 \frac{1}{2}x^4\mathrm{d}x = \frac{11}{30}.$$

20. 根据隐函数的求导公式可得 $\dfrac{\partial z}{\partial x} = -\dfrac{x}{z}$，$\dfrac{\partial z}{\partial y} = -\dfrac{y}{z}$. 则

$$\sqrt{1 + \left(\frac{\partial z}{\partial x}\right)^2 + \left(\frac{\partial z}{\partial y}\right)^2} = \sqrt{1 + \frac{x^2+y^2}{z^2}} = \sqrt{\frac{z^2+x^2+y^2}{z^2}}$$

$$= \sqrt{\frac{a^2}{z^2}} = \frac{a}{z} = \frac{a}{\sqrt{a^2-x^2-y^2}}.$$

所以

$$原式 = \iint\limits_{x^2+y^2 \leqslant a^2-b^2} \frac{a}{\sqrt{a^2-x^2-y^2}}\mathrm{d}x\mathrm{d}y = a\int_0^{2\pi}\mathrm{d}\theta \int_0^{\sqrt{a^2-b^2}} \frac{r}{\sqrt{a^2-r^2}}\mathrm{d}r = 2\pi a(a-b).$$

21. $\lim\limits_{n \to \infty} \left| \dfrac{\dfrac{1}{n+1}}{\dfrac{1}{n}} \right| = \lim\limits_{n \to \infty} \dfrac{n}{n+1} = 1$，所以收敛半径为 $R=1$.

当 $x=1$ 时，原级数化为 $\sum\limits_{n=1}^{\infty} \dfrac{1}{n}$，发散；

当 $x=-1$ 时,原级数化为 $\sum_{n=1}^{\infty} \frac{(-1)^n}{n}$. 条件收敛.

故收敛区间为 $[-1,1)$,和函数

$$s(x)=\sum_{n=1}^{\infty} \frac{x^n}{n}=\sum_{n=1}^{\infty} \int_0^x x^{n-1} \mathrm{d}x=\int_0^x \left(\sum_{n=1}^{\infty} x^{n-1}\right) \mathrm{d}x=\int_0^x \frac{1}{1-x} \mathrm{d}x$$

$$=-\ln(1-x)\Big|_0^x=-\ln(1-x) \quad (-1 \leqslant x<1).$$

$$1-\frac{1}{2}+\frac{1}{3}-\cdots+(-1)^{n-1} \frac{1}{n}+\cdots=-\sum_{n=1}^{\infty} \frac{(-1)^n}{n}=-S(-1)=\ln 2.$$

22. 曲线 $y=f(x)$ 在点 $P(x,y)$ 处得法线方程为 $Y-y=-\frac{1}{y'}(X-x)$,其中 (X,Y) 为法线上任意一点的坐标. 令 $X=0$ 得 $Y=y+\frac{x}{y'}$. 故 Q 点的坐标为 $Q\left(0, y+\frac{x}{y'}\right)$,由线段 PQ 被 x 轴平分知 P 与 Q 点的纵坐标之和为 0,即

$$y+y+\frac{x}{y'}=0,$$

即 $2yy'+x=0$. 分离变量得 $2y\mathrm{d}y=-\mathrm{d}x$. 两边积分得 $y^2=-\frac{1}{2}x^2+c$.

再由 $y\Big|_{x=\frac{\sqrt{2}}{2}}=\frac{1}{2}$ 得 $c=\frac{1}{2}$,故曲线 $y=f(x)$ 的方程为 $y^2=-\frac{1}{2}x^2+\frac{1}{2}$,即 $x^2+2y^2=1(x>0,y>0)$.

四、应用题(每小题 8 分,共计 16 分)

23. (1) D 的面积

$$S=\int_0^4 (6-y-\sqrt{y})\mathrm{d}y=\frac{32}{3} \quad 或 \quad S=\int_0^2 x^2 \mathrm{d}x+\int_2^6 (6-x)\mathrm{d}x=\frac{32}{3}.$$

(2) $V_y=\pi \int_0^4 \left[(6-y^2)-(\sqrt{y})^2\right]\mathrm{d}y=\pi \int_0^4 (36-13y+y^2)\mathrm{d}y=\frac{418}{3}\pi.$

24. 目标函数为 $f(x,y)=60x^{\frac{3}{4}} y^{\frac{1}{4}}$,约束方程为 $100x+200y=30000$,即 $x+2y=300$.

构造拉格朗日函数

$$F(x,y)=60x^{\frac{3}{4}} y^{\frac{1}{4}}+\lambda(x+2y-300).$$

解方程组

$$\begin{cases} F_x'=45x^{-\frac{1}{4}} y^{\frac{1}{4}}+\lambda=0, \\ F_y'=15x^{\frac{3}{4}} y^{-\frac{3}{4}}+2\lambda=0, \\ x+2y=300. \end{cases}$$

前两个方程消去 λ 得 $x=6y$. 代入第三个方程得 $x=225, y=37.5$. 由问题的实际意义知最大产量存在,而可能的极值点唯一,故 $(225,37.5)$ 就是所求的最大值点,即当劳动力为 225 单位,原料为 37.5 单位时,产量最大.

五、证明题(5 分)

25. 证明:由 $a_n \leqslant b_n \leqslant c_n$ 得 $0 \leqslant b_n - a_n \leqslant c_n - a_n (n=1,2,\cdots)$.

从而 $\sum\limits_{n=1}^{\infty}(b_n-a_n)$ 与 $\sum\limits_{n=1}^{\infty}(c_n-a_n)$ 均为正项级数,由于 $\sum\limits_{n=1}^{\infty}a_n$ 与 $\sum\limits_{n=1}^{\infty}c_n$ 均收敛,根据级数的性质知 $\sum\limits_{n=1}^{\infty}(c_n-a_n)$ 收敛,再根据正项级数的比较判别法知 $\sum\limits_{n=1}^{\infty}(b_n-a_n)$ 收敛,从而 $\sum\limits_{n=1}^{\infty}b_n = \sum\limits_{n=1}^{\infty}[(b_n-a_n)+a_n]$ 收敛.